ROBERT MÄRZ

Gewöll- und Rupfungskunde

Nachdruck der 3. von
KONRAD BANZ
bearbeiteten Auflage

mit 362 Abbildungen, 4 Tabellen
und 3 Bestimmungsschlüsseln

Klassiker der Tier- und Pflanzenkunde

AULA-Verlag

Die Reihe „***Klassiker der Tier- und Pflanzenkunde***“ hat zum Ziel, bedeutende Werke aus der Tier- und Pflanzenkunde, die seit langem vergriffen und nur noch in Einzelexemplaren antiquarisch erhältlich sind, einem größeren Kreis von Interessierten wieder zugänglich zu machen. Es werden dabei solche Werke zum Reprint ausgewählt, die entweder ein interessantes historisches Bild einer für die Naturkunde wichtigen Epoche widerspiegeln oder die in Inhalt und Aussage von zeitloser Bedeutung sind.
Klassische Werke aus dem Bereich der ***Ornithologie*** haben in dieser Reihe einen besonderen Stellenwert, da gerade für die Ornithologie eine historisch vergleichende Betrachtung wichtig ist.

Bibliografische Information Der Deutschen Bibliothek
Die Deutsche Bibliothek verzeichnet diese Publikation in der Deutschen Nationalbibliografie; detaillierte bibliografische Daten sind im Internet über http://dnb.ddb.de abrufbar

1.-3. Auflage: Akademie-Verlag Berlin

Printed in Germany/Imprimé en Allemagne
Gesamtherstellung: Freiburger Graphische Betriebe, Freiburg
ISBN 978-3-89104-683-8

In dankbarem und ehrendem Gedenken an
Direktor D. Dr. O. Uttendörfer

Zum Geleit

Schon vor mehr als zwei Jahrzehnten kam mir der Gedanke, neben anderen wissenschaftlich-literarischen Vorhaben ein Handbuch der Gewöll- und Rupfungskunde, wenn und wann irgend möglich, zu inaugurieren, da mir schien, daß dieser von Otto Uttendörfer so erfolgreich entwickelte Zweig am Baume der Ornithologie eine kräftige Stütze brauche, die künftighin den Jüngern dieser reizvollen Methode, aus Tierresten Nahrungsanalysen zu erarbeiten, eine größere Anfangsgeschwindigkeit geben könne, wenn sie sich solchen Forschungen zuwenden wollten. Bisher war es ja notwendig, daß sie sich entweder einem kenntnisreichen Mentor anschlossen, der sie einzuarbeiten hatte, oder sie mußten sich ebenso mühsam wie langwierig durch das verstreute Schrifttum, das gleichermaßen auf vogelkundliche wie säugetierkundliche Zeitschriften und Bücher verteilt ist, hindurchkämpfen. Es war also an der Zeit, all das, was die Grundlage der Gewöll- und Rupfungskunde bildet, zusammenzutragen und so übersichtlich darzubieten, daß sich in Zukunft jeder, der sich diesem interessanten ornithologischen Gebiet widmen will, schnell und zuverlässig orientieren kann, ohne viel Zeit auf vorbereitende Arbeiten zu verbrauchen.

Immerhin dauerte es rund 20 Jahre, bis der unter der Sonne Italiens gefaßte Entschluß in die Tat umzusetzen war. Es konnte dem Plane erst nähergetreten werden, als nach Gründung der Zoologischen Forschungsstelle der Deutschen Akademie der Wissenschaften im Berliner Tierpark die Möglichkeit bestand, Herrn Robert März für diese Aufgabe zu gewinnen, der er sich mit bekannter Sorgfalt und viel Fleiß unterzog. Er ist ja einer der wenigen Ornithologen, der noch mit D. Dr. O. Uttendörfer viele Jahre zusammengearbeitet hat und schließlich nach dessen Tod ein gut Teil seiner selbstgestellten Aufgabe übernahm. Robert März widmete sich von 1960—1964 mit großer Hingabe der Abfassung des vorliegenden Buches. Dabei kam ihm sehr zustatten, daß er auch mit der Zeichenfeder umzugehen versteht.

So gehe denn dieses Buch, ein Konzentrat jahrzehntelanger peinlichst genauer und mühseligster Kleinarbeit, hinaus zu all denen, die tiefer in die Lebensabläufe ihrer gefiederten Studienobjekte eindringen wollen. Mag die „Gewöll- und Rupfungskunde“ eine zuverlässige Basis für die Weiterarbeit auf diesem fesselnden Gebiet biologischer Detailforschung sein.

Ostern 1968

Heinrich Dathe
Tierpark Berlin

Vorwort zur ersten Auflage

O. Uttendörfer steckte sich in seinen wegweisenden Büchern „Die Ernährung der deutschen Tagraubvögel und Eulen“ (1939) und „Neue Ergebnisse über die Ernährung der Greifvögel und Eulen“ (1952) weite Ziele. Es ging ihm darum, die biologischen Beziehungen der Greifvögel und Eulen zu den Beutetieren zu klären, ebenso ihre Stellung im Haushalt der Natur. Für Uttendörfer hatte das umfangreiche Determinationswissen, das in mühevoller Kleinarbeit in Jahrzehnten herangereift war, lediglich Hilfestellung zu leisten und war daher nur Mittel zum Zweck. Ein „Bestimmungsbuch“ wäre als Ergänzung zu den genannten Büchern sehr willkommen gewesen. Uttendörfer nahm sein umfangreiches Wissen nicht in sein Grab mit, sondern gab gern und jederzeit allen denen, die zu ihm kamen, von seinem geistigen Reichtum ab.

Im Jahre 1932 schloß ich mich der Arbeitsgemeinschaft Uttendörfers an. Viele Jahre stand ich im „Außendienst“ und weilte oft bei ihm in Herrnhut. Am 21. März 1954 standen wir drei — Dr. O. Schnurre, Berlin, V. Kramer, Ebersbach, und ich — am Grabe Uttendörfers; wir blieben hernach in steter Verbindung. Der Zusammenhalt und die Zusammenarbeit blieben erhalten. Im Wirbel des Schicksals war in den Kriegsjahren mancher der Mitarbeiter Uttendörfers durch den Tod abberufen worden, und in den Nachkriegsjahren war mancher aus dem Gesichtskreis verschwunden. Einen Teil der Sammlung (Schädel und Knochen aus den Gewöllen) übernahm ich; die Federsammlung war leider durch Motten- und Milbenfraß zerstört und für weitere Verwendung unbrauchbar geworden. — Im Laufe der Jahre kamen zu unserer Gruppe neue Mitarbeiter und Freunde hinzu. Es waren viele, die an der Rupfungs- und Gewöllforschung lebhaftes Interesse hatten, nicht nur Wissenschaftler und Studenten, sondern auch Heimatforscher, Naturfreunde, Lehrer und Schüler. Die Anfragen und Zusendungen zwecks Bestimmung der Beutetiere waren recht zahlreich. Oft wurde nach einschlägiger Literatur gefragt, anhand der man sich in dieses Forschungsgebiet einarbeiten könnte. Hier machte sich jedoch ein großer Mangel bemerkbar: es fehlte eine geeignete Zusammenfassung. Wohl gab es gewisse Handhaben; aber viele Arbeiten waren in zahlreichen Zeitschriftenaufsätzen, Büchern und anderen Abhandlungen veröffentlicht. Es war eine ganze Bibliothek vonnöten, viele Bücher waren vergriffen. Schlimm bestellt war es für die Rupfungssammler: ein Lehrbuch dafür gab es nicht, abgesehen von dem Werk Harterts, das eingehende Gefiederbeschreibungen enthält; aber den meisten Interessenten waren diese Bände nicht zugänglich.

Dies alles gab dann den Anstoß, an die Aufgabe heranzugehen, die eigenen Erfahrungen und Kenntnisse und die verstreuten Angaben in der Literatur in einem Buch niederzulegen und die auf diesem Gebiet noch vorhandene Lücke zu schließen. In meinem Heft „Von Rupfungen und Gewöllen“ (Neue Brehm-Bücherei, Heft 101) gab ich den Rupfungs- und Gewöllsuchern manchen Hinweis. Es war nur als Einführung gedacht und hätte den gesteckten Rahmen überschritten, wäre der Stoff, insbesondere hinsichtlich der Bestimmungsmerkmale, bis ins einzelne dargelegt worden.

Bei der Durchsicht des eigenen Rupfungsmaterials stellte sich heraus, daß — trotz fleißiger Sammeltätigkeit und anderer Bemühungen — die Rupfungen so mancher Art fehlten oder in unvollständiger oder mangelhafter Form vorlagen. Ich ging daran, in die Federsammlungen von Freunden Einblick zu nehmen, zu vergleichen und zu messen. Das brachte mich wesentlich vorwärts, und ich möchte an dieser Stelle den Herren K. Banz, Berlin, R. Braesecke, Eberswalde, V. Kramer, Ebersbach, und K. Grössler, Leipzig, meinen aufrichtigen Dank aussprechen. Auch die Sammlung von J. Riedel, Leipzig, die dort im Naturkundlichen Heimatmuseum liegt, wurde von mir in Augenschein genommen.

Weiterhin führte mich meine Arbeit in die Museen von Dresden, Leipzig und in die Sammlung von O. Kleinschmidt, Wittenberg, um an Bälgen zu vergleichen und von fehlenden Arten ein Bild zu gewinnen. Es sei den Museumsdirektionen für ihr freundliches Entgegenkommen bestens gedankt. Für die letzte Überprüfung und für besondere Fälle wurden die Bände von E. Hartert „Die Vögel der paläarktischen Fauna“ herangezogen, die, wie erwähnt, ausführliche Gefiederbeschreibungen enthalten. Auch leistete „Das Handbuch der deutschen Vogelkunde“ G. Niethammers wertvolle Hilfe.

Lange Jahre schöner Zusammenarbeit verbinden mich mit Herrn Dr. O. Schnurre, und an manchen Stellen des Buches werden Gedanken unseres mündlichen und schriftlichen Austausches hindurchscheinen. Sehr dankbar bin ich ihm für die Beschaffung und das Ausleihen wichtiger und dringend benötigter Literatur.

Den Herren Dr. H. Schäfer und H. von Finckenstein danke ich herzlich für die freundliche Genehmigung zur ausführlichen Zitierung ihrer Arbeiten. Es wurden aus „Die Artbestimmung der deutschen Anuren nach dem Skelett“ von Dr. H. Schäfer und aus „Die Artbestimmung der häufigsten deutschen Fringilliden nach dem Schädelskelett“ von H. von Finckenstein Teile des Textes und viele Abbildungen entnommen.

Und nun komme ich dazu, Herrn Prof. Dr. H. Dathe meinen tiefen Dank auszusprechen. Jederzeit stand er mir mit Rat und Tat bei und ließ mir durch die Zoologische Forschungsstelle im Berliner Tierpark der Deutschen Akademie der Wissenschaften zu Berlin wirksame Unterstützung zuteil werden. Ferner danke ich ihm im besonderen für die Verbesserungsvorschläge und für die mühevolle und so zeitraubende Durchsicht des Manuskriptes.

Grundsatz bei der Zusammenstellung des Buches war, möglichst anschaulich zu sein, um auch wissenschaftlich Ungeschulteren ein Einarbeiten in dieses Gebiet zu ermöglichen. Besser als umständliche Wortbeschreibungen und zahlreiche Fachbegriffe sollen die Abbildungen das Typische zum Ausdruck bringen. Leider mußte auf die farbige Wiedergabe der Zeichnungen verzichtet werden.

Robert März
Sebnitz

Vorwort zur zweiten Auflage

Die „Gewöll- und Rupfungskunde“ fand freundliche Aufnahme und guten Absatz. Ein weiter Kreis zeigte lebhaftes Interesse. Innerhalb sehr kurzer Zeit war das Buch vergriffen, so daß sich eine Neuauflage als dringend notwendig erwies.

Beim Erscheinen des Buches trat zutage, wie stark der Zusammenhalt des Arbeitskreises der Gewöll- und Rupfungssammler ist und wie weit er reicht. Allen langjährigen Helfern möchte ich an dieser Stelle meinen großen Dank aussprechen. So mancher von ihnen erwies sich als wahrer Freund, so mancher gab treffliche und auch kritische Hinweise.

Einiges mußte ergänzt und verbessert, einiges bei den Abbildungen verdeutlicht werden. Was sich an Druckfehlern in der ersten Auflage eingeschlichen hatte, wurde ausgemerzt.

Folgender Wunsch möge das Buch begleiten: — eine Handhabe zu sein für alle diejenigen, die der Natur in ihr geheimnisreiches Walten hineinschauen wollen — und eine gute Grundlage für die Weiterarbeit auf diesem so interessanten Gebiet biologischer Forschung zu bilden.

Dem Verlag danke ich für die gute und sorgsame Ausgestaltung des Buches.

ROBERT MÄRZ
Sebnitz

Vorwort zur dritten Auflage

Leider erlebte KONRAD BANZ das Erscheinen seines Buches, für das er sich so hingebungsvoll eingesetzt hatte, nicht mehr. Er starb völlig unerwartet am 19. Oktober 1984. — Als er mir das fertige Manuskript, froh und stolz, es geschafft zu haben, vorlegte, hätte keiner von uns geglaubt, daß es eine unserer letzten Begegnungen sein würde. Mit Freuden übernahm er nach dem Tode ROBERT MÄRZ' (21. Januar 1979) auf meine Bitte die Neubearbeitung der „Gewöll- und Rupfungskunde“. Es wurde praktisch ein nahezu völlig neues Buch, wie es bei BANZ' Lebensstil nicht anders zu erwarten war. Die Kapitel zur Erkennung von Fisch- und Reptilienresten wurden neu gefaßt und erheblich erweitert.

Wie bei derlei Büchern ziemlich selbstverständlich, ist der erste Wurf selten perfekt. Die dritte Auflage dieses Buches, das von Anfang an so erfreut von Spezialisten und solchen, die es werden wollen, aufgenommen wurde, wird hoffentlich auch denselben Erfolg haben. Das sei ihm im Gedenken an ROBERT MÄRZ und KONRAD BANZ von Herzen gewünscht.

23. Juli 1986

HEINRICH DATHE
Berlin

Inhalt

Gewölle . . . 1

Allgemeines . . . 1
Gewölle der Greifvögel . . . 3
Gewölle der Eulen . . . 11
Hinweise für den Gewöllsucher . . . 21
Zur Bestimmung der Knochen aus den Gewöllen . . . 23
Schädel und Gebiß . . . 24

Bestimmungsmerkmale am Schädel und an den Knochen . . . 25

Säuger . . . 25
Vögel . . . 61
Lurche . . . 73
Reptilien . . . 79
Fische . . . 85
Gewölluntersuchungen — neue Fragestellungen . . . 132

Rupfungen . . . 136

Allgemeines . . . 136
Hinweise für den Rupfungssucher . . . 137
Horstplätze und Rupfungen . . . 137
Winterrupfplätze . . . 137
Rupfungsgewohnheiten der Greifvögel und Eulen . . . 139
Zur Bestimmung von Rupfungen und Federn . . . 143
Federsammlung . . . 148
Bestimmung der Rupfungen, Federmerkmale . . . 150
Rupfungsforschung — neue Wege und Aufgaben . . . 344

Gewöll- und Rupfungssuche und Naturschutz . . . 347

Anhang . . . 349

Literaturverzeichnis . . . 376

Abbildungsverzeichnis . . . 380

Register der deutschen Tiernamen . . . 382

Register der wissenschaftlichen Namen . . . 390

Gewölle

Allgemeines

An den Aufenthaltsorten der Greifvögel und Eulen findet man graue, rundliche oder wurstartige Gebilde, die von unterschiedlicher Größe sind. Die unverdaulichen Reste der Nahrung (Haare, Federn, Chitinteile von Insekten, Fischschuppen u. a.) werden im Magen zu Ballen geformt und später durch die Speiseröhre ausgewürgt. Treffend werden diese Körper auch als „Speiballen“ bezeichnet. Solche Gewölle (STRESEMANN [99]) werden nicht nur von Greifvögeln und Eulen, sondern auch von Ziegenmelkern, Störchen, Krähen und von fischfressenden Vögeln (Möwen, Seeschwalben, Reihern und Eisvögeln) ausgestoßen. GROEBBELS [31] führt an: Möwe, Kormoran, Eiderente, Storch, Bruchwasserläufer, Brachvogel, Kuckuck, Eisvogel, Blauracke, Krähe, Würger, Fliegenschnäpper, Rotschwanz, Drossel, Zaunkönig und Rotkehlchen, letzteres nach seinen eigenen Beobachtungen. Bei den genannten Kleinvögeln sind die Gewölle etwa von der Größe eines Sonnenblumenkerns. In den folgenden Ausführungen wird ausschließlich von den Gewöllen der Greifvögel und Eulen die Rede sein.

In der Regel werden von den Eulen an einem Tage zwei Gewölle ausgestoßen, eines in der Nacht am Verdauplatz und eines am Tage am Ruheplatz. LÜDERS ([105], S. 233) stellte hierüber beim Waldkauz genaue Beobachtungen an und zählte ein bis drei Gewölle täglich. An den Tagplätzen sind meist nur größere Gewölle zu finden, wenn die Morgen-

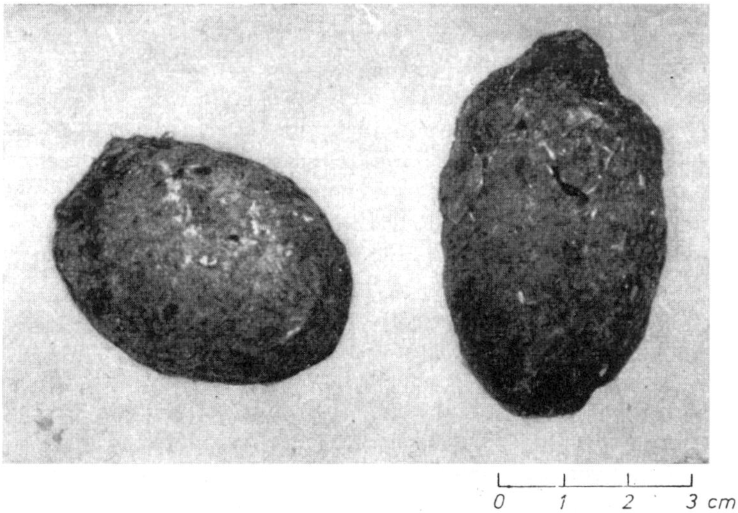

Abb. 1. Gewölle des Weißstorches, Inhalt: Spelzen, Käferreste, Haare, Zähne und Knochen von Mäusen sowie Eidechsenschuppen

mahlzeit reichlich war. Die Gewöllbildung hängt natürlich ganz vom mehr oder weniger guten Jagderfolg ab. Vor dem Beginn des Fressens werden die Gewölle ausgewürgt, gleichsam um Platz für die Zufuhr neuer Nahrung zu schaffen. An gefangenen Vögeln wurde festgestellt, daß drei Stunden nach dem Fraß die Verdauung beendet war und die im Gewöll befindlichen Reste zum Auswerfen bereitlagen.

Abb. 2. Gewölle des Kolkraben. Inhalt: links oben — Fruchtreste (Ebereschen), links unten Rehhaare, rechts oben — Hasenknochen, Froschknochen und Fischwirbel, rechts unten — Eischalenreste

Die Verdauung verläuft bei den Greifvögeln anders als bei den Eulen, worüber bei diesen noch Näheres zu sagen sein wird. Eingehende Untersuchungen über die Unterschiede bei der Verdauung sind meines Wissens noch nicht vorgenommen worden. D. Starck [97] schreibt dazu: „Schließlich glaubt Heinroth auf einen grundlegenden physiologischen Unterschied zwischen Eulen und Tagraubvögeln hinweisen zu können. *Accipitres* bilden im Magensaft HCl, Eulen aber Ammoniak (der Nachweis wurde offenbar nie exakt geführt). Wir haben in ausgehebertem Magensaft von *Strix aluco, Asio otus* und *Tyto alba* eindeutig freie HCl gefunden.“ Mitunter liegen abnorm große Gewölle vor. Sie werden von den Jungvögeln ausgewürgt, die in ihrer Gier alles hinunterschlingen, was ihnen vor den Schnabel kommt (Abb. 22). Nicht allein die Größe, sondern auch der Inhalt der Gewölle, so scharfe Knochensplitter und die nadelscharfen Krallen von Greifvögeln und Eulen, sind eine Gefahr für die Speisewege, was aus den Abbildungen 24 und 25 ersichtlich ist. Der Igel ist eine bevorzugte Beute des Uhus, und es gelangt beim Fressen ein ansehnlicher Teil der spitzen Stacheln in seinen Magen. Wenn auch das Gewöll in eine solche Form geknetet wird, daß die bedrohlichen Spitzen in das Füllmaterial, in die Haare und Federn eingebettet sind, würgt doch der Uhu das Gewöll vorsichtig aus, um Verletzungen zu vermeiden. Das ist eine ganz erstaunliche Körperfunktion, die ihren Ausdruck in Körperbewegungen und in der Mimik findet.

Vereinzelt findet man Gewölle ohne Bindematerial, ohne Haare und Federn. In solchen Fällen sind dann blankes Fleisch oder Frösche verzehrt worden.

Manche Gewölle bestehen nur aus Sand, Halmen und Blättern und scheinen „leer“ zu sein. Die mikroskopischen Untersuchungen von Sick (zit. Uttendörfer [105] S. 246) haben aber ergeben, daß sich darin die Reste von Regenwürmern befinden, die in großen Mengen aufgenommen werden.

Bestehen die Gewölle nur aus den Chitinteilen von Insekten, so zerfallen sie leicht, und man bekommt dann ein ganz anderes Bild. Häufig sieht man im Walde gewöll-ähnliche Gebilde, bei denen es sich um Kot handelt; es sind „falsche“ Gewölle. Die Raubtiere legen gern ihre Losung an Plätzen ab, an denen Greifvögel ihre Beute gerupft haben. Der Inhalt der Losung ist tonig, erdig; sie enthält einzelne Knochensplitter, Haare und Insektenreste (Flügeldecken von Mai- und Mistkäfern), außerdem — vor allem im Herbst — Fruchtkerne, Beerenschalen von Ebereschen u. a. Bekanntlich fressen Fuchs, Dachs und Marder, von denen diese falschen Gewölle stammen, gern Früchte, Obst und Beeren. Rückstände dieser Art sind in den Gewöllen von Greifvögeln und Eulen nicht zu finden.

Oft kann man bei der Öffnung der Gewölle an ihrer Beschaffenheit schon erkennen, was zum Vorschein kommen wird, und zwar an den Haaren, an ihrer Färbung und Walkung. Die Einwirkung der Verdauungssäfte auf das Haar ist bei den Arten verschieden; aber es wird nicht immer verändert oder zerstört.

Die Gewölle mit Maulwurfs- oder Spitzmausinhalt zeigen eine dunkle Färbung und dichte Verfilzung des samtartigen Haares. Bei Fledermäusen ist die Filzung ähnlich, aber die Färbung braun oder bräunlich. Sehr dunkel ist die Färbung der Gewölle, wenn sie Schermäuse enthalten, die Haarmasse ist aber lockerer und loser.

Gelbbraun und kurzgrannig ist das Fell vom Mauswiesel; das kennzeichnet sich auch im Gewöll. Liegen ganz weiße Gewölle vor, so handelt es sich um das Hermelin im Winterkleid. Der Baummarder hat ein glänzendes Braun; die Haarspitzen sind dunkler.

Da Hase und Kaninchen, besonders Jungtiere, an den Knochenresten nicht immer einwandfrei zu trennen sind, so kann der Unterschied im Wollhaar eine Bestimmungshilfe sein; das Wollhaar vom Kaninchen ist grau (blaugrau), das vom Hasen weißlich (gelblich).

Die Fellchen der Langschwanzmäuse, so die Waldmaus, die Gelbhalsmaus und die Zwergmaus, haben ein helles Braun auf der Oberseite und Weiß am Bauch, das gibt den Gewöllen eine unterschiedlich helle Färbung. Die bunte Färbung des Hamsters (gelbbraun, rotbraun, schwarz und weiß) kommt auch in den Gewöllen zum Vorschein.

Rotbraune Haare im Gewöll deuten auf Brandmaus, Haselmaus oder Rötelmaus hin. Ist das rotbraune Haar gröber, so wurde ein Eichhörnchen erbeutet.

Das Haar von Rehen (Winterkleid) ist graubraun, trocken und fühlt sich faserig an. Die Haare vom Schwein sind drahtig, borstig, beim Hausschwein meist weiß, beim Wildschwein grau oder schwarz. Reh- und Schweinshaare finden sich oft in den Gewöllen des Seeadlers (Fallwild oder Aas), selten beim Uhu.

Gewölle der Greifvögel

Die Gewölle der Greifvögel sind von anderer Beschaffenheit als die der Eulen, da die Verdauung beider Ordnungen Unterschiede aufweist. Dies zeigt sich am deutlichsten am Erhaltungszustand der Knochen und Knöchelchen. Die Greifvögel verdauen die Knochen ganz oder teilweise; Haare, Federn und hornige Teile (Schnäbel, Krallen) werden nicht zersetzt. Die erhaltenen Knochenteile reichen, da sie angedaut sind und somit ein Teil der Substanz fehlt, oft nicht für eine einwandfreie Bestimmung aus. Nur ein geringer Teil der Beute ist zu bestimmen. Die Anzahl der Beutetiere aus den Gewöllen festzustellen, ist nicht möglich. Daraus ergibt sich, daß die Gewölle der Greifvögel für die Nahrungskontrolle einen zweifelhaften Wert besitzen im Gegensatz zu denen der Eulen, bei denen Art und Zahl der Beutetiere, von Ausnahmen abgesehen, genau belegbar sind. Um zu besseren Kenntnissen über die Ernährung der Greifvögel zu kommen, sind Horstkontrollen und die Rupfungssuche notwendig.

Die Gewölle sind bei einzelnen Arten recht unterschiedlich. Es muß dabei auf den Größenunterschied zwischen den Geschlechtern, auf das Alter der Jungvögel und auf die Nahrungszusammensetzung hingewiesen werden.

Sperber (*Accipiter nisus* L.)

Die Gewölle setzen sich in der Hauptsache aus dem Kleingefieder der Vögel zusammen, seltener aus Haaren (Mäuse), ferner befinden sich darin Knochenteile, Körner und zerkleinerte Insekten. Die letzteren stammen aus den Kröpfen der Beutetiere.

Gewöllgröße: Länge 2,0—4,0 cm; Dicke 1,5—1,7 cm.

Habicht (*Accipiter gentilis* L.)

Die Gewölle sind von ähnlicher Beschaffenheit wie beim Sperber, aber größer. Nur selten sind größere Knochen enthalten (Fußskelette von Eichhörnchen, von Tauben, Eichelhähern und Turmfalken). Es sind ferner darin Krallen von Hasen, Kaninchen, Eichhörnchen und Vögeln, Reste aus Vogelmägen und Nadeln der Waldstreu zu finden. Beim Kröpfen werden zufällig Steinchen, Kerne, Samen, dürre Blätter, Nadeln, Halme und Moos aufgenommen. Mitunter liegen „verlängerte" Gewölle vor, in die die Schwingen oder Steuerfedern hineingeknetet wurden.

Gewöllgröße: Länge 3,5—6,6 cm; Dicke 2,5 cm.

Wanderfalk (*Falco peregrinus* Tunstall)

Die Gewöllmasse besteht beim Wanderfalken aus locker gefilzten Kleinfedern.

Gewöllgröße: Länge 4,1—5,5 cm; Dicke 1,6—2,1 cm.

Wie der Wanderfalk ist der **Feldeggsfalk** (*Falco biarmicus*) vornehmlich Vogeljäger. Die Gewölle zeigen keine Unterschiede. Hingegen ist der **Würgfalk** (*Falco cherrug*) in stärkerem Maße auf laufende Beute (Ziesel) eingestellt, und er würgt mehr Haargewölle aus.

Gerfalk (*Falco rusticolus* L.)

Er ist größer als der Wanderfalk; entsprechend zeigen die Gewölle größere Maße. Die Hauptbeute sind einerseits Schneehühner oder Vögel der nordischen Vogelberge, andererseits Lemminge. Die Gewölle liegen in größerer Entfernung vom Horst zerstreut.

Gewöllgröße sehr unterschiedlich: Länge 3,4—10,1 cm; Dicke 1,7—4,2 cm; Durchschnitt 6,1 × 2,3 cm.

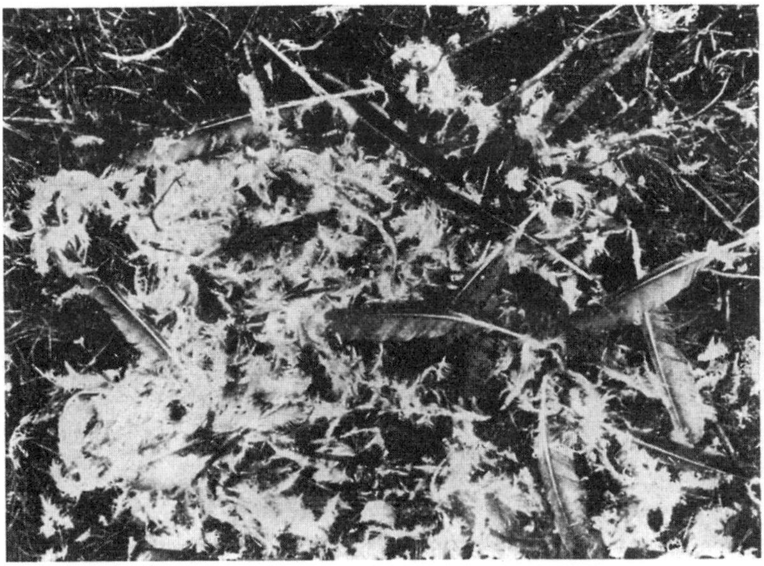

Abb. 3. Rupfung eines Habichts von einer Nebelkrähe

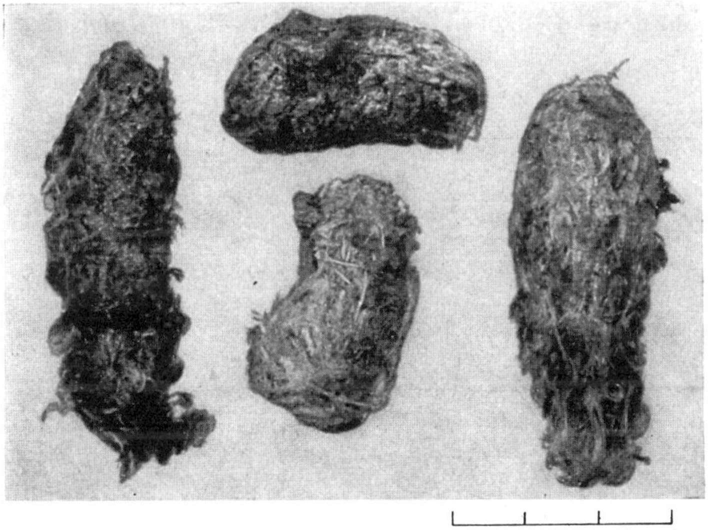

Abb. 4. Gewölle des Wanderfalken. Mitte unten und rechts — mit weißen Kleinfedern der Haustaube. An der hinteren Seite des Gewölles Mitte unten — ein Taubenfuß

Baumfalk (*Falco subbuteo* L.)

Die Filzung der Federn ist fester als beim Wanderfalken. Er jagt vorzugsweise Vögel, daneben auch Insekten (Libellen, Heuschrecken, Käfer und Falter).
Gewöllgröße wie beim Sperber.

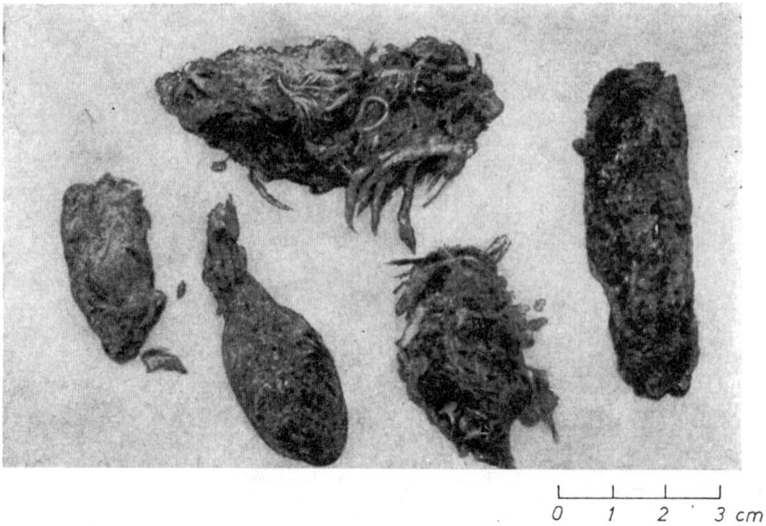

Abb. 5. Gewölle des Baumfalken. Inhalt: Vogelfedern und -knochen, Insektenreste. Oberes Gewöll mit Vogelfuß

Eleonorenfalk (*Falco eleonorae* Gené)

Neben Vogelfedern befinden sich in den Gewöllen Insektenreste. Die Gewölle sind größer als die des Baumfalken.

Merlin (*Falco columbarius* L.)

Er ist bezüglich der Zusammensetzung seiner Beute vielseitig und verzehrt Vögel, Mäuse und Insekten.
Gewöllgröße: Länge 3,5—4,5 cm; Dicke 1,5—2,2 cm.

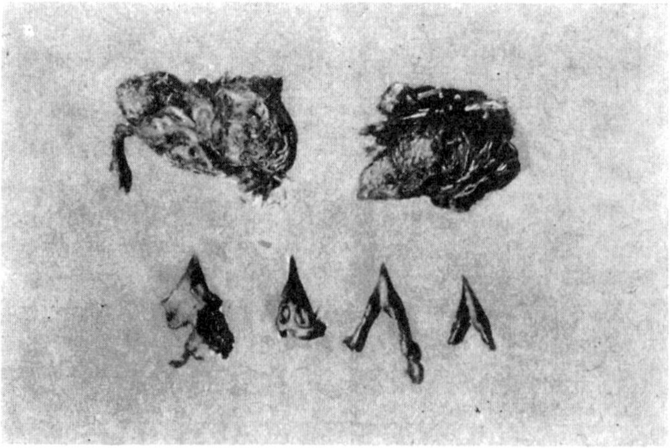

Abb. 6. Gewölle des Merlins. Unten Schnäbel von erbeuteten Erlenzeisigen (Bad Liebenwerda, 21. 3. 1965)

Turmfalk (*Falco tinnunculus* L.)

Die Gewölle sind daran zu erkennen, daß sie fest gewalkt sind. Sie enthalten meistens Mäusehaare, Vogelfedern und Käfer und sind verhältnismäßig groß.

Gewöllgröße: Länge 3,3—4,5 cm; Dicke 1,4—2,2 cm.

Ähnlich sind Form und Größe der Gewölle beim **Rötelfalken** (*Falco naumanni* Fleischer) und **Rotfußfalken** (*Falco vespertinus* L.). Unter den Beutetieren sind Käfer, Heuschrekken und Libellen zu finden.

Mäusebussard (*Buteo buteo* [L.])

Er würgt dichtgefilzte und unregelmäßig gestaltete, klumpenförmige Gewölle aus. Am Horst finden sich allerlei Knochenreste (Eichhornschädel, Taubenoberarme, Rebhuhn- und Fasanenknochen, Unterkiefer von Hamstern, Kaninchen und Hasen).

Gewöllgröße: Länge bis 7 cm; Dicke 3,5 cm.

Diese Angaben treffen großenteils auch für den **Rauhfußbussard** (*Buteo lagopus* Brünnich) zu, wenigstens für die Zeit seines Winteraufenthaltes in unserem Gebiet.

Rot- und Schwarzmilan (*Milvus milvus* [L.] und *Milvus migrans* [Boddaert])

Die Gewölle sind von derselben Beschaffenheit wie beim Mäusebussard, nur größer. Hauptsächliche Beutetiere sind Maulwürfe, Hamster, Scher- und Feldmäuse, dazu Kadaver und von anderen Greifvögeln abgebettelte Beute. Der Schwarzmilan frißt mehr Fische als der Rotmilan.

Gewöllgröße: Länge bis 9 cm; Dicke 3,5 cm.

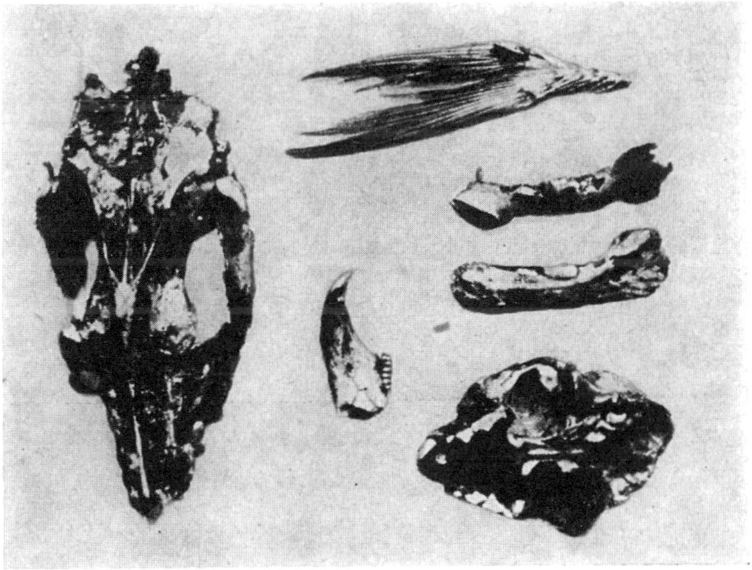

Abb. 7. Fraßreste des Rotmilans. An den Hort geschleppt: links — Becken des Haushuhns, Mitte — Unterkiefer des Hasen, rechts oben — Fischschwanz, rechts Mitte — Unterkiefer von zwei Ferkeln und rechts unten — Schädel der Hauskatze

Weihen (*Circus*)

In den Gewöllen sind neben Haaren und Federn oft Eidechsenschuppen, Eischalensplitter und Reste von größeren Insekten (Gelbrand- und Kolbenwasserkäfer, Heuschrecken) zu finden. Die Eischalensplitter weisen auf Nestraub hin.

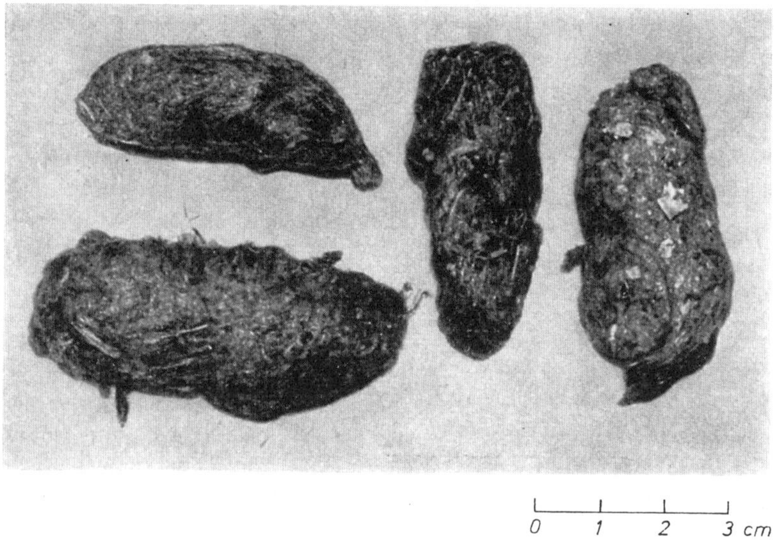

Abb. 8. Gewölle der Wiesenweihe. Inhalt: Mäusehaare und Vogelfedern. Beim rechten Gewöll sind Splitter von Eischalen zu erkennen

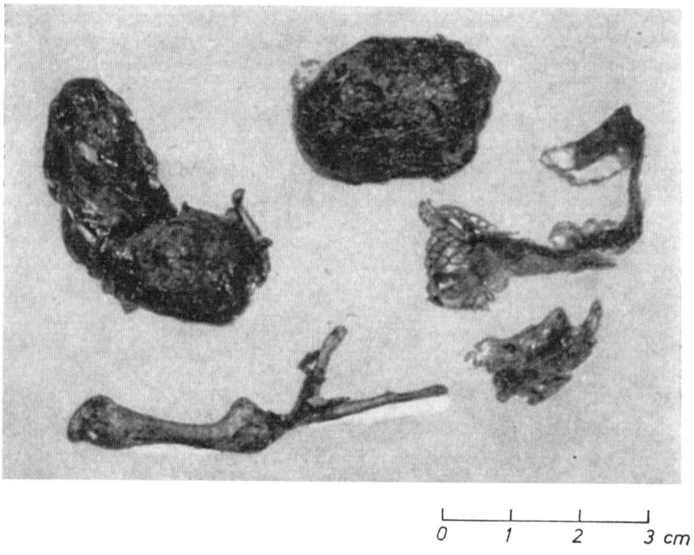

Abb. 9. Gewölle der Rohrweihe. Links oben — Mäusehaare und -knochen, links unten — Oberarmknochen des Stars, Mitte oben — Federn eines Kleinvogels und rechts — Reste einer Ringelnatter

Wespenbussard (*Pernis apivorus* [L.])

Die Nahrungsrückstände (Waben von Wespen und Hummeln) bilden eine dunkelbraune und fest zusammengebackene Masse. Die einzelnen Stücke haben eine Länge von etwa 2 cm. Gelegentlich, wenn Vögel oder Frösche gefressen wurden, werden auch Gewölle ausgestoßen.

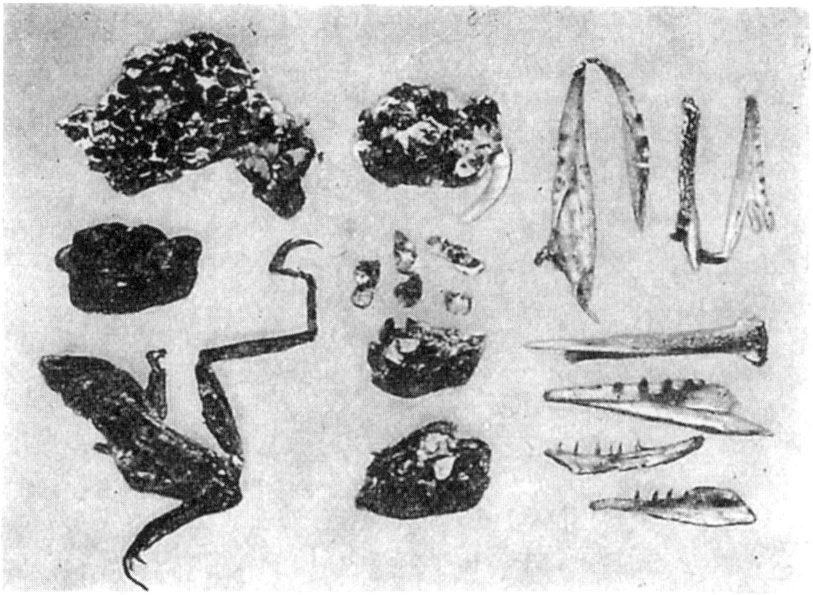

Abb. 10. Links — Fraßreste des Wespenbussards. Oben — Wespenwaben, in der Mitte — Hummelwaben, unten — Frosch. In der Mitte — Speiballen des Schlangenadlers. Inhalt: Schuppen einer Ringelnatter. Rechts — Hechtkiefer vom Horst des Fischadlers, der längste Kiefer mißt 6,5 cm

Fischadler (*Pandion haliaetus* [L.])

Die Schuppen und Gräten der Fische werden verdaut. Gewölle werden nur ausnahmsweise gefunden.

Schreiadler (*Aquila pomarina* C. L. Brehm)

Die Gewölle sind unregelmäßig geformt und verhältnismäßig klein. Ein erheblicher Teil der Nahrung sind Frösche, von denen keine oder nur geringe Reste in den Gewöllen verbleiben.

Gewöllgröße: 3,6 × 3,9 cm.

Schlangenadler (*Circaëtus gallicus* [Gmelin])

Er bringt in seinen Gewöllen Bauchschilde von Schlangen, vorwiegend von Ringelnattern, einzelne Schlangenwirbel und Käferreste.

Gewöllgröße: 3,6 × 3,9 cm.

Seeadler (*Haliaeëtus albicilla* [L.])

Die Gewölle sind mehr oder weniger lockere Ballen von Haaren (teils von Fallwild oder Aas, teils von geschlagenen Jungtieren stammend) oder Federn (in erster Linie Stockenten, Bleßrallen und Taucher) von größerem Ausmaß. Die Federgewölle lockern sich beim Trocknen infolge der starken Krümmung der Enten- und Taucherfedern stark auf und erscheinen dann bei weitem umfangreicher.

Gewöllgröße: Länge bis 15 cm; Dicke bis 6 cm.

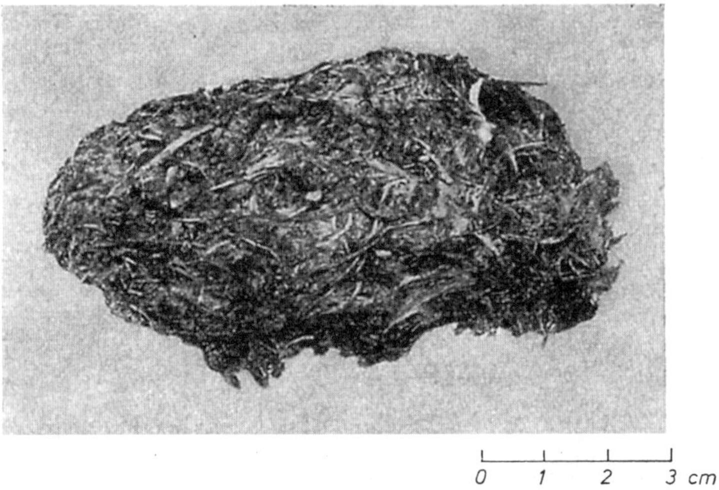

Abb. 11. Gewölle des Seeadlers. Inhalt: Rehhaare und Federn der Bleßralle

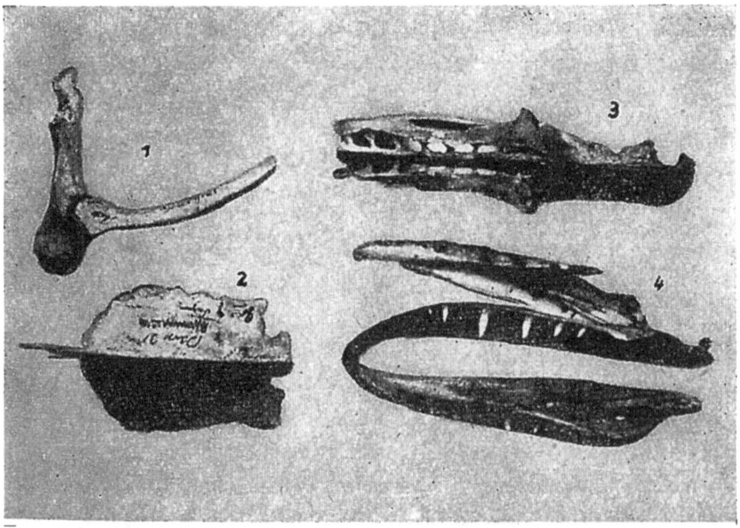

Abb. 12. Knochenreste an Horsten des Seeadlers. 1 — Schulterblatt und Rabenschnabelbein des Kranichs, 2 — Brustbein des Gänsesägers, 3 — Becken des Kormorans juv., 4 — Unterkiefer zweier Hechte, der größere Kiefer ist 13 cm lang

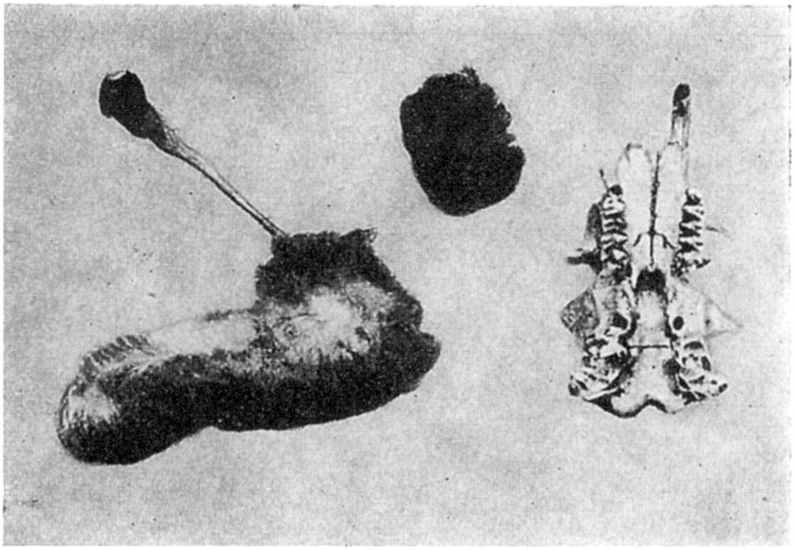

Abb. 13. Fraßreste am Horst des Steinadlers. Links — Hasenlauf, in der Mitte — ein kleines Gewöll mit Haaren eines Gamskitzes, rechts — Murmeltierschädel

Steinadler (*Aquila chrysaëtos* [L.])

Er ist ein Allesfresser wie auch die Bussarde und nimmt auch Aas an. Beutetiere im Alpengebiet sind Murmeltiere, Schneehasen, Feldhasen, Jung- und Fallwild. Gelegenheitsbeute sind die schlechtfliegenden Hühnervögel (Birk- und Schneehühner).

Gewöllgröße: Länge 6,0—10,0 cm; Dicke 3,0—4,0 cm.

Die Angaben über die Gewöllgrößen sind nicht schematisch anzusehen. Größe, Form und Aussehen sind variabel und hängen von vielen Faktoren ab (Art und Zusammensetzung der Beute, Feuchtigkeitsgehalt und Verdauungsverlauf). Oft kann man an den Gewöllen schon die Art des Greifvogels oder der Eule feststellen, aber nicht immer. Aus diesem Grunde sind bei der Bestimmung alle Nebenumstände wie Horstlage, Mauserfedern der Horstvögel und Arteigentümlichkeiten in Betracht zu ziehen.

Gewölle der Eulen

Die Eulen zersetzen die Knochen während der Verdauung nicht, sondern würgen in den Gewöllen selbst die zierlichen Knöchelchen von Spitzmäusen und Fledermäusen wieder heraus. Häufig sind die Knochen allerdings zerbissen und zerbrochen und die dünnen Schädel der „Echten Mäuse“ zerdrückt. In den meisten Fällen reichen diese Knochen dennoch für die Bestimmung der Beutetiere aus. Die Haut- und Hornteile werden ganz oder teilweise verdaut. Von größter Wichtigkeit ist, daß die genaue Anzahl der Beutetiere nachgewiesen werden kann. Somit haben die Gewölle der Eulen einen wesentlich höheren Aussagewert für die Erforschung der Nahrungszusammensetzung als die der Greifvögel.

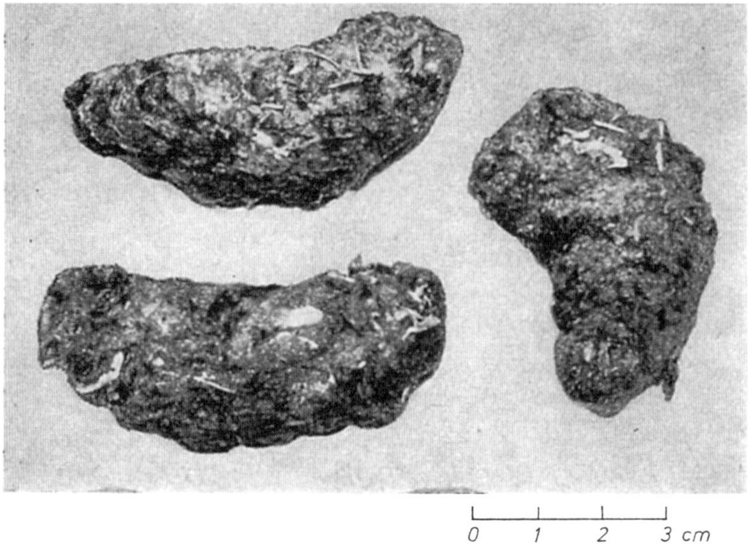

Abb. 14. Gewölle des Waldkauzes. Inhalt: Mäusehaare und -knochen, Froschknochen

Waldkauz (*Strix aluco* L.)

Die Gewölle sind im Vergleich zu denen der Waldohreule ungleichmäßiger und mehr bauchig geformt. Der Waldkauz schlägt, insbesondere zur Brutzeit, verhältnismäßig große Beutetiere (Tauben, Häher, Kaninchen und Drosseln), wonach die Gewölle stärkere Knochen enthalten. Uttendörfer nennt zwei anormale Gewölle: eines von 14,5 cm mit Pirolschwingen von 14 cm Länge; ein anderes mit 14 cm langen Schwingen einer halbwüchsigen Ringeltaube. Häufig enthalten die Gewölle Halme, dürre Blätter, Ästchen und Nadeln.

Der Waldkauz hält kaum feste Plätze ein und wechselt diese häufig, obwohl sein Jagdbereich nicht groß ist. Das Suchen nach seinen Gewöllen ist oft mühevoll; Massenfunde sind selten.

Gewöllgröße: Länge 4,0—7,5 cm; Dicke 2,0—3,0 cm.

Habichtskauz (*Strix uralensis* Pallas)

Ganz ähnlich in seinem Verhalten und in seiner Jagdeinstellung (Unstetigkeit, Wechsel der Gewöllbäume, enges Waldrevier und Vielseitigkeit in der Beutewahl) ist der Habichtskauz dem vorigen. Es fällt schwer, seine Gewölle in größerer Anzahl zu beschaffen. Manche Stücke sind größer, sonst sind die Gewölle von denen des Waldkauzes nicht zu unterscheiden.

Gewöllgröße: Länge 5,5—10,0 cm; Dicke 2,0—3,0 cm.

Steinkauz (*Athene noctua* [Scopoli])

Die Gewölle des Steinkauzes sind schlank, ähnlich denen der Waldohreule, nur kleiner. Der Steinkauz nistet in Dörfern oder in Dorfnähe in Fels- oder Mauerlöchern und in hohlen Bäumen. Die Gewölle lassen sich nicht so bequem finden wie bei der Schleiereule.

Gewöllgröße: Länge 4,0—6,0 cm; Dicke 1,5 cm.

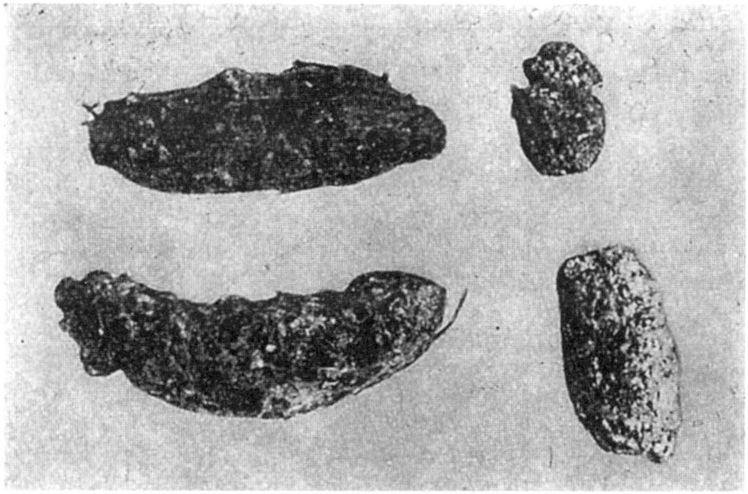

Abb. 15. Gewölle des Steinkauzes. Inhalt: Mäusehaare und Insektenreste. Länge der Gewölle 1,8 bis 5,1 cm. Das kleinste Gewöll enthält auch Erde und Steinchen

Rauhfußkauz (*Aegolius funereus* [L.])

Im Vergleich zum Steinkauz sind die Gewölle bauchig geformt. Als seltener Bewohner von höhlenreichen Altholzbeständen ist er für die Gewöllforschung ein schwieriges Objekt. Die Beobachtung und Kontrolle wird erleichtert, wenn der Rauhfußkauz in ausgehängten Kästen brütet, wie dies aus einzelnen Gebieten berichtet wird. Die Gewölle werden in Dickungen nahe der Bruthöhle gefunden. Die Hauptnahrung sind Mäuse.

Gewöllgröße: Länge 1,5—3,2 cm; Dicke 1,5—2,0 cm.

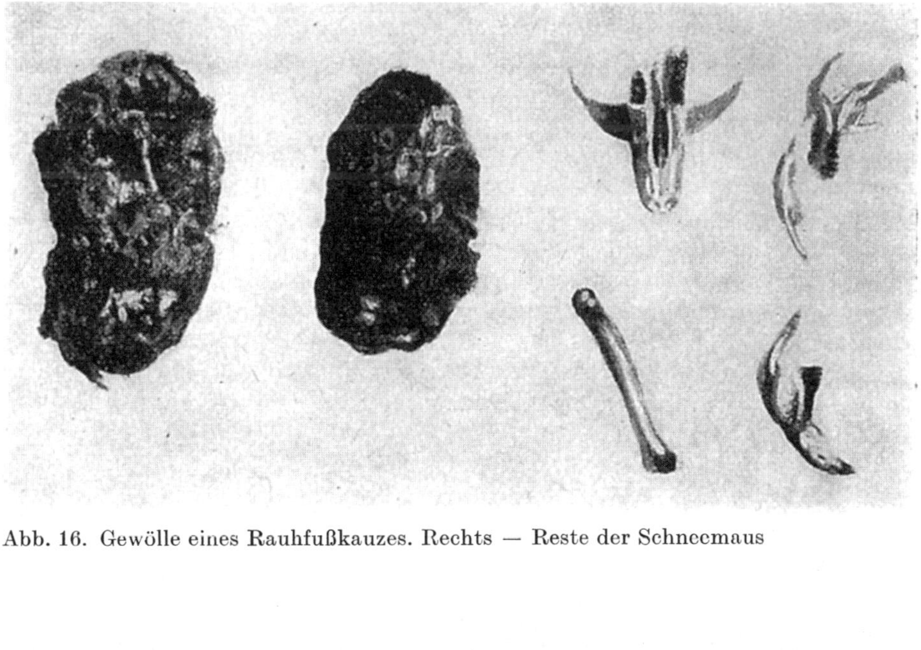

Abb. 16. Gewölle eines Rauhfußkauzes. Rechts — Reste der Schneemaus

Sperlingskauz (*Glaucidium passerinum* [L.])

Er lebt in einsamen Gebirgswaldungen und wird nur spärlich beobachtet. In Nisthöhlen fand man Nahrungsvorräte, Rupfungen und Gewölle. Er ist ein eifriger Vogeljäger.

Gewöllgröße: 2,8 × 1,0 cm.

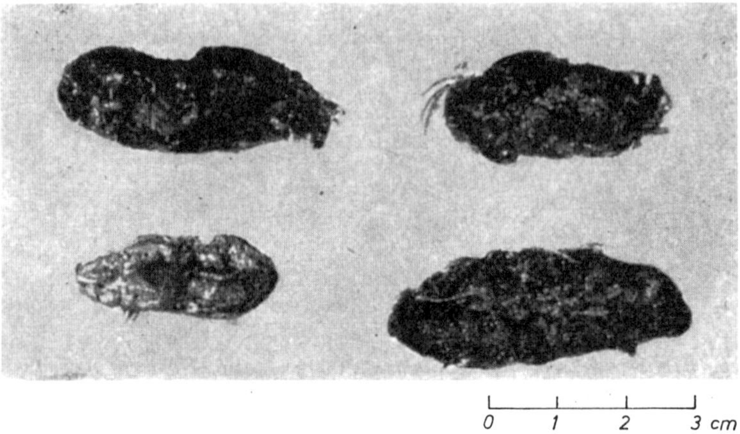

Abb. 17. Gewölle des Sperlingskauzes (Teisenberg/Oberbayern)

Schleiereule (*Tyto alba* Scopoli)

Die Oberfläche der Gewölle ist durch einen Speichelüberzug glatt, die Färbung dunkel asphaltartig. Die Speiballen sind verhältnismäßig groß, bauchig und an den Enden abgerundet. Somit sind die Gewölle von denen anderer Eulen leicht zu unterscheiden. Manche, vor allem die kleineren, zeigen fast kugelförmige Gestalt. Im Gegensatz zum Waldkauz, bei dem die Haare und Federn vielfach zersetzt sind, weisen die Haare und Knochen, so die zerbrechlichen Schädel der Langschwanzmäuse, einen besseren Erhaltungszustand auf. Die vollständigen Schädel von Maulwürfen, Schermäusen und Sperlingen zeigen, daß die Beutetiere wenig zerkleinert, sondern ganz verschlungen werden. Durch die Verdauung wird die Haut fast immer aufgelöst. Als ungewöhnliche Stücke führt UTTENDÖRFER ein Gewöll mit 15 cm langen Seglerschwingen und ein anderes mit einem 11 cm langen Starflügel an.

Die Schleiereule bewohnt vorwiegend Gebäude und zieht ihre Brut in Turmköpfen, Kirchenböden, Mauerlöchern, alten Scheunen und Ruinen auf. An solchen Plätzen liegt meist eine Menge von Gewöllen — der Nachlaß von Jahren, als tiefere Schicht ein Grus von Knöchelchen. Alles übrige wurde von Motten- und Käferlarven zerfressen. Die Untersuchung ergibt dann eine oft umfangreiche Beuteliste. Im übrigen wurde die Nahrungszusammensetzung der Schleiereule von UTTENDÖRFER bereits sehr gründlich untersucht.

Gewöllgröße: Länge 3,5—8,0 cm; Dicke 3,0 cm.

Waldohreule (*Asio otus* [L.])

Die Gewölle sind im Vergleich zu denen der Schleiereule heller, schlanker und nicht von so glatter Oberfläche; an den Enden sind sie zugespitzt (bei der Schleiereule abgerundet). Gegenüber denen des Waldkauzes sind sie von schlankerer Gestalt und gleichmäßiger

Abb. 18. Frische Gewölle und Fraßreste unter einer Felsenhöhle der Schleiereule (Rottwerndorf bei Pirna)

walzenförmig. Bei normalen frischen Gewöllen sind die Haare nicht verdaut. Größere Knochen (Schädel von Schermäusen, zusammenhängende Flügelskelette, Unterschnäbel von Amseln) sind selten darin enthalten. Die Gewölle dieser Eulenart können oft in Stangenhölzern (Kiefer und Fichte) gefunden werden, und zwar besonders da, wo ein Eulenschwarm überwinterte und seine Ruhe- und Verdauplätze hatte.

Gewöllgröße: 4,0—7,5 cm; Dicke 2,0—2,4 cm.

Sumpfohreule (*Asio flammeus* [Pontoppidan])

Die Gewölle sind schlank und meist etwas länger als die der vorhergehenden Art, entsprechend den etwas größeren Körpermaßen der Sumpfohreule. Die Gewölle lassen sich nicht mit Sicherheit voneinander trennen. Der Fundort der Gewölle und aufgelesene Mauserfedern geben den richtigen Hinweis auf die Art.

Gewöllgröße: Länge 4,1—8,5 cm; Dicke 2,0—2,4 cm.

Abb. 19. Gewölle der Schleiereule

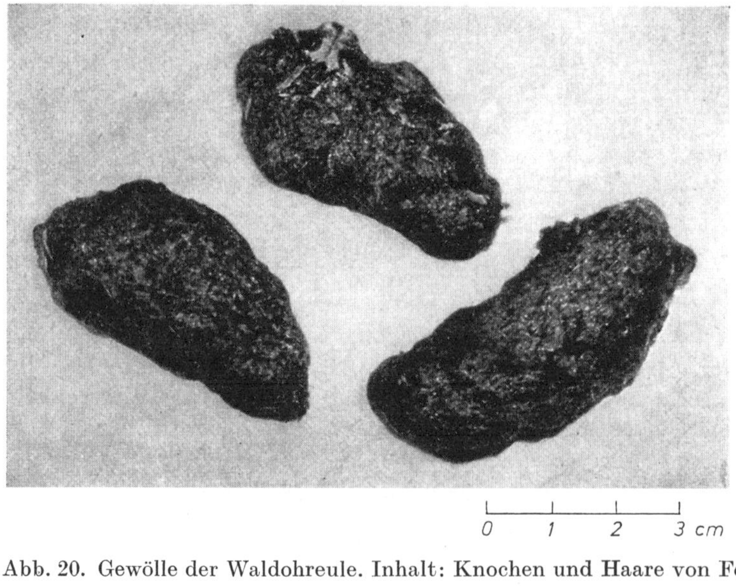

Abb. 20. Gewölle der Waldohreule. Inhalt: Knochen und Haare von Feldmäusen

Zwergohreule (*Otus scops* [L.])

Sie lebt in offener Landschaft (Südeuropa), auch in der Nähe von Siedlungen. Die Gewölle sind schwierig zu finden. Bestehen diese aus Insektenresten (etwa 50% der Nahrung), so zerfallen sie leicht.

Gewöllgröße: Länge 2,0—3,0 cm; Dicke 1,0—1,2 cm.

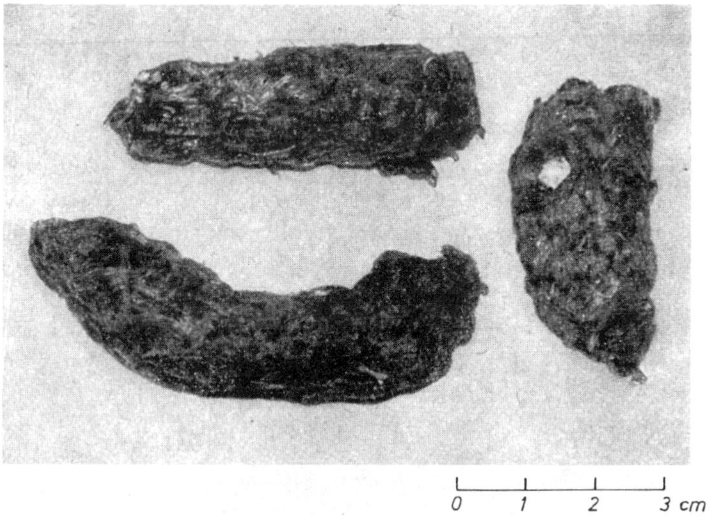

Abb. 21. Gewölle der Sumpfohreule. Inhalt: Mäusehaare und Federn von Kleinvögeln

Uhu (*Bubo bubo* [L.])

Seiner Größe entsprechend können die Gewölle beachtliche Maße erreichen und enthalten recht große Knochen. Die Gewölle des Seeadlers haben etwa die gleiche Größe, wiewohl er den Uhu an Größe bei weitem übertrifft.

UTTENDÖRFER erwähnt ein Gewöll von 18 cm Länge. Als Sonderfall wurde festgestellt: das ganze Bein einer Rabenkrähe vom Oberschenkel bis zu den Krallen in fast gestreckter Lage, dazu eine ganz verschluckte Steuerfeder, alles in allem 15 cm lang. — Nach-

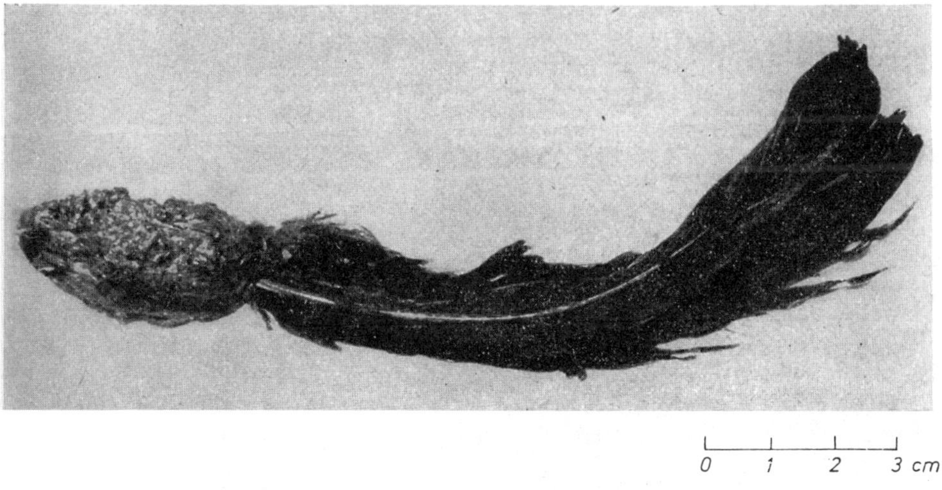

Abb. 22. Anormales Gewöll des Uhus. Gewöll mit den Steuerfedern einer Nebelkrähe. Gesamtlänge 21 cm

folgend eine Auswahl, was alles in Uhugewöllen stecken kann: ganze Ober- und Unterschenkel von Kaninchen und mittleren Hasen, Hasenbecken, ganze Hamster- und Eichhörnchenschädel, Bussardläufe mit Krallen, der Unterarm eines Habichts von 16 cm Länge, ein Waldschnepfenschädel mit dem ganzen Schnabel, die Läufe von Bleßrallen mit den langen Zehen und das Becken eines Haubentauchers. Diese ungewöhnlichen Gewölle stammen aus der Brutzeit. Die Wintergewölle, die in der Hauptsache Kleinbeute (Mäuse) enthalten, sind durchweg von normaler Größe. Die Knochen, besonders die von Vögeln, sind vielfach sehr zerbissen, wodurch die Bestimmung in Frage gestellt wird. An ungestörten Uhuplätzen ist an Rupfungen und Gewöllen viel zu finden.

Gewöllgröße: Länge bis zu 10 cm; Dicke 3,0—4,0 cm.

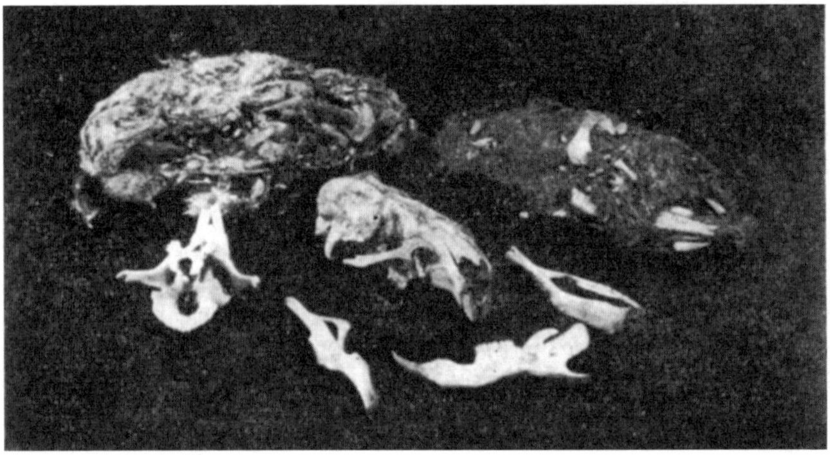

Abb. 23. Uhugewölle. Davor Hamsterschädel und -knochen, die anderen Gewöllen entnommen wurden

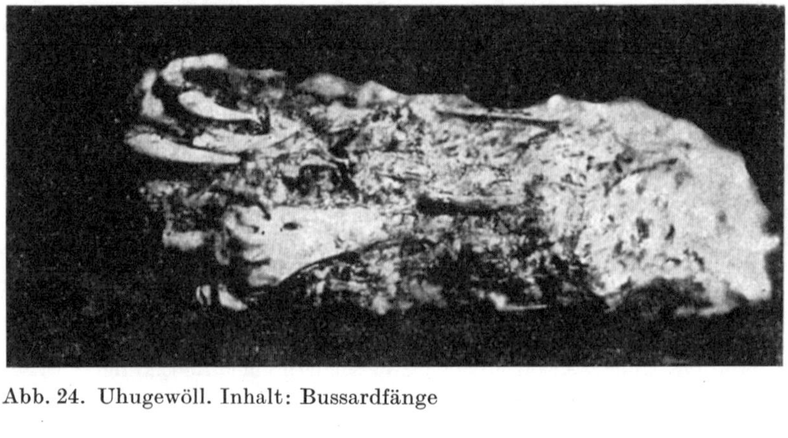

Abb. 24. Uhugewöll. Inhalt: Bussardfänge

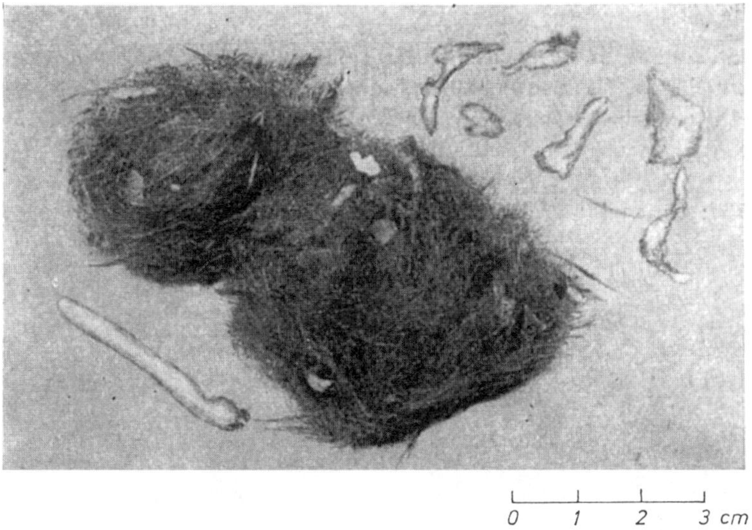

Abb. 25. Uhugewöll. Inhalt: Bauchhaare, Stacheln und Knochen des Igels sowie Fischknochen (rechts oben)

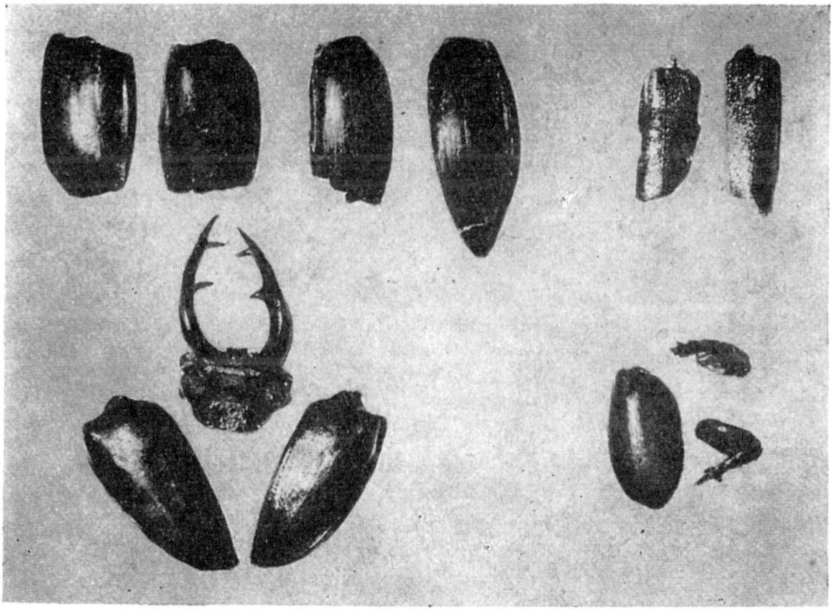

Abb. 26. Käferreste aus Uhugewöllen. Links oben — Flügeldecken des Kolbenwasserkäfers (*Hydrous piceus*), unten links — Reste des Hirschkäfers (*Lucanus cervus*). Rechts oben — Teile der Flügeldecken des Heldbockes (*Cerambyx cerdo*), rechts unten — Reste des Nashornkäfers (*Oryctes nasicornis*). Die Käferreste wurden in den Gewöllen von Uhus in Bulgarien vorgefunden

Sperbereule (*Surnia ulula* [L.])

Die Gewölle sind an ihren nordischen Brutplätzen an der Baumgrenze der Kiefer reichlich zu finden. Y. Hagen [36]: „Sie markiert damit ihren Brutbezirk." In ihrer Ernährung ist sie wohl in erster Linie auf Wühlmäuse (Erd-, Rötel- und Nordische Wühlmaus) eingestellt, daneben Lemminge und mittlere und kleine Vögel.

Gewöllgröße: Länge 4,0—7,5 cm; Dicke 2,0—2,5 cm.

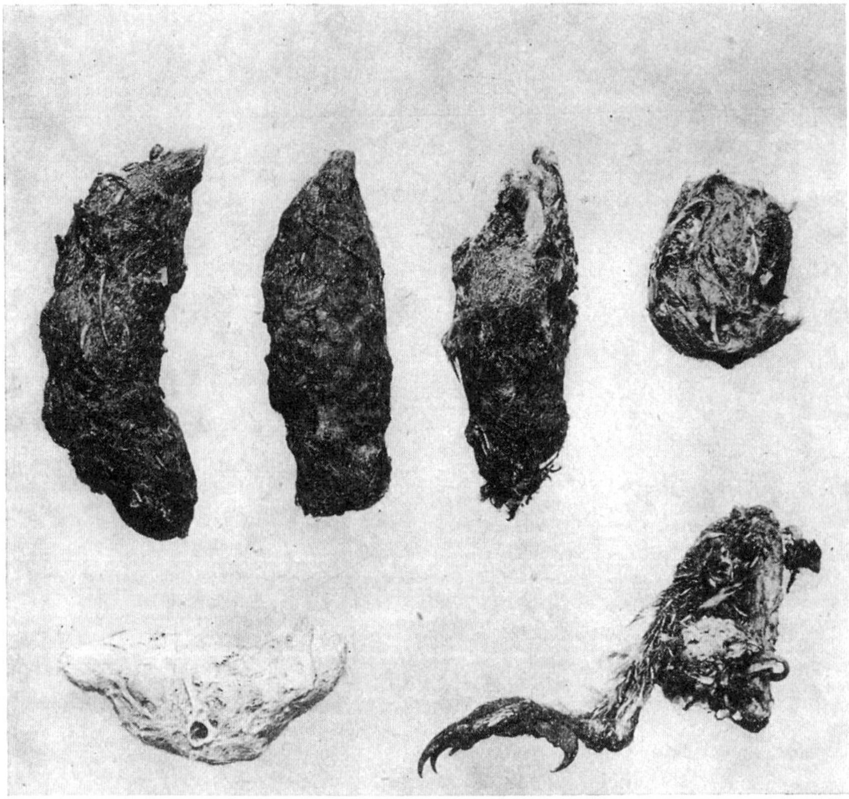

Abb. 27. Gewölle der Sperbereule. Im weißen Gewöll links unten — die Reste einer Schneemaus, rechts unten — die Reste einer verzehrten Jungeule

Schnee-Eule (*Nyctea scandiaca* [L.])

In ihrem engen Jagdgebiet der Tundra hat sie am Boden mehrere Lieblingsplätze, an denen sie die Beute zerlegt und die Gewölle ablegt. An manchen Stellen ist die Erde buchstäblich damit gepflastert. Durch die Düngung heben sich die Nistplätze mit ihrem üppigeren Graswuchs von der Umgebung ab. Hauptbeute sind Lemminge, daneben Erdmäuse, auch zehntet die Schnee-Eule die Vogelkolonien und fängt Fische. Y. Hagen [38] bemerkt über die Gewölle: „Das stärkste Gewöll (15,3 × 3,9 cm) enthielt 9 Lemminge und eine Käferlarve, das kleinste (5,5 × 3,2 cm) 2 Lemminge."

Gewöllgröße: Länge 5,6—15,3 cm, Durchschnitt 9,2 cm; Dicke 2,6—4,0 cm, Durchschnitt 3,3 cm.

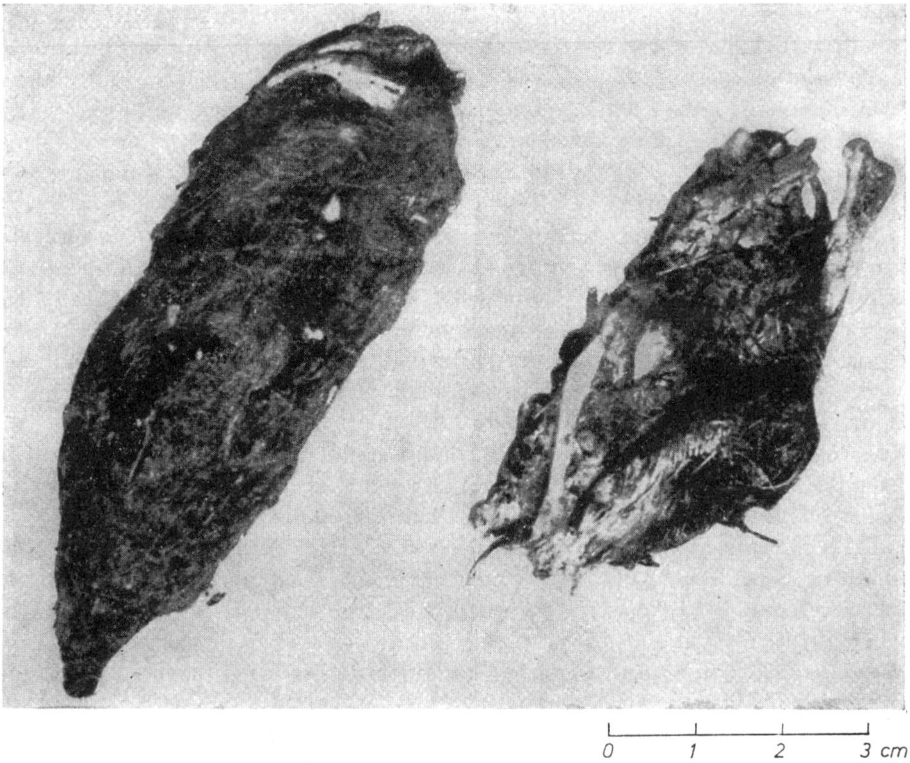

Abb. 28. Gewölle der Schnee-Eule. Im linken Gewöll Reste zweier Lemminge und einer Erdmaus, im rechten Gewöll Teile eines Schneehuhns

Bartkauz (*Strix nebulosa* Forster)

Über Ernährung und Brutbiologie dieser Eulenart wurden in Finnland in den letzten Jahren gründliche Forschungen angestellt (Mikkola [68]). Die Gewölle sind im Durchschnitt 63 cm lang, 29 cm hoch und 25 cm breit.

Die Ernährung besteht hauptsächlich aus Kleinsäugern (Nager und Spitzmäuse). Die Erdmaus ist mit 66,2% das häufigste Beutetier.

Vögel — meist nur von Buchfinkengröße — spielen in der Ernährung nur eine geringe Rolle und machen etwa 1% der Gesamtbeute aus.

Hinweise für den Gewöllsucher

Wo sind Gewölle zu finden? Darüber können keine festen Regeln angegeben werden. Das Leben in der Natur äußert sich, auch in der Wahl des Reviers und des Nistplatzes, in aller Vielfalt und zeigt, daß keine Regel ohne Ausnahmen ist. So kennen wir beispielsweise den Wanderfalken als Fels- und Baumbrüter, in der nordischen Landschaft dagegen mitunter als Bodenbrüter. Mannigfach sind die Unterschlupfe, in denen der Waldkauz seine Brut aufzieht. Mit der eingehenden Kenntnis über die Gewohnheiten der Greifvögel und Eulen lernt man nach und nach die Stellen kennen, an denen Gewölle zu erwarten sind. Nur der wird finden, der keine Mühe scheut — ein rechtes Betätigungsfeld für Waldläufer und Spurensucher.

Bei der Waldohreule wurde bereits darauf hingewiesen, daß an ihren Überwinterungsplätzen große Mengen von Gewöllen zu finden sind. Wenig Schwierigkeiten bereitet die Schleiereule, da sie gern in Kirchtürmen und in alten Scheunen haust und brütet. Dem Waldkauz ist, wiewohl er auch die Nähe der menschlichen Behausungen aufsucht, oftmals schwer beizukommen.

Den größten Erfolg verspricht die Nachsuche am Horst. Um die Lage des Horstbezirkes zu erkunden, ist es zweckmäßig, sich ins Gelände zu legen, den Flug der Vögel zu beobachten und festzustellen, wo die Greifvögel in den Wald niedertauchen. Meist wird uns so der engere Bereich verraten. Andere Anzeichen wie stärkere Kalkung, Mauserfedern, verstreute Rupfungsfedern und die Warnrufe der Horstvögel führen bei geduldiger Nachsuche zum Horst hin. Wichtig ist, sich nach Mauserfedern umzusehen. Durch sie ist die Art sicherer festzustellen als an Hand umherliegender Gewölle. Obiges gilt für die Greifvögel. Bei den Eulen hingegen kommt häufiges nächtliches Verhören in Betracht, um ihre Plätze auszumachen. Dem Rätschen der Eichelhäher und dem Schnärren der wachsamen Misteldrosseln ist besondere Aufmerksamkeit zu schenken; sie können im Wald Richtungsweiser sein. Ebenso machen Krähen auf Greifvögel und besonders auf Eulen aufmerksam. Auch die hohen und durchdringenden Bettelrufe der Jungen leiten zum Horst hin. An Grenzsteinen, unter Pfählen im weiten Wiesenland, unter Signalzeichen auf Erdwällen und -dämmen, auf alten Heu- und Schilfhaufen liegen oftmals Gewölle. Diese Stellen werden als Ausguck und Ruheplatz gern besucht, bei welcher Gelegenheit die Speiballen abgelegt werden.

Anschließend folgt eine Übersicht über die Gewöllfundorte in der mitteleuropäischen Landschaft.

Fundorte von Gewöllen:

Im Wald (Park)	Waldkauz
In Feldgehölzen und an Waldrändern (Stangenhölzer)	Waldohreule
In Ortschaften (Kirchen, alten Scheunen und Gebäuden, aufgelassenen Steinbrüchen in Dorfnähe)	Schleiereule Steinkauz Turmfalk
An Waldrändern und -lichtungen	Mäusebussard, Rotmilan u. a. Greifvögel
Steilwände im Bergland	Wanderfalk und Uhu

Andererseits gibt es auch Überraschungen. So richtet sich der Waldkauz öfter in Gebäuden ein, und wir finden die Gewölle der Schleiereule, die doch fast durchweg Gebäudebrüterin ist, unter alten Bäumen, Koniferengruppen und in Fichtendickungen.

An manchen Plätzen liegen Kombinationen vor. Dazu ein Fall aus dem „Mäusejahr" 1949: In der weiten Feldflur steht ein einzelner Wildbirnbaum. Es führte mich zu ihm hin, weil auf den äußersten Zweigen ein Raubwürger wippte, der dann in Bogenlinien abstrich. Dort am Hang unterm Baum lag eine Menge von Gewöllen, die nach ihrer Herkunft bestimmt wurden: die großen und dichtgefilzten stammten vom Mäusebussard die kleineren vom Turmfalken und die vielen kleinen vom Raubwürger. Fast alle Gewölle enthielten Feldmäuse. Die nahe Kleebrache war von Mäusen zerwühlt. Dort sah ich oft die Mäusebussarde jagen; an einzelnen Tagen auch einen Rauhfußbussard. Nachts werden sich an diesem Wildbirnbaum der Waldkauz aus dem nahen Grunde und die Waldohreulen eingefunden haben. Ihre Gewölle legten diese allerdings an anderen Stellen ab. Zwischen den Gewöllen lagen, vom Ostwind verweht, die Federn eines Bergfinken, der hier sein Ende fand. Ein solcher Platz regt zu vielen Fragen an.

Zur Bestimmung der Knochen aus den Gewöllen

In den Gewöllen liegen die Knochen, bzw. die anderweitigen Reste der Beutetiere eingebettet. Die Knochen sind mehr oder weniger gut erhalten, am besten bei den Eulen. Dieses Material dient zur Bestimmung der Beutetiere.

Seit **1950** erschien eine Anzahl von Bestimmungsbüchern, die beim Studium gut weiterhelfen. Ich nenne folgende: F. Baumann „Die freilebenden Säugetiere der Schweiz" [7], E. Mohr „Die freilebenden Nagetiere Deutschlands und der Nachbarländer" [70], G. Gaffrey „Die Schädel der mitteleuropäischen Säugetiere" [26], E. Stresemann „Exkursionsfauna von Deutschland. Wirbeltiere" [100], van den Brink „Die Säugetiere Europas" [13] und K. Zimmermann „Taschenbuch unserer wildlebenden Säugetiere" [112]. Diese Bücher sind eine Grundlage für ein intensiveres Studium dieses Stoffes. Das Zerlegen der Gewölle schärft den Blick für die einzelnen Bestimmungsmerkmale.

Je nach der Funktion entwickeln sich Form und Bau der Knochen. Ein kletterndes Tier hat andere Gliedmaßen als ein Läufer, ein Schwimmer andere als ein Flieger. Neben diesen Skelettunterschieden prägten sich Differenzierungen am Schädel und im besonderen am Gebiß aus. Darüber wird später noch eingehend die Rede sein.

Bei den Gewölluntersuchungen sind Fehlschläge und Enttäuschungen unvermeidbar. Die Knochenreste sind nicht immer so erhalten, wie es wünschenswert wäre, die Schädel und Unterkiefer sind zertrümmert, und die Zähne sind ausgefallen. Die Schädel mancher Arten, insbesondere der „Echten Mäuse", sind wegen ihrer Zartheit überaus empfindlich und zerbrechen leicht. Bei manchen Arten (Spitzmäuse, Fledermäuse, Zwerg- und Birkenmaus) sind die Kiefer so winzig, daß sie beim Auseinandernehmen der Gewölle leicht übersehen werden. Somit ist höchste Sorgsamkeit geboten, um solche Fehlerquellen auszuschalten.

Unter Berücksichtigung des Umstandes, daß beim Zerlegen der Gewölle leicht Beschädigungen eintreten und kleine Teile verlorengehen, möchte ich auf eine neue Methode der Gewöllbehandlung hinweisen, die von Dr. Becker [9] entwickelt wurde. Sie beruht auf der Zersetzung des Keratins (Haare, Federn) durch Bariumsulfid. Allerdings besteht dabei die Gefahr, daß die Zähne ausfallen. Dem kann man jedoch damit begegnen, daß man die Knochenreste mit Glycerin behandelt. Mit dieser Methode wird das zeitraubende Auseinandernehmen der Gewölle vereinfacht und das Zerbrechen der zarten Schädel vermieden.

Noch ist darauf hinzuweisen, daß die Gliedmaßenknochen erwachsener Tiere ein anderes Bild zeigen als die der jungen. Beim erwachsenen Tier sind die Gelenkköpfe mit dem Knochen fest verwachsen (ebenso sind die Nähte der einzelnen Schädelknochen nicht mehr sichtbar). Beim jungen Tier lösen sich die Gelenkköpfe leicht ab oder fehlen auch im Gewöll (Abb. 29).

Es werden in den folgenden Ausführungen vor allem die Hauptmerkmale herausgestellt, um ein rascheres Arbeiten zu ermöglichen. Sofern die betreffenden Partien fehlen, müssen andere Merkmale herangezogen werden, um den Artnachweis erbringen zu können.

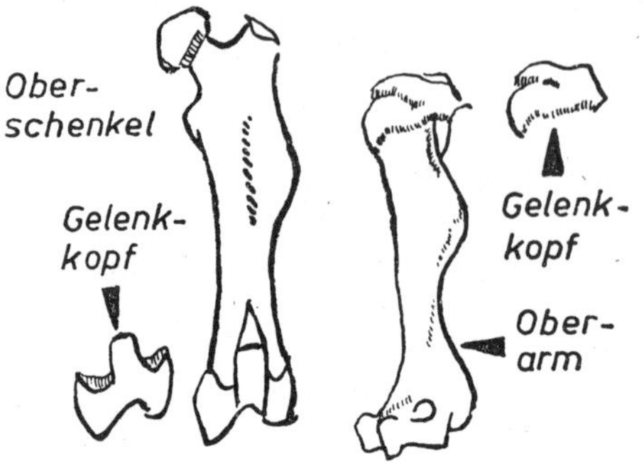

Abb. 29. Gelenkköpfe von Oberschenkel und Oberarm der Bisamratte

Schädel und Gebiß

Die Schädelform und das Gebiß haben für die Bestimmung der Gattungen und Arten eine hervorgehobene Bedeutung.

Die Schädelteile sind aus der Abbildung 85 ersichtlich. Die Einzelteile sind bei jungen Tieren gut zu erkennen; im Alter verwachsen die Nähte.

Es werden folgende Zahntypen unterschieden:

1.	Schneidezähne (Incisivi)	I
2.	Eckzähne (Canini)	C
3.	Lückenzähne (Praemolaren)	P
4.	Backenzähne (Molaren)	M

Bei manchen Gruppen fehlen im Gebiß Zähne. Letztere büßten ihren Funktionswert ein und wurden zurückgebildet. So zeigt das Gebiß der Nager eine Zahnlücke (Diastema) zwischen den Schneide- und Backenzähnen. Das Eichhörnchen hat die Zahnformel $\frac{1\,0\,2\,3}{1\,0\,2\,3}$ (0 = Zahnlücke). Die Zahnformel dient zur Festlegung der Gebißform. Der Steinmarder hat die Zahnformel $\frac{3\,1\,4\,1}{3\,1\,4\,2} = 38$ Zähne.

Über dem Bruchstrich stehen die Zähne des Oberkiefers, darunter die des Unterkiefers, und zwar die einer Schädelhälfte. Die Reihenfolge der Zähne von links nach rechts ist: Schneide-, Eck-, Lücken- und Backenzähne. Der Steinmarder hat nach dieser Formel im Oberkiefer 3 Schneide-, 1 Eck-, 4 Lücken- und 1 Backenzahn, im Unterkiefer 3 Schneide-, 1 Eck-, 4 Lücken- und 2 Backenzähne. Der Oberkiefer hat auf jeder Seite 9 Zähne (18), der Unterkiefer 10 (20), also insgesamt 38 Zähne. Zur Kennzeichnung der Oberkieferzähne wird die betreffende Zahl hochgestellt — I^2 (2. Schneidezahn des Oberkiefers); zur Kennzeichnung der Unterkieferzähne tiefgestellt — I_2 (2. Schneidezahn des Unterkiefers).

Außer der Zahnformel wird die Zahnreihenlänge angegeben. Sind die Zähne bei einem halbwüchsigen Tier vollständig durch das Zahnfleisch hindurchgebrochen und bewurzelt (das Gebiß ist im Gebrauch!), so sind die Zähne fertige Gebilde, die nicht mehr wachsen. Die Zahnreihenlänge ist dann dieselbe wie bei einem erwachsenen Stück und verändert sich kaum noch. Die Zähne können aber durch Abnutzung an Masse verlieren. Somit ist die Zahnreihenlänge eine brauchbare Bestimmungshilfe. An der Größe der Zahnreihe kann in vielen Fällen eine Einstufung der Arten vorgenommen werden. — Die Zahnreihenlänge wird nicht an den Kronen, sondern an den Wurzeln gemessen. Der hintere Punkt ist der hintere Rand des letzten Backenzahnes, der vordere ist bei einzelnen Gruppen verschieden. Zu den Zeichnungen der Kauflächen ist folgendes zu bemerken: Die Bezeichnung rechts und links erfolgt von der Ansicht der Kaufläche her, nicht von der Schädelaufsicht. Beim Oberkiefer kommt die rechte Zahnreihe auf der Zeichnung links zu liegen und umgekehrt. Bei den Zahnreihen des Unterkiefers ändert sich nichts, sie behalten auf der Zeichnung ihre Rechtslinks-Lage.

Bestimmungsmerkmale am Schädel und an den Knochen

Säuger

Insektenfresser

Maulwurf (*Talpa europaea* L.)

Zahnformel: $\frac{3\,1\,4\,3}{3\,1\,4\,3} = 44$ Z Zahnreihenlänge: $\frac{11{,}4-13{,}8}{12{,}0-14{,}0}$

Langer Schädel wie die Spitzmäuse. Die Eckzähne treten stark hervor. Die Schneidezähne sind ungefähr gleich groß. — Von den Gliedmaßenknochen sind die kräftig ausgebildete Elle und der plattenförmige Oberarm artbestimmend.

Der **Blindmaulwurf** (*Talpa caesia* Savi) kommt in Südeuropa vor und ist der vorigen Art sehr ähnlich. Sichere Unterscheidungsmerkmale am Schädel und Gebiß sind jedoch nicht bekannt.

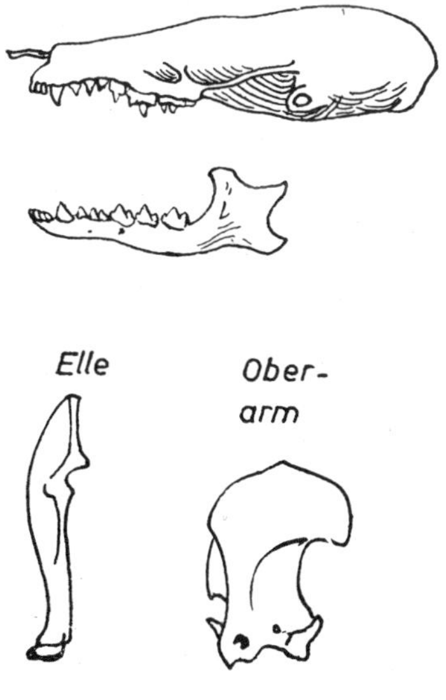

Abb. 30. Schädel, Elle und Oberarm des Maulwurfs

Igel (*Erinaceus europaeus* L.)

Zahnformel: $\frac{3\,1\,2\,3}{3\,1\,2\,3} = 36$ Z Zahnreihenlänge: $\frac{26{,}8-31{,}6}{21{,}2-25{,}0}$

Die Eckzähne treten nicht stark hervor. Die beiden mittleren Schneidezähne im Ok und Uk sind weit kräftiger als die folgenden. — Die Gliedmaßenknochen sind derb und kräftig.

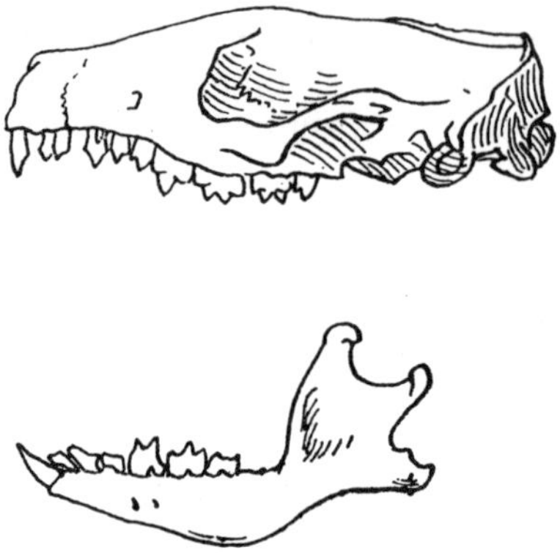

Abb. 31. Schädel des Igels

Fledermäuse

Bei der nicht gerade leichten Bestimmung ist auf die Schädelform und die Zahnmerkmale zu achten. In Mitteleuropa kommen 21 Fledermausarten vor. Die Schädel in den Gewöllen sind nicht immer gut erhalten, und die Zähne sind ausgefallen, wodurch die Bestimmung erschwert wird. Zuerst ist die Zahl der Zähne festzustellen, um den Fund in eine der 5 Gruppen einreihen zu können (siehe Übersicht Seite 28—29). Die arttypischen Merkmale sind in der Beschreibung der einzelnen Arten angegeben.

Gruppe I, Zahnformel $\frac{1\,1\,2\,3}{2\,1\,3\,3} = 32$ Z

Schädelprofil der Hufeisennasen: das Nasenbein ist blasenförmig aufgetrieben, der Schnauzenteil ist flach.

Abb. 32. Schädel und Gebiß der Breitflügelfledermaus

Zahnformel: $\frac{2\,1\,1\,3}{3\,1\,2\,3} = 32$ Zähne

Oberkiefer:	Unterkiefer:
2 Schneidezähne (Incisivi)	3 Schneidezähne
1 Eckzahn (Caninus)	1 Eckzahn
1 Lückenzahn (Praemolar)	2 Lückenzähne
3 Backenzähne (Molaren)	3 Backenzähne

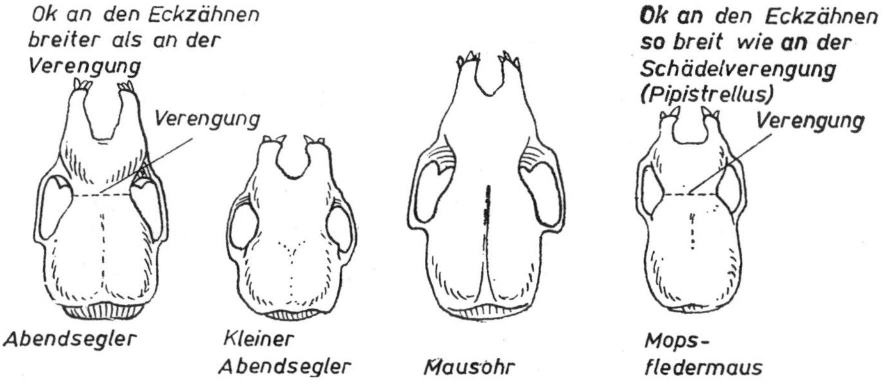

Abb. 33. Oberschädel von Fledermäusen (Schädelaufsicht)

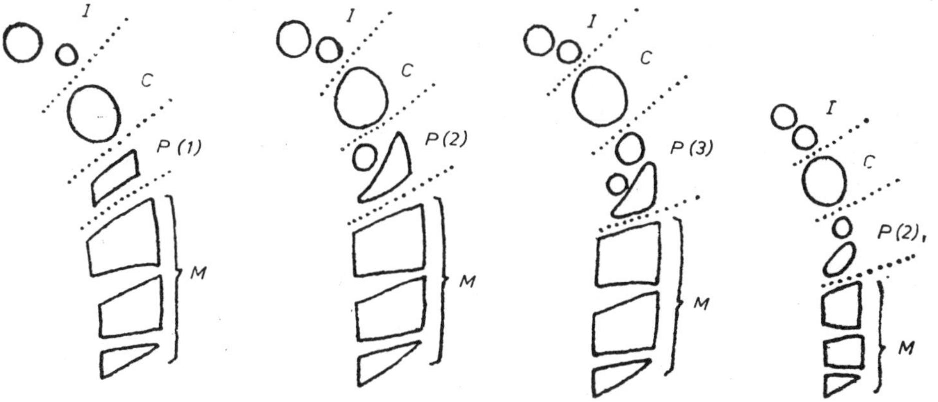

Abb. 34. Zahnschema der Oberkiefer von Fledermäusen (Aufsicht auf die Kaufläche)

Abb. 35. Schädelprofil der Kleinhufeisennase. Das Nasenbein ist blasenförmig aufgetrieben, der Schnauzenteil flach

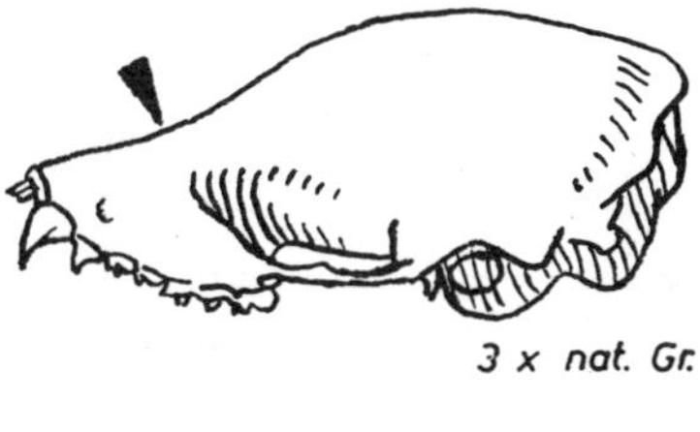

Abb. 36. Schädelprofil der Mopsfledermaus. Der Schnauzenteil ist flach, das Schädeldach hinter der Nasenöffnung gewölbt

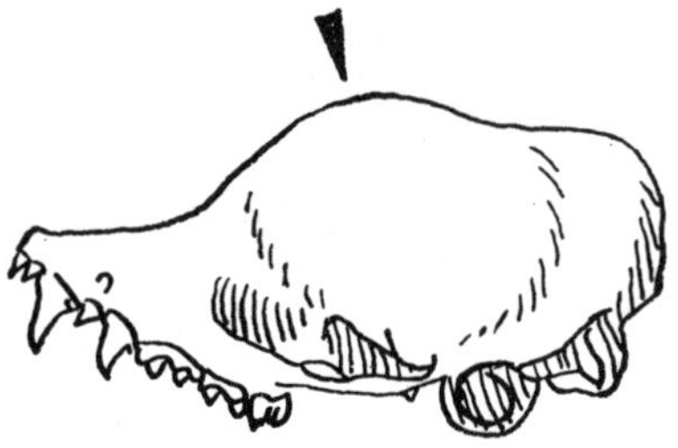

Abb. 37. Schädelprofil der Langflügelfledermaus. Die Schädellinie weist einen Knick auf und ist in der Stirngegend stark aufgewölbt

Abb. 38. Schädelprofil des Abendseglers. Die Profillinie bildet fast eine Gerade. Der Schnauzenteil ist nicht aufgewölbt

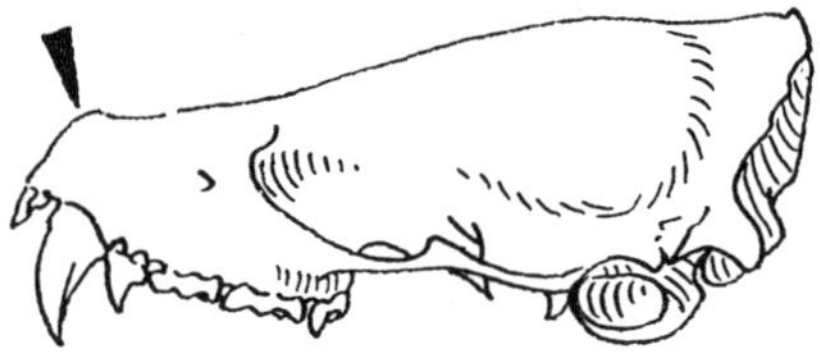

Abb. 39. Schädelprofil der Breitflügelfledermaus. Das Schädeldach ist flach, aber der Schnauzenteil aufgewölbt

Tabelle 1. Zahnformeln und Zahnreihenlängen bei Fledermäusen

		Zahnformel	Zahnreihenlänge	
Gruppe I, 32 Zähne				
1. Großhufeisennase	(*Rhinolophus ferrum-equinum* [Schreber])	1 1 2 3 / 2 1 3 3	8,2–8,8 / 8,8–9,3	g
2. Kleinhufeisennase	(*Rhinolophus hipposideros* [Bechstein])		5,2–5,6 / 5,4–5,8	k
Gruppe II, 32 Zähne				
1. Nordfledermaus	(*Eptesicus nilssoni* [Keyserling & Blasius])	2 1 1 3 / 3 1 2 3	5,0–5,8 / 5,4–6,2	k
2. Breitflügelfledermaus	(*Eptesicus serotinus* [Schreber])		7,4–8,2 / 8,2–9,0	g
3. Zweifarbfledermaus	(*Vespertilio discolor* Natterer)		5,0–5,5 / 5,4–5,9	m
Gruppe III, 34 Zähne				
1. Mopsfledermaus	(*Barbastella barbastellus* [Schreber])	2 1 2 3 / 3 1 2 3	4,5–4,8 / 4,8–5,2	k
2. Abendsegler	(*Nyctalus noctula* [Schreber])		6,7–7,5 / 7,1–8,0	g
3. Kleinabendsegler	(*Nyctalus leisleri* [Kuhl])		5,8–6,0 / 6,0–6,2	m
4. Zwergfledermaus	(*Pipistrellus pipistrellus* [Schreber])		4,0–4,3 / 4,2–4,8	k
5. Rauhhautfledermaus	(*Pipistrellus nathusii* [Keyserling & Blasius])		4,4–5,0 / 4,6–5,1	k
6. Alpenfledermaus	(*Pipistrellus savii* [Bonaparte])		4,6–4,8 / 5,0–5,2	k

Tabelle 1. (Fortsetzung)

Gruppe IV, 36 Zähne		Zahnformel	Zahnreihenlänge	
1. Braunes Langohr	(*Plecotus auritus* [L.])	$\frac{2\,1\,2\,3}{3\,1\,3\,3}$	$\frac{4{,}8-6{,}1}{5{,}2-6{,}6}$	k
2. Graues Langohr	(*Plecotus austriacus* [Fischer])			k
3. Langflügelfledermaus	(*Miniopterus schreibersi* [Kuhl])		$\frac{5{,}6-6{,}0}{6{,}0-6{,}5}$	m

Gruppe V, 38 Zähne		Zahnformel	Zahnreihenlänge	
1. Mausohr	(*Myotis myotis* [Borkhausen])	$\frac{2\,1\,3\,3}{3\,1\,3\,3}$	$\frac{9{,}6-10{,}6}{10{,}2-11{,}2}$	g
2. Bechsteinfledermaus	(*Myotis bechsteini* [Kuhl])		$\frac{6{,}8-7{,}0}{7{,}2-7{,}6}$	k
3. Wimperfledermaus	(*Myotis emarginatus* [Geoffroy])		$\frac{6{,}2-6{,}4}{6{,}8-7{,}0}$	k
4. Bartfledermaus	(*Myotis mystacinus* [Kuhl])		$\frac{4{,}9-5{,}4}{5{,}2-5{,}8}$	k
5. Fransenfledermaus	(*Myotis nattereri* [Kuhl])		$\frac{5{,}6-6{,}2}{6{,}0-6{,}6}$	k
6. Teichfledermaus	(*Myotis dasycneme* [Boie])		$\frac{6{,}0-6{,}5}{6{,}6-7{,}0}$	m
7. Wasserfledermaus	(*Myotis daubentoni* [Kuhl])		$\frac{5{,}0-5{,}4}{5{,}3-5{,}8}$	k

Anmerkung: Zur raschen Orientierung wurde am rechten Rand eine Übersicht über die Körpergröße gegeben. g = große Art, m= mittlere Art, k = kleine Art.

Kleinhufeisennase (*Rhinolophus hipposideros* [Bechstein])

P^1 ist halb so hoch wie P^2, höher als der hintere Kronrand von C^1; er steht in einer Reihe mit den Backenzähnen — P_2 ragt etwas über den Kronrand von P_1 und P_3 hinaus und ist etwas nach außen gedrängt.

Großhufeisennase (*Rhinolophus ferrum-equinum* [Schreber])

P^1 ist sehr klein und aus der Zahnreihe nach außen gedrängt (C^1 und P^2 berühren einander). — P_2 ist winzig klein, steigt nicht bis zur Höhe des Kronrandes von P_1 und P_3 auf und ist nach außen gedrängt (P_1 und P_3 berühren einander).

Die Großhufeisennase ist nur im Süden und Westen der BRD häufiger anzutreffen.

Gruppe II, Zahnformel $\frac{2\,1\,1\,3}{3\,1\,2\,3} = 32$ Z

Nordfledermaus (*Eptesicus nilssoni* [Keyserling & Blasius])

Die Profillinie bildet fast eine Gerade.

I^1 wenig länger und im Querschnitt wenig stärker als I^2. P_1 etwas niedriger und im Querschnitt fast so stark wie P_2.

Breitflügelfledermaus (*Eptesicus serotinus* [Schreber])

Die Profillinie bildet fast eine Gerade. I^1 über doppelt so lang und im Querschnitt über doppelt so stark wie I^2. P_1 ungefähr halb so hoch und im Querschnitt gut halb so stark wie P_2.

Zweifarbfledermaus (*Vespertilio discolor* Kuhl)

Der Schnauzenteil ist hinter der Nasenöffnung konkav. I^1 ist zweispitzig, über doppelt so lang und im Querschnitt über doppelt so stark wie I^2. P_1 gut halb so hoch und im Querschnitt gut halb so stark wie P_2. Die Schneiden der unteren Schneidezähne berühren sich an den schmalen Kanten.

Gruppe III, Zahnformel $\frac{2\,1\,2\,3}{3\,1\,2\,3} = 34$ Z

Mopsfledermaus (*Barbastella barbastellus* [Schreber])

Die Profillinie ist in der Stirngegend ziemlich stark aufgewölbt, der Schnauzenteil flach. Der Ok ist an den Eckzähnen — in Aufsicht — so breit wie an der Verengung zwischen den Augenhöhlen. P^1 sehr klein, ganz nach innen gedrängt (C^1 berührt P^2). Zahnschema wie beim Abendsegler.

Abendsegler (*Nyctalus noctula* [Schreber])

Die Schädellinie bildet eine Gerade. Die Nasenöffnung geht weit nach hinten, halbwegs bis zur Schädelverengung zwischen den Augenhöhlen. Der Ok ist an den Eckzähnen breiter als an der Schädelverengung.
I^2 ist doppelt so stark wie I^1.
P^1 ist sehr klein, nach innen gedrängt und von außen nicht sichtbar.

Kleinabendsegler (*Nyctalus leisleri* [Kuhl])

Der Schädel ist von oben gesehen zwischen den Augenhöhlen wenig eingeschnürt, die Stirn breit.
I^2 im Querschnitt ungefähr so stark wie I^1. C^1 ist annähernd doppelt so lang wie C_1. P^1 ist nach innen gedrängt, so daß C^1 und P^2 sich berühren. P^1 ist von außen nicht oder nur wenig sichtbar.
Die Schneiden der unteren Schneidezähne stehen in Richtung des Kiefers.

Zwergfledermaus (*Pipistrellus pipistrellus* [Schreber])

Der Schnauzenteil ist im Gegensatz zur Mopsfledermaus im Profil gewölbt. Die Nasenöffnung erreicht nicht die halbe Länge von ihrem Vorderrand bis zur Schädelverengung. Der Ok ist an den Eckzähnen ungefähr ebenso breit wie an der Schädelverengung (dies gilt für alle Arten der Gattung *Pipistrellus*). P^1 ist klein und auf die Innenseite des Kiefers gedrängt.

Rauhhautfledermaus (*Pipistrellus nathusii* [Keyserling & Blasius])

P^1 ist gut entwickelt, von außen sichtbar und kaum aus der Zahnreihe herausgedrängt. Der innere Kronrand von C_1 reicht nur bis zum unteren Drittel der Zahnhöhe hinauf. I^1 ist zweispitzig, die äußere Spitze etwas niedriger als I^2 (P_2 mit zwei Wurzeln).

Alpenfledermaus (*Pipistrellus savii* [Bonaparte])

P^1 ist winzig, oft fehlend, von außen nicht sichtbar.

Gruppe IV, Zahnformel: $\frac{2\,1\,2\,3}{3\,1\,3\,3} = 36$ Z

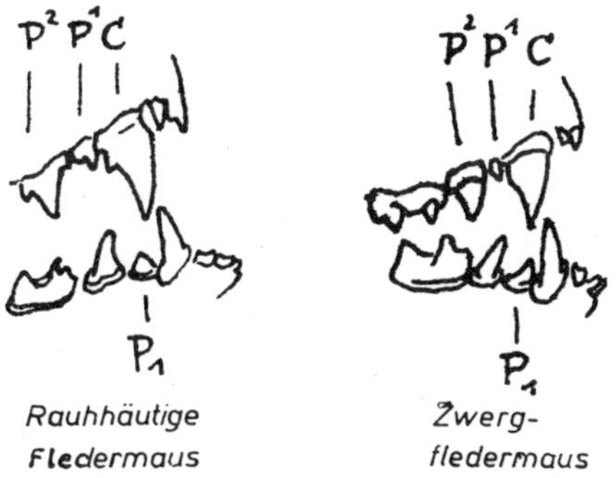

Abb. 40. Gebiß der Zwergfledermaus und der Rauhautfledermaus

Abb. 41. Gebiß der Alpenfledermaus

Braunes Langohr (*Plecotus auritus* [L.])

Die Profillinie ist flachbogig, wenig gewölbt, ähnlich der Mopsfledermaus. P^1 im Durchschnitt kaum $^1/_3$ so stark wie P^2 (eine Wurzel). P_2 kleiner als P_1, im Querschnitt etwa halb so stark.

Graues Langohr (*Plecotus austriacus* [Fischer])

In den letzten Jahren wurde das Graue Langohr in Brandenburg, Sachsen, Thüringen und Sachsen-Anhalt sowie in vielen Gebieten Westdeutschlands festgestellt (Schmidt [86] und Richter [80]). P^1 steht dem C näher als dem P^2; bei *auritus* nimmt er Mittelstellung ein. Ferner ist der kleinste Abstand der Bullae tympanicae kleiner als bei *auritus*.

Langflügelfledermaus (*Miniopterus schreibersi* [Kuhl])

Das Schädelprofil weist einen Knick auf, die Stirn ist auffallend vorgewölbt. P^1 im Querschnitt mehr als halb so stark wie P^2 (drei Wurzeln). P_2 größer als P_1. I^2 fast so hoch und stark wie I^1.

Gruppe V, Zahnformel: $\frac{2\,1\,3\,3}{3\,1\,3\,3} = 38$ Z

Mausohr (*Myotis myotis* [Borkhausen])

Das Profil ist flach gewölbt, auf der Mitte des Hinterhauptes befindet sich ein Kamm. P^2 ist kaum halb so hoch und stark wie P^1. Die Spitze von P^2 ragt nicht oder nur wenig über die Kronränder von P^1 und P^3 empor. I_3 ist im Querschnitt ebenso lang wie breit und kaum halb so stark wie C_1.

Bechsteinfledermaus (*Myotis bechsteini* [Kuhl])

Die Breite der Schädelkapsel ist etwa halb so groß oder nur wenig größer als die halbe Schädellänge. Die drei Lückenzähne stehen hintereinander.
P^2 gut halb so hoch wie P^1, seine Spitze ragt über die Kronränder von P^1 und P^3 hinaus. I_3 gut halb so stark wie C_1.

Wimperfledermaus (*Myotis emarginatus* [Geoffroy])

P^2 sehr klein, etwa die halbe Höhe von P^1, von außen kaum sichtbar.

Bartfledermaus (*Myotis mystacinus* [Kuhl])

P^2 bedeutend niedriger als P^1, ragt mit seiner Spitze kaum über den Kronrand von P^3 hinaus. I_3 etwa halb so stark wie C_1.

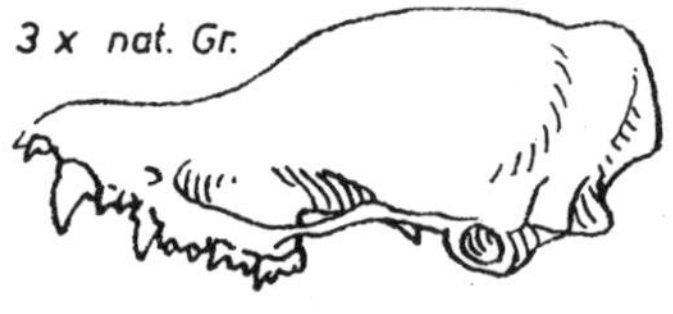

Abb. 42. Schädelprofil der Bartfledermaus

Fransenfledermaus (*Myotis nattereri* [Kuhl])

P^2 nur wenig niedriger als P^1, ragt mit seiner Spitze weit über den Kronrand von P^3 hinaus. I_3 fast ebenso stark wie C_1.

Teichfledermaus (*Myotis dasycneme* [Boie])

Breite der Schädelkapsel größer als die halbe Länge. Die oberen Backenzähne haben in der Mitte des Vorderrandes einen kleinen Höcker (Protoconulus).
P^1 und P^2 sind aus der Zahnreihe heraus nach innen gedrängt. P^2 ist sehr klein, von außen teilweise durch P^3 verdeckt (nur schräg von vorn sichtbar). I_3 ist im Querschnitt kaum länger als breit. P_2 nur wenig niedriger und schwächer als P_1.

Wasserfledermaus (*Myotis daubentoni* [Kuhl])

Sie ähnelt der Teichfledermaus. P^2 etwa halb so hoch wie P^1, ragt etwas über den Kronrand von P^3 hinaus. P_2 ist etwa halb so stark und hoch wie P_1.

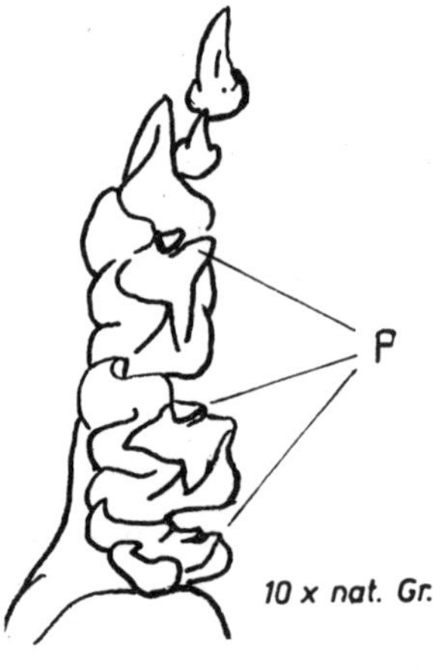

Abb. 43. Backenzahnreihe (Ok) der Wasserfledermaus.
P = Protoconulus

Spitzmäuse

Bei den rotzähnigen Arten verschwindet die rote Färbung mehr oder weniger durch die Abnutzung der Zähne. Bei den Gewöllfunden ist die Schädellänge als Bestimmungshilfe nicht zu verwerten, da die Schädel durchweg am Hinterhaupt beschädigt sind. Das Fell der Spitzmäuse ist maulwurfsartig fein und dicht.

Gattungen			
	Sorex	*Neomys*	*Crocidura*
Zahnformel	$\frac{3\,1\,3\,3}{2\,0\,1\,3}$	$\frac{3\,1\,2\,3}{2\,0\,1\,3}$	$\frac{3\,1\,1\,3}{2\,0\,1\,3}$
Zahl der Zähne	32	30	28
1. Schneidezahn UK	**drei flache Höcker**	**ein flacher Höcker**	**ohne Höcker**
Zahnspitzen	rot	rot	weiß
Arten	Wald-, Alpen- und Zwergspitzmaus	Wasser- und Sumpfspitzmaus	Feld-, Haus- und Gartenspitzmaus

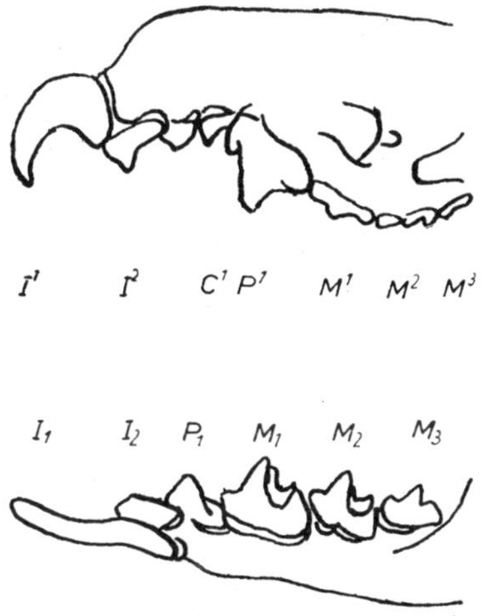

Abb. 44. Gebiß einer Feldspitzmaus. C_1 fehlt im Unterkiefer!

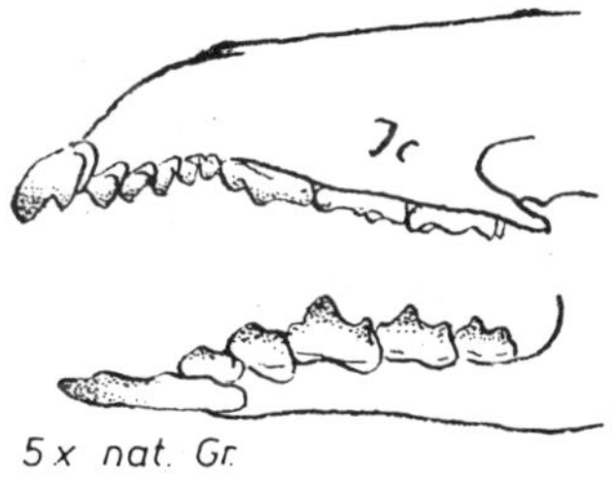

Abb. 45. Gebiß der Zwergspitzmaus

Zwergspitzmaus (*Sorex minutus* L.)

Die Knöchel sind sehr fein und zierlich; sie können beim Zerdrücken der Gewölle leicht übersehen werden. Die winzigen Maße geben bereits einen Hinweis.
P^2 halb so hoch wie die erste Spitze von P^3. P^2 ist von der Seite vollständig sichtbar. I_3 ist deutlich zweispitzig.

Zahnformel: $\frac{3\,1\,3\,3}{2\,0\,1\,3} = 32$ Z Zahnreihenlänge: $\frac{6{,}2-7{,}0}{5{,}8-6{,}6}$

Waldspitzmaus (*Sorex araneus* L.)

P^2 ist meist sehr klein, seitlich von P^3 verdeckt. Die hintere Spitze von I_3 mehr oder weniger undeutlich. Der untere Schneidezahn hat 3 Höcker.

Zahnformel: $\frac{3\,1\,3\,3}{2\,0\,1\,3} = 32$ Z Zahnreihenlänge: $\frac{8{,}0-9{,}0}{7{,}2-8{,}2}$

Alpenspitzmaus (*Sorex alpinus* Schinz)

I_2 und P_1 sind zweispitzig. I_1 mit flachen Höckern.

Zahnformel: $\frac{3\,1\,3\,3}{2\,0\,1\,3} = 32$ Z Zahnreihenlänge: $\frac{8{,}6-9{,}0}{8{,}0-8{,}4}$

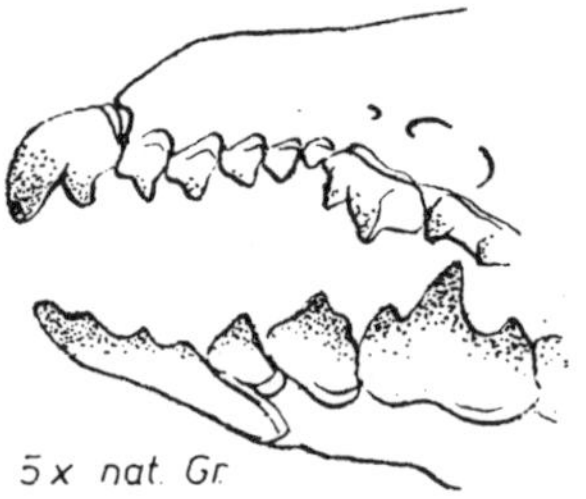

Abb. 46. Gebiß der Waldspitzmaus

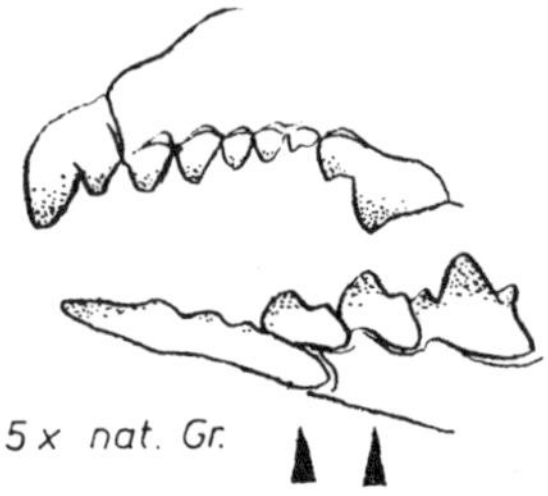

Abb. 47. Gebiß der Alpenspitzmaus

Wasserspitzmaus (*Neomys fodiens* [Pennant])

Die Wasserspitzmaus ist leicht von der Waldspitzmaus zu unterscheiden. Der untere Schneidezahn hat nur einen Höcker. Der Schnauzenteil (von der Kaufläche) ist im Vergleich zur Waldspitzmaus breiter, löffelförmiger. I^1 ist recht kräftig und wesentlich länger als I^2.

Zahnformel: $\frac{3\,1\,2\,3}{2\,0\,1\,3} = 30$ Z Zahnreihenlänge: $\frac{9{,}7-11{,}0}{8{,}9-10{,}2}$

Sumpfspitzmaus (*Neomys anomalus* Cabr.)

I^1 ist kleiner und schwächer; er steht stärker vor und ist kaum länger als I^2. Der Schädel ist stärker gewölbt als bei der Wasserspitzmaus.

Zahnformel: $\frac{3\,1\,2\,3}{2\,0\,1\,3} = 30$ Z Zahnreihenlänge: $\frac{9{,}2-10{,}1}{8{,}6-9{,}3}$

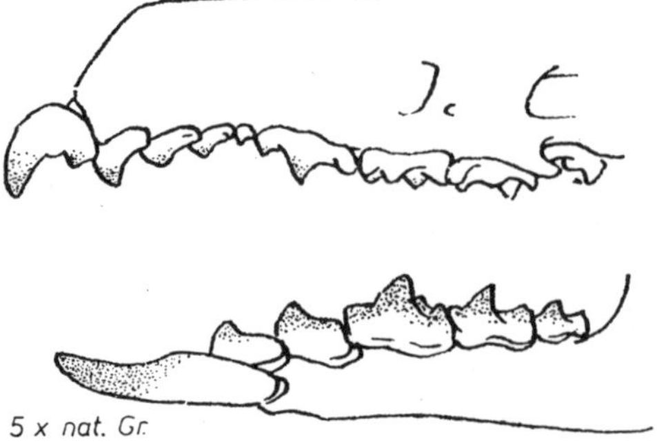

Abb. 48. Gebiß der Wasserspitzmaus

Feldspitzmaus (*Crocidura leucodon* [Hermann])

C^1 meist niedriger als die erste Spitze am Vorderrand von P^1 und als I^3. I^2 etwa halb so lang und gut halb so stark wie I^1, wesentlich kürzer als P^1.
Die Unterscheidung der Feldspitzmaus von der Hausspitzmaus am Gebiß ist nicht einfach. Kennzeichnend für die Feldspitzmaus ist der kräftige Bau der Ok-Zähne, besonders stark I^1, hingegen sind die einspitzigen Zähne des Ok besonders klein.

Zahnformel: $\frac{3\,1\,1\,3}{2\,0\,1\,3} = 28$ Z Zahnreihenlänge: $\frac{8{,}4-9{,}2}{7{,}6-8{,}6}$

Uttendörfer trennte beide Arten nicht, da seiner Meinung nach die Zahnmerkmale für eine sichere Bestimmung nicht ausreichten; er führte nur Weißzahnspitzmäuse an. Die Bestimmung beider Arten wird durch die Abnutzung der Zähne, durch das Abkauen sehr erschwert. H. Richter [80] stellt als Merkmal für eine Unterscheidung das unterschiedliche Verhältnis zwischen Länge und Höhe des Vorschädels heraus (Abb. 49).

Hausspitzmaus (*Crocidura russula* [Hermann])

C^1 ist meist ebenso hoch wie I^3 und höher als die erste Spitze am Vorderrand von P^1. I^2 ist an der Wurzel ebenso stark wie I^1 und fast so lang wie P^1.

Zahnformel: $\frac{3\,1\,1\,3}{2\,0\,1\,3} = 28$ Z Zahnreihenlänge: $\frac{7{,}9-9{,}2}{7{,}0-8{,}6}$

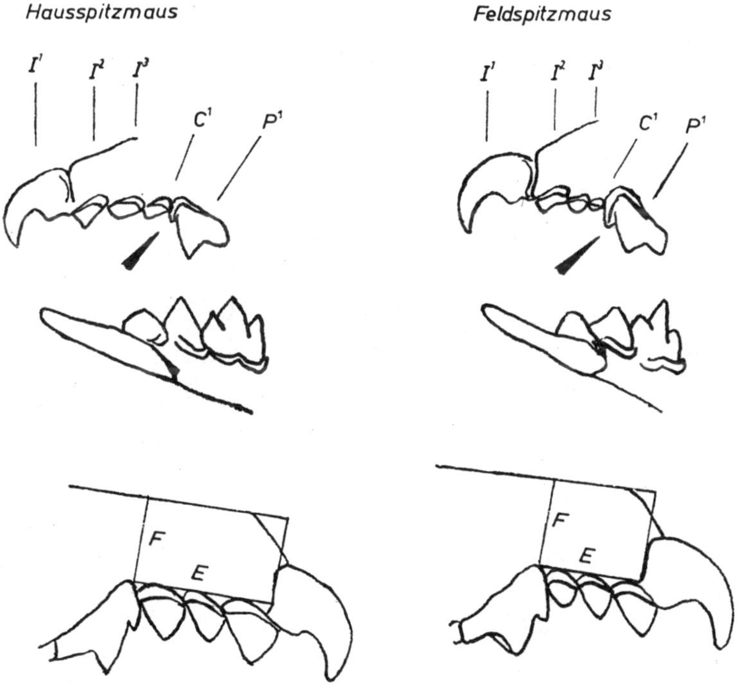

Abb. 49. Gebisse von Hausspitzmaus und Feldspitzmaus. Das Verhältnis der Länge (E) des Vorschädels zur Höhe (F) ist unterschiedlich; bei der Hausspitzmaus ist der Vorschädel länger als bei der Feldspitzmaus

Gartenspitzmaus (*Crocidura suaveolens mimula* [Pallas])

I^3, C^1 und die erste Spitze am Vorderrand von P^1 sind etwa gleich hoch. Die Maße sind kleiner als bei Feld- und Hausspitzmaus.

Zahnformel: $\frac{3\,1\,1\,3}{2\,0\,1\,3} = 28$ Z Zahnreihenlänge: $\frac{7{,}0-8{,}1}{6{,}6-7{,}4}$

Nager

Die oberen und unteren Schneidezähne sind als Nagezähne ausgebildet. Die Reißzähne (Canini) fehlen. Die Zahnreihe zeigt eine Lücke (Diastema). Die Backenzähne zerreiben und zerraspeln die Nahrung. Der Schmelzüberzug an den Nagezähnen, bei vielen Arten braun oder orangerot gefärbt, befindet sich nur an der Vorderseite. Die Abnutzung ist an dieser Stelle geringer, und die Zähne behalten dadurch ständig ihre Schärfe.

Die Reibeflächen der Backenzähne sind unterschiedlich ausgebildet; was auch der Abbildung 52 zu entnehmen ist.

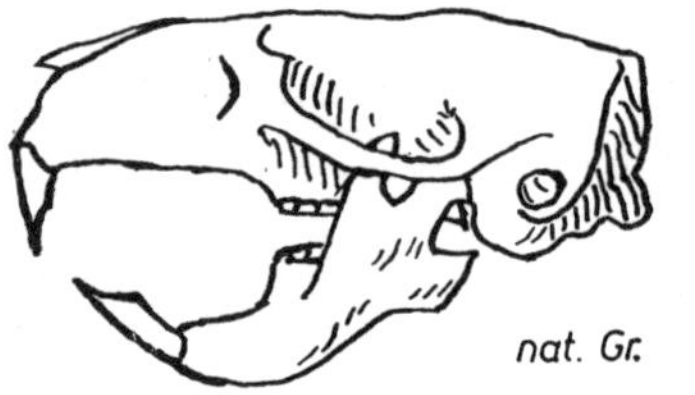

Abb. 50. Schädelprofil des Hamsters

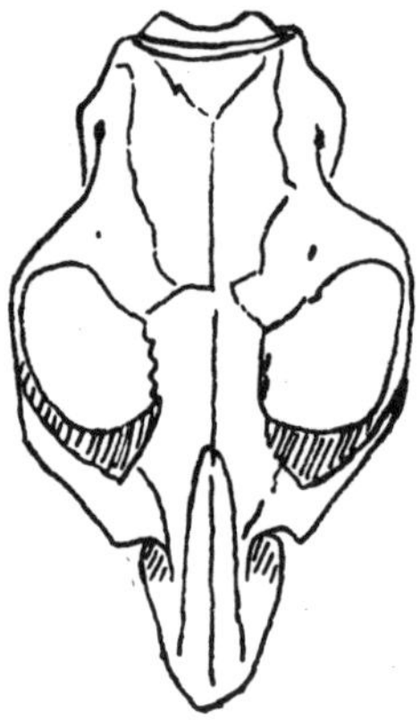

Abb. 51. Hamsterschädel, von oben gesehen

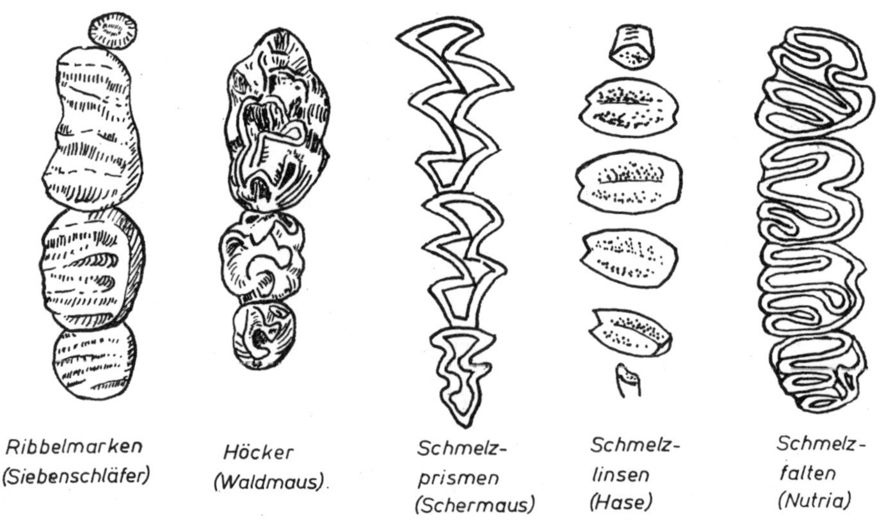

Abb. 52. Ausbildung der Kauflächen (Ok) bei verschiedenen Nagern

Eine gewisse Bestimmungshilfe bieten die Wurzellöcher (Alveolen). Sie ist aber nicht immer zuverlässig, da die Zahl und die Anordnung der Alveolen Abweichungen zeigen.

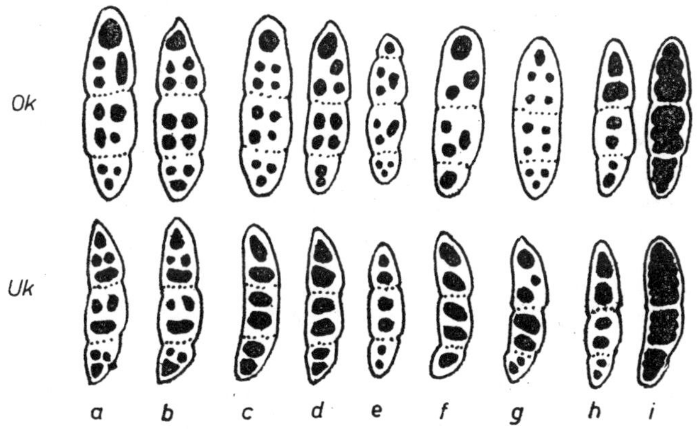

Abb. 53. Ausbildung der Alveolen bei verschiedenen Nagern
a — Hausratte, b — Wanderratte, c — Gelbhalsmaus, Waldmaus, d — Brandmaus, e — Birkenmaus, f — Hausmaus, g — Zwergmaus, h — Rötelmaus alt, i — Rötelmaus jung, alle Wühlmäuse

Hasen

Hinter den Nagezähnen des Oberkiefers sitzen Stift(Ersatz)zähne (Doppelzähner). Der Oberkiefer hat 6, der Unterkiefer 5 Backenzähne.

Wildkaninchen (*Oryctolagus cuniculus* [L.]) und **Hase** (*Lepus europaeus* Pallas)

Zahnformel: $\frac{1 + 1\ 0\ 3\ 3}{1 \quad\ 0\ 2\ 3} = 28$ Z

Zahnreihenlänge (Hase): $\frac{17{,}2-19{,}2}{18{,}6-21{,}0}$

Zahnreihenlänge (Kaninchen): $\frac{13{,}4-15{,}6}{14{,}0-16{,}2}$

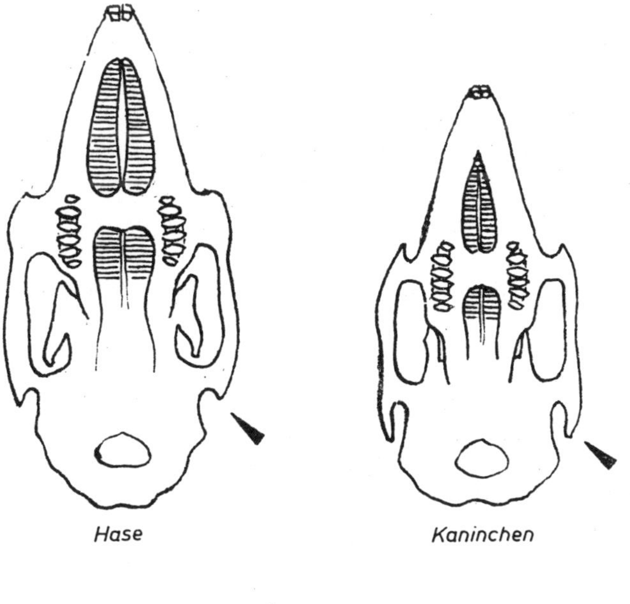

Abb. 54. Unteransicht der Schädel von Hasen und Wildkaninchen

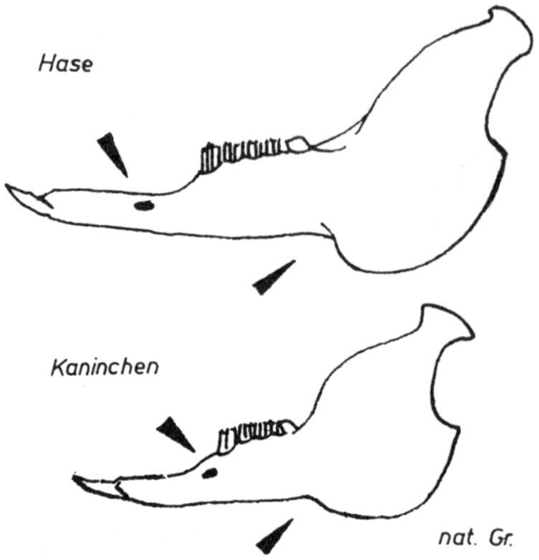

Abb. 55. Unterscheidungsmerkmale an den Unterkiefern von Hase und Wildkaninchen

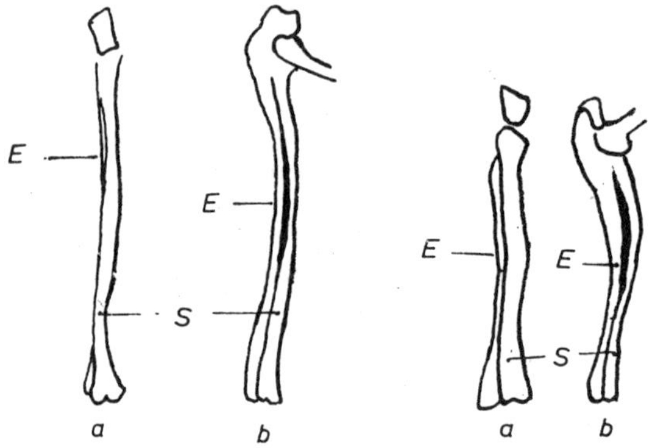

Abb. 56. Unterscheidungsmerkmale an den Unterarmknochen von Hase (links) und Wildkaninchen (rechts).
E — Elle, S — Speiche,
a — linker Unterarm von vorn
b — linker Unterarm von der Seite gesehen.
Bei den erwachsenen Stücken ist die Bestimmung nicht schwer (größere Maße beim Hasen); bei jüngeren Tieren bereitet sie oft Schwierigkeiten, so daß Vorsicht geboten ist

Beide Arten werden gemeinsam betrachtet; sie unterscheiden sich durch folgende Knochenmerkmale:

1. Knöcherner Gaumen

   Die Höhe des Knöchernen Gaumens entspricht beim Hasen der halben Breite der Gaumenöffnung. Beim Wildkaninchen sind Höhe und Breite der Gaumenöffnung gleich.

2. Fortsatz am Jochbein

   Der nach hinten gerichtete Fortsatz am Jochbein ist beim Wildkaninchen viel länger und von der Seite gesehen viel breiter.

3. Unterkiefer

   Die Nervöffnung (1 oder 2) ist beim Hasen um etwa Backenzahnbreite von den Backenzähnen abgesetzt; beim Kaninchen liegt sie unmittelbar vor dem ersten Backenzahn. Dieses Merkmal versagt beim Hasen (juv.).
   Der Einschnitt an der unteren Kieferkante ist beim Hasen fast rechtwinklig, beim Wildkaninchen stumpfwinklig.

4. Elle und Speiche

Beim Hasen, der nicht gräbt, ist die Elle dünn und schlank und viel schwächer als die Speiche. Die Elle ist größtenteils hinter dieser gelegen.
Beim grabenden Wildkaninchen erreicht die Elle fast die Stärke der Speiche und liegt neben dieser.

Schneehase (*Lepus timidus* L.)

Er weist kleinere Maße als der Feldhase auf. Der vordere Fortsatz am Stirnbein ist beim Schneehasen zurückgebildet.

Zahnformel: $\frac{1+1\,0\,3\,3}{1\quad 0\,2\,3} = 28$ Z Zahnreihenlänge: $\frac{16{,}4-17{,}8}{16{,}4-19{,}0}$

Hörnchen

Die Scheitel- und Stirnbeine sind breit, die Kauflächen weisen Höcker auf.

Eichhörnchen (*Sciurus vulgaris* L.)

Der Schädel und die Knochen sind im Vergleich zu den folgenden dünn und schlank (Kletterer und Springer – Verringerung des Gewichtes). Der Schädel ist breit, und die Stirnbeine zwischen den Augen sind nicht eingeschnürt.
P^1 ist sehr klein, oft fehlend, von außen nicht sichtbar. Die Nagezähne sind seitlich zusammengedrückt, im Querschnitt etwa doppelt so lang wie breit.

Zahnformel: $\frac{1\,0\,2\,3}{1\,0\,1\,3} = 22$ Z Zahnreihenlänge: $\frac{8{,}8-10{,}4}{8{,}7-10{,}1}$

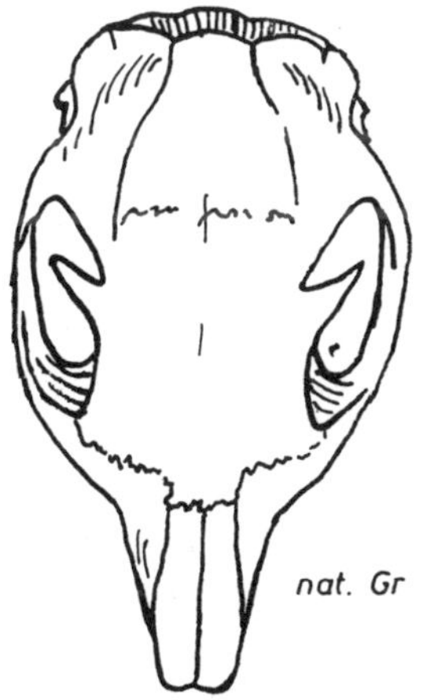

Abb. 57. Eichhornschädel, von oben gesehen

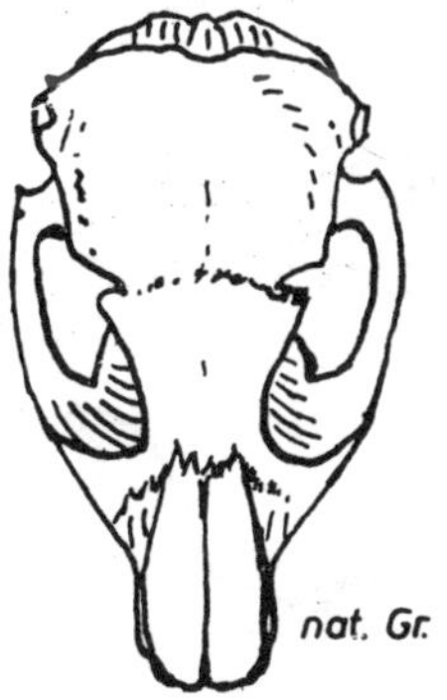

Abb. 58. Zieselschädel, von oben gesehen

Ziesel (*Citellus citellus* [L.])

Der Schädel ist weniger breit wie bei der vorigen Art. Die Stirnbeine sind schmaler als die Scheitelbeine und im Vorderteil der Augenhöhlen eingeschnürt.

Zahnformel: $\frac{1\,0\,2\,3}{1\,0\,1\,3} = 22$ Z Zahnreihenlänge: $\frac{9{,}4-10{,}4}{9{,}0-10{,}0}$

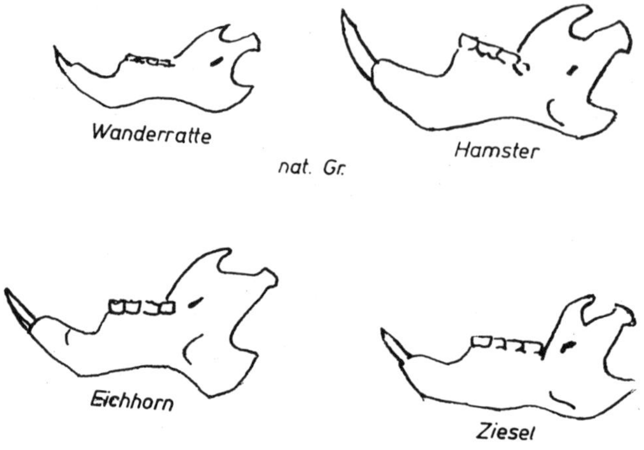

Abb. 59. Unterkiefer von Eichhörnchen, Ziesel, Wanderratte und Hamster

Alpenmurmeltier (*Marmota marmota* [L.])

Die Stirnbreite ist auffällig; die Stirnbeine sind breiter als die Scheitelbeine. Die Knochen sind für den „Gräber" kräftig, kantig mit Leisten für den Ansatz der Muskulatur (Oberarm, Elle und Speiche sind ungefähr gleich stark).

P^1 ist etwa halb so stark wie P^2, von außen sichtbar. Die Schneidezähne sind im Querschnitt annähernd quadratisch, ebenso lang wie breit.

Zahnformel: $\frac{1\,0\,2\,3}{1\,0\,1\,3} = 22$ Z Zahnreihenlänge: $\frac{21{,}0-23{,}0}{19{,}4-22{,}0}$

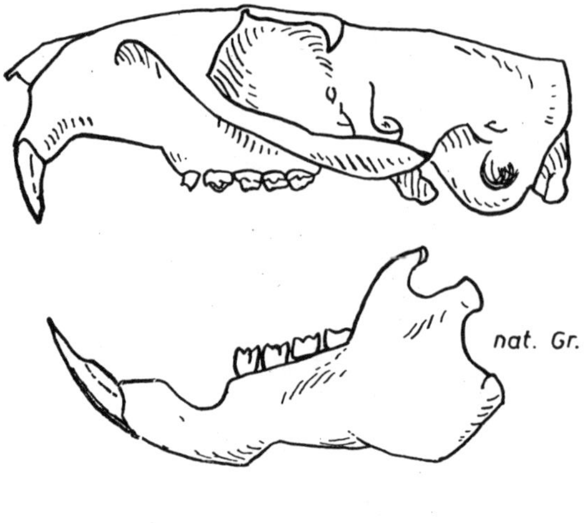

Abb. 60. Schädelprofil des Murmeltieres

Biber (*Castor fiber* L.)

Er ist allein schon durch die Größe und den massiven Bau des Schädels gekennzeichnet (Schädellänge 12,5 bis 17 cm). Das Zwischenscheitelbein ist dreiseitig. Die Backenzähne haben Schmelzfalten, die Nagezähne eine orangerote Schmelzschicht.

Zahnformel: $\frac{1\,0\,1\,3}{1\,0\,1\,3} = 20$ Z Zahnreihenlänge: $\frac{29{,}8-35{,}5}{32{,}6-40{,}0}$

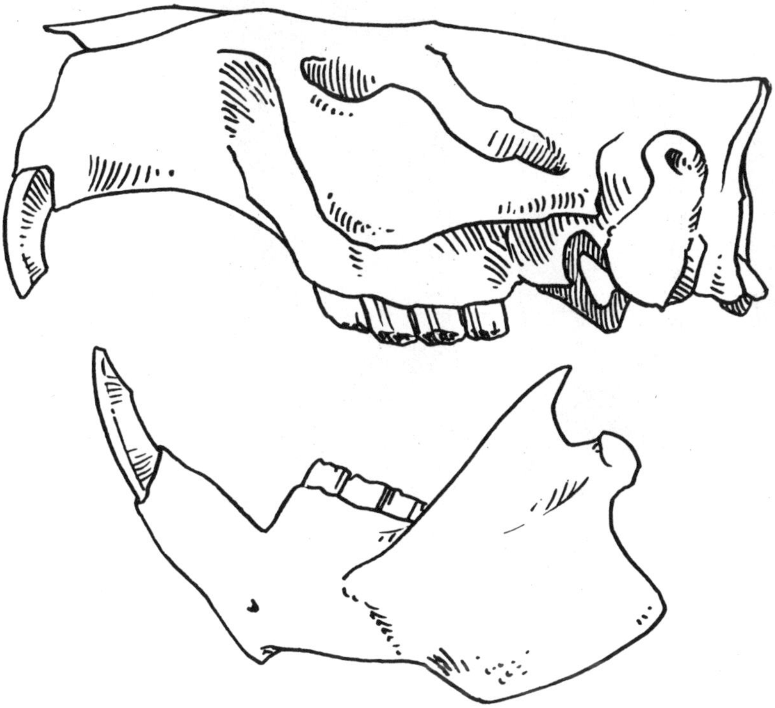

Abb. 61. Schädelprofil des Bibers

Hüpfmäuse

Birkenmaus (*Sicista betulina* [Pallas])

Bei der Birkenmaus sind die nachstehenden Besonderheiten zu beachten:

1. Im Ok 4 (der Praemolar ist klein), im Uk 3 Backenzähne.
2. Die Gaumenspalten reichen bis zwischen die Zähne.
3. Die Backenzähne haben Wurzeln und Höcker.
4. Nervloch Uk (Außenseite) seitlich vom ersten Backenzahn.

Zahnformel: $\frac{1\,0\,1\,3}{1\,0\,0\,3} = 18$ Z Zahnreihenlänge: $\frac{2{,}9-3{,}0}{2{,}7-2{,}8}$

Die Kiefer und die Knöchelchen sind überaus zierlich. Die Schädel sind meistens zerdrückt. Beim Zerlegen der Gewölle ist sehr behutsam zu verfahren.
Reliktartige Vorkommen in Schleswig-Holstein und im Bayrischen Wald. Nur dort sind Funde zu erwarten.

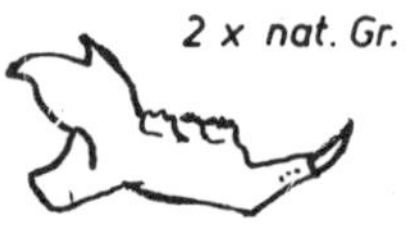

Abb. 62. Unterkiefer der Birkenmaus

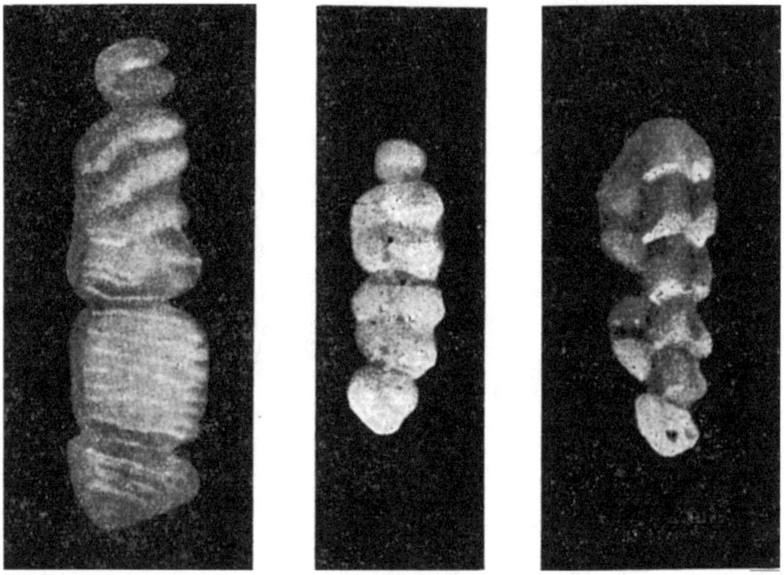

Abb. 63. Obere Zahnreihe der Birkenmaus (Mitte) im Vergleich mit den Zahnreihen von Haselmaus (links) und Hausmaus (rechts)

Schläfer

Die Schläfer haben „geribbelte" Kauflächen (Abb. 64). Ein gutes Erkennungsmerkmal ist beim Gartenschläfer und bei der Haselmaus die kantige, viereckige Form des Winkelfortsatzes am Uk.

Siebenschläfer (*Glis glis* [L.])

Der Uk ist nicht durchlocht.

Im Norddeutschen Tiefland nur vereinzelt vorkommend.

Zahnformel: $\frac{1\,0\,1\,3}{1\,0\,1\,3} = 20$ Z Zahnreihenlänge: $\frac{6{,}2-7{,}1}{6{,}6-7{,}4}$

Gartenschläfer (*Eliomys quercinus* [L.])

Winkelfortsatz am Uk ist kantig, viereckig und durchlocht.

Im Norddeutschen Tiefland selten, fehlt im Norden und Osten Mitteleuropas.

Zahnformel: $\frac{1\,0\,1\,3}{1\,0\,1\,3} = 20$ Z Zahnreihenlänge: $\frac{4{,}8-6{,}0}{4{,}6-5{,}4}$

Baumschläfer (*Dryomys nitedula* [Pallas])

Er steht in der Größe zwischen Gartenschläfer und Haselmaus. Der Uk ist nicht durchlocht.

Der Baumschläfer ist im Norden der Alpen zu finden.

Zahnformel: $\frac{1\,0\,1\,3}{1\,0\,1\,3} = 20$ Z Zahnreihenlänge: $\frac{3{,}6-4{,}0}{3{,}8-4{,}0}$

Haselmaus (*Muscardinus avellanarius* [L.])

Der Winkelfortsatz am Uk ist kantig, viereckig und durchlocht.

Im Norddeutschen Tiefland selten anzutreffen.

Zahnformel: $\frac{1\,0\,1\,3}{1\,0\,1\,3} = 20$ Z Zahnreihenlänge: $\frac{4{,}4-5{,}0}{4{,}2-4{,}6}$

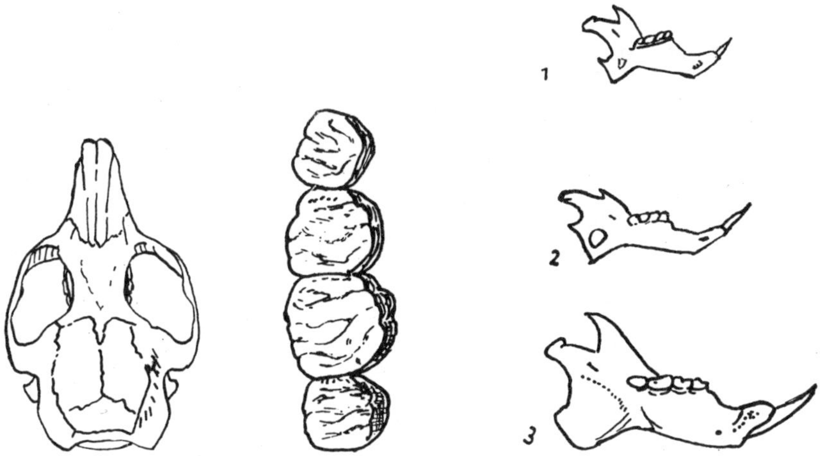

Abb. 64. Links Aufsicht auf den Schädel des Siebenschläfers. Mitte Kaufläche mit Riffelung. Rechts Unterkiefer von 1 — Haselmaus, 2 — Gartenschläfer, 3 — Siebenschläfer

Langschwanzmäuse

Bei der Bestimmung ist insbesondere auf die Lage der Gaumenspalten zu achten:

1. Die Gaumenspalten reichen nicht bis an die vorderen Zähne.
2. Die Gaumenspalten reichen bis an die vorderen Zähne.
3. Die Gaumenspalten reichen bis zwischen die vorderen Zähne.

Brandmaus (*Apodemus agrarius* [Pallas])

Siehe Gegenüberstellung von Brandmaus und Waldmaus

Zahnformel: $\frac{1\,0\,0\,3}{1\,0\,0\,3} = 16$ Z Zahnreihenlänge: $\frac{3{,}6-4{,}3}{3{,}3-4{,}0}$

Waldmaus (*Apodemus sylvaticus* [L.])

Zahnformel: $\frac{1\,0\,0\,3}{1\,0\,0\,3} = 16$ Z Zahnreihenlänge: $\frac{3{,}6-4{,}4}{3{,}2-4{,}4}$

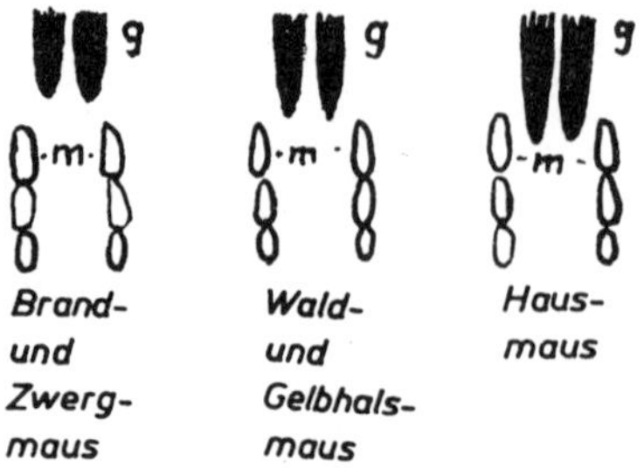

Abb. 65. Lage der Gaumenspalten bei der Brand- und Zwergmaus, der Wald- und Gelbhalsmaus, sowie der Hausmaus. g — Gaumenspalten, m — Backenzahnreihen

Gegenüberstellung von Brandmaus und Waldmaus

Am Oberschädel sind beide Arten leicht voneinander zu unterscheiden, am Uk ist dies dagegen schwieriger.

1. Die Stirnbeine sind an ihrem Seitenrand bei der Waldmaus gerundet, bei der Brandmaus zeigen sie einen Winkel und am Überaugendach eine scharfe Kante, die bei der Waldmaus fehlt.
2. Der 2. Zahn im Ok hat an der Außenseite bei der Waldmaus 3, bei der Brandmaus 2 Höcker.

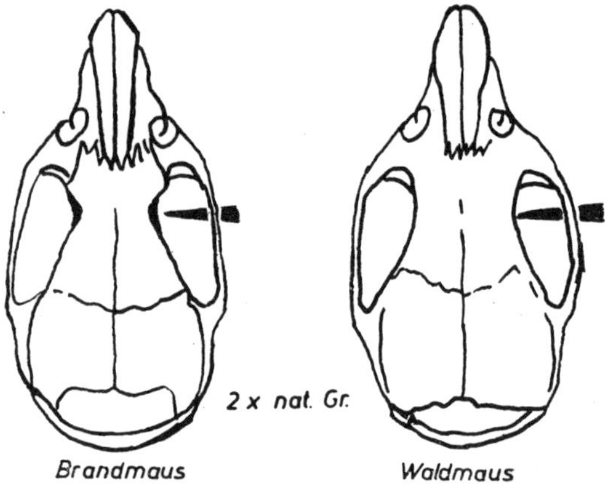

Abb. 66a. Brandmaus und Waldmaus, Schädel von oben gesehen

Gelbhalsmaus (*Apodemus flavicollis* [Melch.])

Sie ähnelt der Waldmaus, weist aber größere Maße auf.

Zahnformel: $\frac{1\,0\,0\,3}{1\,0\,0\,3} = 16$ Z Zahnreihenlänge: $\frac{4{,}0-4{,}8}{3{,}8-4{,}6}$

Zwergmaus (*Micromys minutus* [Pallas])

Die kleinen Abmessungen geben schon einen Arthinweis. Die dünnen Schädel und zierlichen Knöchelchen sind teilweise schon im zerbissenen Zustand in den Gewöllen zu finden, und zum Teil zerbrechen sie beim Herausnehmen. Am hinteren Außenrand der Stirnbeine befindet sich eine scharfe Kante. Es können Verwechslungen mit Hausmäusen (juv.) vorkommen, doch reichen bei der Zwergmaus die Gaumenspalten nicht bis an die Zähne heran, wogegen sie bei der Hausmaus bis zwischen die Zähne ragen.

Zahnformel: $\frac{1\,0\,0\,3}{1\,0\,0\,3} = 16$ Z Zahnreihenlänge: $\frac{2{,}6-3{,}0}{2{,}5-2{,}7}$

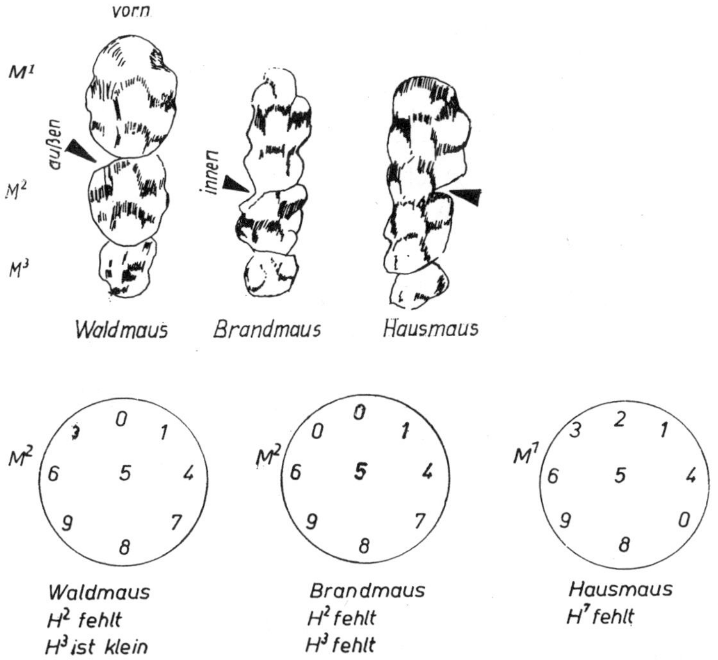

Abb. 66b. Molaren im Oberkiefer und Höckerschema von Wald-, Brand- und Hausmaus. Der 1. Backenzahn (M^1) zeigt das Höckerschema: der Zahn trägt 9 Höcker, die von innen zu zählen sind. Schwieriger gestaltet sich die Bestimmung nach den Unterkieferzähnen

Hausratte (*Rattus rattus* [L.])

Zahnformel: $\frac{1\,0\,0\,3}{1\,0\,0\,3} = 16$ Z Zahnreihenlänge: $\frac{6{,}0-7{,}4}{6{,}1-7{,}2}$

Siehe Gegenüberstellung Haus- und Wanderratte.

Wanderratte (*Rattus norvegicus* [Berkenhout])

Gegenüberstellung von Haus- und Wanderratte

Die Hausratte hat kleinere Maße; sie ist in ihrem Bau schlanker und graziler als die Wanderratte.

1. Schnauzenteil bei der Hausratte ist stärker verjüngt.
2. Die Gaumenspalten reichen bei der Hausratte bis an die Zähne, bei der Wanderratte nicht.
3. Die Schädelleisten sind unterschiedlich geformt: bei der Hausratte verlaufen sie nach dem Hinterhaupt zu bauchig, bei der Wanderratte dagegen mehr parallel.

4. Der vorderste äußere Höcker des M^1 ist bei der Hausratte gut entwickelt, etwa so groß wie der innere, bei der Wanderratte hingegen nicht (schlecht erkennbar).
5. Bei der Hausratte sind die Hinterbeine relativ länger (mehr Kletterer und Springer). Der Knochenbau ist wesentlich feiner.

Zahnformel: $\frac{1\,0\,0\,3}{1\,0\,0\,3} = 16$ Z Zahnreihenlänge: $\frac{6{,}8-8{,}8}{6{,}8-8{,}4}$

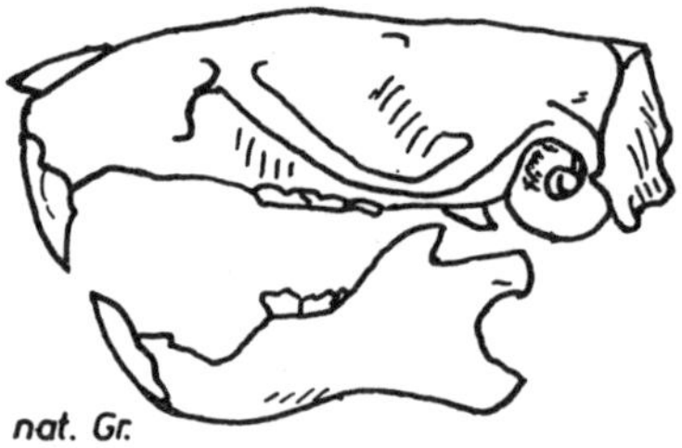

Abb. 67. Schädelprofil der Wanderratte

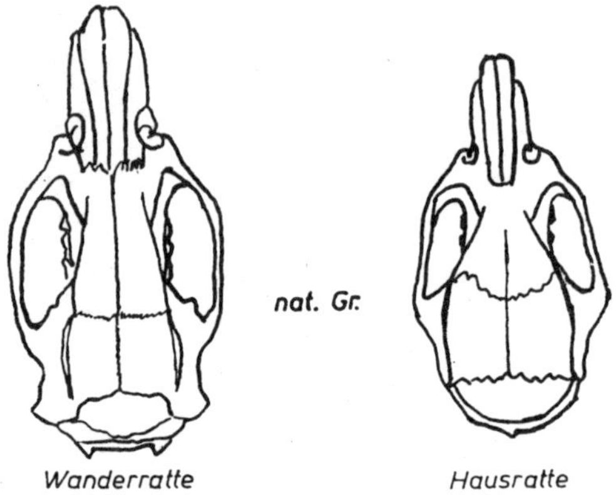

Abb. 68. Wanderratte und Hausratte, Schädel mit Schädelleisten

Hausmaus (*Mus musculus* L.)

Die Gaumenspalten reichen bis zwischen die Zähne.
Der obere Nagezahn weist hinter der Spitze einen rechtwinkligen Einschnitt auf. Am Ansatz des Jochbeins (von der Kaufläche gesehen) liegt eine knopfartige Erhebung über der Zahnreihe.
Der Bogen zwischen dem Gelenk- und dem Winkelfortsatz bildet bei der Hausmaus einen Halbkreis, bei der Waldmaus nicht.

Zahnformel: $\frac{1\,0\,0\,3}{1\,0\,0\,3} = 16$ Z Zahnreihenlänge: $\frac{3{,}4-3{,}6}{3{,}0-3{,}2}$

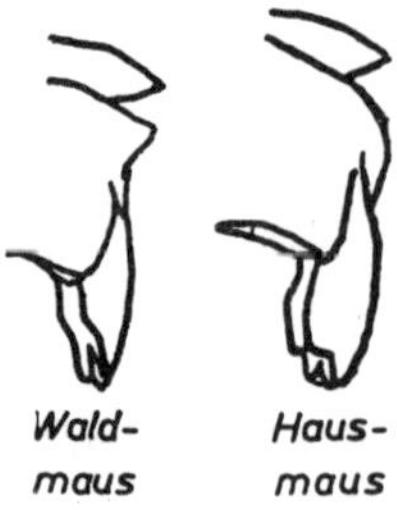

Abb. 69. Nagezähne von Wald- und Hausmaus

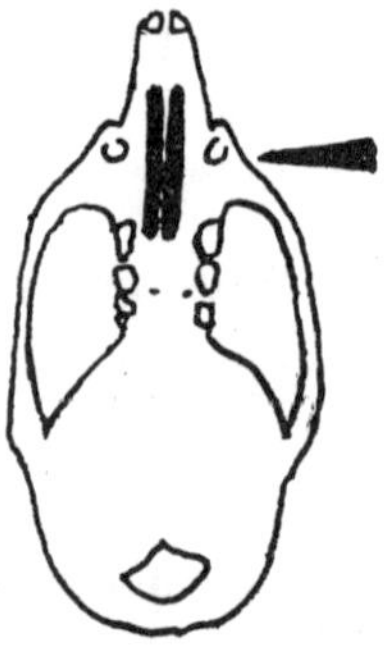

Abb. 70. Schädel der Hausmaus von unten gesehen

Hamster

Die Zähne weisen Höcker auf, der Knochenbau ist derb und kräftig. Die Hamster stehen verwandtschaftlich den Mäusen nahe.

Hamster (*Cricetus cricetus* L.)

Die Zahnreihe im Uk fällt schräg nach hinten ab.

Zahnformel: $\frac{1\,0\,0\,3}{1\,0\,0\,3} = 16$ Z Zahnreihenlänge: $\frac{7{,}6-8{,}2}{7{,}6-8{,}2}$

Goldhamster (*Mesocricetus auratus* Waterhouse)

Nur etwa halb so groß wie der Hamster. Wird als Versuchstier in Instituten sowie von Liebhabern gehalten und ist mehrfach aus der Gefangenschaft entwichen. Natürliches Vorkommen in Rumänien.

Zahnformel: $\frac{1\,0\,0\,3}{1\,0\,0\,3} = 16$ Z Zahnreihenlänge: etwa 5,0 mm

Zwerghamster (*Cricetulus migratorius* Pallas)

Kleiner als der Goldhamster, nur Mausgröße. In Europa nur in Griechenland vorkommend, Hauptvorkommen in Vorderasien.

Zahnformel: $\frac{1\,0\,0\,3}{1\,0\,0\,3} = 16$ Z Zahnreihenlänge: etwa 3,5—4,0 mm

Kurzschwanzmäuse (Wühlmäuse)

Die Zahnformel gleicht jener der Langschwanzmäuse: $\frac{1\,0\,0\,3}{1\,0\,0\,3} = 16$ Z

Die Zähne weisen Schmelzschlingen auf (Abb. 71). Die Kurzschwanzmäuse sind ausgesprochene Bodentiere.

Waldwühlmaus (Rötelmaus) (*Clethrionomys glareolus* [Schreber])

Die Schmelzschlingen auf den Backenzähnen des Uk sind teilweise nach hinten gerichtet.
Der Stirnteil ist breiter und platter als bei der Feldmaus, bei dieser schmaler und eingeschnürter.
Der Uk ist nicht so massiv wie jener der Feldmaus.
Dies ist besonders deutlich am Wulst des Nagezahns, der nur schwach ausgebildet ist.
Bei ad. weisen die Backenzähne Wurzeln auf.

Im Norden (Arktis und Subarktis) ist die Graurötelmaus (*Clethrionomys rufocanus* Sundevall) anzutreffen.

Zahnformel: $\frac{1\,0\,0\,3}{1\,0\,0\,3} = 16$ Z Zahnreihenlänge: $\frac{4{,}6-5{,}6}{4{,}4-5{,}6}$

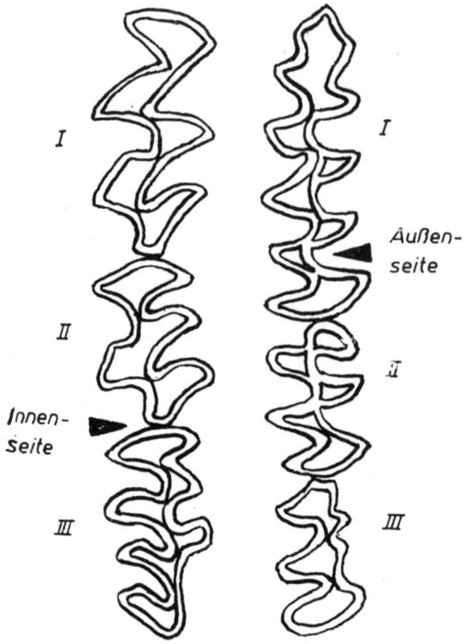

Abb. 71. Zähne der Wühlmäuse (Feldmaus). Links Oberkiefer, rechts Unterkiefer

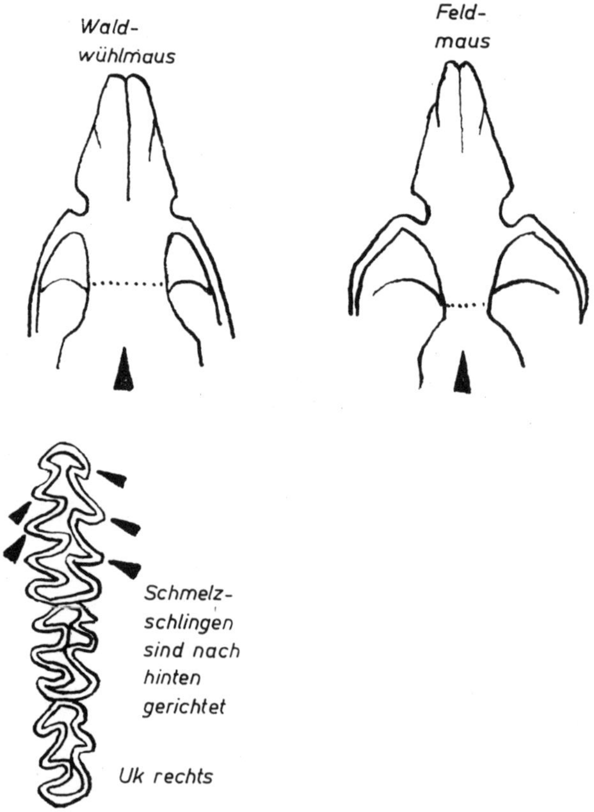

Abb. 72. Stirnschädel und Zähne der Rötelmaus sowie Stirnschädel der Feldmaus

Erdmaus (*Microtus agrestis* [L.])

Der mittlere Backenzahn im Ok weist 5 Schmelzschlingen auf (Feldmaus 4).
Die Nervöffnung im Uk sitzt auf dem Wulst des Zahnkanals.

Zahnformel: $\frac{1\,0\,0\,3}{1\,0\,0\,3} = 16$ Z Zahnreihenlänge: $\frac{6{,}2-6{,}8}{6{,}0-6{,}6}$

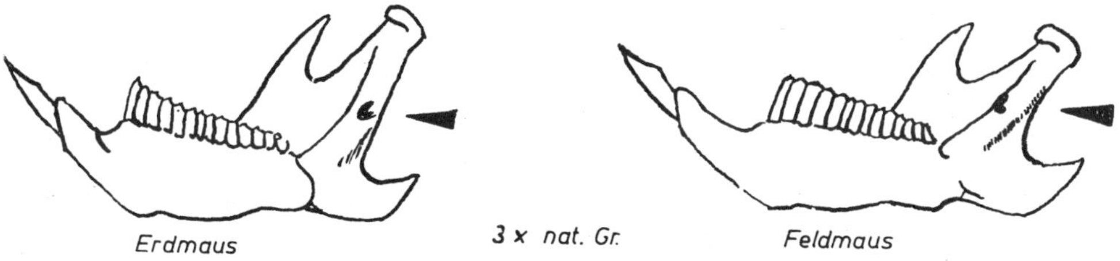

Abb. 73. Nervöffnung am Zahnkanal von Erdmaus und Feldmaus

Feldmaus (*Microtus arvalis* [Pallas])

Der mittlere Backenzahn im Ok hat 4 Schmelzschlingen.
Die Nervöffnung sitzt seitlich des Wulstes des Zahnkanals (dieses Merkmal ist bei juv. nicht immer zutreffend, da die Nervöffnung sich auch auf dem Wulst befindet).
Weitere Merkmale sind bei dem Vergleich mit anderen Arten zu finden.

Zahnformel: $\frac{1\,0\,0\,3}{1\,0\,0\,3} = 16$ Z Zahnreihenlänge: $\frac{5{,}4-6{,}0}{5{,}4-6{,}0}$

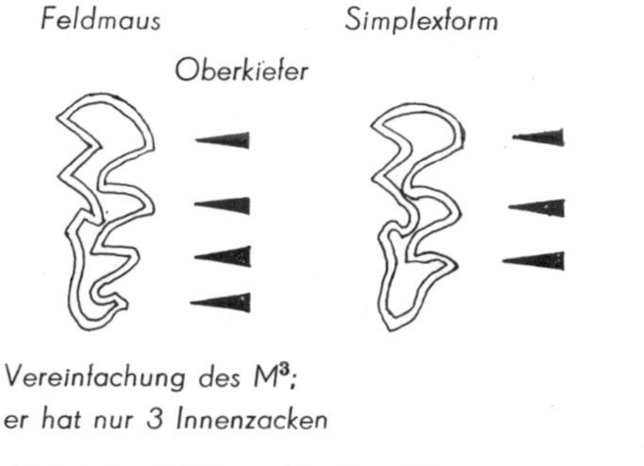

Abb. 74. Mittlere Backenzähne (Oberkiefer) von Feldmaus und Erdmaus

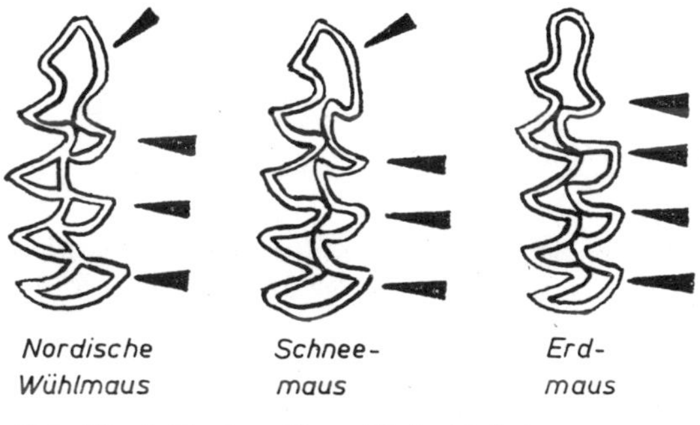

Abb. 75. 1. Backenzähne (Unterkiefer) von Nordischer Wühlmaus, Schneemaus und Erdmaus

Nordische Wühlmaus (*Microtus oeconomus* [Pallas])

Die Zähne ähneln denen der Schermaus. Ein arteigenes Merkmal weist der 1. Backenzahn des Uk auf, und zwar hat das 1. Zahnfeld eine ganz charakteristische Form. Ferner weist dieser Zahn außen 3 Zacken auf. Die Gaumenspalten sind nach den Zähnen zu verjüngt. Die Nervöffnung des Uk befindet sich auf dem Zahnkanal.

Zahnformel: $\frac{1\,0\,0\,3}{1\,0\,0\,3} = 16$ Z Zahnreihenlänge: $\frac{6{,}2-7{,}0}{6{,}0-7{,}0}$

Schneemaus (*Microtus nivalis* [Martins])

Die Zähne ähneln denen der Nordischen Wühlmaus. Als arteigenes Merkmal ist am 1. Backenzahn im Uk das 1. Zahnfeld kräftig ausgebildet, und zwar breit und kopfartig.

Zahnformel: $\frac{1\,0\,0\,3}{1\,0\,0\,3} = 16$ Z Zahnreihenlänge: $\frac{6{,}0-7{,}3}{6{,}0-7{,}2}$

Schermaus (*Arvicola terrestris* (= *sherman*) [L.])

Durch die größeren Maße im Vergleich zu denen der anderen Wühlmäuse wird schon ein Hinweis auf die Art gegeben.
Der 1. Backenzahn des Uk weist 7 Schmelzschlingen auf, bei denen die ersten drei meist nicht ganz voneinander getrennt sind.
Die Nervöffnung des Uk liegt oben auf dem Wulst des Zahnkanals.

Zahnformel: $\frac{1\,0\,0\,3}{1\,0\,0\,3} = 16$ Z Zahnreihenlänge: $\frac{8{,}0-9{,}0}{8{,}0-9{,}2}$

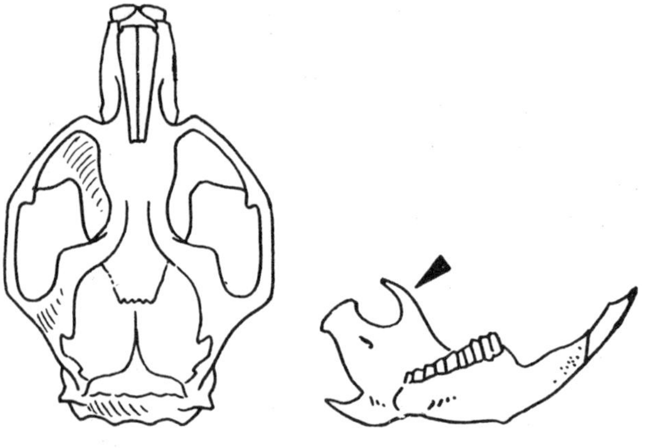

Abb. 76. Schädel der Schermaus (von oben gesehen) sowie Innenseitenansicht des Unterkiefers

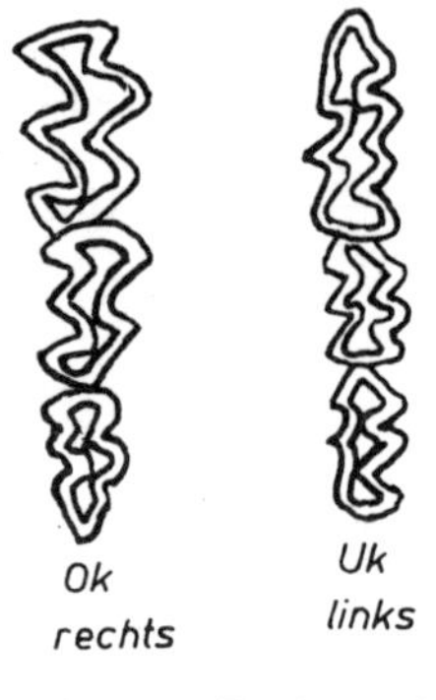

Abb. 77. Backenzähne der Schermaus

Kurzohr-Wühlmaus (*Pitymys subterraneus* [de Selys-Longchamps])

Die Kurzohr-Wühlmaus weist ein der Feldmaus ähnelndes Gebiß auf.
Die ersten 2 Zahnfelder des 1. Backenzahns im Uk sind gegeneinander offen und nicht durch Schmelzschlingen getrennt. Bei der Feldmaus ist das 2. Feld getrennt.

Der Nagezahn im Uk ist spitz und dünn und ragt weit über die Backenzähne hinaus. Bei der Feldmaus reicht der Nagezahn etwa bis in die Höhe der Backenzähne. Am Wulst des Zahnkanals des Uk befindet sich an der Außenseite eine feine Rille. Am Oberschädel sind weniger brauchbare Unterscheidungsmerkmale festzustellen. Die Stirn ist platter und breiter als bei der Feldmaus.

Zahnformel: $\frac{1\,0\,0\,3}{1\,0\,0\,3} = 16$ Z Zahnreihenlänge: $\frac{5{,}2-6{,}0}{5{,}2-6{,}0}$

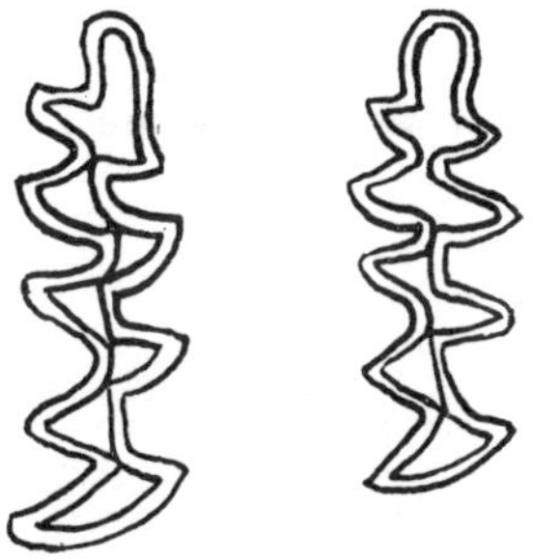

Abb. 78. Backenzähne der Feldmaus (links) und der Kurzohr-Wühlmaus (rechts)

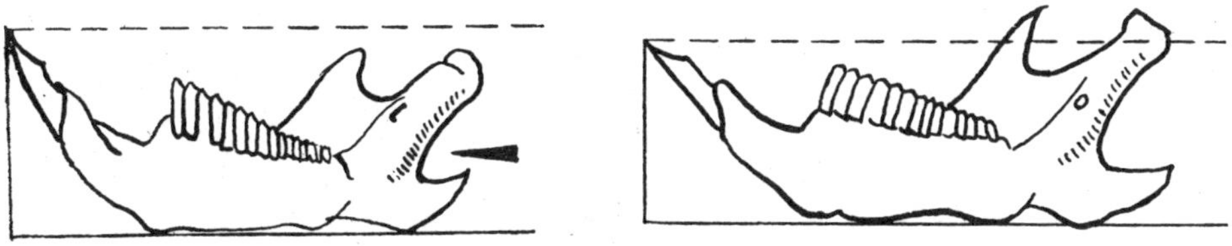

3 x nat. Gr.

Abb. 79. Unterkiefer von Kurzohr-Wühlmaus (links) und Feldmaus (rechts)

Berglemming (*Lemmus lemmus* L.)

Er hat eine ähnliche Schädelform wie die Schermaus. Auf dem Hinterschädel befinden sich Knochenleisten, die nicht wie bei der Schermaus mit den Nähten parallel laufen. Der aufsteigende Gelenkast am Uk ist nur dünn, und beide Bogen sind ungefähr von gleichem Ausmaß. Der Zahnkanal des Uk ist im Gegensatz zur Schermaus an seinem Hinterende nur schwach ausgebildet.

Der Waldlemming (*Myopus schisticolor* Lilljeborg) ist kleiner als der Berglemming, lebt in der Waldzone und unternimmt keine ausgesprochenen Wanderungen.

Zahnformel: $\frac{1\,0\,0\,3}{1\,0\,0\,3} = 16$ Z Zahnreihenlänge:

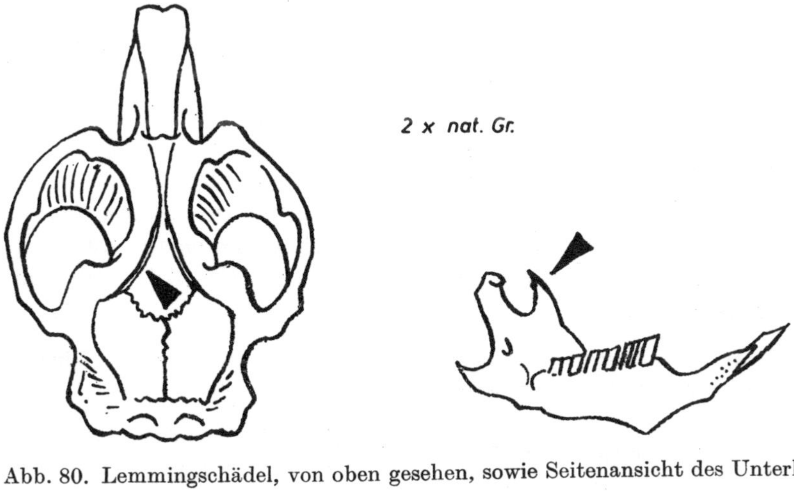

Abb. 80. Lemmingschädel, von oben gesehen, sowie Seitenansicht des Unterkiefers

Bisamratte (*Ondatra zibethica* [L.])

Die Schmelzprismen im Uk sind nach hinten gerichtet. Zähne mit Wurzelbildung bei ad. (vgl. Rötelmaus).
Die Stirnbeine zwischen den Augen sind stark eingeschnürt.

Zahnformel: $\frac{1\,0\,0\,3}{1\,0\,0\,3} = 16$ Z Zahnreihenlänge: $\frac{13{,}5-17{,}0}{14{,}0-17{,}5}$

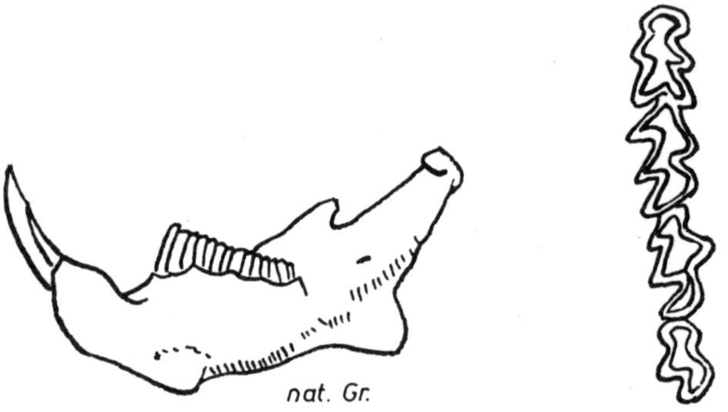

Abb. 81. Bisamratte, Unterkiefer und Unterkieferzähne (rechter Unterkiefer)

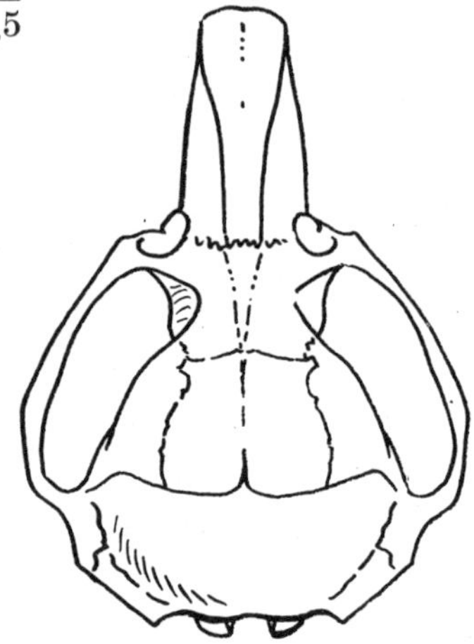

Abb. 82. Blindmausschädel, von oben gesehen

Blindmäuse

Blindmaus (Westblindmaus) (*Spalax leucodon* Nordm.)

Plumper Körperbau. Der Schädel ist im Bereich der Jochbeine fast so breit wie lang Schädelbau ähnlich dem der Bisamratte (vgl. Abb. 81).

Östliche Verbreitung, die Westgrenze der Verbreitung in Ungarn.

Zahnformel: $\frac{1\,0\,0\,3}{1\,0\,0\,3} = 16$ Z Zahnreihenlänge: -

Eigentliche Meerschweinchen

Meerschweinchen (*Cavia aperea* f. *porcellus* (L.))

Kennzeichnend ist der flache Bau des Uk; die aufsteigenden Äste (Kron- und Gelenkfortsatz) sind schwach ausgebildet. Die Kauflächen weisen Schmelzfalten auf. Das Meerschweinchen hat dieselbe Zahnformel wie die Schläfer, auch der Schädelbau hat mit diesen eine gewisse Ähnlichkeit.

Bei uns vielfach eingeführt; als Versuchstier in Instituten sowie von Liebhabern und Kindern gehalten. In manchen Gegenden verwildert, koloniebildend. Die Heimat ist Südamerika.

Zahnformel: $\frac{1\,0\,1\,3}{1\,0\,1\,3} = 20$ Z Zahnreihenlänge: $\frac{14{,}6-17{,}0}{14{,}5-17{,}0}$

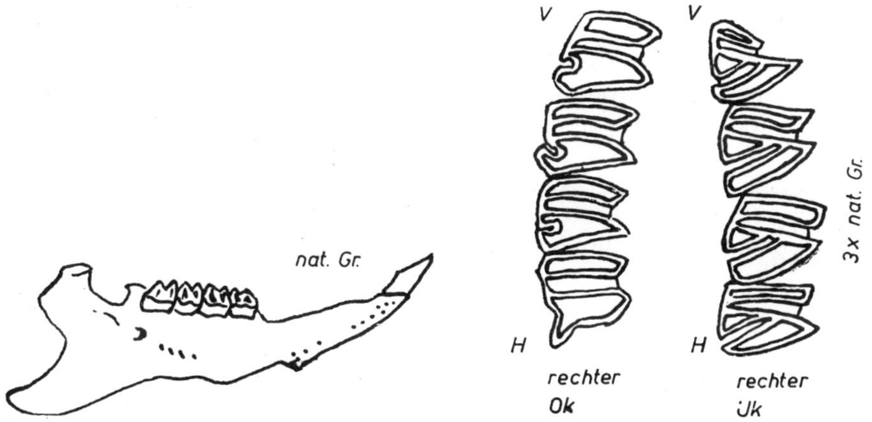

Abb. 83. Meerschweinchen, Unterkiefer und Zähne des Unter- und Oberkiefers

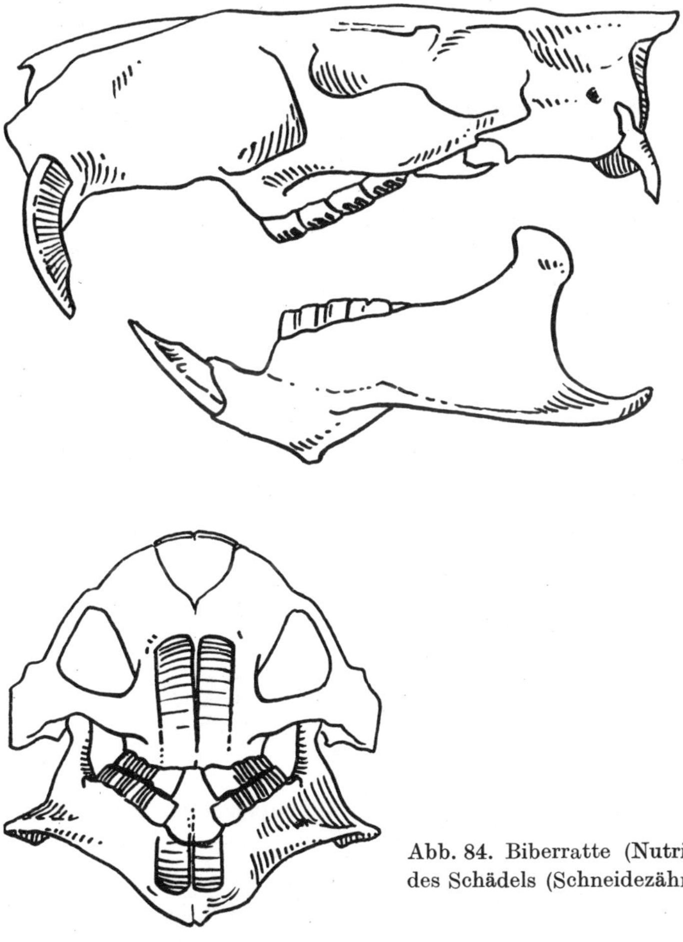

Abb. 84. Biberratte (Nutria), Profil- und Vorderansicht des Schädels (Schneidezähne z. T. ausgespart)

Ferkelratten

Biberratte (Nutria) (*Myocastor coypus* [Molina])

Die Zähne weisen Schmelzfalten wie die der Biber auf. Die Reibflächen der Zähne von Ok und Uk stehen schräg aufeinander. Der Uk ist sehr breit und ausladend. Der Gelenkfortsatz fehlt.

Einzelne Tiere sind aus Pelztierzuchten entwichen. Koloniebildend, Heimat Südamerika.

Zahnformel: $\frac{1\,0\,0\,3}{1\,0\,0\,3} = 16$ Z Zahnreihenlänge: $\frac{27{,}6-32{,}0}{30{,}0-37{,}0}$

Raubtiere

Von den größeren Vertretern (Hund, Fuchs, Dachs) kommen als Beutetiere der Greifvögel und Eulen im mitteleuropäischen Raum fast nur Jungtiere in Betracht. Die wichtigsten Teile des Schädels sind aus der Abbildung 85 ersichtlich. In der Abbildung 92 wird auf den Vergleich der Zahnreihen (Fuchs, Marder, Dachs und Katze) und auf die Stellung des Reißzahnes in ihnen hingewiesen.

Fuchs (*Vulpes vulpes* [L.])

Der Schädel ist gestreckt und flachstirnig. Die Eckzähne sind lang und schlank. Der Jochbogenfortsatz (Schädel von oben gesehen) ist konkav.

Zahnformel: $\frac{3\,1\,4\,2}{3\,1\,4\,3} = 42$ Z Zahnreihenlänge: $\frac{58{,}2-68{,}8}{65{,}0-78{,}0}$

Hund (*Canis lupus* f. *familiaris* [L.])

Die Unterscheidung von Fuchs- und Hundeschädel ist nicht schwierig. Problematischer dagegen ist die Unterscheidung von Wolf und Hund (große Rassen), die eine eingehende Untersuchung und umfangreiches Vergleichsmaterial notwendig macht. Die Zähne sind beim Wolf im Vergleich zum Hund stärker ausgebildet. Der Schädel des Hundes (Wolfes) ist breiter und gedrungener als beim Fuchs. Der Jochbogenfortsatz ist konvex.

Zahnformel: $\frac{3\,1\,4\,2}{3\,1\,4\,3} = 42$ Z

Marder

Die Verengung der Stirnbeine (Schädel von oben gesehen) liegt beim Haus- und Baummarder, Hermelin, Mauswiesel und Nerz in der vorderen Hälfte des Schädels.

Baummarder (*Martes martes* [L.])

P^3 ist am Außenrand mehr oder weniger eingebuchtet (konkav).
M^1 am Außenrand einspitzig, abgerundet.

Zahnformel: $\frac{3\,1\,4\,1}{3\,1\,4\,2} = 38$ Z Zahnreihenlänge: ♂ $\frac{29{,}8-32{,}5}{35{,}5-38{,}0}$ ♀ $\frac{27{,}2-29{,}0}{31{,}5-33{,}5}$

Steinmarder (*Martes foina* [Erxleben])

P^3 ist am Außenrand mehr oder weniger konvex, M^1 am Außenrand mehr oder weniger eingebuchtet und zweilappig.

Zahnformel: $\frac{3\,1\,4\,1}{3\,1\,4\,2} = 38$ Z Zahnreihenlänge: ♂ $\frac{27{,}0-30{,}8}{34{,}0-36{,}0}$ ♀ $\frac{26{,}4-27{,}5}{31{,}3-33{,}5}$

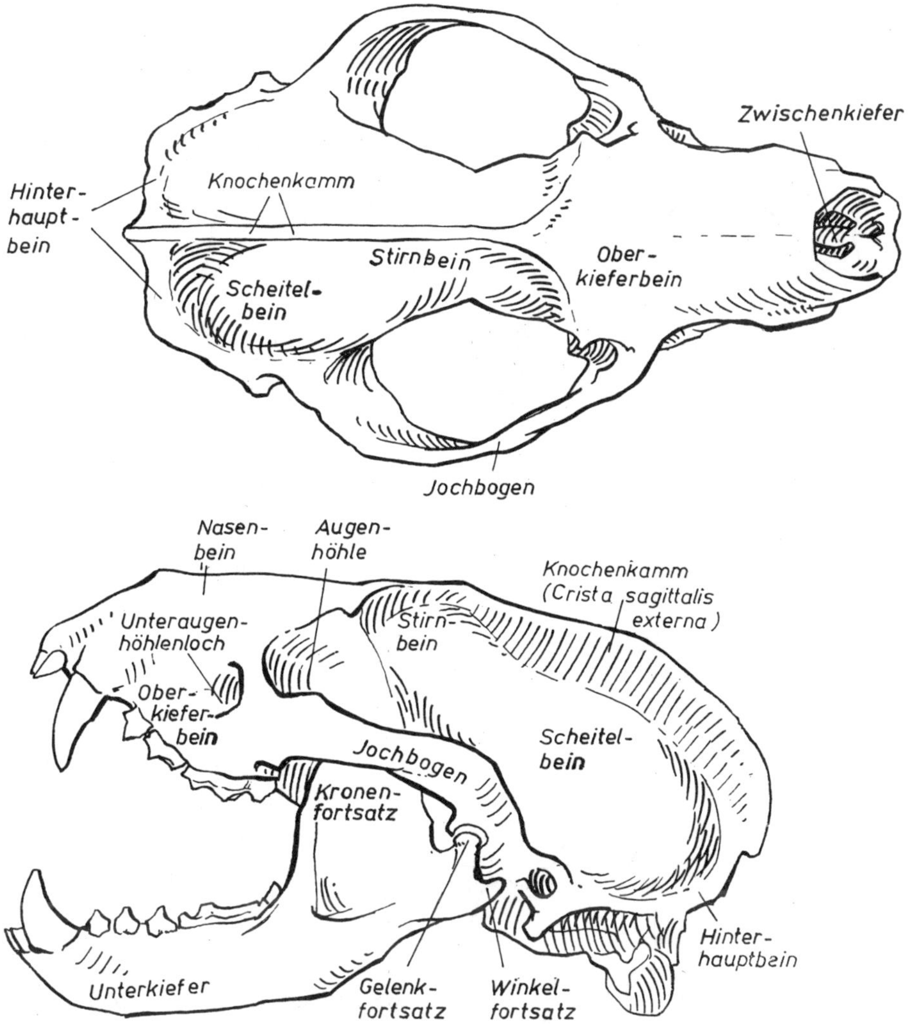

Abb. 85. Schädelknochenbezeichnung, dargestellt am Schädel des Dachses

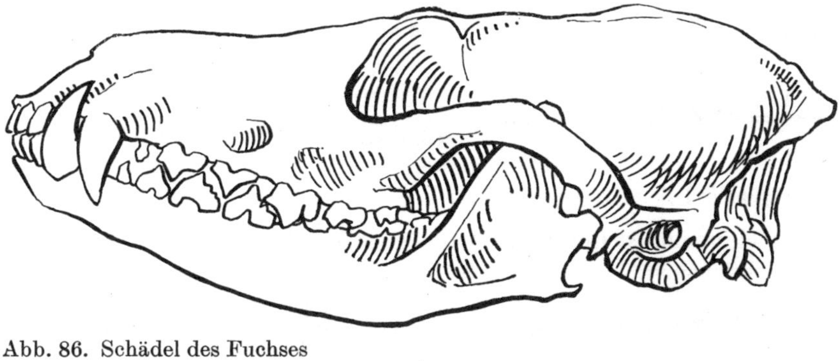

Abb. 86. Schädel des Fuchses

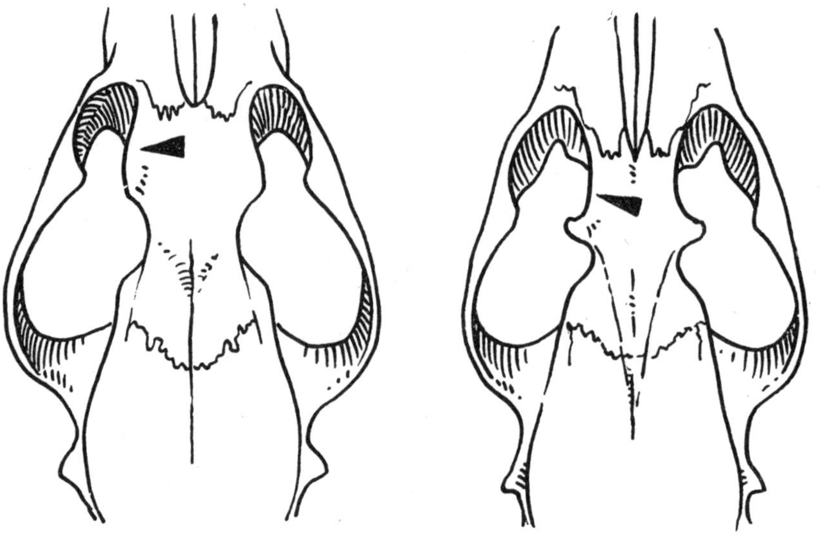

Abb. 87. Mittlere Teile des Schädels von Hund (konvex) und Fuchs (konkav)

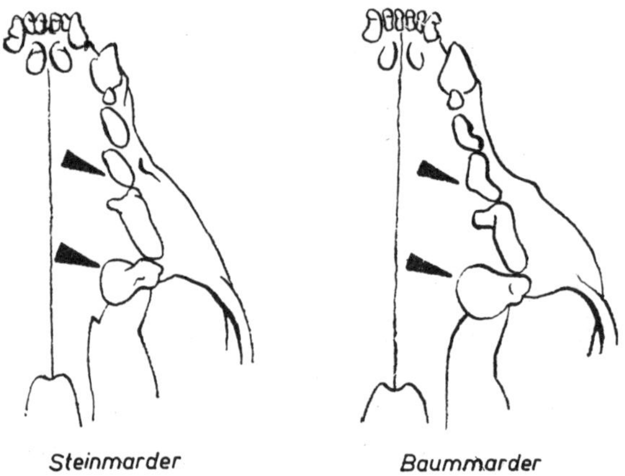

Abb. 88. Gebisse von Stein- und Baummarder

Hermelin (*Mustela erminea* L.)

Der knöcherne Kamm auf der Schädelmitte (Crista) ist bei den ♂♂ stärker und nimmt mit dem Alter zu.

Zahnformel: $\frac{3\,1\,3\,1}{3\,1\,3\,2} = 34$ Z Zahnreihenlänge: $\frac{10{,}8-16{,}5}{13{,}0-20{,}0}$

Mauswiesel (*Mustela nivalis* L.)

Der Unterschied zum Hermelin ist durch die Größe gegeben. Das Größenverhältnis ist aus der Abbildung 89 ersichtlich.

Zahnformel: $\frac{3\,1\,3\,1}{3\,1\,3\,2} = 34$ Z Zahnreihenlänge: ♂ $\frac{9{,}0-11{,}2}{11{,}2-13{,}4}$ ♀ $\frac{7{,}4-10{,}1}{9{,}2-12{,}0}$

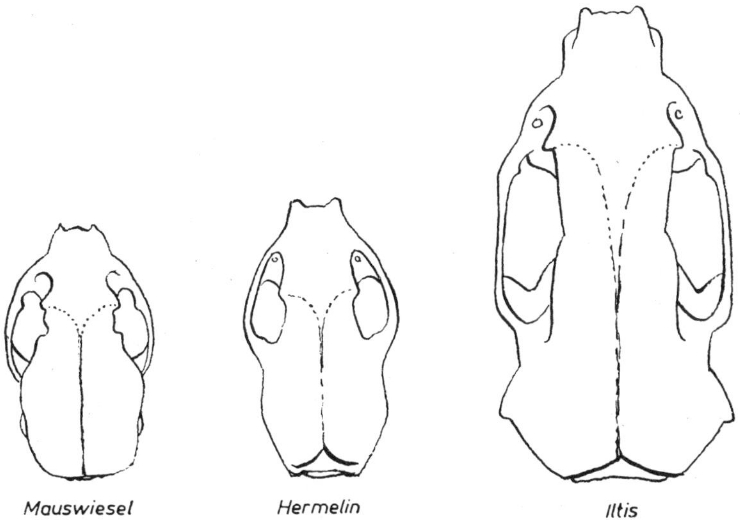

Abb. 89. Mauswiesel-, Hermelin- und Iltisschädel (von oben gesehen)

Zwergwiesel (*Mustela minuta* Pomel)

Das Vorkommen des Zwergwiesels in Mitteleuropa ist ungeklärt und problematisch.

Zahnformel: $\frac{3\,1\,3\,1}{3\,1\,3\,2} = 34$ Z

Iltis (*Mustela putorius* L.)

Die größte Verengung der Stirnbeine liegt in der Mitte des Schädels. P_2 hat am Vorderrand keinen Nebenhöcker.

Die domestizierte Form des Iltis, das Frettchen, wird für die Wildkaninchenjagd verwendet.

Zahnformel: $\frac{3\,1\,3\,1}{3\,1\,3\,2} = 34$ Z Zahnreihenlänge: $\frac{16{,}6-20{,}3}{20{,}2-25{,}4}$

Nerz (*Mustela lutreola* L.)

P_2 hat am Vorderrand einen deutlichen Höcker.

Der Nerz ist in Mitteleuropa wohl restlos verschwunden. Die amerikanische Unterart, der Mink (*Mustela lutreola vison* Schreb.) wird in Pelztierfarmen gehalten und ist an manchen Orten aus diesen entwichen und verwildert.

Zahnformel: $\frac{3\,1\,3\,1}{3\,1\,3\,2} = 34$ Z Zahnreihenlänge: ♂ $\frac{21{,}5-22{,}5}{25{,}3-26{,}0}$ ♀ $\frac{18{,}0-18{,}9}{21{,}2-21{,}9}$

Dachs (*Meles meles* [L.])

Das Schädelprofil gewölbt, nicht flach wie beim Fischotter. Ältere Tiere haben auf der Schädelmitte einen hohen Knochenkamm.
P^1 und P_1 sind zurückgebildet (P^1 fällt zeitig aus) (Abb. 85).

Zahnformel: $\frac{3\,1\,4\,1}{3\,1\,4\,2} = 38$ Z Zahnreihenlänge: $\frac{38{,}0-45{,}0}{45{,}2-53{,}0}$

Fischotter (*Lutra lutra* [L.])

Das Schädelprofil ist flach. Der rückwärtige Teil des Schädels nimmt einen bedeutenden Teil der gesamten Schädellänge ein.

Zahnformel: $\frac{3\,1\,4\,1}{3\,1\,3\,2} = 36$ Z Zahnreihenlänge: $\frac{31{,}0-38{,}8}{39{,}0-46{,}6}$

Wildkatze (*Felis silvestris* Schreber) und **Hauskatze** (*Felis silvestris* f. *catus* L.)

Am Schädel von Wild- und Hauskatze sind kaum Unterschiede zu finden, abgesehen von den größeren Maßen der Wildkatze. Erschwerend für eine einwandfreie Bestimmung ist fernerhin, daß es Bastarde zwischen Wild- und Hauskatze gibt. Das Gebiß hat keine Mahlfläche.

Zahnformel: $\frac{3\,1\,3\,1}{3\,1\,2\,(3)\,1} = 30\ (32)$ Z Zahnreihenlänge: $\frac{28{,}0-33{,}3}{31{,}0-35{,}0}$

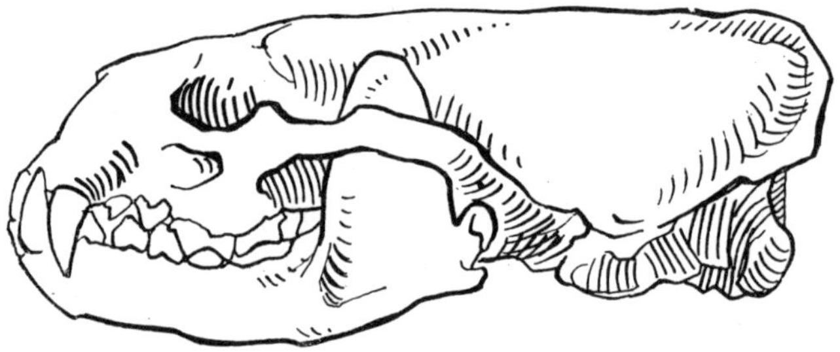

Abb. 90. Schädel des Fischotters

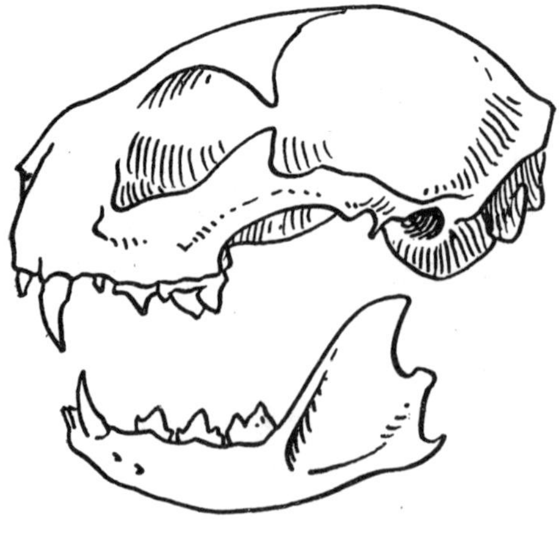

Abb. 91. Schädel der Katze

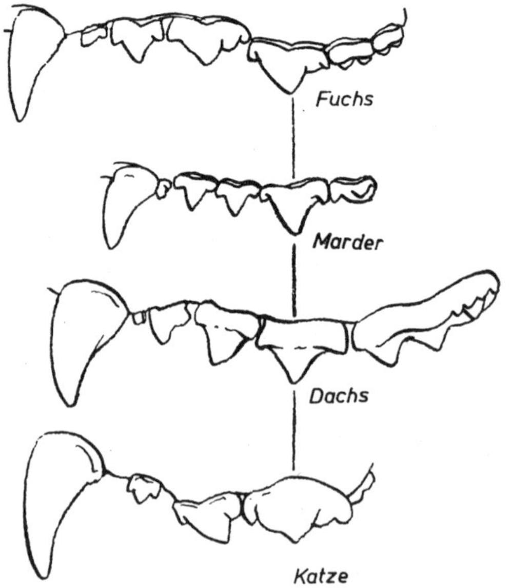

Abb. 92. Vergleich der Zahnreihen. Die senkrechte Linie bezeichnet die Reißzähne

Paarhufer

Abschließend seien noch kurz einige Worte zu den Resten von Paarhufern (Schaf, Ziege, Reh, Gemse und Schwein) ausgeführt. Bei Kadavern dieser relativ großen Tierarten bleiben als guterhaltene Reste zahlreiche Knochen liegen. Insbesondere die Unterkiefer geben neben anderen Merkmalen einen Hinweis auf die Art des gefallenen Tieres (Abb. 93). Adler und Milane gehen an Aas und Fallwild heran. Zudem werden mitunter Jungtiere (Kitze, Zickel, Lämmer und Frischlinge) geschlagen.

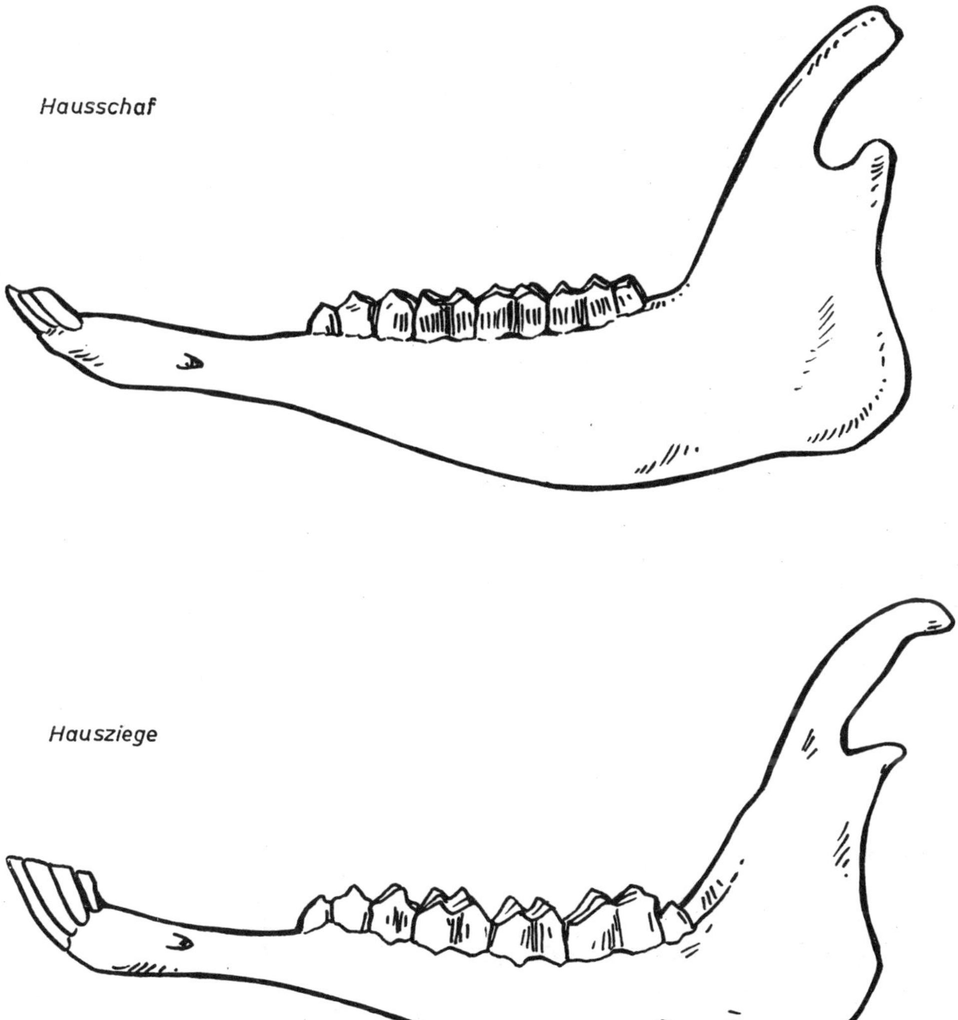

Abb. 93. Unterkiefer von Paarhufern

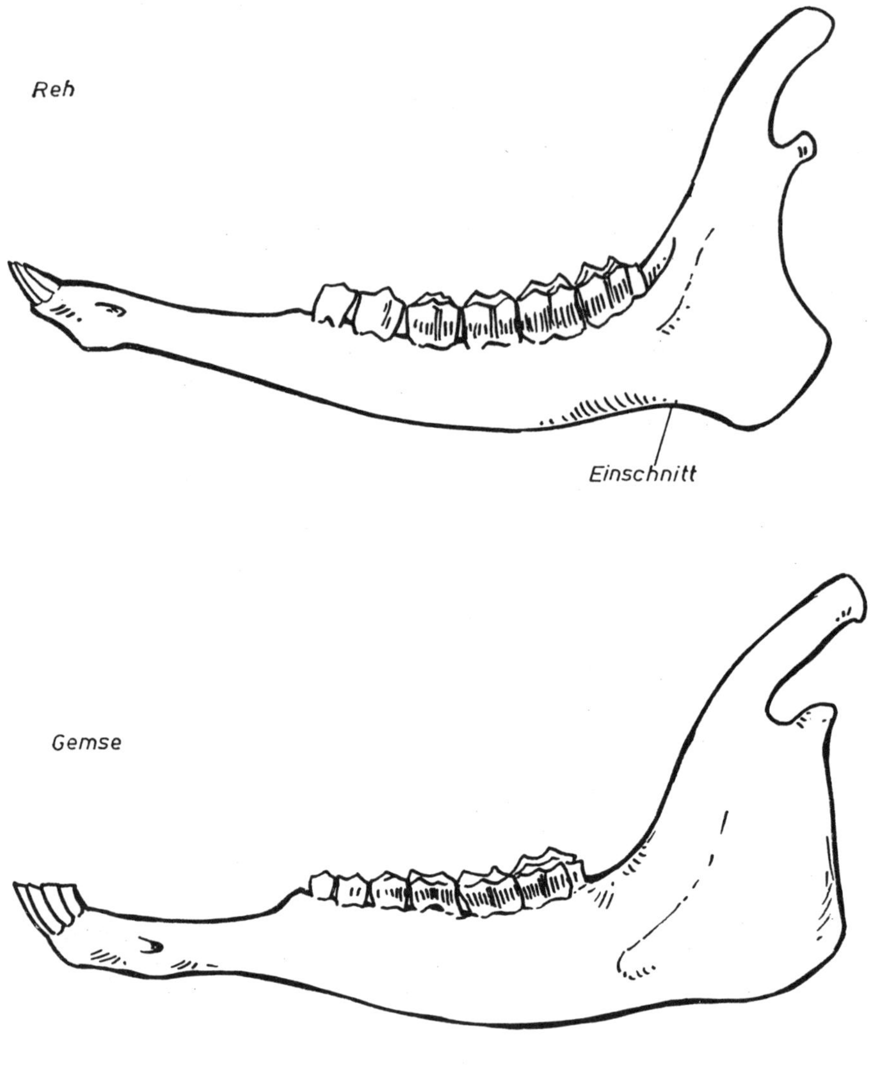

Abb. 93. Unterkiefer von Paarhufern

Vögel

Als charakteristische Bewegungsart ist den Vögeln das Fliegen eigen, von wenigen Ausnahmen abgesehen. Diese Funktion hat verschiedene Ausprägungen und Formen: Start-, Gleit-, Ruder-, Schwirr- und Sturzflug. Die schnellen und gewandten Flieger (Falken, Tauben, Segler, Schwalben und Seeschwalben) zeichnen sich durch das ausgeprägte Brust- und Flügelskelett, durch die kräftige Brust- und Flügelmuskulatur sowie durch den aerodynamisch optimalen Bau der Tragfläche (Hand- und Armschwingen) im Vergleich zu den mäßig flugfähigen Vogelarten aus. Beim näheren Betrachten des Skelettes ist der Grad der Flugkraft und des Flugvermögens zu erkennen. Die trefflichen Flieger haben ein breites, kräftiges Brustbein mit hohem Kamm als festen Ansatz für die starke Brustmuskulatur (Abb. 96). Ebenso ist der kurze starke Oberarm an seinem Gelenkkopf mit einer breiten Ansatzfläche für die kräftig entwickelte Muskulatur versehen. Man vergleiche hierzu den Oberarm der Ringeltaube mit denen des Rebhuhns oder der Waldohreule (Abb. 97). Die gewandten und schnellen Flieger haben lange und spitze Flügel; die Handschwingen sind lang, die Armschwingen kurz. Die schlechten Flieger haben einen breiten, rundgeschnittenen Flügel (Hühner, Zaunkönig).

Neben dem Flügel ist der Schnabel ein Charakteristikum des Vogels, das je nach der Spezialisierung der Art die mannigfachen Funktionen auszuführen hat. Dabei ist zu denken an die Greifvögel und Eulen beim Töten und Zerreißen der Beute, an den Meißelschnabel der Spechte, an die Pinzettenschnäbel der Spitzschnäbler zum Fassen der Insekten, an die Schnäbel der Gänse zum Abweiden der Gräser und die der Enten zum Durchseihen des Schlammes, ferner an die Schnabelhilfe beim Flechten und Weben des Nestes. Mit Gestalt und Zweck des Schnabels steht der ganze Schädelbau in enger Beziehung. Die verschiedenen Schnabel- und Schädelformen zeigt die Abbildung 94. Ferner sei auf die Entenschnäbel (Abb. 95) und auf die Schnäbel der Finken (Abb. 98 bis 118) verwiesen.

Über die Schnäbel von Finken liegt eine Untersuchung von H. von Finckenstein vor [20], an die ich mich in der Hauptsache halte. Auch die Abbildungen wurden dieser Arbeit entnommen. Die Schnäbel von Finken bzw. deren Schädel sind in den Eulengewöllen häufig zu finden, vor allem stammen diese vom Haussperling und vom Buchfinken. Es empfiehlt sich bei der Untersuchung der allgemeinen Kennzeichen, mit diesen beiden Arten zu beginnen. Kann man diese richtig aussondern, so wird es auch bei den anderen Arten gelingen. Für die Ammern ist der scharfe Knick im Unterschnabel kennzeichnend. — Der vordere Teil des Schädels, im wesentlichen also der Schnabel, bleibt in den Gewöllen am besten erhalten. Am Ober- und Unterschnabel, an den Knochenteilen ohne den Hornschuh kann man in den meisten Fällen die Art bestimmen. Obwohl man in vielen Fällen damit auskommt, wurde trotzdem in den Abbildungen 98 und 99 eine Übersicht über die wichtigsten Maße gegeben. Auf entscheidende Unterschiede am Hinterschädel wird aus praktischen Gründen bei der Bestimmung verzichtet, da die Einzelheiten sehr variabel sind und der Hinterschädel im Gewöll fast nie unversehrt vorzufinden ist.

Auch die Fußknochen (Läufe) erhielten im Laufe der Entwicklungsgeschichte je nach dem besonderen Gebrauch die zweckdienlichste Gestalt: die Greifvögel und Eulen haben kräftige Läufe zum Töten und Zerreißen der Beute, die Hühnervögel solche zum Laufen und Scharren und die Schwimmvögel als Ruder zum Schwimmen. Die Eulen haben am oberen Gelenkkopf ein Öhr, das eine Sehne hält. Die Abbildung 97 ist eine Zusammen-

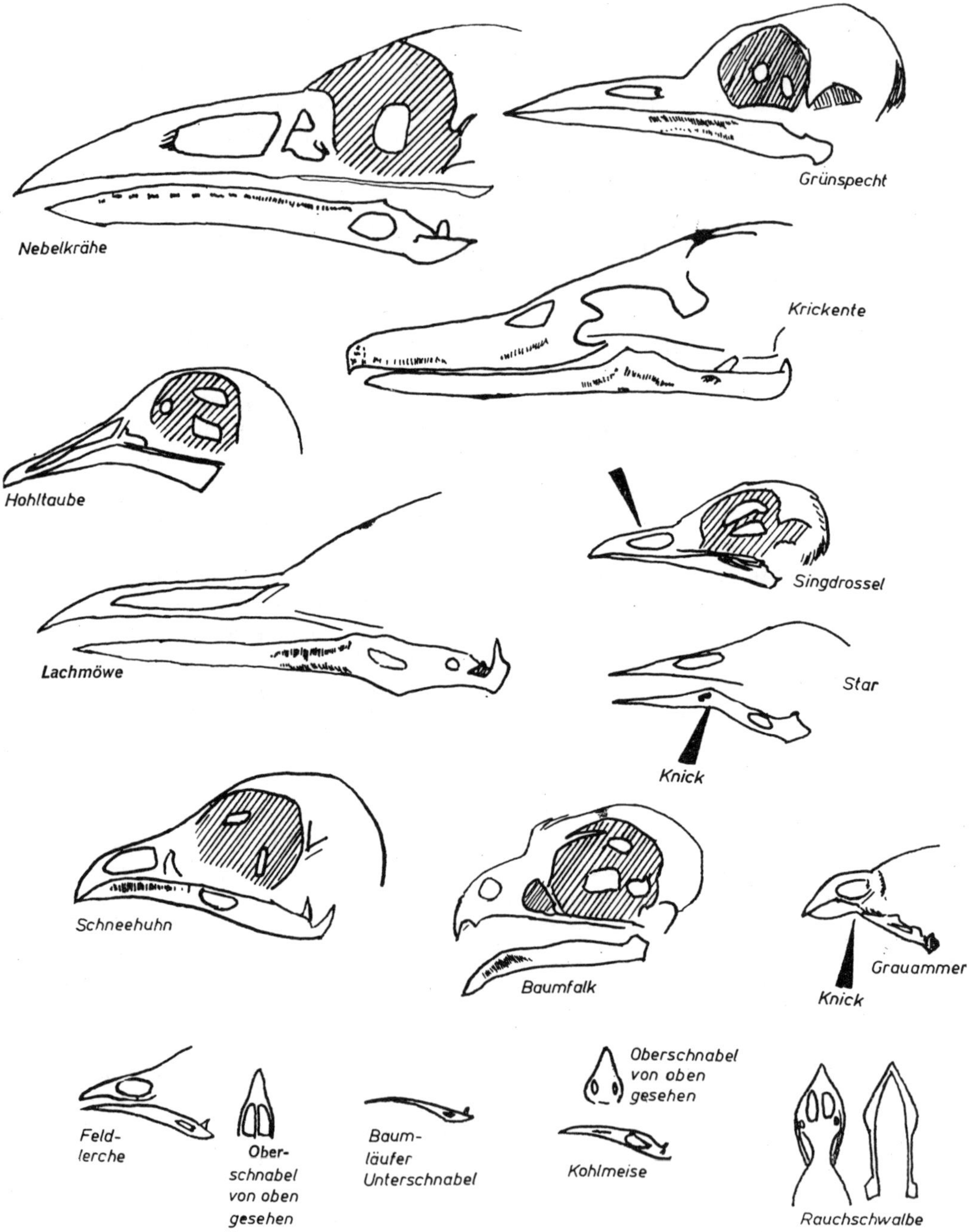

Abb. 94. Vogelschnäbel ohne Hornschuh

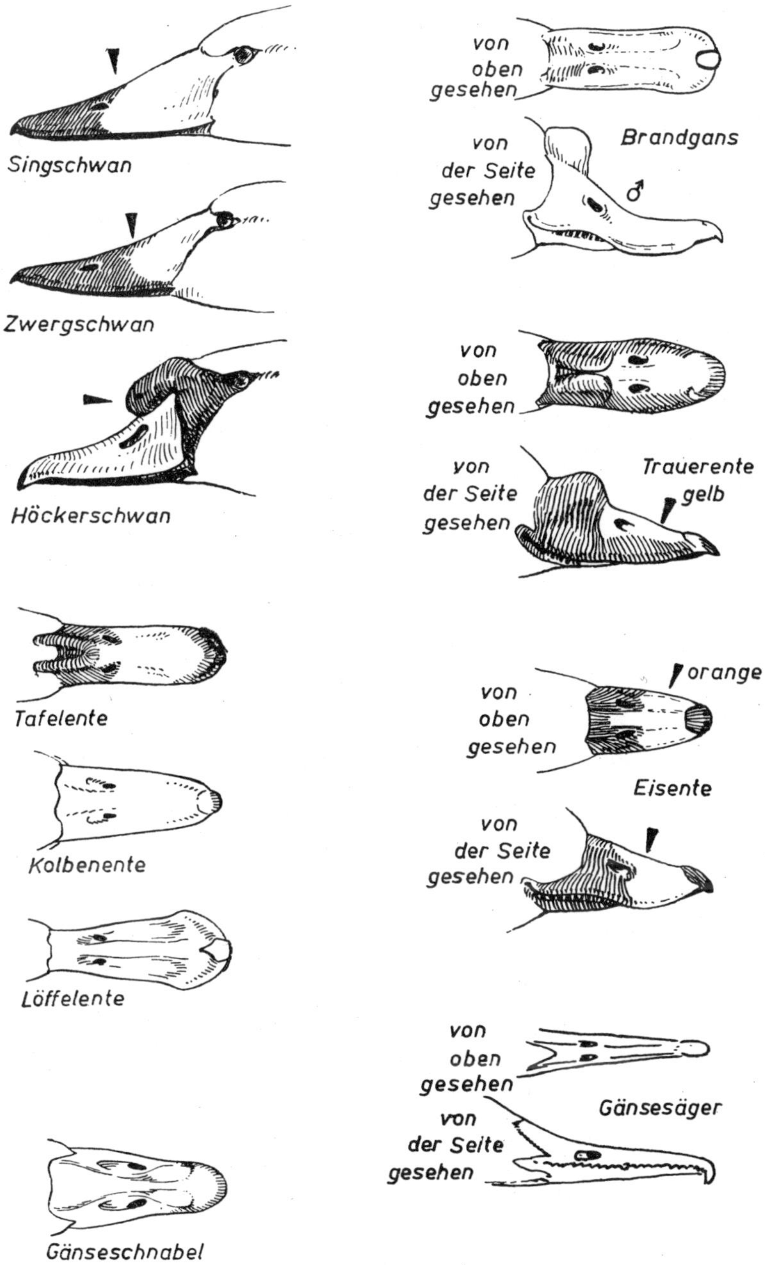

Abb. 95. Schnäbel der Entenartigen

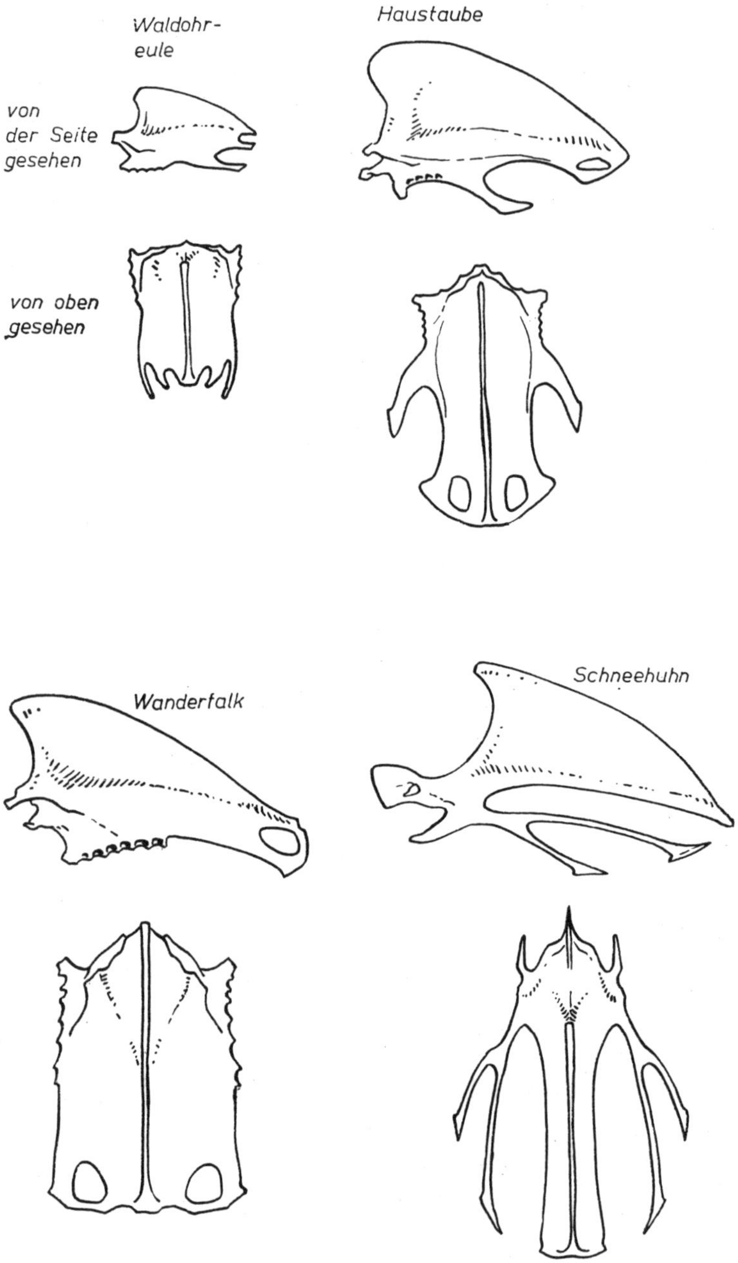

Abb. 96. Ausbildung der Brustbeine

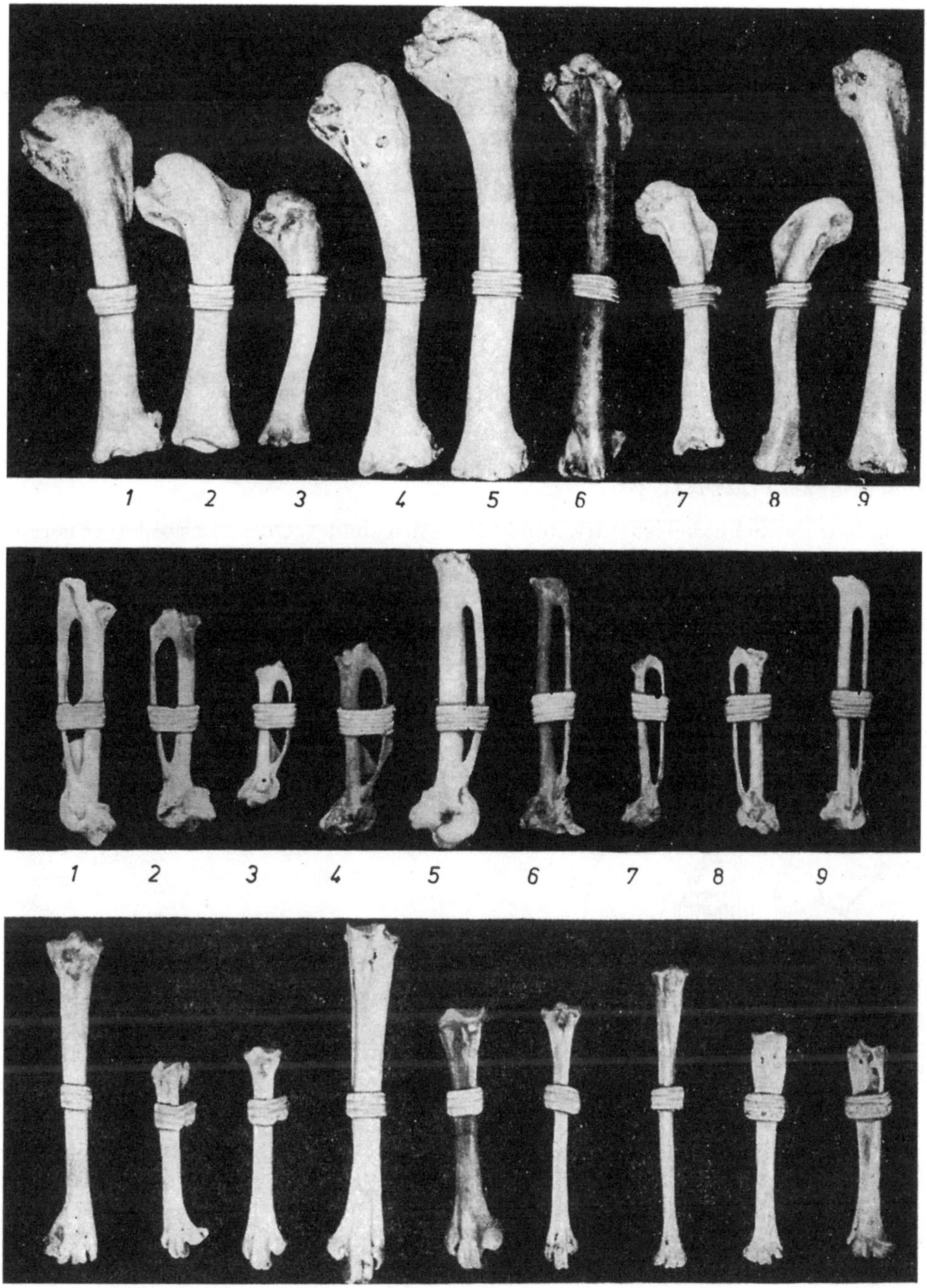

Abb. 97. Oberarmknochen (oben), Mittelhandknochen (Mitte) und Laufknochen (unten).
1 — Nebelkrähe, 2 — Ringeltaube, 3 — Rebhuhn, 4 — Fasan, 5 — Stockente, 6 — Lachmöwe, 7 — Sperber, 8 — Turmfalk, 9 — Waldohreule

stellung von Oberarmen, Mittelhandknochen und Läufen von neun häufigen Vogelarten; Reste dieser Arten sind oft in den Gewöllen zu finden.

An dieser Stelle möchte ich bemerken, daß in diesem Buch nur gewisse Hinweise gegeben werden können; eine ausführliche und umfassende Darlegung aller Einzelheiten würde einige Bände füllen.

Finken

Kernbeißer (*Coccothraustes coccothraustes* [L.])

Oberschnabel: Die Art ist durch den klobigen Schnabel leicht zu bestimmen. Das Nasenbein ist kurz.

Unterschnabel: Der hintere Teil desselben hat keine Öffnung.

Schnabelmaße: Oberschnabelkante 17,0—19,0
Unterschnabel (vorderer Teil) 14,9—16,2

Grünfink (*Carduelis chloris* [L.])

Oberschnabel: Der Schnabel ist stark und kräftig ausgebildet. Oberschnabelkante geradlinig. Nasenbein an der Stirn leicht eingekerbt (mit dem Fingernagel darüberstreichen!).
Unterschnabel: Die Wurzel des vorderen Teiles ist auffällig stark. Der Innenbogen hat einen stumpfen Höcker (ventral gesehen).

Schnabelmaße: Oberschnabelkante 10,8—11,7
Unterschnabel (vorderer Teil) 9,7—11,2

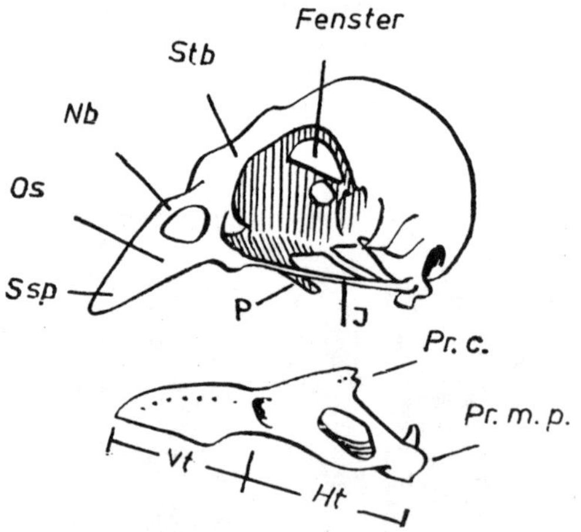

Abb. 98. Finkenschädel

Oberschnabel:

Stb — Stirnbein (Frontale)
Nb — Nasenbein
Os — Oberschnabel (Maxillare)
Ssp — Schnabelspitze (Praemaxillare)
p — Palatinum
J — Jugale

Unterschnabel (Dentale):

Vt — vorderer Teil (Pars anterior)
Ht — hinterer Teil (Pars posterior)
Pr. c. — Processus coronoideus
Pr. m. p. — Processus mandibularis posterior

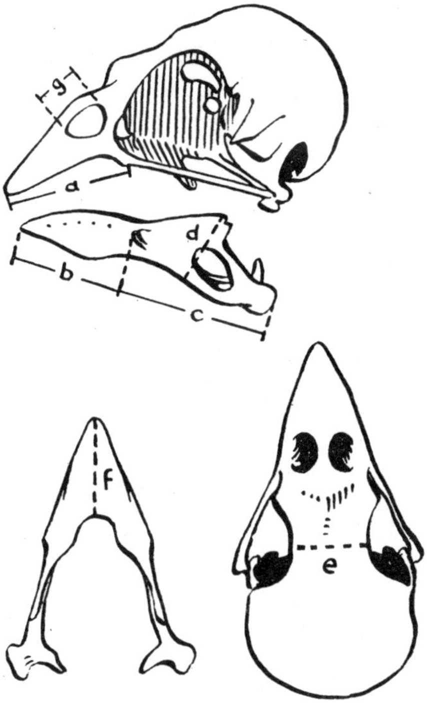

Abb. 99. Finkenschädel mit den wichtigsten Maßen. a — Oberschnabelkante, b — Unterschnabel (vorderer Teil), c — Unterschnabel (hinterer Teil), d — Höhe des Unterschnabels, e — Stirnbreite, f — Unterschnabellänge (vorderer Teil), g — Nasenlochlänge

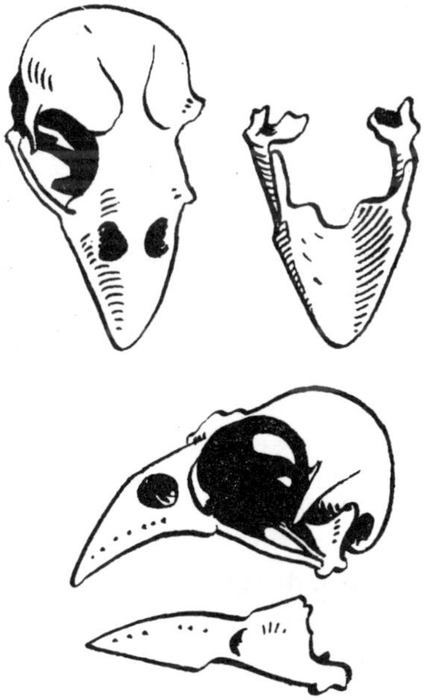

Abb. 100. Kernbeißer

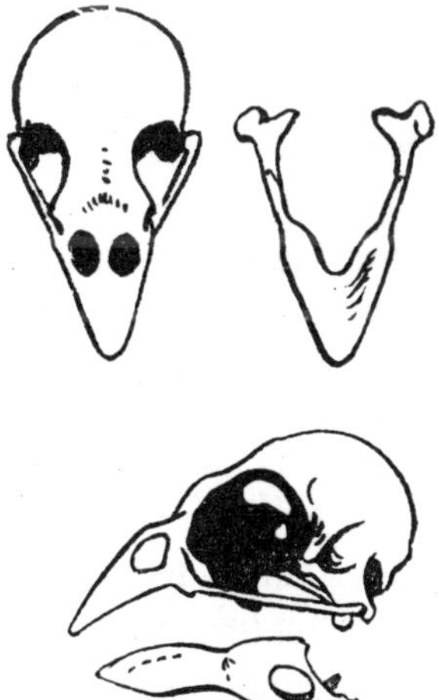

Abb. 101. Grünfink

Stieglitz (*Carduelis carduelis* [L.])

Oberschnabel: Der Schnabel ist schmal und spitz. Der Oberschnabel ist im Vergleich zu dem des Bluthänflings länger und viel schlanker. Nasenlöcher so breit wie lang. Nasenbein kurz, gedrungen und mit einer Kerbe versehen.

Unterschnabel: Der Innenbogen desselben ist nicht erhaben.

Schnabelmaße: Oberschnabelkante 9,5—10,0
Unterschnabel (vorderer Teil) 8,4—8,9

Erlenzeisig (*Carduelis spinus* [L.])

Oberschnabel: Der Schnabel ist spitz, das Nasenbein gedrungen und fein eingekerbt. Nasenlöcher rund (beim Birkenzeisig oval!). Processus coronoideus zweispitzig.

Unterschnabel: Der Innenbogen weist einen kleinen Höcker auf. — Am Unterschnabel eine deutlich ausgeprägte Grube.

Schnabelmaße: Oberschnabelkante 7,1—7,8
Unterschnabel (vorderer Teil) 6,8—7,1

Bluthänfling (*Carduelis cannabina* [L.])

Oberschnabel: Die Kante am Oberschnabel ist wenig konvex. Nasenbein gedrungen. Nasenlöcher rundlich. Deutliche Kerbe auf dem Nasenbein mit anschließendem Hökker.
Unterschnabel: Kieferbau stark und gedrungen, ähnlich dem des Feldsperlings. Innenbogen mit deutlichem Höcker im Gegensatz zu dem des Feldsperlings.

Schnabelmaße: Oberschnabelkante 8,3—8,6
Unterschnabel (vorderer Teil) 7,4—7,9

Birkenzeisig (*Carduelis flammea flammea* [L.] und *Carduelis flammea cabaret* [P. L. S. Müller])

Oberschnabel: Nasenbein schlank, relativ lang und mit einer Kerbe versehen. Nasenlöcher länglich.

Unterschnabel: Am Vorderteil keine deutlich ausgeprägte Grube wie beim Erlenzeisig. Processus coronoideus einspitzig. Innenbogen ohne Höcker.

Schnabelmaße: Oberschnabelkante 7,2—9,0
Unterschnabel (vorderer Teil) 7,1—8,1

Girlitz (*Serinus serinus* [L.])

Als kleinster unserer Finken hat er einen recht derben Schnabel, der an den des Gimpels erinnert und mit denen der andern Cardueliden nicht zu verwechseln ist.

Oberschnabel: Nasenlöcher groß und oval. Nasenbein mit langer flacher Einkerbung.

Unterschnabel: Innenbogen mit ausgeprägter Erhabenheit.

Schnabelmaße: Oberschnabelkante 6,6—6,8
Unterschnabel (vorderer Teil) 5,2—6,0

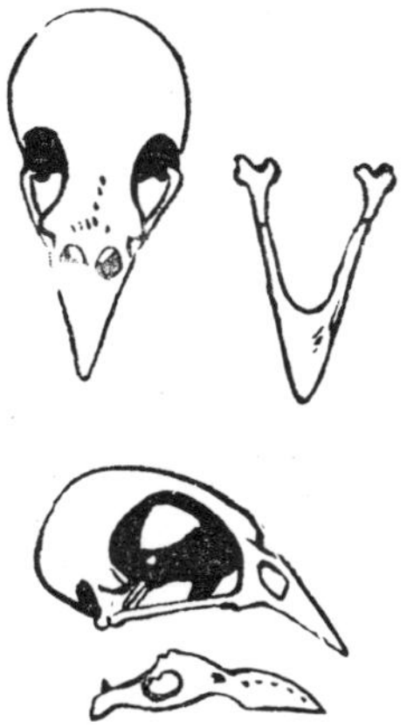

Abb. 102. Stieglitz

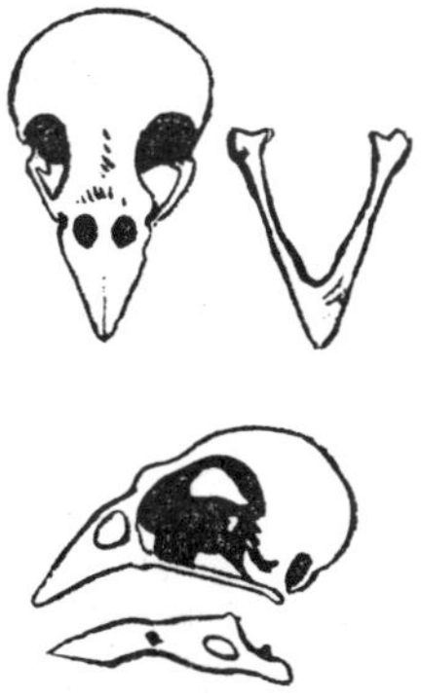

Abb. 103. Erlenzeisig

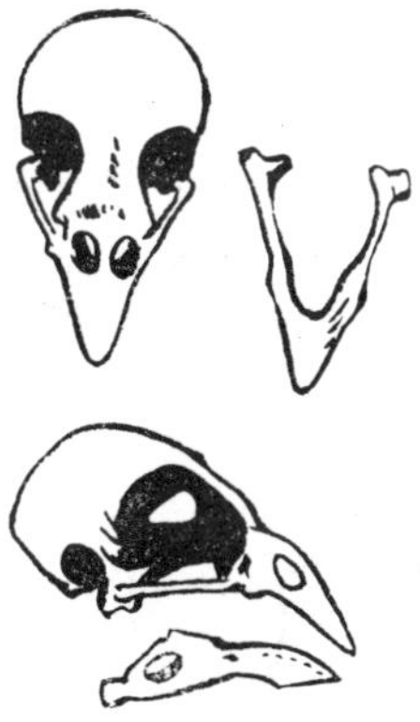

Abb. 104. Bluthänfling

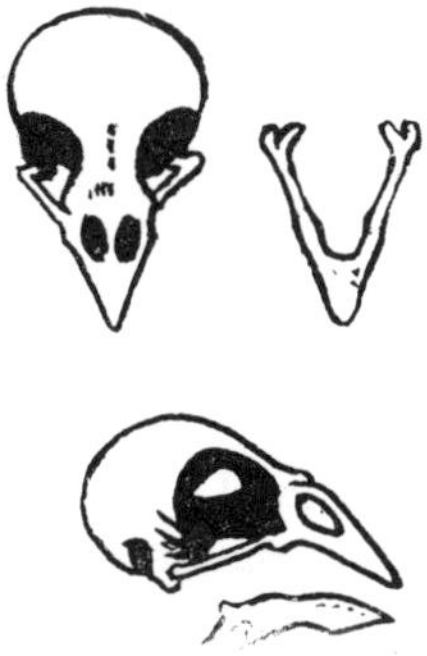

Abb. 105. Birkenzeisig

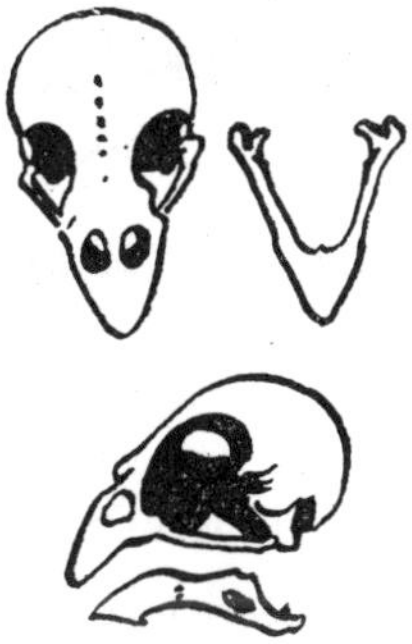

Abb. 106. Girlitz

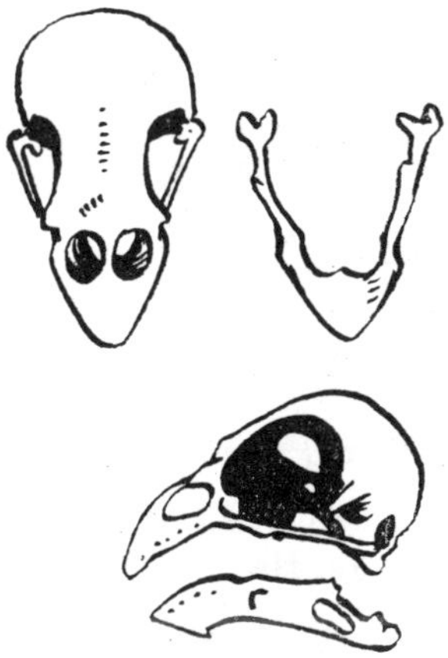

Abb. 107. Gimpel

Gimpel (*Pyrrhula pyrrhula pyrrhula* [L.])

Oberschnabel: Breit und plump. Nasenlöcher groß und rundlich. Nasenbein mit langer tiefer Kerbe.

Unterschnabel: Kellenförmig. Der Innenbogen mit starkem spitzem Höcker.

Schnabelmaße: Oberschnabelkante 10,0—10,8
Unterschnabel (vorderer Teil) 8,5—9,0

Haussperling (*Passer domesticus* [L.])

Oberschnabel: Kante konkav. Augenscheidewand mit einem Fenster.

Unterschnabel: An der Wurzel des vorderen Teiles auf der dorsalen Kante deutlich merkbare Vertiefung und Buckel (mit dem Fingernagel darüberstreichen).

Schnabelmaße: Oberschnabelkante 9,8—11,2
Unterschnabel (vorderer Teil) 8,8—9,9

Feldsperling (*Passer montanus* [L.])

Oberschnabel: Kante stark konkav. Sonst wie beim vorhergehenden, aber wesentlich kleinere Maße.

Unterschnabel: Innenrand desselben mit kleinem Höcker.

Schnabelmaße: Oberschnabelkante 8,6—9,3
Unterschnabel (vorderer Teil) 7,1—8,0

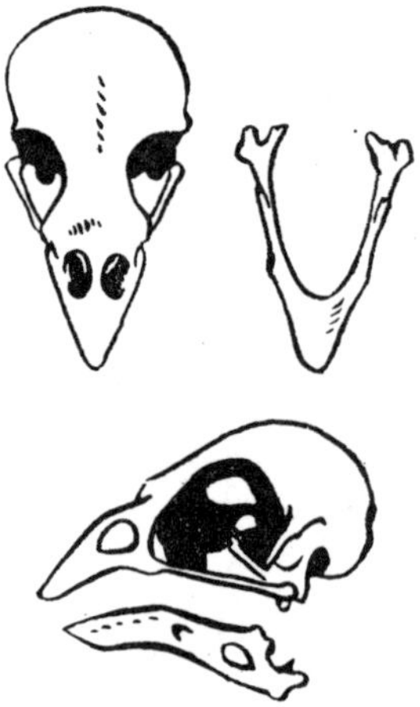

Abb. 108. Haussperling

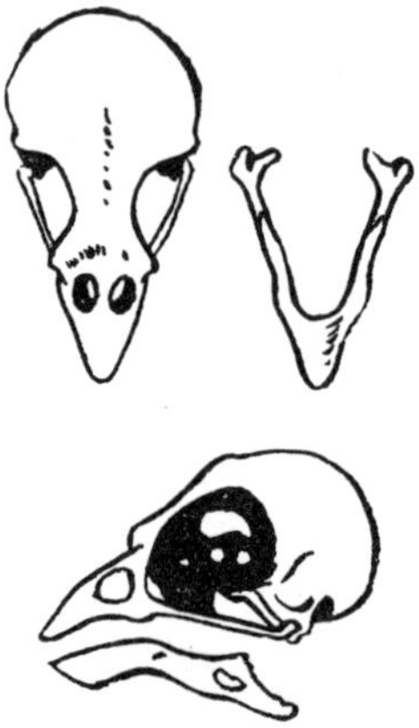

Abb. 109. Feldsperling

Buchfink (*Fringilla coelebs* L.)

Oberschnabel: Kante fast gerade. Dies ist das beste Unterscheidungsmerkmal im Vergleich zum Haussperling. Oberschnabel (dorsal gesehen) spitzer als beim Haussperling.

Unterschnabel: Die Wurzel des vorderen Teiles ist stärker ausgebildet als beim Haussperling. Auf dem Dorsalrand des Vorderteiles kein Buckel spürbar!
Augenscheidewand mit zwei Fenstern.

Schnabelmaße: Oberschnabelkante 9,8—11,1
Unterschnabel (vorderer Teil) 9,7—10,7

Bergfink (*Fringilla montifringilla* L.)

Oberschnabel: Nicht in allen Fällen vom Buchfinken mit Sicherheit zu unterscheiden. Maße etwas größer als bei diesem.

Unterschnabel: Die Grube am hinteren Teil (seitlich gesehen) ist tiefer als beim Buchfinken.

Schnabelmaße: Oberschnabelkante 10,6—11,7
Unterschnabel (vorderer Teil) 10,5—11,3

Fichtenkreuzschnabel (*Loxia curvirostra* L.)

Oberschnabel: Gleichmäßig sichelförmig abwärts gebogen. Die Schnabelspitze ist stark verschmälert (dorsal gesehen). Die Asymmetrie ist deutlich zu sehen.

Unterschnabel: Die Kante am Unterschnabel ist an der Spitze konkav und an der Wurzel konvex. Die Kieferpaare stehen im weiten Winkel zueinander.

Schnabelmaße: Oberschnabelkante 11,8—12,8
Unterschnabel (vorderer Teil) 10,9—11,6

Kiefernkreuzschnabel (*Loxia pytyopsittacus* Borkhausen)

Maße größer als beim Fichtenkreuzschnabel.

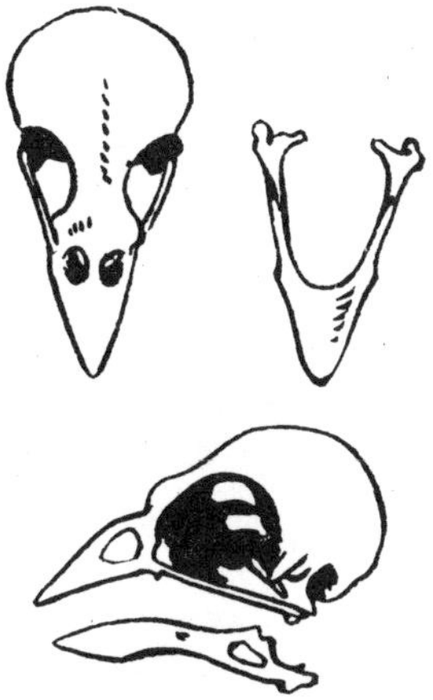

Abb. 110. Buchfink

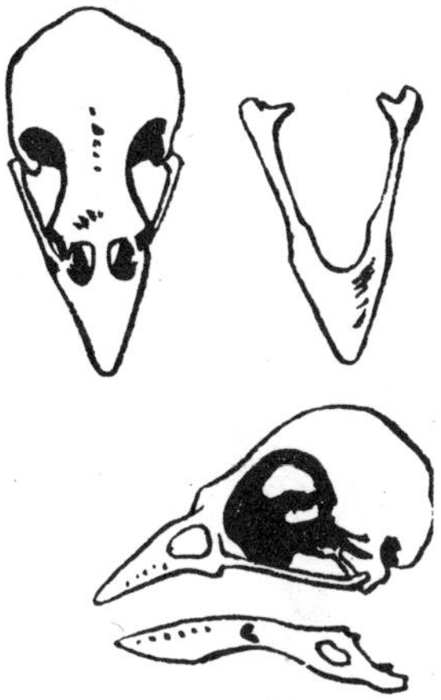

Abb. 111. Bergfink

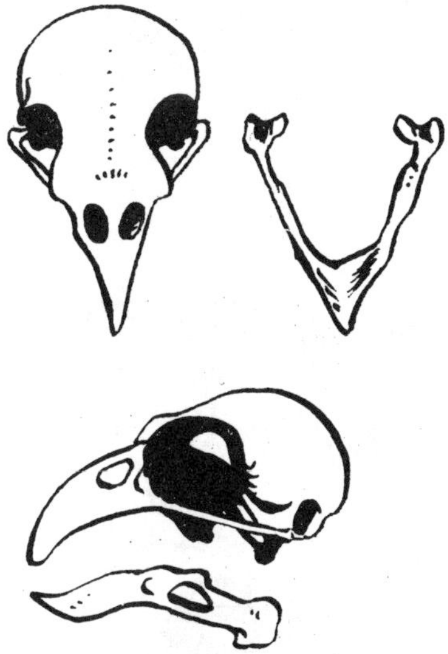

Abb. 112. Fichtenkreuzschnabel

Ammern

Grauammer (*Emberiza calandra* L.)

Oberschnabel: Die Kante weist in der Mitte eine Erhebung auf (seitlich gesehen). Die Schnabelspitze hat an der Unterseite an der Wurzel zwei Wülste, die eine Grube bilden. Nasenbein stark gedrückt (dorsal gesehen).

Unterschnabel: Im Vorderteil an der Wurzel nach außen gebogene Wülste. Die Kante ist nach hinten zu konkav.

Schnabelmaße: Oberschnabelkante 8,9—9,0
Unterschnabel (vorderer Teil) 11,1 bis 11,6

Schneeammer (*Plectrophenax nivalis* [L.])

Oberschnabel: Seine ventrale Seite ist flach, ohne Wülste. Das Nasenbein ist schmal und trägt keine Kerbe (lateral gesehen).

Unterschnabel: Kante konvex, den Wulst nur schwach überragend. Der Vorderteil ist an der Spitze an der Innenseite mit einer tiefen Längsfurche versehen.

Schnabelmaße: Oberschnabelkante ca. 8,7
Unterschnabel (vorderer Teil) ca. 9,7

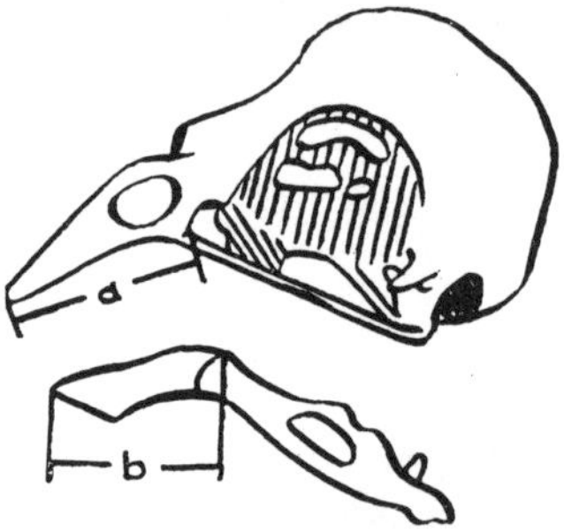

Abb. 113. Ammerschädel. a — Oberschnabelkante, b — Unterschnabel (vorderer Teil)

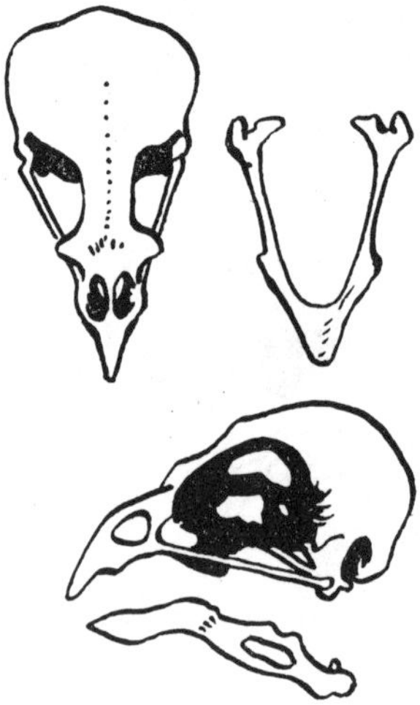

Abb. 114. Grauammer

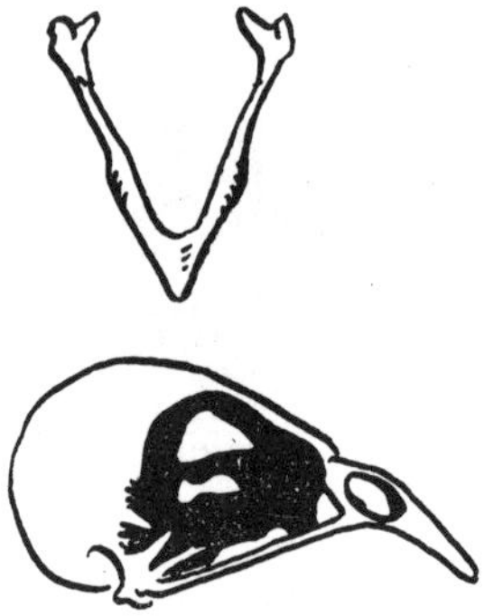

Abb. 115. Schneeammer

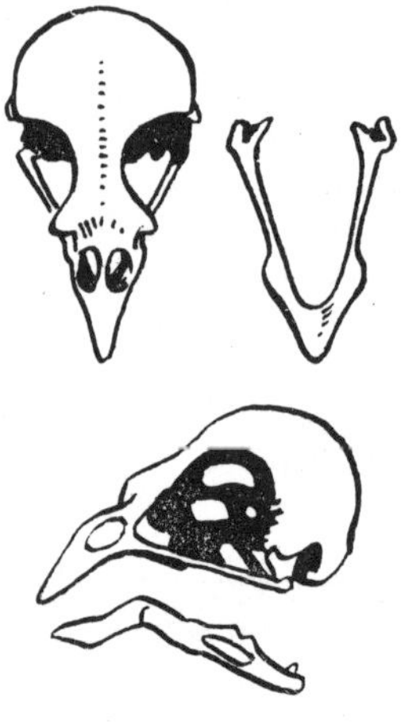

Abb. 116. Goldammer

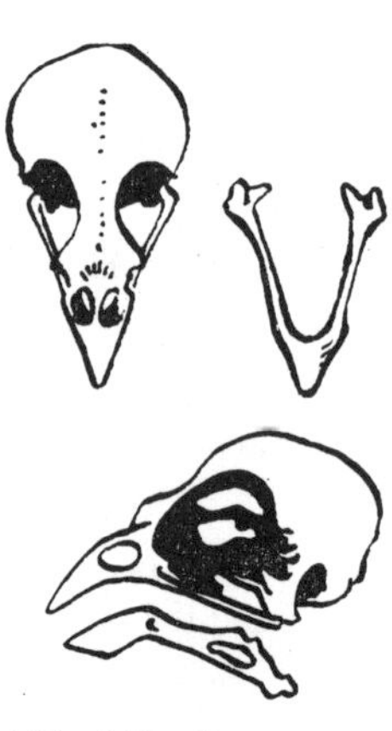

Abb. 117. Gartenammer

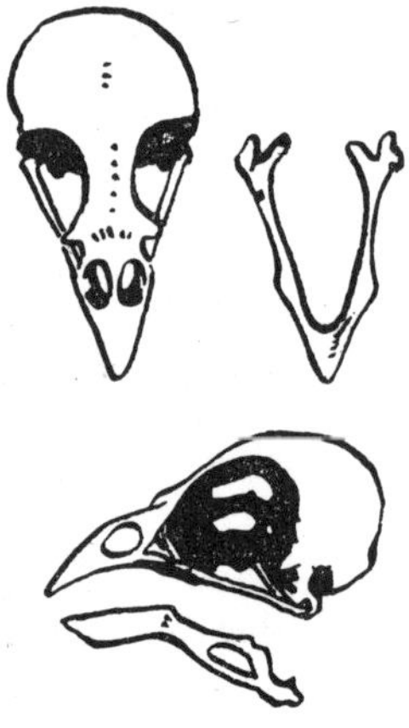

Abb. 118. Rohrammer

Goldammer (*Emberiza citrinella* [L.])

Oberschnabel: Ventrale Seite der Schnabelspitze schmal, nach der Spitze verjüngt und mit tiefer Längsrinne.

Unterschnabel: Kante konkav (laterale Ansicht). Die Wülste des vorderen Teiles stark nach außen gehoben.

Schnabelmaße: Oberschnabelkante 7,0—8,7
Unterschnabel (vorderer Teil) 8,9—10,0

Gartenammer (*Emberiza hortulana* L.)

Oberschnabel: Kante am größeren Teil fast gerade. Ventrale Seite der Schnabelspitze breiter und flacher als bei der Goldammer. Längsfurche schwach ausgebildet.

Unterschnabel: Kante gerade. Wulst am Wurzelteil nicht sehr überragend. Der Knick im Dentale ist geringer als bei der Goldammer!

Schnabelmaße: Oberschnabelkante 8,4—8,9
Unterschnabel (vorderer Teil) 8,3—8,9

Rohrammer (*Emberiza schoeniclus* [L.])

Oberschnabel: Kante konkav.

Unterschnabel: Kante konvex. Der Knick im Dentale ist stärker als bei der Gartenammer.

Schnabelmaße: Oberschnabelkante 7,3—7,7
Unterschnabel (vorderer Teil) 7,3—7,7

Auf Maßangaben, die Schädel der Spitzschnäbler betreffend, wurde verzichtet, da einmal die Artenvielfalt zu groß ist und die Merkmale zu diffizil sind. Außerdem ist der Erhaltungszustand der Spitzschnäblerschädel selten gut; sie sind fast immer mehr oder weniger beschädigt.

Lurche

Froschlurche

In den Gewöllen sind auch Knochen von Fröschen und Kröten zu finden. Der Anteil der Froschlurche an der Gesamternährung kann bemerkenswert sein. Verhältnismäßig viel davon verzehren von unseren Eulen der Wald- und der Steinkauz, weniger der Uhu. Rar ist diese Beute bei der Schleier- und der Waldohreule.
Ferner werden Frösche gern vom Mäusebussard und Schreiadler, gelegentlich von den Milanen, Weihen und vom Wespenbussard genommen. Die Kröten werden im allgemeinen verschmäht. Am häufigsten kommt noch die Knoblauchkröte in den Gewöllen des Stein- und Waldkauzes vor.

Für die Auswertung der Gewöllinhalte ist es wertvoll, die Art der Lurche nach Kennzeichen an den Knochen bestimmen zu können. Eine Handhabe dazu gibt uns die Arbeit von H. SCHÄFER „Die Artbestimmung der deutschen Anuren nach dem Skelett“ [84], ihr wurden die beigegebenen Abbildungen entlehnt.

Von den Froschknochen bleibt meist das Darmbein (Os ilium) am besten erhalten. An diesem lassen sich unsere 13 Froscharten bestimmen. Sonst kommt noch ein Schädelknochen (Parasphenoid) in Betracht, aber in geringerem Maße. Für die Knoblauchkröte ist ein anderer Schädelknochen (Frontoparietale) typisch, der bei den Kennzeichen dieser Art abgebildet wird.

Bei den Kröten und den nahestehenden Familien fehlt die Fahne an der Ala, oder sie ist nur angedeutet.

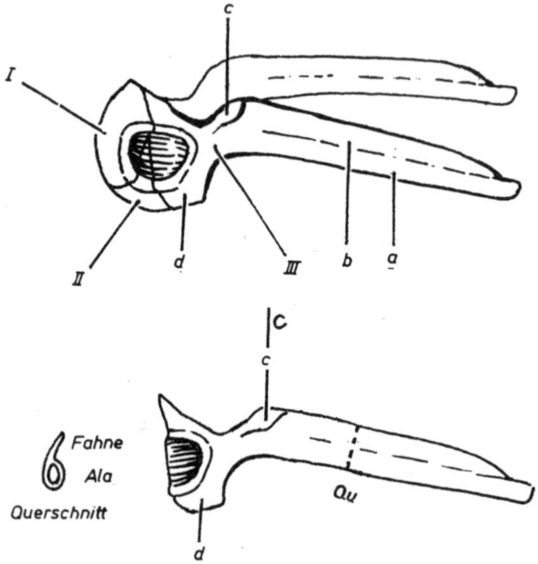

Abb. 119. Hüftbeinteile der Frösche (*Rana*). Oben im Zusammenhang mit anderen Knochen. Unten das Darmbein allein, wie es meistens in den Gewöllen zu finden ist.

a — Ala, b — Fahne (Vexillum), c — Höcker (Processus superior), d — Corpus, I — Sitzbein (Os ischii), II — Schambeim (Os pubis), III — Darmbein (Os ilium), Qu — Querschnitt

Knoblauchkröte (*Pelobates fuscus* [Laurenti])

Ala	bogig, dorsal abgeplattet und mit einer Rille versehen.
Höcker	fehlend, dafür eine tiefe Rille, die sich medial wendet und ein Stück nach außen läuft.
Corpus	weder vorspringend, noch zurückfliehend.

Für die Art sind ferner das Steißbein (schmetterlingsförmig) und das rauhe Stirnbein typisch.

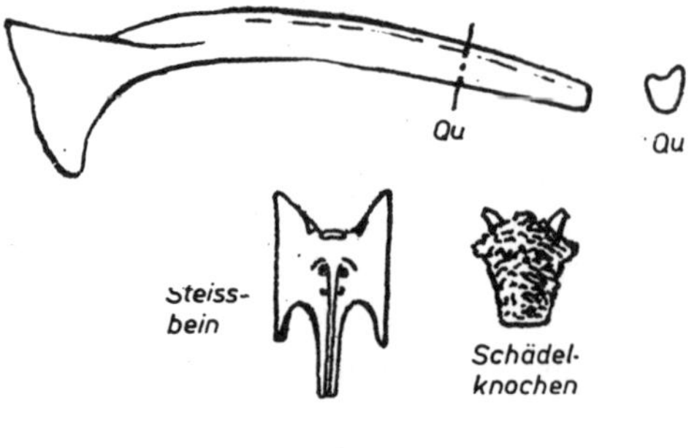

Abb. 120. Hüftbein, Steißbein und Schädelknochen (Frontoparietale) der Knoblauchkröte

Geburtshelferkröte (*Alytes obstetricans* [Laurenti])

Ala mäßig bogig. Schwache Längsrille (Lupe!).
Höcker nach außen stark vorspringend.
Corpus etwas zurückspringend, Winkel zur Ala unter 90 Grad. am kranialen Ende etwas breiter als an der Wurzel.

Abb. 121. Hüftbein der Geburtshelferkröte

Rotbauchunke (*Bombina bombina* [L.]) und **Gelbbauchunke** (*Bombina variegata* [L.])

Beide Arten sind nicht immer mit Sicherheit voneinander zu unterscheiden.
Als Merkmal der Unken ist die auffällige Verbreiterung der Ala am kranialen Ende (in Aufsicht) wichtig.

Ala fast gerade gerichtet.
Höcker klein, aber deutlich sichtbar, lateral kaum vorspringend. Vom Höcker ausgehend kranial eine deutliche Längsrille.
Corpus stark zurückfliehend, ähnlich Laubfrosch. Der Gelenkgrubenrand befindet sich an der kranialen Kante.

Laubfrosch (*Hyla arborea* [L.])

Ala mäßig bogig. Das Alaende wenig gedrückt, fast kreisrund.
Höcker lateral gesehen stark vorspringend, dorsal kaum.
Corpus zurückfliehend. Ansatzstelle der Ala weit kranial vor dem Höcker, weiter Abstand vom Gelenkgrubenrand.

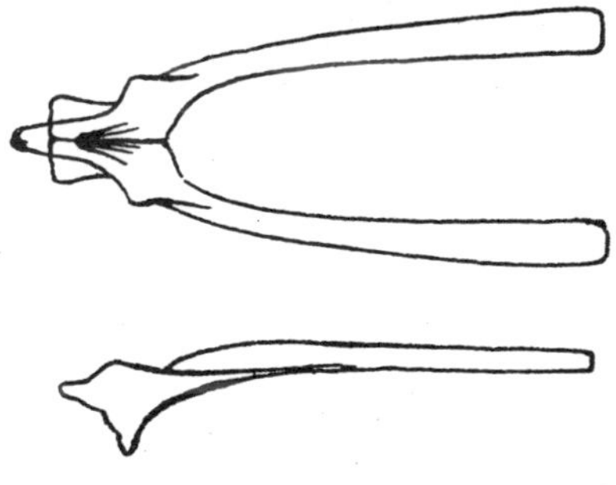

Abb. 122. Hüftbein der Unke, oben in Aufsicht

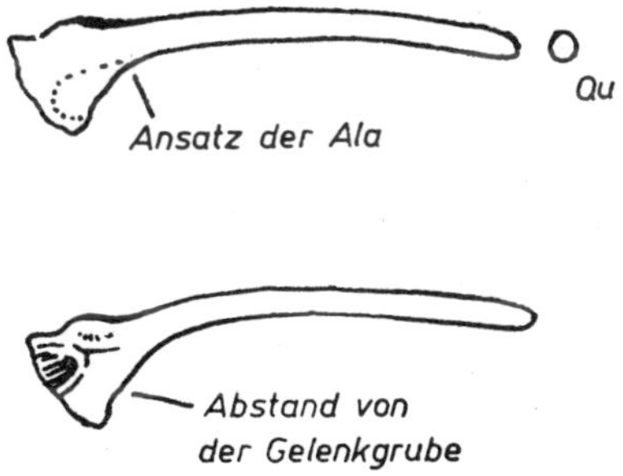

Abb. 123. Hüftbein des Laubfrosches

Erdkröte (*Bufo bufo* [L.])

Ala stark bogig.
Höcker klein, lateral schwach vorspringend. Von ihm zieht sich medial eine Rille kranialwärts. Eine zweite tiefere Rille verläuft in dem Mittelteil der Ala, die dorsal einen kleinen Kamm abschnürt (Vorstufe der Ala).
Corpus zurückfliehend.

Die südliche Unterart *Bufo bufo spinosus* Daudin erreicht die doppelte Größe.

Wechselkröte (*Bufo viridis* Laurenti)

Ala	bogig, weniger als bei der Erdkröte.
Höcker	länger als bei der vorigen, von der Seite gesehen weniger, aber dorsal stärker. Beide Rillen vorhanden.
Corpus	schwach vorspringend.

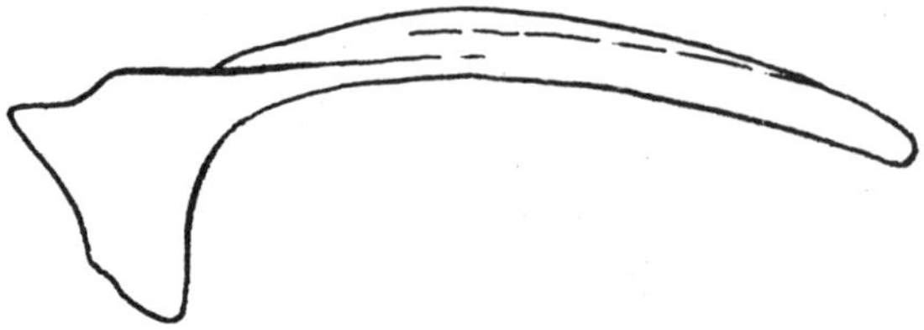

Abb. 124. Hüftbein der Erdkröte

Abb. 125. Hüftbein der Wechselkröte

Abb. 126. Hüftbein der Kreuzkröte

Kreuzkröte (*Bufo calamita* Laurenti)

Ala	bogig, jedoch weniger als bei den bereits genannten Arten.
Höcker	dorsal besonders hervorspringend. Die Rille, die die Fahne andeutet, ist stark ausgeprägt und länger als bei den anderen *Bufo*-Arten. Zweite mediale Rille auf der Ala wenig deutlich.
Corpus	etwa senkrecht zur Ala. Die Fahne ähnelt bereits der Fahne der Frösche.

Grasfrosch (*Rana temporaria* L.)

Ala	schwach bogig.
Höcker	weit vorspringend (dorsal gesehen).
Fahne	außen auf der Ala aufsitzend, Höhe der Fahne gering.
Corpus	stark vorspringend wie bei *Rana dalmatina*.

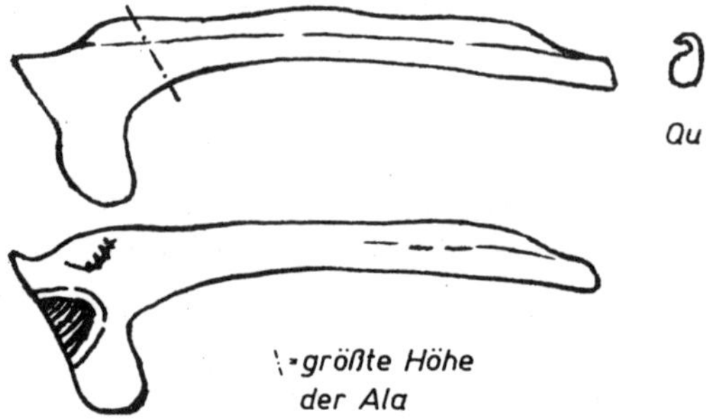

Abb. 127. Hüftbein des Grasfrosches

Die Art ist leicht an der Form und dem Größenverhältnis zwischen Ala und Fahne zu bestimmen. Letztere ist nur schwach ausgebildet und hinter dem Höcker kranial eingebogen.

Teichfrosch (*Rana esculenta* L.)

Ala	stark bogig.
Höcker	nicht scharf abgesetzt wie beim Grasfrosch, von oben stark gedrückt erscheinend, ähnlich *Rana dalmatina*.
Fahne	auf der Mitte der Ala. Höhe der Fahne am größten beim Höcker.
Corpus	stark vorspringend, mehr als bei allen anderen Arten.

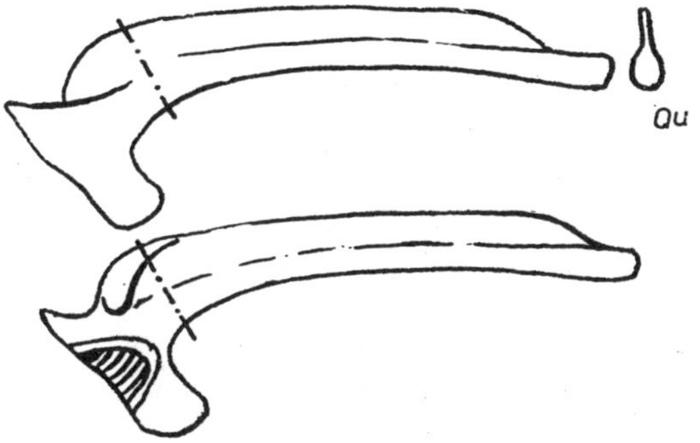

Abb. **128.** Hüftbein des Teichfrosches

Seefrosch (*Rana ridibunda* Pallas)

Ala	wenig bogig, weniger als bei *Rana arvalis*.
Höcker	deutlich abgesetzt im Gegensatz zu *esculenta*, schräg von oben abgeplattet.
Fahne	Außen auf der Ala aufsitzend, größte Höhe am Höcker.
Corpus	vorspringend.

In vielem ist das Darmbein dem des Moorfrosches ähnlich, aber der Corpus springt bei letzterem nicht vor.

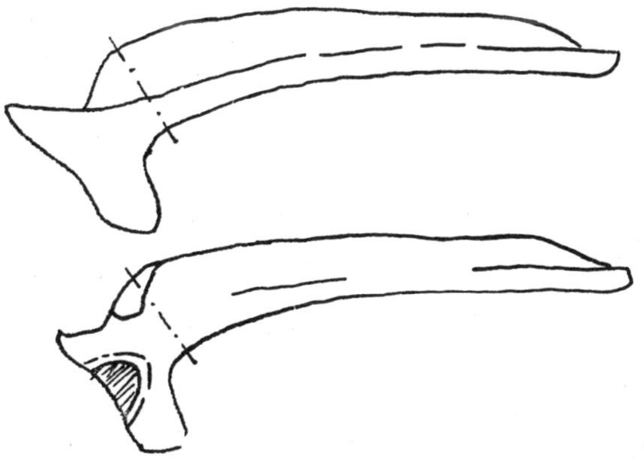

Abb. **129.** Hüftbein des Seefrosches

Moorfrosch (*Rana arvalis* Nilsson)

Ala	schwach bogig.
Höcker	klein, schmal, nicht abgeplattet.
Fahne	an der Ala außen aufsitzend, dünn und durchscheinend. Höhe der Fahne am Höcker am größten. Auf der Fahnenaußenseite zieht sich eine Erhöhung vom Höcker kranial zur oberen Kante.
Corpus	senkrecht zur Ala, kaum vorspringend.

Springfrosch (*Rana dalmatina* Bonaparte)

Ala	stark bogig.
Höcker	mäßig groß, langgestreckt, von schräg oben abgeflacht.
Fahne	an der Ala außen aufsitzend, Höhe der Fahne am größten kranial vom Höcker. Auf der Fahne nahe des oberen Randes in der kranialen Hälfte ein Längswulst.
Corpus	stark vorspringend.

Die Form der Fahne, größte Höhe kranial vom Höcker, ist artbezeichnend.

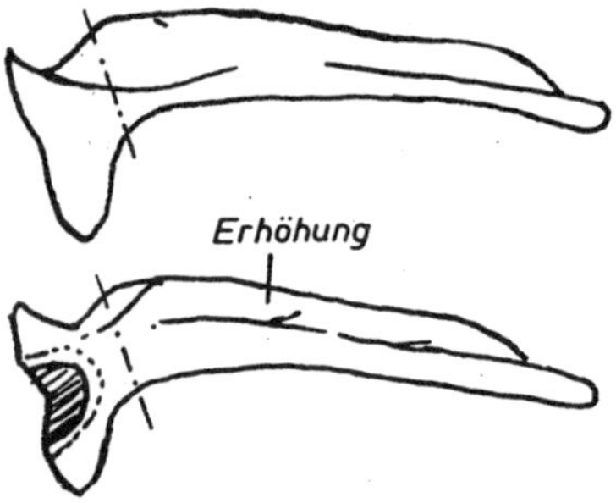

Abb. 130. Hüftbein des Moorfrosches

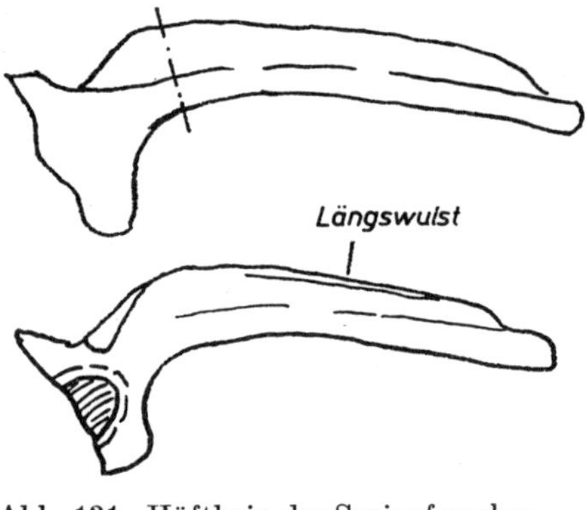

Abb. 131. Hüftbein des Springfrosches

Schlammtaucher (*Pelodytes punctatus* [Daudin])

Ein kleiner Lurch. Die Knöchelchen haben die Maße der des Laubfrosches; sind aber noch dünner und feiner. Die Zeichnung wurde nach Funden aus Frankreich (Seine) angefertigt.

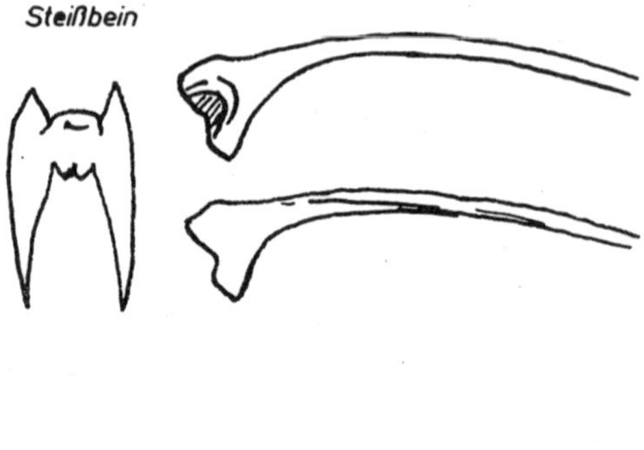

Abb. 132. Steißbein und Hüftbein des Schlammtauchers

Schwanzlurche

Uttendörfer [105, 106] erwähnt die Schwanzlurche nicht unter den Beutetieren der Greifvögel, was jedoch nicht ganz einleuchtend ist. Das Fehlen der Schwanzlurche in der Beute bedarf noch eingehender Untersuchung und Nachprüfung. Die Molche leben nicht ausschließlich im Wasser, sondern begeben sich nach der Laichzeit auf das Land, so insbesondere der Bergmolch (*Triturus alpestris* [Laur.]), und könnten dort Greifvögeln als Beute dienen. Beim Feuersalamander (*Salamandra salamandra* [L.]) und dem Alpensalamander (*Salamandra atra* Laur.) ist anzunehmen, daß sie größtenteils wie die Kröten verschmäht werden. Das Fehlen der Schwanzlurche in der Liste der Beutetiere könnte darauf zurückzuführen sein, daß die Reste dieser Tiere bisher nicht richtig erkannt wurden, weil der weiche Molchkörper fast ganz verdaut wird und keine stärkeren Knochenpartien vorhanden sind, die noch eine Bestimmung ermöglichen.

Reptilien

Diese Gruppe spielt in der Ernährung der Greifvögel und Eulen meist nur eine Nebenrolle, vom Schlangenadler als Spezialisten abgesehen. Nur wenige Brutpaare vom Schlangenadler dürften heute noch in Mitteleuropa als Brutvögel existieren, wie im östlichen Polen, in der Südslowakei und in Ungarn. Schlangen und Eidechsen bilden die Hauptnahrung dieser Art und betragen etwa 70—90% der Gesamtbeute. In den Wäldern von Bialowieza in Polen gehören zur Nahrung etwa 50% Kreuzottern und 22% Blindschleichen. Zebe [11] konnte bei einem Brutpaar in Schlesien die Ringelnatter als Hauptnahrung nachweisen. Insgesamt wurden dem Schlangenadler in verschiedenen Gebieten Europas folgende Reptilien nachgewiesen: Gelbgrüne Zornnatter, Äskulapnatter, Leopardnatter, Eidechsennatter, Ringelnatter, Vipernatter, Schlingnatter, Aspisviper, Kreuzotter, Blindschleiche, Zauneidechse, Smaragdeidechse, Perleidechse, Scheltopusik und Mauereidechse.

In Ausnahmefällen kann die Reptiliennahrung des Turmfalken bis zu 30% betragen. Meistens sind es Eidechsenarten wie Zauneidechse, Waldeidechse und Blindschleiche, Schlangennahrung scheint selten zu sein.

Beim Rotfußfalken wurden in Ungarn Taurische Eidechsen als Nahrung festgestellt.

Der Mäusebussard nimmt während der Brutzeit mitunter auch Reptilien zu sich. Blindschleiche, Zauneidechse, Ringelnatter, Schlingnatter und Kreuzotter wurden bisher nachgewiesen.

Dem Wespenbussard wurden kleinere Reptilien als Nahrung nachgewiesen, so Blindschleiche, Ringelnatter und Äskulapnatter.

Der Rotmilan fängt nur gelegentlich Zauneidechsen und Ringelnattern. In manchen Gebieten jagt auch der Schwarzmilan Reptilien. Bisher wurden nachgewiesen: Wiesenotter, Ringelnatter, Aspisviper und Zauneidechse, in der Sowjetunion auch Sumpf- und Vierzehenschildkröte.

Die Wiesenweihe ist mitunter ein eifriger Reptilienjäger. Uttendörfer konnte insgesamt 86 Eidechsen, darunter 11 Waldeidechsen und 2 Zauneidechsen, sicher bestimmen. Aus ungarischen und italienischen Gewöllanalysen wurden Smaragdeidechsen, Ringelnattern und Kreuzottern bestimmt.

Die Rohrweihe nimmt nur gelegentlich Eidechsen und Schlangen. In Italien wurden Vipernattern und Ringelnattern nachgewiesen.

Bei der Kornweihe wurden Blindschleichen und Kreuzottern als Nahrung festgestellt.

Dem Steinadler konnte in südlichen Gebieten Reptiliennahrung nachgewiesen werden. Bereits Reiser konnte 1905 auf dem Balkan Schildkrötennahrung feststellen. Sonst wurden Blindschleichen, Smaragdeidechse und Kreuzottern erbeutet.

Auch der hauptsächlich von Fröschen und Kleinsäugern lebende Schreiadler ist gelegentlich Reptilienjäger, nicht bestimmbare Eidechsenarten, Blindschleichen, Ringelnattern und Kreuzottern wurden verzehrt.

Die Beutelisten des Uhu umfassen neben Säugetieren und Vögeln nur selten Reptilien.

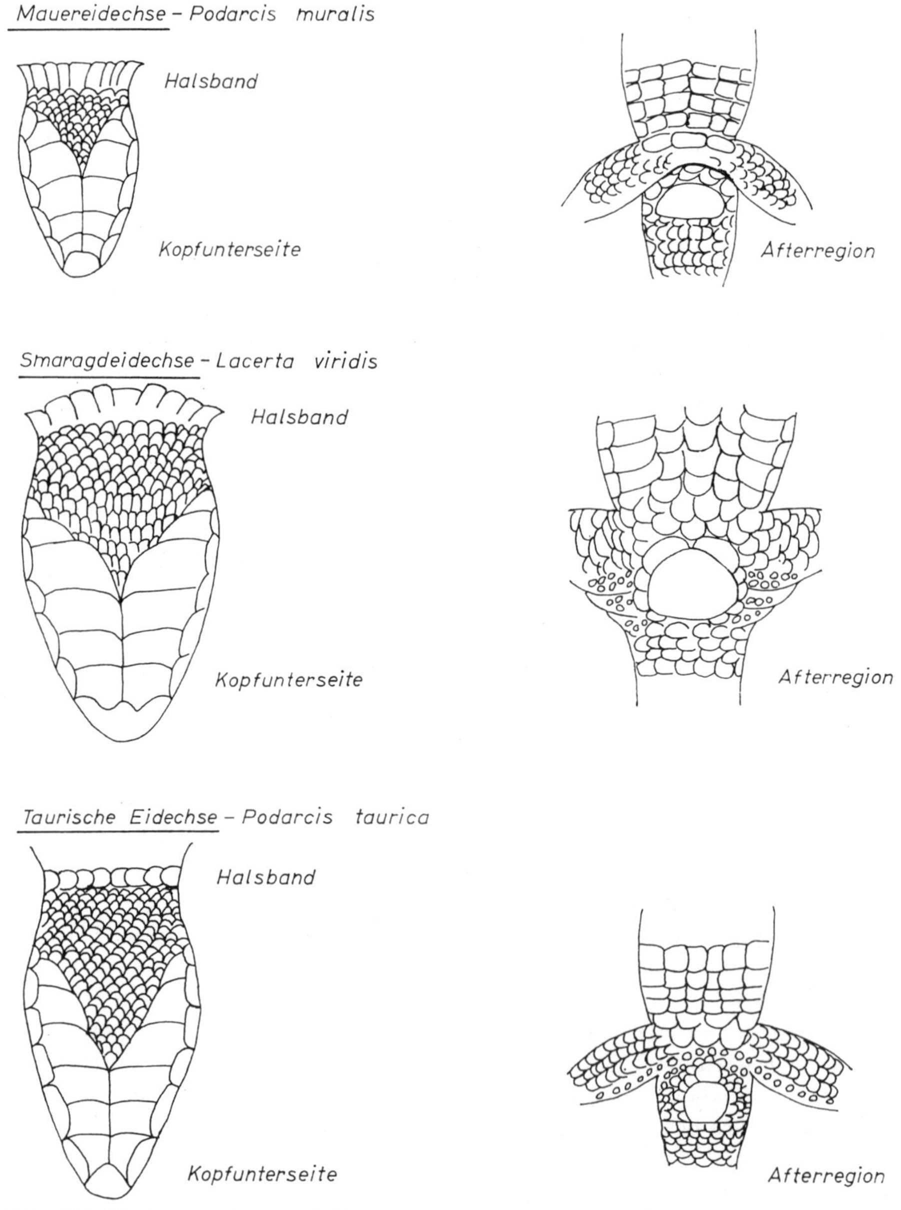

Abb. 133. Kopfunterseiten und Afterregionen von Eidechsenarten

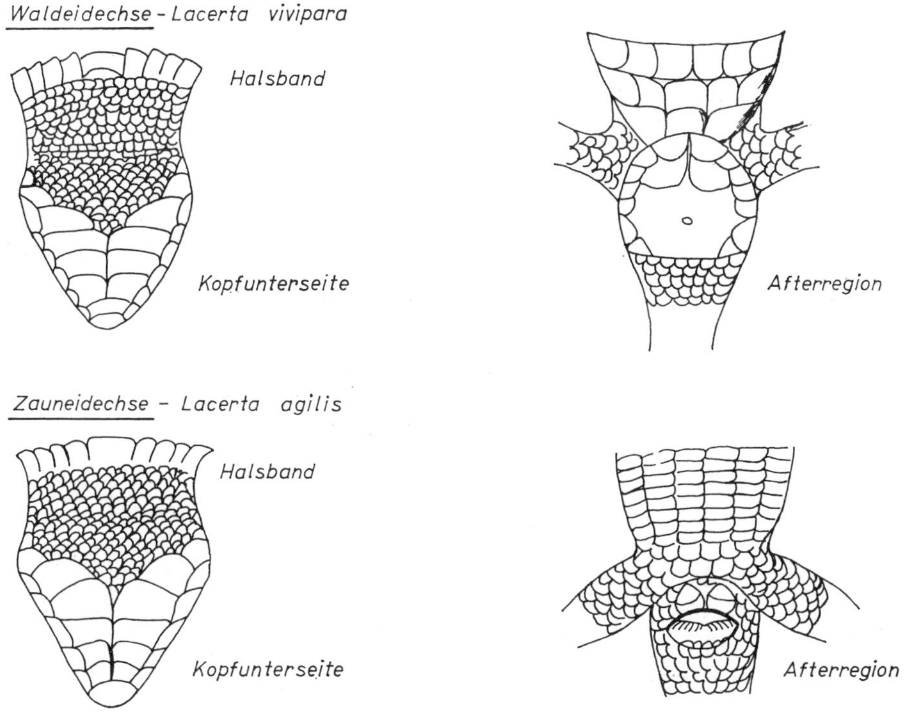

Abb. 133

Dem Waldkauz wurden Blindschleichen und Ringelnattern als Nahrung nachgewiesen.

Gelegentlich scheint auch der Steinkauz kleinere Reptilien zu jagen. In West- und Südeuropa wurden der Schleiereule gelegentlich Reptiliennahrung nachgewiesen. Festgestellt wurden Blindschleichen und Mauergeckos.

In unbedeutender Anzahl werden von der Waldohreule auch Reptilien wie Eidechsen, insbesondere Blindschleichen, erbeutet.

Aus der Tabelle: „Vorkommen der Eidechsen- und Schlangenarten in Mitteleuropa" ist die Verbreitung der Eidechsen- und Schlangenarten in Mitteleuropa ersichtlich, dadurch wird das Artenspektrum dieser Reptilien gebietsweise erfaßt.

Als Beispiel: In den meisten Gebieten der DDR kommen nur 3 Eidechsenarten (Blindschleiche, Zaun- und Waldeidechse) und 3 Schlangenarten (Ringelnatter, Schlingnatter und Kreuzotter) vor.

Bei Gewöllfunden oder Fraßresten aus der DDR mit Reptilienschuppen ist eine Artbestimmung anhand der Kopfschuppen der Eidechsen- und Schlangenarten mit Hilfe der Schädelzeichnungen möglich. Bei den Halsbandeidechsen ist durch Vergleich der Schuppen in der Analregion und der Halsbänder eine genaue Artbestimmung zu erreichen. Wenn die typischen Kopfschuppen und Schuppen der Analregion jedoch nicht vorhanden sind, ist eine Artbestimmung auch am übrigen Schuppenkleid möglich, wenn folgende Gesichtspunkte Beachtung finden:

Eidechsen haben mehrere Schuppenreihen auf der Bauchseite, Schlangen dagegen nur eine. Aus den Abbildungen ist die Form und Anordnung der Bauch- und Rücken-

Tabelle 2. Vorkommen der Eidechsen- und Schlangenarten in Mitteleuropa

Art	DDR	BRD	Polen	ČSSR	Österreich	Ungarn
Blindschleiche *Anguis fragilis* L.	X	X	X	X	X	X
Mauereidechse *Podarcis muralis* (Laurenti)		X_2		X	X	X
Taurische Eidechse *Podarcis taurica* (Pallas)						X_{13}
Zauneidechse *Lacerta agilis* L.	X	X	X	X	X	X
Smaragdeidechse *Lacerta viridis* (Laurenti)	X_1	X_3		X	X	X
Waldeidechse *Lacerta vivipara* Jacquin	X	X	X	X	X	X_{14}
Johannisechse *Ablepharus kitaibeli* Bibron & Bory				X_9		X_{12}
Ringelnatter *Natrix natrix* (L.)	X	X	X	X	X	X
Barren-Ringelnatter *Natrix natrix helvetica* (Lacépède)		X_7				
Würfelnatter *Natrix tessellata* (Laurenti)		X_6		X	X	X
Äskulapnatter *Elaphe longissima* (Laurenti)		X_4	X_8	X	X	X
Pfeilnatter *Coluber jugularis* L.						X_{15}
Schlingnatter *Coronella austriaca* Laurenti	X	X	X	X	X	X
Sandotter *Vipera ammodytes* (L.)					X_{10}	
Aspisviper *Vipera aspis* (L.)		X_5				
Kreuzotter *Vipera berus* (L.)	X	X	X	X	X	X
Wiesenotter *Vipera ursinii* (Bonaparte)					X_{11}	X_{16}

Erläuterungen der Fußnoten (Tabelle 2)

DDR

1	nur noch im Bezirk Cottbus.

BRD

2	bei Passau, am Mittel- und Oberrhein und an den Nebenflüssen.
3	am Mittel- und Oberrhein und bei Passau.
4	bei Schlangenbad im Taunus, Lörrach in Baden, im südlichen Odenwald und bei Passau.
5	nur sehr selten im südlichen Schwarzwald.
6	sehr selten an Mosel, Rhein, Lahn und Nahe.
7	nur westlich des Rheins.

Polen

8	nur im südöstlichen Teil.

ČSSR

9	nur an wenigen Stellen in der südlichen Slowakei.

Österreich

10	nur in den südlichen Teilen der Steiermark und Kärnten.
11	nur in Niederösterreich.

Ungarn

12	nur bei Budapest und an wenigen Stellen Nordungarns.
13	nur in mittleren und südlichen Gebieten.
14	fehlt im Südwesten.
15	nur im Süden.
16	nur bei Budapest und in der Ungarischen Tiefebene.

schuppen von Eidechsenarten ersichtlich. Blindschleichen haben relativ große Schuppen, die dachziegelartig übereinanderliegen. Auch die Form der einzelnen Schuppen unterscheidet sich wesentlich von denen anderer Eidechsenarten. Die Schuppenreihen der Rückenschuppen von Zaun- und Waldeidechse sind in der Rückenmitte verschieden angeordnet (siehe Abbildung 136). Auch einzelne Eidechsenschuppen in Rückenmitte der beiden Arten sind in ihrer Form unterschiedlich (siehe Abbildung 136).

Zur Unterscheidung der Schlangenarten müssen nach Möglichkeit Teile von Schuppenkleidern vorliegen.

Die Rückenschuppen der Schlingnatter lassen sich leicht bestimmen. Die Schlingnatter hat im Gegensatz zu Kreuzotter und Ringelnatter, die gekielte Rückenschuppen haben, glatte Rückenschuppen. Bei nur wenigen Hautresten lassen sich die gekielten Rückenschuppen von Kreuzotter und Ringelnatter, siehe Bestimmungsschlüssel S. 352 und Abbildung 142 sehr schwer auseinanderhalten. Einzelne Schuppen lassen eine Artbestimmung nicht zu.

Liegen Hautreste ganzer Rückpartien von Kreuzotter oder Ringelnatter vor, wird man anhand der Zeichnung beide Arten auseinanderhalten können, siehe Abbildung 144.

Liegen außerdem Schwanzteile vom Schuppenkleid vor, so ist auf Abbildung 139 ein weiteres Unterscheidungsmerkmal für Kreuzotter und Ringelnatter gegeben.

Bei Fraß- oder Gewöllresten mit Reptilienschuppen aus den südlichen Teilen Mitteleuropas, beispielsweise aus Österreich oder Ungarn, müssen alle vorkommenden Arten berücksichtigt werden.

Tabelle 3. Schuppenmerkmale mitteleuropäischer Schlangenarten

Ringelnatter *Natrix natrix* (L.)	Rückenschuppen sind gekielt, nur 1. und 2. Längsreihe mit glatten Schuppen Schwanzunterseite hat 53—78 Schilderpaare 19 Längsreihen 165—183 Bauchschilder Afterschild geteilt
Barren-Ringelnatter *Natrix natrix helvetica* (Lacépède)	Rückenschuppen sind gekielt, nur 1. Längsreihe mit glatten Schuppen. Schwanzunterseite hat 49—73 Schilderpaare 19 Längsreihen 157—179 Bauchschilder Afterschild geteilt
Würfelnatter *Natrix tessellata* (Laurenti)	Rückenschuppen sind gekielt, nur 1. Längsreihe mit glatten Schuppen. 2. Längsreihe teilweise mit glatten und teilweise mit gekielten Schuppen Schwanzunterseite hat 48—79 Schilderpaare Schuppen der Schwanzoberseite gekielt 19 Längsreihen 160—178 Bauchschilder· Afterschild geteilt
Äskulapnatter *Elaphe longissima* (Laurenti)	Rückenschuppen sind glatt, nur am Hinterkörper sehr schwach gekielt Schwanzunterseite hat 60—91 Schilderpaare 23 (selten 21) Längsreihen 212—248 Bauchschilder, die jederseits nach oben geknickt sind Afterschild geteilt
Schlingnatter *Coronella austriaca* (Laurenti)	Rückenschuppen sind glatt Schwanzunterseite hat 44—70 Schilderpaare 19 Längsreihen 153—195 Bauchschilder Afterschild meist geteilt
Pfeilnatter *Coluber jugularis* L.	Rückenschuppen sind glatt Schwanzunterseite hat 95—108 Schilderpaare 19 Längsreihen 185—215 Bauchschilder Afterschild geteilt
Sandotter *Vipera ammodytes* (L.)	Rückenschuppen stark gekielt, nur äußerste Reihe nicht Schwanzunterseite hat 24—46 Schilderpaare 21 oder 23 Längsreihen 133—164 Bauchschilder Afterschild ungeteilt
Aspisviper *Vipera aspis* (L.)	Rückenschuppen stark gekielt, meist auch die äußerste Reihe Schwanzunterseite hat 30—49 Schilderpaare 21 oder 23 (selten 19 oder 25) Längsreihen 134—170 Bauchschilder Afterschild ungeteilt

Tabelle 3. (Fortsetzung)

Kreuzotter *Vipera berus* (L.)	Rückenschuppen stark gekielt, nur die äußerste Reihe ist schwach oder gar nicht gekielt Schwanzunterseite hat 24—46 Schilderpaare 21 (selten 19 oder 23) Längsreihen 132—158 Bauchschilder Afterschild ungeteilt
Wiesenotter *Vipera ursinii* (Bonaparte)	Rückenschuppen stark gekielt, nur äußerste Längsreihe ist glatt Schwanzunterseite hat 20—36 Schilderpaare 19 (selten 20 oder 21) Längsreihen 120—142 Bauchschilder Afterschild ungeteilt

Fische

Von den Greifvögeln fangen gelegentlich der Mäusebussard und die Rohrweihe Fische, häufig der Seeadler und die Milane, besonders der Schwarzmilan, und ausschließlich der Fischadler.

Von unseren Eulenarten fangen nur der Waldkauz, sehr selten die Waldohreule und manchmal auch der Uhu, Fische.

Dem Fischadler konnten insbesondere durch Schnurre (1956) 20 Fischarten als Beute nachgewiesen werden: Hecht, Plötze, Blei, Karpfen, Flußbarsch, Karausche, Schlei, Rotfeder, Dorsch, Aland, Hasel, Gründling, Kaulbarsch, Zander, Zährte, Zope, Hering, Ziege, Ukelei und Güster.

Der Seeadler scheint besonders im Frühjahr Fische zu fangen. Nachgewiesen wurden Hecht, Hornhecht, Flußbarsch, Karpfen, Schlei, Plötze und Flunder.

Der Schwarzmilan ist mitunter ein eifriger Fischfänger. Die Fische werden meist lebend gefangen, aber auch tot gefundene werden aufgelesen. Es wurden die Fraßreste von Plötze, Flußbarsch, Schlei, Rotfeder, Karpfen, Karausche, Güster, Aal, Hecht, Zander, Blei, Ukelei und Schlammpeitzger gefunden.

Auch der Rotmilan ist ein gelegentlicher Fischjäger. Aber selbst in wasserreichen Gegenden spielt die Fischnahrung bei dieser Art nur eine untergeordnete Rolle. Hecht, Karpfen, Plötze, Blei und Flußbarsch waren nachweisbar.

Die Rohrweihe fängt gelegentlich Fische. Noll konnte 1924 Karpfenfische bis zu 15 cm und Aale bis zu 35 cm finden.

Der Steinadler jagt selten Fische. An der Küste fand man Lachs, Hecht und Seehase als Nahrungsreste.

Dem Waldkauz konnte Uttendörfer (1952) unter 59154 Wirbeltieren auch 404 Fische in 10 Arten nachweisen. Im einzelnen waren es: Bachforelle, Hecht, Flußbarsch, Kaulbarsch, Karpfen, Schlei, Güster, Plötze, Aland und Döbel.

Der Uhu jagt viel seltener Fische als der Waldkauz. Unter 5441 Wirbeltieren wurden ihm nur 14 Fische, insbesondere Bachforellen nachgewiesen.

Zur Bestimmung der Fischarten

In Eulengewöllen sind die Fischknochen, insbesondere die Schlundknochen der Karpfenfische, recht gut erhalten. Sie bieten brauchbare Erkennungsmerkmale.

Die bogenförmigen Knochen tragen Zähne in verschiedener Zahl, Anordnung und

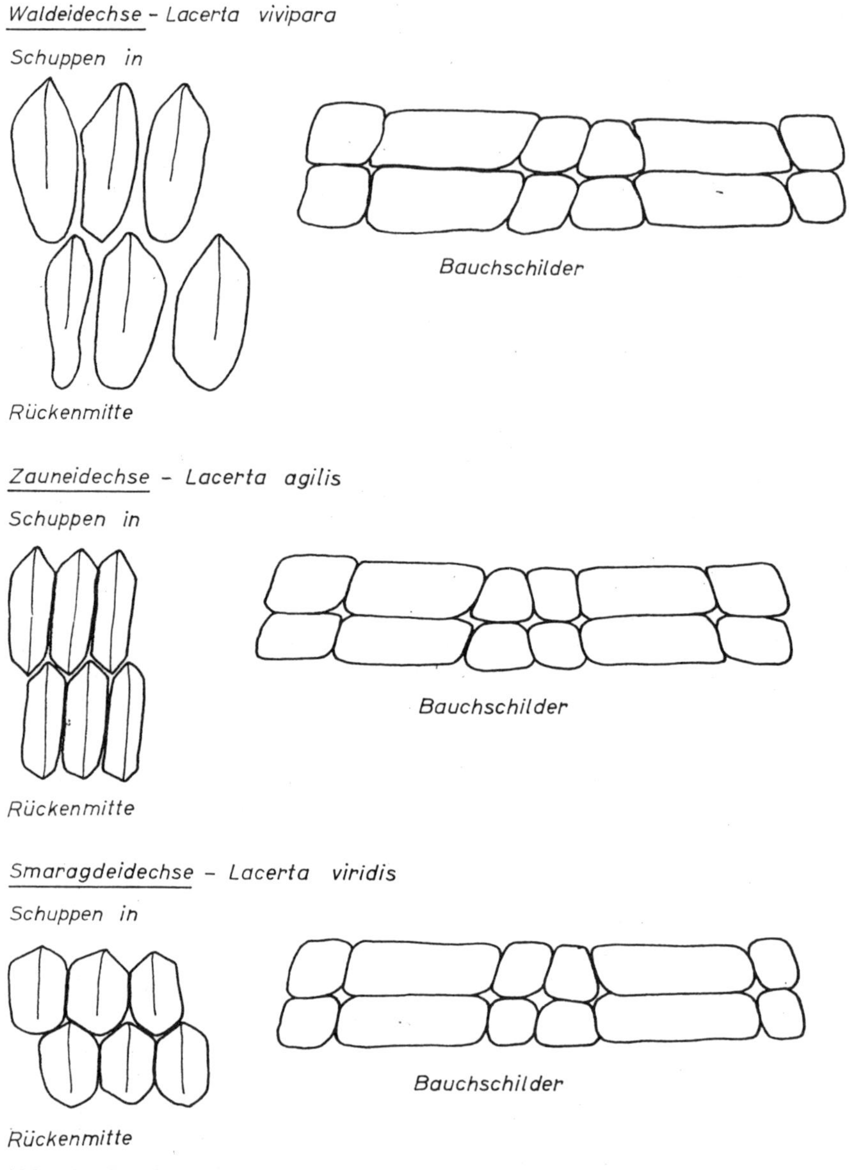

Abb. 134. Beschuppung der Eidechsenarten

Form, die in Reihen stehen und durch eine Formel gekennzeichnet werden, zum Beispiel: Flußbarbe 2.3.5—5.3.2, das heißt, auf jedem Schlundknochen sitzen 3 Reihen Zähne, die äußere Reihe mit 2, die mittlere mit 3 und die innere mit 5 Zähnen.

In der Tabelle 4 auf der Seite 133 wurden die Schlundzähne der Karpfenfische nach Zahnformeln geordnet. Arten mit gleicher Zahnformel wie Karausche und Giebel lassen sich mit Hilfe der Zeichnungen von Schlundknochen bestimmen.

In Greifvogelgewöllen sind die meisten Fischknochen verdaut. Man findet bei den

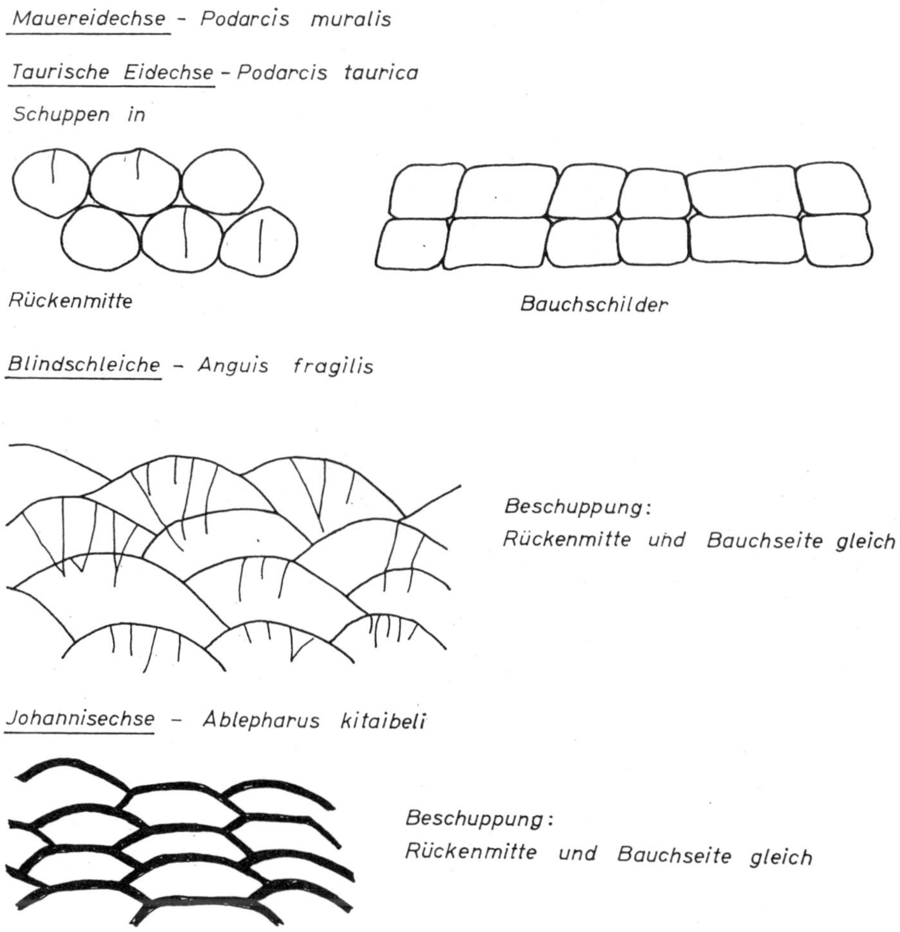

Abb. 134.

(Fischfressern unter den Greifvögeln in der Nähe des Horstes oder unter Kröpfbäumen vielfach Fraßreste, Knochen und Schuppen von Fischen.

Zur Bestimmung der Fischarten sind neben den Schlundknochen von Karpfenfischen Kiemendeckelknochen (Operculum), Vordeckelknochen (Präoperculum), Schlüsselbein Clavicula) und Schuppen erforderlich, siehe Abbildungen 145 und 146.

Die Fischknochen sind in den nachfolgenden Zeichnungen in natürlicher Größe wiedergegeben.

Von den kleineren Arten: Moderlieschen, Bitterling, Elritze, Ukelei, Bartgrundel, Gründling, Dreistachliger Stichling, Stint, Sonnenbarsch und Schrätzer wurden die Zeichnungen der Knochenteile in mehrfacher Vergrößerung angefertigt.

Die Fischschuppen stammen von der Seite des Fischkörpers, hinter dem Kopf, unterhalb der Seitenlinie.

Bei einigen Arten, wie Aal, sind die Schuppen sehr klein und erst durch starke Vergrößerung erkennbar.

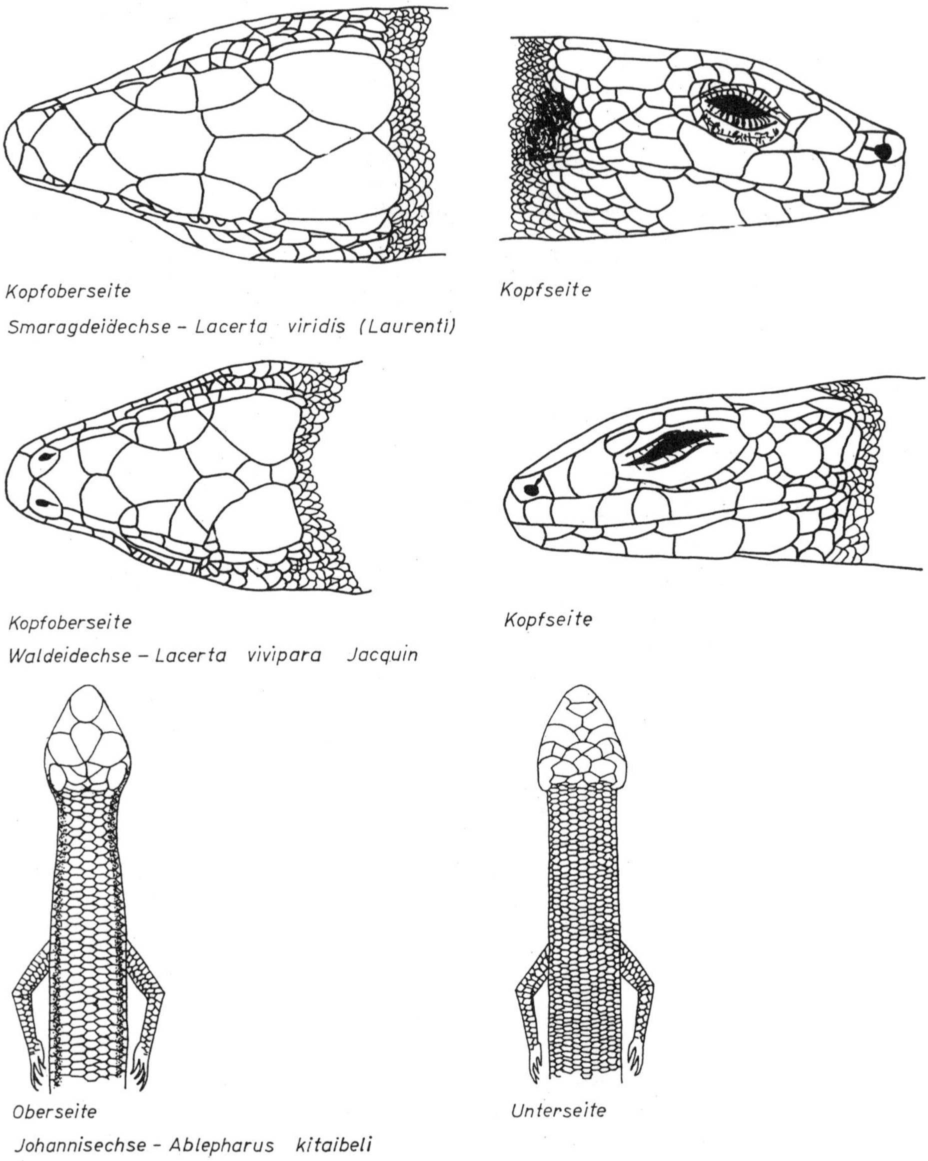

Abb. 135. Kopfseiten mitteleuropäischer Eidechsenarten

Im folgenden werden einige kurze Hinweise gegeben, von einer umfassenden Darstellung kann allerdings keine Rede sein. Dazu ist die Materie zu schwierig und umfangreich. In vielen Fällen erweist es sich unbedingt als notwendig, für eine sorgfältige Bestimmung die Hilfe von Spezialisten in Anspruch zu nehmen.

Die Gräten und Knochenteile sind in den Gewöllen durchweg gut erhalten. Die Kiemendeckel, die Kiefer, das Pflugscharbein (Ok), die Schuppen und die Schlundknochen bei den Karpfenartigen zeigen Merkmale, die für die Bestimmung wichtig sind.

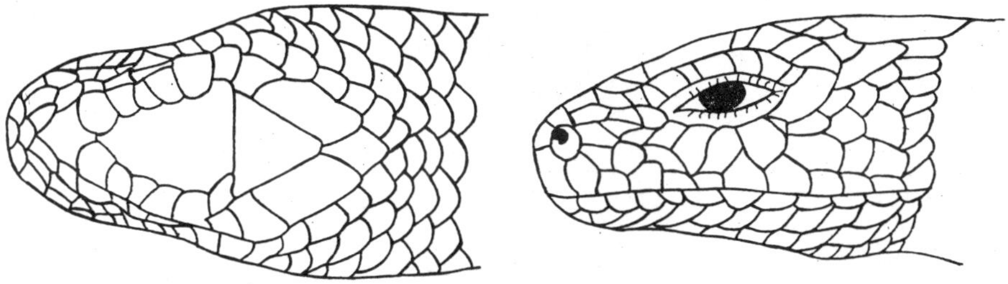

Kopfoberseite *Kopfseite*

Blindschleiche – Anguis fragilis L.

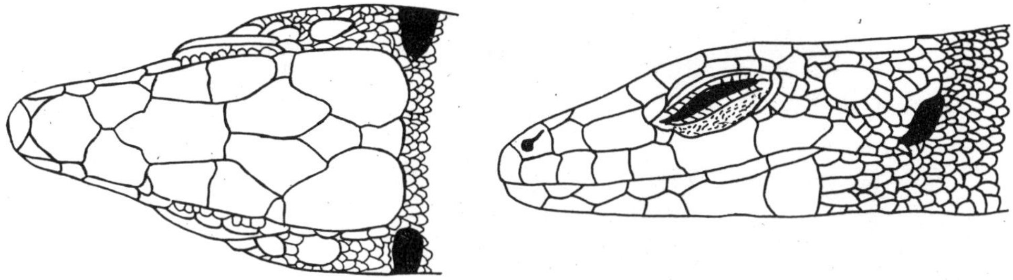

Kopfoberseite *Kopfseite*

Mauereidechse - Podarcis muralis (Laurenti)

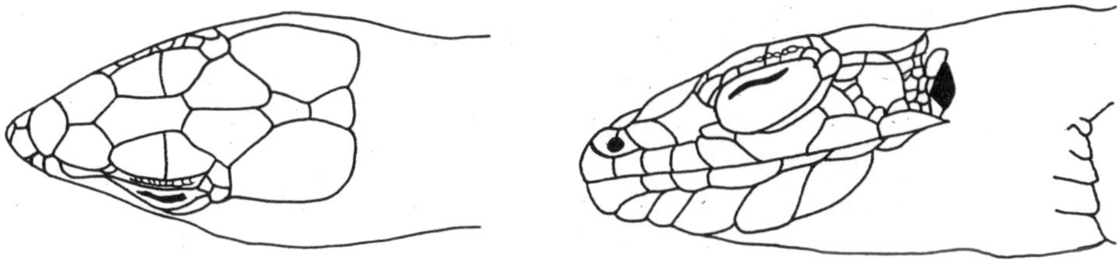

Kopfoberseite *Kopfseite*

Taurische Eidechse - Podarcis taurica Pallas

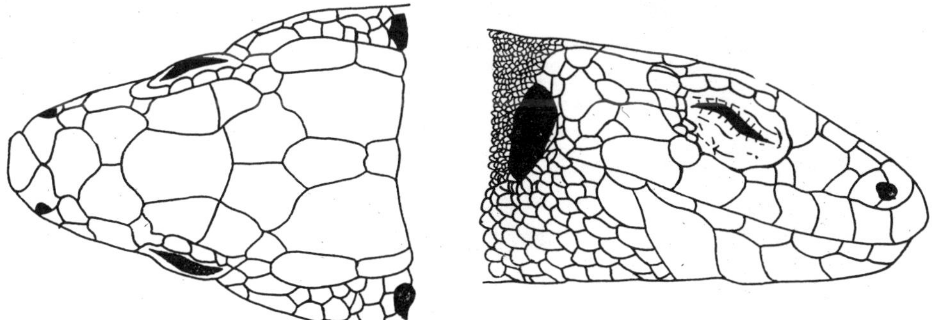

Kopfoberseite *Kopfseite*

Zauneidechse - Lacerta agilis L.

Abb, 135.

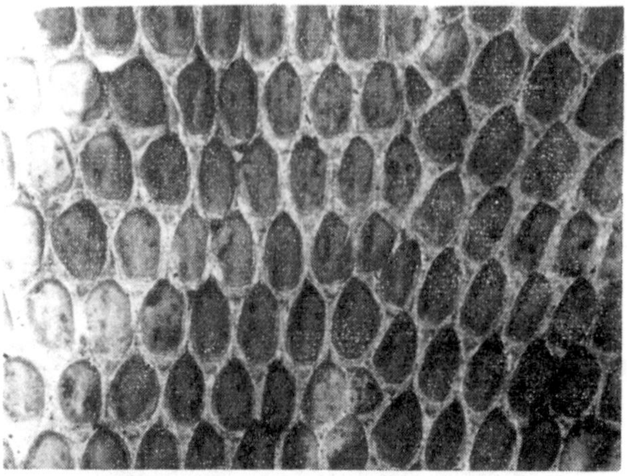

Waldeidechse, *Lacerta vivipara* Jacquin,
40 × nat. Gr.
Die gekielten Schuppen sind auf der Aufnahme nur wenig erkennbar.

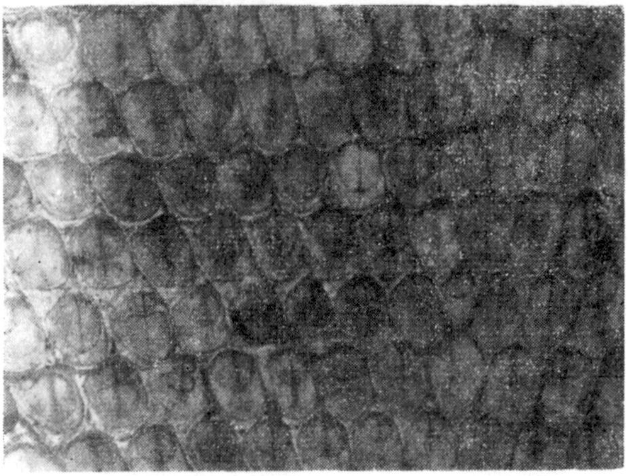

Smaragdeidechse, *Lacerta viridis* (Laurenti)
40 × nat. Gr.

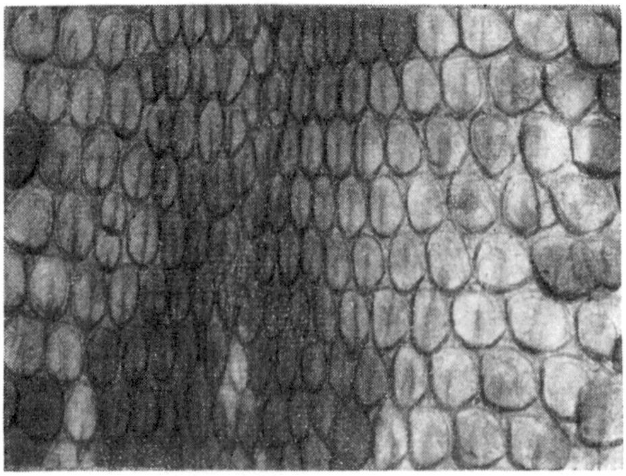

Zauneidechse, *Lacerta agilis* L.
40 × nat. Gr.

Abb. 136. Eidechsenschuppen in Rückenmitte

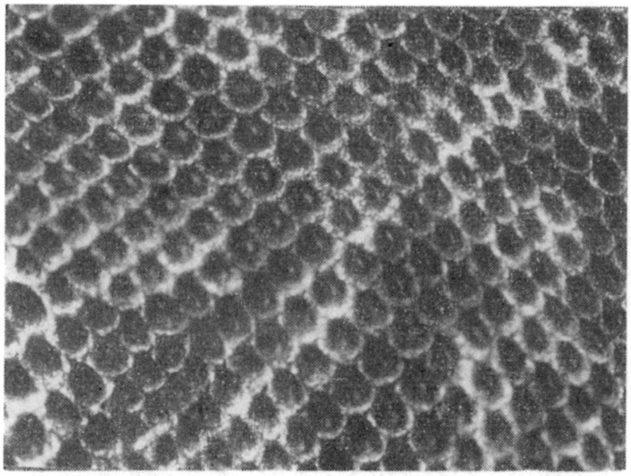

Mauereidechse, *Podarcis muralis* (Laurenti)
40 × nat. Gr.

Taurische Eidechse, *Podarcis taurica* (Pallas)
40 × nat. Gr.

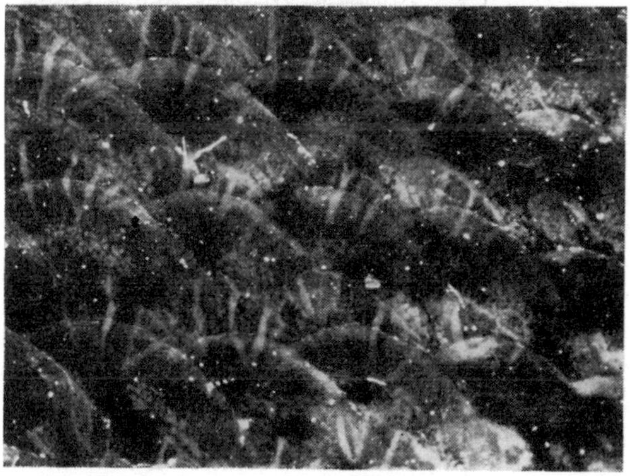

Blindschleiche, *Anguis fragilis* L.
40 × nat. Gr.

Abb. 136.

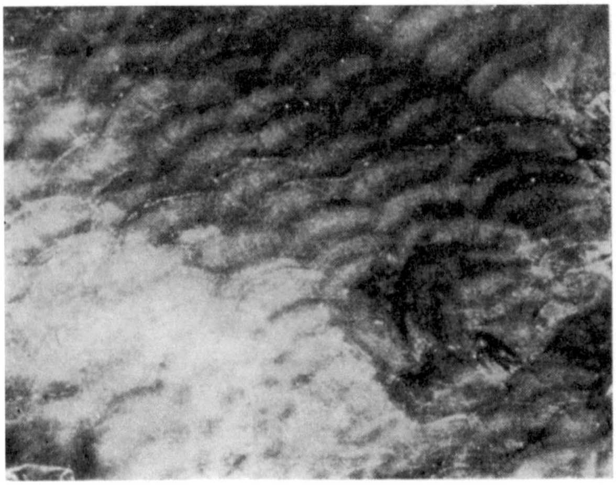

Johannisechse, *Ablepharus kitaibeli* Bibron & Bory
40 × nat. Gr.

Abb. 136.

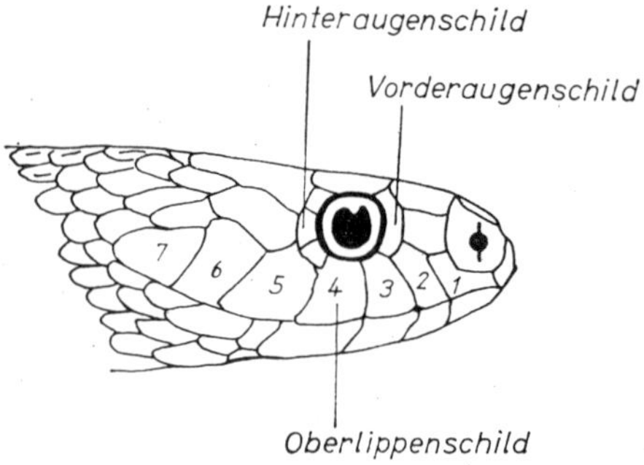

Abb. 137. Kopfseite einer Schlange

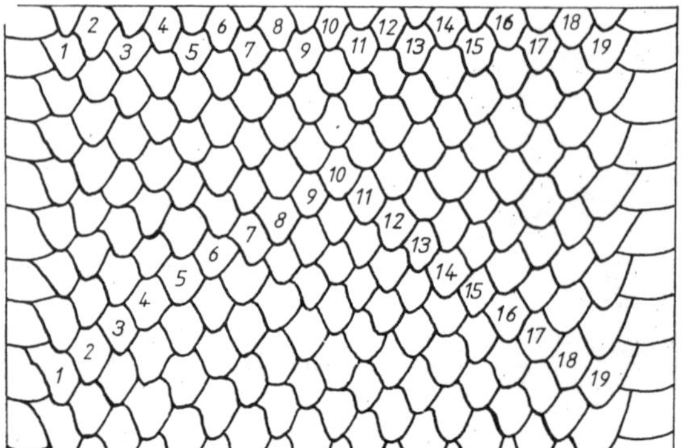

Abb. 138. Zählung der Rückenschuppen bei einer Schlange

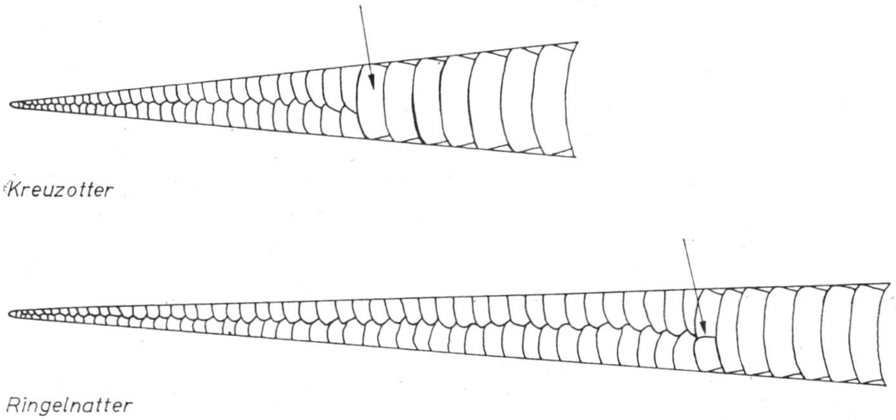

Abb. 139. Schwanzunterseite und Analschild von Kreuzotter und Ringelnatter

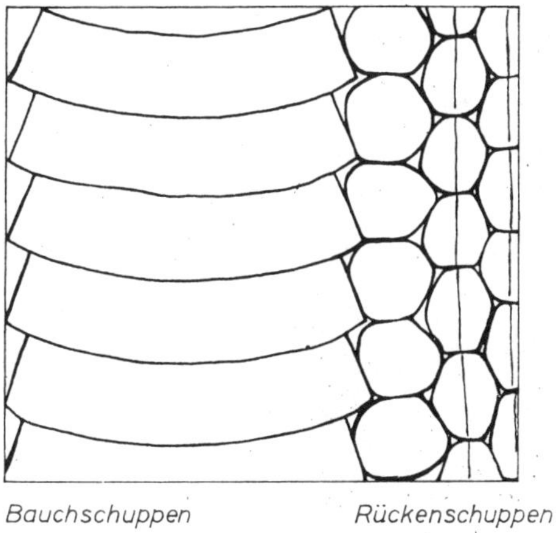

Abb. 140. Bauchseite einer Schlange

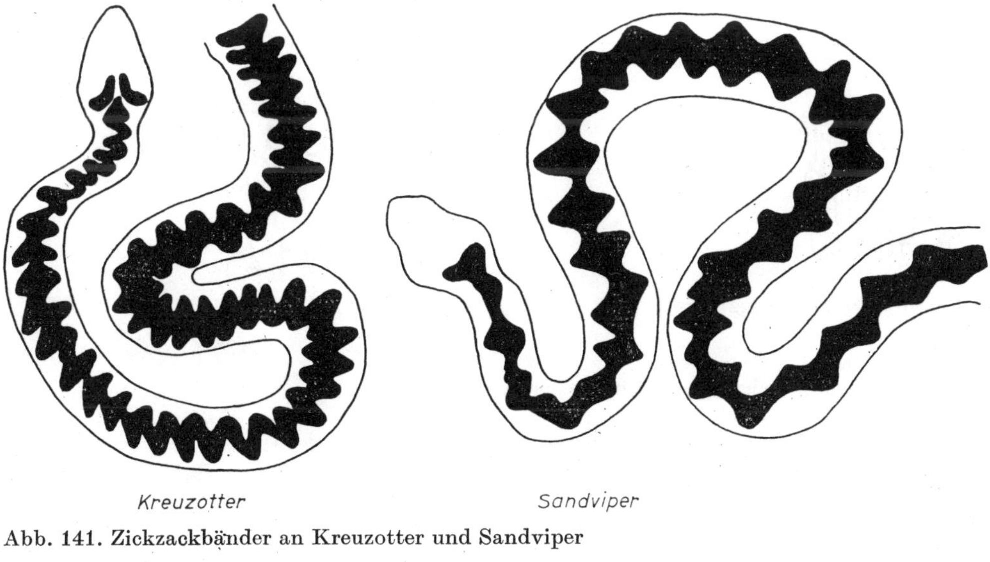

Abb. 141. Zickzackbänder an Kreuzotter und Sandviper

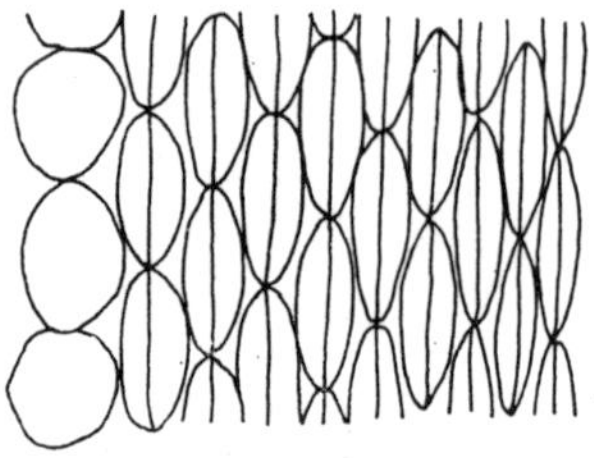

Kreuzotter - Vipera berus (L.)

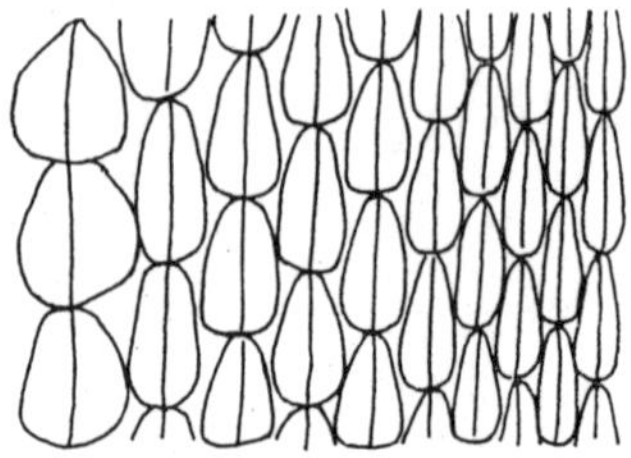

Aspisviper - Vipera aspis (L.)

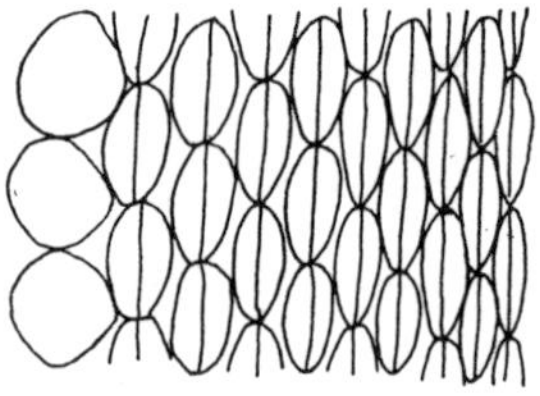

Sandviper - Vipera ammodytes (L.)

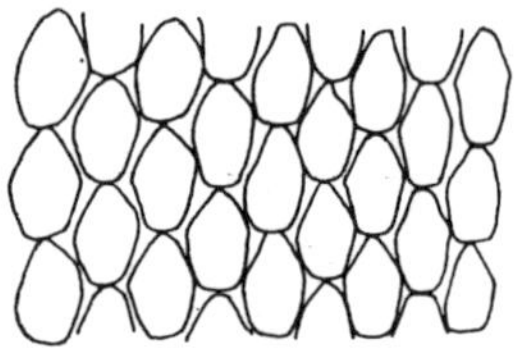

Schlingnatter - Coronella austriaca Laurenti

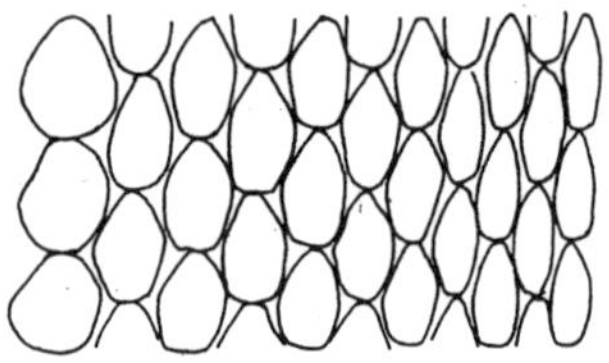

Äskulapnatter - Elaphe longissima (Laurenti)

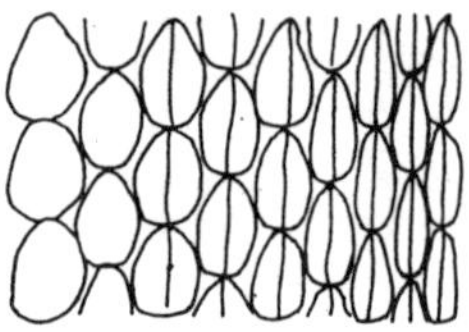

Ringelnatter - Natrix natrix (L.)

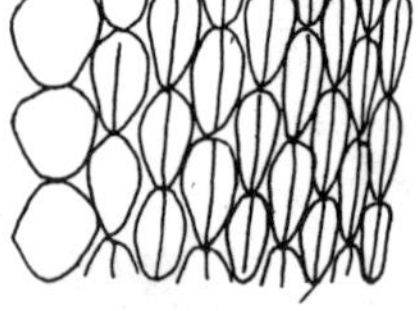

Würfelnatter - Natrix tessellata (Laurenti)

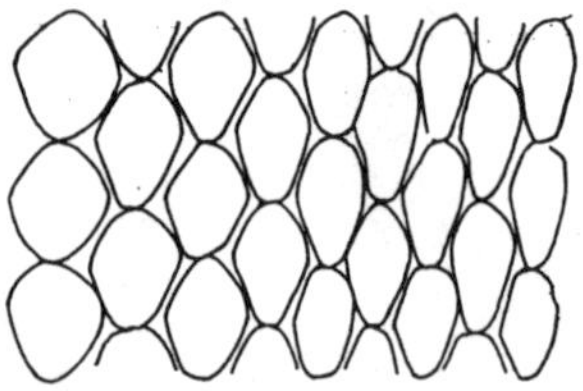

Pfeilnatter - Coluber jugularis L.

Abb. 142. Rückenschuppen mitteleuropäischer Schlangenarten

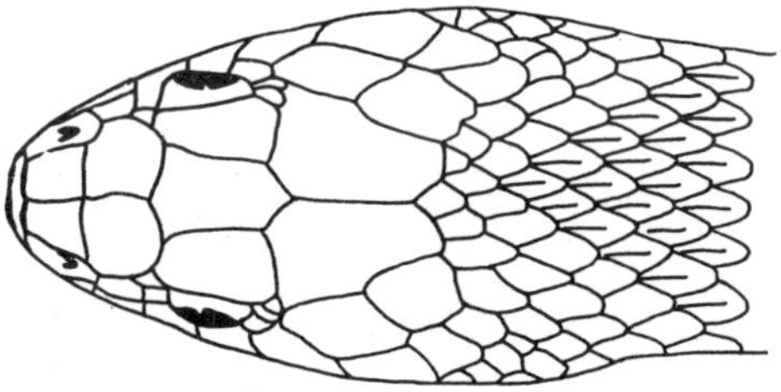

Kopfoberseite

Kopfseite

Ringelnatter - Natrix natrix (L.)

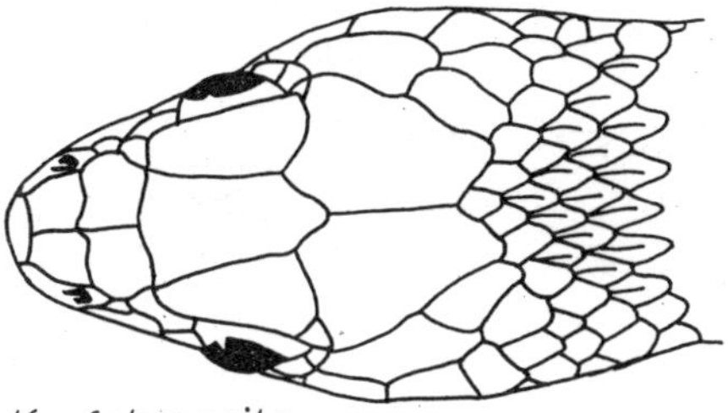

Kopfoberseite

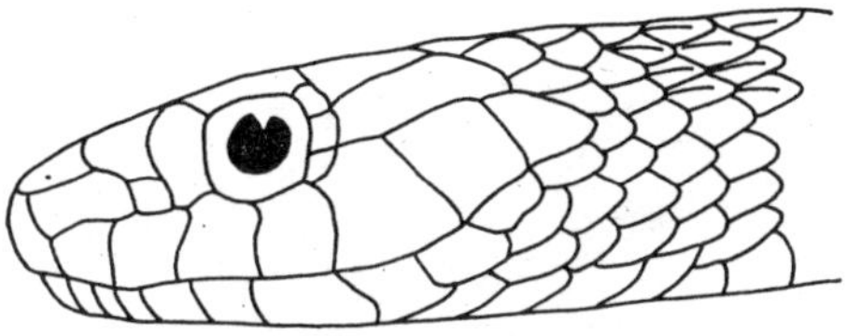

Kopfseite

Barren-Ringelnatter - Natrix natrix helvetica (Lacépède)

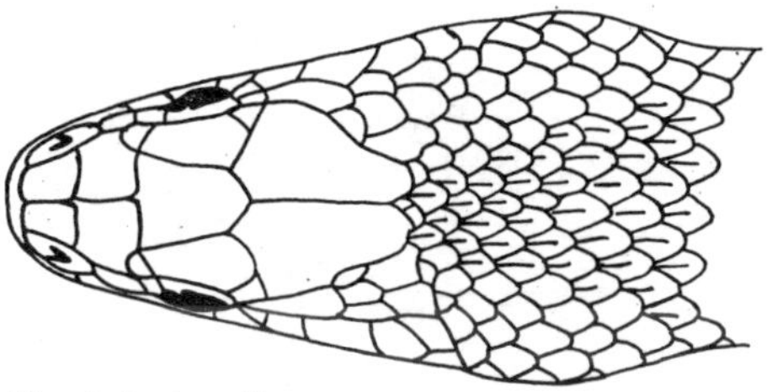

Kopfoberseite

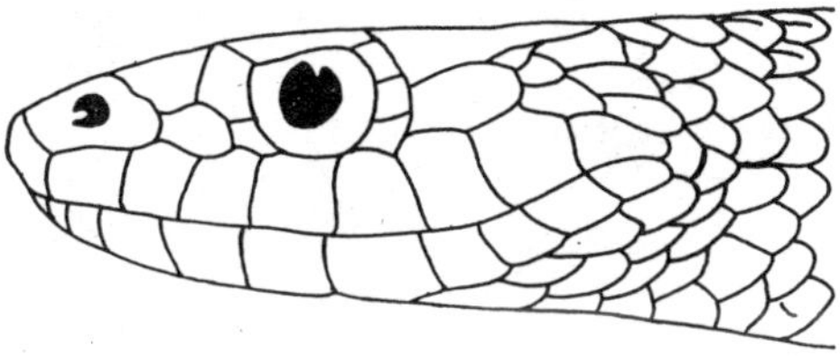

Kopfseite

Würfelnatter - Natrix tessellata (Laurenti)

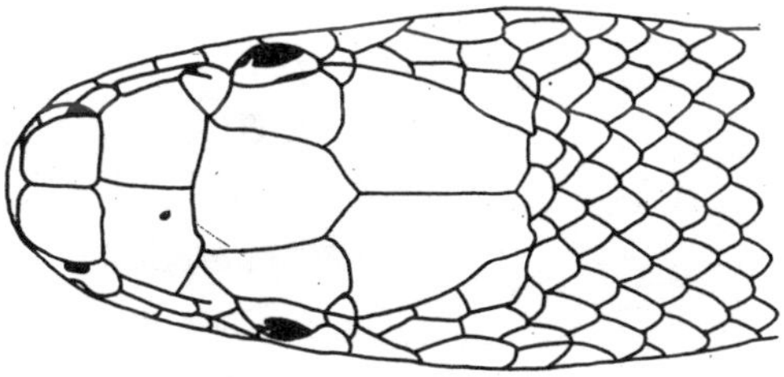

Kopfoberseite

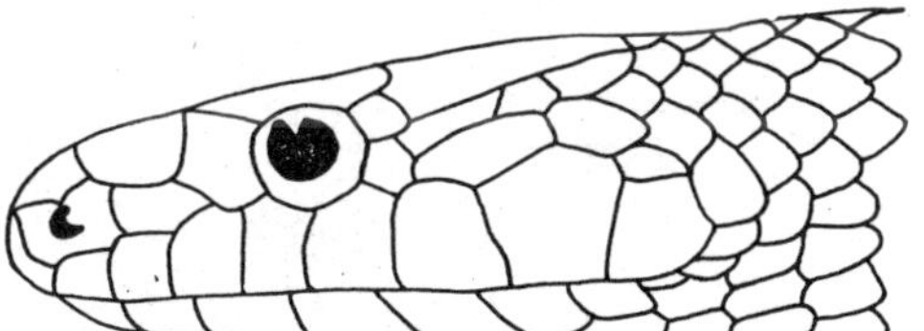

Kopfseite

Äskulapnatter - Elaphe longissima (Laurenti)

Abb. 143. Kopfseiten mitteleuropäischer Schlangenarten

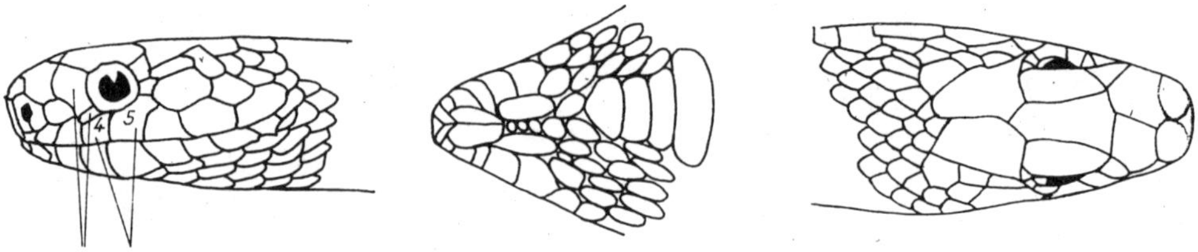

Pfeilnatter – Coluber jugularis L.

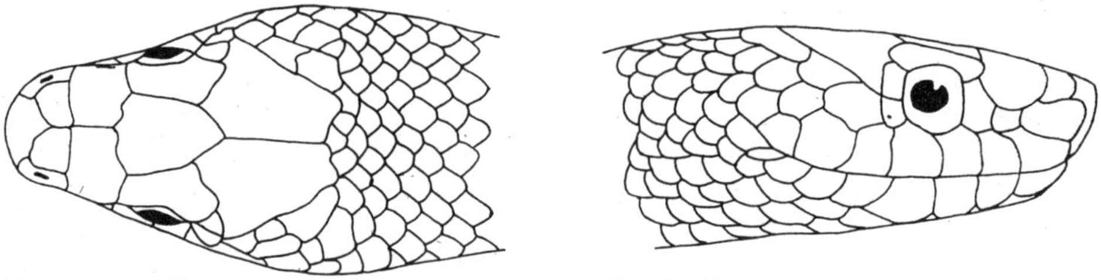

Kopfoberseite *Kopfseite*

Schlingnatter – Coronella austriaca (Laurenti)

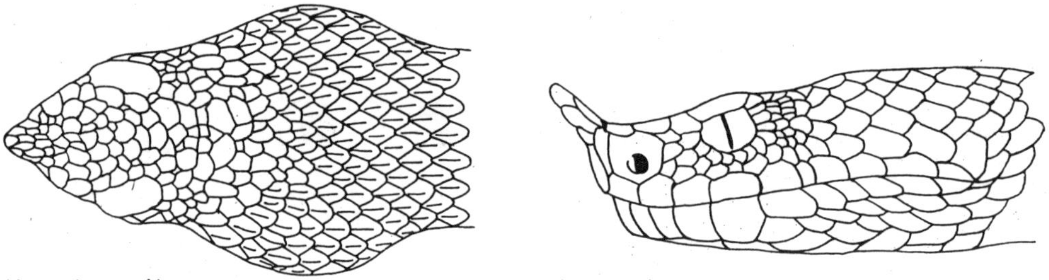

Kopfoberseite *Kopfseite*

Sandotter – Vipera ammodytes (L.)

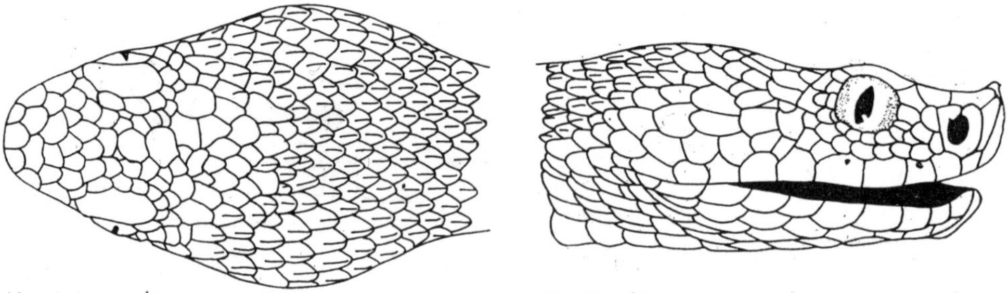

Kopfoberseite *Kopfseite*

Aspisviper – Vipera aspis (L.)

Abb. 143.

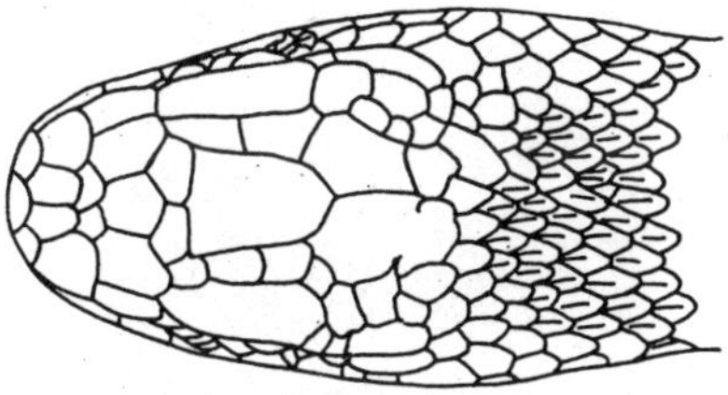

Kopfoberseite

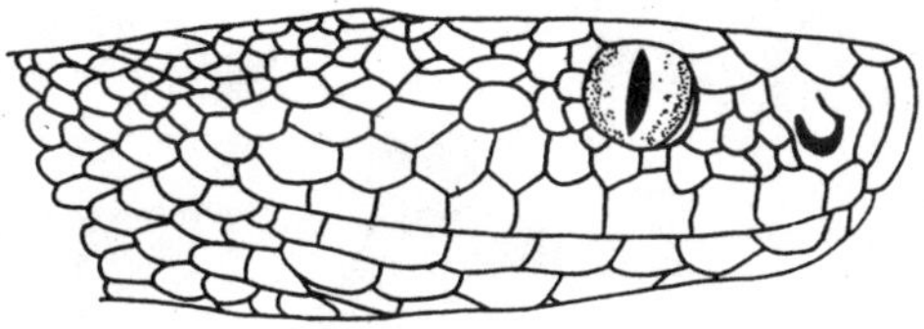

Kopfseite

Kreuzotter - Vipera berus (L.)

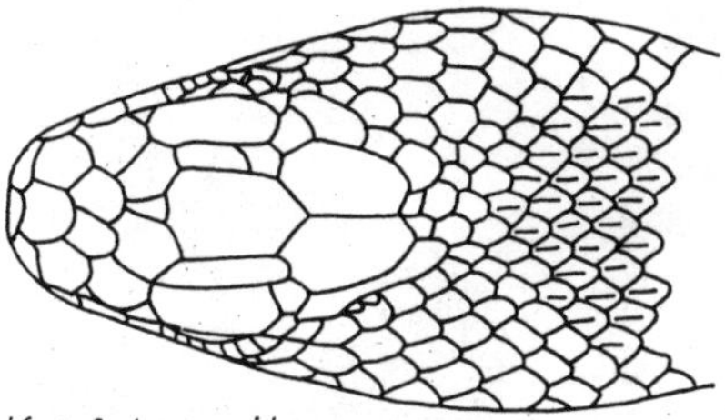

Kopfoberseite

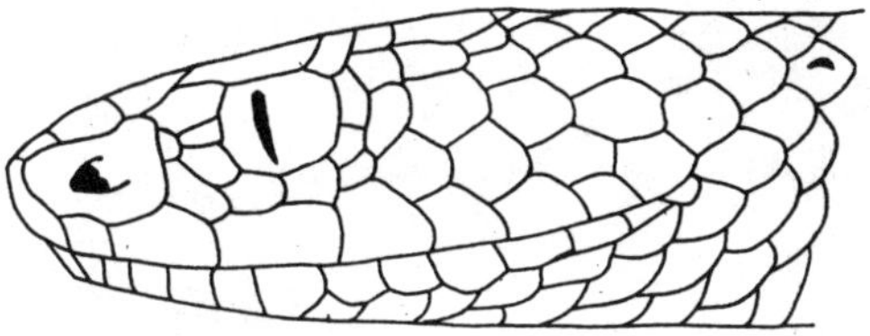

Kopfseite

Wiesenotter - Vipera ursinii (Bonaparte)

Abb. 143.

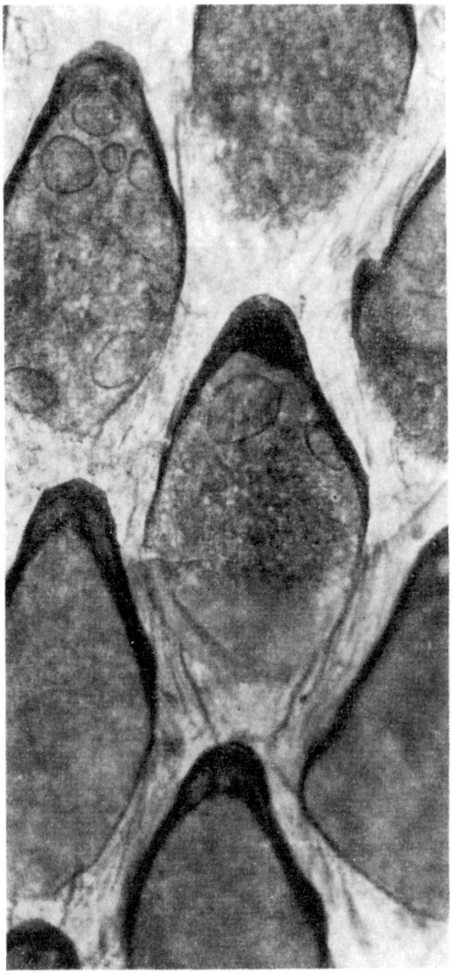

Schlingnatter, *Coronella austriaca* Laurenti
40 × nat. Gr.

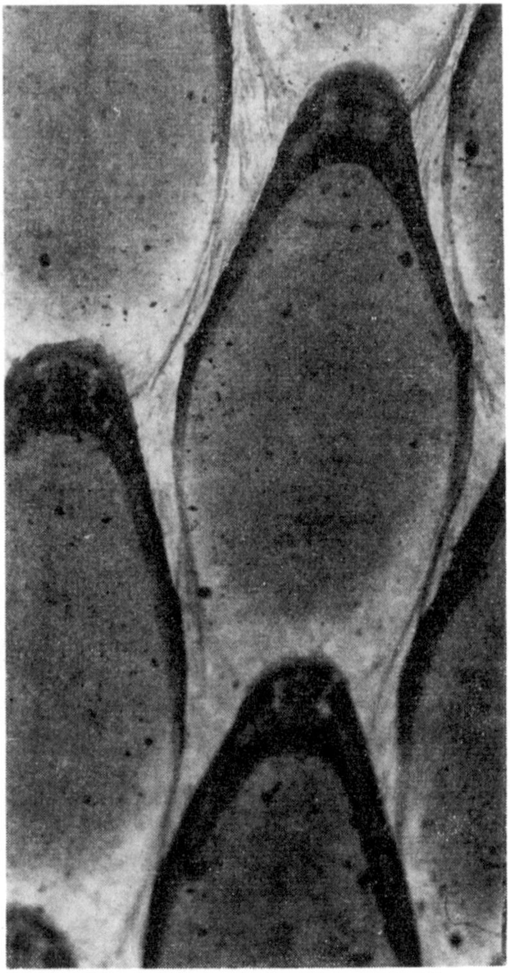

Äskulapnatter, *Elaphe longissima* (Laurenti)
40 × nat. Gr.

Abb. 144. Schlangenschuppen in Rückenmitte

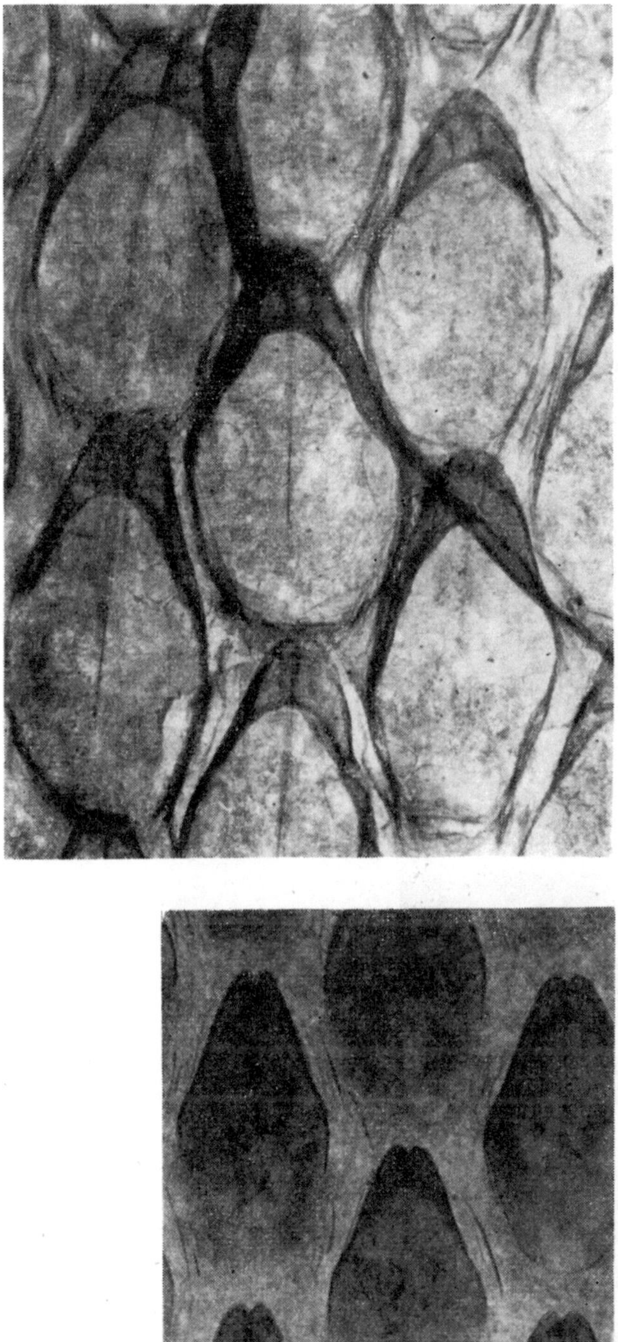

Abb. 144.

Ringelnatter, *Natrix natrix* (L.)
40 × nat. Gr., oben ad., unten juv.
Die Eindellung in der Spitze der Schuppen ist nicht immer ein Artmerkmal, sie kommt auch bei der Würfelnatter vor

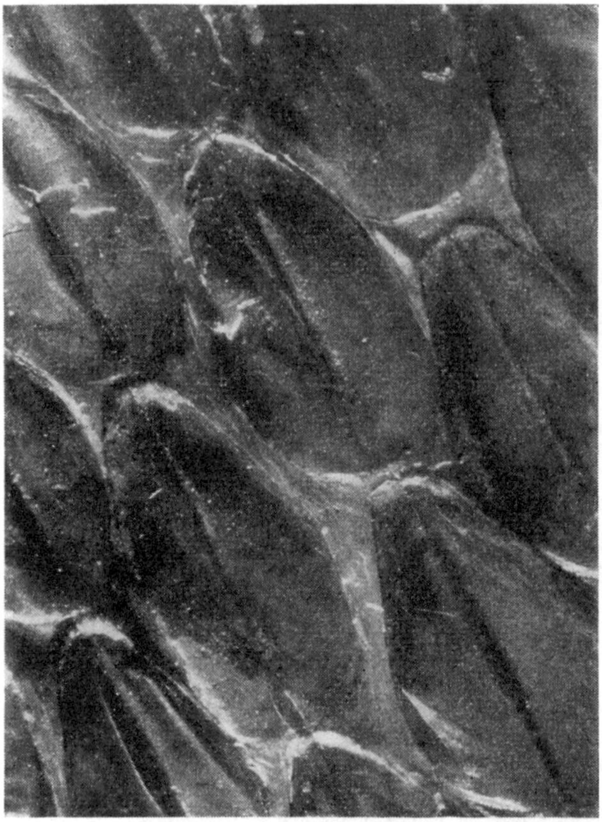

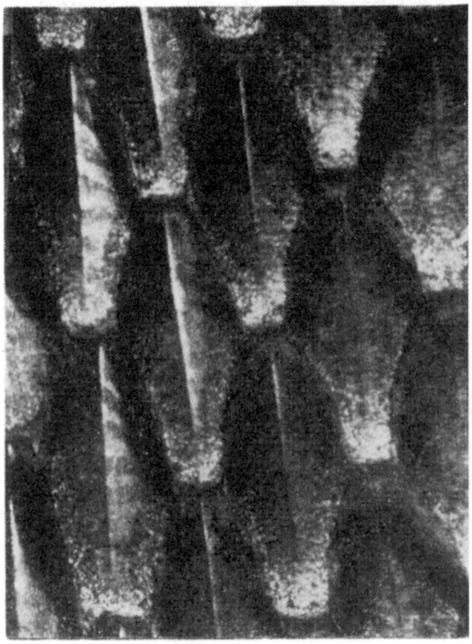

Abb. 144.

Kreuzotter, *Vipera berus* (L.)
oben 40 × nat. Gr.,
unten 30 × nat. Gr.

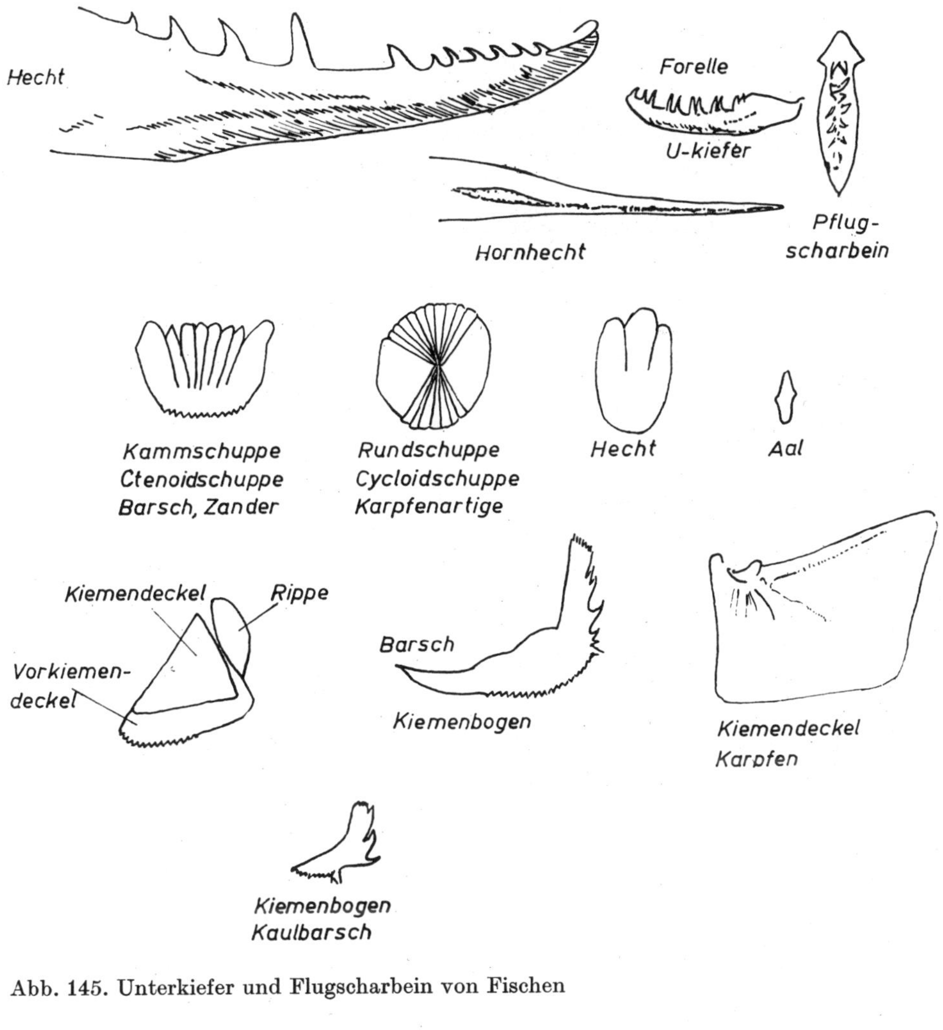

Abb. 145. Unterkiefer und Flugscharbein von Fischen

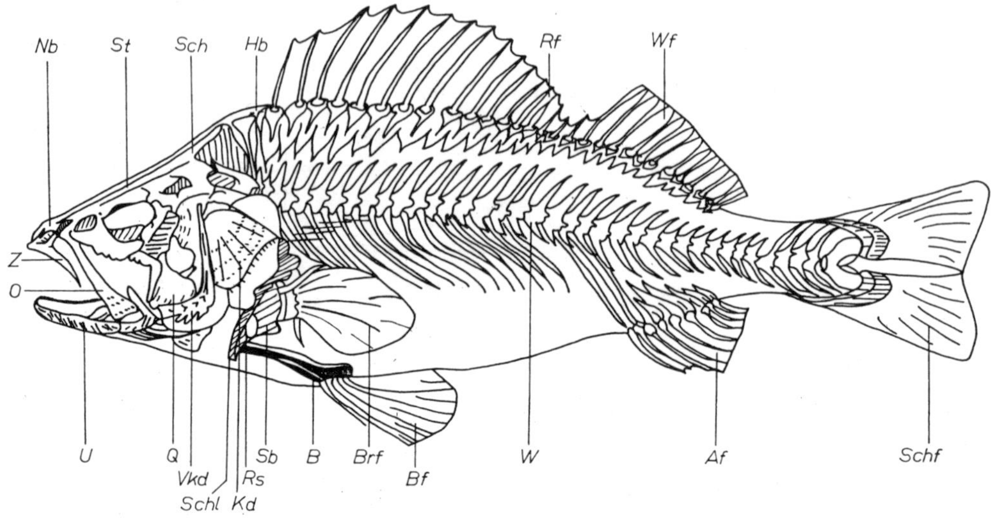

Abb. **146.** Das Skelett eines Knochenfisches

Af Afterflosse
B Becken (Pelvis)
Bf Bauchflosse
Brf Brustflosse
Hb Hinterhauptsbein (Os occipitale)
Kd Kiemendeckel (Operculum)
Nb Nasenbein (Os nasale)
O Oberkiefer (Maxilla)
Q Quadratbein (Os quadratum)
Rf Rückenflosse
Rs Rabenschnabelfortsatz (Processus coracoides)
Sb Schulterblatt (Scapula)
Sch Scheitelbein (Os parietale)
Schf Schwanzflosse
Schl Schlüsselbein (Clavicula)
St Stirnbein (Os frontale)
U Unterkiefer (Mandibula)
Vkd Vordeckel (Präoperculum)
W Wirbelsäule (Columna vertebralis)
Wf Weichflosse
Z Zwischenkiefer (Praemaxilla)

Rapfen
Aspius aspius (L.)

Moderlieschen
Leucaspius delineatus (Heckel)

Bitterling
Rhodeus sericeus amarus (Bloch)

Elritze
Phoxinus phoxinus (L.)

Blei
Abramis brama (L.)

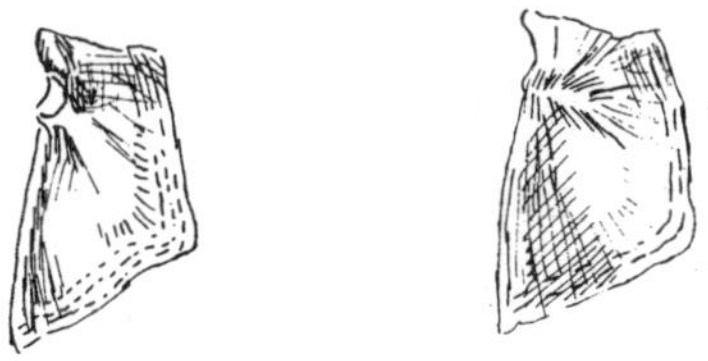

Güster
Blicca bjoerkna (L.)

Ukelei
Alburnus alburnus (L.)

Abb. 147. Kiemendeckelknochen von Fischen

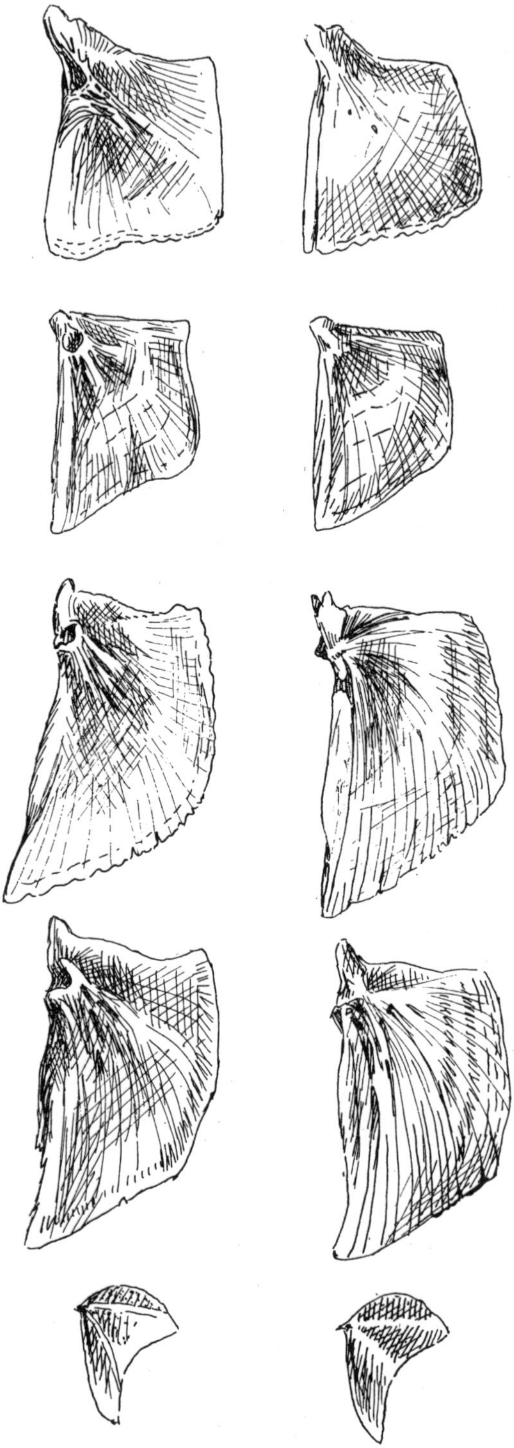

Graskarpfen
Ctenopharyngodon idella (Val.)

Karpfen
Cyprinus carpio L.

Marmorkarpfen
Aristichthys nobilis (Richardson)

Silberkarpfen
Hypophthalmichthys molitrix (Val.)

Bartgrundel
Neomacheilus barbatulus (L.)

Abb. 147.

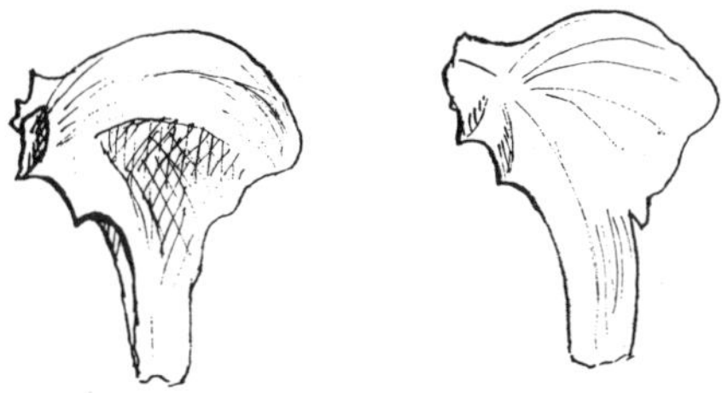

Wels
Silurus glanis L.

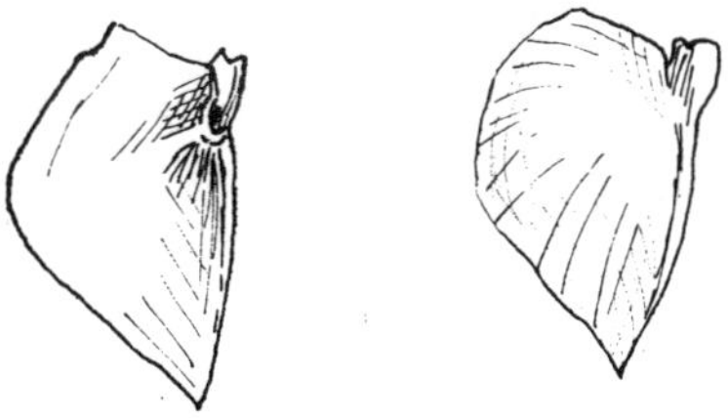

Zope
Abramis ballerus (L.)

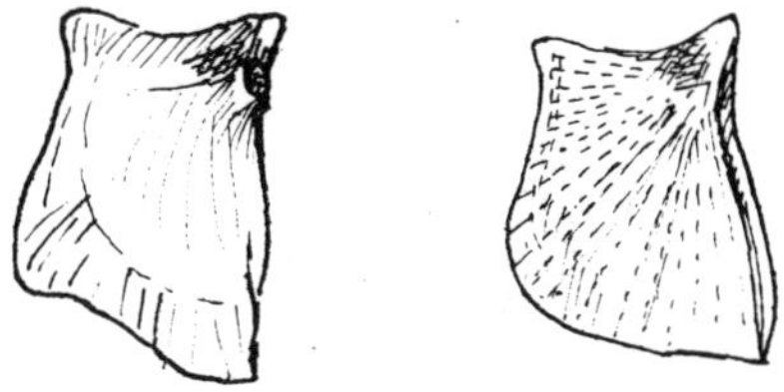

Giebel
Carassius auratus gibelio (Bloch)

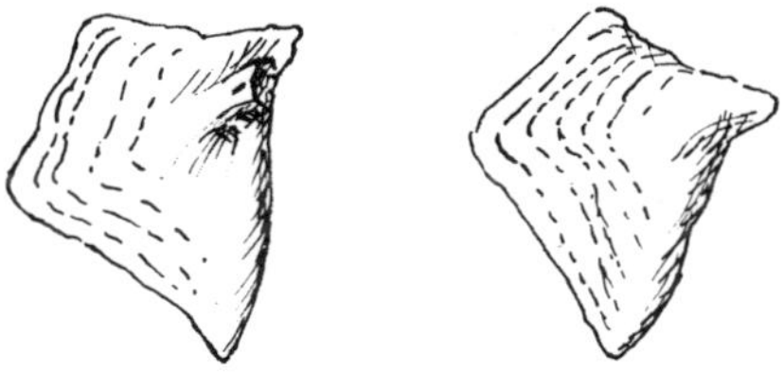

Flußbarbe
Barbus barbus (L.)

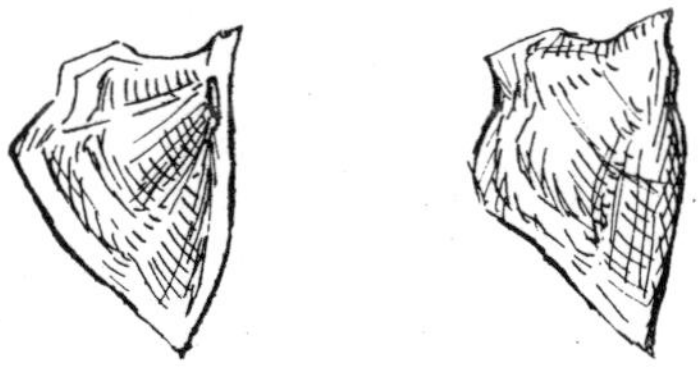

Gründling
Gobio gobio (L.)

Abb. 147.

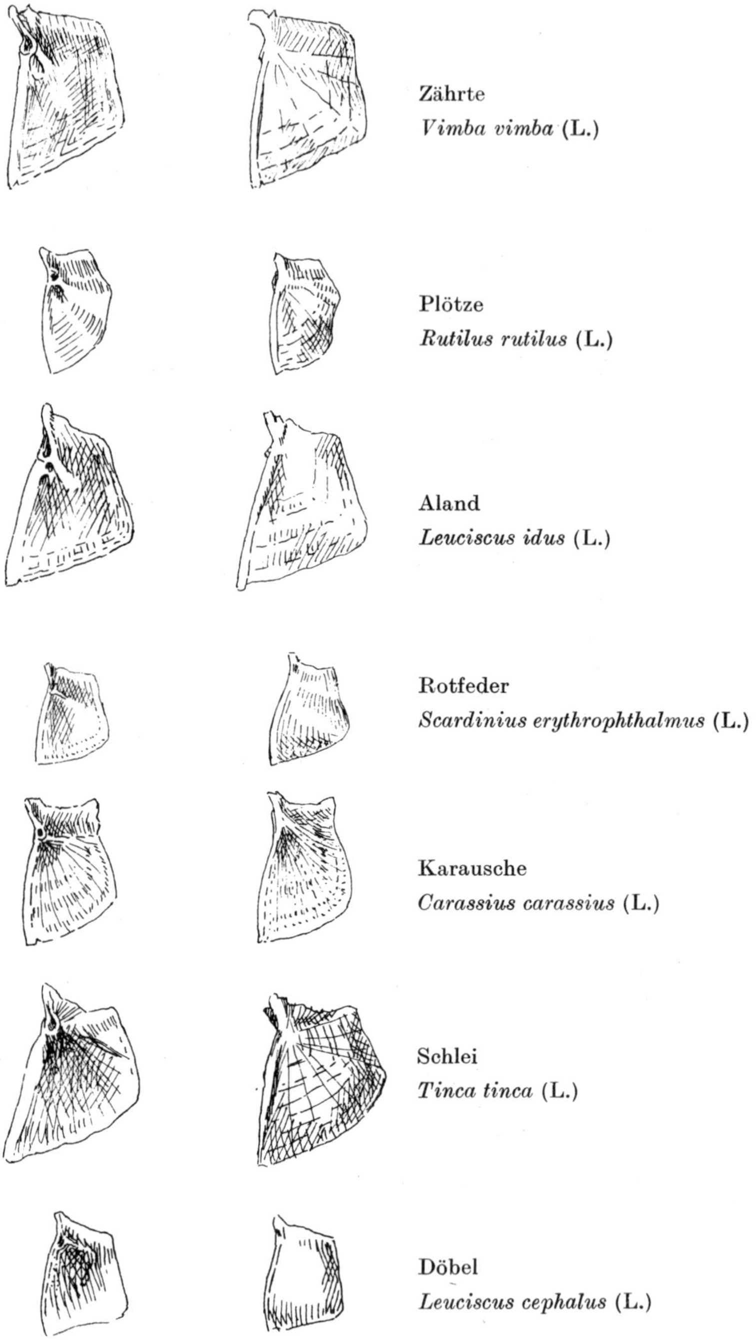
Zährte
Vimba vimba (L.)
Plötze
Rutilus rutilus (L.)
Aland
Leuciscus idus (L.)
Rotfeder
Scardinius erythrophthalmus (L.)
Karausche
Carassius carassius (L.)
Schlei
Tinca tinca (L.)
Döbel
Leuciscus cephalus (L.)

Abb. 147.

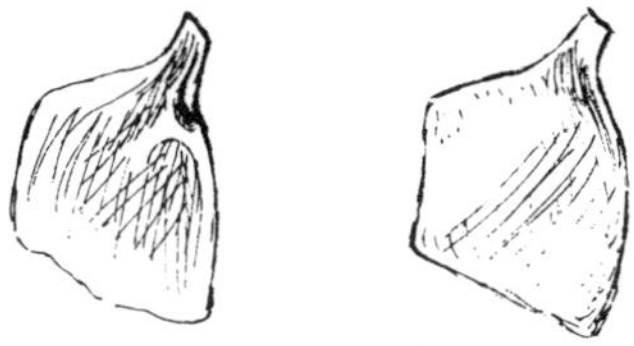

Nase
Chondrostoma nasus (L.)

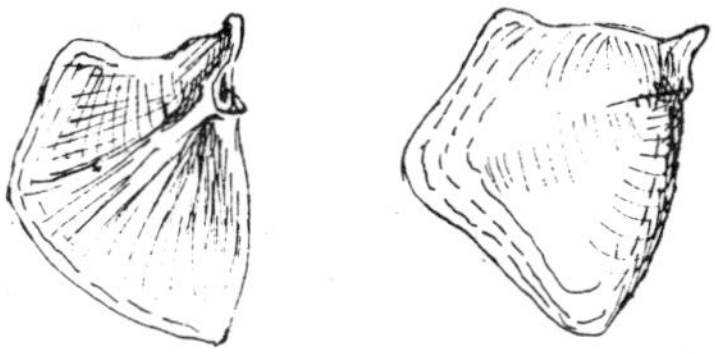

Ziege
Pelecus cultratus (L.)

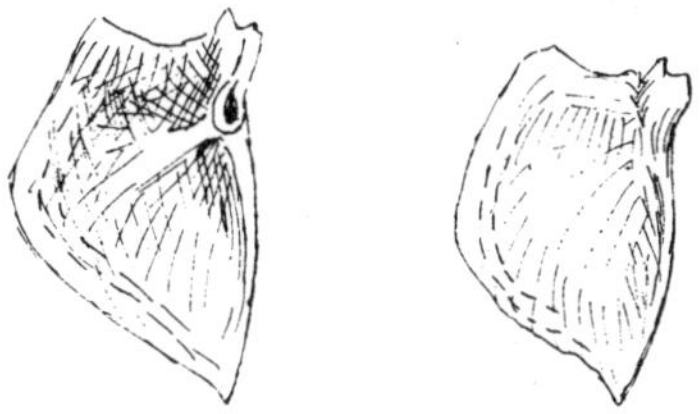

Zope
Abramis ballerus (L.)

Hasel
Leuciscus leuciscus (L.)

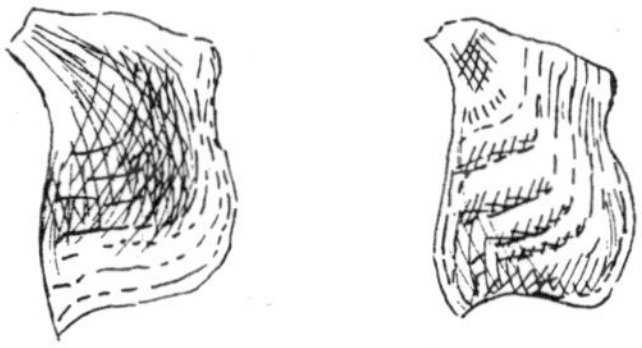

Regenbogenforelle
Salmo gairdneri (Richardson)

Bachforelle
Salmo trutta f. *fario* L.

Abb. 147.

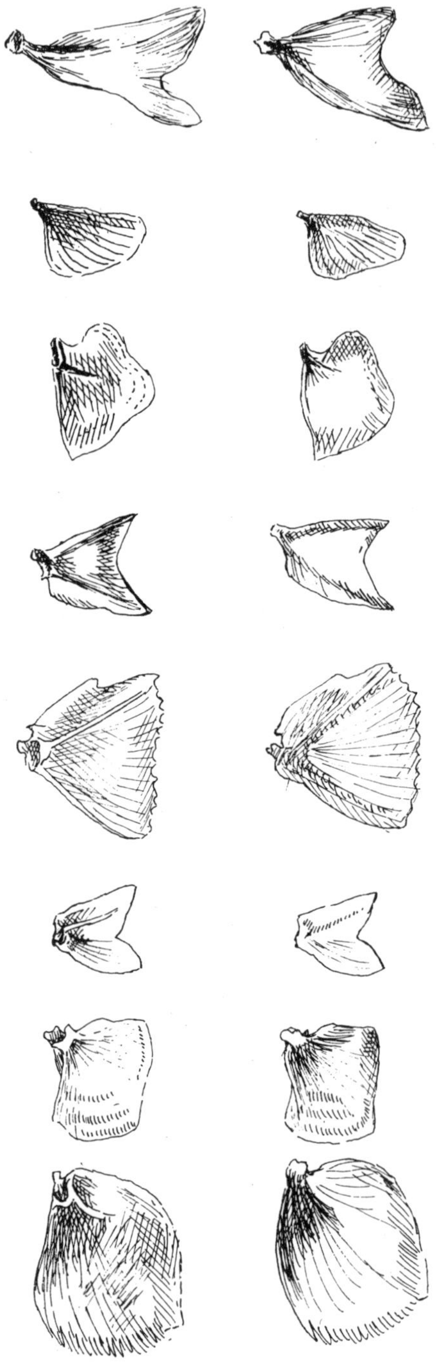
Flunder
Platichthys flesus (L.)
Dreistachliger Stichling
Gasterosteus aculeatus L.
Stint
Osmerus eperlanus (L.)
Quappe
Lota lota (L.)
Zander
Stizostedion lucioperca (L.)
Dorsch
Gadus morrhua L.
Hecht
Esox lucius L
Lachs
Salmo salar L.

Abb. 147.

Steinbutt
Scophthalmus maximus (L.)

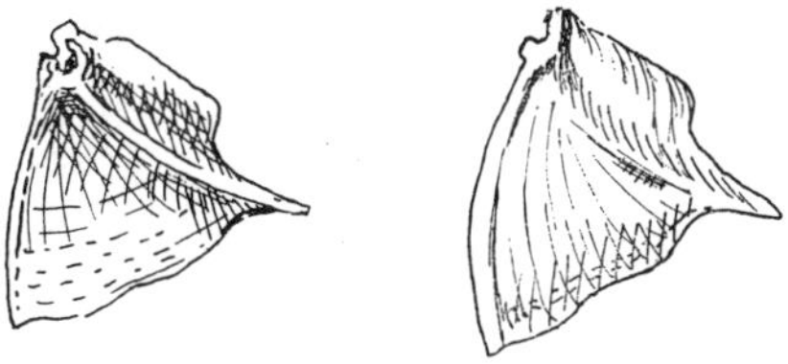

Flußbarsch
Perca fluviatilis L.

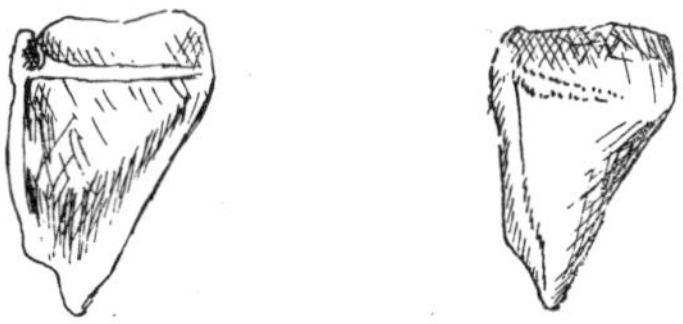

Sonnenbarsch
Lepomis gibbosus (L.)

Schlammpeitzger
Misgurnus fossilis (L.)

Zwergwels
Ictalurus nebulosus (Le Sueur)

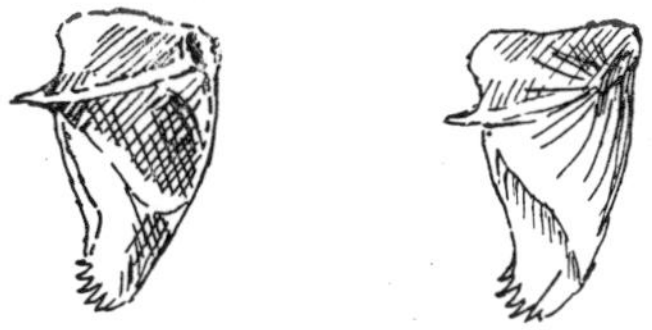

Schrätzer
Gymnocephalus schraetser (L.)

Abb. 147.

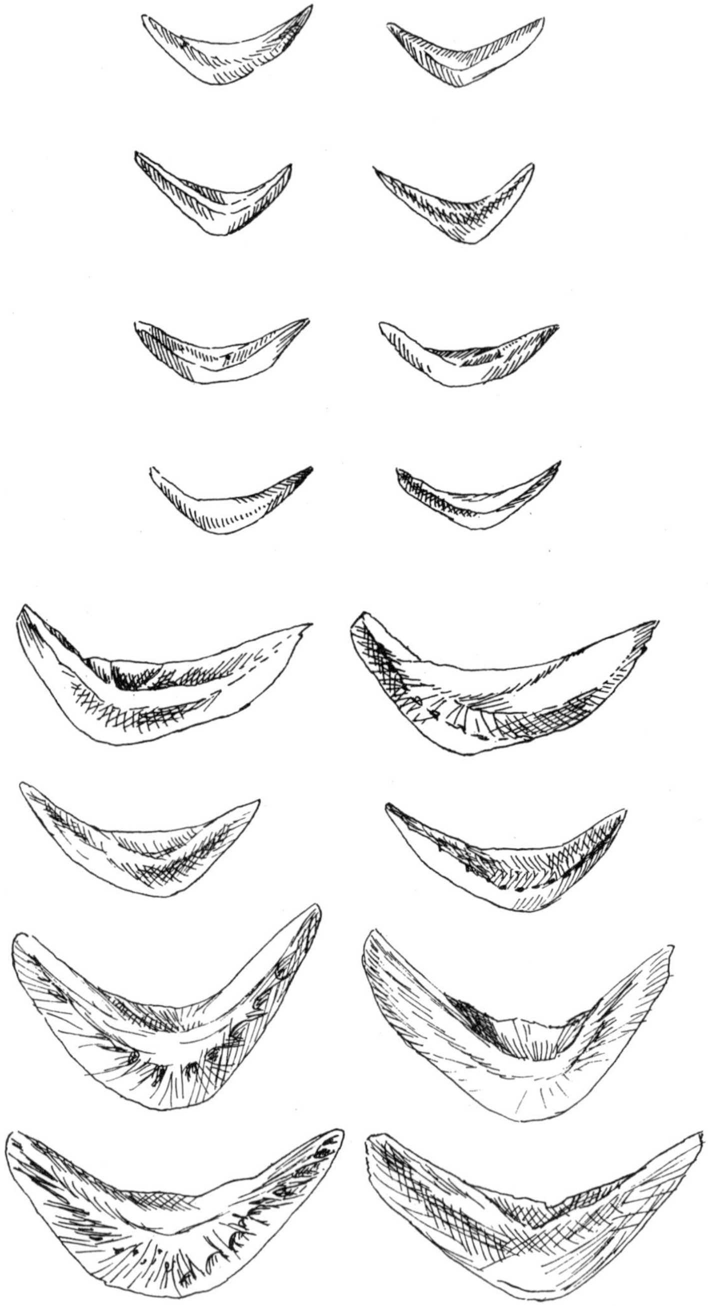

Rotfeder
Scardinius erythrophthalmus (L.)

Karausche
Carassius carassius (L.)

Schlei
Tinca tinca (L.)

Döbel
Leuciscus cephalus (L.)

Graskarpfen
Ctenopharyngodon idella (Val.)

Karpfen
Cyprinus carpio L.

Marmorkarpfen
Aristichthys nobilis (Richardson)

Silberkarpfen
Hypophthalmichthys molitrix (Val.)

Abb. 148. Vorderdeckelknochen von Fischen

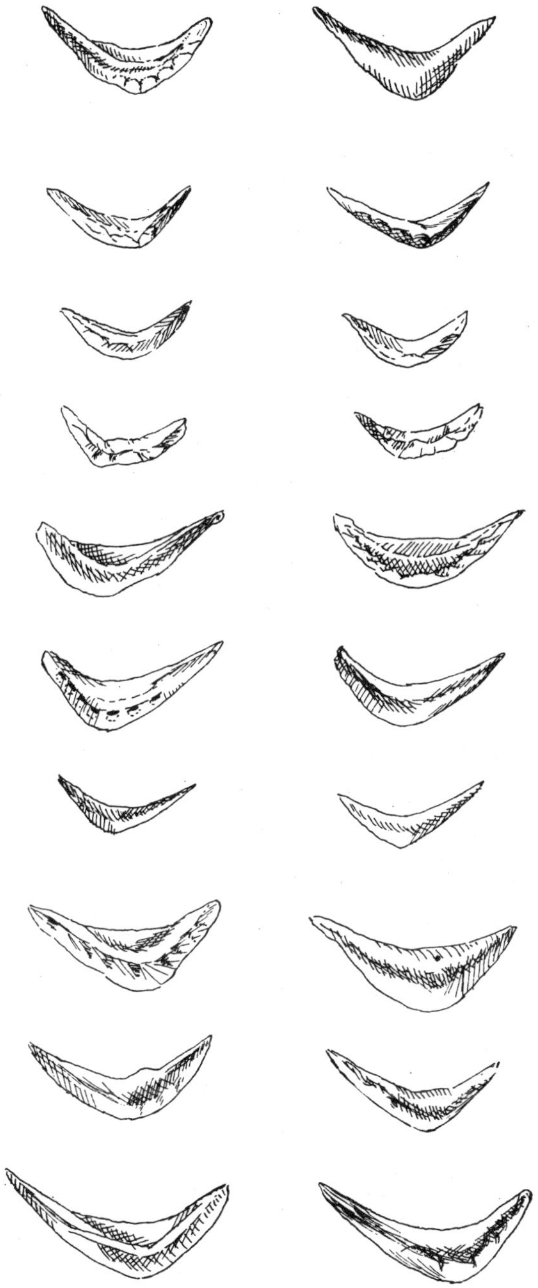

Rapfen
Aspius aspius (L.)

Moderlieschen
Leucaspius delineatus (Heckel)

Bitterling
Rhodeus sericeus amarus (Bloch)

Elritze
Phoxinus phoxinus (L.)

Blei
Abramis brama (L.)

Güster
Blicca bjoerkna (L.)

Ukelei
Alburnus alburnus (L.)

Zährte
Vimba vimba (L.)

Plötze
Rutilus rutilus (L.)

Aland
Leuciscus idus (L.)

Abb. 148.

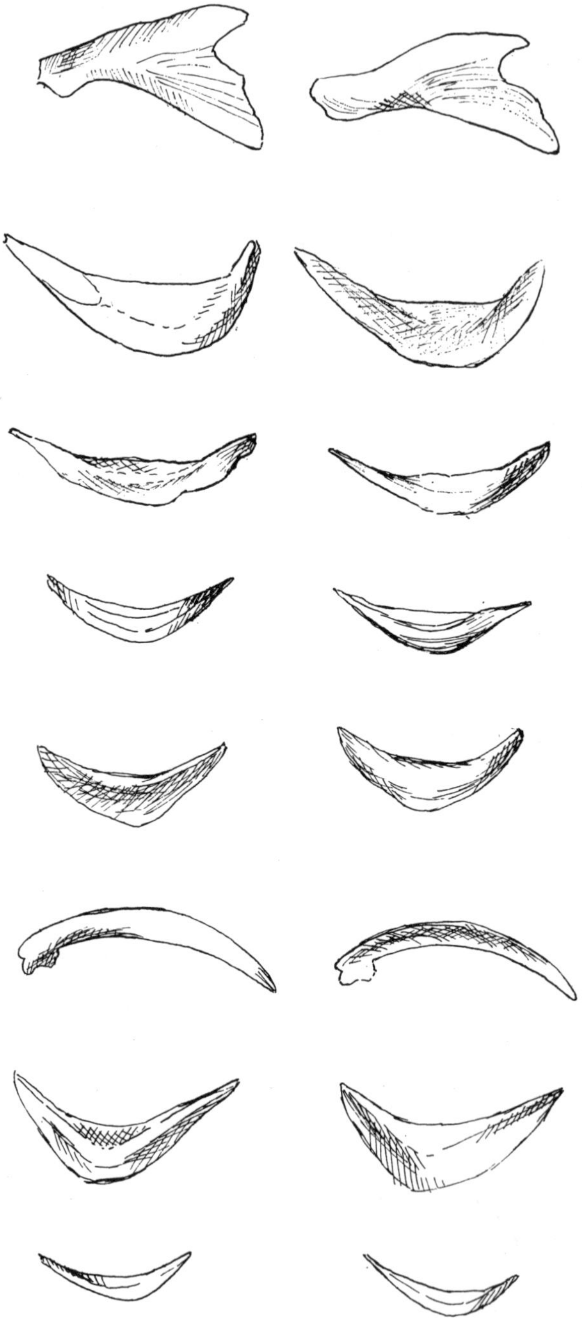

Wels
Silurus glanis L.

Giebel
Carassius auratus gibelio (Bloch)

Flußbarbe
Barbus barbus (L.)

Gründling
Gobio gobio (L.)

Nase
Chondrostoma nasus (L.)

Ziege
Pelecus cultratus (L.)

Zope
Abramis ballerus (L.)

Hasel
Leuciscus leuciscus (L.)

Abb. 148.

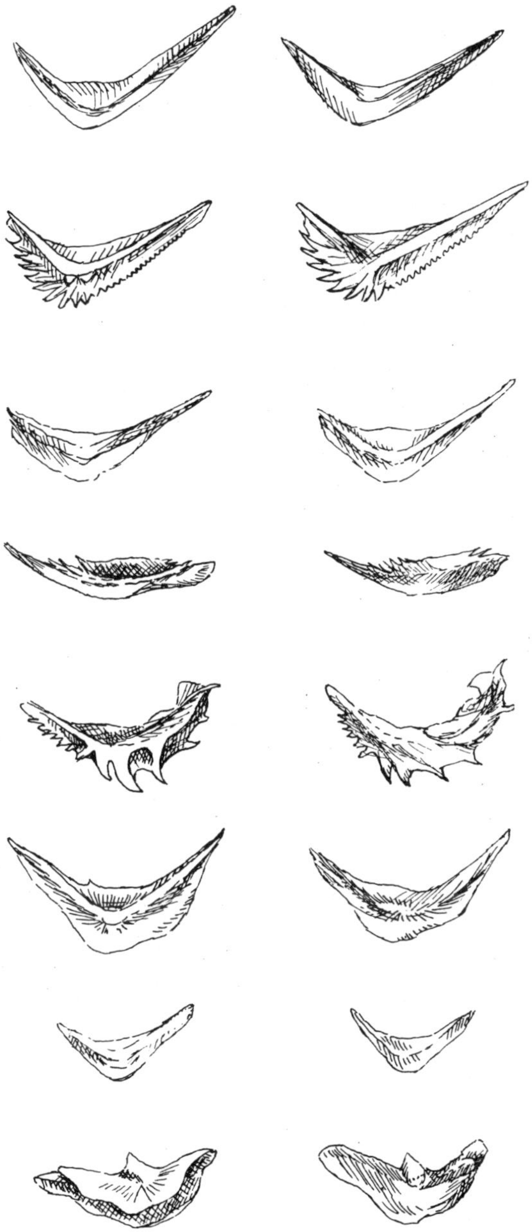

Steinbutt
Scophthalmus maximus (L.)

Flußbarsch
Perca fluviatilis L.

Sonnenbarsch
Lepomis gibbosus (L.)

Zwergwels
Ictalurus nebulosus (Le Sueur)

Schrätzer
Gymnocephalus schraetser (L.)

Flunder
Platichthys flesus (L.)

Dreistachliger Stichling
Gasterosteus aculeatus L.

Quappe
Lota lota (L.)

Abb. 148.

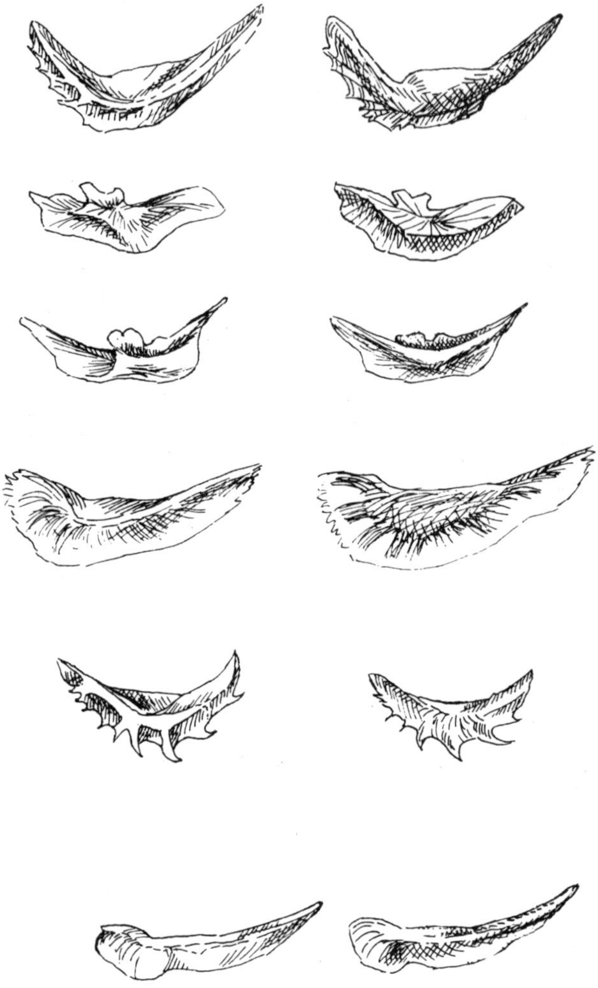

Zander
Stizostedion lucioperca (L.)

Dorsch
Gadus morrhua L.

Hecht
Esox lucius L.

Lachs
Salmo salar L.

Kaulbarsch
Gymnocephalus cernua (L.)

Regenbogenforelle
Salmo gairdneri (Richardson)

Abb. 148.

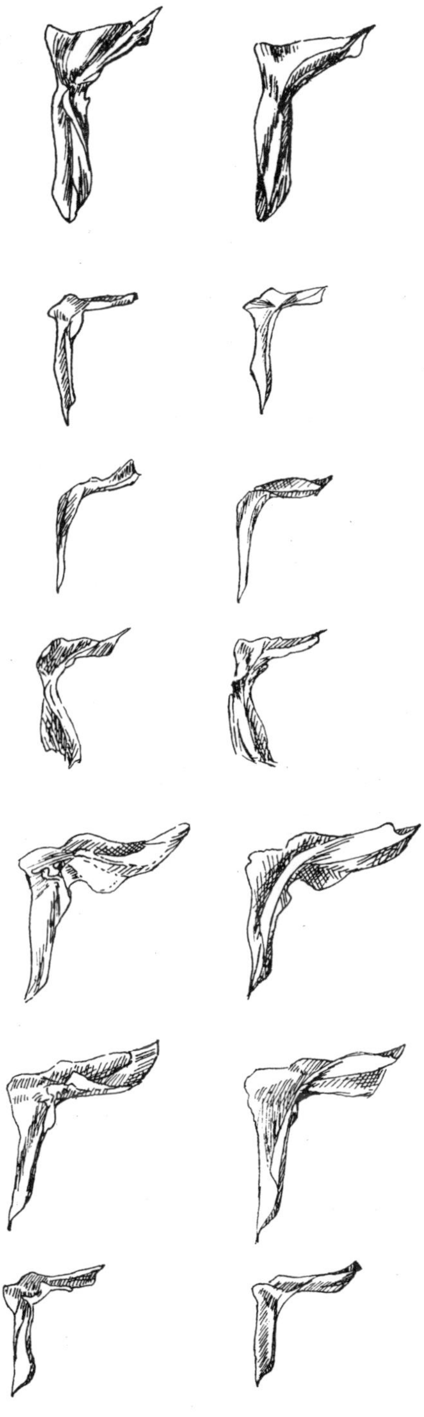

Rapfen
Aspius aspius (L.)

Moderlieschen
Leucaspius delineatus
(Heckel)

Bitterling
Rhodeus sericeus amarus
(Bloch)

Elritze
Phoxinus phoxinus (L.)

Blei
Abramis brama (L.)

Güster
Blicca bjoerkna (L.)

Ukelei
Alburnus alburnus (L.)

Abb. 149. Schlüsselbeine **bei Fischen**

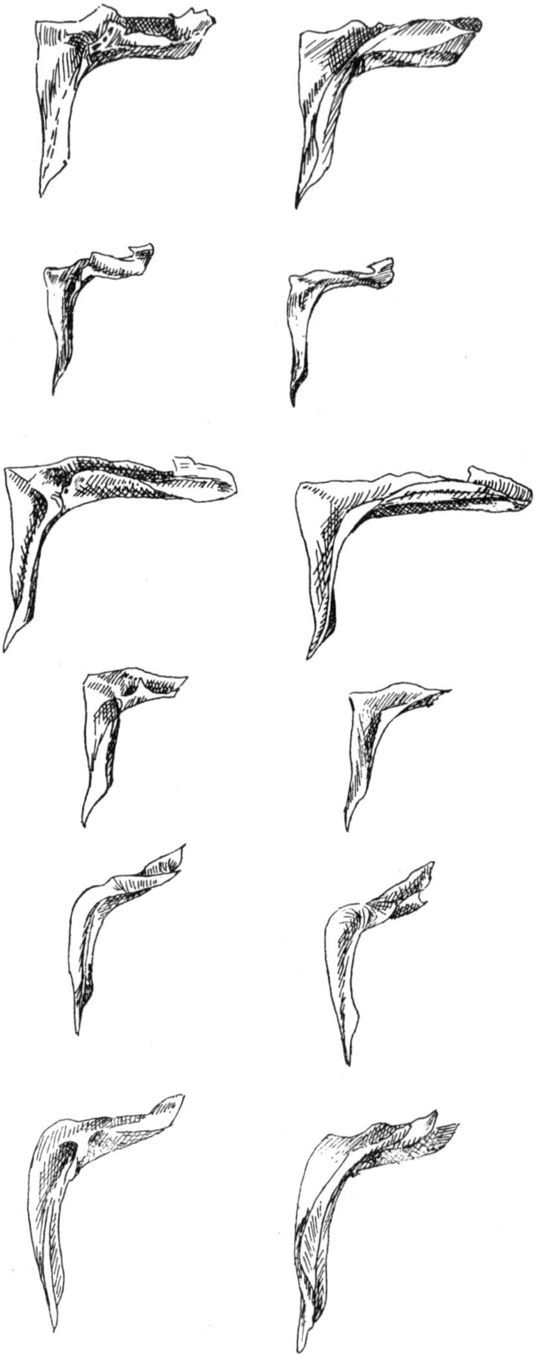

Zährte
Vimba vimba (L.)

Plötze
Rutilus rutilus (L.)

Aland
Leuciscus idus (L.)

Rotfeder
Scardinius erythrophthalmus (L.)

Karausche
Carassius carassius (L.)

Schlei
Tinca tinca (L.)

Abb. 149.

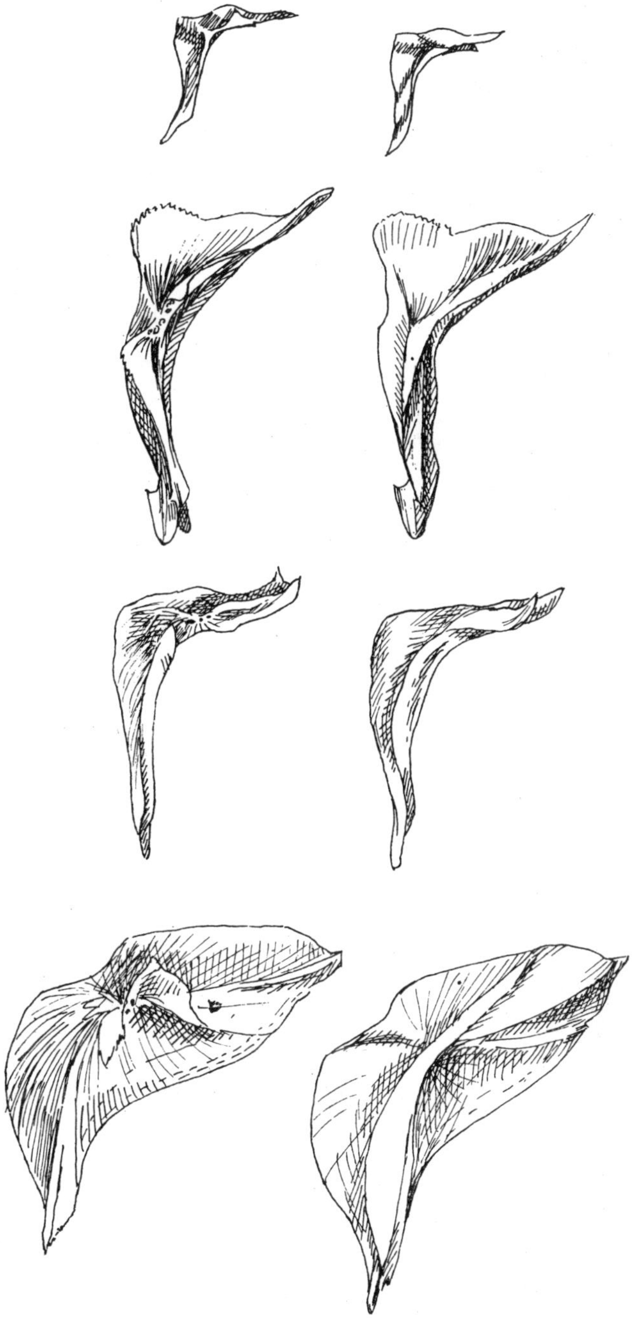

Döbel
Leuciscus cephalus (L.)

Graskarpfen
Ctenopharyngodon idella (Val.)

Karpfen
Cyprinus carpio L.

Marmorkarpfen
Aristichthys nobilis (Richardson)

Abb. 149.

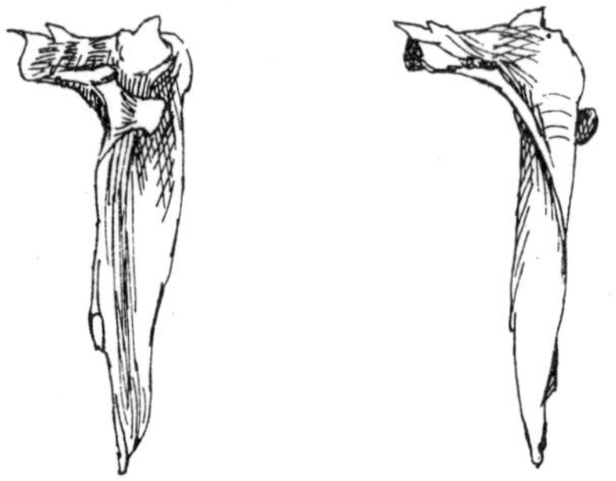

Ziege
Pelecus cultratus (L.)

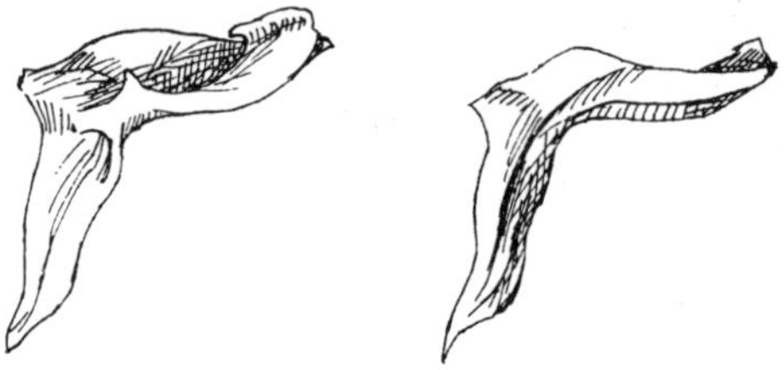

Zope
Abramis ballerus (L.)

Hasel
Leuciscus leuciscus (L.)

Silberkarpfen
Hypophthalmichthys molitrix (Val.)

Bartgrundel
Neomacheilus barbatulus (L.)

Abb. 149.

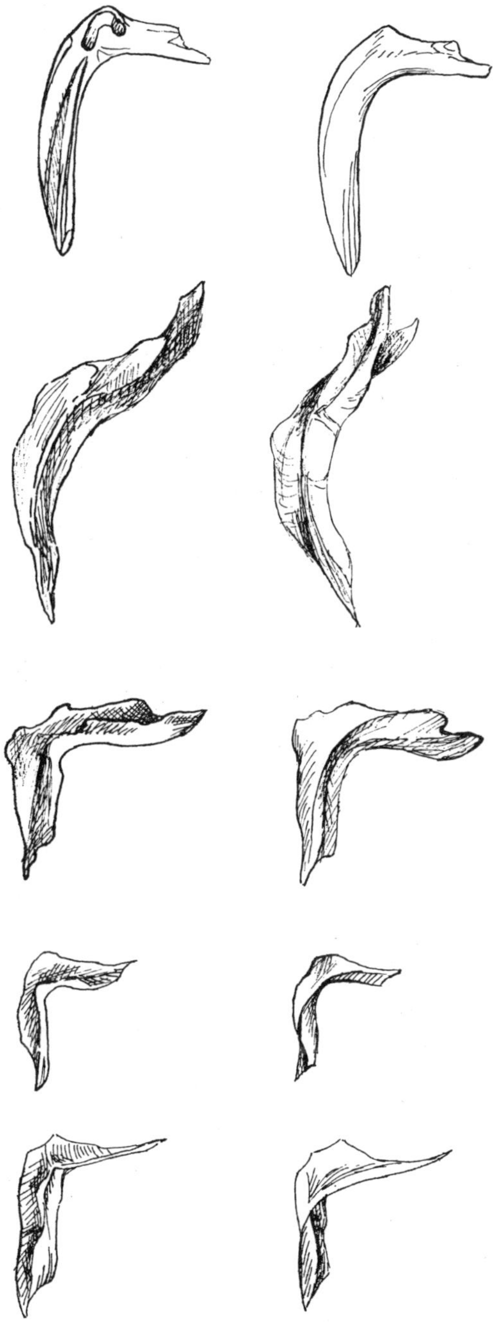

Wels
Silurus glanis L.

Giebel
Carassius auratus gibelio (Bloch)

Flußbarbe
Barbus barbus (L.)

Gründling
Gobio gobio (L.)

Nase
Chondrostoma nasus (L.)

Abb. 149.

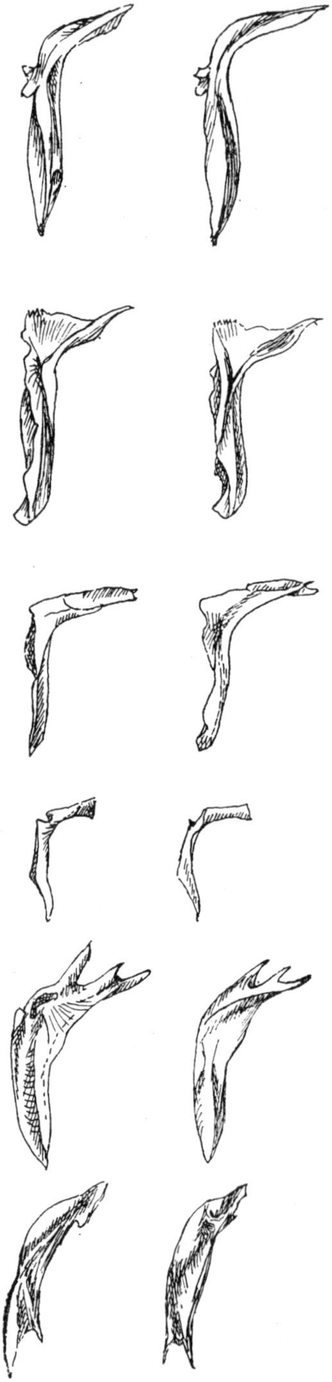

Steinbutt
Scophthalmus maximus (L.)

Flußbarsch
Perca fluviatilis L.

Sonnenbarsch
Lepomis gibbosus (L.)

Schlammpeitzger
Misgurnus fossilis (L.)

Zwergwels
Ictalurus nebulosus (Le Sueur)

Schrätzer
Gymnocephalus schraetser (L.)

Abb. 149.

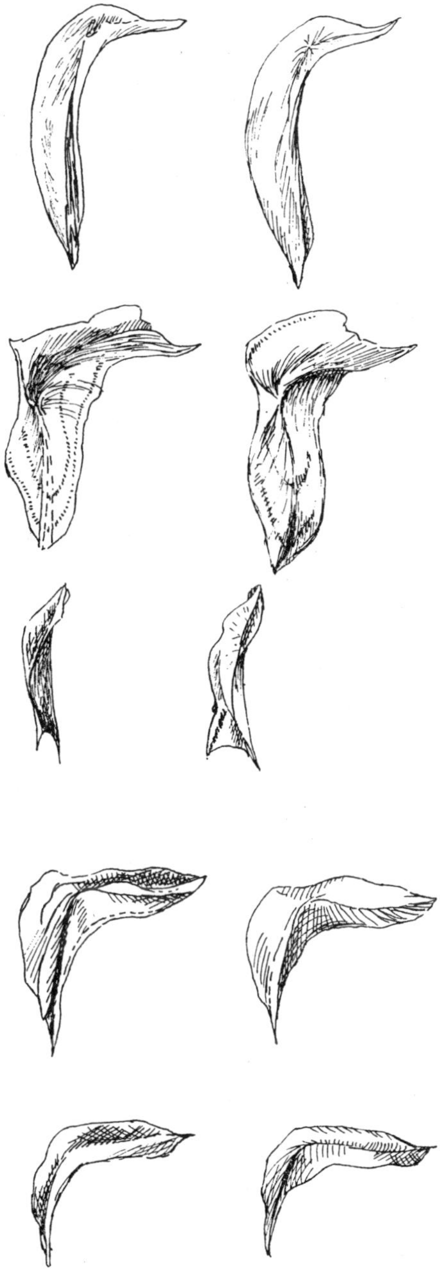

Hecht
Esox lucius L.

Lachs
Salmo salar L.

Kaulbarsch
Gymnocephalus cernua (L.)

Regenbogenforelle
Salmo gairdneri (Richardson)

Bachforelle
Salmo trutta f. *fario* L.

Abb. 149.

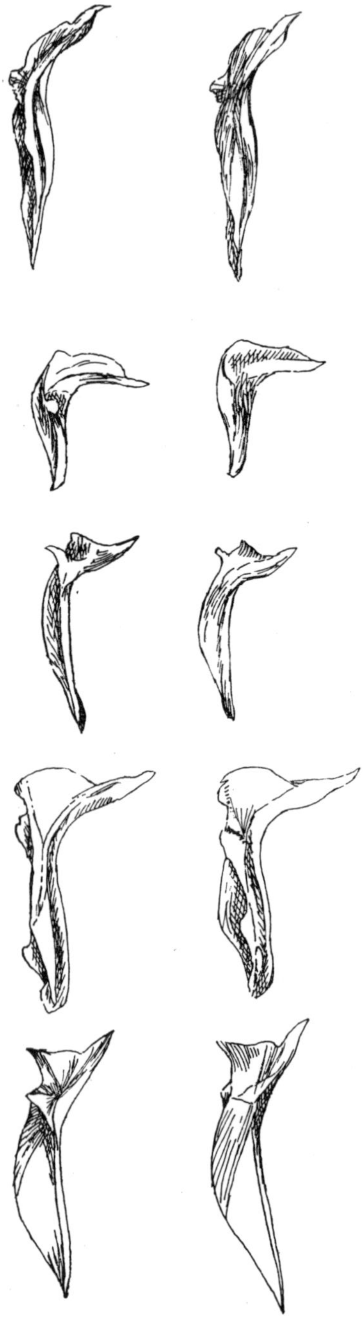

Flunder
Platichthys flesus (L.)

Stint
Osmerus eperlanus (L.)

Quappe
Lota lota (L.)

Zander
Stizostedion lucioperca (L.)

Dorsch
Gadus morrhua L.

Abb. 149.

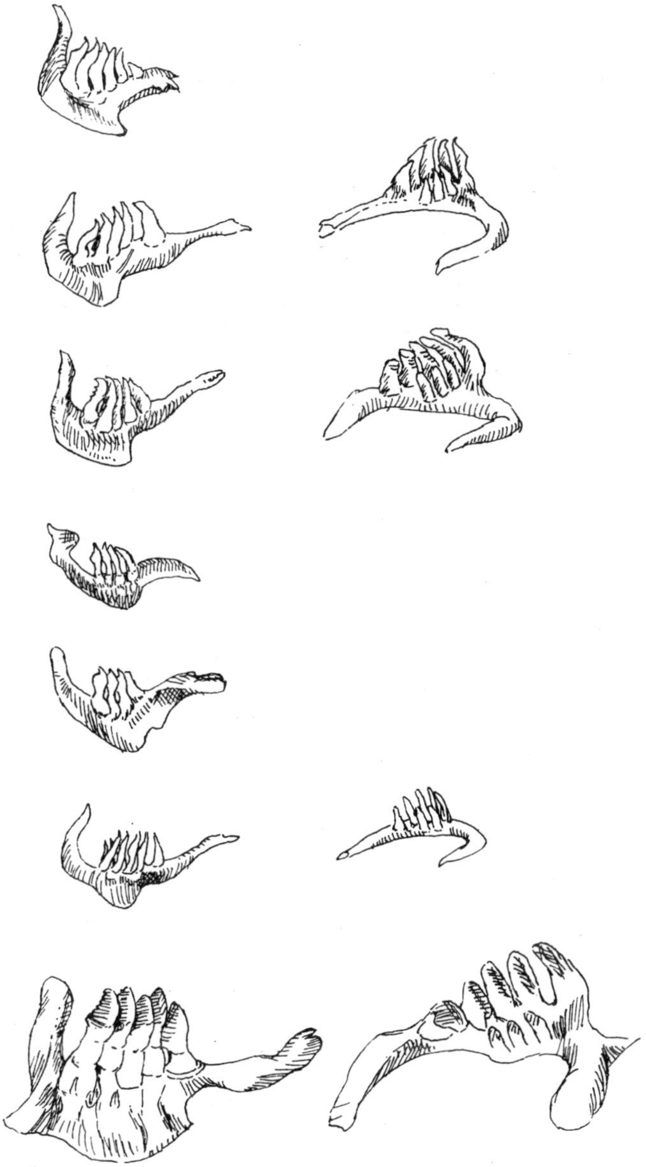

Plötze
Rutilus rutilus (L.)

Aland
Leuciscus idus (L.)

Rotfeder
Scardinius erythrophthalmus (L.)

Karausche
Carassius carassius (L.)

Schlei
Tinca tinca (L.)

Döbel
Leuciscus cephalus (L.)

Graskarpfen
Ctenopharyngodon idella (Val.)

Abb. 150. Schlundknochen der Karpfenfische

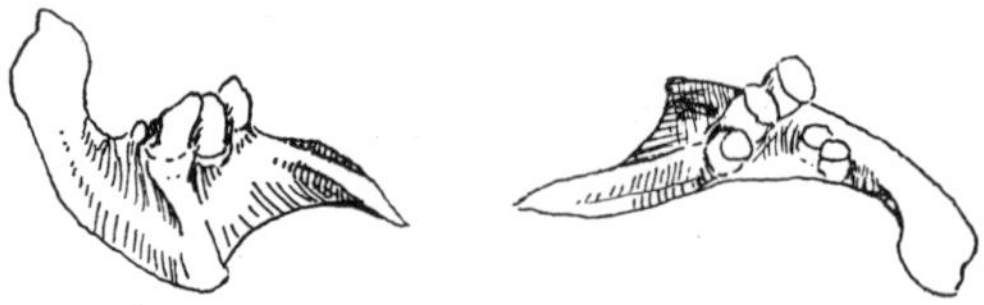

Karpfen
Cyprinus carpio L.

Marmorkarpfen
Aristichthys nobilis (Richardson)

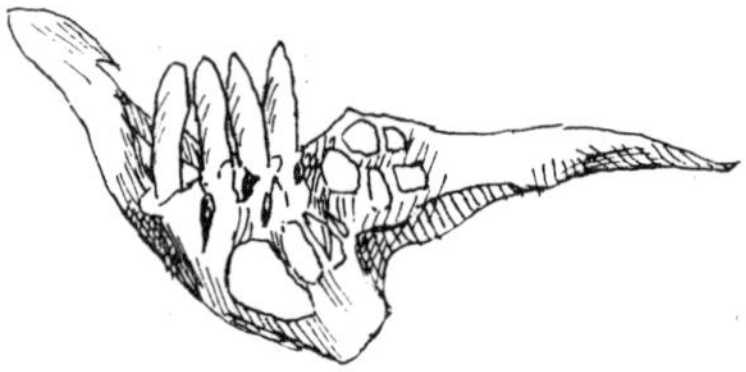

Silberkarpfen
Hypophthalmichthys molitrix (Val.)

Hasel
Leuciscus leuciscus (L.)

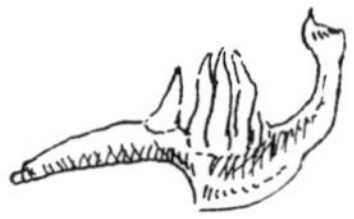

Zope
Abramis ballerus (L.)

Ukelei
Alburnus alburnus (L.)

Abb. 150.

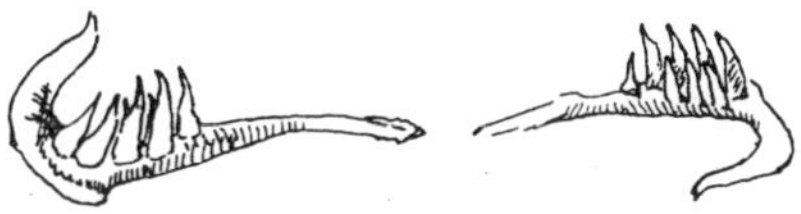

Rapfen
Aspius aspius (L.)

Moderlieschen
Leucaspius delineatus (Heckel)

Bitterling
Rhodeus sericeus amarus (Bloch)

Elritze
Phoxinus phoxinus (L.)

Blei
Abramis brama (L.)

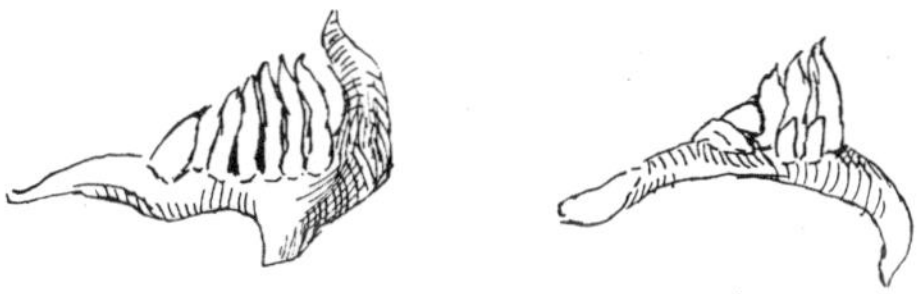

Güster
Blicca bjoerkna (L.)

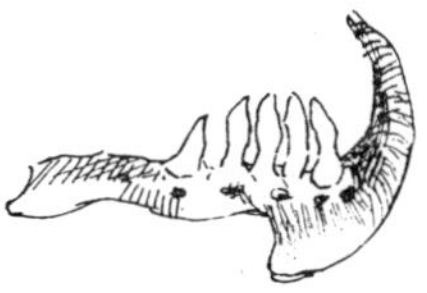

Zährte
Vimba vimba (L.)

Abb. 150.

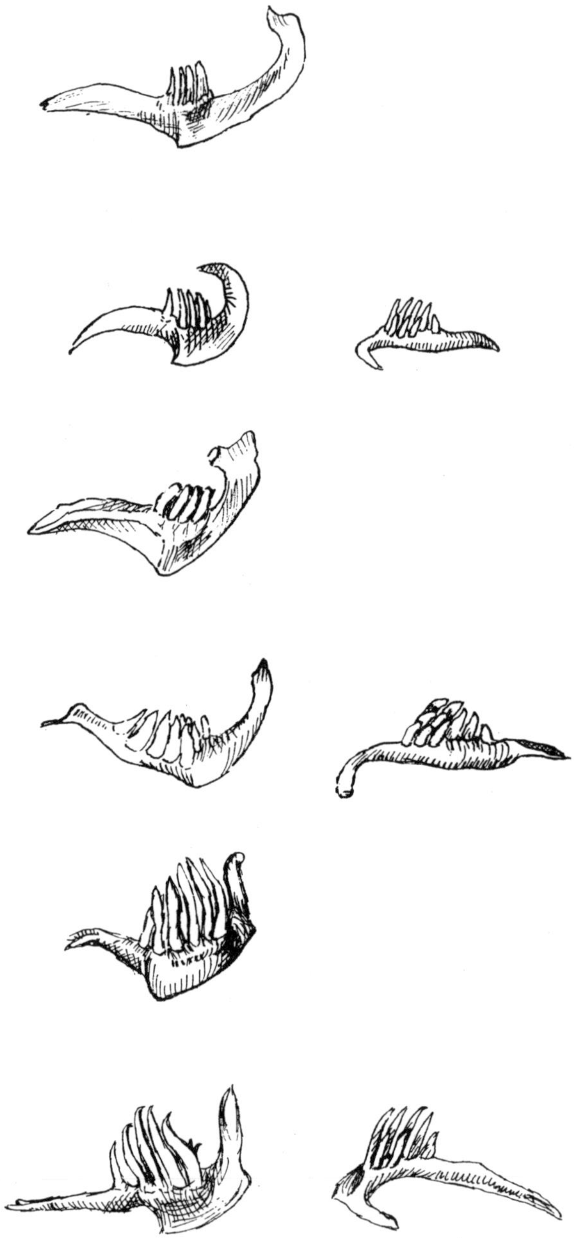

Zope
Abramis ballerus (L.)

Gründling
Gobio gobio (L.)

Giebel
Carassius auratus gibelio (Bloch)

Flußbarbe
Barbus barbus (L.)

Nase
Chondrostoma nasus (L.)

Ziege
Pelecus cultratus (L.)

Abb. 150.

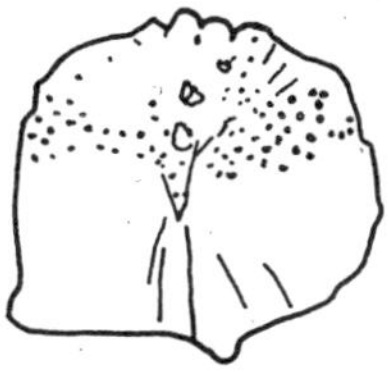

Güster
Blicca bjoerkna (L.)
6,3 ×

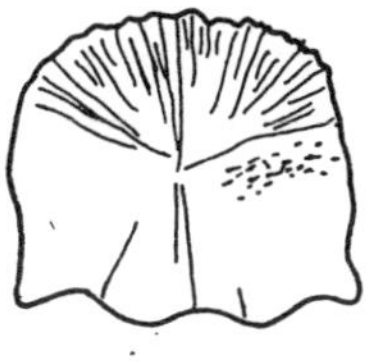

Plötze
Rutilus rutilus (L.)
6,3 ×

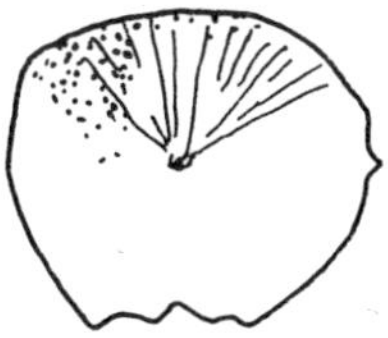

Blei
Abramis brama (L.)
6,3 ×

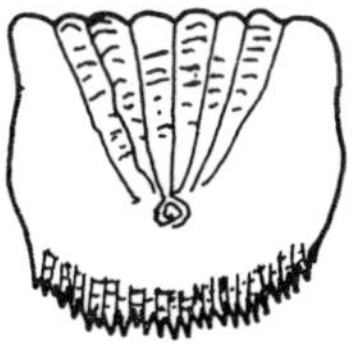

Kammschuppe

Kaulbarsch
Gymnocephalus cernua (L.)
25 ×

Flußbarbe
Barbus barbus (L.)
10 ×

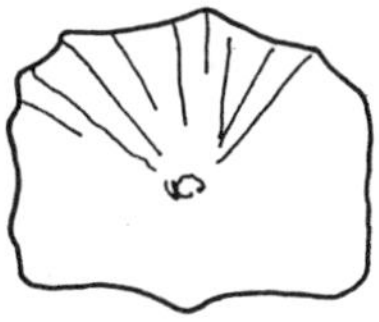

Zobel
Abramis sapa (Pallas)
10 ×

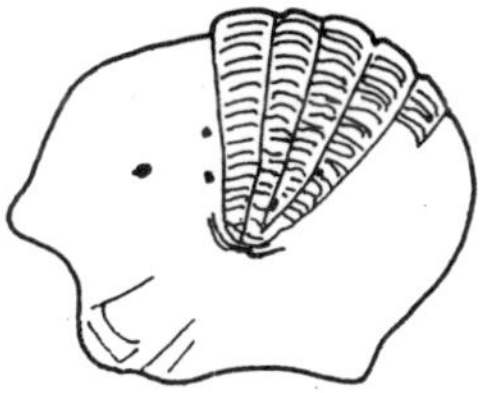

Nase juv.
Chondrostoma nasus (L.)
25 ×

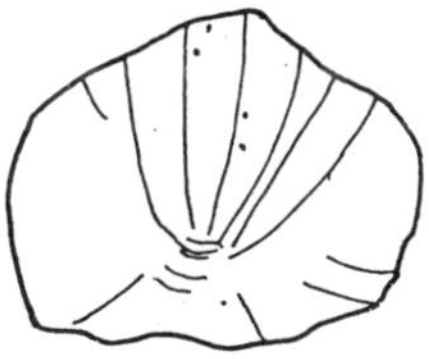

Nase juv.
Chondrostoma nasus (L.)
25 ×

Abb. **151.** Fischschuppen

Nase juv.
Chondrostoma nasus (L.)
25 ×

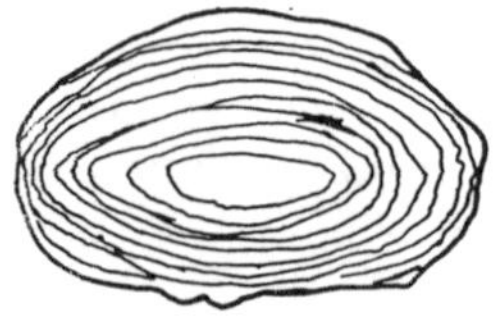

Nase juv.
Chondrostoma nasus (L.)
25 ×

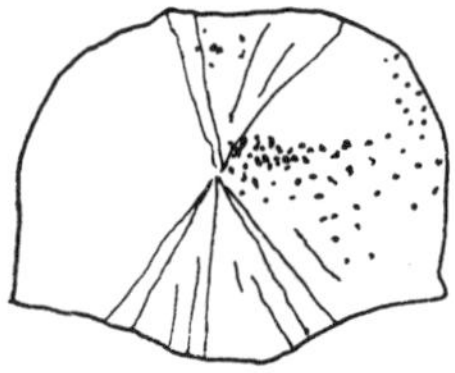

Döbel
Leuciscus cephalus (L.)
10 ×

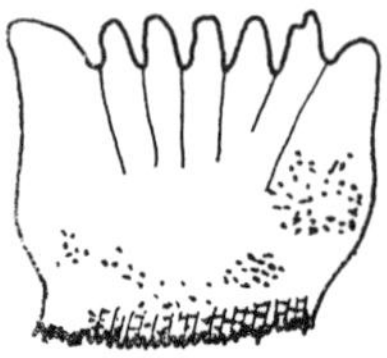

Flußbarsch
Perca fluviatilis L.
10 ×

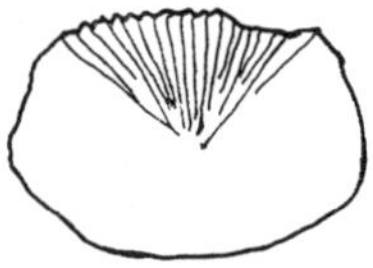

Spiegelkarpfen
Cyprinus carpio L.
6,3 ×

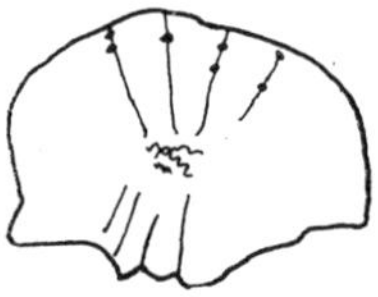

Nase ad.
Chondrostoma nasus (L.)
25 ×

Ziege
Pelecus cultratus (L.)
25 ×

Stint
Osmerus eperlanus (L.)
25 ×

Sonnenbarsch
Lepomis gibbosus (L.)
25 ×

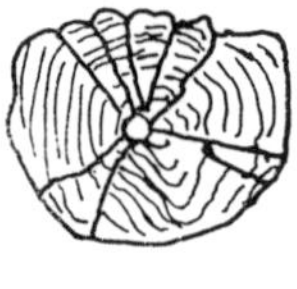

Schuppenkarpfen
Cyprinus carpio L.
10 ×

Abb. **151**.

Meerforelle
Salmo trutta f. *trutta* L.
25 ×

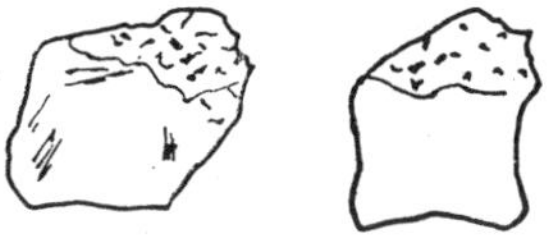

Regenbogenforelle
Salmo gairdneri
(Richardson)
25 ×

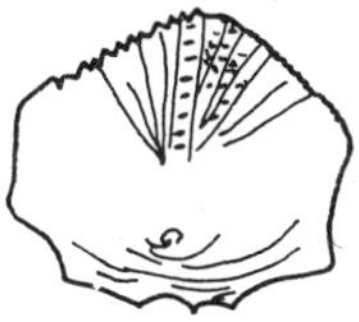

Gründling
Gobio gobio (L.)
25 ×

Schwarzbarsch
Micropterus dolomieu
Lacépède
10 ×

Hasel
Leuciscus leuciscus (L.)
10 ×

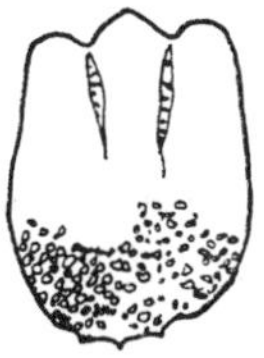

Hecht
Esox lucius L.
10 ×

Ukelei
Alburnus alburnus (L.)
25 ×

Ukelei
Alburnus alburnus (L.)
25 ×

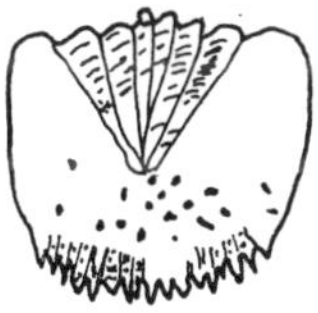

Zander
Stizostedion lucioperca (L.)
25 ×

Lachs
Salmo salar L.
10 ×

Abb. **151.**

Lachs
Salmo salar L.
25 ×

Quappe
Lota lota (L.)
25 ×

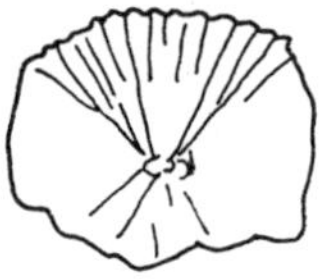

Zährte
Vimba vimba (L.)
10 ×

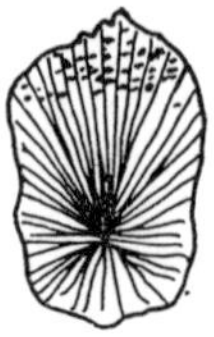

Dorsch
Gadus morrhua L.
25 ×

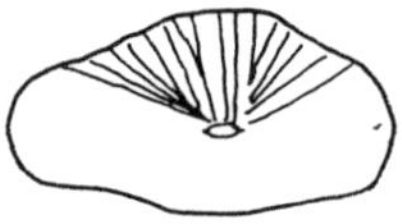

Bitterling
Rhodeus sericeus amarus (Bloch)
25 ×

Elritze
Phoxinus phoxinus (L.)
25 ×

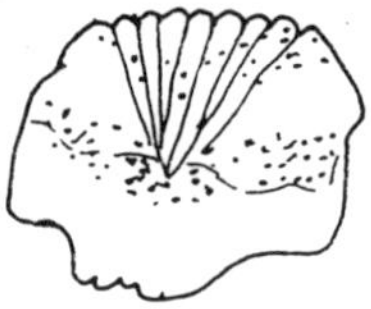

Nase ad.
Chondrostoma nasus (L.)
10 ×

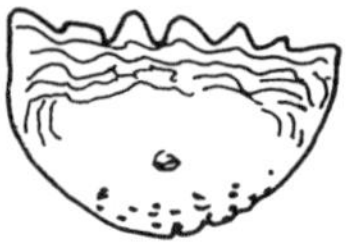

Äsche
Thymallus thymallus (L.)
25 ×

Schrätzer
Gymnocephalus schraet-ser (L.)
25 ×

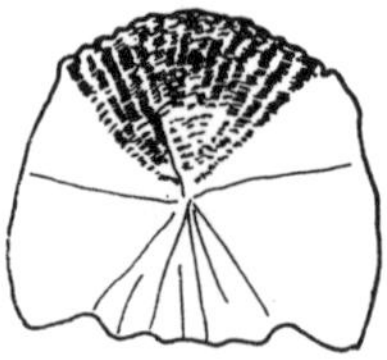

Rotfeder
Scardinius erythrophthal-mus (L.)
10 ×

Abb. 151.

Silberkarpfen
Hypophthalmichthys molitrix (Val.)
10 ×

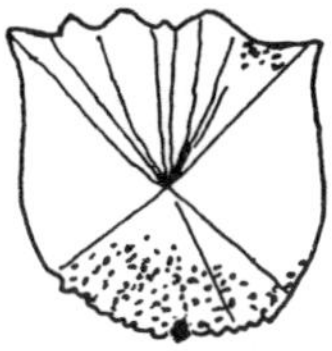

Aland
Leuciscus idus (L.)
10 ×

Moderlieschen
Leucaspius delineatus (Heckel)
25 ×

Karausche
Carassius carassius (L.)
10 ×

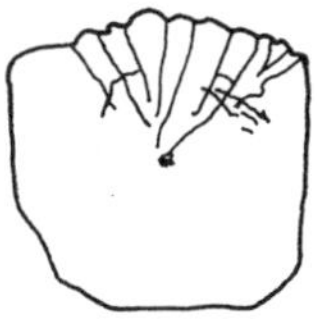

Marmorkarpfen
Aristichthys nobilis (Richardson)
25 ×

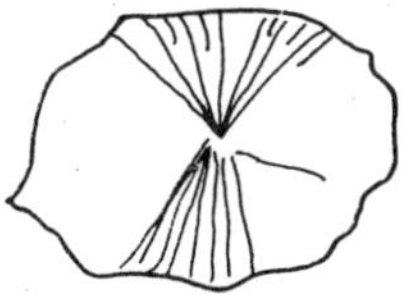

Rapfen
Aspius aspius (L.)
25 ×

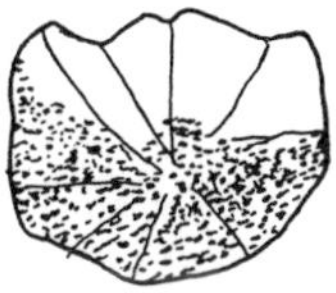

Giebel
Carassius auratus gibelio (Bloch)
10 ×

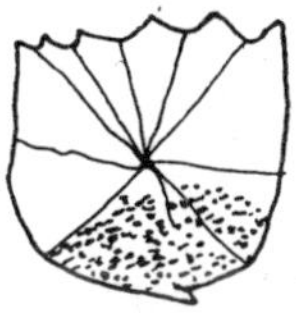

Giebel
Carassius auratus gibelio (Bloch)
25 ×

Schlei
Tinca tinca (L.)
10 ×

Schneider
Alburnoides bipunctatus (Bloch)
25 ×

Abb. 151.

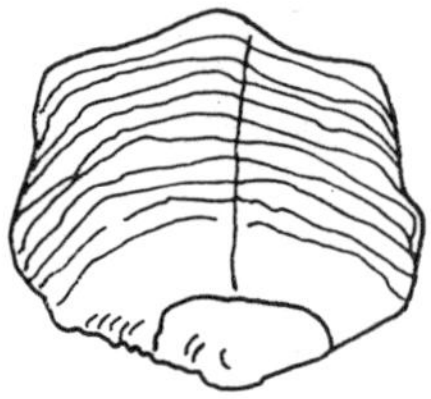

Maifisch
Alosa alosa (L.)
25 ×

Aal
Anguilla anguilla (L.)
starke Vergrößerung

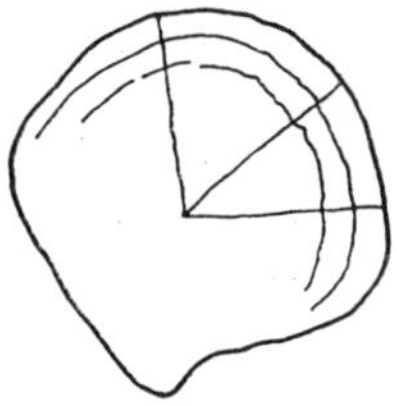

Gründling
Gobio gobio (L.)
25 ×

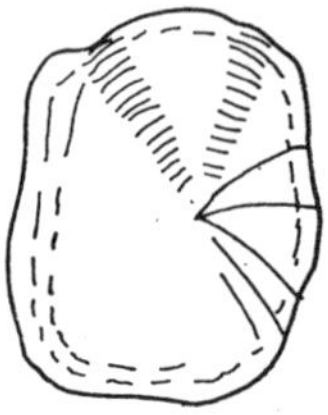

Zope
Abramis ballerus (L.)
25 ×

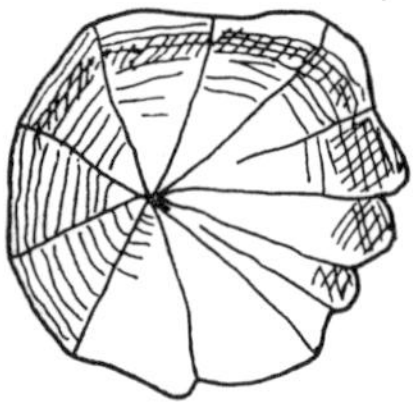

Giebel
Carassius auratus gibelio
(Bloch)
10 ×

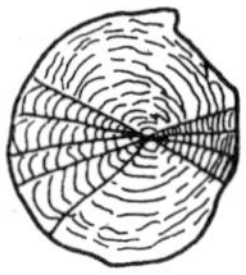

Hasel
Leuciscus leuciscus (L.)
25 ×

Abb. 151.

Bei den Cypriniden bieten die Schlundknochen brauchbare Erkennungsmerkmale. Sie sind in den Gewöllen meist gut erhalten. Die bogenförmigen Knochen trage n Zähne in verschiedener Zahl, Anordnung und Form, die in Reihen stehen und durch eine Formel gekennzeichnet werden. Beispiel: Barbe: 2. 3. 5—5. 3. 2. Das heißt, auf jedem Schlundknochen sitzen 3 Reihen Zähne, die äußere mit 2, die mittlere mit 3 und die innere mit 5 Zähnen.

Gewölluntersuchungen — neue Fragestellungen

Die Frage der Ernährung der Greifvögel und Eulen wurde durch die Untersuchungen von O. Uttendörfer weitgehend und bei den mitteleuropäischen Arten abschließend geklärt. Für die nordischen Arten, bei denen die Befunde über die Ernährung unzureichend geblieben waren, brachte Y. Hagen [36] wertvolle Ergänzungen. Auch aus anderen Bereichen und Ländern kamen in den letzten Jahren Arbeiten zur Gewöllforschung, so aus der Schweiz, aus Frankreich, Holland, aus den USA und der ČSSR (F. Balat, C. Folk und J. Toufar). Daraus ersieht man, welche starken Impulse die Forschungen Uttendörfers auslösten.

Ich möchte meinen, daß neue Arbeiten über Gewölluntersuchungen nur dann berechtigt erscheinen, sofern „Sonderfälle“ vorliegen oder die Gewöllfunde unter neuen Gesichtspunkten betrachtet werden. Die Gewöllforschung brachte bedeutsame Nebenergebnisse und wurde für andere Wissensgebiete, wie Ökologie, Populationsdynamik und Verhaltensforschung, eine beachtliche Hilfe. Die Zielsetzungen sind andere geworden. Welche Ausblicke sich da gegebenenfalls eröffnen, legte H. KAHMANN [50] dar.

Tabelle 4. Die Schlundzähne der Karpfenfische (Cypriniden) Mitteleuropas nach Zahnformeln geordnet

Einreihig		
1. Karausche	*Carassius carassius* (L.)	4—4
2. Giebel	*Carassius auratus gibelio* (Bloch)	4—4
3. Silberkarpfen	*Hypophthalmichthys molitrix* (Val.)	4—4 abgeplattet
4. Marmorkarpfen	*Aristichthys nobilis* (Richardson)	4—4 abgeplattet
5. Schlei	*Tinca tinca* (L.)	4—5 selten 5—5
6. Moderlieschen	*Leucaspius delineatus* (Heckel)	4—5, 5—5 auch in 2 Reihen
7. Lau	*Chondrostoma genei* Bonaparte	5—5 auch 6—5
8. Bitterling	*Rhodeus sericeus amarus* (Bloch)	5—5
9. Zährte	*Vimba vimba* (L.)	5—5
10. Zope	*Abramis ballerus* (L.)	5—5
11. Zobel	*Abramis sapa* (Pallas)	5—5
12. Blei	*Abramis brama* (L.)	5—5 sehr schlank
13. Plötze	*Rutilus rutilus* (L.)	6—5, 5—5, 6—6
14. Perlfisch	*Rutilus frisii meidingeri* (Heckel)	6—5 auch 5—5
15. Frauenfisch	*Rutilus pigus virgo* (Heckel)	6—5 auch 5—5
16. Nase	*Chondrostoma nasus* (L.)	6—6, 7—6, 7—7
Zweireihig		
17. Döbel	*Leuciscus cephalus* (L.)	2.5—5.2 Enden gebogen
18. Hasel	*Leuciscus leuciscus* (L.)	2.5—5.2 selten 3.5—5.3 oder 3.5—5.2
19. Güster	*Blicca bjoerkna* (L.)	2.5—5.2 selten 3.5—5.3
20. Strömer	*Leuciscus souffia agassizi* Cu. Va.	2.5—5.2 oder 2.5—4.2
21. Elritze	*Phoxinus phoxinus* (L.)	2.5—4.2 oder 2.4—4.2
22. Ziege	*Pelecus cultratus* (L.)	2.5—5.2
23. Mairenke	*Chalcalburnus chalcoides mento* (Ag.)	2.5—5.2 lang, dünn u. gekerbt
24. Ukelei	*Alburnus alburnus* (L.)	2.5—5.2 gekerbt, leicht hakenförmig
25. Schneider	*Alburnoides bipunctatus* (Bloch)	2.5—5.2 glatt
26. Graskarpfen	*Ctenopharyngodon idella* (Val.)	2.5—5.2, 2.4—4.2 selten 1.4—4.1
27. Rotfeder	*Scardinius erythrophthalmus* (L.)	3.5—5.3
28. Rapfen	*Aspius aspius* (L.)	3.5—5.3 hakenförmig
29. Aland	*Leuciscus idus* (L.)	3.5—5.3 Enden leicht gebogen
30. Gründling	*Gobio gobio* (L.)	3.5—5.3 oder 2.5—5.2
31. Steingreßling	*Gobio uranoscopus* (Agassiz)	3.5—5.3 selten 2.5—5.2
Dreireihig		
32. Karpfen	*Cyprinus carpio* L.	1.1.3—3.1.1 große Kauflächen
33. Flußbarbe	*Barbus barbus* (L.)	2.3.5—5.3.2
34. Semling	*Barbus meridionalis petenyi* (Heck.)	2.3.5—5.3.2

Erforschung der Kleinsäugerfauna

Für den Säugetierkundler, und nicht nur für ihn, ist die Gewöllaufsammlung eine erfolgversprechende Methode, um einen Überblick über die Kleinsäugerfauna und die Kleintierfauna zu erhalten, sowohl in qualitativer als auch in quantitativer Hinsicht, und zwar in kürzerer Zeit als mit dem Aufstellen von Schlagfallen oder anderen Mitteln. Die Schwierigkeit, Klarheit über den Artenbestand und das Individuenverhältnis zueinander zu erlangen, liegt darin, daß eine direkte Beobachtung durch die vorwiegend nächtliche Lebensweise der meisten Arten nur bedingt möglich ist. Der Inhalt der Gewölle jedoch zeichnet auf, was alles versteckt in der Landschaft lebt, um so gründlicher, je länger die jährlichen Untersuchungsreihen sind.

Der Nachweis von seltenen Kleinsäugern wurde mehrfach durch Gewölluntersuchungen erbracht, ehe die direkte Feststellung ihrer Existenz gelang. Als Beispiel sei die Birkenmaus (*Sicista betulina*) erwähnt, deren Entdeckung für das ehemalige Ostpreußen Uttendörfer [105] und W. von Sanden in seinem Buch „Alles um eine Maus“ [83] darlegten. Inzwischen wurde diese Art von polnischen Forschern auch im Gebiet des Altvatergebirges nachgewiesen. Die Gewölluntersuchungen können wesentlich dazu beitragen, die Verbreitungsgrenzen klarzustellen, wie dies uns D. von Knorre [57] von der Nordischen Wühlmaus und der Feldspitzmaus im Gebiet des Spreewaldes und seines südlichen Vorgeländes aufzeigte; ebenso wurden von anderen Forschern Detailnachweise über die Verbreitung der Kurzohrwühlmaus (*Pitymys subterraneus*) und der Schläferarten erbracht. Noch steht manche Frage in der Faunistik der Kleinsäuger offen: Wo liegt im Westen die Verbreitungsgrenze der Brandmaus (*Apodemus agrarius*)? Wieviel ungelöste Fragen gibt es bei den Fledermäusen in bezug auf Verbreitung und Zug! Die Funde in den Gewöllen geben erwünschte Hinweise. Allerdings muß dabei darauf hingewiesen werden, daß die Fledermäuse im Vergleich zu anderen Ernährungsanteilen (Mäuse, Spitzmäuse, Vögel) nur einen geringen Prozentsatz der Gesamtnahrung ausmachen [105].

Ebenso sind noch Ergänzungen über die lokale Verbreitung mancher Lurche (Geburtshelferkröte, Kreuzkröte, Springfrosch, Laubfrosch) zu erwarten. Die Kröten erscheinen, abgesehen von der Knoblauchkröte, auf der Nahrungsliste der Greifvögel und Eulen (Mäusebussard, Milane, Waldkauz, Steinkauz) verhältnismäßig selten.

Massenvermehrung, Populationsdynamik

Die Untersuchungsmethoden wurden verfeinert und halfen bei den Fragen um den Ablauf der zyklischen Massenvermehrungen. Ich erinnere an die Namen von Errington, Hamerstrom, beide USA, Tinbergen, Holland, Siivonen und Kalela, beide Finnland. Einen guten Einblick in dieses Kapitel gab J. Franz [21] in „Zyklische Massenvermehrungen bei Vögeln und Kleinsäugern“. Die Kleinsäuger sind ständigen Bestandsschwankungen unterworfen. K. Zimmermann (zit. Uttendörfer [105] S. 211) nahm ein Waldohreulenpaar bei Potsdam [105] unter genaue Kontrolle. Von Woche zu Woche wurden die Gewölle aufgesammelt und registriert. Es wurden beachtliche Ergebnisse über den Wechsel in der Ernährung, über die Wahl der Beutetiere — abhängig vom Angebot — erzielt. Die Beziehungen zu den Gradationen der Kleinsäuger zeichneten sich deutlich ab. Der Gradationsverlauf läßt sich durch Altersmerkmale an den Zähnen (Unterkieferlänge, Abnutzungszustand und bei der Rötelmaus an der Alveolenbildung) festlegen. Von großem Wert wären sicher eingehende Untersuchungen über den Einfluß der Witterung, von Trockenheit und Nässe, auf den Vermehrungsverlauf.

K. Becker, Berlin-Dahlem, ging an das Problem heran, das Geschlechtsverhältnis der Feldmaus bei Massenvermehrungen an morphologischen Unterschieden am Becken zu bestimmen. Die Feldmaus ist ein Musterbeispiel für den Massenwechsel, und bei einer Gradation geht eine gleichzeitige Vernichtung der ♂♂ einher. Da die Feldmaus ein Großschädling der Landwirtschaft ist, hat obiger Befund eine immense praktische Bedeutung, indem sich dadurch Möglichkeiten eröffnen, eine Feldmausübervermehrung wirksam zu bekämpfen.

Abschließend seien noch einige Fragen erwähnt, die nur zum Teil gelöst sind und eingehende Untersuchungen verlangen. So ist das Problem des „Kannibalismus" nicht geklärt, und man weiß nicht, ob die Eltern oder die Geschwister die Jungen töten. Aufklärung verlangt auch die Frage der Spezialisierung. Dieser Begriff wird sehr häufig verwendet, und dabei liegt doch meist nur ein gelegentliches Ausnützen der jeweilig reichlich fliehenden Nahrungsquelle vor. In diesem Zusammenhang verdienen auch die endozoische Samenverbreitung durch Gewölle sowie die Frage Erwähnung, ob beim Verdauungsakt die Keimkraft der Samen erhalten bleibt.

Rupfungen

Allgemeines

Wir finden in einem dichten Fichtenbestand um einen Baumstubben herum einen Kranz gebänderter und gescheckter Federn — die Rupfung eines Kuckucks. Auf dem Baumstumpf liegt ein kurzer rötlicher Fuß, ein kleines Gewöll daneben. Auf den Waldboden sind weiße Kotstrahlen (Geschmeiß) gespritzt. Eine anders gezeichnete Feder, eine Mauserfeder, gibt uns den Hinweis, daß der Sperber der Täter war. Nicht immer liegt das Federkleid der Beute vollständig beisammen, sondern auf mehrere Stellen verstreut. Irgendeine Beunruhigung oder spielerische Freude waren die Ursache, daß der „Jäger" mit der Beute wieder abstrich. In der Rupfung sehen wir oft Schnäbel, vom Schädel abgetrümmert, so beim Habicht die von Waldohreulen, Krähen und Eichelhähern, beim Sperber die von Staren, Drosseln, Kernbeißern, Kreuzschnäbeln u. a. Auch Vogelfüße liegen da. Die Eingeweide und Mägen werden verschmäht und bleiben liegen. So zeigten sich bei einer Eisvogelrupfung drei kleine Fische, und an einem Habichtrupfplatz keimte auf einem Baumstumpf Getreide, das aus einem Taubenmagen an diesen für ein Wachstum äußerst ungeeigneten Platz geriet. In seltenen Fällen waren auch in der Rupfung legereife Eier zu finden.

Beim Rupfen werden die Federn mit dem Schnabel gepackt und ganz aus der Haut herausgezogen. Jede Feder zeigt daher einen oder mehrere Kniffe. Die Greifvögel entwickeln bei dieser Tätigkeit besonderes Geschick. Man mache sich selbst einmal die Mühe, bei einem größeren Vogel die Schwingen aus ihrem „Lager" herauszuziehen; es ist dazu ein sehr großer Kraftaufwand notwendig. Der Habicht zieht so die Schwingen von Bussarden, Stockenten, Fasanen und Krähen (aber nicht immer!). Auch der Sperber schafft es bei Tauben und Rebhühnern noch. Eine Kormoranrupfung, die ich am 9. August 1951 auf dem Darß an einem Seeadlerplatz fand, machte mir augenscheinlich, wie schwer das mitunter gehen mag: die außerordentlich festsitzenden Steuerfedern dieser Vogelart waren 3—5mal gepackt worden, ehe sie sich herauslösten, einige waren dabei abgerissen.

Der aufmerksame Beobachter stößt auf seinen Streifzügen mitunter auf Haarrupfungen von Eichhörnchen, Hasen und Kaninchen oder Schermäusen. Vorzugsweise bemerken wir dies bei Habicht und Sperber, da sie das Rupfen von ihrer Vogelbeute her so gewohnt sind. Die anderen Greifvögel reißen Fellstücke aus oder streifen es ab bis zu 10 cm Länge und mehr. Die Bussarde stülpen bei den Maulwürfen das Fell um.

Rupfung oder Raubtierriß?

Die Raubtiere entfernen das Federkleid auf eine andere Weise; sie ziehen die Federn nicht heraus, sondern schneiden die Schwingen und Steuerfedern wie mit einer Schere ab. Die Spulen bleiben im Fleisch stecken. Somit läßt sich sagen, ob der Täter ein Raubtier (Fuchs, Iltis, Marder oder Katze) oder ein Greifvogel war. In manchen Fällen ist der Befund unklar: an den umherliegenden Rupfungen machen sich die Raubtiere, vor allem, wenn sie hungrig sind, zu schaffen. Was irgendwie genießbar ist, wird gefressen, so auch die Blutkiele der jungen und mausernden Vögel. In diesem Fall ist es schwierig, den eigentlichen Täter festzustellen.

Hinweise für den Rupfungssucher

Im folgenden sollen einige Hinweise über Eigenheiten, Fraßgewohnheiten, Beutebearbeitung und das Verhalten gegeben werden. Eine gute Kenntnis um das Wesen und Gebaren der Greifvögel und Eulen ist für spätere Erfolge erforderlich.

Horstplätze und Rupfungen

Nicht jeder Greifvogel ist ein dankbares Objekt, nicht jeder hinterläßt dem Suchenden die Rupfungen in einer Weise, daß man diese nur aufzuheben braucht. Viele Arten verhalten sich bei der Rupfungslegung problematisch: sie verstreuen ihre Rupfungen und halten „keine Ordnung" ein. Man findet bei ihnen wenig oder nichts. Als Erklärung ist folgendes anzuführen:

1. Manche Greifvögel haben keine festen Rupfplätze; dies gilt sowohl bei den einzelnen Arten, als auch individuell. Später wird bei der Charakterisierung der Arten darauf näher eingegangen.
2. Das Gelände kann bei der Suche große Schwierigkeiten bereiten. Im Walde mit hoher Bodenvegetation (Bruchwald mit Rohr, Brennesseln und hohem Farnkraut) ist fast nichts zu finden. Der Rupfungssammler aus dem Gebiet der Mittelgebirge, in denen Wälder mit unbewachsenem Nadelboden vorherrschen, sieht sich in den Au- und Bruchwäldern der Norddeutschen Tiefebene vor eine völlig neue Situation gestellt.
3. Die Baumrupfer bringen fast immer Enttäuschungen (ich denke dabei in erster Linie an den Baumfalken). Was da aufgelesen wird, gibt nur dürftige Hinweise, da der Wind die Federn weithin verstreut.
4. Es ist ein wesentlicher Unterschied in der Ausbeute, ob ein Horstplatz von groben Störungen verschont bleibt oder nicht. Oft erlebte ich es, daß an heimlichen Orten, die ungestört blieben, viel oder sehr viel aufzulesen war, so bei einem Wanderfalken am Wilhost (ČSSR), wo auf schmalem Felsband alles hingelegt war, oder bei den Wanderfalken auf den Granitklippen der Ålandsinseln.

Winterrupfplätze

Die Winterrupfplätze werden im November/Dezember besetzt und mehr oder weniger regelmäßig aufgesucht. Vermutlich handelt es sich um den Zuzug nordischer Sperber, da die unsrigen südwest- oder westwärts abgewandert sind.

Die Winterrupfplätze liegen in vorspringenden Ecken von Kiefern- oder Fichtenwaldungen, auch in Feldgehölzen. Das Rupfen wird in voller Deckung auf Baumstümpfen, kleinen Erhöhungen und auf Pflanzwällen vollzogen. Auch an schmalen Waldwegen, Wildwechseln und buschigen Teichrändern wird die Beute gerupft. Dem glatten Waldboden, wo kein oder nur wenig Schnee liegt, wird der Vorzug gegeben. Damit soll jedoch nicht gesagt sein, daß auf den Schnee keine Rupfungen gelegt werden. Dies gibt es auch. — Die Dickungen bieten in der kalten Jahreszeit gleichzeitig Schutz gegen die scharfen Nord- und Ostwinde. Was im überraschenden Angriff an den Höfen, in den Gärten, auf den Fluren und am Waldrand geschlagen wurde, das wird hierher gebracht, um es hier ungestört zu rupfen und zu verzehren. Die Voraussetzung für die Wahl eines solchen Stammplatzes ist das Vorhandensein einer reichlichen Zahl von Kleinvögeln. Solche Stellen sind meist in der Nähe von Ortschaften zu finden, wo sich Sperlinge, Grünfinken, Amseln, Goldammern und Meisen versammeln. Das Vogelleben konzentriert sich in klimatisch günstigen Lagen, mehr im Flach- als im Bergland. Ergiebige Sperberplätze sind im Bergland selten, es sei denn in großen geschützten Talwannen.

Am deutlichsten hebt sich dieser Zusammenhang (Ansammlung von Vögeln und Gefolgschaft von Greifvögeln) in besonders harten Wintern heraus. Einen eindrucksvollen Bericht über solch intensive Sperbertätigkeit gab uns J. Meissel (siehe Ultendörfer [105], S. 33): Nach dem überaus harten Winter 1928/29 waren die Funde von besonderem Ausmaß. In zwei nicht weit voneinander gelegenen Stangenhölzern bei der Siedlung Dahlewitz bei Zossen wurden am 24. III. 1929 383 Rupfungen vorgefunden, sonst nur 20 bis 30. Die Nachsuche am 14. IV. ergab nochmals 52 Rupfungen. Ein dritter Platz nach Blankenfelde/Mahlow zu erbrachte auch 206 Rupfungen. Es lagen also auf verhältnismäßig kleiner Waldfläche zwischen drei Ortschaften 641 Rupfungen. Bei Königs Wusterhausen fand er an drei Sperberplätzen im Winter 1932/33 237 und im Winter 1933/34 280 Rupfungen.

In milden Wintern sind derartige Massenfunde nicht zu erwarten; die Rupfungen liegen viel zerstreuter. In enger Verbindung mit obiger Ausführung ist noch einiges über „gute Gelegenheiten", die sich dem Sperber bieten und die natürlich ausgenützt werden, zu sagen. Reichbehangene Ebereschen locken Gimpel, Drosseln und gegebenenfalls Seidenschwänze herbei, und an den Fasanenfütterungen, Scheunen und Druschplätzen stellen sich Grünfinken, Feldsperlinge und Goldammern ein. In größeren Unkrautbeständen an Böschungen, auf Schuttplätzen und Halden sind Stieglitze, Hänflinge, Grünfinken und Zeisige anzutreffen. Besondere Anziehungspunkte für Finken und Meisen sind die Hanfdiemen. Im Herbst haben Stare und Schwalben im Schilf ihre Übernachtungsplätze, und die Amseln fliegen zu gewohnter Stunde zu ihren Schlafbäumen. Dies sind für den Sperber alles günstige Situationen für den Fang. — An den Vogelfütterungen herrscht emsiger Betrieb, ständig fliegen Vögel an und ab. Ich kannte ein solches Futterhaus in den Halden bei Königstein, wo der Sperber seine Beute gleich auf dem Dach des Futterhäuschens rupfte.

Mitunter betätigen sich Habicht und Sperber gemeinsam an diesen Winterrupfplätzen. Es ist dann schwierig festzustellen, welcher dieser Greifvögel die Rupfungen gelegt hat. Das Gewahrwerden der Federauslagen scheint den einen wie den anderen anzuregen, dort auch zu rupfen. So fand Meissel auf einer Saatkrähenrupfung des Habichts eine frische Rupfung der Rohrammer und dabei eine Mauserfeder des Sperbers. In einem anderen Fall lagen die Federn eines Buchfinken da und darüber die Rupfung eines Sperberterzels. Die Vermutung liegt nahe, daß der Habicht den Sperber, der ganz in die Säuberung seiner Beute vertieft war, überrumpelte und ihm das gleiche Schicksal bereitete.

Im folgenden gehe ich auf die Gruppen und Arten kurz ein und gebe für die Suche Hinweise. Den Anfang macht als guter Rupfungsleger der Sperber.

Rupfungsgewohnheiten der Greifvögel und Eulen

Greifvögel

Sperber (*Accipiter nisus* [L.])

In der Nähe des Horstes (Entfernung 50 bis 70 m) sind auf Stümpfen, bemoosten Steinen, auf alten Holzhaufen, auf Knickbäumen und auf dem unbewachsenen Boden viele Rupfungen zu finden — auf dem Rupfplatz oder Rupffeld. Außerdem liegen noch Vogelfüße, -flügel, -schädel und -schnäbel umher, vornehmlich von Drosseln und Staren. Ferner fallen die Mauserfedern der Sperber auf, die des ♀ in der Hauptsache unterm Horstbaum. Die Anzahl der Rupfungen am Horst schwankt und beläuft sich meist auf 50 bis 70. Ausnahmefälle brachten die Summe von 200 Beutevögeln und darüber. Solche

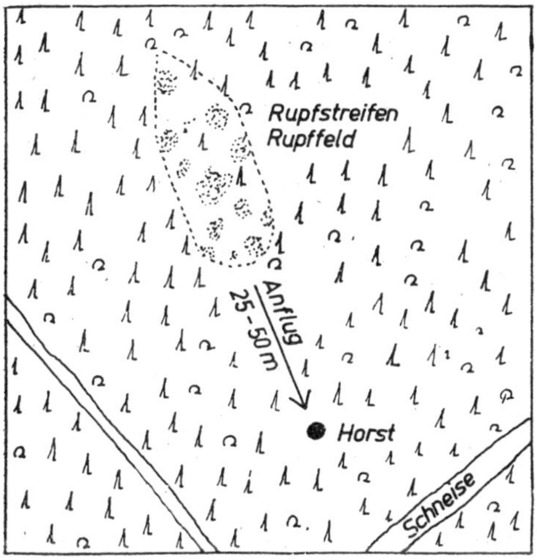

Abb. 152. Lage des Rupfplatzes am Sperberhorst

Ergebnisse sind in erster Linie von einer größeren Jungenzahl (4—5) und von den individuellen Rupfgewohnheiten abhängig. Die Sperberhorste sind im dichten Bestand (20—40jährige Fichten) zu suchen, oft in Schluchten und Gründen in der Nähe eines Baches, eines Grabens oder Durchhaues, die gern für den Anflug zum Horst benutzt werden. Ob das Sperberrevier besetzt ist, kann man schon im Frühjahr (Mitte bis Ende März) am Geschmeiß unter den Verdau- und Ruhebäumen feststellen, ebenso an den Randbäumen der Wege und Gestelle und unter den Überhältern. — Betritt man den Horstbezirk, so warnen die Alten durch ein gereihtes „*Kükükükü*“ und verraten sich damit. Im Juli/August lassen die Jungen, wenn sie den Bestand durchfliegen, ihre hohen langgezogenen Bettelrufe „*gieh*“ hören. Jeder Kundige weiß damit Bescheid, daß sich in diesem Waldteil Sperber aufhalten.

Jedoch keine Regel ohne Ausnahme. Beim Sperberhorst Kolmhof/Fränkische Schweiz sind die Wahl des Horstbaumes und die Lage der Rupfstellen eine ganz andere: Der Horstbaum ist eine Fichte dicht am Wege. Auf diesen Weg wurden die Rupfungen gelegt, ferner auf eine wenig bewachsene Terrasse (10 m vom Horst) und auf freistehende Reisighaufen und zwar recht reichlich.

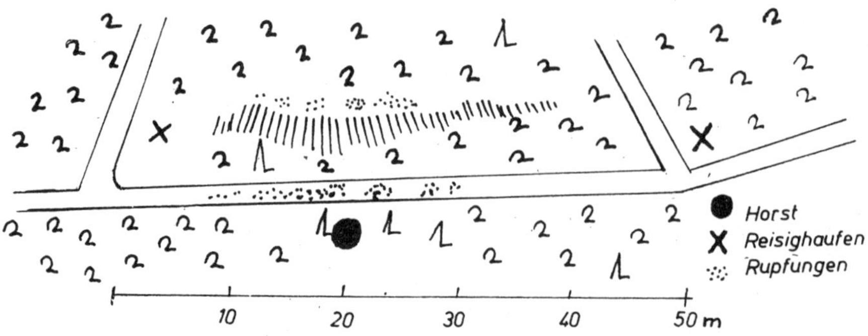

Abb. 153. Sperberhorst Kolmhof

Dieses abweichende Verhalten gibt uns einen deutlichen Hinweis auf die vollkommene Unbekümmertheit der Altvögel, sowohl bei der Wahl des Horstplatzes als auch bei der Aufzucht der Jungen. Die Sperber fühlten sich ungestört und kannten nicht die Sorge, heimlich und ungesehen an den Horst zu fliegen und an versteckten Stellen zu rupfen.

Die Horste sind mitunter schwer zu entdecken, da sie gut versteckt sind. Im weiteren Verlauf der Brutzeit werden die unteren Äste und der Waldboden kräftig bekalkt. Mitunter verrät sich der Horst durch den „Aufputz“ der Nachbaräste (Dunen des mausernden ♀ und der Beutevögel).

Habicht (*Accipiter gentilis* [L.])

Sperber und Habicht haben viel Gemeinsames; aber manches ist im Verhalten des letzteren anders. An Rupfungen ist beim Habichtshorst im Altbestand meist nicht viel zu entdecken. Das Ergebnis enttäuscht fast durchweg und steht in keinem Verhältnis zur tatsächlichen Nahrungsaufnahme. Die Rupfungen liegen im Brutrevier verstreut, und ein regelmäßig benutzter Rupfplatz ist nicht oder nur selten vorhanden. Die Beute wird unweit der Stelle, wo sie geschlagen wurde, gerupft und so zum Horst gebracht. Der Grund zu diesem vom Sperber abweichenden Verhalten liegt wohl darin, daß der Habicht in seinem Biotop, dem Altholz, nicht die Deckungsmöglichkeiten wie der Sperber im jüngeren dichten Bestand findet. Der Habicht ist ein kühner und vielseitiger Jäger. So schlägt er Bussarde ohne weiteres und überwältigt Opfer bis zur Größe einer Truthenne.

Wanderfalk (*Falco peregrinus* Gmelin)

Wie der Habicht schlägt er Vögel mittlerer Größe. Während der Habicht im Walde oder in einem Gebüsch rupft, tut dies der Falk im offenen Gelände. In den Dünen an der See, auf den Grünflächen und den Sandbänken kann der Rupfungssucher vom Wanderfalken erbeutete Vögel finden. Dort können wir ihm auf die Spur kommen. An verlandenden Seen oder Teichen, an der Meeresküste zur Zugzeit, wenn die nordischen Wanderer (Enten, Limicolen, Möwen und Seeschwalben) auf den Sandbänken rasten, stellen sich Wanderfalken ein. Im gleichen Gelände ist auch Gelegenheit, den Merlin beim Beutemachen zu beobachten, allerdings hält er sich an kleinere Vögel.

Im allgemeinen wird vor dem Kröpfen der Beute der Kopf abgerissen, um von da aus weiter zu fressen. Diese Gewohnheit haben viele Greifvögel und Eulen, sofern sie nicht wie die Schleiereule die Beute ganz verschlingen. Zwischen Habicht und Wanderfalk besteht in vielen Fällen, nicht in allen, ein deutlicher Unterschied in der weiteren Beutebearbeitung. Der Wanderfalk macht sich nicht die Mühe, die Handschwingen herauszuziehen; die Kraft dazu reicht nicht aus. Flügel und Brustskelett des Vogels bleiben verbunden. Diese Beutebearbeitung ist ebenso anderen Falken eigen (Ger-, Würg-, Feldeggs-, Baum- und Eleonorenfalk). Der Falk sättigt sich in der Hauptsache mit dem Fleisch der Brustmuskulatur; er trennt dieses sauber vom Brustbein los. Alles andere bleibt liegen. Der Habicht dagegen rupft die Handschwingen, doch nicht immer, und beißt aus dem Brustbeinkamm spitzwinklige Stücke heraus. Es werden also auch beim Habicht Beutereste mit ungerupften Schwingen gefunden.

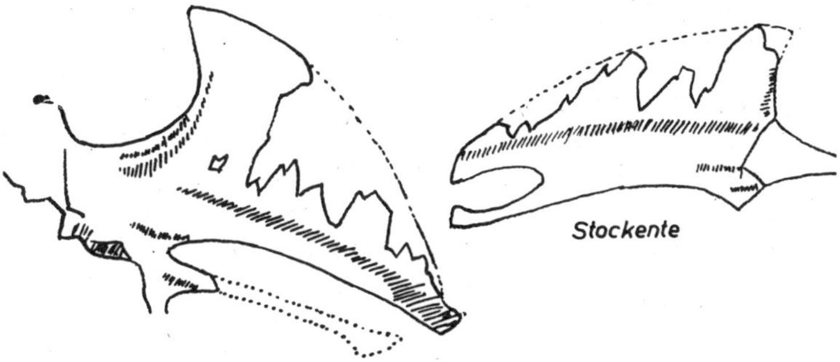

Abb. 154. Brustkämme, vom Habicht bearbeitet

Wo der Wanderfalk seine Brut ungestört aufziehen kann, ist das Aufsammeln rechlohnend. In unmittelbarer Nähe der Horstecke liegt bei den Felsbrütern sehr viel, und zwar auf Kuppen, Kanzeln oder Bändern, von wo sie bei Gefahr sofort abstreichen können. Die baumbrütenden Wanderfalken rupfen ihre Beute in den Kronen oder auf starken Ästen. Dies hat zur Folge, daß die Federn durch den Wind verweht werden. Das Ernährungsbild ist oft einförmig (Tauben, Lachmöwen). Artenreicher ist die Ernährung im Frühjahr, wenn der Terzel die Beute allein herbeiträgt, meist kleinere Vögel wie Stare, Drosseln und Lerchen.

Merlin (*Falco columbarius* L.)

Auf ihn wies ich bereits hin. Er rupft im offenen Gelände auf Bodenerhebungen, Maulwurfshaufen und Grenzsteinen, auch an Hecken und lichten Feldgehölzen. Ich überraschte ihn bei Sebnitz Mitte März auf einem Kleereuter beim Rupfen eines Bergfinken. Der Merlin ist bei der Jagd weniger einseitig als der Baumfalk. — Er rupft alle Schwingen, und es wird nicht immer möglich sein, seine Rupfungen von denen des Sperbers zu trennen.

Baumfalk (*Falco subbuteo* L.)

Er betätigt sich durchweg als Baumrupfer. Die Ergebnisse bleiben meist dürftig. Die Brut wird in Horsten und Nestern anderer Vögel (Krähen) aufgezogen. Zu bemerken ist, daß man von ihm in der Brutzeit keine Mauserfedern findet; die Mauser erfolgt anscheinend im Winterquartier.

Turmfalk (*Falco tinnunculus* L.)

Er fängt relativ wenig Vögel und hält sich mehr an Mäuse. Ferner kommen zur Nahrung eine Menge Insekten dazu.

Der Insektenanteil erhöht sich noch beim Rotfußfalken (*Falco vespertinus*). Dieser greift Käfer und Libellen mit den Fängen in der Luft und übernimmt sie mit dem Schnabel. Der Turmfalk, ebenso der Rötelfalk (*Falco naumanni*), betreiben vorwiegend Bodenjagd, mitunter auch zu Fuß.

Weihen (*Circus*)

Rohrweihe (*Circus aeruginosus* [L.]), **Kornweihe** (*Circus cyaneus* [L.]), **Wiesenweihe** (*Circus pygargus* [L.]), **Steppenweihe** (*Circus macrourus* [Gmelin])

Sie sind biologisch scharf abgegrenzt und betreiben die Suchjagd über freiem Gelände in geringer Höhe. Die Brutplätze stehen meist in schwer zugänglichem Gebiet und sind schwierig zu untersuchen. Das Ausmachen der Brutorte in weitausgedehnten Schilfbeständen ist nicht einfach, für den einzelnen fast unmöglich. Die Fraßplätze aufzuspüren, hängt vom Zufall ab. Sie sind auf alten Schilfschwaden, auf Kaupen und Pfählen, an freien Stellen im Röhricht zu suchen. Häufig rupfen die Weihen an dem Ort, wo sie einen Vogel schlugen, und haben keine festen Rupfplätze.

Bussarde (*Buteo*) und **Milane** (*Milvus*)

Bei diesen werden nur wenige einzelne Federn und andere Beutereste aufgelesen. Dabei ergeben sich bei den genannten noch andere Fragen: Was haben diese selbst erbeutet? Was haben sie von trefflicheren Jägern, als sie selbst sind, erbettelt oder unter deren Horst gefunden? Was haben sie als Kadaver irgendwo aufgenommen? Die beiden Milane sind stark darauf eingestellt, sich an andere zu halten, zu schmarotzen. Hat man einen Milanhorst festgestellt, wird es immer von Wert sein, die weitere Umgebung abzuspüren und all die anderen Arten einzubeziehen, von deren Nahrungserwerb die Milane Nutzen ziehen — vom Wanderfalken, vom Habicht, vom Seeadler, von den Reihern oder Kormoranen.

Seeadler (*Haliaeëtus albicilla* [L.])

Wie bei den Milanen zeigt die Ernährungsweise des Seeadlers die gleiche Problematik, denn er nimmt ebenfalls Aas auf.

Adler (*Aquila*)

Sie sind in ihrem Bau und ihrer Jagdweise große Bussarde. Der **Kaiseradler** (*Aquila heliaca*) und **Steppenadler** (*Aquila rapax*) sind im besonderen auf die Zieseljagd eingestellt. — Der **Habichtsadler** (*Hieraaetus fasciatus*) zeigt einen andern Habitus (langen Stoß, kurze Schwingen und starke Fänge) und ist habichtsartig.
Selbstverständlich ist beim **Wespenbussard** (*Pernis apivorus* L.) als ausgemachtem Spezialisten an Rupfungen nur wenig zu erwarten. Bei ihm wie bei anderen Greifvögeln brachten mühsame Horstkontrollen Klarheit über die Ernährung.

Eulen

Im allgemeinen liefern sie an Rupfungen nicht viel. Sie rupfen meist auf Bäumen und unvollständig. Dafür entschädigen sie aber durch die oft große Menge an Gewöllen.

Uhu (*Bubo bubo* L.)

Als Ausnahme unter den Eulen muß der Uhu herausgehoben werden; er legt reichlich Rupfungen. Man kann bei ihm an ungestörten Plätzen eindrucksvolle und aufschlußreiche Funde machen. Doch ist an den wenigen Örtlichkeiten, wo bei uns noch Uhus horsten, aus Gründen des Naturschutzes größte Rücksichtnahme geboten.

Waldkauz (*Strix aluco* L.)

Es ist für den Beobachter nicht immer leicht, an gewissen Plätzen hinter seine Heimlichkeiten zu kommen und seine Nisthöhle zu finden. Die Nahrungskontrolle stellt dann besondere Anforderungen an Geduld und Ausdauer. In seltenen Fällen macht man bei ihm an Brutstätten in Waldhütten, in Ruinen und einsam gelegenen Baulichkeiten Massenfunde. In der Literatur wurden etliche überraschende Beispiele genannt. — Der Waldkauz ist mehr als andere Eulen ein erfolgreicher Vogeljäger.

Waldkauz (*Strix aluco*) und **Steinkauz** (*Athene noctua*) bewohnen Baum- und Felshöhlen. Der **Rauhfußkauz** (*Aegolius funereus*) und der **Sperlingskauz** (*Glaucidium passerinum*) besetzen Baumhöhlen, die vom Specht gezimmert wurden. Beide kleinen Käuze sind bei uns selten, und es werden nur wenige Ornithologen die glückliche Gelegenheit haben, an ihnen ihre Studien treiben zu können. Der Rauhfußkauz ist mehr Mäusejäger. Die Ausbeute an Rupfungen ist bei ihm gering. Im Gegensatz dazu fängt der sehr wendige Sperlingskauz viele Vögel. Er hat die Gewohnheit, sie in Spechthöhlen oder Nistkästen zu rupfen. Nistkästen, die den Winter über vom Sperlingskauz zu diesem Zweck benutzt wurden, boten einen mannigfachen Inhalt.

Das Brutleben dieser Höhlenbrüter läuft verborgen ab. Hat man nach mühevoller Suche den Brutbaum gefunden, so ist es geboten, von einem Einblick in die Höhle selbst abzusehen, um nicht die Alten zu vergrämen und sie zum Verlassen des Geleges zu bewegen.

Zur Bestimmung von Rupfungen und Federn

Im Laufe der Entwicklungsgeschichte bildeten sich bei den einzelnen Vogelarten ganz bestimmte Formen, Zeichnungen und Färbungen des Federkleides aus. Im Gegensatz zu den Tropen ist das Federkleid der Vögel unserer Breiten meist recht unscheinbar Es gibt jedoch auch in unserer Ornis einige tropisch bunte Erscheinungen, so Blauracke, Eisvogel und Pirol. Bei einer anderen Gruppe sind die Vögel an sich wenig auffällig gefärbt (Eulen, Falken, Weihen), und doch tragen die einzelnen Federn in der Abstimmung der Färbung und Zeichnung den Stempel besonderer Schönheit. — In einer anderen Gruppe haben die Vögel in ihrem Gesamtbild recht lebhafte Farben (Gimpel, Kreuzschnabel u. a.), aber die Schwingen und Steuerfedern, die für die Bestimmung besonders wichtig sind, zeigen eine einheitliche und wenig auffällige Färbung. — Der Färbungstyp kann bei der Artbestimmung helfen; aber dies gilt nur in bedingtem Maße, da nicht von einem einheitlichen derartigen Typ — auch nicht in der Gattung — die Rede sein kann. So ist für viele Drosseln die Fleckung des Brustgefieders, die Tropfenzeichnung, kennzeichnend (Sing-, Mistel- und Wacholderdrossel). Die Amsel weicht hiervon ab, und nur die ♀♀ und die Jungvögel lassen den Drosseltypus sichtbar werden. In vielen Gattungen sind Beispiele zu finden, die von der Norm abweichen. Bei anderen Vögeln zeigt sich dies auch an den Schwingen und Steuerfedern: so haben fast alle Ammern auf der Außenfeder des Steuers einen weißen Keilfleck, während dieser bei der Grauammer ganz verwaschen ist.

Die gegebenen Federmerkmale der Färbung und der Größe gelten daher nur mit gewisser Einschränkung und sind nicht als absolut sicher aufzufassen. Die genannten Merkmale treten in einem gewissen Spielraum auf. Es bestehen Unterschiede, mitunter sehr beachtliche, zwischen den Geschlechtern, zwischen Sommer- und Winterkleid und zwischen frisch vermausertem und abgetragenem Gefieder. Aus dieser Tatsache ergibt es sich von selbst, daß eine Bestimmung größte Sorgsamkeit verlangt. In gewissen Fällen trügt der erste Eindruck, und es müssen zur Identifizierung weitere Merkmale herangezogen werden, neben der Färbung und Zeichnung noch die Größe und der Zuschnitt der Feder.

Bei manchen Arten ist es einfach, die Art an den Federn anzusprechen; die Federn sind auffällig und ganz charakteristisch. Ich denke hierbei an die hellblau gebänderten Flügeldecken des Eichelhähers. Doch oft stellen sich Schwierigkeiten ein. Einige Vogelarten stehen sich verwandtschaftlich so nahe, daß man für eine sichere Bestimmung den Vogel in der Hand haben müßte. In unserem Fall ist es komplizierter, da ja nicht der ganze Vogel, sondern nur — pars pro toto — seine Federn vorliegen. So ist die Unterscheidung der Art bei den beiden Goldhähnchen und Baumläufern an den Flügel- und Steuerfedern nicht möglich. Kritiker stellen die Frage: Kann man lediglich an den Federn die Vogelart bestimmen? Die Antwort lautet: in den meisten Fällen ja, aber nicht in allen.

Noch können andere Faktoren eine Bestimmung erschweren oder ausschließen. Die Praxis bringt oft verworrene Fälle:

1. Am Rupfplatz rupften Sperber und Habicht gemeinsam.
2. Die Rupfungen liegen an manchen Plätzen auf engem Raum über- und durcheinander.
3. Es werden nur wenige Federn der Beute gefunden, und die charakteristischen fehlen. Die Rupfung ist unvollständig.
4. Die Federn waren zu lange den Einflüssen der Sonne und der Witterung ausgesetzt; sie sind verblichen und vermorscht.

Bei Erfahrung und Übung ist es möglich, ein solches Durcheinander von Rupfungen nach Arten zu sortieren. Doch ergeben sich dabei Zweifelsfälle, die als unbestimmbar gebucht werden müssen. Es ist dann immer besser, die Bestimmung der Art offenzulassen.

Die wichtigsten Federpartien, die für das Ansprechen der Art maßgeblich sind, sind die Schwingen (Flügelfedern) und das Steuer (Stoß, Schwanz); sie geben durch ihre Form und Färbung die besten Hinweise. Von anderen Federpartien (Kopf, Brust, Bauch, Flanke, Deckfedern, Rücken) wurde abgesehen, um den Text möglichst kurz zu halten. Wo aber genannte Partien kennzeichnend sind und eine Bestimmung ermöglichen, wird bei den Arten darauf hingewiesen, beispielsweise auf die blutroten Unterschwanzfedern beim Großen Buntspecht und die blaßroten beim Mittelspecht.

Die Bestimmung der Federn sollte möglichst bei Tageslicht vorgenommen werden, da die Farben bei künstlichem Licht anders in Erscheinung treten können.

Die Federn sind nach rechten und linken Flügeln und nach dem Schwanz in der richtigen Reihenfolge zu sortieren. Dabei ist zu beachten, daß die äußersten Federn schmalere Außenfahnen besitzen als die inneren (siehe Abb. 156). Die äußersten Handschwingen sind meistens nicht die längsten. Bei den Steuerfedern ist festzustellen, daß der Schwanz fast gerade, gegabelt oder keilförmig ist. Die letzteren Feststellungen sind bei der Benutzung der Bestimmungsschlüssel wichtig.

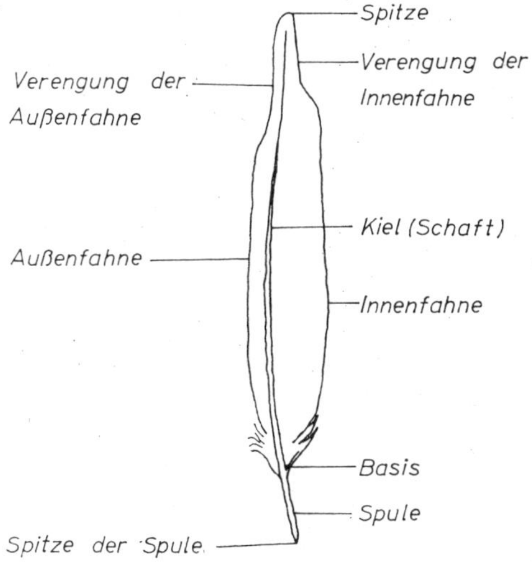

Abb. 155. Teile der Feder

Schwingen

Man unterscheidet Hand- und Armschwingen. Ihr Sitz am Flügel ist aus den Abbildungen 159 und 162 ersichtlich. Tragen die Armschwingen ein auffallendes Farbmuster, so bei den Gründelenten, spricht man von einem „Spiegel“.

Die Handschwingen sind in ihrer Form gerade und in ihrer Struktur hart; sie sind vorwiegend dunkel pigmentiert, vor allem an der Spitze (Festigung der Feder durch Pigmentation). Die Außenfahne ist im Vergleich zur Innenfahne nur schmal. Bei den Handschwingen muß auf die Federfolge, die Größenunterschiede und die Verengungen an den Außen- und Innenfahnen geachtet werden (siehe Abb. 156).

Es ist auf die Zusammenhänge von Flugtypus und Federform hinzuweisen. Nach der Flugart unterscheidet man Gleit-, Ruder-, Stoß- und Schwirrflug. Die Schnellflieger haben lange spitze Flügel; die längste Schwinge ist die erste oder zweite (siehe Baumfalk, Abb. 156). Die Kurzstreckenflieger (Hühner) haben abgerundete Flügel; die längste Schwinge ist die siebente und sechste. Durch Streckenflug zeichnen sich aus: Schreiadler und Singschwan; durch Dauerflug: Schwalben, Mauersegler, Möwen und Seeschwalben.

Die Armschwingen sind gebogen und in der Struktur weicher. Die Außenfahnen sind im Vergleich zu denen der Handschwingen breiter.

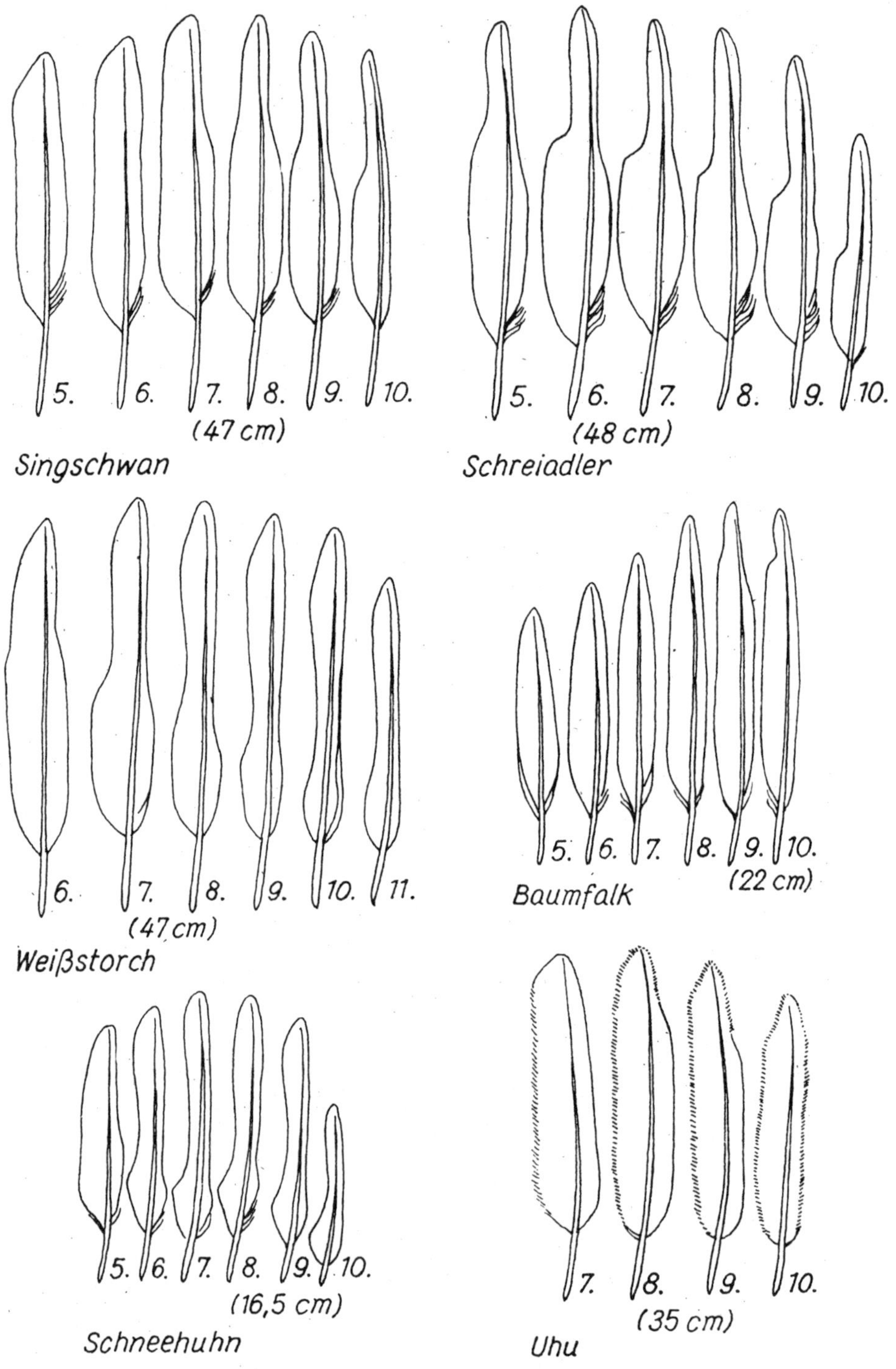

Abb. 156. Flugtypen mit Verengungen in den Handschwingen

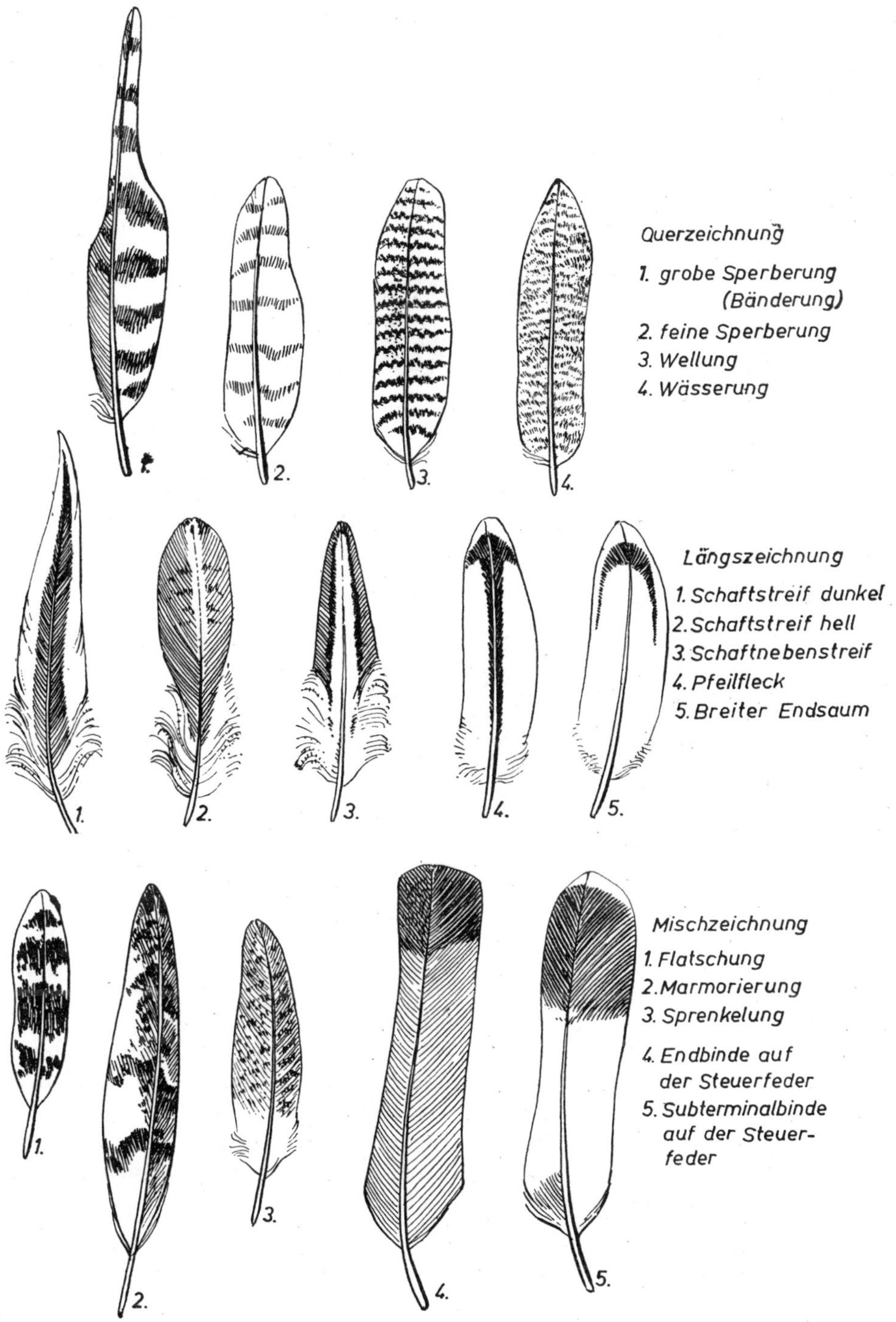

Abb. 157. Zeichnungtypen der Feder

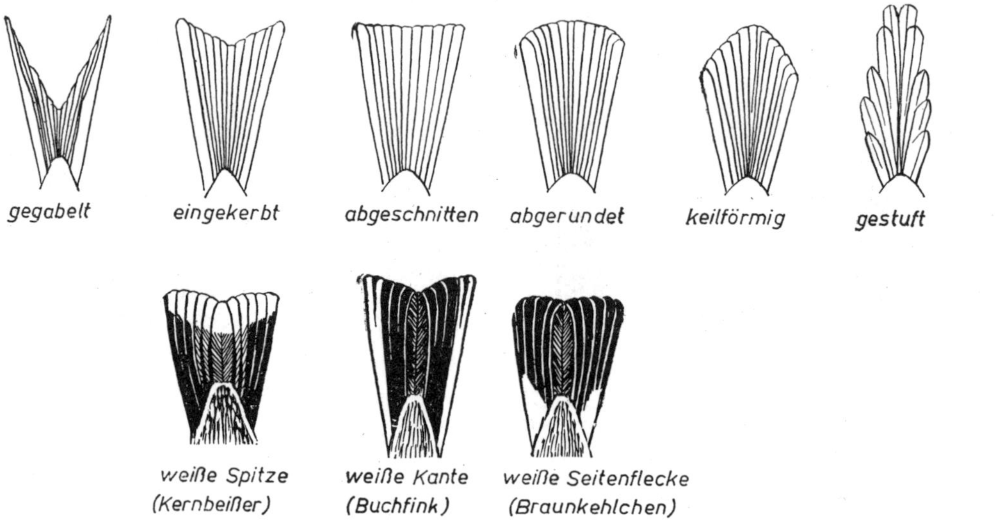

Abb. 158. Form und Zeichnung des Steuers

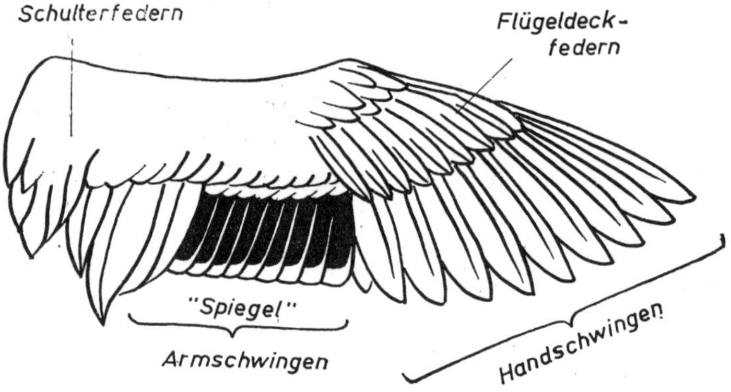

Abb. 159. Einteilung der Feder, dargestellt am Entenflügel

Steuer

Die Hauptfunktion des Steuers ist das Abbremsen des Fluges, ferner dient es als Hilfe bei Drehungen und Wendungen. Bei den Spechten wird das Steuer zudem als Stützorgan verwendet. Auch hat es für die Kennzeichnung der Geschlechter (Schmuckfedern des ♂) Bedeutung, und zwar sehr wesentlich bei den Hühnervögeln. Der Bau und die Beschaffenheit der Steuerfedern sind überaus mannigfach. Die Außenfahne ist an der Außenfeder schmal und nimmt bei den folgenden zu. Bei den Mittelfedern sitzt der Kiel in der Mitte, Außen- und Innenfahne sind von gleicher Breite.

Federsammlung

Ohne umfassendes Vergleichsmaterial, ohne eine geordnete und gepflegte Federsammlung bleibt die Bestimmung von Rupfungen eine Spielerei. Die Federsammlung ist als Ersatz für eine Balgsammlung zu betrachten. Das Anlegen einer Vogelsammlung, mit

Ausnahme für rein wissenschaftliche Zwecke, ist heutzutage nicht mehr möglich, da sich das mit den Forderungen des Naturschutzes nicht vereinbaren läßt.

Der Feldornithologe sieht den Vogel ganz anders. Das Rupfungssammeln hat vieles für sich; es werden Einzelheiten, Feinheiten und Kennzeichen einer Art erfaßt, die sonst übersehen werden; außerdem werden Kenntnisse über die Mauser, über Geschlechts- und Altersunterschiede, über Vogelzug und Invasionen vermittelt. Einige Federn bilden mitunter den Anlaß, das Gelände gründlich abzusuchen und eine Vogelart als Brüter oder Durchzügler festzustellen.

Man lese die Rupfung möglichst vollständig auf und schreibe die notwendigen Daten dazu (Datum, Ort, Täter). Anfangs ist es schwierig, doch nach und nach bekommt man den Blick dafür, von welchen Teilen des Vogelkörpers die Federn stammen.

In gewissen Fällen wird das Vergleichen am Balg unerläßlich sein. Es ist dabei Vorsicht geboten, damit die trockenen und empfindlichen Bälge nicht beschädigt werden. Die Arbeit am Balg ist nicht befriedigend: man kann an die einzelne Feder nicht so heran, wie man es gern möchte. Schwierig bleibt vor allem das Messen der Federlänge, was auf dem Rupfungsblatt viel besser zu bewerkstelligen ist.

Anlage der Federsammlung

Für die Rupfungsblätter verwendet man im Farbton einheitlichen Karton (helles Grau), wogegen Papier wegen seiner geringen Steife nicht zu empfehlen ist. Für kleinere Vögel (Finken) ist das Format A 5, für mittlere Vögel (Drosseln, Würger) das Format A 4 passend. Die Federn großer Vögel befestigt man nicht auf Kartons, sondern verwahrt sie in Kartonhüllen.

Der Karton wird in der Mitte gefalzt: eine Seite dient als Rupfungsblatt, die andere als Schutzdeckel. Für Ergänzungen kann man dann jederzeit weitere Blätter einlegen. Um Zeit und Platz zu sparen, wird nur ein Flügel und eine Steuerhälfte eingesteckt.

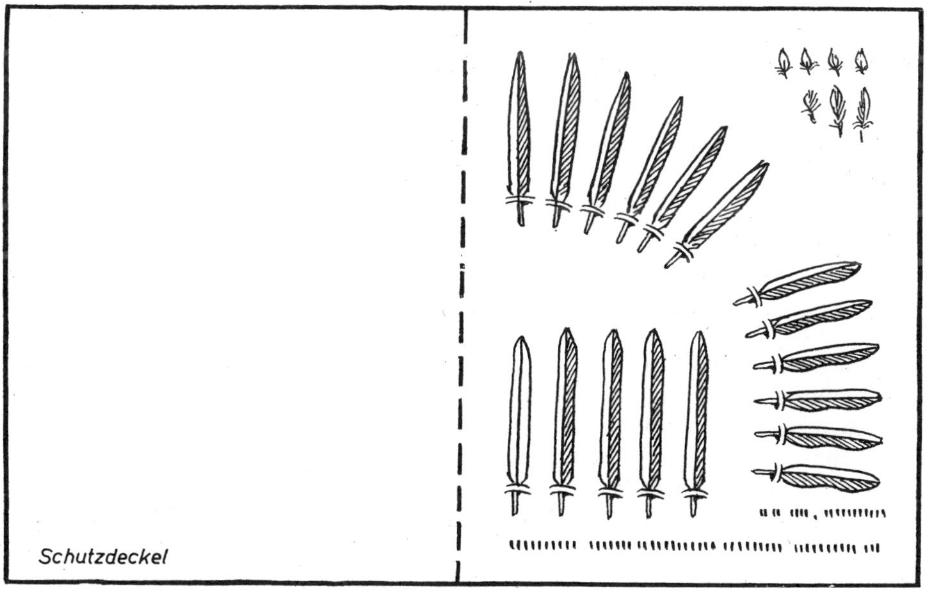

Abb. 160. Rupfungsblatt

Aus der Praxis heraus hat sich das Einstecken der Federn bestens bewährt. Mit einem scharfen Messer macht man in den Karton zwei Einschnitte und schiebt die Feder hindurch. Das macht mehr Mühe, die sich aber später lohnt. Jede Feder kann man herausnehmen und vergleichen. Das Aufkleben der Federn, abgesehen von Kleinfedern, ist nicht zu empfehlen, da die Federn sich leicht zerzausen. Die Aufbewahrung in Zellophantüten ist nicht anzuraten; es ist keine Anschaulichkeit und Vergleichsmöglichkeit gewährleistet. Es fehlt die Ordnung, und das Herausnehmen des Untersuchungsobjektes ist umständlich und zeitraubend.

Gegen Mottenfraß sichert man sich mit guten Mottenmitteln. Alle Rupfungsmappen werden in einem großen Blechbehälter, Kasten oder Truhe untergebracht. Bei Milbenbefall ist eine Behandlung mit einem Akarizid notwendig.

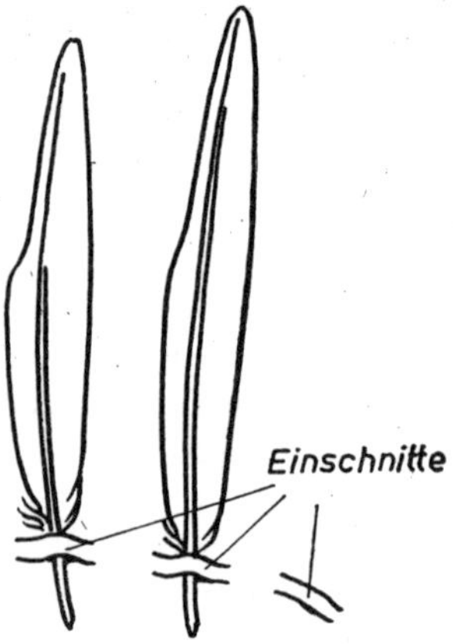

Abb. 161. Einstecken der Federn in das Rupfungsblatt

Bestimmung der Rupfungen, Federmerkmale

Maßangaben und Abkürzungen

Es wurden die längste Handschwinge (L. Hschw) und längste Steuerfeder (L. St) gemessen. Mit Hilfe einer Schiebelehre wird die Länge von der Spitze der Feder bis zur Spitze der Spule ermittelt. Auch Federn mit starker Krümmung (Hühner) werden so gemessen.

Damit kein Irrtum entsteht: die Länge der Handschwinge hat nichts mit der „Flügellänge" zu tun. Dies ist eine ganz andere Messung und ergibt ein ganz anderes Maß. Am Steuer wurde das Maß der längsten Steuerfeder angegeben, d. h. beim Gabelschwanz meist die Außenfeder und beim Keilschwanz meist die 1. Steuerfeder. Auf den Abbildungen wird nur eine Steuerhälfte berücksichtigt, die andere ist ja leicht zu ergänzen.

Bei den Arten, bei denen viel Rupfungsmaterial vorlag, ist aus den Zahlen eine Maßspanne ersichtlich; wo nur wenige Rupfungen vorlagen, sind nur einzelne Zahlen angegeben.

Außerdem finden wir bei den Sperlingsvögeln Durchschnittswerte (⌀) der Längenangaben, diese wurden den „Federstudien" von Grössler entnommen.

Verwendete Abkürzungen:

Schw	= Hand- und Armschwingen
L. Hschw	= längste Handschwinge
Aschw	= Armschwingen oder einzelne Armschwinge
St	= Steuer, Stoß, Schwanz oder einzelne Steuerfeder
L. St	= längste Steuer- oder Stoßfeder
Af	= Außenfahne
If	= Innenfahne
R	= Rudiment, verkümmerte (distale) Handschwinge
ad.	= Altvogel
juv.	= Jungvogel
♂	= Männchen
♀	= Weibchen
∅	= Durchschnittswert

Die Unterschiede zwischen Jugend- und Alterskleid sind bei manchen Arten recht auffällig und zeigen sich in verschiedener Weise:

Wespenbussard	Der Abstand der breiten Binden voneinander wird größer.
Habicht und Sperber	An Stelle der Querbinden tritt Verdunkelung und Marmorierung.
Rohrweihe	Bei den Altvögeln dunkle Perlung auf gelblichem Grund.
Wander- und Gerfalk	Im Alter zeigt sich auf den Inselflecken feine Sprenkelung.
Abendfalk Rötelfalk Kornweihe Steppenweihe Wiesenweihe	Die Bänderung der Schwingen schwindet beim voll ausgefärbten ♂.

Die Jugendfedern sind spitzer und schmaler, die Altersfedern breiter, an der Spitze mehr gerundet und haben eine breite dunkle Endbinde, so beim Mäusebussard. Im höheren Alter schwindet an den Federn die Querzeichnung.

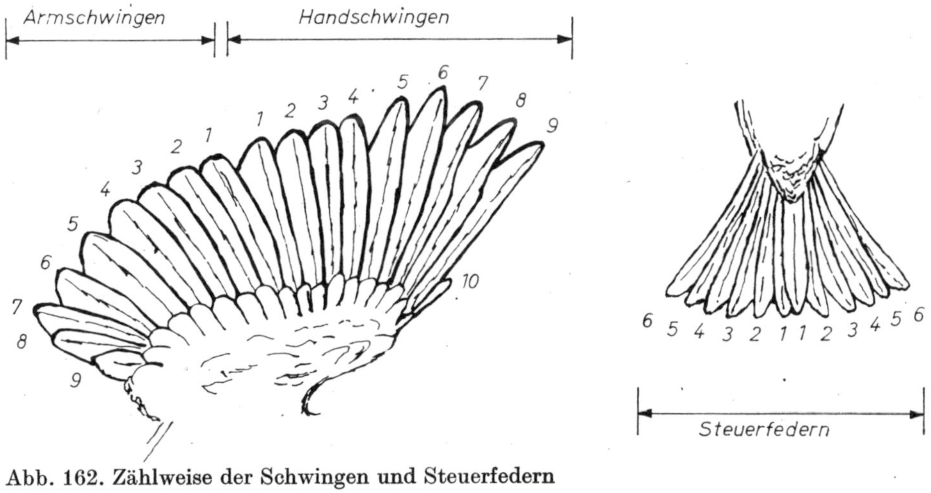

Abb. 162. Zählweise der Schwingen und Steuerfedern

Taucher

Seetaucher (Abb. 164)

Zahl der Hschw 10 + 1 R

Hschw zugespitzt und langspulig (Spule etwa 1/3 der Feder) wie bei den Tauchenten, Alken und Lummen. St deutlich erkennbar, aber kurz.

Prachttaucher (*Gavia arctica* L.) (Abb. 163, 164, 165)

Schw bräunlichschwarz. Die Aschw haben auf der If Weiß im Gegensatz zum Sterntaucher.
St: schwarz mit weißen Spitzensäumen.
Hschw Verengung 9. + 8. Af (9. wenig), 10. If
Zahl der St: 16 oder 18
L. Hschw 9. 184—200
L. St 2. 1. 5. 3. oder 4. oder auch 1.—5. gleichlang 65—80

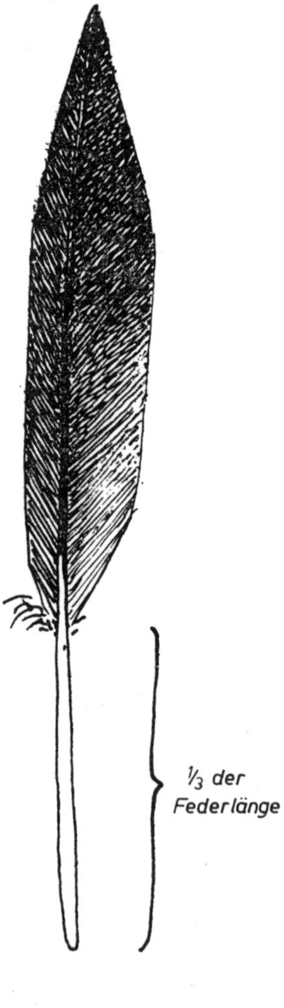

Abb. 163. 7. Handschwinge des Prachttauchers. Die Schwingen der Tauchvögel (Taucher, Tauchenten, Alken und Lummen) sind langspulig. Beim Prachttaucher macht die Spule 1/3 der Federlänge aus

Eistaucher (*Gavia immer* [Brünnich])

Schw schwarzbraun mit breiten Af (Prachttaucher Af schmaler), Aschw mit braunen If. (Prachttaucher mit weißen Flecken in den If). Innere Aschw mit weißen Flecken in den Af. St: schwarz oder dunkelbraun. Federschäfte dunkelbraun oder schwarz.
Hschw Verengung: Af nicht, 9. + 10. If (wenig)
Zahl der St: 20
L. Hschw 9. 213
L. St 2. 3. 4. fast gleichlang 89

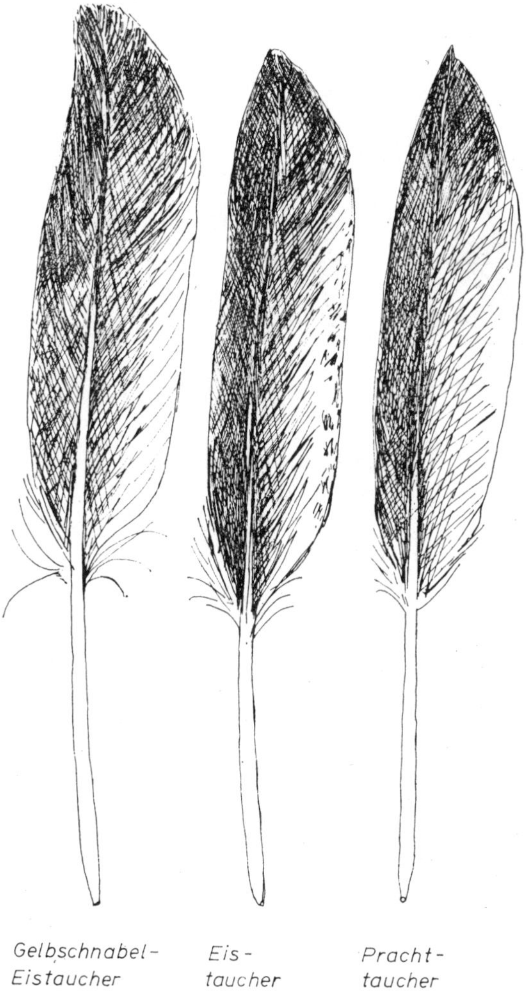

Abb. 164. 3. Handschwinge der Seetaucher

Gelbschnabel-Eistaucher (*Gavia adamsi* [Gray])

Schw schwarzbraun. Federschäfte meist, aber nicht immer bis zur Spitze hellbraun. Aschw in Af und If an der Basis hellbraun.
St: glänzend schwarz oder schwarzbraun, an der Basis braun mit hornfarbigen Schäften.
Hschw Verengung: keine

Zahl der St: 18
L. Hschw 9. 230
L. St 1.—3. fast gleichlang 93

Sterntaucher (*Gavia stellata* Pontoppidan) (Abb. 165)

Schw schwarzbraun, die Hschw an der Wurzel weißlich. Die Aschw haben auf der If kein Weiß im Vergleich mit Prachttaucher. Hinweis auf die Weißzeichnung der Rückenfedern.
St schwarzbraun mit schmalen hellbraunen Säumen.
Hschw Verengung 9. + 8. Af, 10. + 9. If
Zahl der St: 16 oder 18, selten 20 oder 22
L. Hschw 9. 175—203
L. St 2. 3. 4. oder 5. 57—75

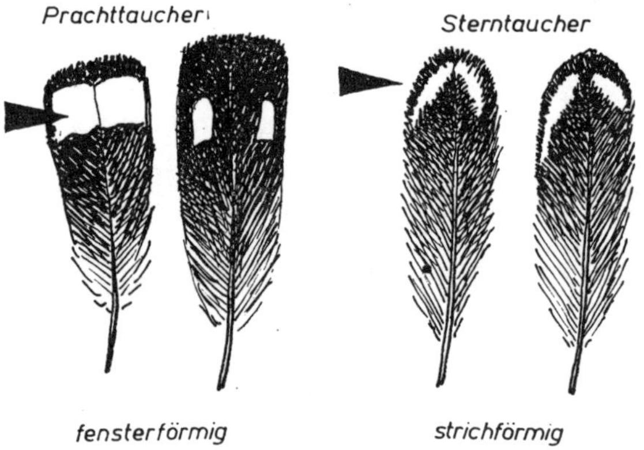

Abb. 165. Rückenfedern des Pracht- und Sterntauchers

Lappentaucher

Zahl der Hschw 11 + 1 R
Die Steuerfedern sind als solche kaum kenntlich und von dem umgebenden Kleingefieder schwer zu unterscheiden.

Haubentaucher (*Podiceps cristatus* [L.]) (Abb. 167)

Hschw dunkelbraun. ad. Hschw 1.—6. mit weißen Spitzen.
Alle Hschw If mit weißen Säumen, von der Spitze bis zur Basis reichend. Juv. Hschw ohne weiße Spitzen (nicht verwechseln mit Rothalstaucher). If mit weißen Flecken nur an der Basis, teilweise bis zur Mitte reichend.
Hschw Verengung 9. + 8. Af, 10.—8. If
L. Hschw 8. 125—139

Rothalstaucher (*Podiceps grisegena* [Boddaert]) (Abb. 167)

Hschw dunkelbraun bis braun, ad. Hschw 1.—6. ohne weiße Spitzen. If ohne weiße Säume, höchstens an der Basis mit wenig Weiß, juv. alle Hschw ohne Weiß. Vergleiche Verengung Haubentaucher und Rothalstaucher auf der Abbildung.
Hschw Verengung 8. + 9. Af, 10. + 8. If
L. Hschw 8. 112—122

Ohrentaucher (*Podiceps auritus* [L.]) (Abb. 166)

Die Hschw schwarzbraun, Kiele dunkel, If und Af an der Basis weiß bis zum unteren Drittel. Aschw weiß, die innersten braunschwarz. Größere Federmaße als der folgende.
Hschw Verengung 9. + 8. Af, 10.—8. If (8. wenig)
L. Hschw 8., auch 9. + 8. gleichlang 94—99

Schwarzhalstaucher (*Podiceps nigricollis* C. L. Brehm) (Abb. 166)

Hschw braun. Hschw **11.—5.** mit weißen, scharf abgesetzten Säumen, die bis zum oberen Drittel reichen. Übrige Hschw größtenteils mit weißen If. Die Aschw mit Ausnahme der innersten weiß, ebenso die Kiele.
Hschw Verengung 9. + 8. Af (8. wenig), 10.—8. If
L. Hschw 8. 89—90,5

Abb. 166. Spiegel des Ohren- und Schwarzhalstauchers

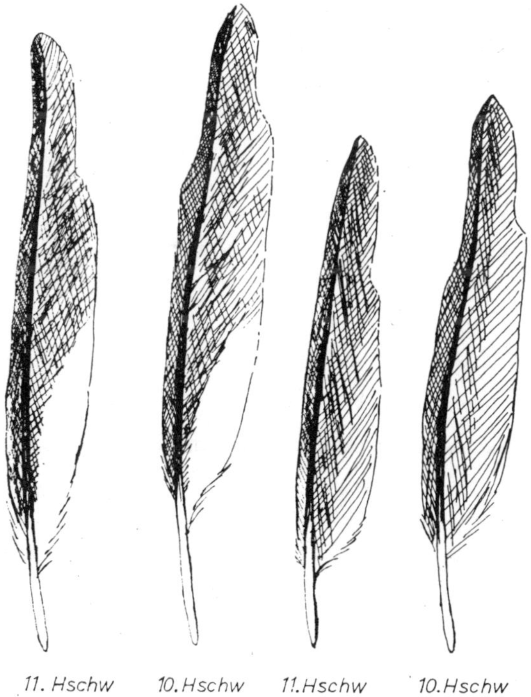

Abb. 167. 11. und 10. Handschwinge von Haubentaucher (links) und Rothalstaucher (rechts)

Zwergtaucher (*Podiceps ruficollis* [Pallas])

Die Hschw braun, an der Wurzel der If weiß. Die Aschw größtenteils weiß, im oberen Teil der Af ein brauner Fleck, nach innen abnehmend. Die Kiele der Aschw dunkel.
Hschw Verengung 9. + 8. Af, 10.—8. If
L. Hschw 8. 63,5—77

Sturmvögel

Zahl der Hschw 10 + 1 R (sehr klein), Hschw Verengung: keine

Schwarzschnabel-Sturmtaucher (*Puffinus puffinus* [Brünnich])

Hschw schwarz, am Grunde weiß (weißlich), auch die Kiele. Die Aschw schwarz, nach unten und innen aufgehellt, in der Form sehr breit, die Federn sind weich und elastisch wie die der Möwen.
St schwarz
Zahl der St: 12
L. Hschw 9. 178
L. St 1.—4. fast gleichlang, 5. + 6. wenig kürzer 80 und 83

Eissturmvogel (*Fulmarus glacialis* [L.])

Hschw rauchbraun, If aufgehellt, die Wurzel weiß. Hornfarbene Kiele. Die Schw sind im Gegensatz zu den Möwen ohne Schwarz! Die Aschw haben graubraune Af, die If großenteils weiß. Helle und dunkle Phase.
St: weiß und grau. Das Weiß mit grauem Anflug auf der Af. Weiße Kiele. Die Mittelfedern sind etwas verlängert.
Zahl der St: 14
L. Hschw 9. 235 und 258
L. St 1., von 2.—7. an Länge abnehmend 125 und 142

Sturmschwalbe (*Hydrobates pelagicus* [L.])

Schw u. St rußig schwarz. Die Aschw am Grunde weiß. Größe wie Mauersegler, der Bau des Flügels und der Schw wie bei diesem.
St: die drei äußeren Federn mit weißer Wurzel, die anderen ganz schwarz.
Zahl der St: 12
L. Hschw 8. 78
L. St 5. oder 6. 54 und 56

Gabelschwanz-Sturmschwalbe (*Oceanodroma leucorrhoa* [Vieillot])

Schw und St rauchbraun. Die mittleren Aschw mit feinen weißbräunlichen Außensäumen.
St: rauchbraun, gabelförmig.
Zahl der St: 12
L. Hschw 8. 129 und 136
L. St 6. 90 und 92

Tölpel, Pelikane, Kormorane

Zahl der Hschw 10 u. 1 R.

Baßtölpel (*Sula bassana* [L.])

Hschw ad. schwarz, If grau bis weiß, juv. braun. Die Kiele der äußeren Schw sind weiß. Die Aschw ad. weiß, juv. schieferbraun, ad. 1. Hschw mit breiten weißen Säumen in Af und If an der Spitze. 2. Hschw mit weißem Fleck an der Spitze der If.
Hschw Verengung nur in der 10. If, Af nicht.
Zahl der St: 12.
L. Hschw 9. 395 und 410
L. St 1. 220 und 260

Kormoran (*Phalacrocorax carbo* [L.])

Die Hschw dunkelbraun mit schwachem Bronzeglanz auf der Af, an der Basis grau. Die äußersten Hschw sind an der Spitze der If verengt. Die Aschw graubraun mit schwachem Bronzeglanz auf der Af.
St: stufig, grauschwarz mit bronzenem Schimmer an den Seiten. Die Kiele bleigrau, juv. mit feinen weißen Endsäumen.
Hschw Verengung 9. und 8., manchmal auch 9.—7. Af, 10.—8. If.
Zahl der St: 14
L. Hschw 8. 241—248
L. St 1. oder 2. 170—175

Krähenscharbe (*Phalacrocorax aristotelis* [Pontoppidan])

Schw und St mit ölgrünem Schimmer.
Hschw Verengung 9. und 8. Af, 10.—8. If
Zahl der St: 12
L. Hschw 8. 180 und 192
L. St 1. 135 und 146

Rosapelikan (*Pelecanus onocrotalus* L.)

Hschw schwarzbraun. Die Kiele der äußersten Hschw strohfarben, die der anderen dunkel. Die If der Hschw nach der Innenseite zu größtenteils grau, ebenso die Basis der Af. Die Aschw an der If schwarzbraun mit erdfarbenem Anflug. Innerste Aschw weiß.
Hschw Verengung 9.—5. Af, 10.—6. If.
Zahl der St: 24, manchmal 22
L. Hschw 7. und 6. 449 u. 456
L. St 2. oder 3. 200 und 225

Krauskopfpelikan (*Pelecanus crispus* Bruch)

Die Hschw braunschwärzlich, mit Grau bepudert. Die Kiele dunkelbraun. Die Aschw aschgrau, längs den Kielen schwärzlich und bepudert. In den Maßen größer als der vorige.
St: braun oder hellgrau mit braunen Schäften.
Hschw Verengung 9.—6. Af, 10.—8. If
Zahl der St: 22
L. Hschw 8. 510
L. St 2. und 3. 230 und 245

Reiher

Zahl der Hschw 10 u. 1 R
Zahl der St: 12

Graureiher (*Ardea cinerea* L.)

Schw schieferschwarz mit bläulichem Anflug, vor allem auf der Unterseite. Dunkle Kiele. Aschw blaugrau, an der Spitze schwarz.
St: aschgrau mit bläulichem Anflug. Dunkle Kiele.
Hschw Verengung 9.—7. Af, 10.—7. If
L. Hschw 7. 350—354
L. St 4. oder 3., andere St wenig kürzer 174—190

Purpurreiher (*Ardea purpurea* [L.])

Schw schiefergrau. Im Gefieder kastanienbraun.
St: schiefergrau
Hschw Verengung 9.—7. Af, 10.—7. If
L. Hschw 7. 295
L. St 1.—6. fast gleichlang 145

Seidenreiher (*Egretta garzetta* [L.])

Schw und St reinweiß. Verlängerte Schulterfedern zerschlissen, „Reiherfedern". Af der 10. Hschw im oberen Teil nicht doppelt so breit wie im unteren Teil.
Hschw Verengung 9. und 8. Af, 10.—8. If
L. Hschw 7. 226
L. St 1. oder 2. 99 und 120

Silberreiher (*Casmerodius alba* [L.])

Schw und St reinweiß mit gelblichem Schimmer.
Hschw Verengung 9.—7. Af, 10.—8. If
L. Hschw 7. 340—350
L. St 1.—5. fast gleichlang, 6. wenig kürzer 178

Rallenreiher (*Ardeola ralloides* [Scopoli])

Schw u. St weiß, innerste Aschw erdbraun. Semmelgelbes Beigefieder, juv. haben an den meisten Schw hellgraue Spitzen.
Af der 10. Hschw im oberen Teil doppelt so breit wie im unteren Teil. 10.—7. Hschw manchmal mit dunkelbraunen Schäften.
Hschw Verengung 9.—7. Af, If nicht.
L. Hschw 7. 180 und 190
L. St 1.—5. fast gleichlang, 6. wenig kürzer 78 und 90

Kuhreiher (*Ardeola ibis* [L.])

Schw u. St reinweiß. Af der 10. Hschw im oberen Teil kaum breiter als im unteren Teil (wie Seidenreiher).
Hschw Verengung 9. und 8. Af, 10. If
L. Hschw 7. 191
L. St 1. oder 2., auch 1. bis 6. gleichlang, 96.

Nachtreiher (*Nycticorax nycticorax* [L.])

Schw aschgrau, an der Basis weißlich, juv. haben an den graubraunen Schw weiße Spitzen (Kiele hornfarben).
St: aschgrau, juv. mit hellen Säumen.
Hschw Verengung 9.—7. Af, 10.—8. If
L. Hschw 7. 218 und 245
L. St 2.—5. gleichlang, 6. und 1. wenig kürzer 111 und 125

Rohrdommeln

Zahl der Hschw: 10 u. 1 R
Zahl der St: 10
Hschw Verengung: keine

Zwergdommel (*Ixobrychus minutus* [L.])

Schw schwarzbraun-schieferfarben. Die 10. Hschw mit heller Af. Hintere Aschw mit rostbraunem Anflug. ♂ schwarze Schulterfedern mit grünmetallischem Schimmer. Gelbliche Brustfedern mit schwärzlichen Schaftstrichen.
St: schwarz, an der Wurzel und auf der Unterseite heller, juv. mit hellen Spitzensäumen.
L. Hschw 7. 105 und 113
L. St 1. 48—57

Abb. 168. 10. bis 6. Handschwinge der Rohrdommel

Rohrdommel (*Botaurus stellaris* [L.]) (Abb. 168)

Schw mit braunem und sandfarbigem Grund reich marmoriert und gebändert. Bei juv. sind die Federn heller, die Bänderung bräunlicher.
St: kurz, rostgelb mit schwarzer Marmorierung.
L. Hschw 7. 218–272
L. St 1. 113–116

Störche

Zahl der Hschw: 11 und 1 R
Zahl der St: 12

Weißstorch (*Ciconia ciconia* [L.])

Schw schwarz, Basis weiß. Die äußeren Aschw an den Af silbergrau bepudert, bei juv. grauweiß.
St: weiß
Hschw Verengung 10.–6. Af, 11.–8. If
L. Hschw 8. 460–491
L. St 1.–5. fast gleichlang 240–260

Schwarzstorch (*Ciconia nigra* [L.])

Schw u. St schwarzbraun mit grünem und kupferrotem Schimmer. Federmaße kleiner als beim Weißstorch.
Hschw Verengung 10.–6. Af, 11.–7. If
L. Hschw 8. 420–430
L. St 6. und 5. 230–250

Löffler und Sichler

Zahl der Hschw 10 u. 1 R
Zahl der St: 12

Löffler (*Platalea leucorodia* L.)

Schw weiß mit schwarzen Schäften. Die längsten Hschw mit schwarzen Spitzen.
St: weiß mit weißen Schäften.
Hschw Verengung 9.–7. Af, 10.–8. If
L. Hschw 8. 278
L. St 6. 125 und 138

Braunsichler (*Plegadis falcinellus* [L.])

Schw schwarzbraun mit grünem, die Af der inneren Aschw mit kupferrotem Schiller.
St: metallisch grün, Spitzendrittel mit purpurrotem Schiller.
Hschw Verengung 8. und 9. Af
L. Hschw 9. 225
L. St 5. 119

Flamingo

Zahl der Hschw 11 u. 1 R
Zahl der St: 12, 14 oder 16

Flamingo (*Phoenicopterus ruber* L.)

Alle Schw schwarz.
St: blaßrosa, If aufgehellt, fast weiß. Ober- und Unterflügeldecken und Achselfedern scharlachrot.
Hschw Verengung 10. und 9. Af, 11. und 10. If
L. Hschw 9. 325
L. St 2. 165

Enten

Zahl der Hschw: 10 u. 1 R

Die Enten, vor allem die Erpel, sind durch ein farbenfrohes Kleid ausgezeichnet. Die Hschw und das St haben wenig besondere Merkmale; sie sind bei fast allen Arten von graubrauner (schwarzbrauner) Färbung. Die sicheren Merkmale sind an den Aschw zu finden, am „Spiegel". Der Spiegel des ♀ gleicht dem des ♂, ist aber in der Färbung matter und stumpfer.
Wie bei den Schwänen, Gänsen und Hühnern befindet sich an der Unterseite der Hschw beiderseits des Kieles ein glänzender Streifen (besondere Federstruktur, Abb. 169).
Die 9. oder 8. Hschw ist die längste.

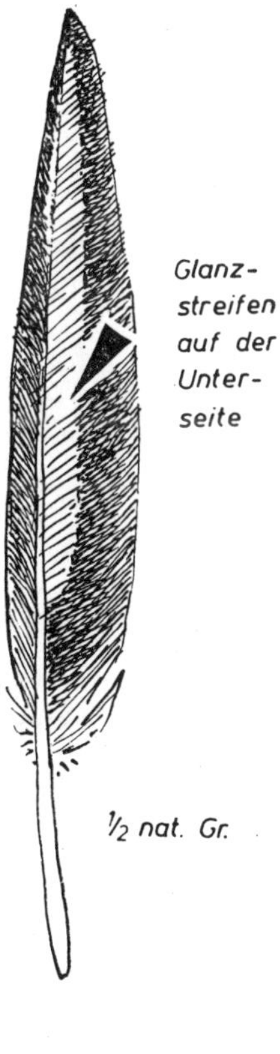

Abb. 169. Entenschwinge, Glanzstreifen auf der Unterseite der Feder

Gründelenten: auffälliger Spiegel (Ausnahme Marmelente). Steuerfedern breit, meist unscheinbar gefärbt (Abb. 173).
Tauchenten: Spiegel nicht farbig, sondern weiß oder fehlend. Steuerfedern manchmal zurückgebildet (Abb. 170).

Hinweise für die Art geben auch die verlängerten Aschw, die verlängerten Schulterfedern und die feingemusterten und gekritzelten Seitenfedern.

Gründelenten

Stockente (*Anas platyrhynchos* L.)

Die Hschw graubraun, Kiele hornfarben, Spiegel: Aschw schwarz mit blauviolettem Schimmer und weißem Endsaum (Abb. 173). Die verlängerten Schulterfedern mit feiner graubrauner Wellung und Braun.
St: ♂, weiß mit Grau, das nach der Mitte zunimmt. Mittelfedern schwarz und gekrümmt („Erpellocke"). ♀ und juv. graubraun mit dunklerer Fleckung, Bänderung, Tüpfelung und weißem Saum. — Recht variabel.
Hschw Verengung 9. und 8. Af, 10. und 9. If (9. wenig)
Zahl der St: 20, selten 18
L. Hschw 9. oder 8. 187—215
L. St 1. 6. 5., auch 2. und 3., oder 6. und 7. gleichlang 96—113

Krickente (*Anas crecca* L.)

Die Hschw graubraun, die Af, Spitze und Kiele dunkler. Spiegel: Aschw schwarz mit leuchtend smaragdgrünem Schimmer auf den Af. Die Seitenfedern mit feiner Bänderung.
St: graubraun mit hellbräunlichen Säumen und Spitzen.
Hschw Verengung 9. + 8. Af, 10. If. Auch nur 9. Af.
Zahl der St: 16, selten 14
L. Hschw 9. 129—147
L. St 1. oder 1.—5. kann längste sein 69—85

Marmelente (*Anas angustirostris* Ménétriès)

Schw und St hellgrau. Hschw an den Spitzen mit weißgrauen Säumen in den Af (auch ohne Säume). Aschw ohne Spiegelzeichnung.
St 1—3 mit weißgrauer Spitzenzeichnung.
Hschw Verengung 9. Af, 10. If
Zahl der St: 14
L. Hschw 8. oder 9. 138 + 136
L. St 1. oder 2. 81 + 77

Knäkente (*Anas querquedula* L.)

Die Hschw grauschwarz, hintere beim ♂ mit Grau auf der Af. Weiße Kiele. Spiegel: Aschw schwarz mit schwachem moosgrünem Schimmer und weißem Endsaum. Gestreifte Schulterfedern: schwarz mit silbergrauem Strich an der If und weißem Längsstrich am Kiel. Seitenfedern weiß mit feiner schwarzer Bänderung.
St: graubraun mit helleren Kanten, die Af mit gelbbräunlichen Binden oder Flecken.
Hschw Verengung 9. + 8. Af, 10. + 9. If
Zahl der St: 14
L. Hschw 9. 132,5—150
L. St 1. auch 2.—5. gleichlang oder variierend in der Länge 75—83

Mittelente (*Anas strepera* L.)

Die Hschw fahl graubraun. Af und Spitze dunkler, Kiele hornfarben. Spiegel: nur beim ♂ weiß und auffällig, bei ♀ und juv. trübweiß. Die Aschw schwarzbraun, hintere mit weißlicher Aufhellung auf der Af und weißem Spitzensaum. Verlängerte Aschw samtschwarz mit weißem Spitzensaum.
St: schwarzbraun mit weißlichem Saum.
Hschw Verengung 9. + 8. Af, 10. If, auch nur 9. Af
Zahl der St: 16
L. Hschw 9. 185–209
L. St 3. + 4. gleichlang 85, 95, 102

Pfeifente (*Anas penelope* L.)

Die Hschw matt graubraun, If aufgehellt. Kiele hornfarben. Spiegel (schwach): vordere Aschw grauschwarz, hintere auf schwarzem Grund im Unterteil der Af grünmetallischer Schimmer. Weißgesprenkelter Spitzensaum.
St: zugespitzt, schwarzbraun mit weißen Kanten.
Hschw Verengung 9. Af, 10. If
Zahl der St: 16 oder 14
L. Hschw 9. 193–211
L. St 1. juv. 1.–5. variierend in der Länge 85–117

Spießente (*Anas acuta* L.)

Die Hschw graubraun, If aufgehellt. Kiele hornfarben. Spiegel: Schwarz mit metallischem Schimmer (bronze-, purpurfarben). Breiter weißer Endsaum.
St: aschgrau, die mittleren verlängert und schwarz. ♀ graubraun mit hellen Schrägstrichen, zugespitzt.
Hschw Verengung 9. Af, 10. If
Zahl der St: 16, selten 18
L. Hschw 9. 180–197
L. St 1. 105, 115–208

Löffelente (*Anas clypeata* [L.])

Die Hschw graubraun, Basis der If weiß. Weiße Kiele wie die Knäkente. Spiegel: schwarzbraun mit metallischgrünem Schimmer. Aschw ohne weißen Endsaum.
St: ♂ Außenfedern weiß, die folgenden graubraun mit weißen Kanten. ♀ und juv. graubraun mit Wölkung, ähnlich der Stockente.
Hschw Verengung 9. Af, 10. If
Zahl der St: 14
L. Hschw 9. 168–189
L. St 1. 85–115

Tauchenten
Zahl der Hschw 10 + 1 R
Hschw zugespitzt.

Kolbenente (*Netta rufina* [Pallas]) (Abb. 171)

Die Af der Hschw schwarzbraun, ebenso die Spitze, If weiß. Aschw weißlich mit dunklem Spitzenfleck. Ausgedehnter weißlichgrauer Spiegel. Das Zeichnungsmuster ähnlich dem der Tafelente.

St: ♂ grauschwärzlich, an der Basis und der If weiß. Grauweiße Säume. ♀ braun.
Hschw Verengung 9. Af, 10. If
Zahl der St: 16
L. Hschw 9. 183 + 199
L. St 1.—6. fast gleichlang, 7. + 8. immer kürzer 78, 85, 90

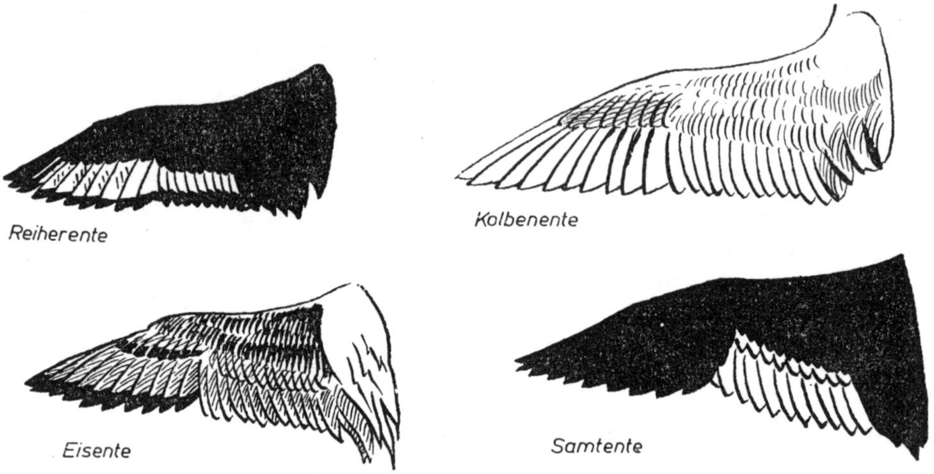

Abb. 170. Spiegel der Tauchenten

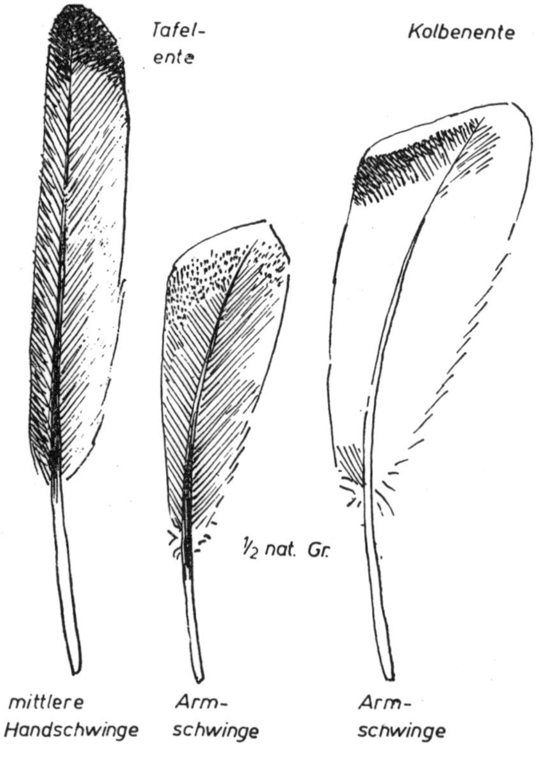

Abb. 171. Mittlere Handschwinge und Armschwinge der Tafelente und Armschwinge der Kolbenente

Bergente (*Aythya marila* [L.]) (Abb. 172)

Die Hschw braun, an den Spitzen und Af fast schwarz, die inneren auf den Af weiße Flecke und an den If fast weiß, an der Spitze schwarz und an der Wurzel graubraun. Innerste Aschw schwarz.
St: bräunlichschwarz mit gelbbraunen Enden.
Hschw Verengung 9. Af, 10. If
Zahl der St: 14
L. Hschw 9. auch 9. + 8. gleichlang 147—167
L. St 2. — 4. gleichlang, selten 1. 68—81

Reiherente *Aythya fuligula* [L.]) (Abb. 172)

Die Schw der Reiherente und der vorhergehenden sind sich in Färbung und Zeichnung überaus ähnlich, und es ist bei der Bestimmung größte Vorsicht geboten. Im allgemeinen ist die Bergente etwas heller und die Reiherente dunkler gefärbt.
St: schwarzbraun.
Hschw Verengung 9. Af, 10. If
Zahl der St: 14
L. Hschw 9. 137—152
L. St 2. oder 3., auch 1.—6. gleichlang 60—74

Tafelente (*Aythya ferina* [L.]) (Abb. 171)

Die Hschw aschgrau mit dunkler Spitze, If aufgehellt. Die Kiele dunkel. Der Spiegel ist grau (nur angedeutet). Aschw aschgrau, die inneren mit weißem Spitzensaum und feiner Tüpfelung auf der Af. Kiele hornfarben. Die verlängerten Aschw blaugrau überreift. Die Seitenfedern weiß mit feiner schwarzer Wellung.
St: dunkelgrau mit schieferfarbenem Anflug.
Hschw Verengung 9. Af, 10. If
Zahl der St: 14
L. Hschw 9. auch 9. + 8. gleichlang 147—165
L. St 2. 3. oder 4. 61—71

Moorente (*Aythya nyroca* [Güldenstädt]) (Abb. 172)

Die Hschw schwarzbraun, doch bereits die 10. hat am Grund der If Weiß. Sie hat mehr Weiß am Flügel als die Reiher- und Bergente, auch auf den Hschw. Die Aschw weiß mit breiter schwarzbrauner Spitze und graubrauner Basis. Kleinere Federmaße als Reiher- und Bergente.
St: schwarzbraun.
Hschw Verengung 9. Af, 10. If
Zahl der St: 14
L. Hschw 9. 131—139
L. St 2.—4. fast gleichlang, 5.—7. an Länge abnehmend 65—72

Mandarinente (*Aix galericulata* [L.])

Schw und St braun bis schwarzbraun. Hschw 3.—9. mit silbrigen Säumen im oberen Teil der Af. Spiegel: Aschw mit weißen Spitzensäumen und grünem und stahlblauem Schimmer in der Af. 8. u. 9. Aschw mit weißen Bändern im Mittelteil der Af.

Hschw Verengung 8. + 9. Af, 10.—8. If
Zahl der St: 14
L. Hschw 9. oder 8. 160 + 165
L. St 1. 106 + 112

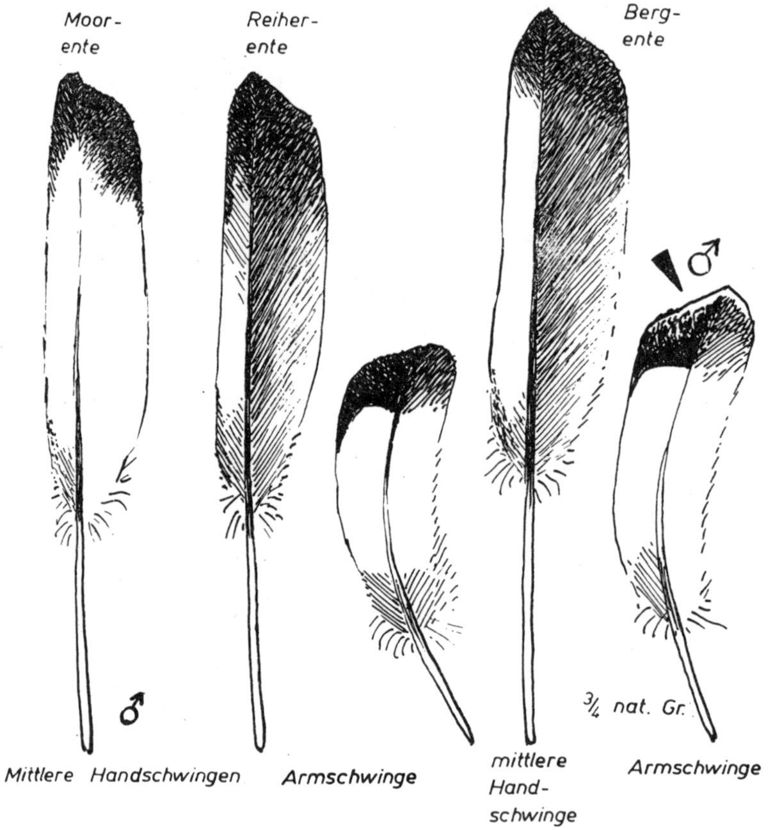

Abb. 172. Mittlere Handschwingen und Armschwingen der Moor-, Reiher- und Bergente

Brautente (*Aix sponsa* [L.])

Schw schwarzbraun. Hschw 5.—9. mit silbrigen Säumen im oberen Teil der Af. Spiegel: Aschw mit weißen Spitzensäumen und stahlblauem Schimmer in der Af.
St: schwarzbraun.
Hschw Verengung 9. + 8. Af oder nur 9. (wenig), 10.—8. If
Zahl der St: 14
L. Hschw 9. oder 8. 166 + 176
L. St 1. oder 2. 110 + 128

Schellente (*Bucephala clangula* [L.])

Die Hschw schwarzbraun, die erste mit weißem Fleck an der If. Die vorderen Aschw schwarz mit weißen Tupfen an der If, die mittleren reinweiß und die inneren schwarz. Weißer Spiegel.

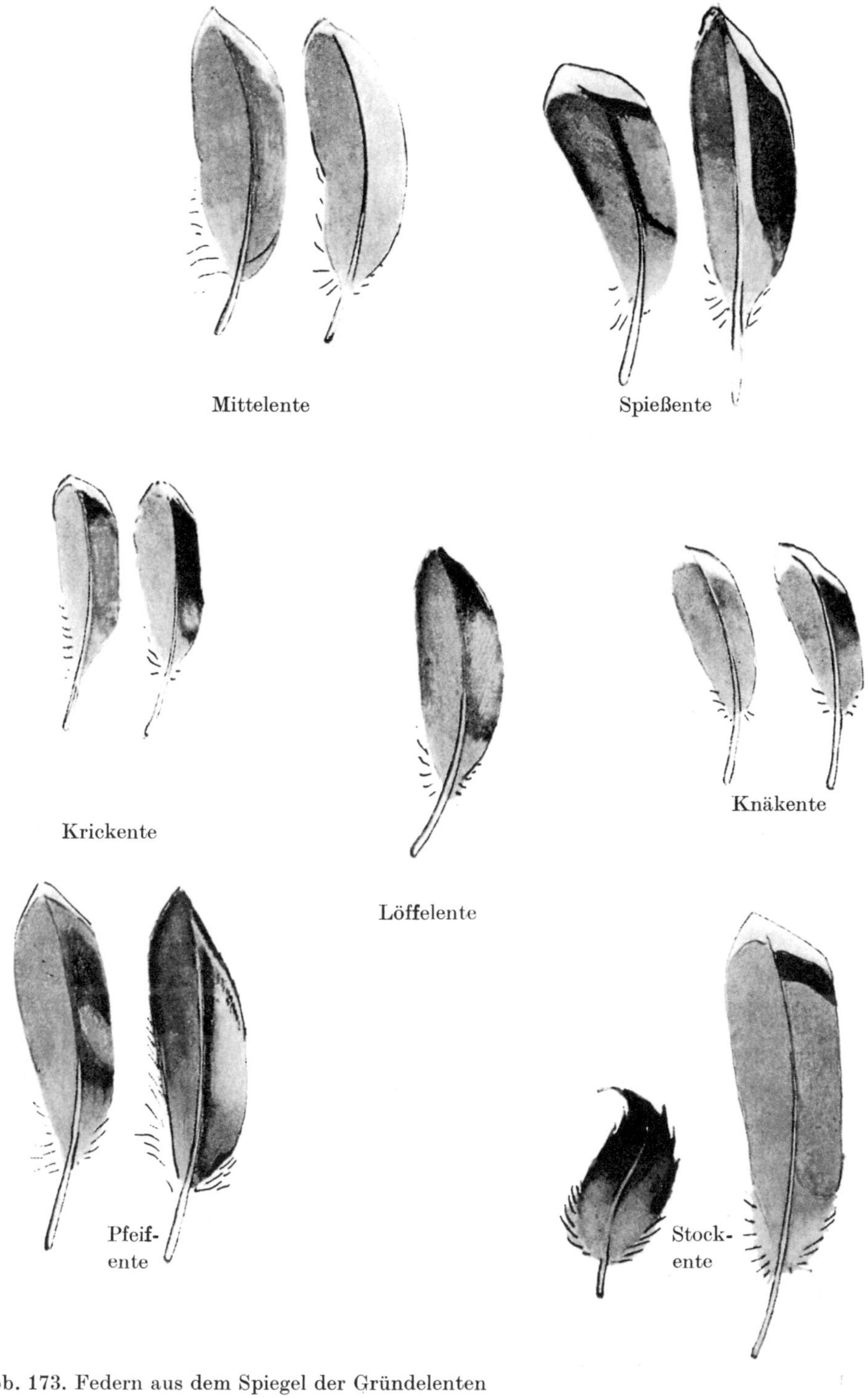

Abb. 173. Federn aus dem Spiegel der Gründelenten

♂ verlängerte Schulterfedern schwarzweiß längsgestreift.
St: ♂ schwarz, ♀ schwarzbraun.
Hschw Verengung 9. Af, 10. If
Zahl der St: 16
L. Hschw 9. 140—161
L. St 1. oder 2. 79, 85—99

Eisente (*Clangula hyemalis* [L.])

Schw schwarzbraun, If aufgehellt. Kiele schwarz. Ohne Spiegel. Schulterfedern weiß, stark verlängert (beim ♀ rostbraun mit schwarzem Mittelstrich).
St: Außenfeder weiß, die nächsten Paare mit Schwarz auf der Af, nach innen zunehmend. Die Mittelfedern schwarz und stark verlängert (♂ bis 256).
Hschw Verengung 9. Af, 10. If
Zahl der St: 14, selten 16
L. Hschw 9. oder 8. 153—173
L. St 1. 81—95 ♀♀, 170—256 ♂♂

Samtente (*Melanitta fusca* [L.])

Hschw schwarzbraun, ebenso die Kiele. Die If nach der Basis zu aufgehellt. Weißer Spiegel: Aschw weiß, Federgrund grau. Die 1. Aschw mit dunkler Af.
St: schwarz.
Hschw Verengung: keine
Zahl der St: 14
L. Hschw 9. 180—206
L. St 2. oder 1. 80—90

Trauerente (*Melanitta nigra* [L.]) (Abb. 174)

Die Hschw schwarzbraun. Die 10. Hschw hat beim ♂ ein charakteristisches Merkmal: Einbuchtung an der If (Schallschwinge). ♀ ohne Einbuchtung. Die If der Schw sind aufgehellt — mehr als bei der vorigen Art. Ohne Spiegel, ohne Weiß.
St: schwarz, stark keilförmig.
Hschw Verengung 9. Af, 10. If
Zahl der St: 16 oder 14
L. Hschw 8. oder 9. 156—180
L. St 1. 88—95 ♀♀, 103—117 ♂♂

Kragenente (*Histrionicus histrionicus* [L.])

Die Hschw sind schwarzbraun. If aufgehellt. Die Aschw auf der Af mit Blauschiller, die letzte auf der Af mit Weiß. Maße etwa wie Schellente. — Kleinfedern ♂ kastanienbraun und graublau.
St: schwarz.
Hschw Verengung 9. Af
Zahl der St: 14
L. Hschw 9. 152
L. St 1. 112

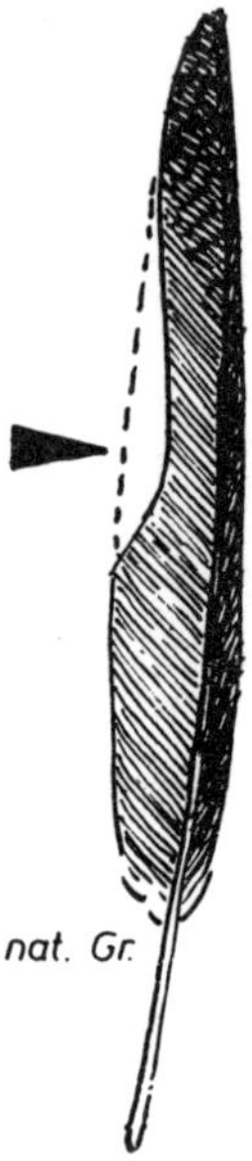

Abb. 174. Innenfahne der 10. Handschwinge der Trauerente (♂) mit Einbuchtung als besonderes Kennzeichen. Schallschwinge

Eiderente (*Somateria mollissima* [L.])

Die Hschw sind schwarzbraun, die If aufgehellt. Dunkle Kiele. ♂: größter Teil der Aschw schwarz, die letzte vor den weißen gebogenen mit weißer Zeichnung. Immat.: Aschw dunkelbraun mit weißem Endsaum. Durch die Größe sind die Schw nicht mit denen der Samt- und Trauerente zu verwechseln.
St: ♂ schwarz, ♀ schwarzbraun, grau überreift mit hellerem Spitzensaum.
Hschw Verengung 9. Af, 10. If
Zahl der St: 14 oder 16
L. Hschw 9. oder 8., auch 9. + 8. gleichlang 197—222
L. St 2., 3., 4.—7. an Länge abnehmend 104—114

Ruderente (*Oxyura leucocephala* [Scopoli])

Die Schw sind graubraun (in der Färbung an die Tafelente erinnernd). Die Aschw sind an der Af auf rahmfarbigem Grund fein gesprenkelt.
St: dunkelbraun. Die Steuerfedern sind spitz, starr und elastisch mit lichten Spitzensäumen.
Hschw Verengung 9. + 8. Af (8. wenig), 10. If
Zahl der St: 18
L. Hschw 9. 120
L. St 1. 115

Säger

Zahl der Hschw 10 + 1 R

Die Hschw sind wie bei anderen Tauchvögeln (Seetaucher, Tauchenten, Tordalk und Trottellumme) zugespitzt (Abb. 175).

Gänsesäger (*Mergus merganser* L.)

Hschw schwarzbraun, am Grunde der If grau. Der obere Teil der Aschw ist weiß, am Grunde schwarz bzw. grau. Der Kiel ist im Mittelteil der Feder schwarz. Innere verlängerte Aschw mit schmalen schwarzen Säumen.

St: aschgrau mit weißlichen Säumen. Schieferfarbener Anflug.

Hschw Verengung 9. Af, 10. If

Zahl der St: 16 oder 18

L. Hschw 9. 193—196

L. St 1. oder 2. 111—123

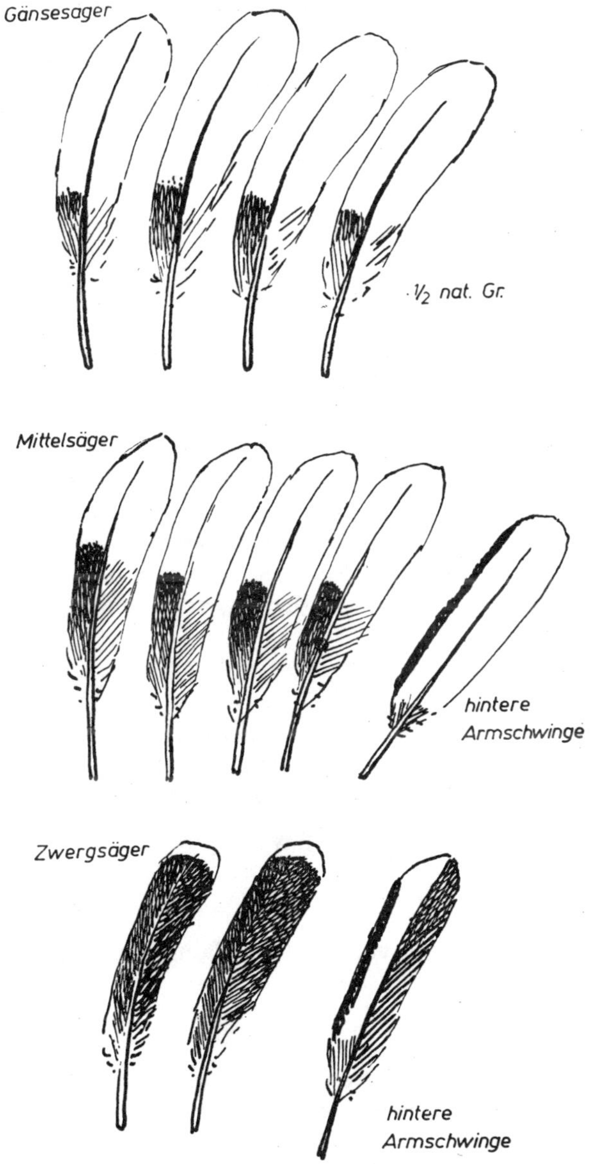

Abb. 175. Armschwingen der Säger

Mittelsäger (*Mergus serrator* L.)

Hschw schwarzbraun. If aufgehellt. Die Aschw oberer Teil weiß, unterer schwarz bzw. grau. Das Schwarz ist schärfer abgesetzt und zieht sich im Vergleich zum Gänsesäger höher hinauf. Die Kiele der Aschw sind weiß. Hintere Aschw mit schwarzem Saum an der Af. Die Seitenfedern weiß mit feiner schwarzer Querwellung.
St: dunkelschieferfarben.
Hschw Verengung 9. Af, 10. wenig If
Zahl der St: 16 oder 18
L. Hschw 9. 168—188
L. St 2. 91+ 100

Zwergsäger (*Mergus albellus* L.)

Hschw schwarz. Die Aschw schwarz mit weißem Spitzensaum. Hintere Aschw mit weißer Af und schwarzem Außensaum.
Die Seitenfedern mit feiner schwarzer Querwellung.
St: grau mit schieferfarbenem Anflug.
Hschw Verengung 9. Af, 10. If
Zahl der St: 16 oder 18
L. Hschw 9. 128—148
L. St 1. oder 2. 86—90

Gänse, Schwäne

Zahl der Hschw 10 + 1 R

Die Schwingen haben eine lange und starke Spule (fast $^1/_3$ der Federlänge), besonders augenscheinlich bei den Schwänen (Abb. 156). Die Unterscheidung der „grauen Gänse" (Grau-, Bleß-, Saat-, Kurzschnabel- und Zwerggans) lediglich an den Schwingen und Steuerfedern bietet Schwierigkeiten; es fehlen besondere Merkmale, außerdem überschneiden sich die Maße bei den Arten und Geschlechtern. — Bei den „grauen Gänsen" haben die dunklen Schwingen weiße Kiele. Bei anderen Arten (*Branta*) sind die Kiele dunkel und nur an der Spule weiß.

Brandgans (*Tadorna tadorna* L.) (Abb. 177)

Hschw schwarzbraun, an der Basis der If weiß. Dunkelbraune Kiele. Die Aschw farbig: schwarzbraun mit grünem Schiller, unterer Teil der Af und größter Teil der If reinweiß, hintere Aschw auf der Af leuchtend fuchsbraun und die If weiß mit grauem Spitzenteil.
Hschw Verengung 9. Af, manchmal auch 9. und 8. Af, 10. If
Zahl der St: 14
L. Hschw 8. 218—255
L. St ad. 1.—6. fast gleichlang. Juv 1. am kürzesten von 2.—6. an Länge zunehmend, 7. immer kürzer 118—140

Rostgans (*Casarca ferruginea* Pallas)

Hschw grau, Spitze schwarzbraun, Basis weiß. Die If braunschwarz (dunkelgrau). Die Aschw schwarz mit grünmetallischem Schimmer. Kleinfedern hellrostbraun.
St: schwarz, bei juv. schwarzbraun mit weißer Spitze.

Hschw Verengung 9. + 8. Af, 9. + 10. If
Zahl der St: 14
L. Hschw 8. 237—251
L. St 1. + 2. fast gleichlang 130—150

Graugans (*Anser anser* [L.]) (Abb. 178)

Hschw grauschwarz. Die äußersten Schw an der Af und am Kiel grau bereift, Spitze schwarz. Die Aschw schwarzbraun, an der Af schmaler weißer Saum. — Vorderflügel silbergrau.
St: äußerste Feder (ad.) weiß. Nach innen nimmt das Dunkelgrau vom Grunde her zu; die mittleren Federn grau mit weißen Spitzen.
Hschw Verengung 9. + 8. Af, 10. + 9. If
Zahl der St: 16, 18 oder 20
L. Hschw 8. 320—350
L. St 1. oder 2. 155—165

Bleßgans (*Anser albifrons* [Scopoli]) (Abb. 178, 181)

Hschw schwarz (ohne Grau auf der Af). Die Aschw schwarzbraun.
St: dunkelgraubraun mit weißen Säumen an der Af und an der Spitze. Im Vergleich zur Graugans weniger Weiß, das Weiß vom Schwarz scharf abgesetzt.
Hschw Verengung 9. + 8. Af, 10. + 9. If
Zahl der St: 16 oder 18
L. Hschw 8. 280—308
L. St 1. auch 2.—6. fast gleichlang. 7. und 8. viel kürzer 125—152

Zwerggans (*Anser erythropus* [L.]) (Abb. 181)

Wie die Bleßgans. Nur Exemplare mit kleinen Federmaßen lassen sich sicher als Zwerggänse bestimmen. Aschw haben schwächere Spulen als die Spulen von der Bleßgans.
St: aschgrau mit weißen Spitzen, geringer an Ausdehnung wie bei der Bleßgans.
Hschw Verengung 9. + 8. Af, 10. + 9. If
Zahl der St: 16 oder 18
L. Hschw 8. 255—295
L. St 1., auch alle St gleichlang 107—130

Saatgans (*Anser fabalis* [Latham]) (Abb. 179)

Hschw, abgesehen von den schwarzen Spitzen, aschgrau.
St: schwarzbraun mit schmalen weißen Säumen und breiten weißen Spitzen.
Hschw Verengung 9. + 8. Af, 10. + 9. If
Zahl der St: 18, selten 20
L. Hschw 8. 284—338
L. St 1.—5. fast gleichlang, 6.—9. kürzer 122—159

Kurzschnabelgans (*Anser fabalis brachyrhynchus* [Baillon]) (Abb. 176, 180)

Schw grauschwarz. Hschw mit graublauem Anflug.
St: aschgrau mit weißen Spitzen, nicht scharf abgesetzt (verwässert).
Hschw Verengung 9. + 8. Af, 10. + 9. If

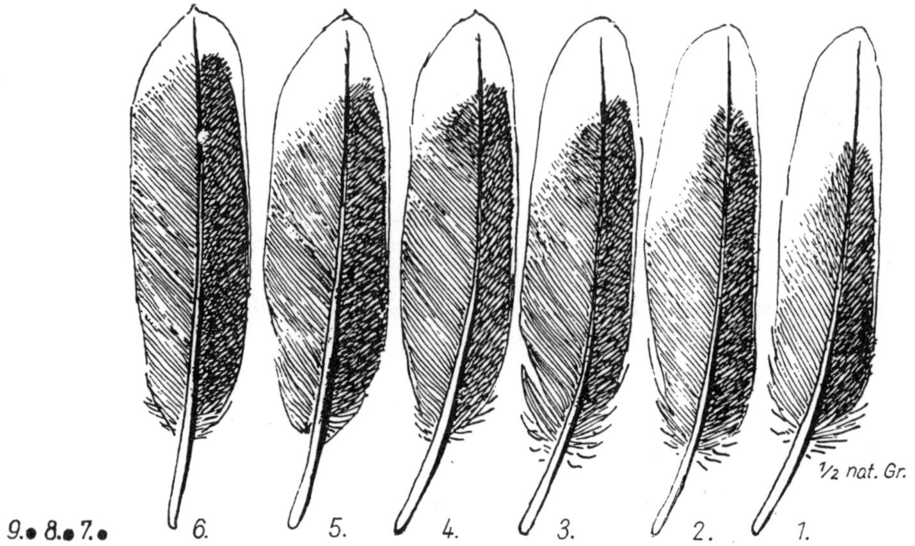

Abb. 176. Linke Steuerhälfte der Kurzschnabelgans

Zahl der St: 18, selten 20
L. Hschw 8. 320 + 324
L. St 1.—3. fast gleichlang, 4.—9. an Länge abnehmend 142 + 148

Schneegans (*Anser caerulescens* [L.])

Weiße und graue Phase. Graue Phase: Hschw schwarz, die If (die drei äußersten Hschw) und die Basis der Af grau. Kiele weiß. Die Aschw schwärzlich und mit grauer Basis, oft weißlich oder grau gesprenkelt.
St: ausgedehnt weiß und mattes Grau.
Hschw Verengung 9.—7. Af (7. wenig), 10. + 9. If
Zahl der St: 16 oder 18
L. Hschw 8. 310—335
L. St 1. —3. 140—174

Ringelgans (*Branta bernicla* [L.])

Schw schwarzbraun, If mehr bräunlich. Hornfarbene Kiele, Unterseite weißlich, juv. haben an den Aschw an der Af und Spitze einen weißen Saum.
St: bräunlich schieferfarben, juv. mit weißen Spitzen.
Hschw Verengung 9. und 8. Af, 10. und 9. If
Zahl der St: 16
L. Hschw 9. oder 8. 242—252
L. St 2.—7. fast gleichlang, 1. und 8. wenig kürzer 107, 120—130

Kanadagans (*Branta canadensis* [L.])

Schw braunschwarz mit dunklem Kiel. Die Af der Aschw graubraun, seidig glänzend. Der Ringelgans ähnlich, aber größere Federmaße.
Hschw Verengung 9.—7. Af, 10.—8. If

St: schwarz.
Zahl der St: 18, selten 20 oder 16.
L. Hschw 8. 363—392
L. St 4.—6. fast gleichlang, übrige kürzer 192

Weißwangengans (*Branta leucopsis* [Bechstein])

Hschw mattschwarz mit blaugrauen Af (von der Spitze abgesehen). Die Aschw hellbräunlich grau, Mitte und Spitze dunkelbraun.
St: schwarz.
Hschw Verengung 9. und 8. Af, 10. und 9. If
Zahl der St: 16
L. Hschw 9. oder 8. 282—300
L. St 2. 135—155

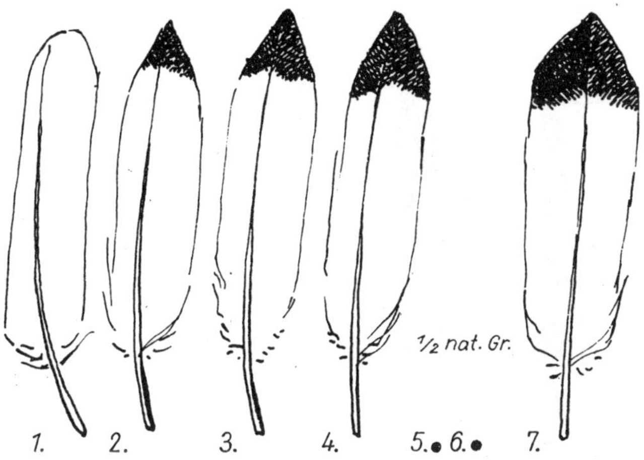

Abb. 177. Steuer der Brandgans

Rothalsgans (*Branta ruficollis* [Pallas])

Schw schwarzbraun. Kleinste Gans!
St: schwarz.
Hschw Verengung 9. und 8. Af, 10. If
Zahl der St: 16
L. Hschw 9. oder 8. 255
L. St 2. 120—140

Höckerschwan (*Cygnus olor* [Gmelin])

Federkleid weiß, juv. graubräunlich überflogen. Die If der drei äußersten Hschw allmählich verengt.
St: stark gestuft, fast keilförmig (Unterschied 9—11,5 cm).
Hschw Verengung 9.—7. Af, 10.—8. If
Zahl der St: 22 oder 24
L. Hschw 7. juv. 395, 430—450
L. St 1. 192—255

Singschwan (*Cygnus cygnus* [L.])

Federkleid weiß, juv. graubräunlich überflogen. Die If der vier äußersten Hschw über der Mitte stark eingezogen (siehe Abb. 156).
St: weiß, abgerundet (Unterschied 5—5,5 cm).
Hschw Verengung 9.—7. Af, 10.—8. If
Zahl der St: 20 oder 22
L. Hschw 7. 450—470
L. St 1. 180—210

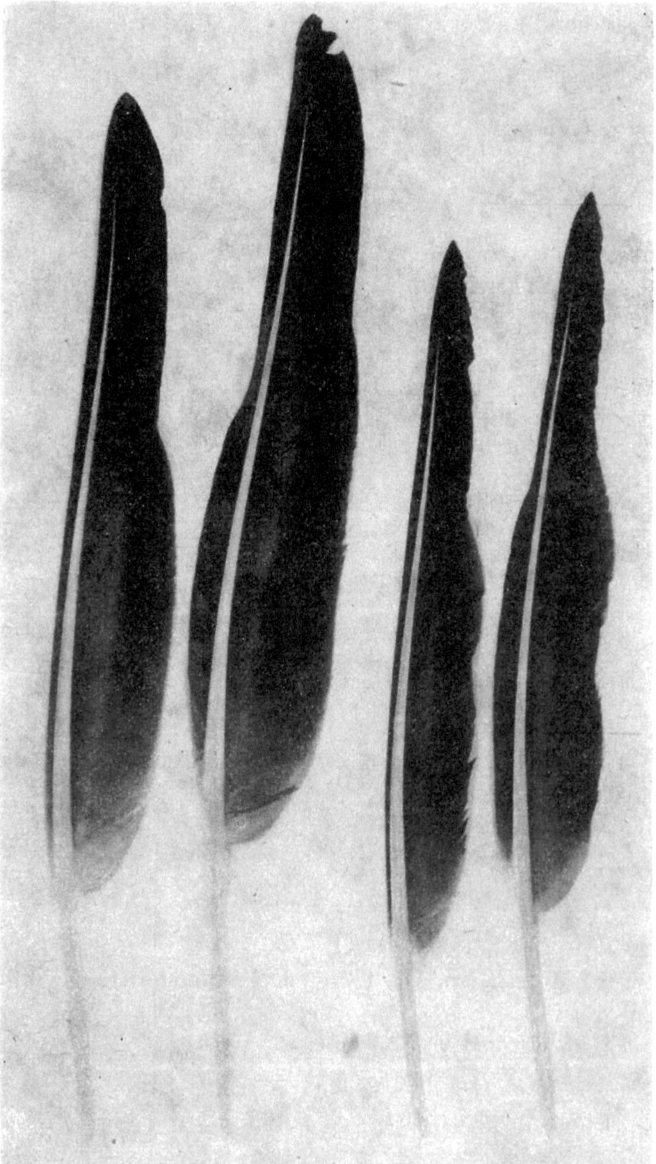

Abb. 178. 10. und 9. Handschwinge von der Grau- (links) und Bleßgans (rechts)

Zwergschwan (*Cygnus bewicki* Yarrell)

Federkleid weiß, juv. graubraun überflogen.
Hschw Verengung 9.—7. Af, 10.—8. If
Zahl der St: 18 oder 20
L. Hschw 7. 350—360
L. St 1. 150—185

Abb. **179.** 10. und 9. Handschwinge von der Saatgans (kleines und großes Exemplar)

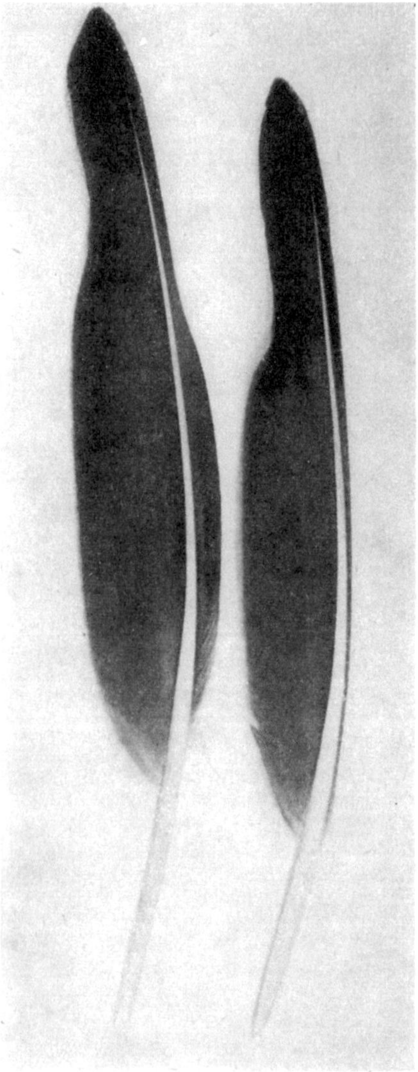

Abb. 180. 9. und 10. Handschwinge von der Kurzschnabelgans

Abb. 181. 1. Armschwinge von der Bleß- (links) und Zwerggans (rechts)
Spulenstärke beachten

Abb. 182. Die 10. Handschwinge der Schwäne

Geier

Zahl der Hschw 10 + 1 R

Schmutzgeier (*Neophron percnopterus* [L.]) (Abb. 183)

Schw schwarzbraun mit schwarzbraunen Schäften.
Af der 1. + 2. Hschw und Aschw im oberen Teil mit hellgrauem Fleck, an der Basis weiß.
St: keilförmig, schmutzig weiß, teilweise hellbraun.
Hschw Verengung 9.—5. Af
10.—6. If
Zahl der St: 14
L. Hschw 7. 421
L. St 1. 277

Gänsegeier (*Gyps fulvus* [Hablizl]) (Abb. 186)

Hschw schwarzbraun, Unterseite braun. Aschw mit grauen Außensäumen. Letzte Aschw braun mit hellbraunen Spitzen.
St: schwarzbraun, an der Basis weiß.
Hschw Verengung: 9.—3. Af
10.—5. If
Zahl der St: 14
L. Hschw 7. 562
L. St 1. oder 2. 340

Kuttengeier (*Aegypius monachus* [L.]) (Abb. 185)

Schw schwarzbraun, Unterseite dunkelbraun, If braun.
St: schwarzbraun an der Basis nur wenig weiß.
Hschw Verengung: 9.—4. Af
10.—5. If
Zahl der St: 12
L. Hschw 8. 583
L. St 1. 408

Bartgeier (*Gypaëtus barbatus* [L.]) (Abb. 184)

Schw und St schwarzbraun mit silbergrauem Schimmer. Alle Federn mit weißen Schäften, die bis zur Spitze reichen.
Hschw Verengung: 9.—6. Af
10.—6. If
Zahl der St: 12
L. Hschw 8. 703
L. St 1. 683

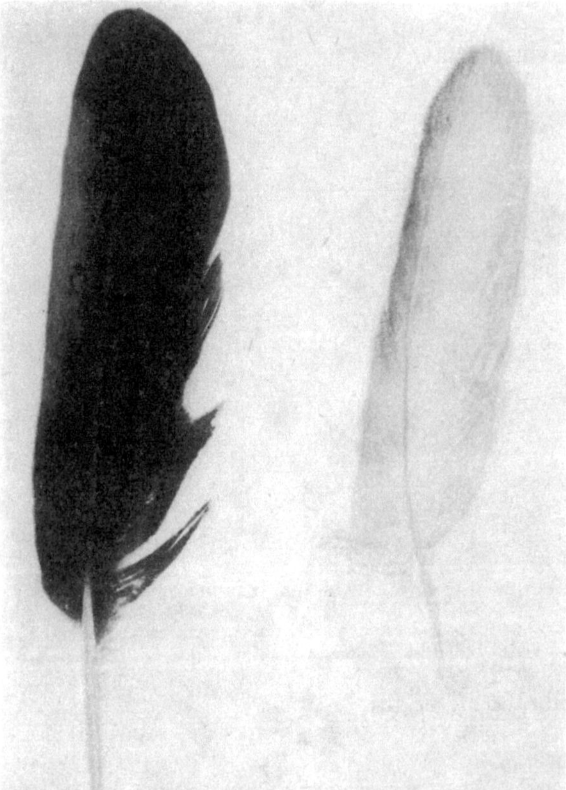

Abb. 183. 2. Handschwinge und 7. Steuerfeder vom Schmutzgeier

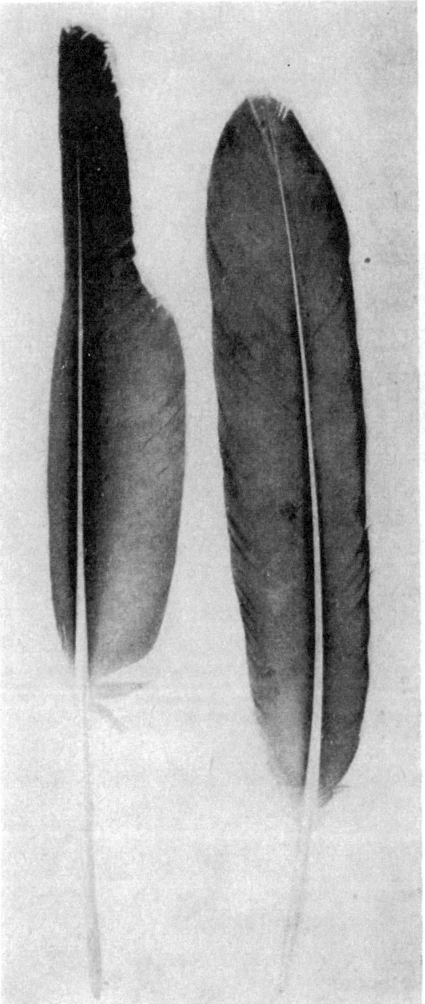

Abb. 184. 8. Handschwinge und 2. Steuerfeder vom Bartgeier

Abb. 185. 5. Handschwinge und 6. Steuerfeder vom Kuttengeier

Abb. 186. Armschwingen und Schulterfedern vom Gänsegeier

Adler
Zahl der Hschw 10 + 1 R
Zahl der St 12

Steinadler (*Aquila chrysaëtos* [L.]) (Abb. 188, 189)

Hschw ad. schwarzbraun, If an der Wurzel graubraun. Innere H- und Aschw mit quergehender, unregelmäßiger grauer Zeichnung. Bei juv. sind die H- und Aschw auf der If von der Wurzel her $^1/_3$ oder $^1/_2$ der Schwingenlänge weiß.
St: ad. schwarzbraun mit dunklem breitem Spitzenband und bräunlichen (grauen) Querbändern, juv. im Spitzendrittel schwarzbraun, restlicher Teil weiß (grauweiß) mit dunklen Flecken in wechselnder Größe. Bei den Altvögeln geht das Weiß im Gefieder mehr und mehr zurück.
Hschw Verengung 9.—6. Af, 10.—6. If
L. Hschw 6. oder 8. 550, 598
L. St 1. 2. 4. 343, 422

Kaiseradler (*Aquila heliaca* Savigny) (Abb. 188)

Hschw ad., auch Af schwarz. If auf bläulich braunem (bräunlichem) Grund verwaschene Zeichnung (Flecken, Bänder). Die hinteren Hschw (ab 4. oder 3.) haben auf der Af Bänderung und ein schwarzes Spitzenband, ebenso die Aschw. Letztere haben auf bräunlichem Grund (die Af mit bläulichem Anflug) verwaschene Zeichnung.
St: auf graubraunem Grund (die Af mit bläulichem Anflug) verwaschene Binden und Flecke. Schwarze breite Endbinden (7—9 cm). Federn am Grund weiß. Mittlere Federn auf bräunlichem Grund enggebändert wie Rotmilan (8—9 Binden). — Juv. dunkelbraun mit hellrostgelben Spitzen.
Hschw Verengung: 9.—4. Af, 10.—6. If
L. Hschw 6. 493
L. St 1. 2. 3. fast gleichlang 288, 315

Schelladler (*Aquila clanga* Pallas)

Wie Schreiadler, Federmaße größer. Ad. einfarbig schwarz bis schwarzbraun. Die Af der 4. Hschw deutlich verengt; die 4. Hschw weniger als 6 cm, kürzer als die 6. (längste!).
St: schwarzbraun, selten mit verwaschenen Zickzackbinden.
Hschw Verengung: 9.—4. Af, 4. deutlich, 10.—4. If
L. Hschw 6. 420, 452
L. St 1. 260, 282

Schreiadler (*Aquila pomarina* C. L. Brehm) (Abb. 192)

Hschw ad. schwarzbraun. Aschw mit dünneren Binden (ca. 10). Af der 4. Hschw kaum merklich ausgebuchtet, mehr als 6 cm kürzer als die 6. (längste!). Juv. auf den Hschw verwaschene dunkle Binden.
St: schwarzbraun mit feinen Tüpfeln. Heller Spitzenfleck (weißlich, bräunlich). Kiele bis zur Mitte weiß. — Juv. haben an den Außenfedern 12—14 schmale unregelmäßige Binden.
Hschw Verengung 9.—4. Af, 4. wenig, 10.—4. If
L. Hschw 6. 395—443
L. St 1. 248, 272

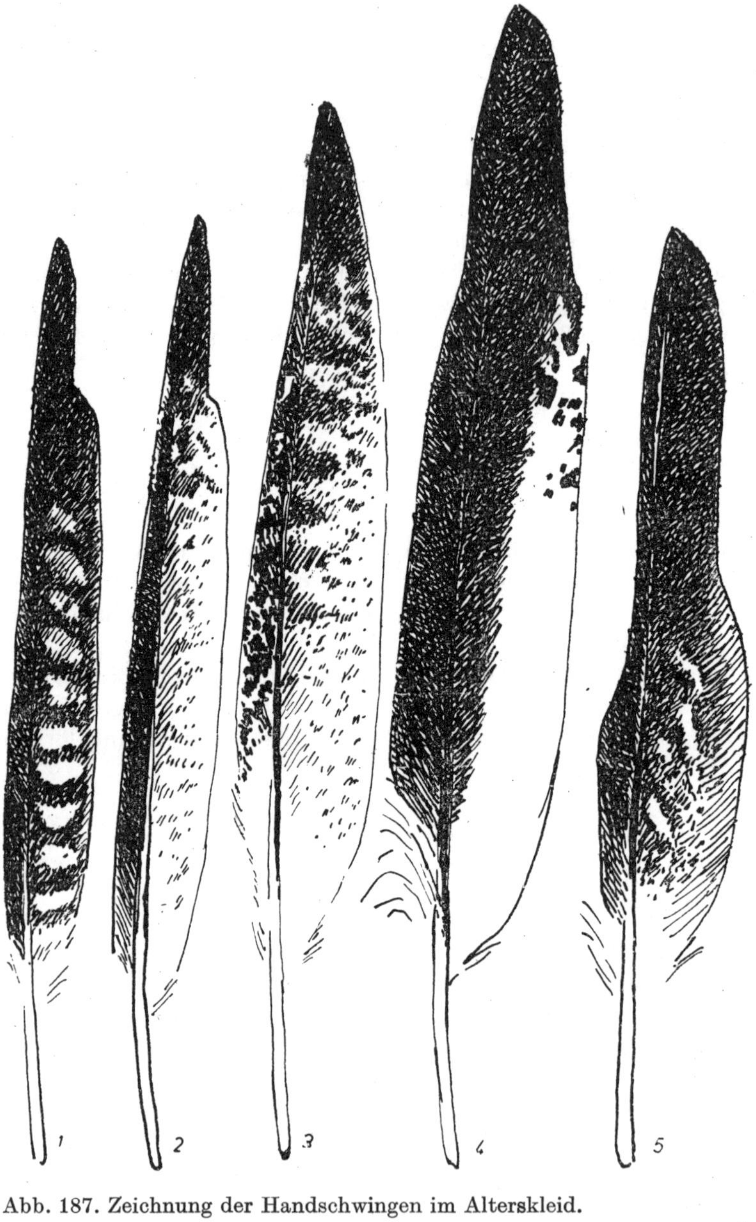

Abb. 187. Zeichnung der Handschwingen im Alterskleid.

1 — Wanderfalk (10. Handschwinge). Die hellen Inselflecke sind fein gesprenkelt, 2 und 3 — Gerfalk (10. und 8. Handschwinge). Die Binden lösen sich in feine Sprenkelung auf. 4 — Rohrweihe (6. Handschwinge). Auf gelblichem Grund zeigt sich dunkle Perlung. 5 — Habicht (7. Handschwinge). Die Querbänderung verliert sich, dafür Verdunkelung und Marmorierung

Steppenadler (*Aquila nipalensis* [Hodgson]) (Abb. 190)

Schw und St schwarzbraun, weiße Schäfte reichen oft bis Federmitte. Hschw 1.—5. und Aschw haben in den grauen If 5—8 schwarzbraune breite Binden.
St: alle mit 7—9 breiten schwarzen Binden im grauen Feld der If.
Hschw Verengung: 9.—4. Af
10.—5. If
L. Hschw 6. 454
L. St 1. 312

Habichtsadler (*Hieraaëtus fasciatus* [Vieillot]) (Abb. 191)

Schw schwarzbraun mit 5—8 schmalen dunklen Binden, die in den hellen If besonders deutlich sind.
St: graubraun mit 6—7 verwaschenen Binden und breiten dunklen Endbinden. St 6. Unterseite weiß ohne Binden aber mit dunkler Endbinde. St und Aschw mit hellen Spitzensäumen.
Hschw Verengung: 9.—5. Af
10.—6. If
L. Hschw 7. 404
L. St 2. 3. 4. fast gleichlang 275, 308

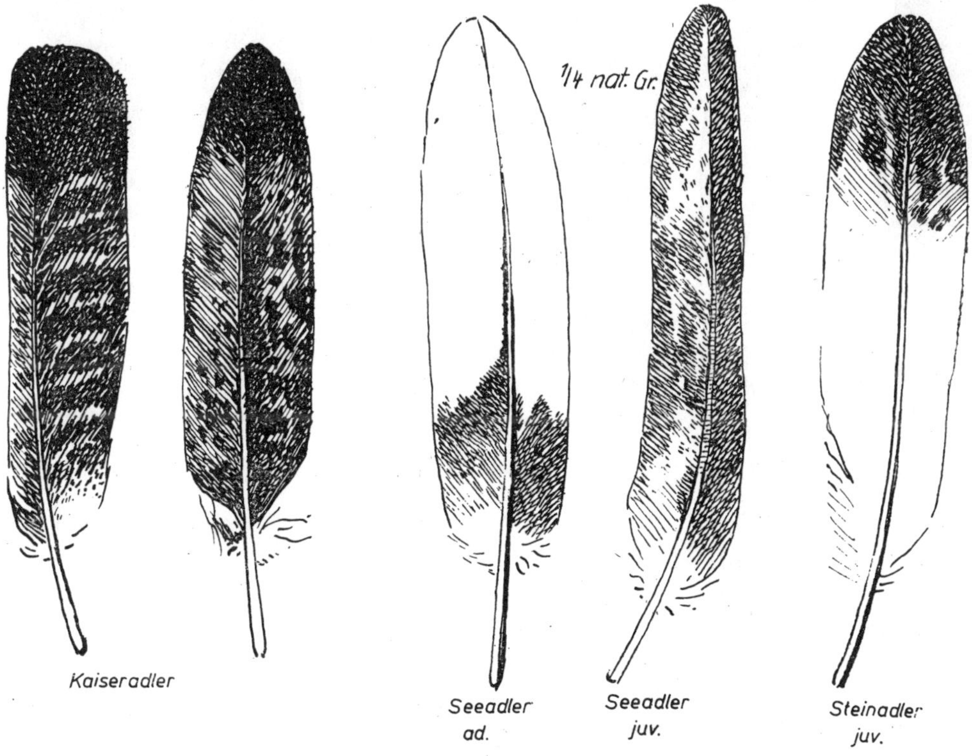

Abb. 188. Stoßfedern von Kaiser-, See- und Steinadler

Zwergadler (*Hieraaëtus pennatus* [Gmelin])

Hschw schwarzbraun, an der Basis weiß, If mit hellen Flecken. Aschw braun, If aufgehellt mit 5—6 breiten dunklen Binden.
St: braun, If hellbraun mit verwaschenen dunklen Binden und Flecken. Schw und St an der Basis mit weißen, sonst schwarzbraunen Schäften.
Hschw Verengung: 9.—5. Af
10.—6. If
L. Hschw 6. 306
L. St 6. 5. 4. gleichlang 210

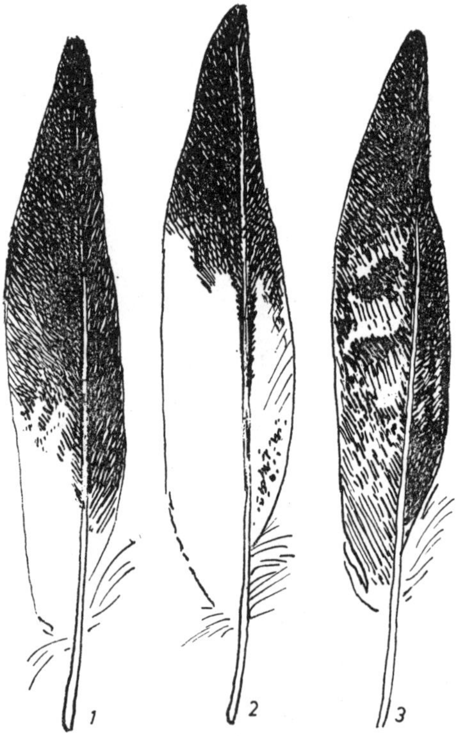

Abb. 189

Abb. 190

Abb. 189. Jugend- und Alterskleid des Steinadlers (4. Handschwinge)

Im Jugendkleid (1) ist der Basalteil der Innenfahne weiß. Bei 2 ist das Weiße noch ausgedehnter und erstreckt sich auch auf die Außenfahne. Handschwinge 3 zeigt die dunkelflächige Altersfärbung. Länge der Schwinge 1 ist 40 cm

Abb. 190. Schwingen und Steuerfeder vom Steppenadler

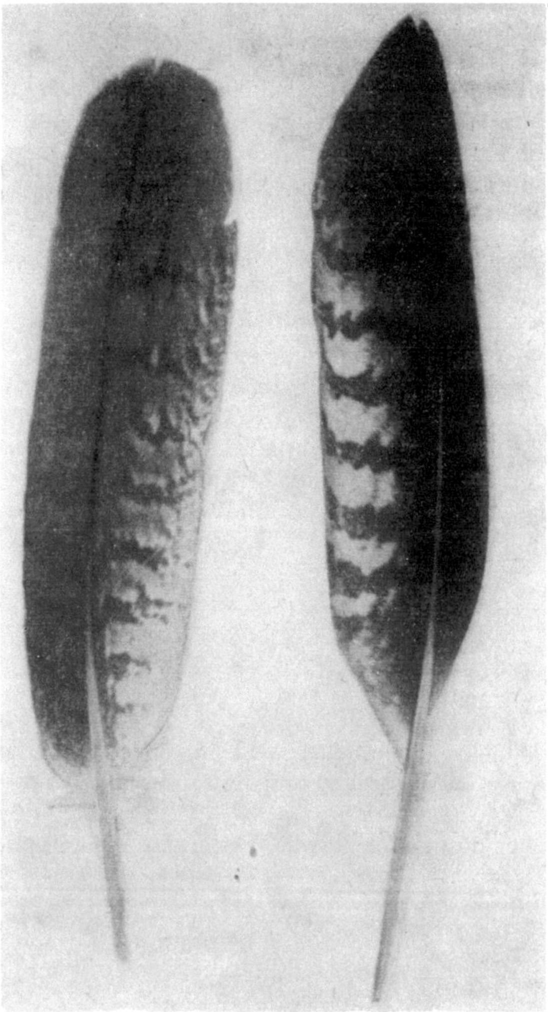

Abb. 191. 3. Steuerfeder und 5. Handschwinge vom Habichtsadler

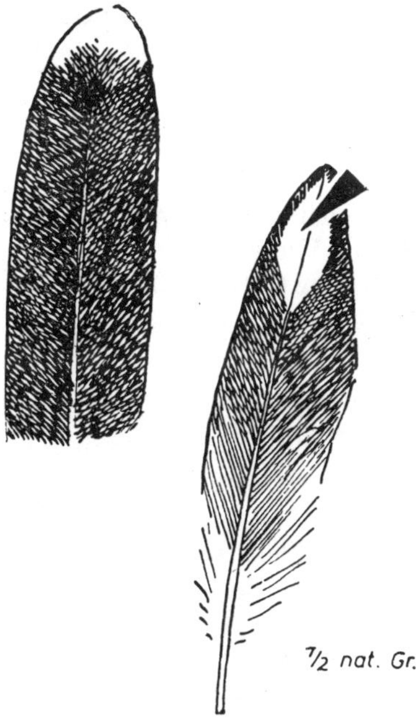

Abb. 192. Schreiadler, links Stoß feder, rechts Schulterfeder

Bussarde

Zahl der Hschw 10 + 1 R
Zahl der St: 12

Mäusebussard (*Buteo buteo* [L.]) (Abb. 198)

Hschw graubraun mit dunklen Spitzen. Die äußersten 4—5 Hschw mit Weiß auf der If. Die anderen H- und Aschw mit dunklen Binden auf graubraunem oder weißlichem Grund.
St: mit dunkler Spitze und Weiß an der Wurzel. 8—12 dunkle Binden, die oberste breiter als die anderen. Die Färbung variiert stark; es gibt auch recht helle Exemplare.
Hschw Verengung 9.—6. Af, 10.—7. If
L. Hschw 6. 310, 323—370
L. St 3. 4. 1. 2., auch 3. und 4. gleichlang. 215, 220—254

Rauhfußbussard (*Buteo lagopus* Brünnich) (Abb. 193, 194)

Hschw schwarzbraun, an der Wurzel weiß. Die innersten Hschw und die Aschw haben an der Spitze ein scharf abgesetztes Querband. Die Binden sind an Zahl geringer, schmaler und dunkler als auf den gleichen Federn beim Mäusebussard.
St: weiß mit schwarzbrauner Spitze, davor weißer Endsaum. Färbung variierend. Im Vergleich zum Mäusebussard auf den Federn mehr Weiß und weniger Bänderung.
Hschw Verengung 9.—6. Af, 10.—6. If, 6. wenig
L. Hschw 6. 340—365.
L. St 1. oder 2. 233, 243—255

Adlerbussard (*Buteo rufinus* [Cretzschmar]) (Abb. 195)

Schw graubraun mit dunklen Spitzen. Hschw mit breiten weißen If. Hschw 5—10 meist ohne Binden, Hschw 1—4 mit zwei bis fünf angedeuteten dunklen Binden. Aschw ähnlich Mäusebussard, If und Af mit 6—8 schmalen Binden. Alle Kiele weiß, reichen bis zum dunklen Teil.
St: an den Spitzen rötlichbraun, If weiß, Af an der Basis weiß mit dunklen Flecken, die auch fehlen können.
Hschw Verengung 9.—6. Af, 10.—7. If
L. Hschw 6. 345
L. St 2. oder 1. 295 u. 242

Wespenbussard (*Pernis apivorus* [L.]) (Abb. 193)

Hschw braun mit dunklen Enden. Die If mehr oder weniger weiß mit meist 5 breiten dunklen Querbinden. Die Zwischenräume zeigen Wässerung und Marmorierung. An den Schw weiße Endsäume.
St: etwa 4 breite dunkle Binden, dazwischen dünnere, helle mit Wässerung. Weiße Endsäume, in der Färbung variierend.
Hschw Verengung: 9.—6. Af, 10.—6. If (6. wenig)
L. Hschw 6. 325, 335—355
L. St 2. oder 1. 254—297

Habichte

Zahl der Hschw 10 ohne R
Zahl der St 12

Sperber (*Accipiter nisus* L.) (Abb. 196)
Hschw graubraun, If in der unteren Hälfte weiß. 4—5 dunkle Querbinden. Aschw graubraun, If nach dem Rand zu weiß. Kiele hornfarben.
St: schieferfarben mit 5 schwärzlichen Querbinden und an der Spitze mit einer trübweißen Schlußbinde. Federunterschied zwischen ♂ und ♀ 2—3 cm. Das kleinere Abbild des Habichts.
Hschw Verengung 9.—5. Af, 10.—6. If
L. Hschw 6. oder 7. 160—177 für die ♂♂ und 188—210 für die ♀♀.
1 St 2.—5. fast gleichlang, 1. wenig kürzer, 6. immer kürzer. 157—174 für die ♂♂,
L. 80—200 für die ♀♀.

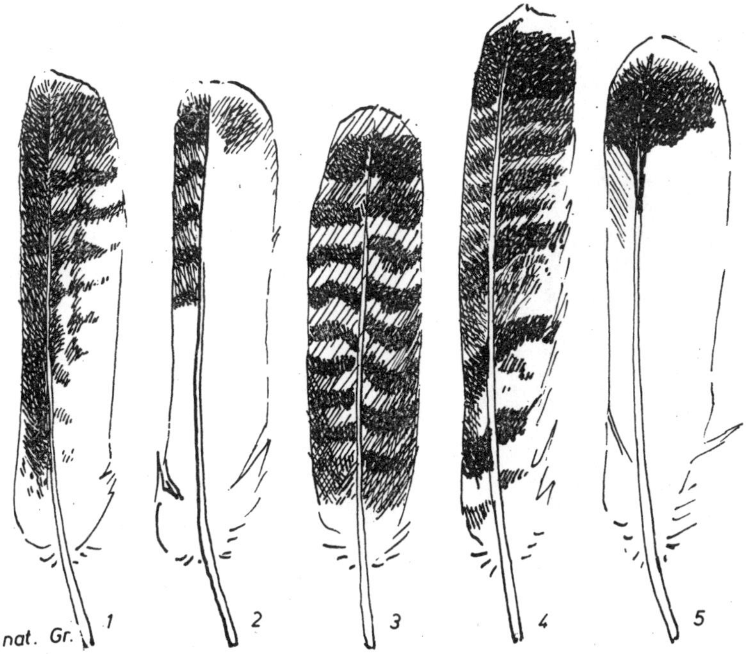

Abb. 193. Steuer der Bussarde.

1 — Mäusebussard, 2 — Mäusebussard (helle Phase), 3 — Falkenbussard (Mittelfeder), 4 — Wespenbussard, 5 — Rauhfußbussard

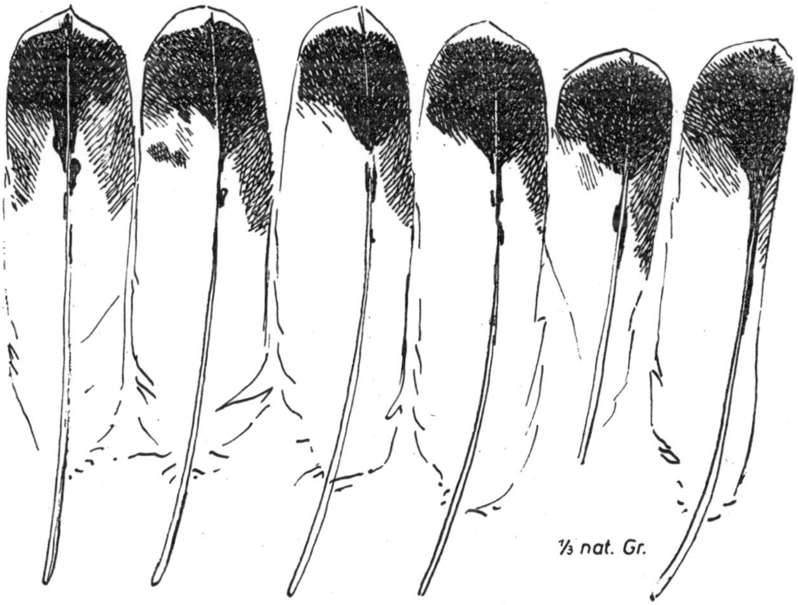

Abb. 194. Rauhfußbussard, Steuer

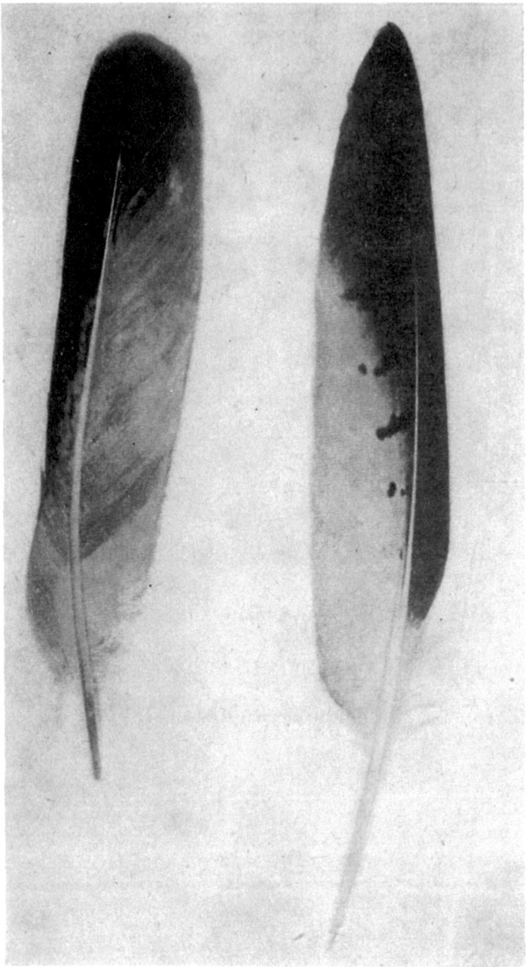

Abb. 195. 6. Steuerfeder und 6. Handschwinge vom Adlerbussard

Habicht (*Accipiter gentilis* L.) (Abb. 187, **196, **198)

Hschw graubraun mit 5—6 dunklen Binden, dazwischen auf dem hellen Grund Flekkung. If in der unteren Hälfte weiß (juv. gelblich oder bräunlich). Kiele hornfarben. Weißer Spitzensaum.
St: graubraun, meist mit 5 dunklen Querbinden und scharf abgesetzter Schlußbinde. ♂ schieferfarben mit wenig deutlicher Bänderung. Auffälliger Größenunterschied zwischen den Geschlechtern (4—5 cm). Ad. zeigen auf den Federn Auflösung der Bänderung und zwischen den Binden Flecken und Tüpfelung.
Hschw Verengung 9.—5. Af, 10.—6. If
L. Hschw 7. oder 6. 245—270 ♂♂, 277—299 für die ♀♀
L. St 1.—5. fast gleichlang, 6. wenig kürzer. 238—270 für die ♂♂, 277—299 für die ♀♀.

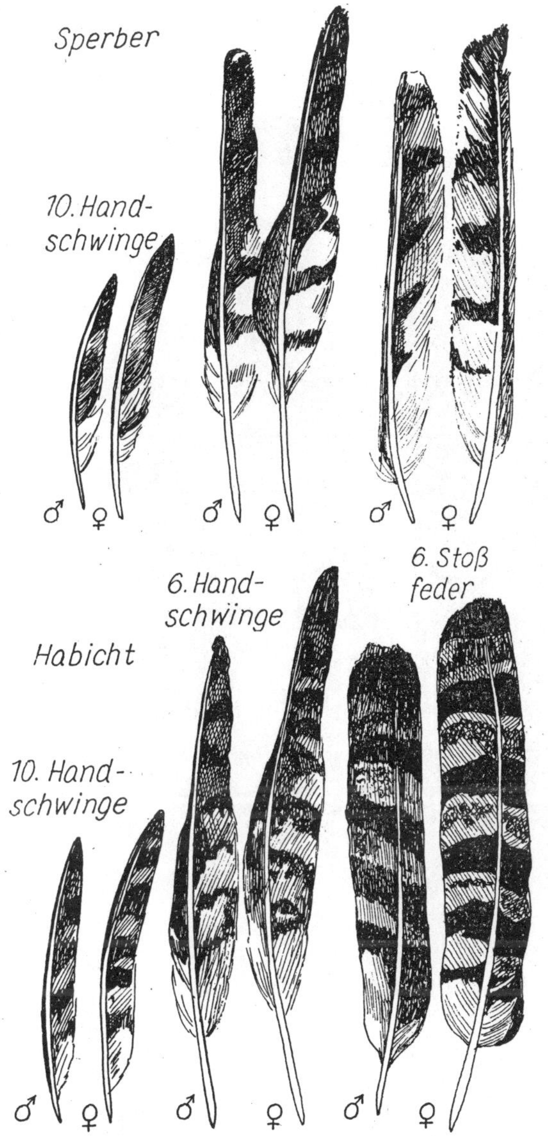

Abb. 196. Handschwingen- und Stoßfedern von Sperber und Habicht. Der Größenunterschied zwischen beiden Geschlechtern ist zu beachten!

Abb. 197. Schwingen und Stoßfedern von Rot- und Schwarzmilan.
Links 8. Handschwinge (Länge 43 cm) und 3 Stoßfedern des Rotmilans und rechts Schwinge und Stoßfeder des Schwarzmilans (Z)

Milane und Gleitaar

Zahl der Hschw 10 + 1 R
Zahl der St: 12

Rotmilan (*Milvus milvus* [L.]) (Abb. 197)

Hschw schwarzbraun, die If mit Weiß an der Wurzel. Aschw schwarzbraun — ohne Weiß mit dünnen schwarzen Binden. Bei juv. hat das Schwarz größere Ausdehnung. St: tiefgegabelt. Innenfedern 7—10 cm kürzer als die Außenfedern. Innere Federn rostbraun, äußere an der Af und an der Spitze dunkelbraun mit schmalen schwarzen Binden, oft nur angedeutet.
Hschw Verengung 9.—6. Af, 10.—6. If
L. Hschw 6. oder 7. 410—456
L. St 6. 358—406

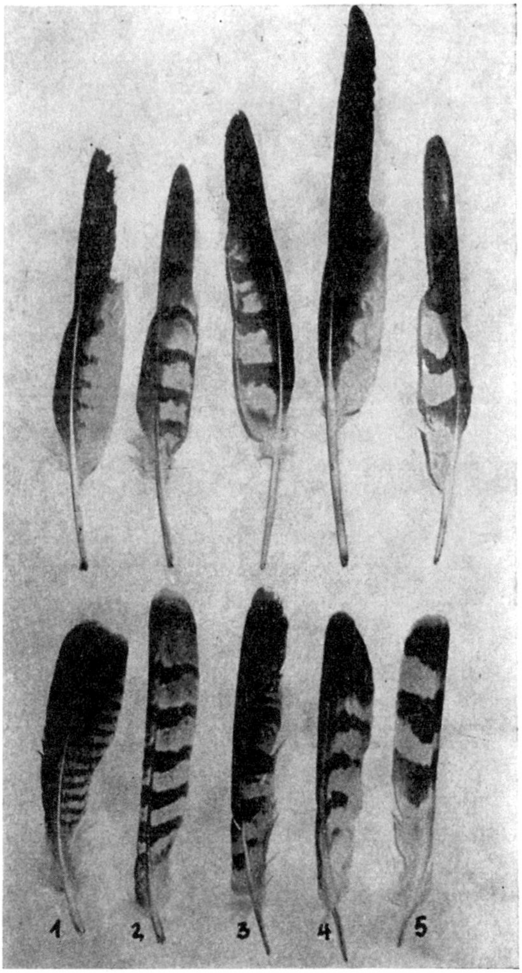

Abb. 198. Schwingen und Stoßfedern von Greifvögeln. Obere Reihe Handschwingen (8.), untere Reihe: äußere Steuerfedern

1 — Mäusebussard, 2 — Habicht, 3 — Wespenbussard, 4 — Fischadler, 5 — Kornweihe. Zum Vergleich: Schwingen des Fischadlers 41 cm, Steuerfeder 25 cm

Schwarzmilan (*Milvus migrans* [Boddaert]) (Abb. 197)

Schw schwarzbraun, auf düster rauchbraunem Grund verwaschene Binden. Kiele hornfarben. Die Aschw fast einheitlich schwarzbraun ohne Bänderung oder nur angedeutet, an der Basis weiß. Juv. mit Weißsprenkelung auf der If.
St: dunkelbraun mit 8—12 Binden. Innenfedern 3—3,5 cm kürzer als die Außenfedern. Die Querbänder auf den Schw und dem St sind breiter als beim Rotmilan.
Hschw Verengung 9.—5. Af, auch 9.—6. Af, 10.—6. If
L. Hschw 6. 395—414
L. St 6. 275—295

Gleitaar (*Elanus caeruleus* [Desfontaines]) (Abb. 199)

Hschw schiefergrau. Aschw hellgrau mit weißen If.
Alle Schw mit seidenweichem Flaum, ähnlich Eulengefieder.
Schäfte vom unteren Drittel bis zur Spitze schwarzbraun.

Abb. 199. 7. Handschwinge und Armschwinge des Gleitaars

St: 2.—6. weiß, St 1. hellgrau mit weißen oder dunklen Schäften.
Hschw Verengung 9. + 8. Af
10. + 9. If
L. Hschw 9. 222
L. St 6. oder 5. 140—147

Seeadler, Fischadler, Schlangenadler

Zahl der Hschw 10 + 1 R
Zahl der St: 12

Seeadler (*Haliaeetus albicilla* [L.]) (Abb. 188

Hschw braun, die Spitzen schwarzbraun. Die Af teils graufarbig. Die Aschw dunkles Braun, an der Basis grau und dunkel an der Spitze. Kiele weiß bis zur Spitze.
St: ad. weiß, unteres Drittel dunkel. — Juv. schwarzbraun, auf der If und an der Spitze mit weißlicher oder bräunlicher Marmorierung.
Hschw Verengung 9.—4. Af, 10.—5. If
L. Hschw 8. 580 für ♀♀ und 502 für ♂♂
L. St 1., auch 1. und 2. gleichlang, 310 für ♂♂ und 403 für ♀♀.

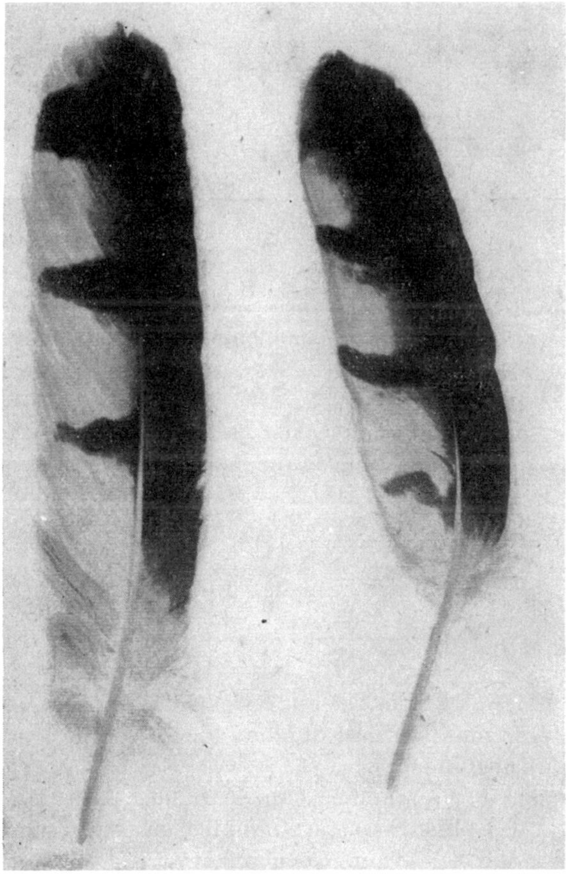

Abb. 200. 3. Steuerfeder und Armschwinge des Schlangenadlers

Fischadler (*Pandion haliaëtus* [L.])

Hschw schwarzbraun, If an der Wurzel weiß mit dunklen Binden oder Flecken. Die Aschw haben braune Färbung und Bänderung, die nach hinten abnimmt, die letzten fast ungebändert. Die Bänderung nur auf der If, auf der Af fehlend oder undeutlich. Kiele strohfarben — juv. haben die Bänderung dunkler und schärfer abgesetzt.
St: bräunlich, Spitzen dunkel. If weiß mit 5—6 dunklen Binden, auf der Af wenig deutlich. Die Mittelfedern graubraun und ungebändert. Juv. haben die Binden klarer auch auf der Af, und breite weiße Spitzen.
Hschw Verengung 10.—6. Af, 10.—6. If
L. Hschw 8. 387—392 für ♂♂, 403—417 für ♀♀
L. St 1. 220—245 für ♂♂, 250—266 für ♀♀.

Schlangenadler (*Circaetus gallicus* [Gmelin]) (Abb. 200)

Die äußersten Hschw schwarz, Basishälfte der If fast ganz weiß. Die inneren Hschw und die Aschw haben weiße If mit 2—4 braunen Binden. Die Af der Hschw schwarzbraun und ungebändert.
St: mit schmalen weißen Enden. Die Außenfedern sind an den If größtenteils weiß mit 3, selten 4 braunen Binden im oberen Teil der If Mittelfedern braun, Binden nur angedeutet.
Hschw Verengung 9.—5. Af, 10.—5. If
L. Hschw 7. 482
L. St 3. oder 4. fast gleichlang 313

Weihen

Zahl der Hschw 10 + 1 R
Zahl der St: 12

Rohrweihe (*Circus aeruginosus* L.) (Abb. 201)
Hschw ad. mit Grau. Bei ♀ und juv. schwarzbraun, If aufgehellt und an der Basis auf gelblichem oder bräunlichem Grund dunkle Flecken. Aschw schwarzbraun ohne Binden.
St: bei alten Vögeln grau oder braun — ohne Bänderung. ♀ und juv. auf rostfarbenem Grund verwaschene Binden oder Flecke und Marmorierung. Innenfedern schwarzbraun. Außenfahne aufgehellt.
Hschw Verengung 9.—6. Af, 10.—7. If
L. Hschw 7. 325—340
L. St 2. oder 3., meist 2.—4. gleichlang, 1. wenig, 6. viel kürzer 243—260

Kornweihe (*Circus cyaneus* L.) (Abb. 201, 203)

Hschw ad. ♂ schwarzbraun mit Grau an den Spitzen. Die äußersten 5 Hschw sind auf der If im unteren Drittel weiß. Die Aschw sind grau mit dunklen Kielen. — Hschw ♀ schwarzbraun, die If weiß mit 5—6 dunklen Binden.
St: ♂ ad. äußere Feder weiß mit unregelmäßigen schmalen grauen Binden. Die Af oft großenteils bräunlichgrau. — ♀ hat auf hellrostbraunem (bräunlichem oder sandfarbenem) Grund 5 dunkle Binden und weißliche Spitzen. Nach außen werden die Stoß-

Abb. 201. Die 10. Handschwinge der Weihen. 1 — Rohrweihe, 2 — Kornweihe, 3 — Steppenweihe, 4 — Wiesenweihe. Bei den Weihen ist die 10. Handschwinge in der Größe unterschiedlich und entspricht nicht der Größe der Art. Die kleinste Weihe, die Wiesenweihe hat einen spitzeren Flügel und einen gewandteren Flug. Bei ihr ist die 10. Handschwinge recht groß. Bei der größeren Kornweihe, die fast dieselben Maße wie die Rohrweihe hat, ist die 10. Handschwinge von allen vier Arten am kleinsten (Z)

federn heller. Die Mittelfedern graubraun mit verwaschenen dunklen Binden. Bei juv. rostfarbene Grundfärbung des Stoßes.
Hschw Verengung 9.—6. Af, 10.—7. If
L. Hschw 7. 315 ♀♀, 280 und 288 für ♂♂
L. St 1.—3. fast gleichlang, 4.—6. an Länge abnehmend, 255—258 für ♀♀ und 215—239 für ♂♂.

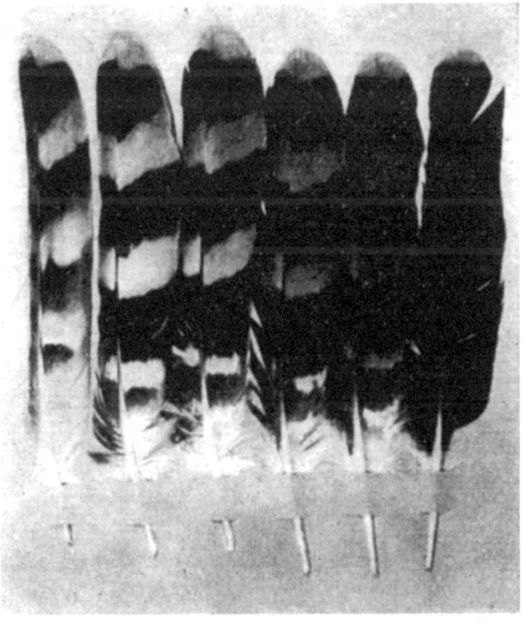

Abb. 202. Wiesenweihe (♀), Steuerfedern

Steppenweihe (*Circus macrourus* Gmelin) (Abb. 201, 203)

Im großen und ganzen ähnlich der vorigen, aber anderes Flügeldiagramm!
St: ♂ ad. äußere Feder weiß mit grauer Bänderung. Mittelfedern grau.
Hschw Verengung 9.—6., auch 9.—7. Af, 10.—8. If
L. Hschw 8. 315 ♀ und 297 ♂
L. St 2.—4. gleichlang, 6. viel kürzer, auch 1. und 2. gleichlang, 3.—6. an Länge abnehmend, 250 für ♀, 226 für ♂.

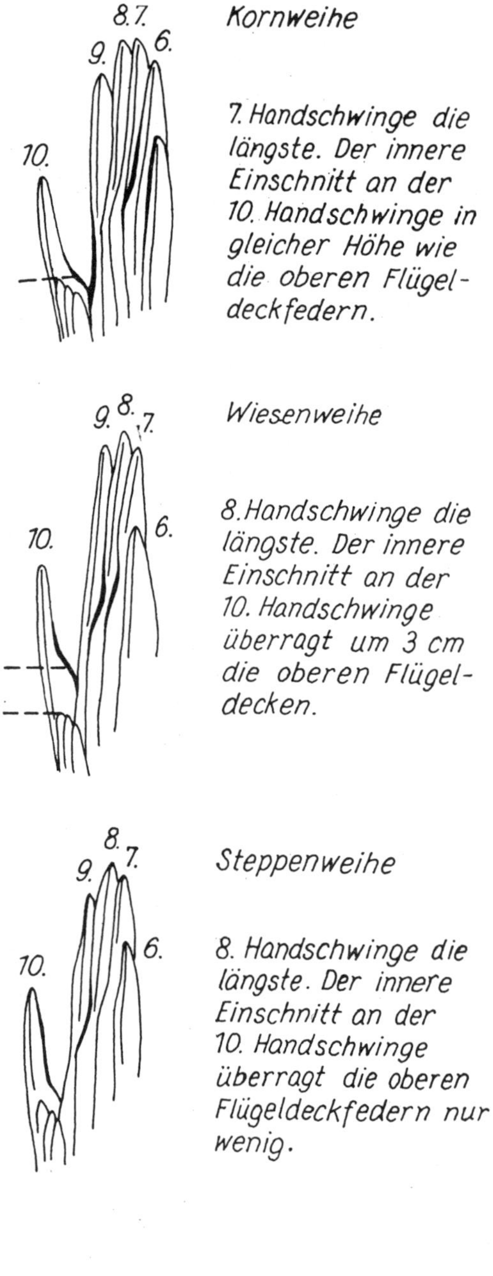

Abb. 203. Flügeldiagramm der Weihen
Kornweihe: 7. Hschw die längste. Der innere Einschnitt an der 10. Hschw in gleicher Höhe wie die oberen Flügeldeckfedern.
Wiesenweihe: 8. Hschw die längste. Der innere Einschnitt an der 10. Hschw überragt um 3 cm die oberen Flügeldecken
Steppenweihe: 8. Hschw die längste. Der innere Einschnitt an der 10. Hschw überragt die oberen Flügeldeckfedern nur wenig

Wiesenweihe (*Circus pygargus* L.) (Abb. 201, 202, 203)

♂ Hschw schwarzbraun, If weißlich (weißbräunlich) mit 3—5 dunklen Binden. Aschw schwarzbraun, die Binden fehlen oder sind nur angedeutet. Bei juv. tragen die Aschw Binden.
St: ♂ Außenfeder grau mit weißen, rostroten oder bräunlichen Binden. Mittelfedern grau. — ♀ auf rostgelbem Grund 4—5 schwarzbraune Binden. Die Innenfedern sind graubraun mit verwaschenen Binden. Die Stoßfedern haben helle Endsäume und sind wurzelwärts weiß.
Hschw Verengung 9.—7. Af, 10.—8. If
L. Hschw 8. 278—308
L. St 220—243.1.—5. gleichlang, 6. kürzer

Falken

Zahl der Hschw 10 + 1 R
Zahl der St 12

Die Federn sind hart. Die 9. Hschw ist meist die längste; bei Turm-, Rötel- und Rotfußfalk aber die 8. Die Schw und das St zeigen Bänderung. Größenunterschied zwischen ♂ und ♀ beim Baum-, Turm-, Rötel- und Rotfußfalken wenig merklich. Die alten ♂♂ haben mehr Grau (Graublau) in der Färbung, die juv. und ♀♀ mehr Braun (rostbraun). Form der Bänderung auf den If der Hschw:

1. Durchgehende Bänder	Merlin, Wanderfalk
2. Inselzeichnung	Baumfalk, Rotfußfalk, Feldeggsfalk
3. Zahnzeichnung	Turmfalk
4. Verschmälerte dunkle Binden	Gerfalk, Würgfalk

Baumfalk (*Falco subbuteo* L.)

Schw schwarzbraun mit rostbraunen Inseln auf der If. Ältere Vögel mit schieferblauem Anflug auf der Af. Zwischen den Geschlechtern wenig Größenunterschied.
St: auf rostbraunem Grund auf der If dunkelbraune Bänderung. Die Mittelfedern ungebändert.
Hschw Verengung 9. Af, 10. und 9. (9. wenig) If
L. Hschw 9. 207—223
L. St 1. 142—149

Wanderfalk (*Falco peregrinus* Tunstall) (Abb. 187, 205)

Schw dunkelbraun, auf der If weißliche (weißbräunliche) Inseln und nach der Wurzel zu Binden. Im Alter, vor allem ♂, schiefergrauer Anflug und Tüpfelung.
St: schwarzbraun mit schiefergrauen (♀ und juv. bräunlichen) Binden und weißlichen Spitzen.
Hschw Verengung 9. Af, 10. If
L. Hschw 9. 258 ♂, 274—284 ♀
L. St 2. 152—178 ♂ und 180—202 ♀

Würgfalk (*Falco cherrug* Gray) (Abb. 204, 208)

Schw graubraun, viel heller als beim vorigen. If weißlich mit verschmälerten Binden. St: Grund gelblich (gelbbräunlich) mit graubraunen Binden. Auf den Af Inseln und weißliche Spitzen.
Hschw Verengung 9. und 8. Af; 10. und 9. If
L. Hschw 8. 290—316
L. St 2.—5. fast gleichlang, 6. viel kürzer 219—238

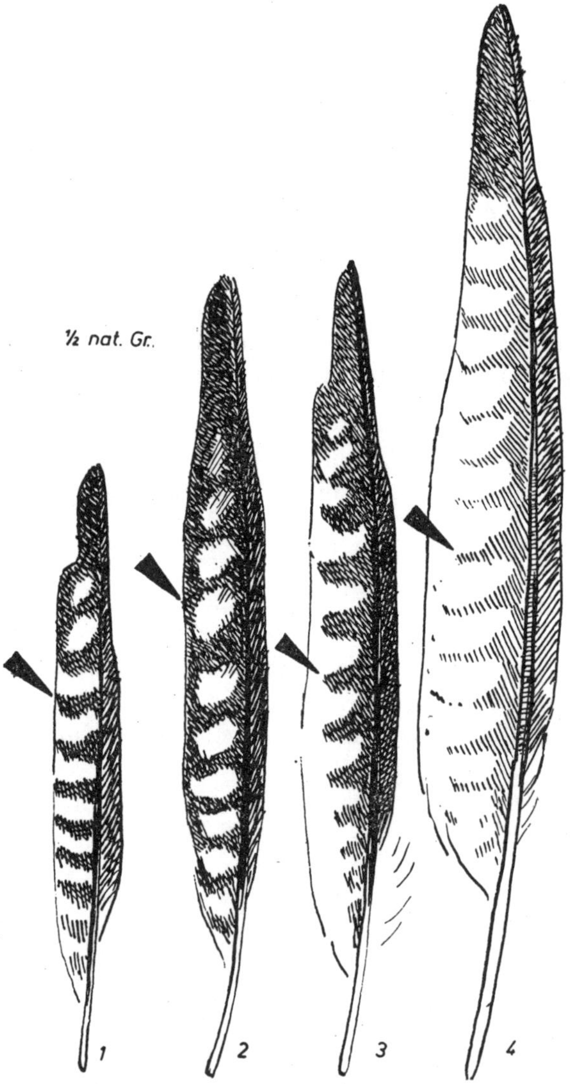

Abb. 204. Formen der Bänderung (9. Handschwinge): 1 — durchgehende Bänderung (Merlin), 2 — Inselzeichnung (Rotfußfalk, ♀, juv.), 3 — Zahnzeichnung (Turmfalk), 4 — verschmälerte dunkle Binden (Würgfalk)

Feldeggsfalk (*Falco biarmicus feldeggi* Schleg.) (Abb. 208)

In der Färbung und Zeichnung erinnert dieser mehr an den Wanderfalken als an den Würgfalken, Schw und St sind dunkel gefärbt. Die Aschw zeigen auch auf den Af deutliche Bänderung, bzw. Flecken, während die Af beim Wanderfalken dunkel sind.

St: dunkel mit Inselflecken auf der Af und If auf bräunlichem Grund etwa 10 dunkle Bänder.

Hschw Verengung 9. und 8. Af, 10. If

L. Hschw 8. 278

L. St 2.—4. gleichlang 218

Gerfalk (*Falco rusticolus* L.) (Abb. 187, 206)

Verschiedene Färbung: von reinweiß bis dunkelgrau. Hschw ad. Schw dunkelgraubraun. Die Af mit rahmfarbener Sprenkelung. Die If hat auf hellem (grauem, bräunlich weißem) Grunde dunkle Bänder. Die Aschw sind über beide Fahnen gebändert.

Abb. 205. Handschwingen 10.—7. (oben) und Stoßfedern (unten) des Wanderfalken

St: hellgrau (bräunlichgrau) mit regelmäßigen dunkelgrauen Querbinden (12—14) und weißlicher Spitze.
Hschw Verengung 9. Af, 10. If
L. Hschw 9. 280 + 285
L. St 2.—4. gleichlang 200 + 249

Merlin (*Falco columbarius* L.) (Abb. 204, 207)

♂ Hschw schwärzlich, auf der If oben weiße Inseln und unten weiße Binden (schmaler als beim Turmfalken). ♀ und juv. haben auf den H- und Aschw auf rostbraunem oder gelblichbräunlichem Grund 5—7 dunkelbraune Bänder. Die Binden auf den hinteren Aschw sind verwaschen.
St: ♂ ad. graublau mit schwarzer Bänderung auf der If (auf der Af nur angedeutet) und mit breitem schwarzem Endband, davor weiß. ♀ und juv. auf hellrostfarbenem Grund 6—7 dunkle Bänder und weißen oder grauen Spitzensaum.
Hschw Verengung 9. + 8. Af, 10. + 9. If
L. Hschw 8. 165 ♂ 184 ♀
L. St 2—4 gleichlang 129 ♂ und 143 ♀

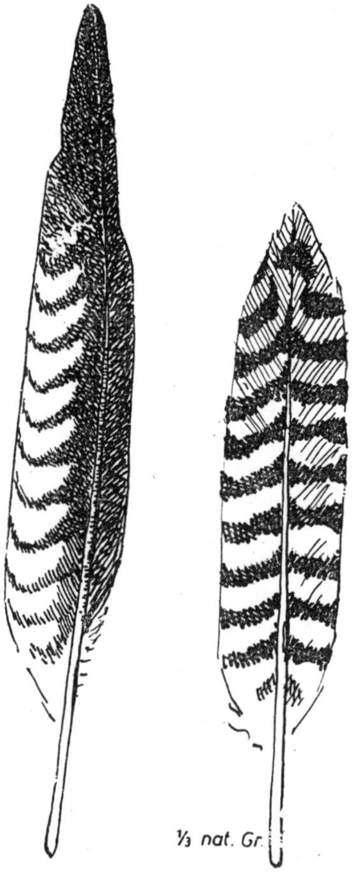

Abb. 206. 9. Handschwinge (links) und mittlere Stoßfeder (rechts) des Gerfalken

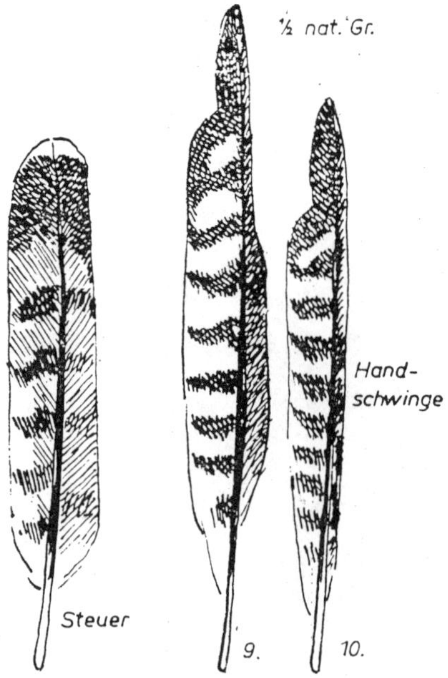

Abb. 207. Stoßfeder und Handschwingen des Merlins

Rotfußfalk (*Falco vespertinus* L.) (Abb. 204)

Hschw ♂ einfarbig schiefergrau, an den Spitzen dunkler. Silbriger Anflug. Kiele oberseits schwarz, unterseits hell. ♀ und **juv.** Schw schieferfarben mit weißen Inseln auf der If.
St: ♂ einfarbig schwarzbraun, ♀ aschgrau (juv. hellrostfarben) mit schwarzen Querbinden und breiter Endbinde.
Hschw Verengung 9. Af (wenig), 10. If
L. Hschw 9. 196 + 205 ♂ und 209 ♀
L. St 1. auch 2.—4. gleichlang 140 + 144 ♂ und 143 ♀

Rötelfalk (*Falco naumanni* Fleischer)

Nur 10. Hschw verengt; sie ist kürzer als die 8., aber länger als die 6. Hschw ad. schwarzbraun, auf der If großenteils weiß (ohne oder nur angedeutete Bänderung). Die Aschw grauschwarz, die inneren mit rostbraunen Säumen.

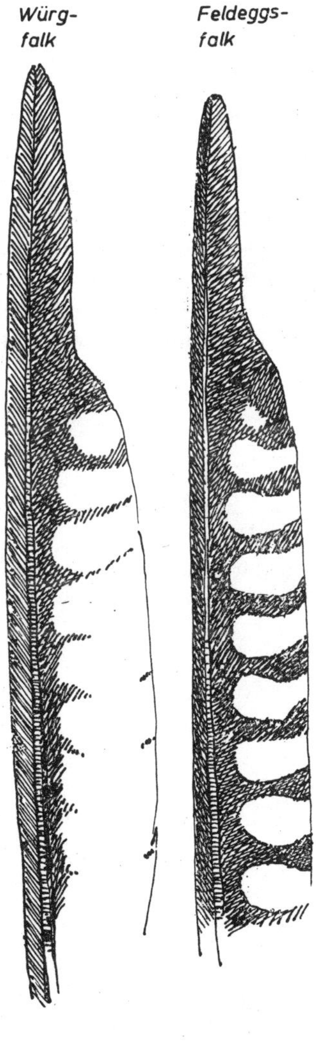

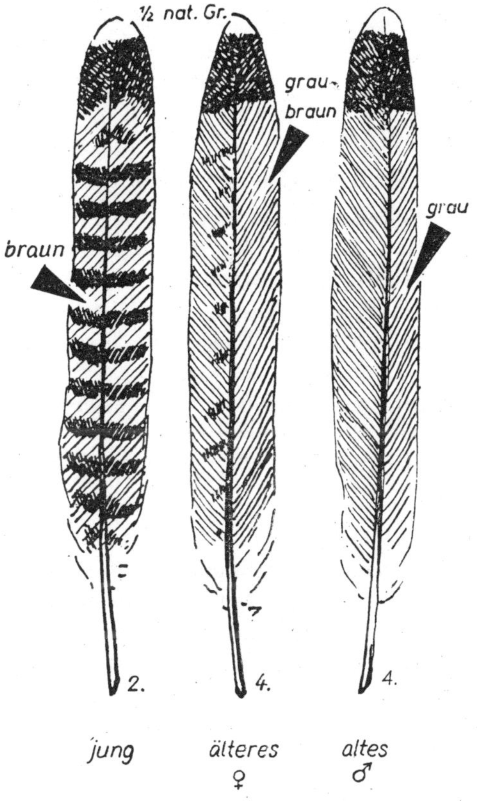

Abb. 209. Stoßfedern des Turmfalken

Abb. 208. 10. Handschwinge von Würgfalk und Feldeggsfalk

St: ähnlich dem Turmfalken.
Im Gegensatz zum Turmfalken haben die Rückenfedern keine schwarzen Schaftstriche.
Hschw Verengung 9. + 8. Af, 8. wenig oder fehlend, 10. If
L. Hschw 9. 202 ♀
L. St 1. 162 ♀

Turmfalk (*Falco tinnunculus* L.) (Abb. 204, 209)

Hschw ♂ auf weißem Grund schwarzbraune Binden („Zähne"). Beim ♂ ohne helles Braun in den Bänderwinkeln, beim ♀ und juv. mit Braun.
St: ♂ grau, Binden fehlend oder nur angedeutet, mit schwarzer Subterminalbinde. Kiele dunkel. — ♀ und juv. haben auf braunem Grund dunkelbraune Binden. Endbinde breiter als die anderen.
Hschw Verengung 9. + 8. Af, 10. + 9. If
L. Hschw 8., selten 9. 196—218 ♂
184—225 ♀
L. St 1. selten 2. 163—187 ♂
168—198 ♀

Hühner

Zahl der Hschw 10 ohne R

Die Schw sind hart, stark gebogen und haben dicke Spulen. An der Unterseite beiderseits des Kieles haben die meisten Arten einen glänzenden Streifen (besondere Federstruktur!). Ausnahmen: Stein-, Chukar-, Haushühner und Wachtel. Hinzuweisen ist auf die dunigen Schaftfedern (Doppelfedern), vor allem am Bauchgefieder. Viele Arten haben gebänderte Schw. Die Form der Steuerfedern und ihr Zeichnungsmuster sind überaus mannigfach.
Die Jugendkleider bereiten bei der Bestimmung Schwierigkeiten.

Alpenschneehuhn (*Lagopus mutus* [Montin])

Schw weiß, die Kiele in ihrer Länge mit Ausnahme der Wurzel größtenteils schwarz (dunkelbraun). Die hinteren Hschw und die Aschw haben weiße Kiele.
St: schwarz mit schmalen weißen Spitzen und etwas Weiß an der äußeren Basis. Die Mittelfedern weiß, am Grunde grau und schwarzer Kiel (Winterkleid); Mittelfedern bräunlichgelb gebändert (Sommerkleid).
Hschw Verengung 9.—5. Af, 10.—7. If
Zahl der St: 16, 14 oder 18
L. Hschw 7. oder 8. 152—160
L. St 1. oder 2. 109—120

Moorschneehuhn (*Lagopus lagopus* [L.]) (Abb. 210)

Wie Alpenschneehuhn, am Gefieder kaum zu unterscheiden. Federmaße etwas größer.
Hschw Verengung 9.—5. Af, 10.—7. If
Zahl der St: 16, 14 oder 18
L. Hschw 7. oder 8. 165—170
L. St 1. oder 2., auch 1.—6. fast gleichlang 125—129

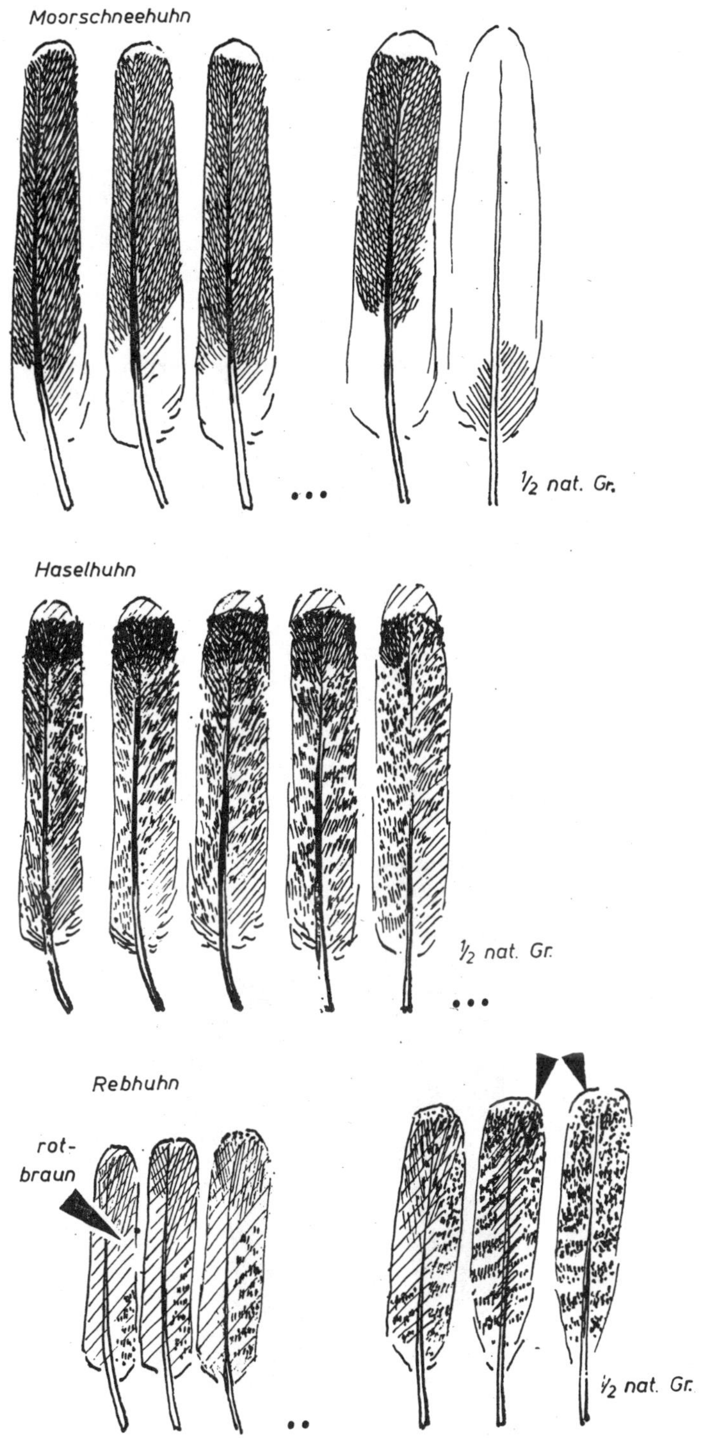

Abb. 210. Steuer von Moorschneehuhn, Hasel- und Rebhuhn

Schottisches Moorschneehuhn (*Lagopus lagopus scoticus* [Latham])

Schw schwarzbraun. Hschw 1.—4. mit hellgrauen Spitzenflecken. Aschw mit hellbrauner Marmorierung in den If.
St: ad. 8.—5. einfarbig braun, 4. + 3. Af mit 4—8 hellbraunen schmalen Säumen. 1. + 2. hellbraun marmoriert und mit hellen Spitzensäumen.
Hschw Verengung 9.—5. Af, 10.—8. If
Zahl der St: 16, 14 oder 18
L. Hschw 8: 168
L. St 3. + 4. gleichlang 105

Birkhuhn (*Lyrurus tetrix* [L.]) (Abb. 211, 212, 213)

Hschw dunkelbraun. Die Af mit heller Sprenkelung, die Kiele hellhornfarben. Der untere Teil der Aschw, etwa $^2/_3$, ist weiß, der obere schwarzbraun mit gelblicher Sprenkelung auf der Af. Weißer Spitzensaum.
St: ♂ schwarz und tief gegabelt. Die äußeren Federn stark nach außen gekrümmt („Spielhahnfedern"). ♀ schwarzbraun mit braunen Binden und Flecken, Spitze weißlich.
Hschw Verengung ♂ 9.—4. Af, 10.—6. If (6. wenig)
♀ 9.—4. Af, 10.—7. If
Zahl der St: 18
L. Hschw 6. ♂ 218—230, ♀ 190—197
L. St 9. oder 8., auch 9. + 8. gleichlang 170, 220—250 ♂
♀ 130—140, juv. 98

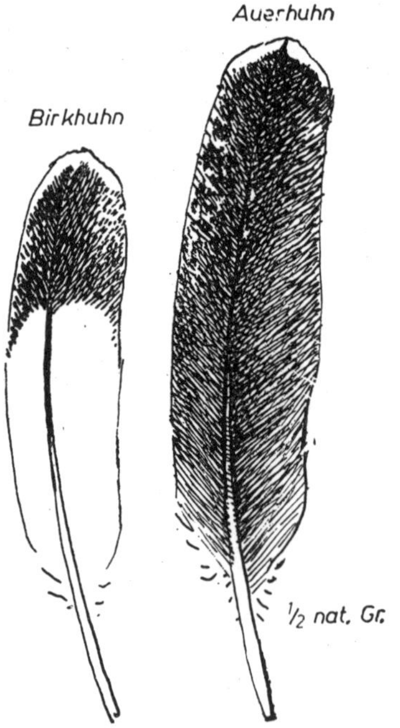

Abb. 211. Armschwingen des Birk- und Auerhuhns

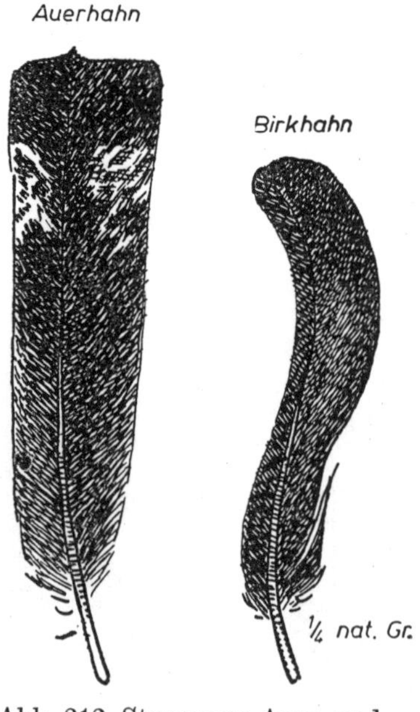

Abb. 212. Steuer von Auer- und Birkhahn

Auerhuhn (*Tetrao urogallus* L.) (Abb. 211, 212, 213)

Hschw dunkelbraun, die 8.—5. im mittleren Teil der Af grauweiß. Die Aschw dunkelbraun (im Gegensatz zum Birkwild wenig Weiß!), auf der Af in einem breiten Saum rotbraun gesprenkelt, Innensaum weißlich gesprenkelt und schmaler weißer Endsaum.
St: ♂ schwarz mit unregelmäßiger weißer Fleckenbinde (etwa 1/3 vor der Spitze). Mittelfeder ohne weiße Flecken. ♀ rostbraun unregelmäßig schwarzbraun gebändert. Vor der Spitze eine oder zwei breitere schwarz braune Binden. Weißer Endsaum mit rahmfarbenem Anflug.
Hschw Verengung 9.—4. Af oder 9.—5. Af, 10.— 5.If oder 10.—6. If (10. wenig)
Zahl der St: 18, 20, 22 oder 24
L. Hschw 7. ♂ 340, ♀ 260
L. St ♂ 1., ♀ 3. und 4. gleichlang
♂ 315—348, ♀ 176—228

Haselhuhn (*Tetrastes bonasia* [L.]) (Abb. 210)

Hschw graubraun, die Kiele dunkler. Die Af sind rahmfarben mit graubraunen Flecken. Die Aschw graubraun, die Af mit unregelmäßigen bräunlichrahmfarbenen Querbinden.
St: dunkelgraubraun mit hellgrauen Kritzeln und Wässerung. Die Spitzen sind heller, fast weiß. Vor der Spitze (Abb. 210) eine breite braunschwarze Binde (1,5 bis 2 cm). Die Mittelfeder mehr grau mit bräunlichem Anflug, ohne weiße Spitze und schwarze Vorbinde.
Hschw Verengung 9.—4. Af, 10.—5. If, 5. nicht immer deutlich.
Zahl der St: 16
L. Hschw 6. 128—138
L. St 2.—5. fast gleichlang, 1. und 6.—8. kürzer 114—133

Steinhuhn (*Alectoris graeca* [Meisner])

Die Hschw dunkelbraun. Die 10. Hschw einfarbig, die übrigen vor der Spitze mit fahlockerfarbenem Saum. Strohgelbe Kiele. Die Aschw fahler in der Färbung, die äußeren auf der Af vor der Spitze mit rahmfarbenem Saum, die inneren an den If hellfahlbraun.
St: rostrot, die mittleren aschgrau, nach der Mitte zunehmend. Braune Kiele.
Flankenfedern unterscheiden sich deutlich vom Chukarsteinhuhn (Abb. 217).
Hschw Verengung 9.—5. Af, 10.—7. If
Zahl der St 14, selten 16
L. Hschw 6. oder 7. 133
L St 2.—5. fast gleichlang, 91 + 105

Chukarsteinhuhn (*Alectoris chukar* [J. E. Gray]) (Abb. 217)

Schw und St wie Steinhuhn.
Unterscheidung nur an den Flankenfedern möglich.
Hschw Verengung 9.—5. Af, 10.—7. If
Zahl der St: 14, selten 16
L. Hschw 6. 128
L. St 3.—4. gleichlang 93

Rebhuhn (*Perdix perdix* [L.]) (Abb. 210)

Die Hschw graubraun mit hellbräunlichen Binden auf der Af und If. Die Aschw mit hellbräunlichen Binden, dunkler eingefaßt, an der Spitze und an der If Fleckung. Die Kiele dunkler graubraun.
St: rostbraun, an der Spitze dunkler, aber heller Spitzensaum. Die If hat nach der Wurzel zu Fleckung oder Bänderung. Die Mittelfeder hat graue Kritzelung an der Spitze und an der Wurzel hellbräunliche Binden (Abb. 210). Rotbraune Kiele, auch auf der grauen Mittelfeder.
Hschw Verengung 9.—4. Af, 10.—7. If, 7. wenig.
Zahl der St: 18 und 16
L. Hschw 7. oder 6. ad. 123—138, juv. 98, 100, 101
L. St 2.—6. fast gleichlang, auch 1.—6. fast gleichlang, 7. und 8. kürzer. Ad. 83—95, juv. 57, 58

Wachtel (*Coturnix coturnix* [L.]) (Abb. 214)

Die Schw graubraun mit hellbräunlichen Binden. Die vorderen Hschw nur auf der Af, die hinteren und die Aschw angedeutet gebändert, auch im vorderen Teil der If. Die If der Hschw ist aufgehellt. Graubraune Kiele. Keine Glanzstreifen auf der Unterseite der Hschw.
St: graubraun mit hellbräunlichen Binden, Kritzeln und Säumen.
Hschw Verengung 9. u. 8. Af, manchmal auch 7. wenig, 10. If
Zahl der St: 12, selten 10
L. Hschw 8. oder 9. 78—88,5
L. St 1. 35—46

Fasan (*Phasianus colchicus* L.) (Abb. 215)

Die Schw graubraun mit hellbräunlichen Sprenkelbinden, in der Mitte der Feder ist die Bänderung deutlicher. An der If und an der Basis weißlich gesprenkelt. Graubraune Kiele. Männchen mit bunt schillernden und mannigfach gemusterten Beifedern.
St: ♂ die Mittelfedern in der Mitte gelbbraun mit olivfarbigem Anflug, schwach schwärzlich gesprenkelt und mit schmalen, nach der Wurzel zu breiteren Querbinden. Seitlich ein rotbrauner Saum, nach außen zerschlissen, kupferrot oder purpurglänzend. Sehr lang, spießförmig. ♀ die mittleren Federn unregelmäßig rotbraun, schwarz und schmal, bräunlich gebändert (die Binden schwarz eingefaßt). Seitlich hell sandfarben und fein schwärzlich getüpfelt.
Hschw Verengung 9.—3., 2. selten in der Af, 9.—7. If, 7. wenig
Zahl der St: 16, 18 oder 20
L. Hschw 6. ♂ 202—235, ♀ 176—188
L. St 1. ♂ 440—503, ♀ 255—296

Haushuhn (*Gallus gallus* [L.]) (Abb. 215)

Färbung überaus mannigfaltig: schwarz (Italiener, Spanier), gescheckt (Wyandotten, Barnevelder), gesperbert (Schotten), glanzreiches tiefes Rot (Rhodeländer, Sussex), gelbbraun und weiß. Neben regelmäßiger Färbung Bänderung und Fleckung („wild-

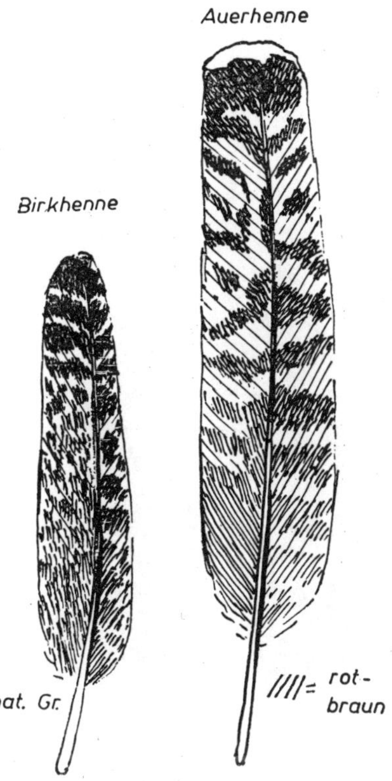

Abb. 213. Steuer von Birk- und Auerhenne

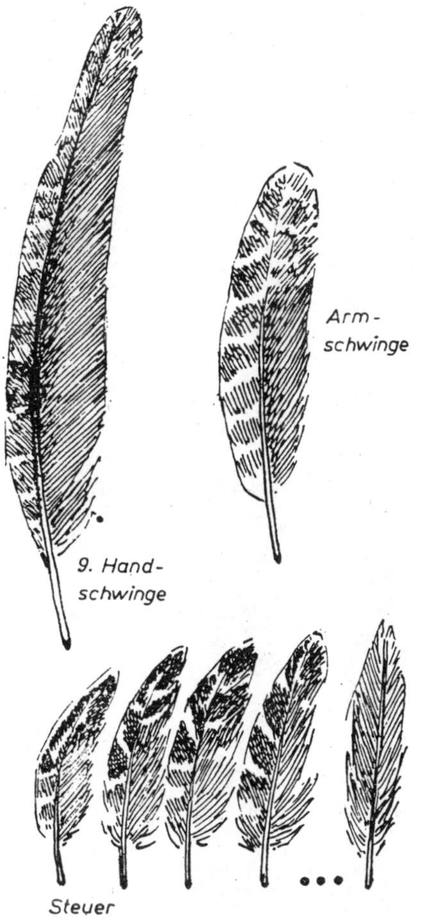

Abb. 214. 9. Handschwinge, Armschwinge und Steuer der Wachtel. Nat. Gr.

farbig" wie Rebhuhnfarbige Italiener) auch unregelmäßige Färbung, alle Übergänge vom tiefen Schwarz bis zum reinen Weiß, bis zur Pigmentlosigkeit bei Leghorn. Jede Rasse wurde in mehreren oder vielen Farbschlägen gezüchtet. Das wichtigste Merkmal ist die typische Krümmung der Schw der Hühnervögel, und zwar von der Ober- zur Unterseite. An den hinteren Armschwingen und den Kleinfedern (Rücken, Flanke) bei manchen Rassen helle Schaftstriche im Spitzenteil der Feder (ähnlich dem Rebhuhn und der Wachtel).

St: beim ♂ lang und sichelförmig gebogen.
Hschw Verengung 9.—4. Af
Zahl der St: 14
L. Hschw 6. sehr verschieden
L. St 1. oder 2. sehr verschieden

Abb. 215. Steuerfedern und Handschwinge des Fasans, Steuer und Handschwinge des Perlhuhns und Handschwingen des Haushuhns

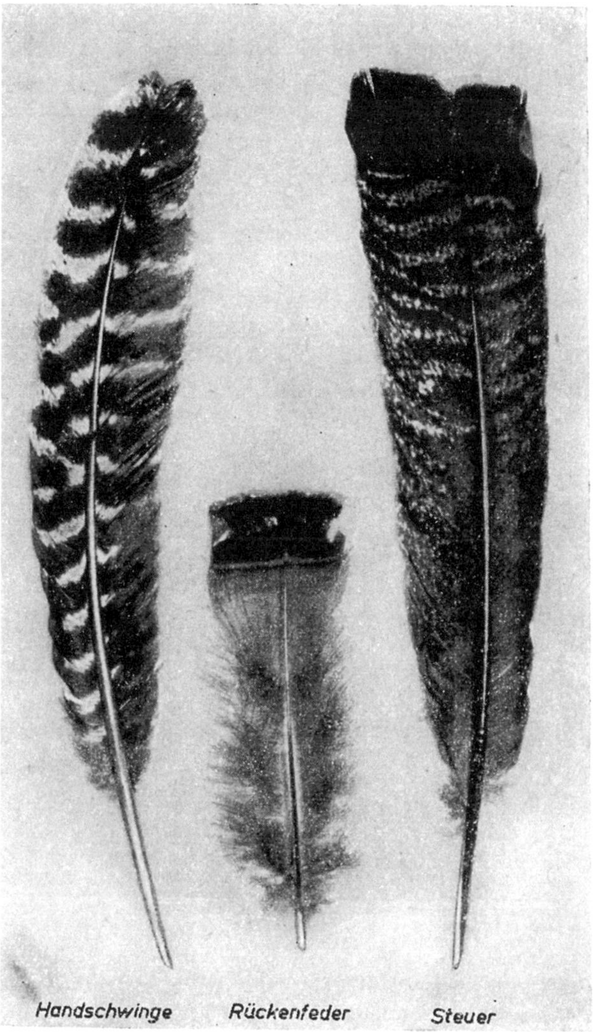

Abb. 216. Handschwinge, Rückenfeder und Steuer des Truthuhns

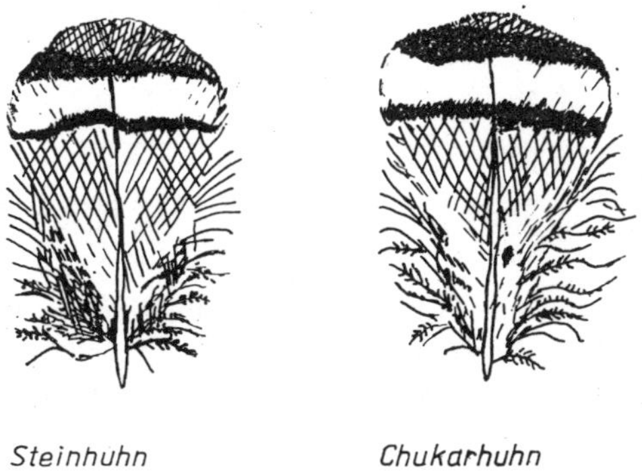

Abb. 217. Flankenfedern von Steinhuhn und Chukarsteinhuhn

Truthuhn (*Meleagris gallopavo* [L.]) (Abb. 216)

Gefieder braunschwarz mit Bronzeschimmer, Schw grauweiß mit brauner Querbänderung. — Außer der wildfarbenen Form noch andere Farbschläge.
St: abgestutzt, schwarz mit brauner Querbänderung und brauner oder weißer Spitze.
Hschw Verengung 3.—9. Af, 10.—6. If
L. Hschw 5. 334—365
L. St 1. 285—320

Perlhuhn (*Numida meleagris* [L.]) (Abb. 215)

Die Hschw graubraun mit weißen Binden, oft unterbrochen oder mit Tropfenketten. Das andere Gefieder ist auf blaugrauem Grund mit weißen Perlaugen (weiße Flecke mit schwarzer Einsäumung) übersät.
St: auf grauem oder schwarzem Grund weiße Tropfenketten (Abb. 215).
Hschw Verengung 9.—5. Af, 10.—8. If (8. wenig)
Zahl der St: 16, juv. 12
L. Hschw 6. 225—235
L. St 1.—3. fast gleichlang 155—165

Kraniche

Zahl der Hsch 10 + 1 R
Zahl der St: 12

Graukranich (*Grus grus* [L.]) (Abb. 219)

Hschw schwarz, ebenso die Aschw, aber der größte Teil der If dunkelgrau. Innere Aschw stark verlängert, herabhängend, zerschlissen.
St: aschgrau, Spitzen grauschwarz.
Hschw Verengung 9.—6. Af, 10.—6. If
L. Hschw 7. 415—435
L. St 1. 220—240

Jungfernkranich (*Anthropoides virgo* [L.])

Hschw schwarz mit mehr oder weniger deutlichem blaugrauem Anflug, an der Basis weißlich. Die Aschw schiefergrau, an den Spitzen ausgedehnt schwarz. Innere Aschw verlängert. Die Federmaße sind wesentlich geringer als beim Graukanich.
St: schiefergrau, an der Spitze etwas dunkler.
Hschw Verengung 9.—6. Af, 10.—7. If
L. Hschw 7. 326—330
L. St 1. 165—185

Trappen

Zahl der Hschw 10 + 1 R

Großtrappe (*Otis tarda* L.) (Abb. 218)

Hschw schwarzbraun, If an der Basis weiß, strohfarbene Kiele. Die hinteren Hschw im Spitzenteil braunschwarz ($^1/_3$ bis $^1/_2$ der Fahne). Unten weiß. Die Aschw im Spitzenteil braunschwarz, unten weiß. Schulterfedern rostbraun (ockerfarben) mit schwarzer Bänderung.

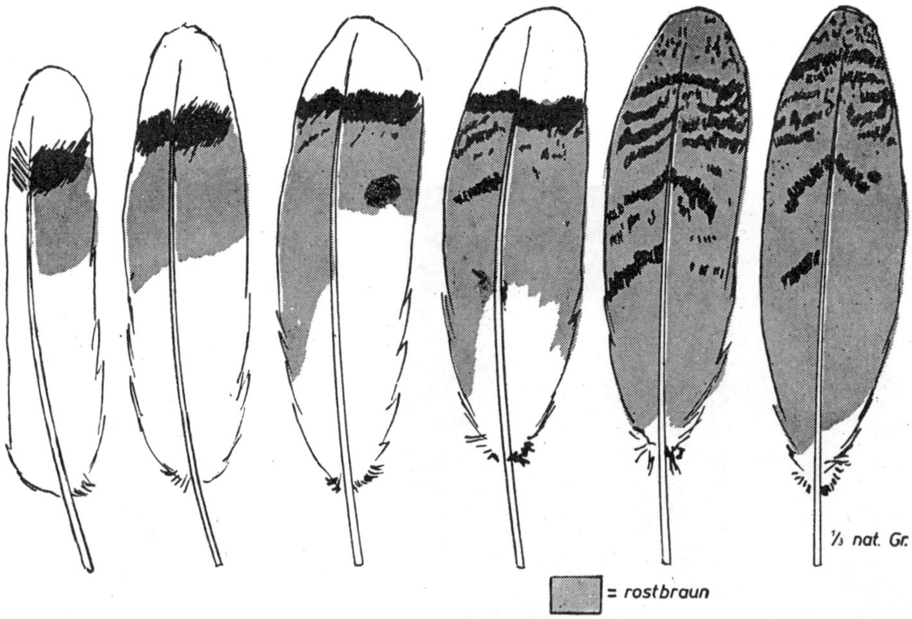

Abb. 218. Steuer der Großtrappe (♀)

St: größtenteils weiß. Die Außenfeder in der oberen Hälfte zimtfarben mit weißer Spitze, untere Hälfte weiß. Nach der Steuermitte nimmt das Braun zu. Im braunen Teil ein oder zwei breite schwarze Binden, mitunter nur angedeutet, zwischen den Binden schwarze Kritzel. Die Mittelfedern braun mit einigen Querbinden, zwischen diesen schmalere.
Hschw Verengung 9.—5. Af, 10.—8. If
Zahl der St: 20
L. Hschw 7. ♂ 450—500, ♀ 360—420
L. St 3. und 4. gleichlang, ♂ 275, ♀ 245

Zwergtrappe (*Otis tetrax* L.) (Abb. 220)

Hschw dunkelbraun mit kleinen weißlichen Spitzen und Weiß an der Basis. Das Weiß nach innen zunehmend: die innersten Hschw ganz weiß mit schwarzer Subterminalbinde. Die Aschw weiß, die äußeren mit einigen schwarzen Flecken an der Af.
St: die Wurzel und Spitze weiß, im übrigen auf weißem (hellgrauem) Grund mit unregelmäßigen matt schwarzen Zickzacklinien und einer oder zwei schwarzen Querbinden. Die Mittelfedern ohne weiße Spitze, auf hellrostgelbem Grund grobe schwarze Zeichnung.
Hschw Verengung 9.—5. Af, 7.—6. If
Zahl der St: 18
L. Hschw 6. 189 und 195
L. St 1.—3. gleichlang 115 und 117

Abb. 219. Rückenfeder des Kranichs (Länge 29 cm)

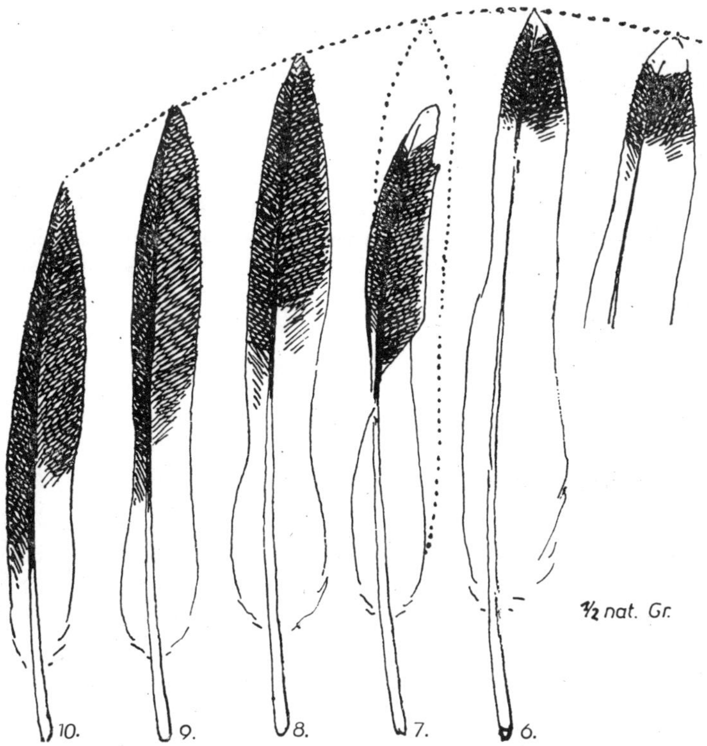

Abb. 220. Zwergtrappe (♂). Man achte auf die abweichende Form der 7. Handschwinge und auf den Einschnitt im Verlauf der Federspitzen. Punktiert die normale Form der 7. Handschwinge (♀)

Rallen

Zahl der Hschw 10 + 1 R
Hschw Verengung: keine

Äußerste Hschw stark nach innen gebogen. An der Af der 10. Hschw meist weiße Kante. Steuer bei einigen Arten auffallend kurz.

Wasserralle (*Rallus aquaticus* L.)

Schw schwarzbraun. Kiele dunkel. Verlängerte Aschw mit dunklem Mittelstreifen und gelbbraunen Säumen. Flankenfedern schwarzweiß gebändert.
St: schwarz mit olivbraunen Säumen.
Zahl der St: 12
L. Hschw 7. oder 8., auch 7. und 8. gleichlang 85—101,5
L. St 1. oder 2. 53—68

Tüpfelralle (*Porzana porzana* [L.]) (Abb. 221)

Schw schwarzbraun, heller als bei der Wasserralle. Äußerste Hschw mit Weiß an der Af. Verlängerte Aschw mit schmalen weißen Strichen. Flankenfedern schwarz mit weißen Binden und Tüpfeln.

St: schwarzbraun mit gelbbraunen Säumen.
Zahl der St: 12, selten 10 oder 14
L. Hschw 8. oder 7., auch 8. und 7. gleichlang 90,5—93
L. St 1. 50—59

Zwergralle (*Porzana pusilla* [Pallas]) (Abb. 222, 223)

Schw braun. 10. Hschw mit weißem Saum auf der Af. Die inneren Hschw gleich den Aschw meist mit einigen weißen Strichen vor der Spitze. Verhältnis der längsten Hschw zur verlängerten Aschw: letztere 1—1,5 cm kürzer als erstere. Flankenfedern schwarzweiß gebändert. Blaugraue Bauchfedern beim ♂.
St: schwarzbraun, breit braun gesäumt.
Zahl der St: 12, selten 10
L. Hschw 7. 87
L. St 1. 45 und 53

Kleinralle (*Porzana parva* [Scopoli]) (Abb. 222, 223)

Schw olivbraun. Ähnlich der vorigen, aber weiße Zeichnung auf dem Rücken und dem Flügel spärlicher. Weißer Saum auf der Af der 10. Hschw[1]). Innere verlängerte Aschw olivbraun ohne weiße Flecke. Verhältnis der längsten Hschw zur verlängerten Aschw: letztere 2,5—3 cm kürzer als erstere. Flankenfedern schwarzweiß gebändert. Blaugraue Bauchfedern beim ♂.
St: braun, fast keilförmig. Die Federn längs der Mitte braunschwarz.
Zahl der St: 12, selten 10
L. Hschw 8. 84 und 88
L. St 1. 54 und 65

Wiesenralle, Wachtelkönig (*Crex crex* [L.]) (Abb. 221)

Schw rostbraun, vor allem auf den Af. Am Kiel und der Kiel selbst braun. Die Af der letzten Hschw weiß (weißlich). Verlängerte Aschw mit dunklem Mittelstreifen und gelbbräunlichen Säumen. Rostbraunes Kleingefieder.
St: die Af rostbraun, If und Basis graubraun. Bänderung leicht angedeutet (Abb. 298).
Zahl der St: 12
L. Hschw 8., auch 7. und 8. gleichlang 106—115
L. St 1. 52 und 60

Teichralle (*Gallinula chloropus* [L.])

Schw schwarzbraun. Kiele dunkel. Vordere Hschw zugespitzt. 10. Hschw an der Af weiß, Aschw schwarzbraun, ohne besondere Kennzeichen.
St: schwarzbraun. Außenfeder mit weißem Spitzenfleck. Aufhellung auf der Af (gut sichtbar auf der Unterseite).
Zahl der St: 12
L. Hschw 7. oder 8., auch 7. und 8. gleichlang 125,5—152
L. St 1. oder 2. 73—88

---

[1]) Der Hinweis in manchen Bestimmungsbüchern, daß der weiße Saum auf der Af der 10. Hschw ein typisches Merkmal für die Zwergralle im Gegensatz zur Kleinralle sei, wird durch die Feststellungen Rokitanskys widerlegt. Ich verweise auf die Abbildung 223.

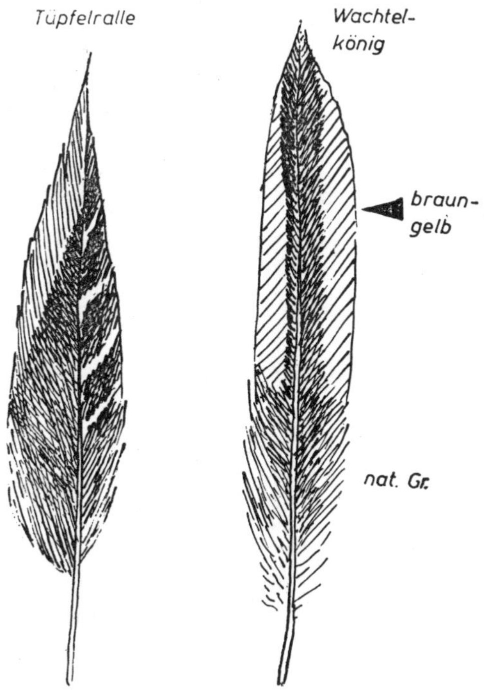

Abb. 221. Hintere Armschwingen der Tüpfelralle und der Wiesenralle (Wachtelkönig)

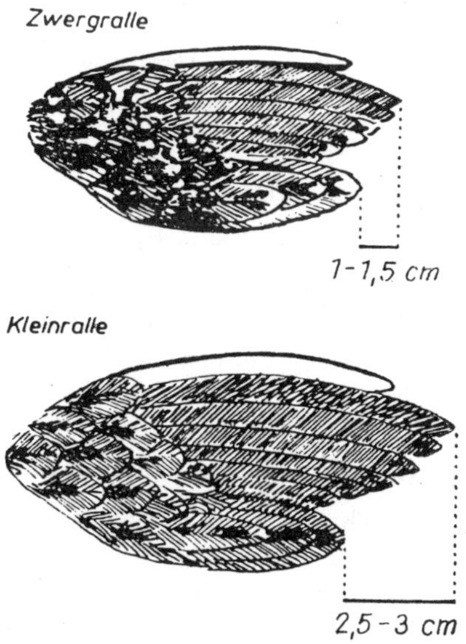

Abb. 222. Besondere Kennzeichen am Flügel von Zwerg- und Kleinralle

Abb. 223. Variation der Weißzeichnung an der 10. Handschwinge bei Klein- und Zwergralle

Bleßralle (*Fulica atra* L.)

Schw schwarzgrau. 10. Hschw nicht immer weiße Af. Kiele dunkel. Aschw mit weißlichem verwaschenem Spitzenfleck.
St: schwarz, auf der Unterseite der Af grau! St sehr kurz.
Zahl der St: 12, 14, selten 16
L. Hschw 8. oder 7. 137—172
L. St 2. oder 1., auch 1.—5. gleichlang 58—79

Regenpfeifer

Zahl der Hschw 10 + 1 R
Zahl der St 12

Hschw Verengung: keine
Weißer Kiel, wenigstens der in der 10. Hschw oder weißes Feld im oberen Teil der Hschw.

Austernfischer (*Haematopus ostralegus* L.) (Abb. 225)

Schw schwarzbraun mit weißem Feld im oberen Teil. If der Schw und Basis weiß.
St: oberer Teil schwarz, nach innen zunehmend; unterer Teil weiß, auch die Kiele.
L. Hschw 9. oder 10. 180—195
L. St 2.—5. fast gleichlang, 1. und 6. wenig kürzer 106—123

Kiebitz (*Vanellus vanellus* [L.]) (Abb. 226)

Schw schwarzbraun, die äußersten 3 Hschw mit aufgehelltem Spitzenteil. Aschw obere Hälfte schwarzbraun, untere weiß, vor allem die If. Die letzten Aschw olivgrün mit metallischem Schimmer.
St: weiß mit braunem Spitzensaum, davor breite schwarze Binde.
L. Hschw 8. 173—200
L. St 4. oder 5. 97—130

Sandregenpfeifer (*Charadrius hiaticula* L.) (Abb. 224)

Schw graubraun, Regenpfeifertyp.
St: 5. und 6. Außenfeder weiß, die anderen schwarzbraun, nach unten aufgehellt. Weiße Spitzen.
L. Hschw 9. oder 10. 95—105,5
L. St 1. 2. oder 3. 59—80,5

Flußregenpfeifer (*Charadrius dubius* Scopoli) (Abb. 227)

Schw graubraun, nicht Regenpfeifertyp. If aufgehellt. Die 10. Hschw hat weißen Kiel, die anderen dunkle Kiele.
St: im Gegensatz zum Sandregenpfeifer auf den Außenfedern Wölkung. Weiße Spitzen.
L. Hschw 9. 89—92
L. St 1. oder 2., auch 1.—6. fast gleichlang 58—70

Seeregenpfeifer (*Charadrius alexandrinus* L.)

Innere Hschw mit einem weißen Feld im Mittelteil der Af. If großenteils graubraun, weißer Randsaum und feine weiße Endsäume. Die Aschw mit breiteren weißen End- und Innensäumen. Innere Aschw fast ganz weiß. Ähnlich dem Sandregenpfeifer, Federmaße kleiner.

St: 4.—6. weiß, die folgenden teilweise, die Mittelfedern ganz dunkelbraun. Mehr Weiß am Steuer als der Sandregenpfeifer.

L. Hschw 9. 75—87

L. St 6. 1. 4. 5. 49—55

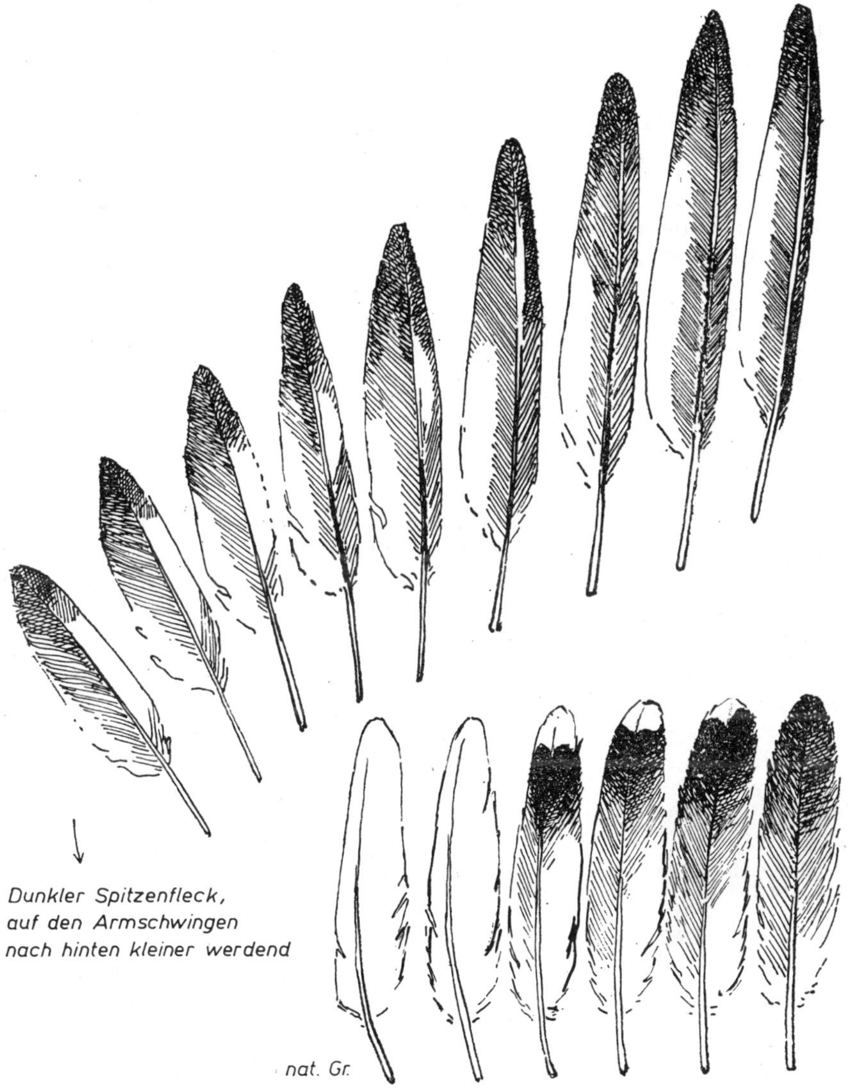

Abb. 224. Zeichnungsschema der Regenpfeifer (Sandregenpfeifer)

Kiebitzregenpfeifer (*Pluvialis squatarola* [L.]) (Abb. 228)

Schw Regenpfeifertyp. Auf den Schw mehr Weiß als der Goldregenpfeifer.
St: schwarzweiß gebändert.
L. Hschw 9. oder 10. 147—157
L. St 2.—5. fast gleichlang, 1. und 6. wenig kürzer 75—85

Goldregenpfeifer (*Pluvialis apricaria* [L.]) (Abb. 228)

Schw Regenpfeifertyp. Der Kiel im oberen Federteil ist weiß. Die weißen Felder sitzen tiefer als beim Kiebitzregenpfeifer.
St: graubraun mit Bänderung im Spitzenteil. Bei den Mittelfedern die Bänderung auf goldgelbem Grund.
L. Hschw 9. 134—150
L. St 4. oder 5. 75—85,5

Mornellregenpfeifer (*Eudromias morinellus* [L.]) (Abb. 229)

Schw dunkelgraubraun, die äußersten Hschw fast schwarz. Der Kiel der 10. Hschw ist weiß (auffällig breit — gutes Kennzeichen der Art!), die Kiele der folgenden hornfarben. Die Aschw graubraun, die inneren an der Wurzel und an der If weißlich und mit schmalen weißen Endsäumen. Die verlängerten Aschw dunkelbraun mit breiten braunen (rahmfarbenen) Säumen.
St: die Außenfedern graubraun mit weißen Spitzen und schwärzlicher Subterminalbinde, die mittleren mit schwärzlicher Spitze, die weiß umrandet ist.
L. Hschw 9., auch 10. und 9. gleichlang 112—114
L. St 1., auch 1.—4. fast gleichlang 71—80

Steinwälzer (*Arenaria interpres* [L.]) (Abb. 230)

Schw schwarzbraun, If und Basis weiß. Das Dunkle ist nicht scharf abgesetzt, sondern übergehend. Auf den hinteren Hschw nimmt das Weiß zu. Der Kiel der 10. Hschw und der ersten Hschw ist weiß, der dazwischenliegende zeigt hornfarbene Aufhellung in der Federmitte. Die vorderen Aschw haben an der Spitze einen dunklen Fleck, der auf den folgenden abnimmt.
St: wie die Regenpfeifer spitzenwärts schwarz mit weißen Spitzen. Die Basis ist weiß.
L. Hschw 9. 119—127
L. St 1. 2. 64—72

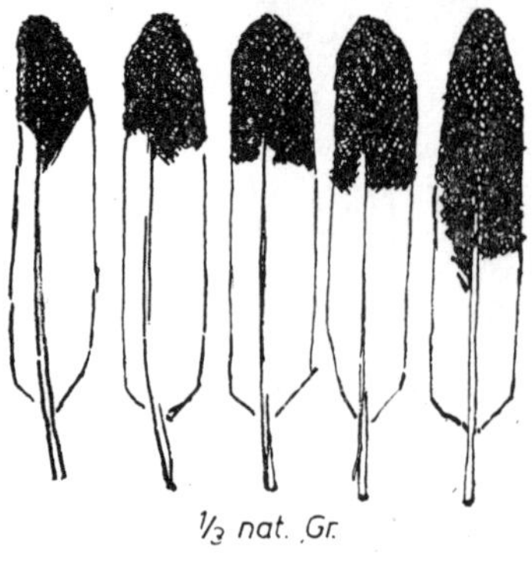

Abb. 225. Steuer des Austernfischers

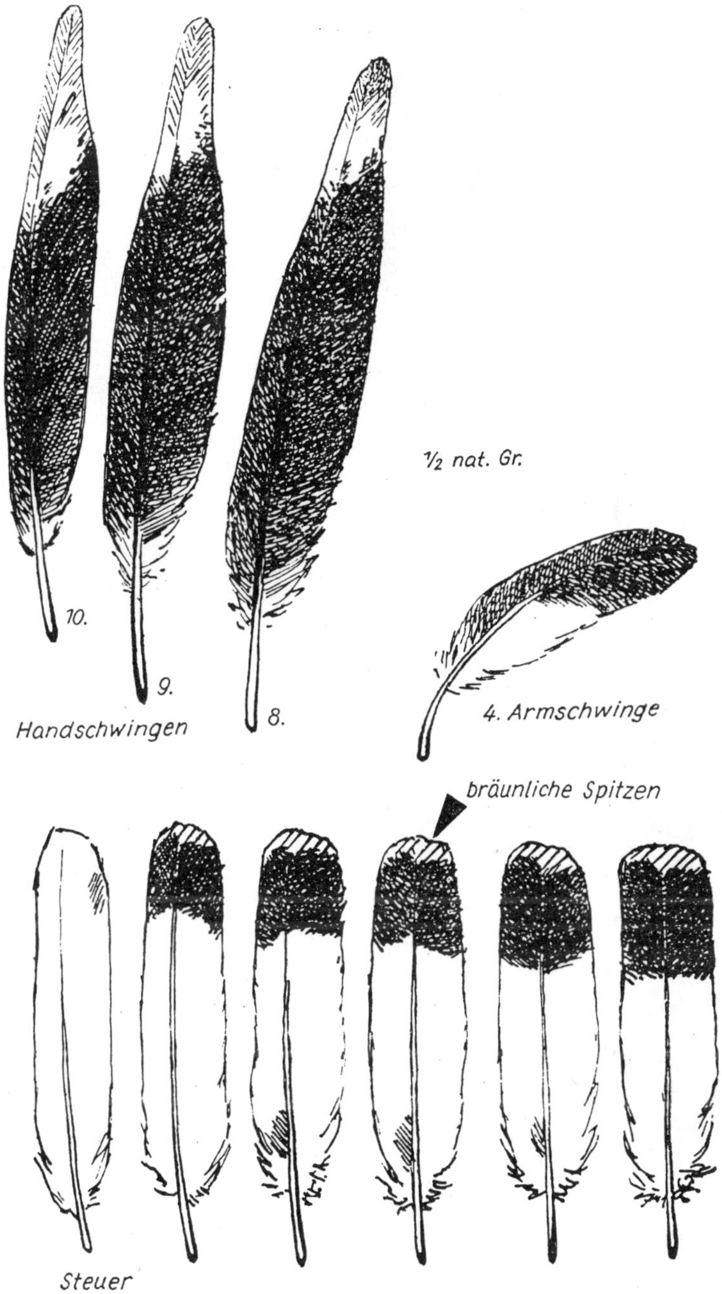

Abb. 226. Handschwingen, 4. Armschwinge und Steuer vom Kiebitz

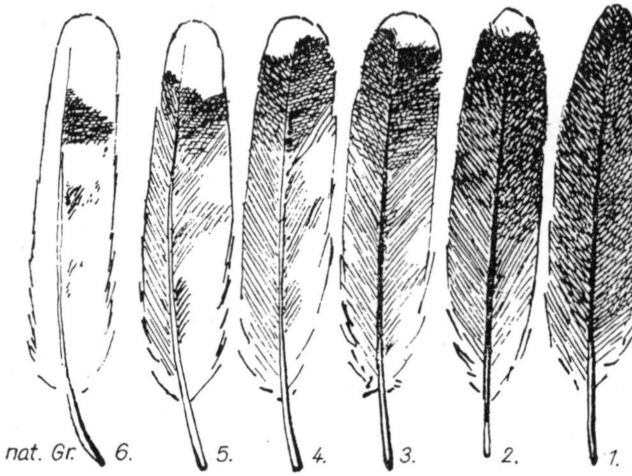

Abb. 227. Steuer des Flußregenpfeifers

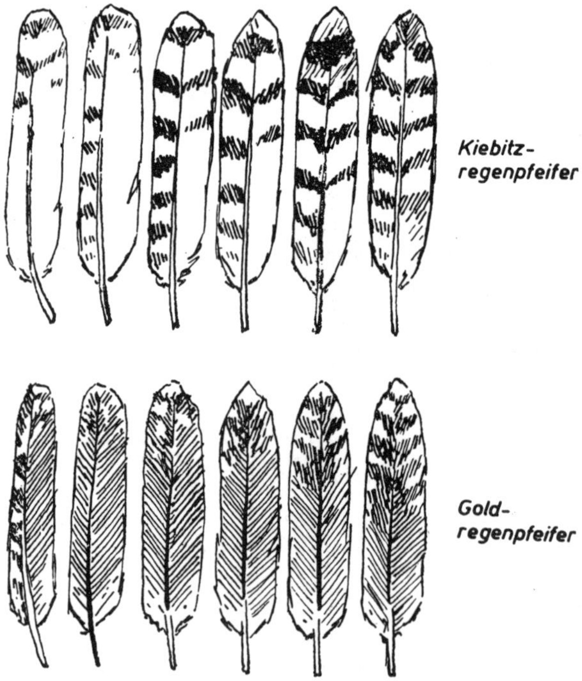

Abb. 228. Steuer von Kiebitz- und Goldregenpfeifer

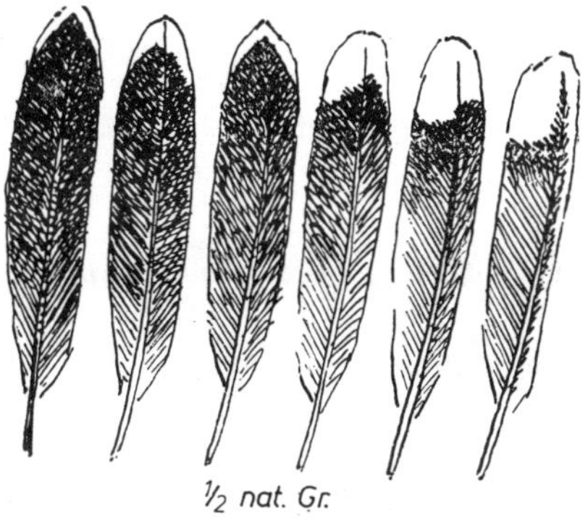

Abb. 229. Steuer des Mornellregenpfeifers

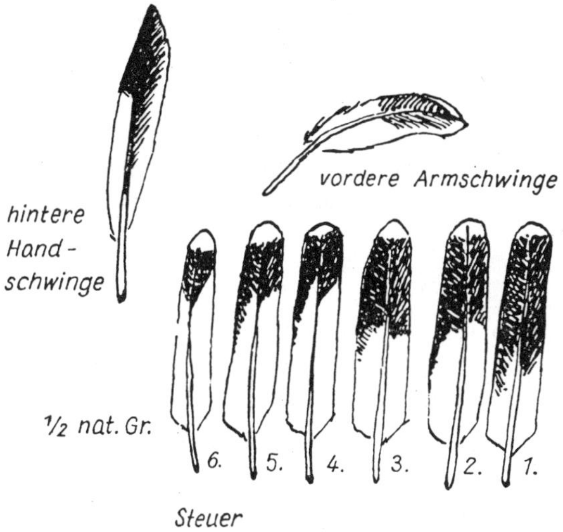

Abb. 230. Hintere Handschwinge, vordere Armschwinge und Steuer des Steinwälzers

Schnepfen

Zahl der Hschw 10 + 1 R
Hschw Verengung: keine

In der Mehrzahl haben sie auf den Schw und dem St Bänderung.

Bekassine (*Gallinago gallinago* [L.]) (Abb. 231)

Schw einfarbig grauschwarz. Die 10. Hschw an der Af weißlich. Die Aschw graubraun mit weißlichem Spitzensaum und mit Wölkung, Tüpfelung auf der If.
St: auf hellbraunem Grund schwarzbraune Binden.
Zahl der St: 14, 12, 16 oder 18
L. Hschw 9. 94—105
L. St 2., 3., 4., auch 2.—4. gleichlang 55—71

Doppelschnepfe (*Gallinago media* [Latham] (Abb. 232)

Wie bei der Bekassine die Schw graubraun. Kiele hornfarben. Aschw mit weißlichem Spitzensaum und Tüpfelung auf der If.
St: die 3 Außenfedern sind in der Hauptsache weiß, bei der Bekassine rostfarben (bräunlich).

Zahl der St: 16, 14 oder 18
L. Hschw 9. 112
L. St 2. oder 1., auch 1. und 2. gleichlang 56—62

Zwergschnepfe (*Lymnocryptes minimus* [Brünnich]) (Abb. 233)

Schw graubraun. Die Kiele hornfarben. Die Aschw mit weißlichem oder grauem Spitzenteil.
St: schwarz mit bräunlichen Säumen und dunkler Sprenkelung.
Zahl der St: 12
L. Hschw 9. 78—90
L. St 1. 45—60

Waldschnepfe (*Scolopax rusticola* L.) (Abb. 234)

Die Schw haben auf braunem Grund (Af rotbraun, If hellbraun) schwarzbraune Bänderung.
Die 10. Hschw hat eine weißliche Af.
St: schwarz mit braungebändertem Saum auf der Af. Auf der Unterseite der Federn befindet sich ein weißer Spitzenfleck (Signalisierung!), auf der Oberseite ist dieser unauffällig grau.
Zahl der St: 12
L. Hschw 9. 141—153
L. St 2.—4. fast gleichlang, auch 1.—3. gleichlang. 75—97,5

Großer Brachvogel (*Numenius arquata* [L.]) (Abb. 235)

Auf allen Schw auf weißem Grund schwarzbraune Bänderung. Der Kiel der 10. Hschw ist weiß, die übrigen hornfarben.
St: Bänderung.
Zahl der St: 12
L. Hschw 9. 225—246
L. St 1. 118—137

Regenbrachvogel (*Numenius phaeopus* [L.])

Wie Großer Brachvogel. Die Federmaße sind jedoch wesentlich kleiner.
St: Bänderung
Zahl der St: 12
L. Hschw 9. 185
L. St 1. 105

Uferschnepfe (*Limosa limosa* L.) (Abb. 236)

Sie hat keine Bänderung, sondern Schwarzweiß-Zeichnung. Die Kiele der Schw sind weiß.
St: oberer Teil schwarz. Basalteil weiß. Schmaler weißer (grauer) Spitzensaum.
Zahl der St: 12
L. Hschw 9. 153—165
L. St 6. 80—84

Abb. 231. Steuer der Bekassine

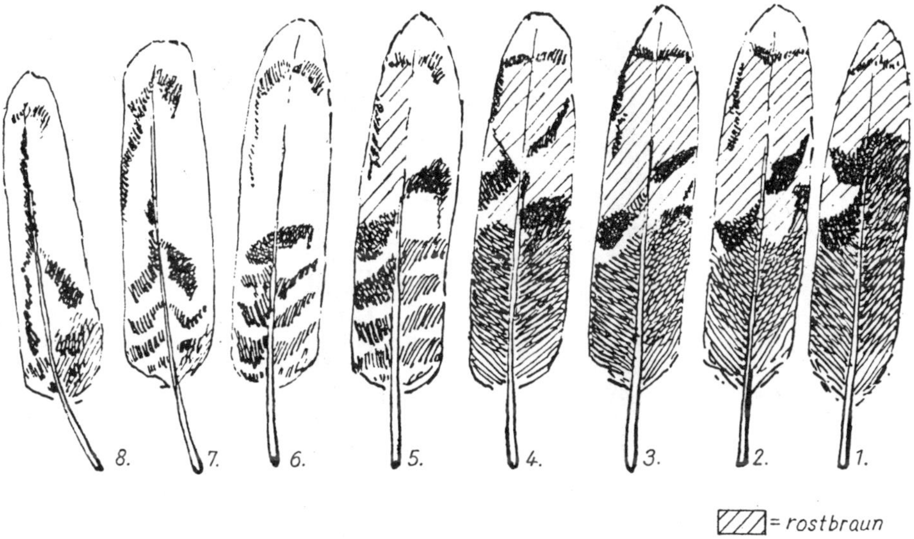

Abb. 232. Steuer der Doppelschnepfe

Pfuhlschnepfe (*Limosa lapponica* [L.]) (Abb. 237)

Die Schw haben auf der If Wölkung, Tüpfelung.
St: klare Bänderung, auf weißem oder bräunlichem Grund graubraune Binden.
Zahl der St: 12
L. Hschw 9. 147—161
L. St 6., andere St wenig kürzer 76—83

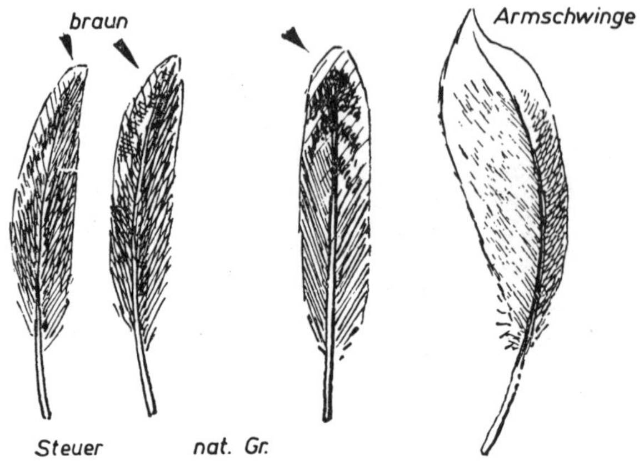

Abb. 233. Steuer und Armschwinge der Zwergschnepfe

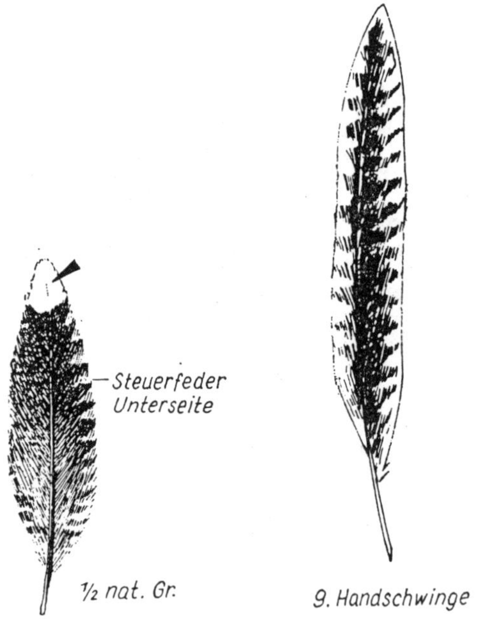

Abb. 234. Waldschnepfe

Abb. 235. 9. Handschwinge des Großen Brachvogels

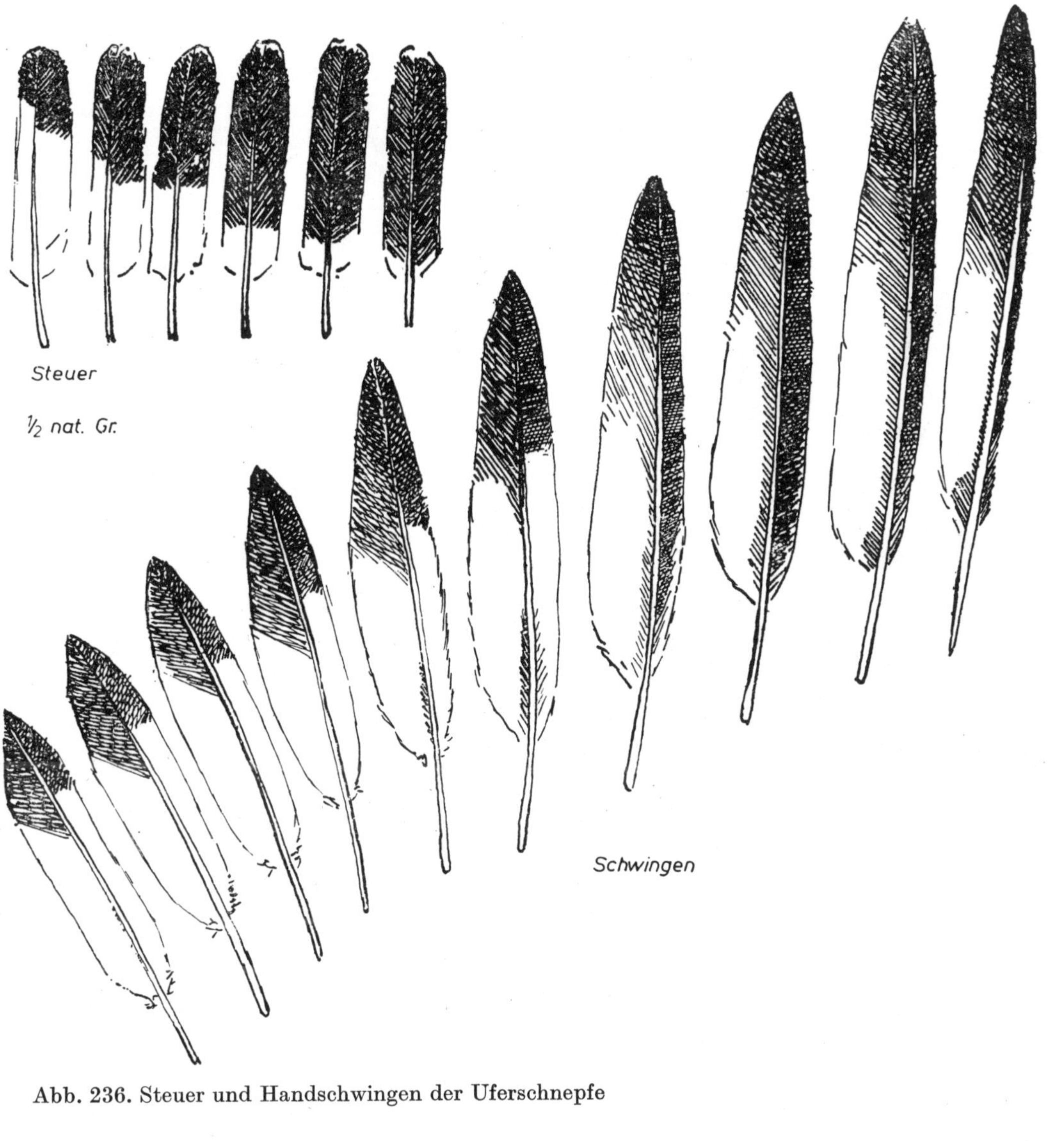

Abb. 236. Steuer und Handschwingen der Uferschnepfe

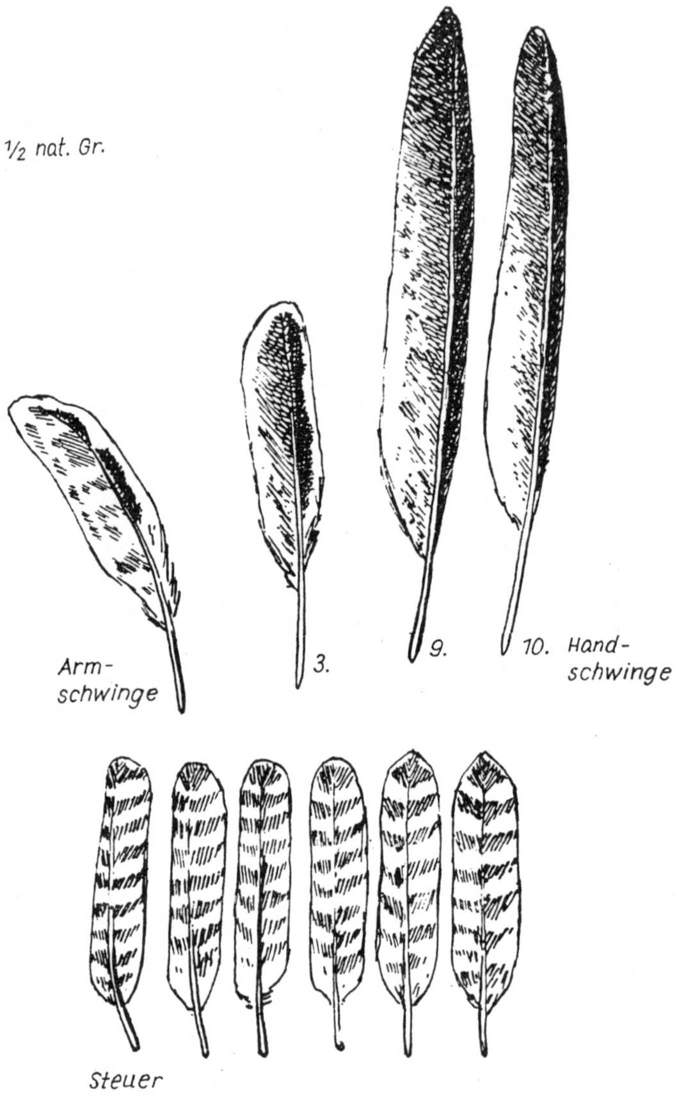

Abb. 237. Armschwinge, Handschwingen und Steuer der Pfuhlschnepfe

Wasserläufer

Zahl der Hschw 10 + 1 R
Hschw Verengung: keine

Bei vielen Arten ist der Kiel der 10. Hschw weiß. Verlängerte Aschw mit Sägemuster.

Waldwasserläufer (*Tringa ochropus* L.) (Abb. 239)

Alle Schw schwarzbraun mit dunklen Kielen.
St: weiß mit grober Bänderung, vor allem auf den inneren Federn.
Zahl der St: 12
L. Hschw 9. 105—109
L. St 5. 4. oder 6. 60—70

Bruchwasserläufer (*Tringa glareola* L.) (Abb. 238, 239)

Schw schwarzbraun. Aschw mit schmalem weißem Spitzensaum. Bei juv. haben die Hschw an den If weiße Aufhellung mit Tüpfelung, die Aschw verwischte Bänderung. Die verlängerten Aschw haben auf gelblichem Grund gebänderten Saum. 10. Hschw mit weißem Kiel.
St: weiß mit dunkler Bänderung, vor allem auf der Af. Innere Federn grau mit wenig Weiß oder Gelb an der Spitze.
Zahl der St: 12 oder 14
L. Hschw 9. 95—107,5
L. St 1., nicht immer die längste, auch übrige St können die längsten sein. 49—62

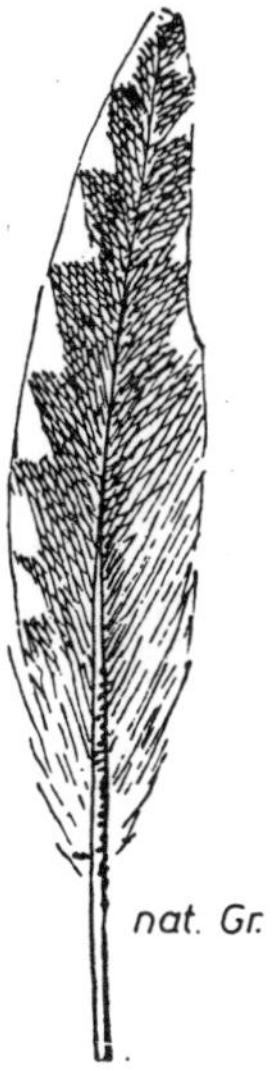

Abb. 238. Sägemuster an der verlängerten Armschwinge des Bruchwasserläufers

Teichwasserläufer (*Tringa stagnatilis* [Bechstein]) (Abb. 239)

Hschw bräunlichschwarz, Innensäume nach der Wurzel zu weißlich mit dunklen Tüpfeln. Aschw graubraun, die Innensäume wie bei den Hschw und schmale weiße Außen- und Spitzensäume. Größer als der vorige.
St: weiß. Auf der Außenfeder nur schmaler schwarzer Außensaum. Im Vergleich zum Bruchwasserläufer spärliche Dunkelzeichnung.
Zahl der St: 12
L. Hschw 9. 100 + 106
L. St 1. oder 6., übrige St wenig kürzer 62 + 66

Rotschenkel (*Tringa totanus* L.) (Abb. 240)

Hschw schwarzbraun, an der If breiter weißer Saum. Die Aschw weiß mit graubraunem Fleck auf der unteren Federhälfte.
St: weiß mit feiner graubrauner Bänderung.
Zahl der St: 12
L. Hschw 9. 115—130
L. St 1. 2. 3. oder 6. 63—77

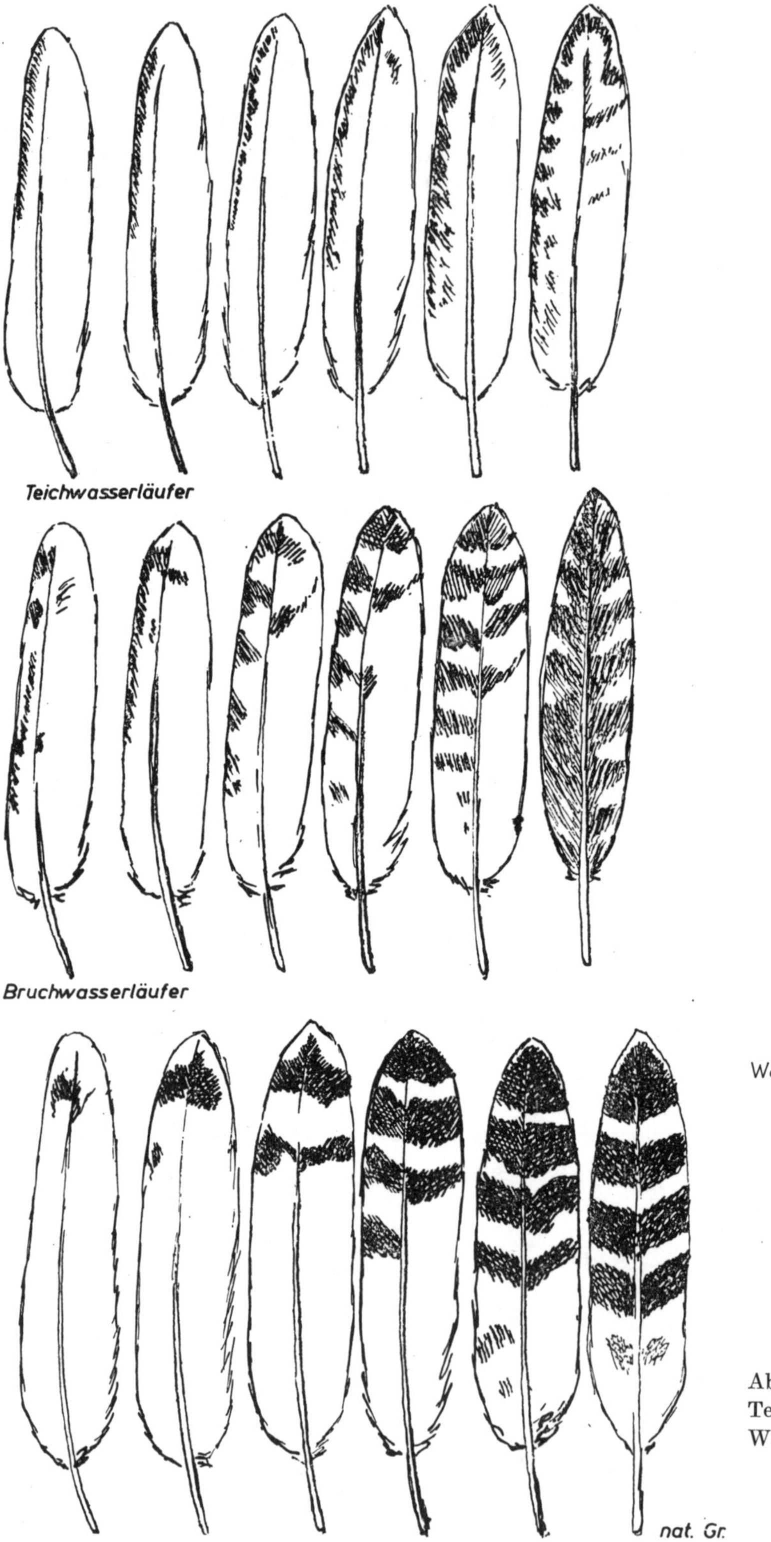

Abb. 239. Steuer von Teich-, Bruch- und Waldwasserläufer

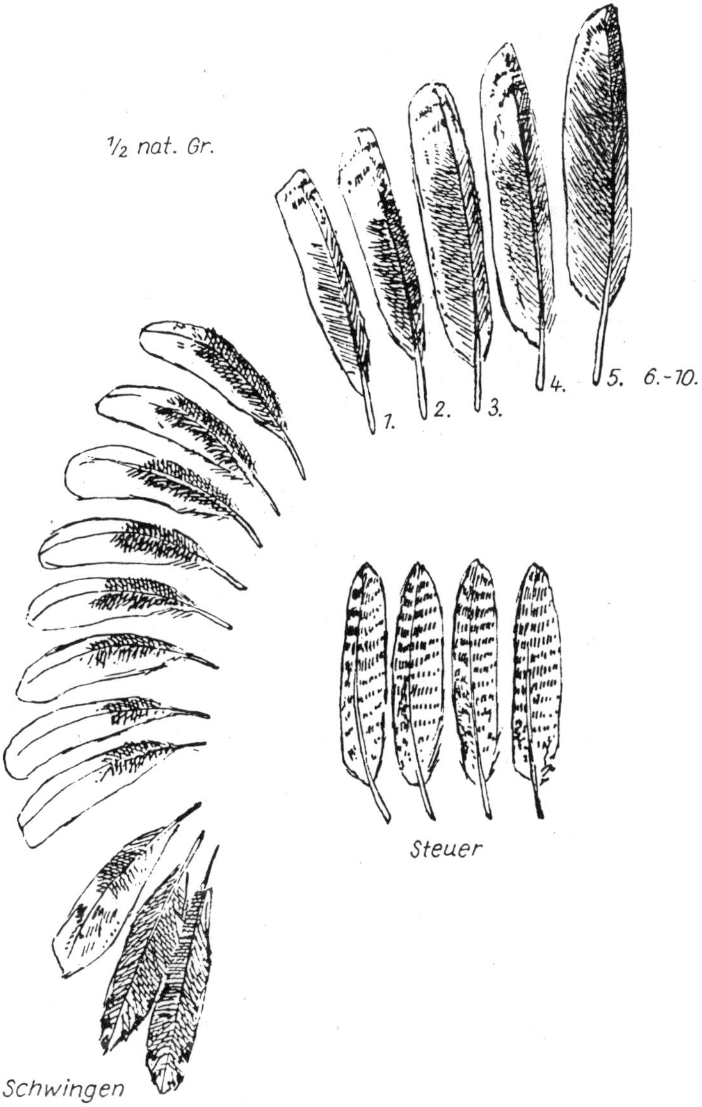

Abb. 240. Schwingen und Steuer des Rotschenkels

Perlwasserläufer (*Tringa erythropus* [Pallas]) (Abb. 241)

Hschw graubraun, auf der If auf weißem Grund graue Bänderung. Aschw mit Bänderung. Federmaße kleiner als beim Grünschenkel.
St: grobe Bänderung auf grauem oder weißem Grund, teils verwischt.
Zahl der St: 12
L. Hschw 9. 126—131
L. St 6. 1. 2. oder 3. 70—78

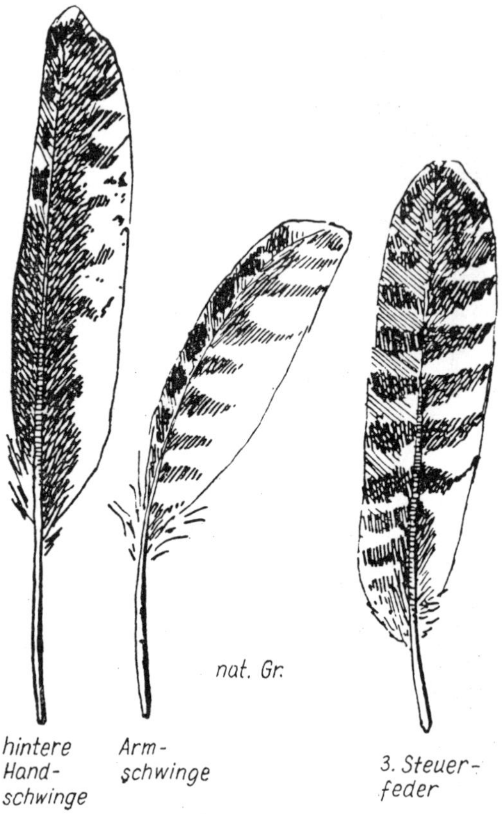

Abb. 241. Hintere Handschwinge, Armschwinge und 3. Steuerfeder des Perlwasserläufers

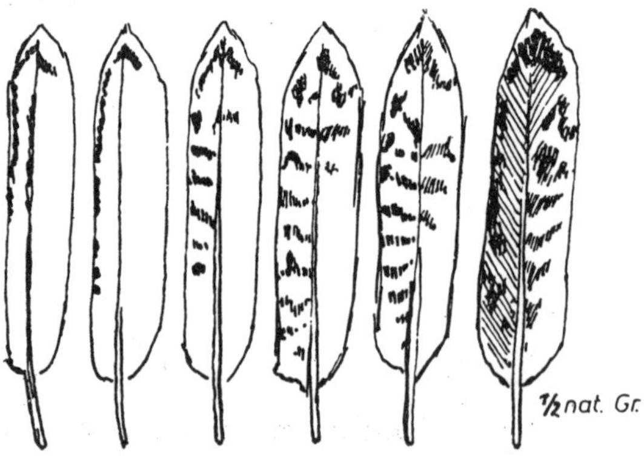

Abb. 242. Steuer des Grünschenkels

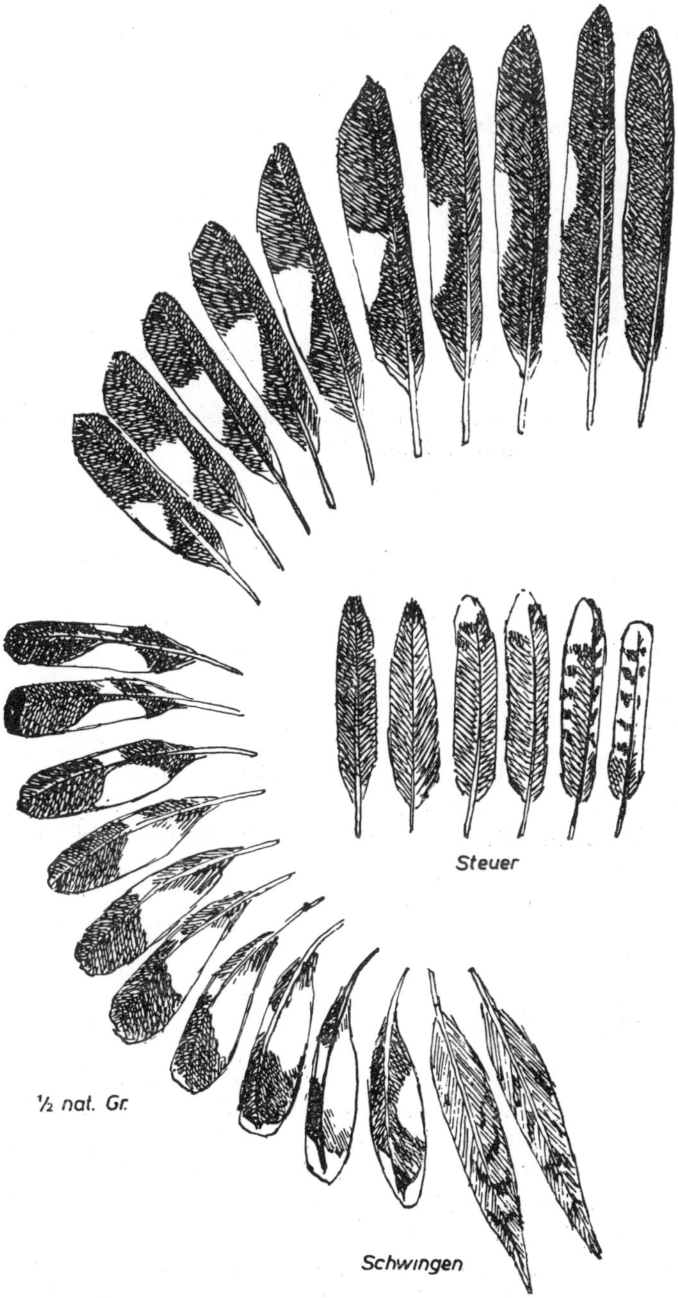

Abb. 243. Schwingen und Steuer des Flußuferläufers

Grünschenkel (*Tringa nebularia* [Gunnerus]) (Abb. 242)

Hschw schwarzbraun, die If breit graubraun gesäumt mit feiner Tüpfelung, vor allem nach der Wurzel zu. Weißer Spitzensaum. — Die Aschw dunkel, die If mit Tüpfelung und angedeuteter Bänderung.
St: die Außenfedern weiß mit schwarzem Saum auf der Af, die nächsten auch an der If schwarzbraun quergebändert. Das innerste Paar hellbräunlichgrau mit schwarzer Querzeichnung.
Zahl der St: 12
L. Hschw 9. 136—148
L. St 6. 5. 1., auch 1.—6. fast gleichlang 83—89

Flußuferläufer (*Actitis hypoleucos* [L.]) (Abb. 243)

Schw graubraun, über die sich eine weiße Binde hinwegzieht. Verlängerte Aschw mit Maserzeichnung (ad.).
St: graubraun. Die Außenfedern haben auf weißem Grund dunkle Bänderung, die folgenden sind graubraun mit weißen Spitzen und dunkel gefleckt.
Zahl der St: 12
L. Hschw 9. 87—92
L. St 2. 3. oder 1. 52—67

Strandläufer

Zahl der Hschw 10 + 1 R
Hschw Verengung: keine

Knutt (*Calidris canutus* [L.])

Schw graubraun, an If Aufhellung. Innere Hschw an Af weißer Saum, ebenso die Aschw. Alle Schw haben einen weißen Kiel.
St: grau mit weißen Säumen und weißen Kielen. Außenfeder mit Aufhellung auf der If und Wölkung.
Zahl der St: 12
L. Hschw 9. oder 10. 126—132
L. St 6. 5. oder 1. 64—75

Meerstrandläufer (*Calidris maritima* [Brünnich])

Hschw braunschwarz, die If aufgehellt. Die 10. Hschw mit weißem Kiel, die Kiele der anderen Schw sind bräunlich mit aufgehellter Stelle vor der Spitze. Die hinteren Hschw und Aschw sind graubraun mit weißem Spitzen- und Innensaum. Nach hinten nimmt das Weiß auf den Aschw zu, die inneren Aschw sind fast ganz weiß auf der Af und an der Spitze dunkler Fleck (Zeichnungsmuster wie der Alpenstrandläufer). Verlängerte Aschw schwarzbraun mit weißen Säumen.
St: graubräunlich, nach der Mitte zu dunkler, schmale, weißliche Säume. Die Innenfedern schwarzbraun und etwas verlängert.
Zahl der St: 12
L. Hschw 9. 102—113
L. St 1. 65—70

Zwergstrandläufer (*Calidris minuta* [Leisler])

Schw graubraun, die If aufgehellt. Alle Hschw und Aschw mit weißen Kielen im unteren Teil.
St: braungrau, If und Wurzel aufgehellt. Die Kiele sind weiß, wenigstens im oberen Teil. Feiner Spitzensaum.
Zahl der St: 12
L. Hschw 9. 76—83
L. St 1. 43—47,5

Temminckstrandläufer (*Calidris temminckii* Leisler)

Schw graubraun. Die dunklen Kiele der Hschw (abgesehen von dem weißen Kiel der 10. Hschw) sind im Mittelteil heller (hornfarben). Aschw im oberen Teil graubraun mit weißem Spitzensaum, auf dem unteren Teil der If weiß. Hschw 6.—1. und Aschw 1.—7. mit scharf abgesetzten weißen Säumen in der If.
St: die drei äußeren Federn sind weiß, die nächsten gehen in Graubraun über. Die Mittelfedern sind dunkler und verlängert (4 mm).
Zahl der St: 12
L. Hschw 9. 78—80
L. St 1. 49—52

Alpenstrandläufer (*Calidris alpina* [L.]) (Abb. 244, 245)

Schw graubraun. If weiß (weißlich). Die Kiele sind im oberen Teil weiß. Das Weiß, vor allem auf den Achw, ist ausgebreiteter als beim Sichelstrandläufer.
St: graubräunlich mit weißem Mittelteil des Kieles.
Zahl der St: 12
L. Hschw 9. 85—102
L. St 1. 46—60

Sichelstrandläufer (*Calidris ferruginea* [Pontoppidan]) (Abb. 244)

Ähnlich dem Alpenstrandläufer. Das Weiß, vor allem auf den Aschw, geringer an Ausdehnung als bei diesem.
St: grau mit weißen Kielen. Außenfedern mit fast weißer If, nur Spitzenteil grau.
Zahl der St: 12
L. Hsch 9. 99—105
L. St 4. 2. 1. oder 6. 48—55

Sanderling (*Crocethia alba* [Pallas]) (Abb. 244)

Ähnlich dem Alpenstrandläufer, aber die Hschw haben mehr Weiß.
St: die mittleren Federn sind verlängert, zugespitzt und schwarzbraun. Das Schwarzbraun nimmt nach den Außenfedern zu ab, dafür Weiß.
Zahl der St: 12
L. Hschw 9. 96—100
L. St 1. oder 6. 51—57,5

Sumpfläufer (*Limicola falcinellus* [Pontoppidan]) (Abb. 246)

Schw graubraun, Af und Spitze dunkler. Kiele der 10. Hschw weiß, bei den anderen hornfarben, aber vor der Spitze weiße Stelle. Die Aschw graubraun, Wurzel, If und Spitzensaum weißlich (bräunlich).

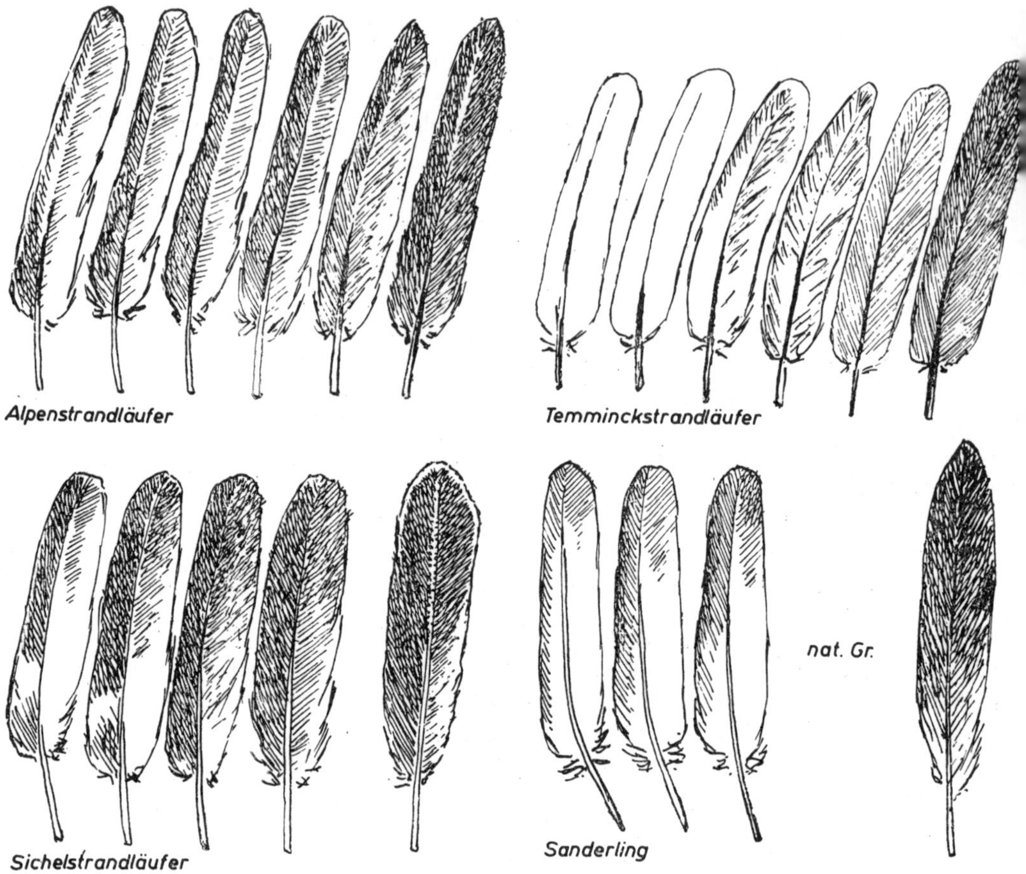

Abb. 244. Steuer von Alpen-, Temminck- und Sichelstrandläufer sowie vom Sanderling

St: Außenfeder graubräunlich (dunkler als beim Alpenstrandläufer!). Die Wurzel, Kiele und der feine Spitzensaum weißlich (bräunlich). Die Mittelfeder bläulichgrau, verlängert und zugespitzt.
Zahl der St: 12
L. Hschw 9. 75—85,5
L. St 1. 40—45

Kampfläufer (*Philomachus pugnax* [L.]) (Abb. 247)

Schw graubraun, If mit Aufhellung. Die Aschw mit hellem Saum an der Af, die If ist weißlich (grau). Die verlängerten Aschw haben braune Säume. Schwacher Bronzeglanz auf den Hschw und den Innenfedern des St.
St: graubraun, an der Spitze braun mit dunklen Flecken. Die äußeren Federn an der Spitze ungefleckt. Kiele in der Mitte hell.
Zahl der St: 12
L. Hschw 9. 114—146
L. St 1. oder 2. 59—79

Säbelschnäbler (*Recurvirostra avosetta* [L.]) (Abb. 248)

Hschw schwarzbraun. Der Wurzelteil ist weiß und nimmt nach innen auf der If zu. Die Aschw sind weiß.
St: alle Federn weiß.
Zahl der St: 12
L. Hschw 9. 164—178
L. St 1. oder 4.—6. fast gleichlang, 1.—3. wenig kürzer 83—95

Stelzenläufer (*Himantopus himantopus* [L.])

Schw schwarz mit stahlgrünem Glanz.
St: hellgrau. Die Außenfedern fast weiß. Bei juv. an der Spitze braun und rahmfarben gefleckt.
Zahl der St: 12
L. Hschw 10. oder 9. 171—194
L. St 6. 90

Thorswassertreter (*Phalaropus fulicarius* [L.])

Die Schw sind tiefschwarz. Die If nach der Wurzel zu bräunlichweiß. Die Aschw sind dunkel schieferfarben: die Kiele, die Basis, der feine Spitzensaum und der breite Innensaum sind weiß. Die Ausdehnung des Weiß nimmt nach innen zu (die mittelsten Aschw ganz oder fast weiß). Juv. haben zugespitzte Federn.
St: aschgrau mit schmalen weißlichen Säumen. Die Mittelfedern mit rostfarbenen Säumen oder Flecken. Innere Federn sind dunkelbraun mit schmalen rostgelben Säumen.
Zahl der St: 12
L. Hschw 9. 103—122
L. St 1. 67 und 68

Odinswassertreter (*Phalaropus lobatus* L.)

Die Hschw sind schieferschwarz, If dunkelgraubraun. Die Kiele sind weiß, die Aschw graubraun, an der Wurzel, die Kiele und der feine Endsaum weiß. Das Weiß nach innen zunehmend, die inneren Armschwingen haben auch weiße Af. Der dunkle Fleck an der Spitze der Aschw verliert sich auf den letzten Federn. — Der Odinswassertreter hat weniger Weiß als die vorige Art.
St: schieferfarben, nach innen dunkler werdend. Die Außenfedern haben weiße Säume und weiße Basis. Die Mittelfedern sind dunkel und verlängert.
Zahl der St: 12
L. Hschw 9. 82,5—94
L. St 1. 51,5—58

Triel (*Burhinus oedicnemus* [L.]) (Abb. 249)

10. Hschw weiß, Spitze und Wurzel der Af schwarz. 9. Hschw in der Hauptsache schwarz, vor der Spitze weiße Querbinde oder Fleck[1]). 8. bis 5. Hschw im oberen Teil schwarz, die folgenden mit weißen Spitzen. Die Aschw sind schwarzbraun und weiß, die innersten wie der Rücken (graubräunlich und mit Maserung). Er variiert in der Zeichnung.

---

[1]) Diese Federn sind ein Signalement wie beim Ziegenmelker und bei dem Steuer der Waldschnepfe.

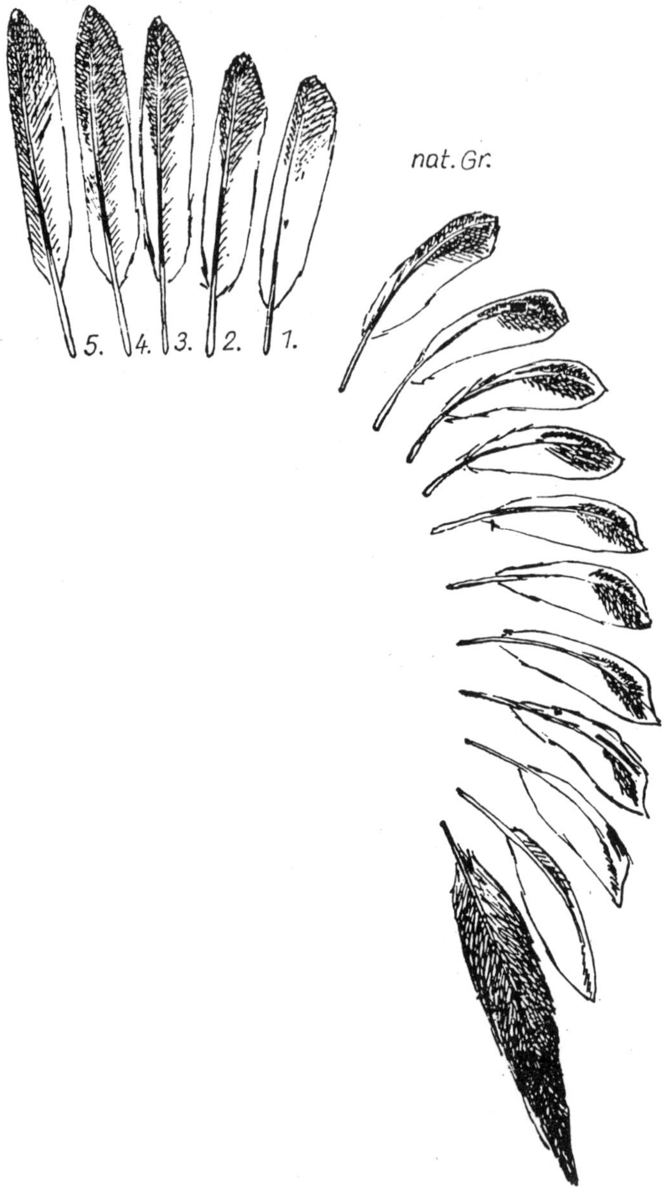

Abb. 245. Schwingen des Alpenstrandläufers

St: mit schwarzer Endbinde. Die äußere Feder weiß mit Schwarz, das sich an der Af tiefer zieht. Die Mittelfedern sind graubräunlich mit verwässerter Maserzeichnung. Vor der Spitze befindet sich ein gelblichweißes Querband.

Zahl der St: 12 oder 14

L. Hschw 9. 193

L. St 1. 126

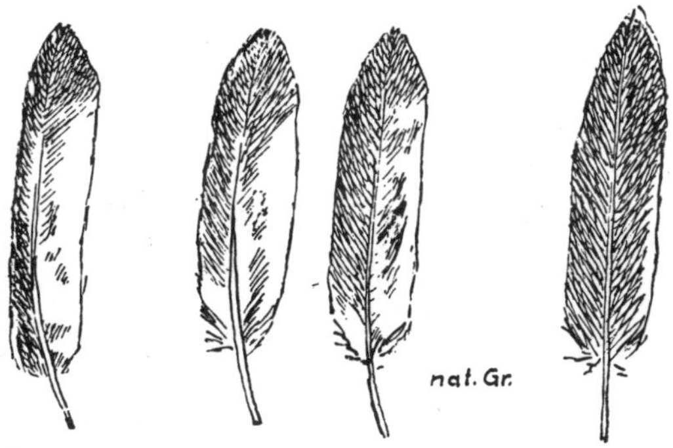

Abb. 246. Steuer des Sumpfläufers

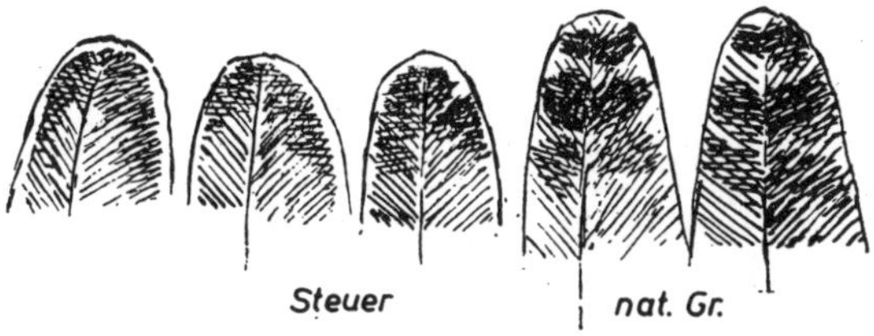

Abb. 247. Steuer des Kampfläufers

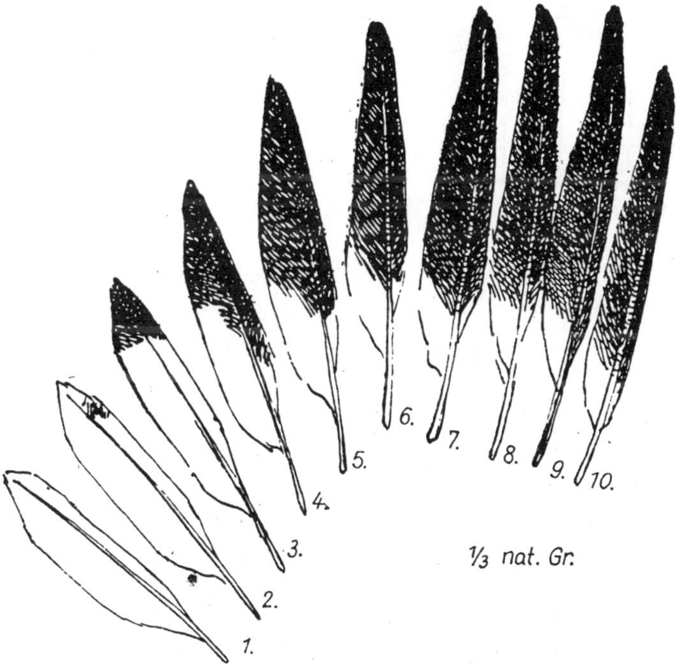

Abb. 248. Handschwingen des Säbelschnäblers

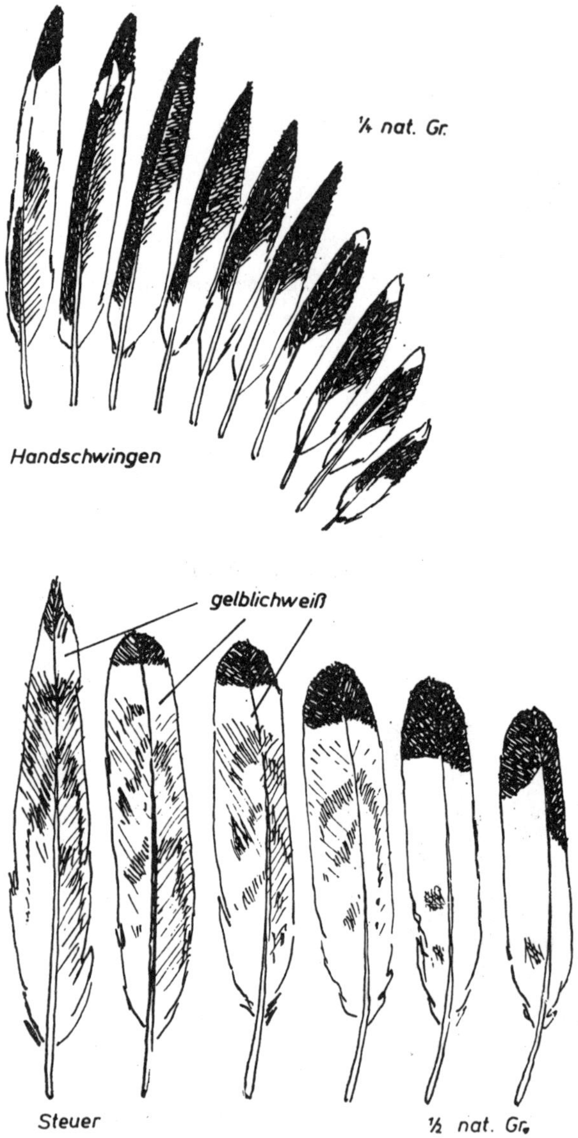

Abb. 249. Handschwingen und Steuer des Triels

Brachschwalbe (*Glareòla pratincola* [L.])

Hschw sind braunschwarz; die Kiele oberseits braun, unterseits weiß. Nur der Schaft der 10. Hschw ist oberseits weißlich. Innere Aschw sind mit breiten weißen Endsäumen versehen.

St: an der Wurzel weiß, die Spitzen ausgedehnt braunschwarz. Die mittelsten Federn mit schmalen weißen Endsäumen.

Zahl der St: 12

L. Hschw 9. oder 10. 146 und 154

L. St 6. 125 und 119

Raubmöwen

Zahl der Hschw 10 + 1 R (klein)
Zahl der St: 12
Hschw Verengung: keine

Abgesehen von der Falkenraubmöwe, bei der die dunkle Phase selten ist, kommen bei den anderen Arten helle und dunkle Exemplare vor. Gute Unterscheidungsmerkmale sind die Hschw und die Steuerfedern. Bei ad. sind die verlängerten und verschieden geformten Mittelfedern des Steuers ein guter Hinweis, bei juv. dagegen nicht.

Schmarotzerraubmöwe (*Stercorarius parasiticus* [L.]) (Abb. 250)

Schw graubraun. Die Kiele der 4 äußersten Hschw sind weiß mit strohgelbem Anflug. Die If der Schw sind an der Wurzel weiß.
St: graubraun. Wurzelteil weiß. Die mittleren Federn sind verlängert (etwa halbe Länge des St), gerade und spitz.
L. Hschw 9. 235—240
L. St 1. 150—154

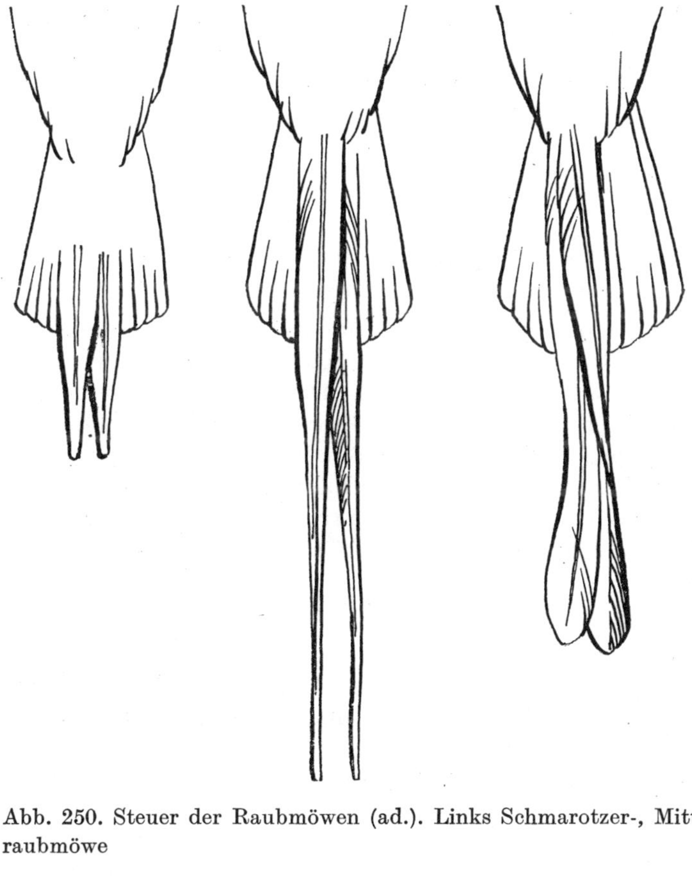

Abb. 250. Steuer der Raubmöwen (ad.). Links Schmarotzer-, Mitte Falken- und rechts Spatelraubmöwe

Große Raubmöwe (*Stercorarius skua* [Brünnich])

Schw braunschwarz, Kiele sind weiß. Basalteil der 1.—5. Hschw weiß.
St: fast schwarz, an der Wurzel weiß. Keilschwanz. Kiele weiß. Die Mittelfedern sind nur wenig verlängert.
L. Hschw 9. 285
L. St 1. 145—150

Spatelraubmöwe (*Stercorarius pomarinus* [Temminck]) (Abb. 250)

Schw dunkelbraun. Basis und Kiele der Hschw weiß. Aschw schwarzbraun, an der Wurzel an der If weiß.
St: schwarz, Wurzel weiß. Die Mittelfedern sind verlängert, stumpf und gedreht (7 bis 9 cm überragend). Bei juv. sind diese kaum merklich verlängert. Die Kiele wurzelwärts strohgelb, nach der Spitze zu dunkel.
L. Hschw 10. 271
L. St 1. 190—225

Falkenraubmöwe (*Stercorarius longicaudus* Vieillot) (Abb. 250)

Schw fast schwarz, die If heller. Nur die beiden ersten Hschw haben weiße Kiele.
St: graubraun, nach der Spitze dunkler, an der Wurzel weiß. Die erste Außenfeder mit weißem Kiel. Die Mittelfedern sind sehr lang (doppelte Steuerlänge) und spitz. Bei juv. sind diese nur wenig verlängert.
L. Hschw 9. 218
L. St 1. 150 juv., ad. — 355

Möwen

Zahl der Hschw 10 + 1 R
Zahl der St: 12
Hschw Verengung: keine

Das Gefieder ist weiß, und die Kiele sind sehr elastisch. Gute Kennzeichen für die Arten sind die Zeichnungen an den Flügelspitzen, während die Steuer weniger kennzeichnend sind. Das Steuer hat bei der Sturm-, Lach-, Schwarzkopf-, Dreizehen- und Zwergmöwe im Jugendkleid eine schwarze Subterminalbinde, im Alterskleid sind die Schwanzfedern weiß. Bei der Mantel-, Herings-, Silber- und Eismöwe hat das St im Jugendkleid keine oder nur eine angedeutete Endbinde, sondern eine Fleckung oder Marmorierung. Das Jugendkleid ist im allgemeinen düsterer und bräunlicher. — Das Winterkleid bringt an den Schw und am St keine Veränderungen. Die Bestimmung der jungen Möwen an den Federn ist mitunter schwierig.

Mantelmöwe (*Larus marinus* L.) (Abb. 251)

Ad.: Hschw mit Schwarzweiß-Zeichnung auf den Flügelspitzen. Aschw schwärzlich mit breiter weißer Spitze und Aufhellung auf der If. Juv. ohne Schwarzweiß-Zeichnung. Hschw. braunschwarz.
St: weiß. Juv. ausgedehnt weiß mit schwärzlicher Fleckung.
L. Hschw 9. 366—391
L. St 210—230

Heringsmöwe (*Larus fuscus* L.) (Abb. 252, 254, 256)

Ad.: Hschw dunkel und Spitzenzeichnung. Aschw grau mit weißen Spitzen.
St: weiß.
Juv.: alle Schw einfarbig schwarzbraun mit nur kleinem hellem Spitzensaum. Auf der 4. Hschw kein inselartiger Fleck im Gegensatz zur Silbermöwe.
St: im Oberteil schwarzbraun, die Spitzen aber weiß, Basis dunkel marmoriert.
L. Hschw 9. 318—335
L. St 2.—5. fast gleichlang, 6. und 1. wenig kürzer 194

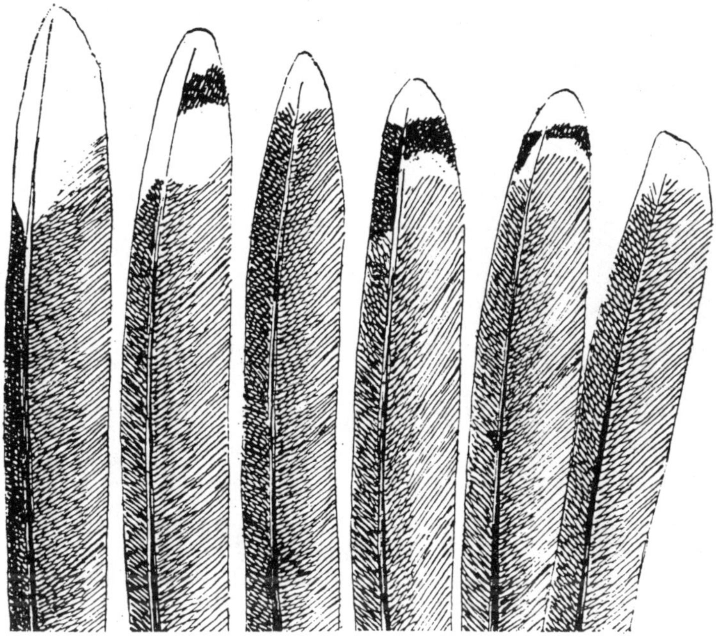

Abb. 251. Handschwingen der Mantelmöwe

Silbermöwe (*Larus argentatus* Pontoppidan) (Abb. 253, 254)

Ad.: auch auf den vorderen Schw möwengrau. Schwarzweiß-Zeichnung auf den Flügelspitzen. Die Aschw möwengrau mit weißen Spitzen.
St: weiß.
Juv.: Schw dunkel, 1.—6. Hschw an der Spitze Inselfleck (deutlich auf der 4. Af der Hschw) — im Gegensatz zur Heringsmöwe juv. Aschw auf der Af braun, die If gefleckt und mit weißem Saum.
St: ähnlich wie die Heringsmöwe. Die Fleckung ist gröber und nimmt auf den Innenfedern zu.
L. Hschw. 9. 311—331
L. St 2.—5. fast gleichlang, 6. und 1. wenig kürzer 173—183

Sturmmöwe (*Larus canus* L.) (Abb. 255, 256)

Ad.: Hschw mit Schwarzweiß-Zeichnung auf den Flügelspitzen. Der Silbermöwe ähnlich, aber kleinere Federmaße. Aschw möwengrau mit weißen Spitzen.
St: weiß.
Juv.: Hschw dunkel. Die Aschw graubraun mit weißen Spitzen, If aufgehellt.
St: Subterminalbinde, darunter oft schwache Fleckung.
L. Hschw 9., selten 10., 270—304
L. St ad. 2.—6. fast gleichlang, 1. wenig kürzer
Juv. 5. ist die längste, nur 1. an Länge abnehmend. 6. kürzer als 5. 142—160

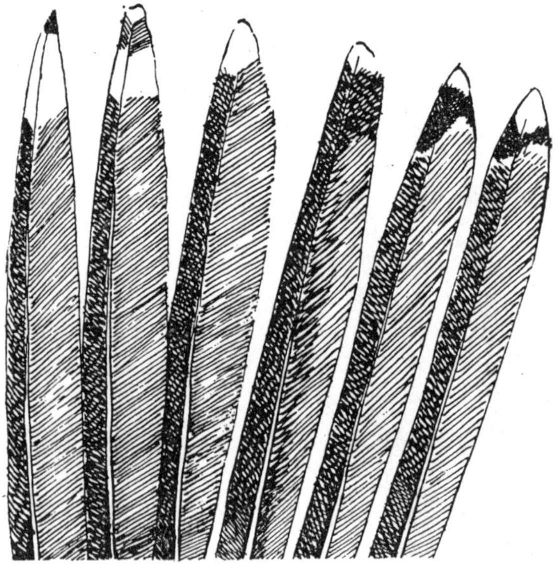

Abb. 252. Handschwingen der Heringsmöwe

Eismöwe (*Larus hyperboreus* Gunnerus) (Abb. 257)

Ad.: Schw grauweiß (ohne Schwarz!).
St: weiß.
Juv.: Schw hellehmbräunlich. Auf den Schw bräunliche Maserung.
St: bräunlichgrau, mehr oder weniger weiß gefleckt.
L. Hschw 9. oder 10. 360
L. St 2.—5. fast gleichlang, 1. und 6. wenig kürzer 220

Schwarzkopfmöwe (*Larus melanocephalus* Temminck) (Abb. 258)

Ad.: Hschw an der Spitze weiß, nach der Wurzel zu grau. Die 10. Hschw hat auf der Af schwarz ($^3/_4$ der Federlänge). Aschw weiß.
St: weiß.
Juv.: Hschw schwarzbraun mit weißem Streifen wurzelwärts auf der If.
St: weiß mit Subterminalbinde. Außenfeder ganz weiß.
L. Hschw 9. 215 und 250
L. St 6., auch 1.—5. fast gleichlang 126—135

Zwergmöwe (*Larus minutus* Pallas) (Abb. 259)

Ad.: Schw hellgrau mit weißen Spitzen. Weiße Kiele. Die Unterseite der Schw ist dunkel.
St: weiß.
Juv.: Hschw schwärzlich, an der Af mit kleinen weißen Spitzenflecken. Die If größtenteils weiß. Aschw weiß mit dunklem Spitzenfleck auf der Af.
St: weiß mit schwarzer Subterminalbinde.
L. Hschw 9. 156 juv., 169—180 ad.
L. St 6. oder 5., 4. und 5. gleichlang, 1. 3. 6. wenig kürzer. Juv. 5., 1.—4. kürzer als 6. 88—104

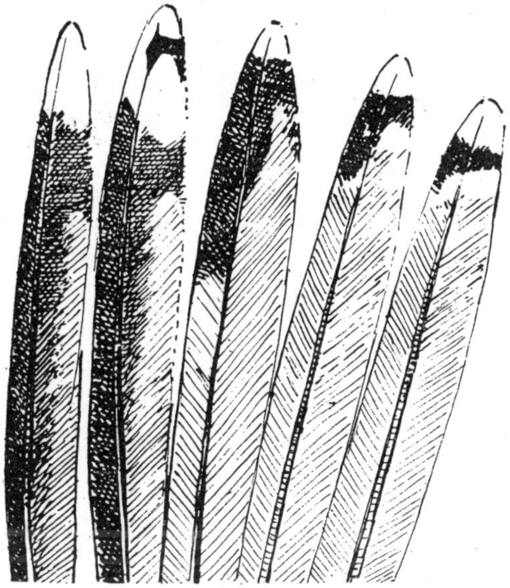

Abb. 253. Handschwingen der Silbermöwe

Lachmöwe (*Larus ridibundus* L.) (Abb. 259, 260)

Ad.: Verteilung von Schwarz und Weiß auf den Hschw. Hintere Hschw und Aschw möwengrau.
St: weiß
Juv.: Das Schwarz an den Spitzen der Hschw ist ausgedehnter, das Weiß weniger. Auf den Aschw sitzt im oberen Teil ein graubrauner Fleck. Helle Säume.
St: schwarze Subterminalbinde.
L. Hschw 9. 218—262
L. St ad. 5., auch 1.—5. fast gleichlang, juv. 5., 4.—1. an Länge abnehmend, 6. kürzer als 5. 108—140

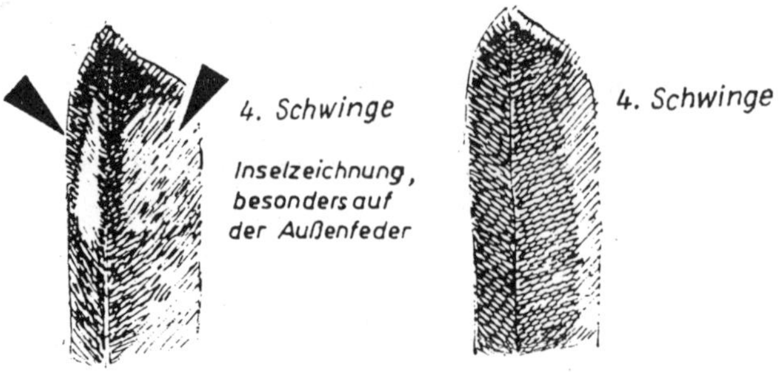

Abb. 254. 4. Handschwinge bei Silbermöwe juv. (links) und Heringsmöwe juv. (rechts)

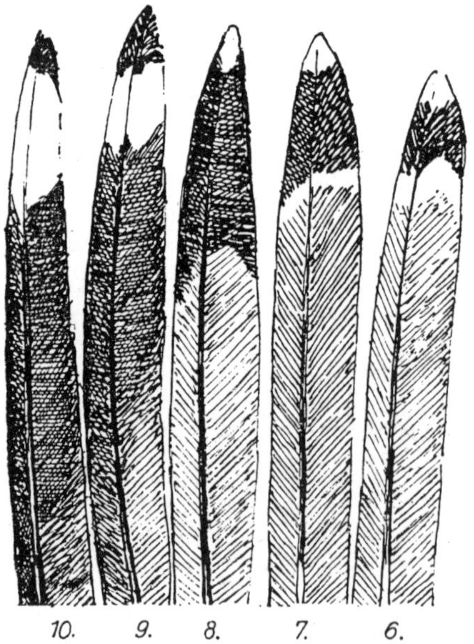

Abb. 255. Handschwingen der Sturmmöwe ad.

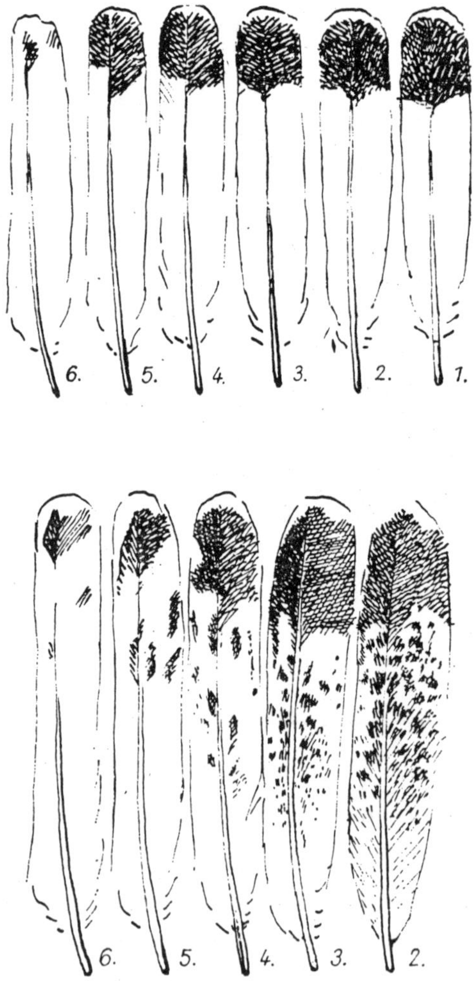

Abb. 256. Steuer der Sturm- und Heringsmöwe (juv.). Oben Sturm- und unten Heringsmöwe

Abb. 257. Handschwingen der Eismöwe (juv.)

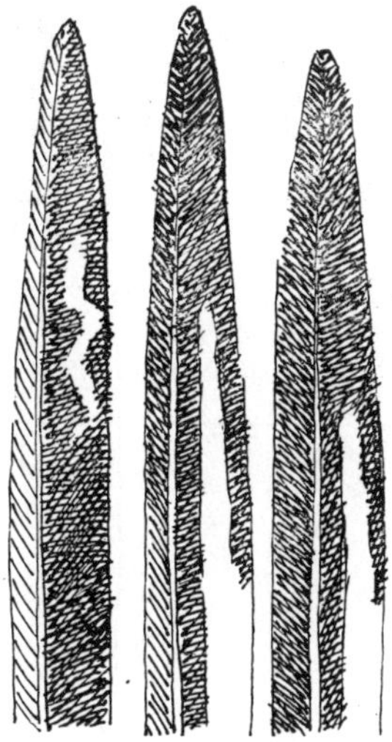

Abb. 258. Handschwingen der Schwarzkopfmöwe (juv.)

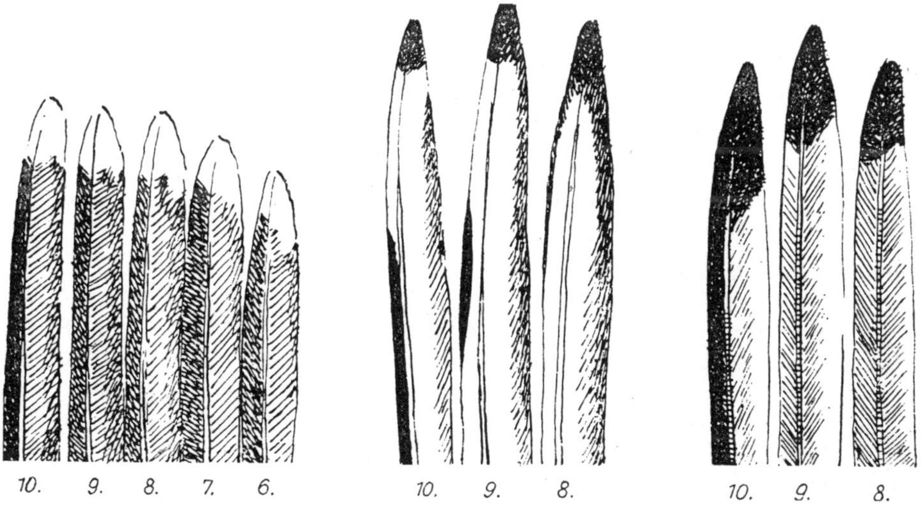

Abb. 259. Handschwingen von Zwerg-, Lach- und Dreizehenmöwe. Links Zwerg- (ad.), Mitte Lach- und rechts Dreizehenmöwe

Abb. 260. Handschwingen der Lachmöwe (juv.)

Dreizehenmöwe (*Rissa tridactyla* L.) (Abb. 259, 261)

Ad.: Die 10. Hschw weißgrau mit schwarzer Spitze und Af. Vor der Spitze weiße Stelle im Kiel. Die Aschw grau mit weißer Spitze.
St: weiß
Juv.: Die äußersten Hschw mattschwarz, If mit breitem weißem Saum. Das Jugendkleid ist dem der Zwergmöwe ähnlich.
St: Subterminale schwarze Binde.
L. Hschw 9. 228—254
L. St 6. 5., 4.—1. an Länge abnehmend, 6. kürzer als 5. 131—146

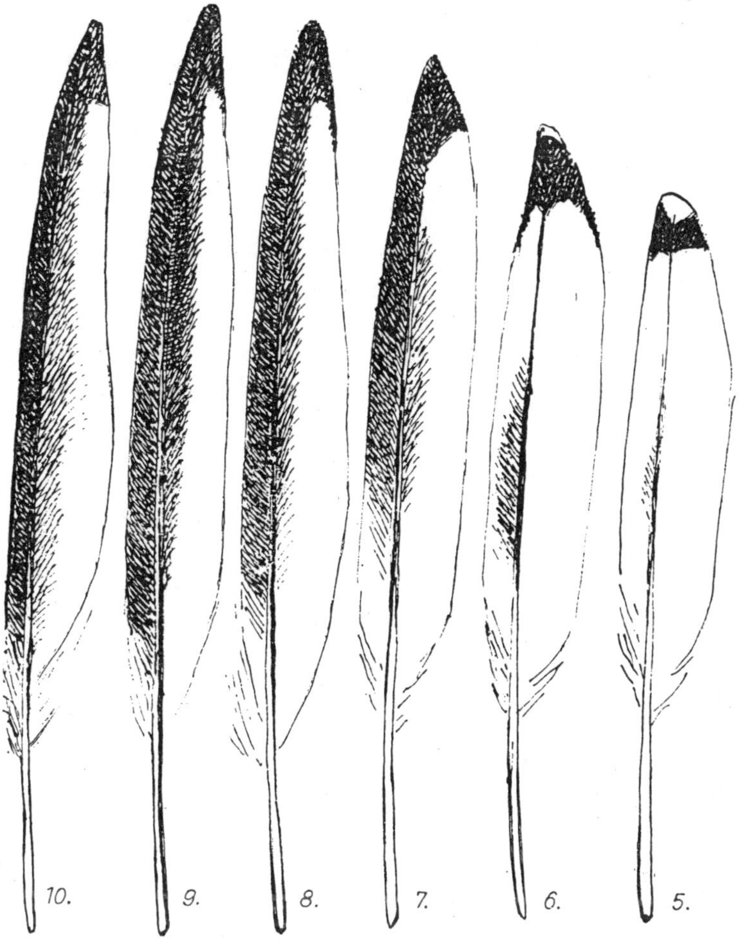

Abb. 261. Handschwingen der Dreizehenmöwe (juv.). 1/2 nat Gr.

Seeschwalben

Zahl der Hschw 10 + 1 R
Zahl der St: 12
Hschw Verengung: keine

Das Gefieder ist wie bei den Möwen weich, die Kiele sind sehr biegsam. Bei vielen Arten finden wir helle Gefiederfärbung, dunkle bei der Trauer-, Weißflügel- und Weißbartseeschwalbe. Typisch für die Seeschwalben: Die Schwingen sind silbrig überflogen (wie mit Metallstaub überpudert). Das Steuer ist tief gegabelt bei der Rosen-, Küsten-, Fluß- und Brandseeschwalbe, wenig gegabelt bei der Trauer-, Weißflügel-, Weißbart-, Zwerg- und Raubseeschwalbe.

Trauerseeschwalbe (*Chlidonias niger* [L.]) (Abb. 262)

Alle Schw sind grau, auf der Af silbrig überflogen. Die äußersten Hschw haben im Mittelteil der If eine Aufhellung. Die Kiele sind grau, nur im unteren Teil weiß.
St: grau. Die äußeren Federn sind gerundet und haben weiße Kanten.
L. Hschw 10. 158—171
L. St 6. 79—90

Weißflügelseeschwalbe (*Chlidonias leucopterus* [Temminck]) (Abb. 262)

10. Hschw Af und breiter Streifen auf der If entlang des Kieles schwarz. 9. Hschw Af weiß bereift, weißer Teil der If kleiner (auf den folgenden Federn verschwindend). Der weiße Keilfleck auf der If der 10. Hschw ist im Vergleich zur Trauerseeschwalbe scharf abgesetzt. Die Kiele sind weiß, nur an der Spitze grau. Aschw grau.
St: weiß, bei juv. grau.
L. Hschw 10. oder 9. 160—170
L. St 6. 75—79

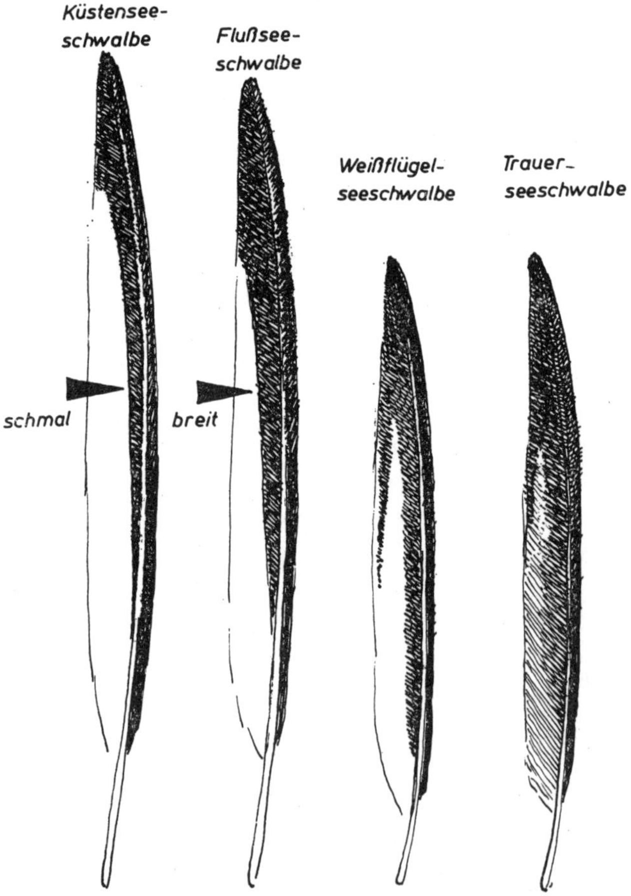

Abb. 262. 10. Handschwingen der Seeschwalben

Weißbartseeschwalbe (*Chlidonias hybrida* [Pallas])

Ähnlich der Weißflügelseeschwalbe, aber größere Federmaße. If der Hschw grauschwarz mit weißem Streifen. Die Kiele sind fast bis zur Spitze weiß. Aschw lichtblaugrau.
St: hellblaugrau mit weißlichen Rändern. Wenig gegabelt, Außenfedern gerundet.
Juv.: hellgrau mit bleifarbenen Spitzen und Flecken.
L. Hschw 10., auch 10. und 9. gleichlang 180 und 194
L. St 6. 91 und 97

Lachseeschwalbe (*Gelochelidon nilotica* [Gmelin])

Die äußersten Hschw an der Af, an der Spitze und entlang des Kieles auf der If dunkelgrau, silbrig bereift. Der übrige Teil der If weiß. Innerste Hschw und Aschw hellgrau, mit weißen Spitzen. Weiße Kiele. Die Hschw bei juv. aschgrau.
St: grau, nach außen heller werdend (Außenfedern weiß). Kurz, deutlich gegabelt.
L. Hschw 10. 240 und 245
L. St 6. 124 und 142

Raubseeschwalbe (*Hydroprogne caspia* [Pallas])

Schw fast einfarbig dunkelgrau mit silbrigem Anflug, auch auf der If. Die 1. Hschw silbergrau mit weißen Säumen. Aschw grau, Unterseite schwärzlich. Alle Schw weiße Kiele.
St: weiß, zart silbrig überhaucht.
L. Hschw 10. 299–315
L. St 6. 135–150

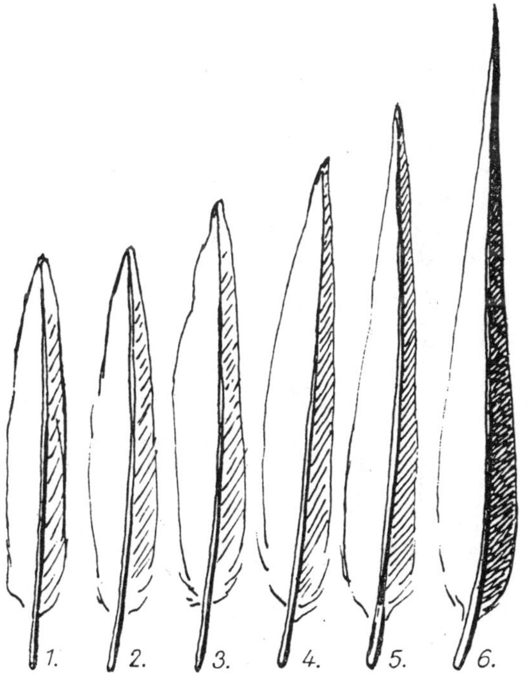

Abb. 263. Steuer der Flußseeschwalbe

Flußseeschwalbe (*Sterna hirundo* L.) (Abb. 262, 263, 264)

10. Hschw schwarze Af, auf der If breiter schwarzer Streifen (4—5 mm in der Mitte der Feder). Hauptteil der If weiß. Lange dunkle Federspitze an den langen Hschw.
St: Af grau, nach innen heller werdend, If weiß. Juv. haben bräunliche Spitzen.
L. Hschw 10., juv. auch 9. 214—225
L. St 6. 145—172

Küstenseeschwalbe (*Sterna paradisaea* Pontoppidan) (Abb. 262, 264)

10. Hschw schwarze Af, auf der If schmaler schwarzer Streifen entlang des Kieles (2—3 mm in der Federmitte). Übrige Schw silbergrau und weiß. Kurze dunkle Spitze an den langen Schw.
St: 6. recht lang, länger als bei der Flußseeschwalbe, Af grau, nach innen heller werdend, If weiß.
L. Hschw 10., juv. manchmal 9. 185—225
L. St 6. 108—200

Rosenseeschwalbe (*Sterna dougalli* Montagu)

Af der Hschw grauschwarz, If mit weißem Saum bis zur Spitze. Aschw Oberteil und Af möwenblau und weiße Spitzen. Der Flußseeschwalbe ähnlich, aber kleiner, zierlicher.
St: sehr lange Außenfedern. Weiß (ohne Grau auf der Af) — bläulichaschgrau überflogen.
L. Hschw 10. 220
L. St 6. 137—214

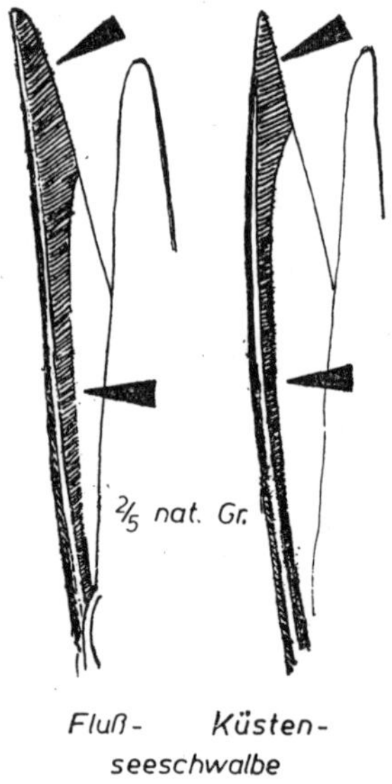

Abb. 264. Besondere Kennzeichen an der 10. Handschwinge der Fluß- und Küstenseeschwalbe

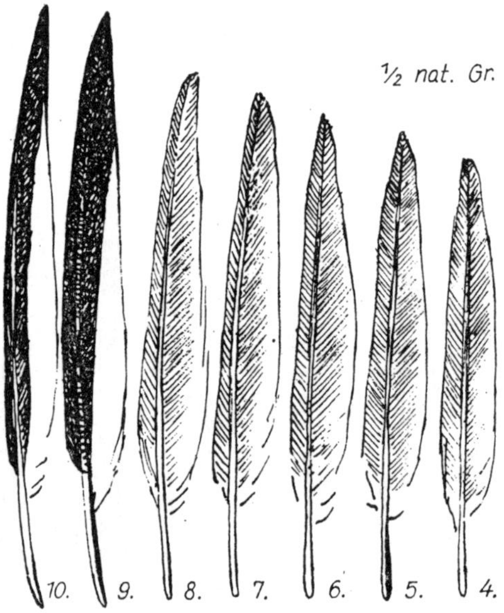

Abb. 265. Handschwingen der Zwergseeschwalbe

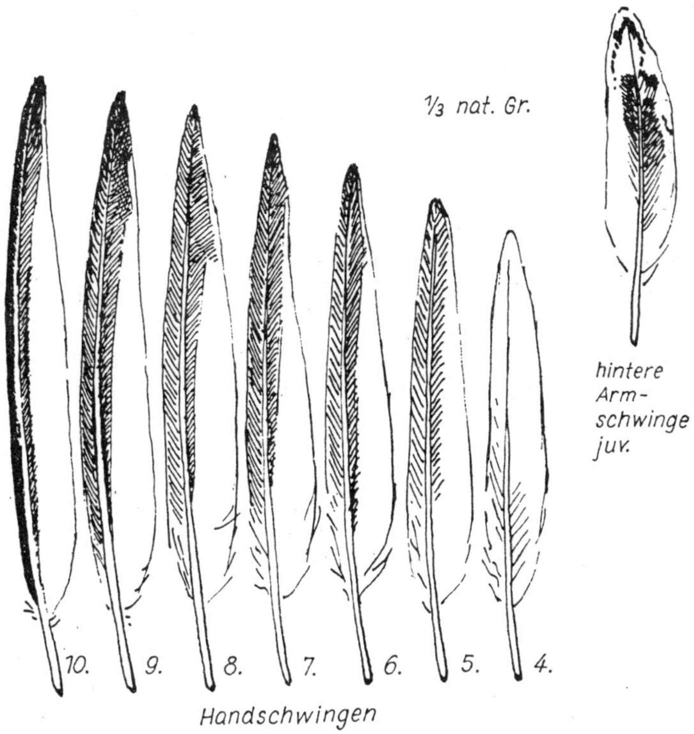

Abb. 266. Handschwingen und hintere Armschwinge der Brandseeschwalbe

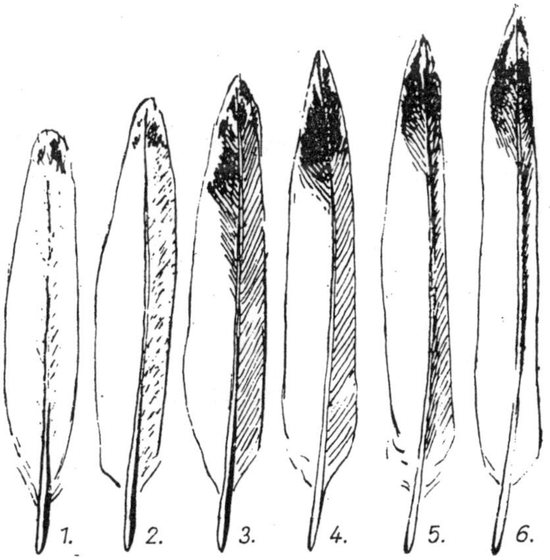

Abb. 267. Steuer der Brandseeschwalbe (juv.)

Zwergseeschwalbe (*Sterna albifrons* Pallas) (Abb. 265)

10. u. 9. Hschw grauschwarz mit weißem Saum auf der If. Die anderen Hschw silbergrau mit Weiß. Kiele grau.
St: weißlich, hellgrau
Juv. mit grauen Säumen und gelblichen Spitzen.
L. Hschw 10. 134—150
L. St 6. 71—85

Brandseeschwalbe (*Sterna sandvicensis* Latham) (Abb. 266, 267)

Af der Hschw dunkelschiefergrau, Spitzen dunkelgrau. Auf der 10. Hschw geht das Weiß auf der If bis zur Federspitze. Die If mit dunklem Streifen entlang des Kieles (5 mm), sonst weiß. Weiße Kiele. Aschw weiß. Juv. auf den Aschw im oberen Teil ein grauer Fleck, die hinteren Aschw haben graue und schwarze Fleckung auf gelblichem Grund.
St: tief gegabelt. Weiß, innere Federn hellgrau. Bei juv. im oberen Teil grau und an der Spitze schwarze Flecken.
L. Hschw 10. 225—240
L. St 6. 125—165

Alken und Lummen
Zahl der Hschw 10 + 1 R (klein)
Hschw Verengung: keine

Schwingen zugespitzt.

Tordalk (*Alca torda* L.) (Abb. 268)

Hschw schwarzbraun, If aufgehellt. Alle Kiele der Hschw nur bis zur Basis weiß, sonst dunkel auch 10. Hschw. Die Aschw schwarzbraun mit weißem Spitzensaum.
St: grauschwarz ohne Zeichnung, keilförmig.
Zahl der St: 12
L. Hschw 9. 133—146
L. St 1. 82—97

Krabbentaucher (*Plautus alle* [L.]) (Abb. 269)

Schw schwarzbraun. Kiele im Basisteil hornfarbig, sonst schwarzbraun. Aschw mit breitem weißem Spitzensaum. Kiele im Basisteil weiß.
St: schwarzbraun.
Zahl der St 12
L. Hschw 9. 80
L. St 5. 42

Trottellumme (*Uria aalge* [Pontoppidan]) (Abb. 268)

Hschw graubraun, If heller, nach der Wurzel zu weißlich. 9. und 10. Hschw haben helle Kiele bis zur Spitze, übrige helle Kiele bis zur Mitte. Die Aschw schwarzbraun mit weißem Spitzensaum.
St: schwarzbraun.
Zahl der St: 12
L. Hschw 9. oder 8. 135,5—141
L. St 2. oder 3. 57—68

Abb. 268. 10. Handschwinge und 1. Armschwinge von Dickschnabel- und Trottellumme und Tordalk

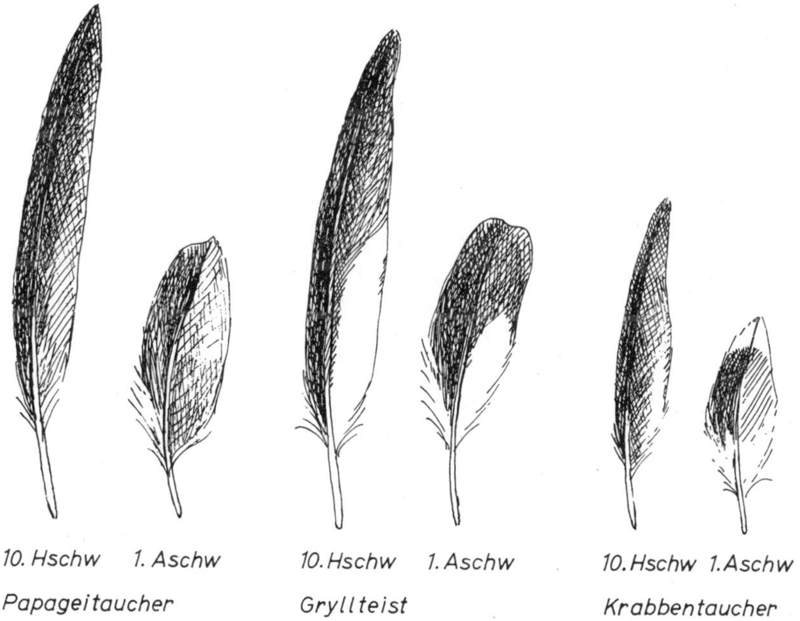

Abb. 269. 10. Handschwinge und 1. Armschwinge von Papageitaucher, Gryllteist und Krabbentaucher

Dickschnabellumme (*Uria lomvia* [L.]) (Abb. 268)

Schw schwarzbraun mit wenig grauem Schimmer und hornfarbigen Kielen, die bis zum oberen Drittel reichen. Kiele an der Spitze dunkelfarbig. Aschw mit schmalen weißen Spitzensäumen. Aschw sehr breit und lang, etwa 22 mm breit (Trottellumme hat schmalere und kürzere Aschw).
St: schwarzbraun.
Zahl der St: 12
L. Hschw 9. oder 8. 162
L. St 2. 70

Gryllteist (*Cepphus grylle* [L.]) (Abb. 269)

Hschw schwarzbraun mit schwachem metallischem Schimmer auf der Af. Die If der H- und Aschw am Basalteil mit weißem Fleck. Aschw haben keine weißen Spitzensäume.
St: schwarzbraun.
Zahl der St: 12, gelegentlich 14
L. Hschw 9. 120—124
L. St 4. 5. 1., auch 4. + 5. gleichlang 56—63

Papageitaucher (Lund) (*Fratercula arctica* [L.]) (Abb. 269)

Die Schw schwarzbraun, die If dunkelbraun. Kiele sind hell und reichen bis zur Mitte. Aschw haben keine weißen Spitzensäume.
St: schwarzbraun.
Zahl der St: 12 oder 14
L. Hschw 9. oder 8. 114—126
L. St 3. 50—58

Flughühner

Zahl der Hschw 10 + 1 R
Hschw Verengung: keine

Spießflughuhn (*Pterocles alchata* [L.]) (Abb. 270)

Hschw im oberen Teil und Af außer der 10. meist grau, im unteren Teil schmutzig gelblich sandfarben. Die If mit hellen Spitzensäumen. 10. Hschw Unterseite schieferschwarz. Aschw im oberen Teil schwarzbraun, im unteren Teil hellgrau bis gelblich sandfarben mit weißen Spitzen. Letzte Aschw in Af und If mit dunklen Binden.
St: 2.—8., If schwarzgrau, Af mit dunklen Binden.
St 1. in Af und If mit verwaschenen dunklen Binden und langen dunklen Spießen. Alle Federn mit schwarzbraunen Kielen.
Zahl der St: 16, 14 oder 18
L. Hschw 10. 168
L. St 1. 139

Steppenhuhn (*Syrrhaptes paradoxus* [Pallas]) (Abb. 270)

Hschw If größtenteils gelblich sandfarben, 10. Hschw mit mehr oder weniger langen Spießen, ♀ kurz, ♂ lang, juv. ohne. 10. Hschw Federunterseite weiß. Hschw Af hellgrau mit gelblichen Säumen. Aschw Af schwarz und gelb, If größtenteils gelblich sandfarben.

St: keilförmig, spitzschwänzig. 1. St mit langen grauen Spießen, St 2.—8. mit weißen Spitzenflecken, St 1.—5. mit gelblich sandfarbenen dunkelbraunen Binden in Af und If. St 6.—8. meist grau und gelb mit dunkelbraunen Binden nur in der If. Schäfte der Hschw im oberen Teil schwarzbraun. Schäfte der Aschw weiß bis zur Spitze.
Zahl der St: 16
L. Hschw 10. ♂ 195, ♀ 184
L. St 1. ♂ 211, ♀ 154

Abb. 270. Steppenhuhn (links) und Spießflughuhn (rechts)

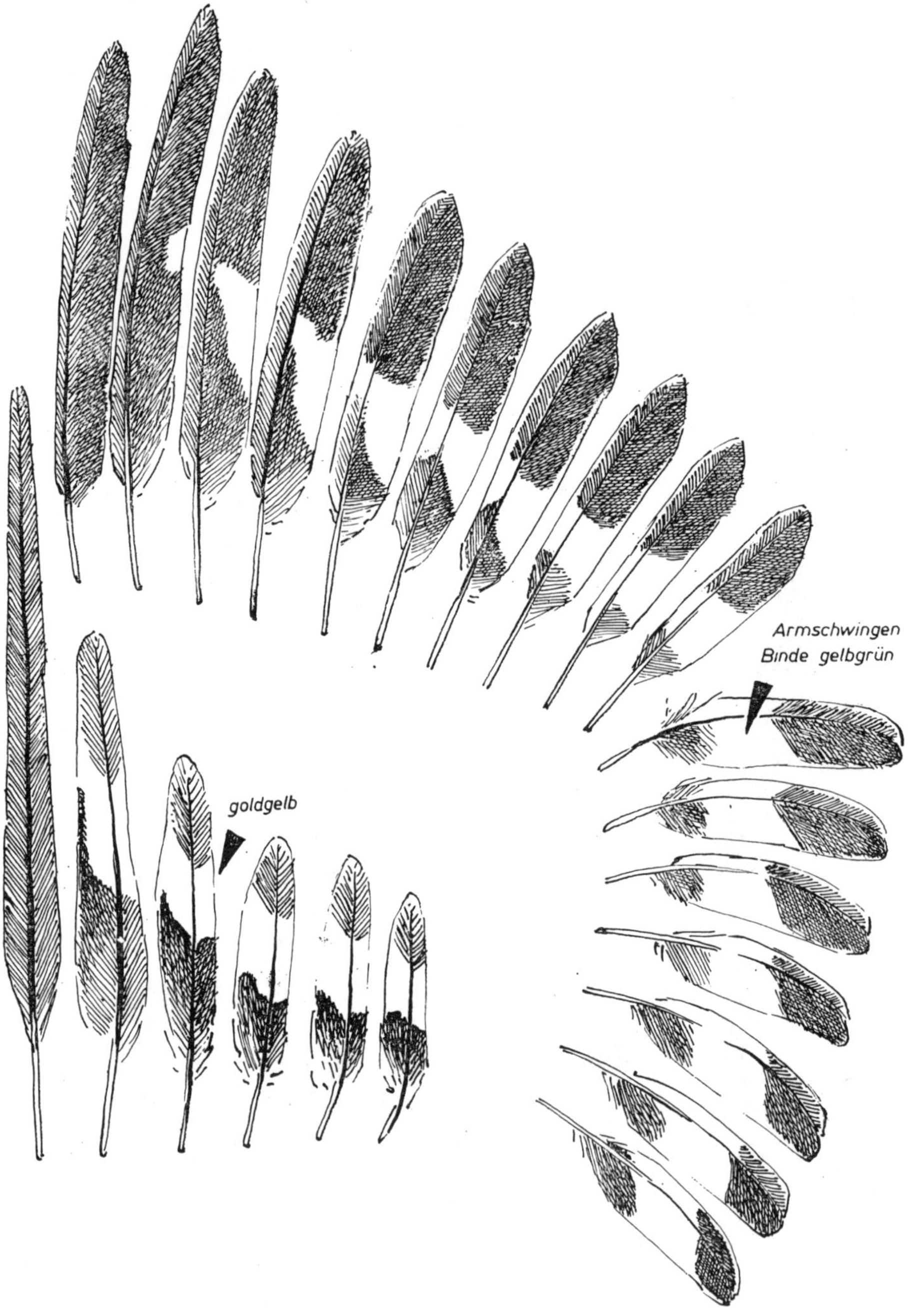

Abb. 271. Rupfung des Wellensittichs

Wellensittich

Wellensittich (*Melopsittacus undulatus* Shaw) (Abb. 271)

Färbung stark variierend. Normale grüne Phase: Schw grauschwarz. Die Af mit grünem Schimmer. Über die Schw läuft eine Binde (auf den Hschw weiß, auf den Aschw grüngelb). Die Flecke sind eingefaßt durch grauschwarze Partien. Die Schw mit gelbem Außensaum.
St: grün. Über die Federn geht eine sattgelbe Binde, blaugrün und schwärzlich eingefaßt. Die Mittelfedern sind verlängert und dunkelblau.
Hschw Verengung: keine, Zahl der Hschw 10 ohne R
Zahl der St: 12
L. Hschw 9. 76—84
L. St 1. 105—113

Tauben

Zahl der Hschw 10 ohne R
Zahl der St: 12

Die Schw zeigen nur wenig besondere Merkmale, von der Größe abgesehen. Auffälliger sind die Unterschiede an den Steuerfedern.

Ringeltaube (*Columba palumbus* L.) (Abb. 272)

Hschw grauschwarz, auf der Af weißer Saum. Die If nach dem Rand zu Aufhellung. Die Aschw schieferfarben, an der Spitze grauschwarz.
St: schieferfarben mit breitem schwarzem Spitzenband, darunter breites Aufhellungsband (besonders deutlich auf der Unterseite).
Hschw Verengung 9.—7. Af oder 9. + 8 Af, 10.—9. If
L. Hschw 8. 194—226
L. St 1.—6. fast gleichlang, St 6. auch wenig kürzer 157—195

Hohltaube (*Columba oenas* L.) (Abb. 272)

Hschw grauschwarz. Die Af der ersten Hschw und der Aschw mohnblau, Spitze grauschwarz.
St: schieferfarben mit breitem schwarzem Spitzenband, darunter schmales Aufhellungsband (besonders deutlich auf der Unterseite). Die Af der Außenfeder am Grunde mohnblau.
Hschw Verengung 9. + 8. Af, 10. If
L. Hschw 8. 155—183
L. St 1.—6. fast gleichlang. St 6. auch wenig kürzer 116—132

Felsentaube (*Columba livia* [Gmelin]) (Abb. 272)

Hschw aschgrau, die If mit Ausnahme der Spitze heller. Die äußeren Hschw an der Wurzel weißlich. Spitze breit schieferfarben. Die inneren Aschw hellgrau mit breiter schwarzer Endbinde (schärfer abgesetzt als bei der Hohltaube).
St: aschgrau, an der Spitze breites schieferfarbenes Band, das meist noch einen grauen Endsaum läßt. Die Af der Außenfeder bis zum dunklen Endband grauweiß.
Hschw Verengung 8. Af
L. Hschw 8. 173—179
L. St 3. + 4. fast gleichlang, übrige St wenig kürzer 123—125

Haustaube (*Columba livia* f. *domestica*) (Abb. 272)

In der Größe meist zwischen Hohl- und Ringeltaube. Federmaße meist wie die Felsentaube, jedoch auch höher und niedriger. In der Färbung und im Zeichnungsmuster stark abändernd.
St: schwarzes Endband, ohne davorliegendes Aufhellungsband.
Hschw Verengung 8. Af oder ohne Verengung.
L. Hschw 8. 165—220
L. St 3. + 4. fast gleichlang, übrige St wenig kürzer 110—185

Türkentaube (*Streptopelia decaocto* [Frivaldsky]) (Abb. 273)

Hschw bräunlichschwarz, die Spitzen und die Af sind schmal fahlbraun gesäumt, die If aufgehellt. Die Aschw aschgrau, die innersten mehr graubräunlich.
St: der Spitzenteil (etwa $^1/_2$ der Feder) weißlich, der Wurzelteil grauschwarz. Die Af der Außenfeder hellgrau, in der Mitte dunkler. Die Helldunkel-Partien sind auf der Unterseite schärfer getrennt. Die Innenfedern durchweg grau.
Hschw Verengung 9. + 8. Af, auch 9.—7. Af
L. Hschw 8. oder 9. 135—165
L. St 2.—4. fast gleichlang, St 6. immer kürzer, St 1. wenig kürzer 128—162

Lachtaube (*Streptopelia roseogrisea* Sundevall)

Hschw graubraun, die If heller und mehr bräunlichsandfarben — die Türkentaube mehr schieferfarben. Kleinere Federmaße als die vorige.
St: ähnlich wie die Türkentaube, aber mehr sandfarben. Die Af der Außenfeder weißlich (grau), die Spitzen weiß. Der dunkle Fleck im Unterteil der Feder auf der Oberseite nicht scharf abgetrennt.

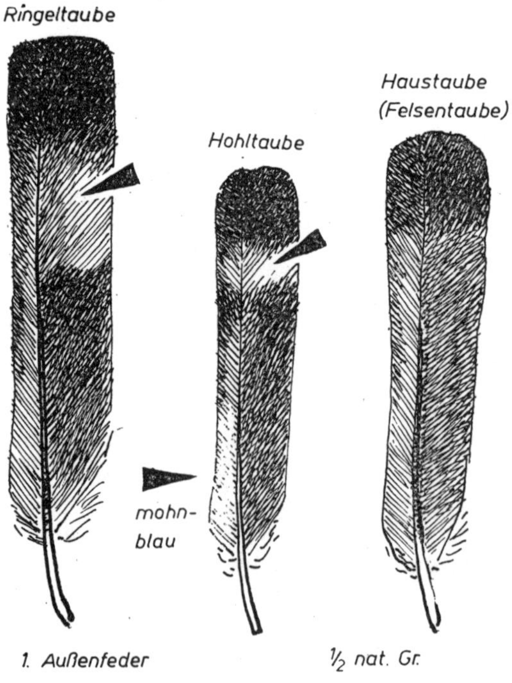

Abb. 272. Steuer der Ringel-, Hohl- und Haus- (Felsen-) taube

Hschw Verengung 9. + 8. Af
L. Hschw 8. 128—140
L. St 2.—5. fast gleichlang, 1. + 6. wenig kürzer. 115—132

Turteltaube (*Streptopelia turtur* [L.]) (Abb. 274)

Hschw und Aschw graubraun mit rostfarbenen Außensäumen und Spitzen, die If aufgehellt.
St: die Af der Außenfeder weiß, die nächsten Federn mit weißen Spitzen scharf von dem schwärzlichschieferfarbenen Ton der If abgesetzt. Die Mittelfedern einfarbig graubraun.
Hschw Verengung 9. + 8. Af, 10. If (wenig)
L. Hschw 9. oder 8. 130—148
L. St 2.—4. fast gleichlang, St 6. immer kürzer, St 1. wenig kürzer 105—132

Zeichnungsunterschiede der Tauben am Steuer

1. Auf den Steuerfedern breites Aufhellungsband, besonders deutlich auf der Rückseite.
   Ringeltaube (Abb. 272)
2. Auf den Steuerfedern (mohnblau) schmales Aufhellungsband
   Hohltaube (Abb. 272)
3. Nur schwarze Endbinde, ohne Aufhellung
   Felsentaube (Haustaube) (Abb. 272)
4. Aufhellung auf der oberen Hälfte der Steuerfedern
   Türkentaube (Abb. 273)
5. Die Af der Außenfeder weiß, die nächsten Federn mit weißen Spitzen
   Turteltaube (Abb. 274)
6. Die Af der Außenfeder grauweiß. Der dunkle Fleck im unteren Teil der Feder auf der Oberseite der Feder nicht scharf abgesetzt. Spitzen weiß.
   Lachtaube

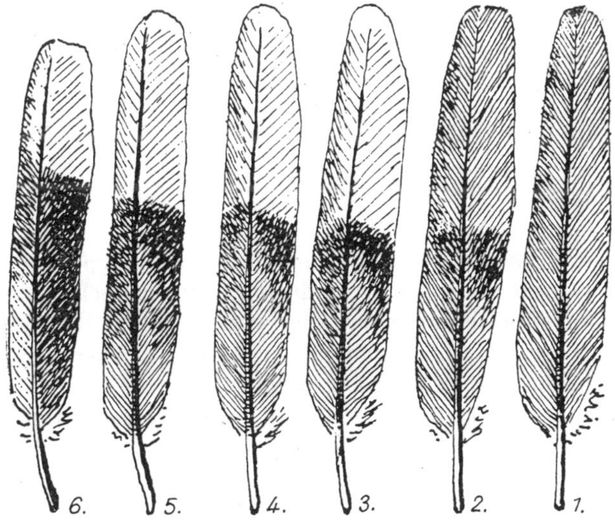

Abb. 273. Steuer der Türkentaube

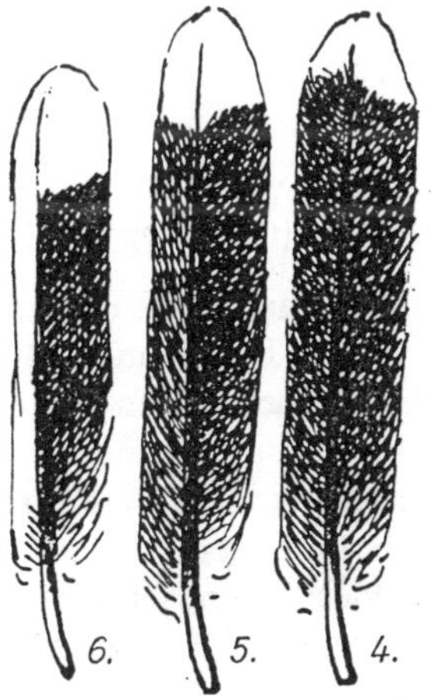

Abb. 274. Steuer der Turteltaube

Kuckuck

Zahl der Hschw 10 ohne R
Zahl der St: 10
Hschw Verengung: keine

Kuckuck (*Cuculus canorus* L.) (Abb. 289)

Beim ♂ schieferfarben mit weißen Binden, beim ♀ braun mit weißen Binden. Verwechslungen mit Turmfalkenschwingen! Variierend (manche Exemplare dreifarbig: braun-schwarzbraun-weiß). Juv haben an den Schw und am St weiße Spitzen.
St: gestuft, gescheckt und marmoriert.
L. Hschw 8. 177—217
L. St 1. 170—204

Eulen

Zahl der Hschw 10 + 1 R
Zahl der St: 12

Die Schw und der Stoß der Eulen sind gebändert bzw. gefleckt. Im Gegensatz zu den Greifvögeln, insbesondere den Falken, sind die Federn weniger „schnittig". Das weiche Gefieder (auf den Federn ein seidenweicher Flaum) und der „Kamm" an der Af der 10. Hschw, auch an der Spitze der 9. Hschw gewährleisten den leisen Flug. Das ♀ ist größer als das ♂. Die Färbung des Gefieders variiert.

Schleiereule (*Tyto alba* Scopoli) (Abb. 275, 286)

Die Schw haben auf ocker- oder zimtfarbenem Grund klare graubraune Bänderung, If weiß. An der Spitze feine graue (graublaue) Tüpfelung. Bezeichnend sind die kleinen weißen Augen an den Federspitzen (Aschw, Rückenfedern) (Abb. 286).
St: auf ockerfarbenem Grund dunkelbraune Bänderung. Af ockerfarben, If großenteils weiß.
Hschw Verengung 10. Af, If wenig
L. Hschw 8. 220—240 auch 8. + 9. gleichlang
L. St 4. oder 1.—5. fast gleichlang 122—140

Zwergohreule (*Otus scops* [L.]) (Abb. 277)

Das Gefieder hat bald mehr bräunliche, bald mehr graue Tönung. Schw dunkelbraun. Die Af der 10. Hschw mit rahmfarbenen (hellrostfarbenen), die der übrigen Hschw mit weißlichen Querbändern. Die If sind graubraun mit mehr oder weniger deutlicher unregelmäßiger Quermarmorierung, vor allem an der Federspitze. Die If der Aschw mit nicht durchgehenden rahmfarbenen bis hellröstlichen Querbinden.
St: auf bräunlichem Grund schwarzbraune Marmorierung und unregelmäßige rahmfarbene Querbinden, schwach marmoriert.
Hschw Verengung 9. + 8. Af, 10.—8. If
L. Hschw 8. 133—138
L. St 2., auch 2.—5. fast gleichlang 75 + 77

Uhu (*Bubo bubo* [L.]) (Abb. 278)

Schw auf ockerfarbigem (gelblichem) Grund dunkelbraune Binden (etwa 10), Flecken und Tüpfelung. Im Gefieder wie eine vergrößerte Waldohreule. ♀ und juv. sind in der Färbung dunkler.
St: Auf ockerfarbigem (gelblichem) Grund etwa 10 Binden, Flecken und Tüpfelung. Die Mittelfedern sind dunkel mit einigen helleren Binden.
Hschw Verengung 9. + 8. Af, 10.—8. If
L. Hschw 7. 360 ♂, 402 ♀
L. St 1. oder 2. 240—250 ♂ und 280 ♀

Schnee-Eule (*Nyctea scandiaca* [L.]) (Abb. 279)

Schw und St weiß mit dunkelbraunen oder grauschwarzen Flecken oder abgebrochenen Bändern. Juv. haben bräunliche Binden, und zwar breiter.
St: weiß mit abgebrochener Bänderung, diese nach innen zunehmend. Die Außenfeder mit dunklem Fleck an der Spitze.
Hschw Verengung 9.—7. Af, 10.—7. (7. wenig) If
L. Hschw 8. 338 + 352
L. St 1. oder 2. 262

Sperbereule (*Surnia ulula* [L.]) (Abb. 280)

Schw braunschwarz mit weißen Querflecken auf beiden Fahnen. In der Flügelmitte sind die Querflecke weniger ausgedehnt und stoßen am Kiel nicht zusammen.
St: dunkelbraun mit weißen Spitzen und 8—10 schmalen weißen Binden (oft nicht vollständig), die an den If der Außenfedern sind breiter.

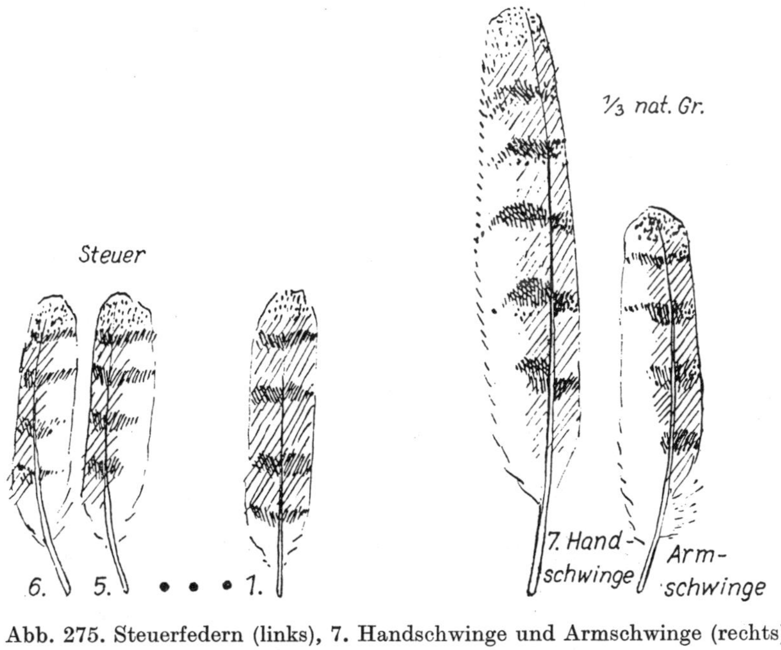

Abb. 275. Steuerfedern (links), 7. Handschwinge und Armschwinge (rechts) der Schleiereule

Hschw Verengung 9.—7. Af, 10.—8. If
L. Hschw 8. 180 und 210
L. St 1. oder 2., 188 und 205

Sperlingskauz (*Glaucidium passerinum* [L.]) (Abb. 281)

Schw dunkelbraun mit 4—6 undeutlichen hellbräunlichen Querbinden, auf der Af mit kleinen weißen Flecken.
St: dunkelgraubraun mit 4—5 schmalen weißen Binden und lichtem Spitzensaum. Juv. haben auf Schw und St deutliche Querbänderung.
Hschw Verengung 9.—6. Af, 10.—8. If
L. Hschw 7. 83—87
L. St 1. oder 2., auch 1.—5. fast gleichlang 63—69

Steinkauz (*Athene noctua* [Scopoli]) (Abb. 282)

Schw auf weißlichem Grund 5 dunkle Binden. In der Färbung dem Rauhfußkauz ähnlich: Steinkauz grauer, Rauhfußkauz brauner. Bestes Unterscheidungsmerkmal ist die Verengung beider Arten. Schw und St sind beim Steinkauz kürzer als beim Rauhfußkauz.
St: auf weißlichem oder hellbräunlichem Grund etwa 5 dunkle Binden.
Hschw Verengung 9.—6. Af (6. undeutlich oder fehlend), 10.—7. If
L. Hschw 7. 122—139
L. St 2. oder 2.—5. fast gleichlang 73—95

Waldkauz (Strix aluco L.) (Abb. 283)

Die Schw haben auf graubraunem oder rötlichbraunem Grund (graue und rotbraune Färbungsvariante) dunkelbraune breite Binden (5—7) und auf der If im unteren Teil weiße oder bräunliche Flecke.

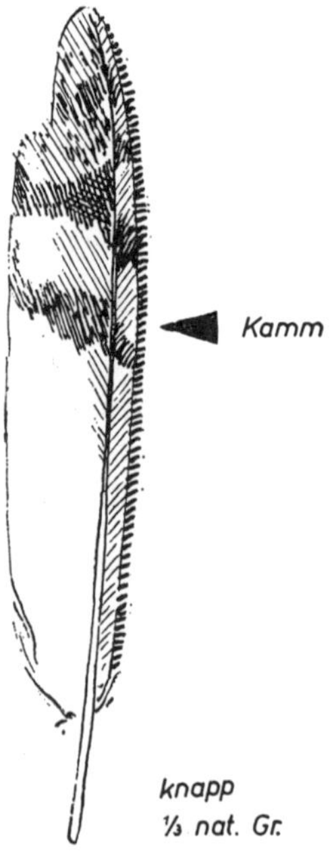

Abb. 276. 10. Handschwinge der Eulen (Waldohreule)

Abb. 277. Handschwingen 10.—6. der Zwergohreule

Abb. 278. Handschwingen 10.—6. des Uhus

St: verwischte Zeichnung, Kritzelung und Strömung, dunkle Binden (6—8)
Hschw Verengung 9.—5. Af, 10.—6. If
L. Hschw 6. 222—254
L. St 1. 169—191

Habichtskauz (*Strix uralensis* Pallas) (Abb. 284)

Schw und St auf weißlichem oder bräunlichweißem Grund 5-dunkelbraune Binden. Im Gegensatz zum Waldkauz klare, nicht verwischte Bänderung. Graue und braune (Südosteuropa) Variante.
St: lang. Juv. auf gelbweißem Grund braune Querbänder.
Hschw Verengung 9.—5. Af, 10.—5. If
L. Hschw 7. 290—321
L. St 1. 250—293

Bartkauz (*Strix nebulosa* J. R. Forster) (Abb. 287)

Schw und St hell- bis dunkelgrau mit breiten grauschwarzen Binden. Hschw 9.—4. im Mittelteil mit gelblichem bis bräunlichem Schimmer.
St: keilförmig.
Hschw Verengung 9.—5. Af, 10.—6. If
L. Hschw 6. 405
L. St 1. 333 + 345

Waldohreule (*Asio otus* [L.]) (Abb. 276, 285, 286)

Schw auf ockerfarbenem oder graubräunlichem Grund dunkle Bänderung: Mehr Kritzelzeichnung im Gefieder als die Sumpfohreule und weniger Weiß als diese (Abb. 285, 286).
St: auf bräunlichem Grund dunkle Binden; diese sind schmaler als bei der Sumpfohreule.
Hschw Verengung 9. + 8. Af, 10. und 9. If
L. Hschw 8. 232—260
L. St 1. 2., auch 3.—5. fast gleichlang 143—158

Sumpfohreule (*Asio flammeus* [Pontoppidan]) (Abb. 285, 286)

Schw auf ockerfarbenem Grund dunkelbraune Bänderung. An den Spitzen der Hschw keine Kritzel wie bei der Waldohreule. Mehr Weiß auf den Federn, vor allem auf den Aschw (If und Basis) als die Waldohreule.
St: breitere dunkle Binden (Waldohreule ca. 2 mm, Sumpfohreule 5 mm). Außenfedern weiß oder weißlich.
Hschw Verengung 9. Af, 10. + 9. If (9. wenig)
L. Hschw 9., auch 9. + 8. gleichlang 243—263
L. St 2. oder 1. 151—162

Rauhfußkauz (*Aegolius funereus* [L.]) (Abb. 282)

Auf den braunen Schw weiße Binden auf Af und If. Die Aschw mit weißen Flecken auf der If. Weniger Verengungen in den Hschw als Steinkauz. Juv. haben dunklere Braunfärbung.

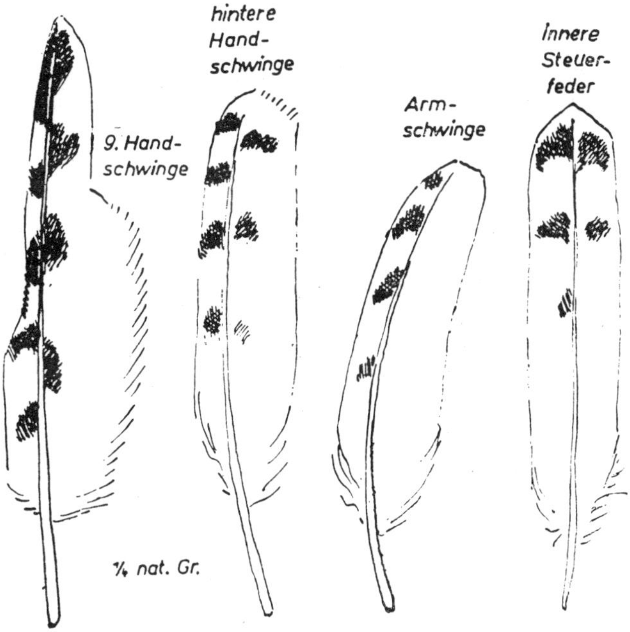

Abb. 279. 9. Handschwinge, hintere Handschwinge, Armschwinge und innere Steuerfeder der Schnee-Eule

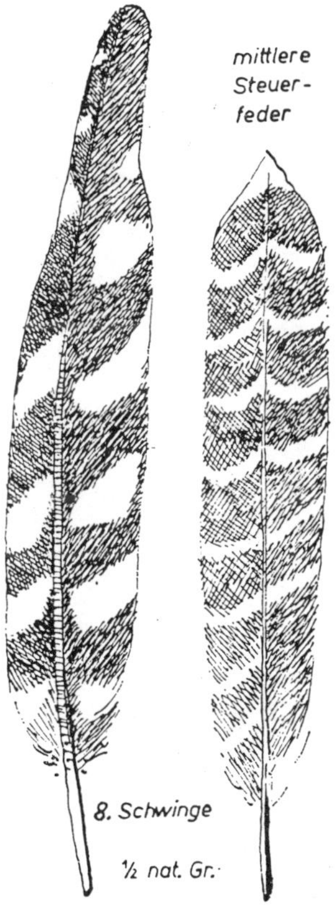

Abb. 280. 8. Handschwinge und mittlere Steuerfeder der Sperbereule

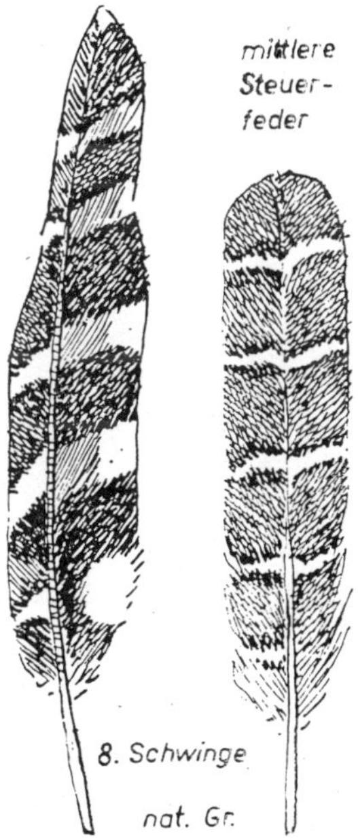

Abb. 281. 8. Handschwinge und mittlere Steuerfeder des Sperlingskauzes

St: auf graubräunlichem Grund schmale weiße (weißliche) Binden. Der Stoß ist länger als beim Steinkauz.
Hschw Verengung 9. Af, 10. + 9. If oder 10.—8. If (8. wenig)
L. Hschw 8. oder 7. 137—150
L. St 1. oder 2. 103—111

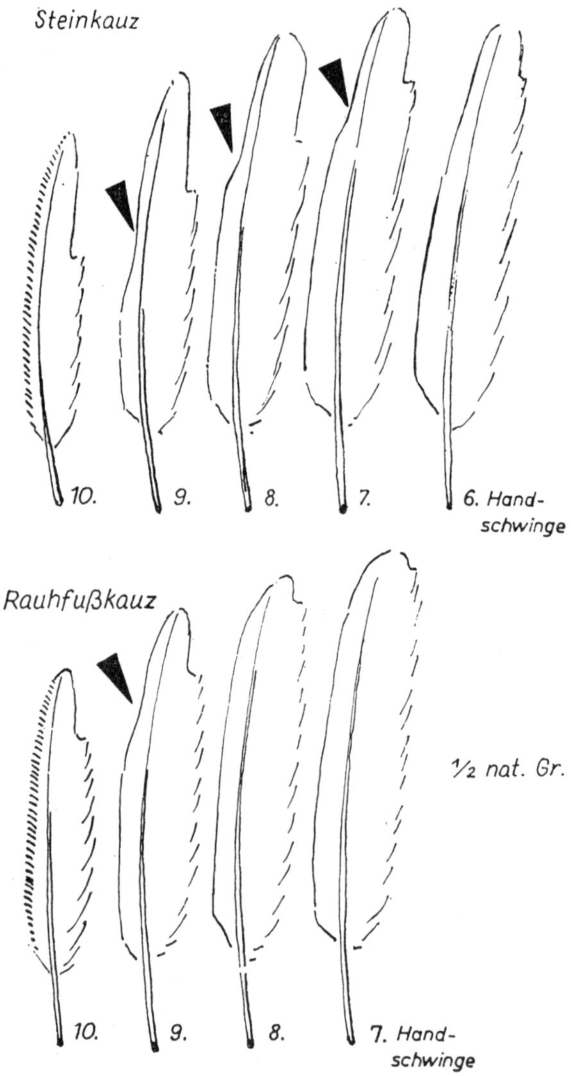

Abb. 282. Handschwingen 10.— 6. des Steinkauzes und Handschwingen 10.—7. des Rauhfußkauzes

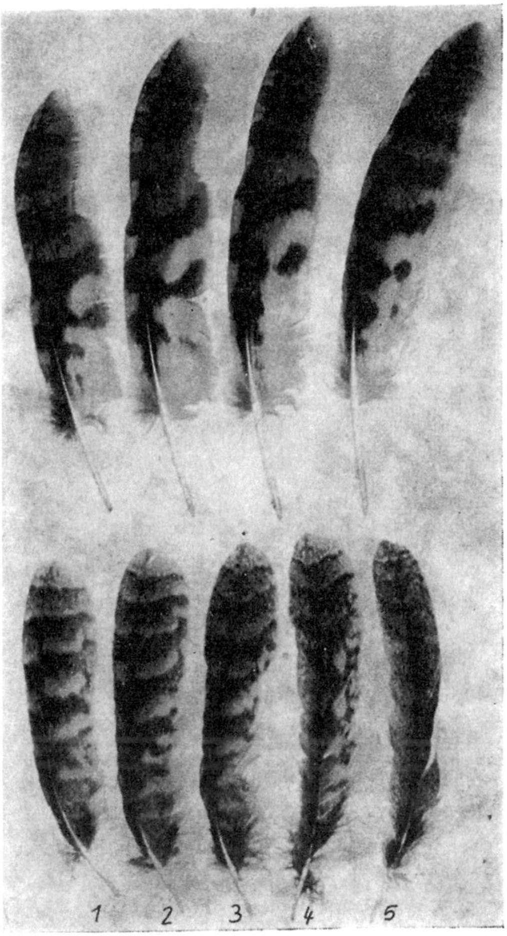

Abb. 283. Handschwingen 10.—7. (oben) und Stoßfedern (unten) des Waldkauzes

Abb. 284. 7. Handschwinge und Stoßfeder des Habichtskauzes

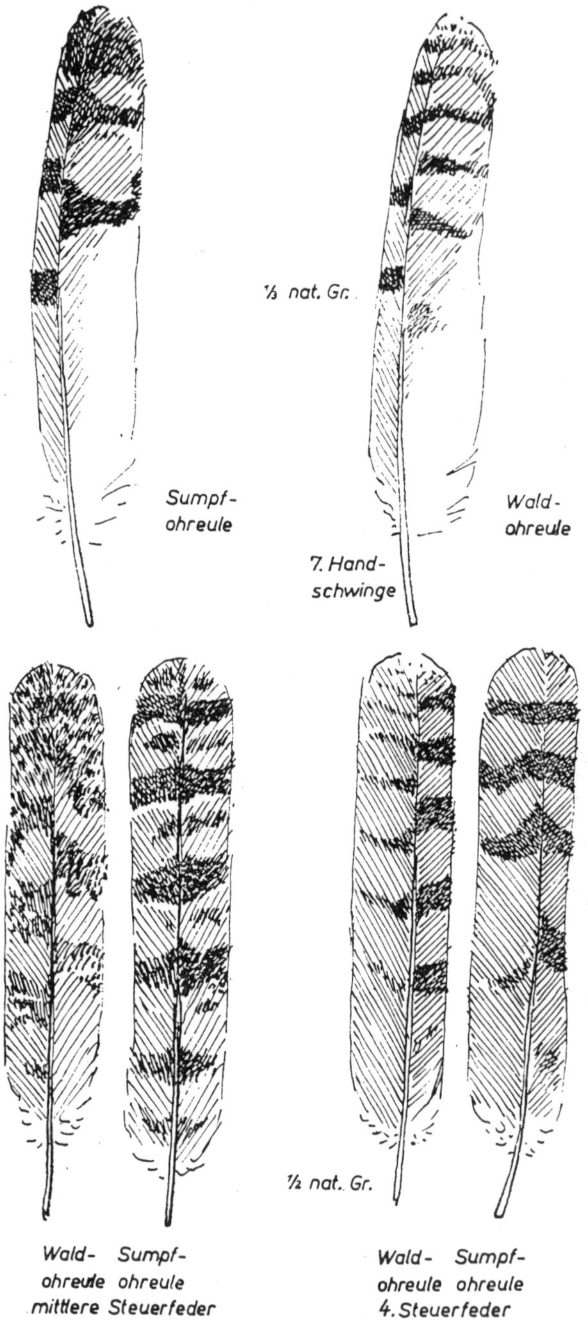

Abb. 285. 7. Handschwinge, mittlere und 4. Steuerfeder von Sumpf- und Waldohreule

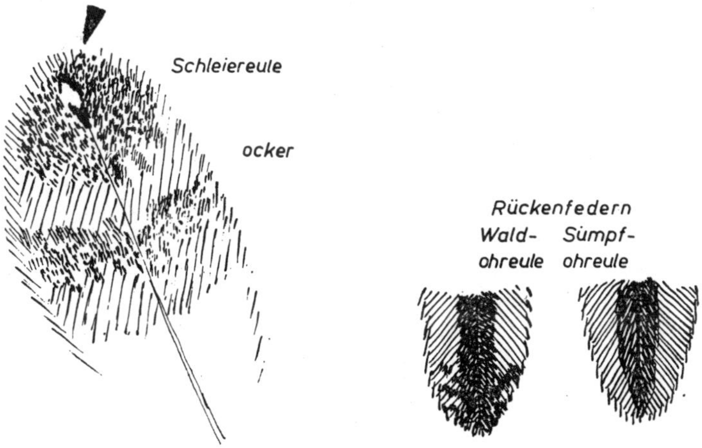

Abb. 286. Schleiereule, „Auge" an den Federspitzen, Rückenfedern von Wald- und Sumpfohreule

Abb. 287. Bartkauz, 5. Hand- und Armschwinge und 1. Steuerfeder

Ziegenmelker

Ziegenmelker (*Caprimulgus europaeus* L.) (Abb. 288)

Gefieder rindenfarbig mit Flecken, Kritzeln und Bändern. ♂ hat auf der If der Hschw 10—8 große weiße Flecke (beim ♂ juv. rostfarben). Beim ♀ fehlen diese weißen Flecke an den Hschw und am St.
St: ♂ an der 6. und 5. St an der Af weiße Flecke.
Hschw Verengung 9. + 8. Af
Zahl der Hschw 10 ohne R.
Zahl der St 10
L. Hschw 8. 147—170
L. St 2.—4. fast gleichlang, 5. 4. 1. wenig kürzer 130—160

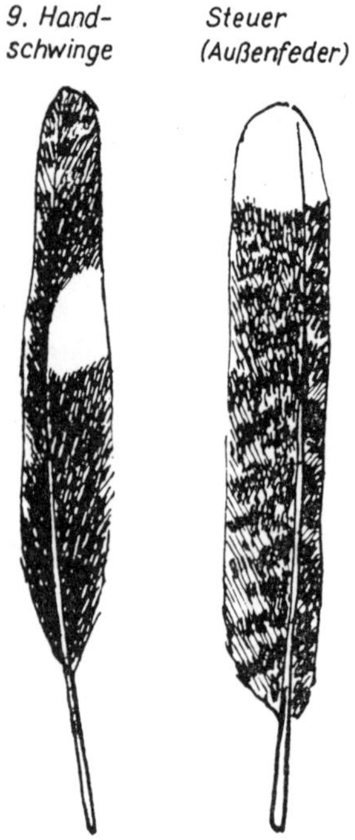

Abb. 288. Handschwinge und Steuer des Ziegenmelkers

Segler

Hschw Verengung: keine
Zahl der Hschw 10 + 1 R (auch fehlend)
Zahl der St: 10

Mauersegler (*Apus apus* [L.])

Schw rauchbraun, If aufgehellt. Durch die größeren Federmaße leicht von den Schwalben zu unterscheiden.
St: rauchbraun. Ohne besondere Abzeichen. Gabelung, aber weniger als bei der Rauchschwalbe.
L. Hschw 9. 135—149
L. St 5. 80—91

Alpensegler (*Apus melba* L.)

Schw haben dunkles Graubraun, ebenso das St. Die 10. Hschw mit schmalem weißem Außensaum. Federmaße größer als beim Mauersegler. Weiße Bauchfedern.
L. Hschw 9. 175—187
L. St 5. 90—98

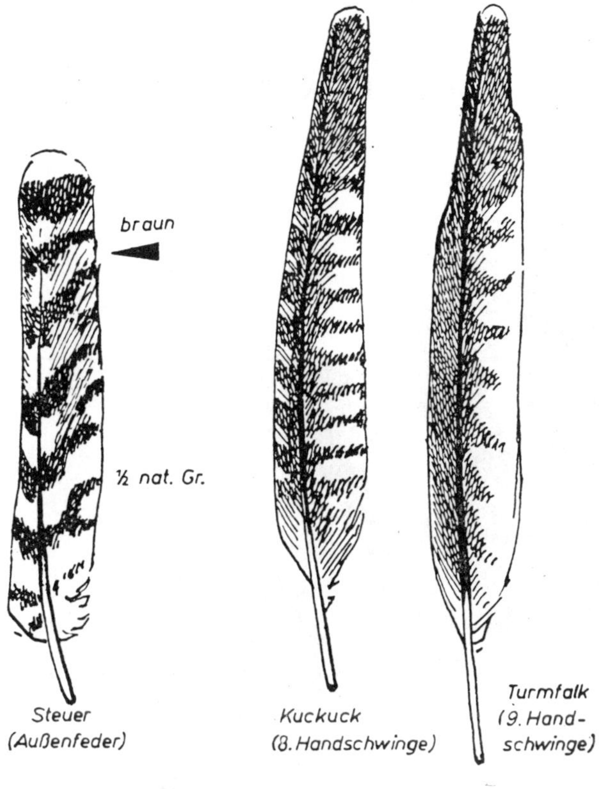

Abb. 289. Steuer- und Handschwinge des Kuckucks. Daneben Handschwinge des Turmfalken, die Anlaß zu Irrtümern geben kann

Eisvogel, Bienenfresser, Blauracke, Wiedehopf

Eisvogel (*Alcedo atthis* L.)

Die Schw haben an der Af Blauschimmer, die If sind lachsrötlich.
St: blau, If und Basis graurötlich, Kiele dunkel.
Hschw Verengung 9.—6. Af
Zahl der Hschw 10 ohne R
Zahl der St 12
L. Hschw 8. oder 7. 58—65
L. St 5. 4. oder 3. 36—44

Bienenfresser (*Merops apiaster* L.)

Die Hschw blaugrün mit metallischem Schimmer, die Spitzen schwärzlich und die If graugelblich. Die Aschw haben gelbbraune Af, die If aufgehellt. Die Kiele sind schwarz. St: moosgrün mit schwachem metallischem Schimmer. Die If hellgraubraun. Die mittleren Federn sind verlängert. Dunkle Kiele.

Hschw Verengung: keine
Zahl der Hschw 9 + 1 R
Zahl der St 12
L. Hschw 9. oder 8. 119—127
L. St 1. 109—115

Blauracke (*Coracias garrulus* L.) (Abb. 290)

Schw schwarz. Am Grund der Af der H- und Aschw helles Blaugrün, die If am Grund weißlich. Kiele dunkel. Das Schwarz mit ultramarinblauem Schimmer, besonders auf der Unterseite der Innenfahnen.

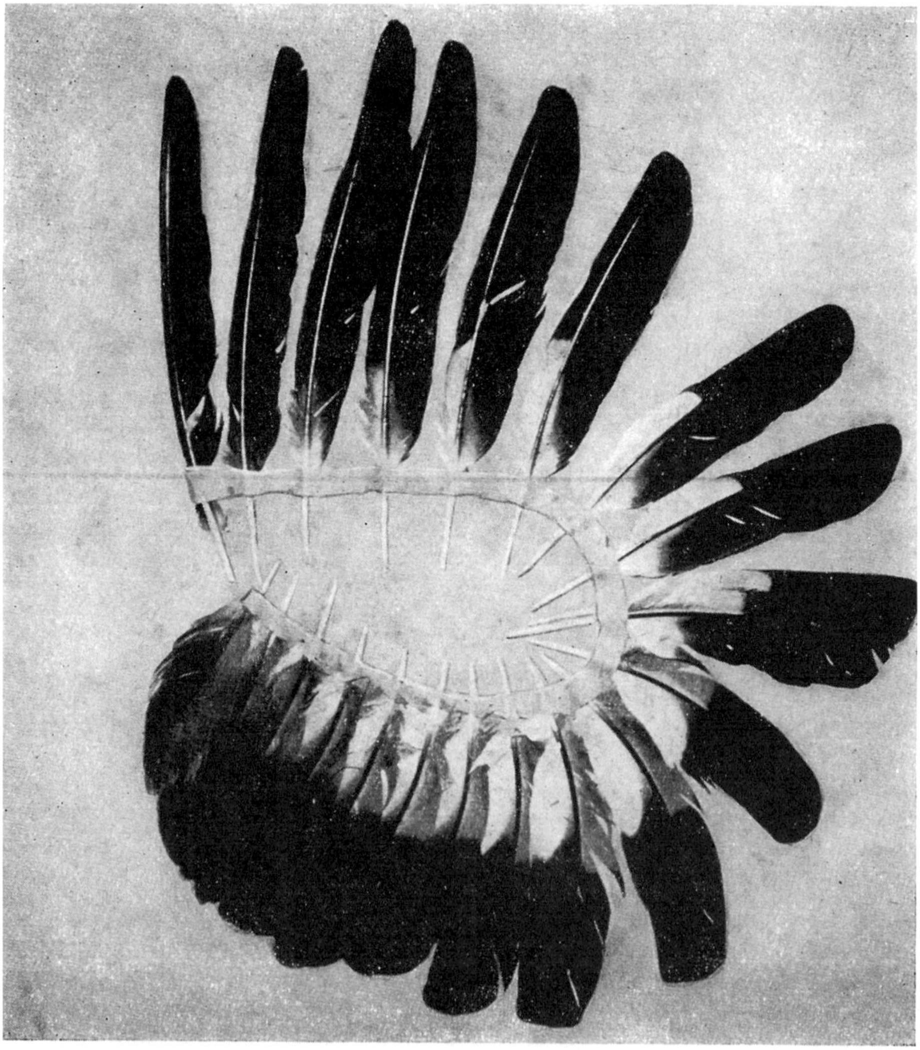

Abb. 290. **Rupfungsblatt** der Blauracke

St: schwarz mit grünblauem Schimmer, die Spitze mit hellerem Band, das nach außen zunimmt. Die Innenfedern sind in der Farbe stumpfer.
Hschw Verengung 9.—7. Af, 10. If
Zahl der Hschw 10 + 1 R (winzig)
Zahl der St 12
L. Hschw 8. 145—170
L. St 2.—4. fast gleichlang 130—140

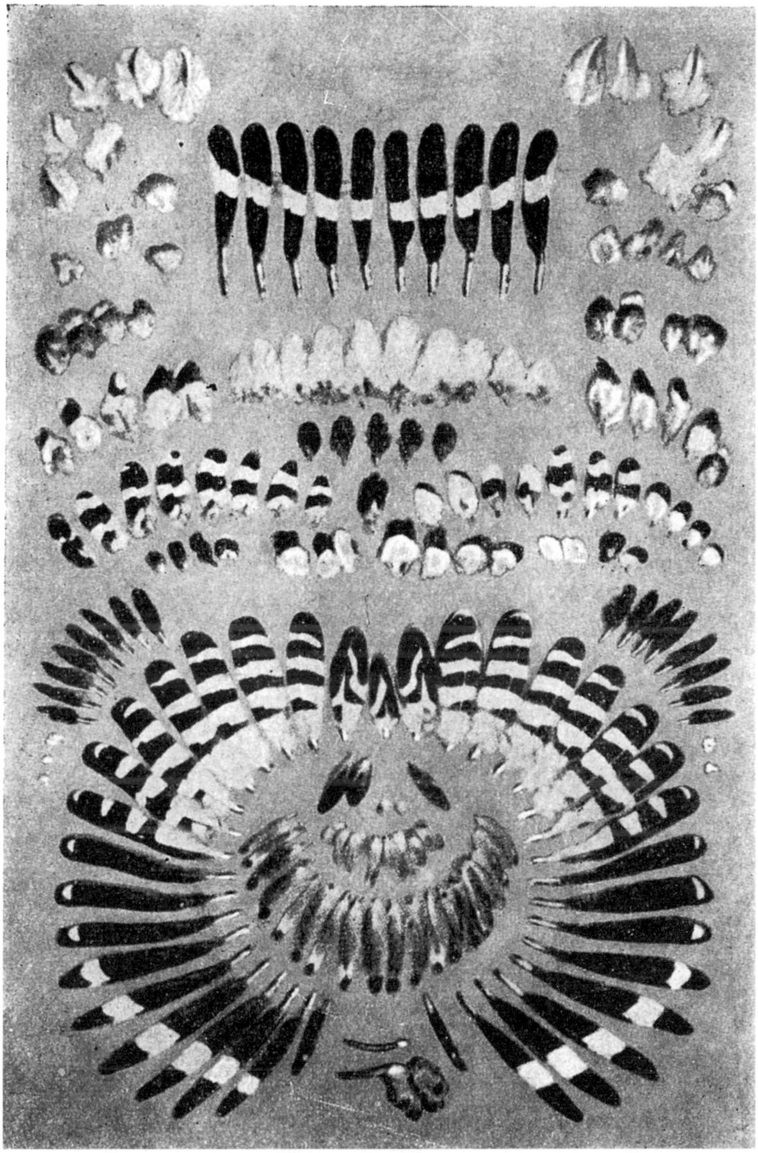

Abb. 291. Rupfung des Wiedehopfes

Wiedehopf (*Upupa epops* [L.]) (Abb. 291)

Die Hschw schwarz mit weißer Binde. Die Aschw schwarz mit drei weißen Binden.
St: schwarz mit weißer Binde.
Hschw Verengung 8.—5. Af
Zahl der Hschw 10 ohne R
Zahl der St 10
L. Hschw 6. 125—135
L. St 5. oder 4. 105—115

Spechte

Zahl der Hschw 9 + 1 R
Zahl der St: 12

Mit Ausnahme vom Schwarzspecht haben die Schw und das St Bänderung. Steuerfedern sind elastisch und zugespitzt. St 6. sehr kurz.

Grünspecht (*Picus viridis* [L.]) (Abb. 292)

Schw graubraun mit weißlichen Bändern. Die Af gelbgrün.
St: graubraun, nach der Spitze zu dunkler. Alle Federn im Basalteil gebändert und an der Af gelbgrüner Saum.
Hschw Verengung 8.—4. Af
L. Hschw 6. 142—150
L. St 1. 107—116

Grauspecht (*Picus canus* Gmelin) (Abb. 292)

Wie der vorhergehende, aber kleinere Federmaße.
St: graubraun, nach der Spitze zu dunkler. Nur die Mittelfedern sind gebändert.
Hschw Verengung 8.—4. Af
L. Hschw 6. 117—130
L. St 1. 90—110

Buntspecht (*Dendrocopos major* L.) (Abb. 293, 294, 296)

Schw schwarzbraun mit weißen Binden. Die weißen Flecke auf den If der Hschw und Aschw reichen nicht bis an den Kiel heran.
St: die zwei äußeren Federn (4. + 5.) zeigen in der oberen Hälfte auf weißem Grund schwarze Querbinden, der übrige Teil der Federn ist schwarz. Die inneren Federn haben nur Schwarz.
Hschw Verengung 8.—5. Af
L. Hschw 6. 104—126
L. St 1. 93—103

Blutspecht (*Dendrocopos syriacus* Hemprich & Ehrenberg) (Abb. 293)

Die weiße Querbänderung der Hschw ist breiter als beim Buntspecht.
St: die 5. und 4. haben nur an der Spitze einige weiße Flecken.
Hschw Verengung 8.—5. Af
L. Hschw 6. 115 + 118
L. St 1. 89 + 91

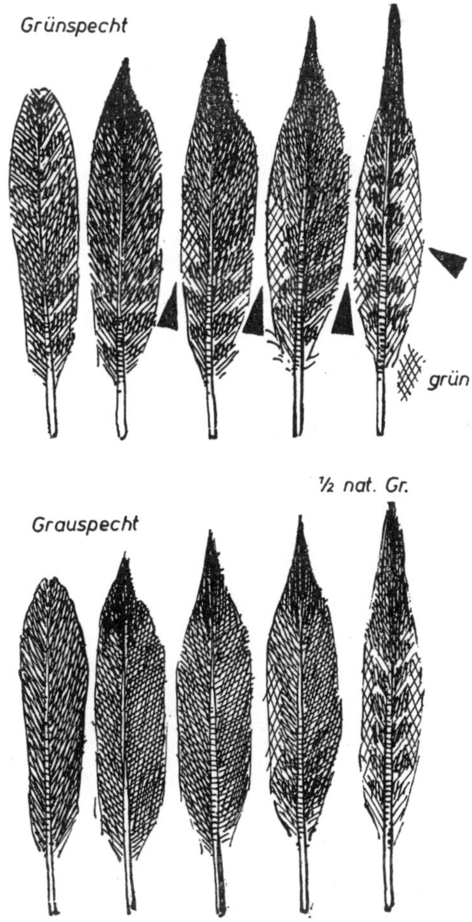

Abb. 292. Steuer von Grün- und Grauspecht

Abb. 293. Handschwingen (oben) und Steuer (unten) von Blut- und Buntspecht

Weißrückenspecht (*Dendrocopos leucotos* [Bechstein]) (Abb. 295)

Schw schwarzweiß. Auf den inneren Aschw vereinigen sich die weißen Flecke zu durchgehenden Binden.
St: die Mittelfedern schwarz. Die anderen Federn im Oberteil weiß mit schwarzen Querbinden, die auch am äußersten Paar (5.) noch drei deutliche Querbinden bilden. Wurzelteil schwarz.
Hschw Verengung 8.—5. Af
L. Hschw 6. 125
L. St 1. 95 + 100

Kleinspecht (*Dendrocopos minor* [L.])

Wie die anderen Schwarzweiß-Spechte. Die kleineren Federmaße ergeben den rechten Bestimmungshinweis.
St: die äußeren Federn (5. + 4.) haben in der oberen Hälfte oft nur angedeutete Querbinden. Das Weiß zieht sich an der Af tief hinab.
Hschw Verengung 8.—6. Af
L. Hschw 6. 78—84,5
L. St 1. 56—77

Mittelspecht (*Dendrocopos medius* L.) (Abb. 294)

Schw wie der Buntspecht, aber kleinere Federmaße.
St: die äußeren Federn (5. + 4.) haben im weißen Teil keine klare Bänderung, sondern nur schwarze Flecke.
Hschw Verengung 8.—5. Af
L. Hschw 6. 102—115
L. St 1. 83—88

Dreizehenspecht (*Picoides tridactylus* [L.]) (Abb. 297)

Schw schwarzbraun mit weißer Bänderung, meist nicht bis an den Kiel reichend. Die weißen Flecke auf den Schw sind schmaler als beim Buntspecht. Die Af der letzten Aschw sind ungebändert, an der If weiß gefleckt.

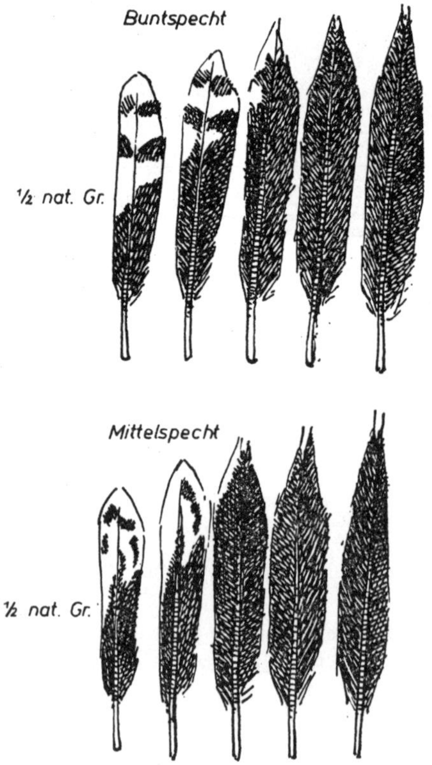

Abb. 294. Steuer von Bunt- und Mittelspecht

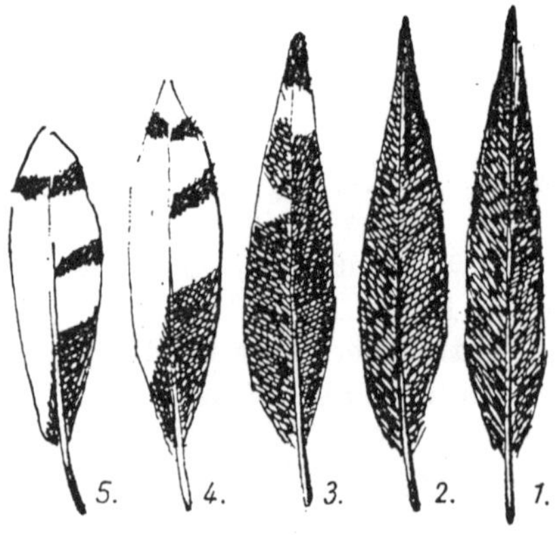

Abb. 295. Steuer des Weißrückenspechts

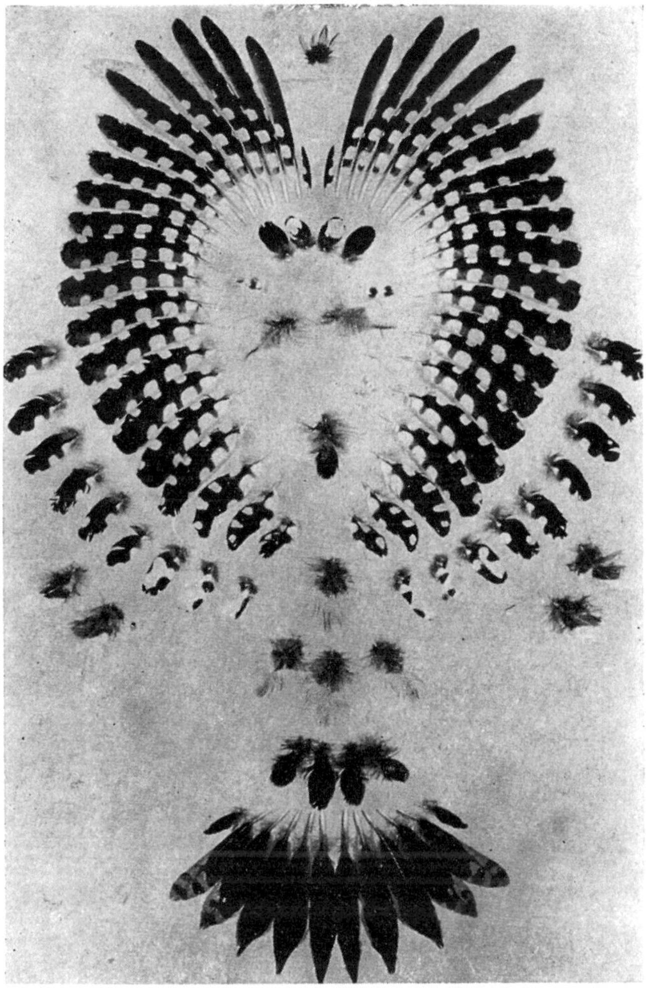

Abb. 296. Rupfung des Buntspechts

St: die äußeren Federn (5. + 4.) schwarz mit weißen (bräunlichweißen) Flecken, auch im Basalteil. Die inneren Federn haben im Wurzelteil weiße Flecken.
Hschw Verengung 8.—5. Af
L. Hschw 6. 107 + 118
L. St 1. 83 + 85

Schwarzspecht (*Dryocopus martius* L.)

Schw und St stumpf schwarzbraun. (Verwechslung mit Federn von jungen Krähen! Verschiedene Verengung! Man achte auf die typischen Steuerfedern!)
St: schwarzbraun und zugespitzt.

Hschw Verengung 8.—4. Af
L. Hschw 6. oder 5. 203—214
L. St 1. 171—188

Wendehals (*Jynx torquilla* [L.]) (Abb. 298)

Schw gebändert. Auf den Af auf braunem Grund dunkelbraune Binden, auf den If auf rahmfarbenem Grund graubraune Binden, wenig abgesetzt.
St: weiche Federn, kein Stützschwanz. Weit auseinander stehende schwarze Binden auf graubraunem, feingesprenkeltem Grund. 6. St sehr kurz.
Hschw Verengung 8. + 7. Af
Zahl der Hschw ad. 9 + 1 R, juv. 10 ohne R
Zahl der St 12
L. Hschw 7. 73,5—77
L. St 1.—4. gleichlang oder auch unterschiedlich lang, juv. gestuft 6. + 5. bedeutend kürzer 63—79

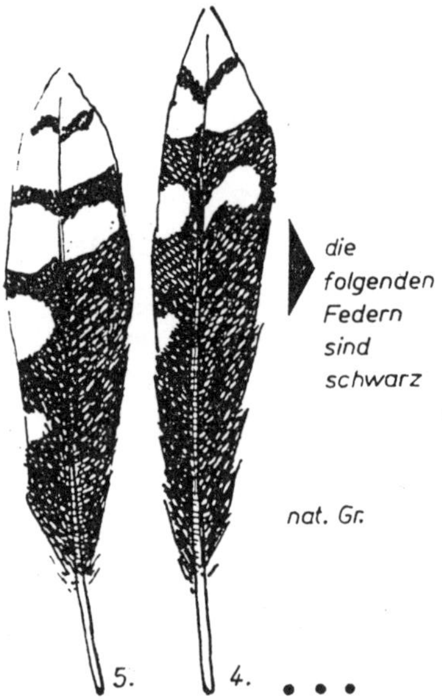

Abb. 297. Steuer des Dreizehenspechts

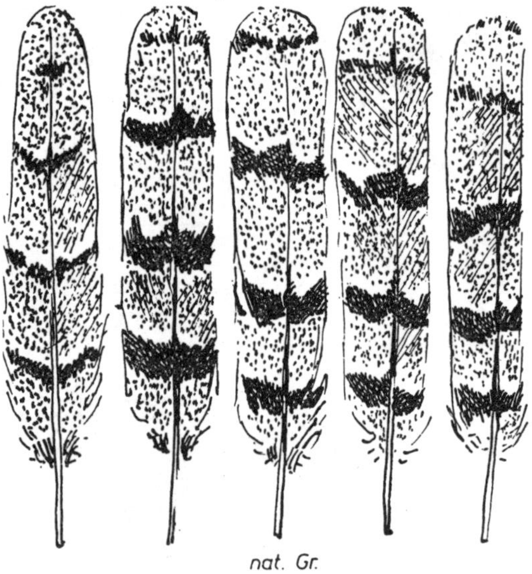

Abb. 298. Steuer des Wendehalses ad.

Lerchen

Zahl der Hschw 9 + 1 R
Zahl der St: 12

Das Gefieder ist meist erdfarbig (bräunliche oder graubraune Färbung). Gute Unterscheidungsmerkmale sind an den Steuerfedern vorhanden.

Kalanderlerche (*Melanocorypha calandra* [L.]) (Abb. 302)

Schw und St braunschwarz. Breiter weißer Spitzenteil auf den ersten Hschw und Aschw. Federmaße größer als bei der Feldlerche.
St: 6. + 5. Außenfeder haben weißen Keil, die übrigen weißgesäumt und weiße Spitze.

Hschw Verengung 8.—6. Af
L. Hschw 7. 94—110
L. St 5. oder 4. 78 + 80

Kurzzehenlerche (*Calandrella cinerea* [Gmelin]) (Abb. 304)

Der Feldlerche in der Färbung nahestehend. Fahlbraune Säume, ebenso die Spitzensäume an den Aschw, nicht weißlich wie bei der Feldlerche. Die Federmaße sind kleiner.
St: an der Außenfeder rahmfarbener (bräunlicher) Keil.
Hschw Verengung 8. + 7. Af
L. Hschw 7. 76,4 + 83
L. St 4. 66+ 70

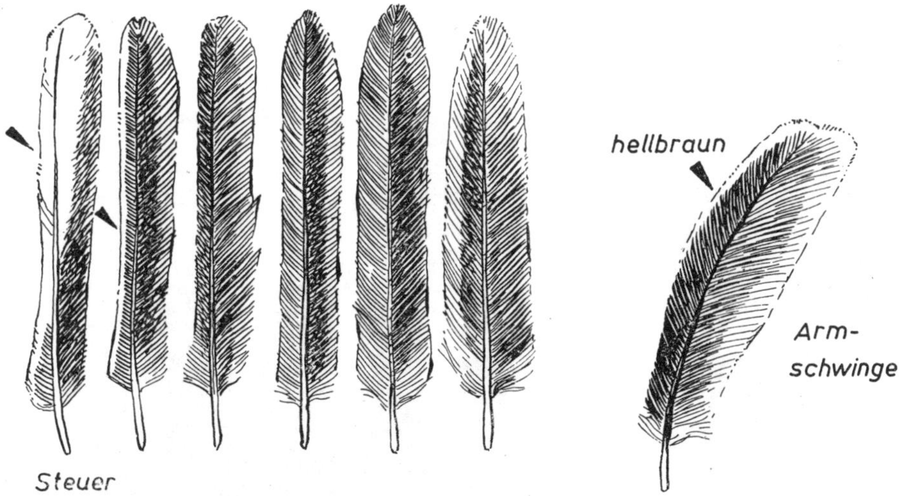

Abb. 299. Armschwinge und Steuer der Feldlerche

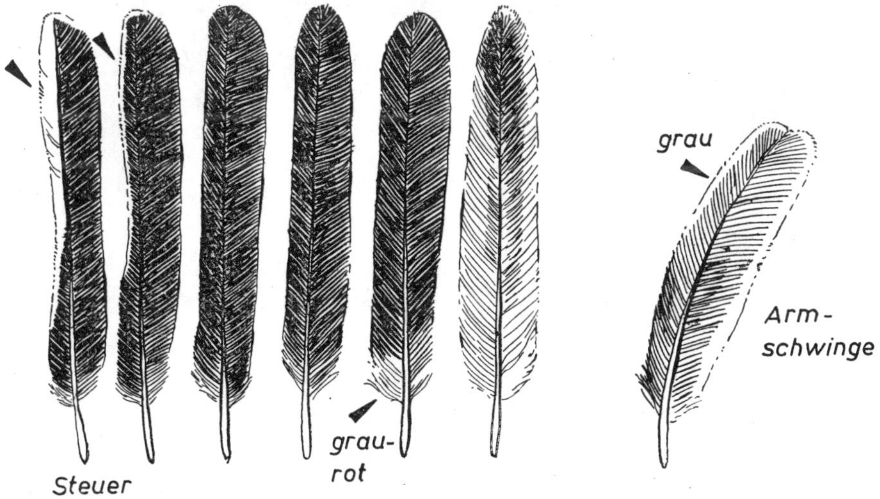

Abb. 300. Armschwinge und Steuer der Ohrenlerche

Abb. 301. Steuer der Heidelerche

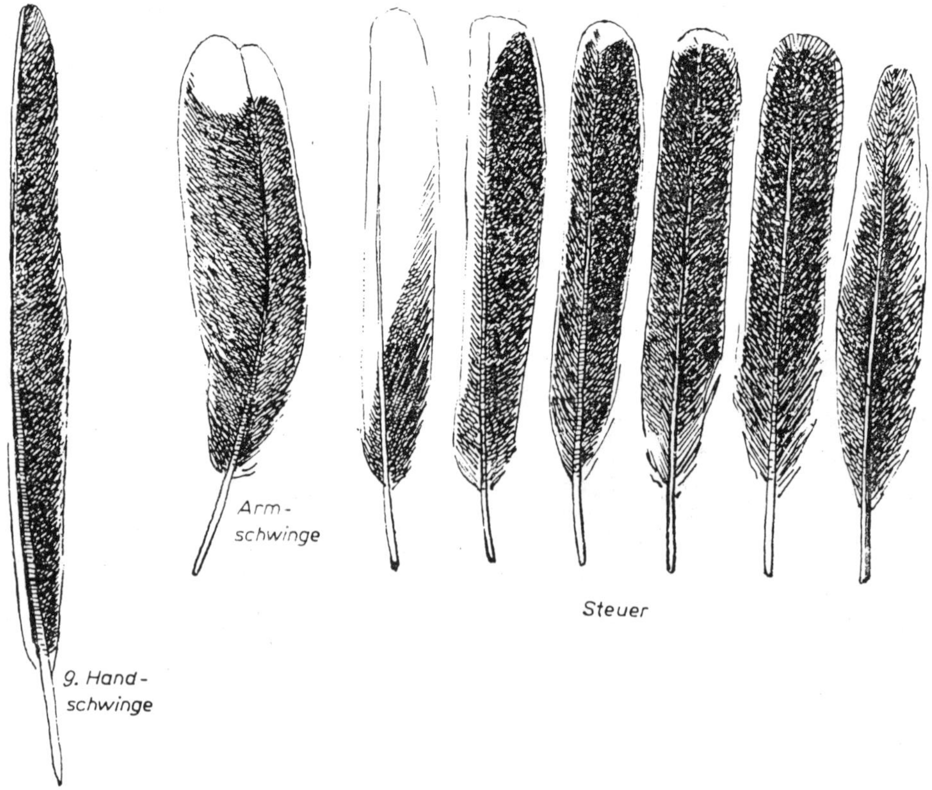

Abb. 302. 9. Handschwinge, Armschwinge und Steuer der Kalanderlerche

Stummellerche (*Calandrella rufescens* [Vieillot]) (Abb. 303)

Hschw graubraun mit schmalen hellgrauen Säumen in der Af. Aschw an der Spitze eingekerbt mit hellen spitzen Säumen und breiten hellbraunen Säumen in den Af.
Schirmfedern nicht länger als 6. Aschw.
Alle Schw haben helle scharf abgesetzte Säume in den If.
St: schwarzbraun bis hellbraun. St 6. mit weißem Keilfleck auf Af und If. St 5. mit weißen breiten Säumen auf Af und If. St 4. mit schmalen weißen Säumen auf Af und If.
Hschw Verengung 8.—6. Af
L. Hschw 6. 83,5
L. St 5. 75

Haubenlerche (*Galerida cristata* [L.])

Grundton der Schw und des St gelbbraun (bei der Feldlerche graubräunlich). Die If der Schw mit scharf abgesetzten hellen Säumen, von der Spitze bis zur Basis reichend.
St: schwarz. Außenfeder mit verwaschenem Keil, nicht scharf abgesetzt.
Hschw Verengung 8.—6. Af, auch 8.—5. Af
L. Hschw 6. 83—94, ⌀ Hschw 88,46
L. St 6. 5. 4., auch 5.—3. fast gleichlang 61—79, ⌀ St 67,34

Heidelerche (*Lullula arborea* [L.]) (Abb. 301)

Schw graubraun. In den Maßen kleiner als die Feldlerche. Die 10. Hschw hat weißen oder bräunlichen Saum an der Af.
St: weiße Spitzenflecke
Hschw Verengung 8.—5. Af
L. Hschw 6. oder 7. 75—86, ⌀ Hschw 80,55
L. St 6. 5. 4. 3. 52—59,5, ⌀ St 56,1

Feldlerche (*Alauda arvensis* L.) (Abb. 299)

Schw graubraun. Die 9. Hschw an der Af mit weißlichem Saum, die anderen mit braunem. Aschw an den Spitzen weißlicher Saum.
St: weißer Keil an den Außenfedern. Färbung graubraun. Juv. haben auf den Mittelfedern Fleckung, Pantherung.
Hschw Verengung 8.—6. Af
L. Hschw 7., selten 8. 80—101,2, ⌀ Hschw 94,11
L. St 5. 6. oder 4. 56—83, ⌀ St 75,02

Ohrenlerche (*Eremophila alpestris* [L.]) (Abb. 300)

Schw grau. Die Hschw haben an der Af einen weißen Saum (bei der Feldlerche nur die 9.)
St: schwarz außer den Mittelfedern, am Grunde grau oder graurötlich. Die Mittelfedern sind rostbraun, nach der Spitze zu heller mit dunklem Mittelstrich. Die Außenfedern haben einen weißen Saum (bei der Feldlerche weißer Keil).
Hschw Verengung 8.—6. Af
L. Hschw 8. oder 7. 81—100, ⌀ Hschw 92,77
L. St 5. 4. oder 3. 66—85,9, ⌀ St 77,64

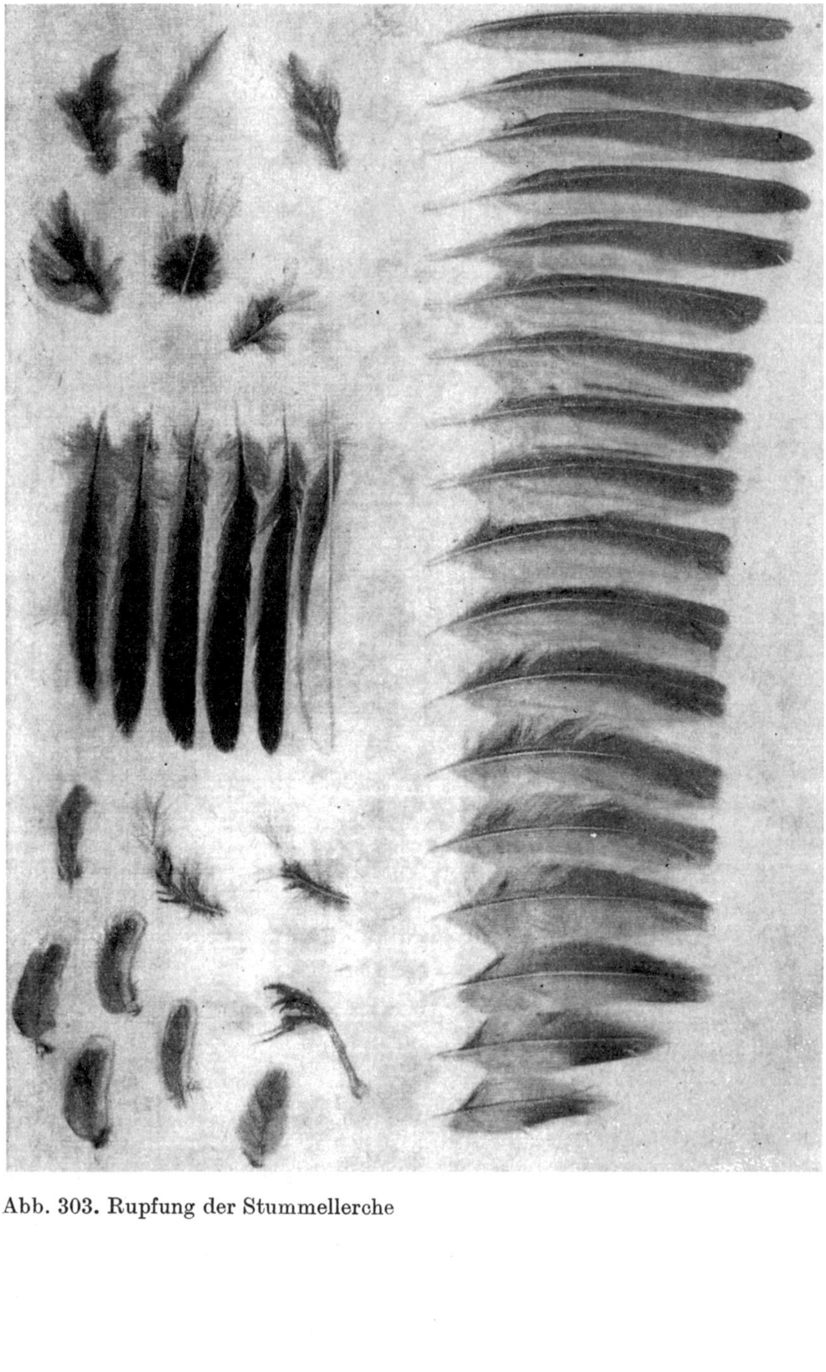

Abb. 303. Rupfung der Stummellerche

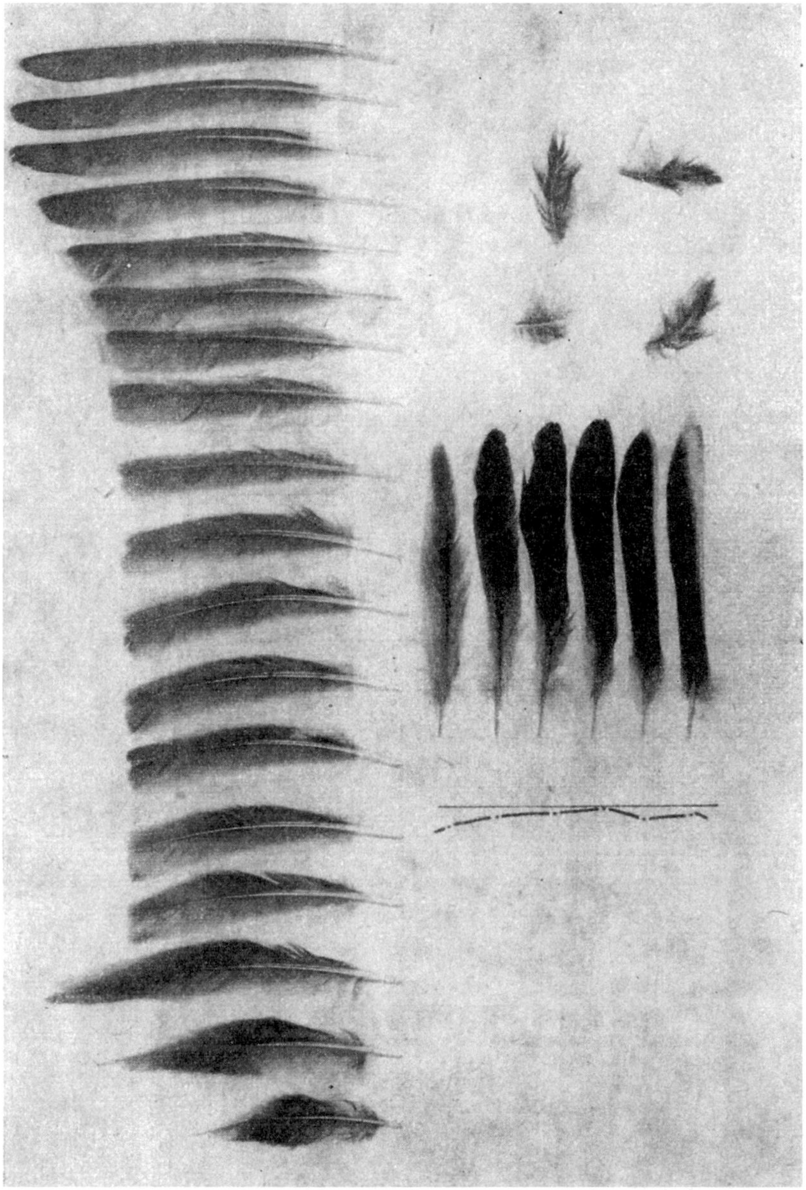

Abb. 304. Rupfung der Kurzzehenlerche

Schwalben

Zahl der Hschw 9 + 1 R
Zahl der St: 12
Verengung: keine

Rauchschwalbe (*Hirundo rustica* L.) (Abb. 305)

Schw rauchbraun mit schwachem Stahlschimmer, If heller.
St: schwarzbraun. Die Außenfeder ist verlängert (bei älteren Vögeln sehr). Die If haben weiße Flecke, die nach innen abnehmen.
L. Hschw 8. oder 9. 92,4—115,9, ⌀ Hschw 106,45
L. St 6. 68—138,1, ⌀ St 102,78

Rötelschwalbe (*Hirundo daurica* L.)

Schw und St schwarz bis rauchbraun. Ähnlich Rauchschwalbe.
St: schwarz ohne weiße Flecken in der If.
L. Hschw 8. 109
L. St 6. 124

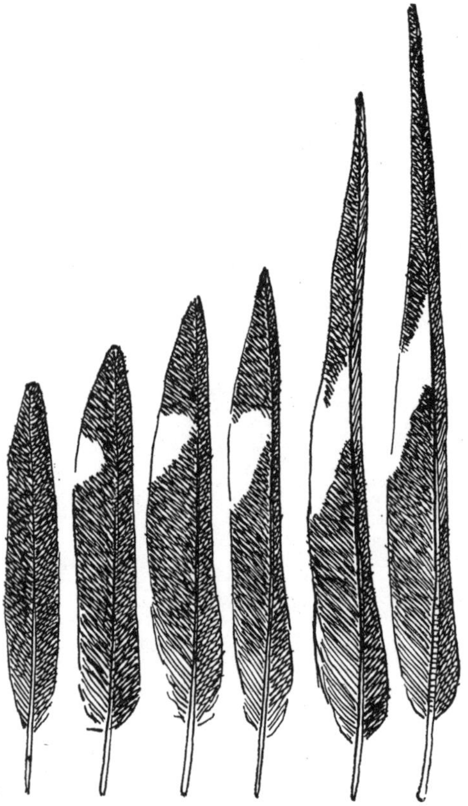

Abb. 305. Steuer der Rauchschwalbe

Abb. 306. Steuer der Felsenschwalbe

Mehlschwalbe (*Delichon urbica* [L.])

Schw rauchbraun, If aufgehellt. Federmaße kleiner als Rauchschwalbe.
St: schwarzbraun ohne weiße Abzeichen. Die Außenfeder ist im Vergleich zur vorigen Art weniger verlängert.
L. Hschw 8. oder 9. 90,9—101, ∅ Hschw 96,17
L. St 6. 55—73, ∅ St 66,61

Uferschwalbe (*Riparia riparia* [L.])

Schw dunkelbraun, If aufgehellt. Federmaße kleiner als bei der vorigen Art.
St: dunkelbraun und weniger gegabelt als bei der Mehlschwalbe.
L. Hschw 8. oder 9. 85—95
L. St 6., selten 5. 48—61

Felsenschwalbe (*Ptyonoprogne rupestris* [Scopoli]) (Abb. 306)

Schw dunkelbraun. Ähnlich der Uferschwalbe, aber größere Maße. Bei juv. haben die Schw helle Ränder, breiter an den hinteren Aschw.
St: auf der If der Federn große weiße Flecke. Wenig gegabelt.
L. Hschw 9. 102—116
L. St 5. oder 6. 59 und 60

Pirol

Pirol (*Oriolus oriolus* L.)

Hschw grauschwarz, an der Af heller Saum. Die If ist aufgehellt. Die Af der Aschw grünlich, vor allem auf den inneren.
St: ♂ gelb und schwarz, ♀ und juv. grünlich, mattes Gelb nur an den Spitzen. Kiele dunkel.
Hschw Verengung 8.—7. Af
Zahl der Hschw 10 ohne R
Zahl der St 12
L. Hschw 8. oder 7. 119,6—131,5
L. St 4. oder 5. 90,3—97

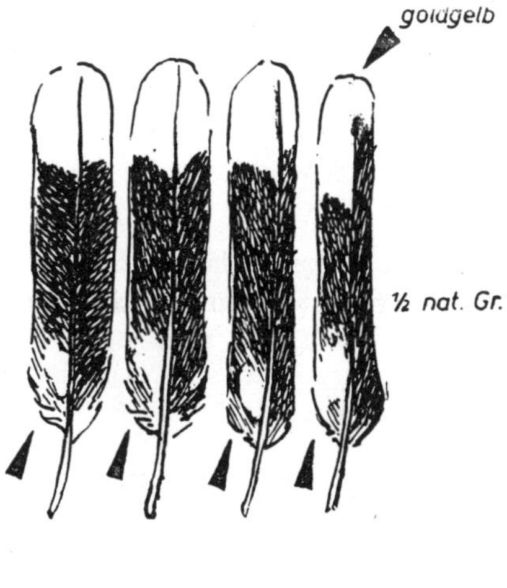

Abb. 307. Steuerfedern des Pirols (♂)

Krähenvögel

Zahl der St: 12

Kolkrabe (*Corvus corax* L.)

Schw und St schwarz mit grünlichem oder purpurnem Schimmer.
Bei juv. stumpfes Schwarz ohne Glanz.
St: schwarz, Keilschwanz.
Hschw Verengung 8.—6. Af
Zahl der Hschw 10 + 1 R
L. Hschw 7. 331—380
L. St 1. 230—250

Rabenkrähe (*Corvus c. corone* L.)

Schw und St schwarz mit Stahlglanz, juv. ohne diesen.
L. Hschw 7. oder 6. 250—300
L. St 1. 2. oder 3. 162—206, ⌀ St 183,69

Nebelkrähe (*Corvus corone cornix* L.)

Federn wie bei der Rabenkrähe. Die beiliegenden grauen Kleinfedern geben meist schon den Arthinweis.
Hschw Verengung 9.—6. oder 9.—5. Af
Zahl der Hschw 10 + 1 R
L. Hschw 7. oder 6. 248—302, ⌀ Hschw 262,87
L. St 1. 2. oder 3. 170—212, ⌀ St 186,53

Saatkrähe (*Corvus frugilegus* L.)

Schw und St schwarz mit kräftigem Purpurschimmer, besonders auf den Aschw.
Hschw Verengung 9.—6. Af
Zahl der Hschw 10 + 1 R
L. Hschw 7. oder 6. 247—291,2, ⌀ Hschw 271,12
L. St 1. oder 2., selten 3. oder 4. 158—200, ⌀ St 184,53

Dohle (*Corvus monedula* [L.])

Schw und St schwarz mit schwachem metallischem Schimmer. Maße kleiner als bei den Vorhergehenden.
Hschw Verengung 9.—7. oder 9.—6. Af
Zahl der Hschw 10 + 1 R
L. Hschw 7., selten 8. 191—209, ⌀ Hschw 197,9
L. St 2. 3. 4. oder 5. 131,6—145,5, ⌀ St 137,2

Elster (*Pica pica* [L.]) (Abb. 308)

Die Hschw haben ein weißes Feld auf der If, die Aschw mit kräftigem Blauschimmer.
St: Keilschwanz mit stark verlängerten Mittelfedern und mit starkem metallischem Schimmer.
Hsch Verengung 8.—4. Af
Zahl der Hschw 10 ohne R
L. Hschw 5. 152—182, ⌀ Hschw 164,4
L. St 1. 194—278, ⌀ St 241,9

Blauelster (*Cyanopica cyana* [Pallas]) (Abb. 309)

Hschw 8.—1. im oberen Teil mit weißen Säumen in der Af, die bis zur Spitze reichen.
Hschw 10.—5. im Basalteil mit weißen scharf abgesetzten Flecken in der If.
St und Aschw mit hellblauen Af und grauen If.
St: hellblau und keilförmig.
Hschw Verengung 10.—5. Af (10. undeutlich)
Zahl der Hschw 10 ohne R
L. Hschw 5. 122
L. St 1. 211

Dickschnäbliger **Tannenhäher** (*Nucifraga c. caryocatactes* [L.] und **Dünnschnäbliger Tannenhäher** *Nucifraga c. macrorhynchus* Brehm) (Abb. 310)

Die Schw haben rauchbraune Färbung, 6. und 7. oder 6.—8. Hschw haben im Mittelteil einen weißen Fleck. Rauchbraune Kleinfedern mit weißen Tropfenflecken.
St: schwarzbraun mit weißen Spitzen, die nach der Mitte zu abnehmen. Bei *N. c. macrorhynchus* hat das Weiß an den Spitzen größere Ausdehnung.
Hschw Verengung 8.—5. Af
Zahl der Hschw 10 meist ohne R
L. Hschw 5. oder 6. 159—170,4
L. St 1., von der 2. bis 6. an Länge abnehmend, auch 1.—5. fast gleichlang 125,5 bis 139,7

Eichelhäher (*Garrulus glandarius* [L.]) (Abb. 311)

Hschw graubraun mit breitem weißgrauem Saum auf der Af. Die Aschw haben auf der Af im unteren Teil ein weißes Feld, am Grund davon helles Blau mit Schwarz. Die letzten Aschw braun und schwarz. Kennzeichnend sind ferner die Flügeldeckfedern mit dem Muster Hellblau-Schwarz.
St: schwarzbraun, die Mittelfedern haben graublauen Anflug.
Hschw Verengung 8.—5. oder 8.—4. Af
Zahl der Hschw 10 ohne R
L. Hschw 5. 4. oder 6., auch 6. und 5. gleichlang und 5. und 4. gleichlang. 149—171, ⌀ Hschw 162,6
L. St 4. 3. 5. 2., selten 1. 139—171, ⌀ St 160,54

Unglückshäher (*Perisoreus infaustus* [L.])

Schw schwarzbraun, im Basisteil mit ockergelben bis hellorangefarbenen Flecken in der If (ähnlich Singdrossel).
St: 1. schwarzbraun, 2.—6. rotbraun. Keilförmig.
Hschw Verengung 4.—9. Af
Zahl der Hschw 10 ohne R
L. Hschw 4. 128
L. St 1. 144

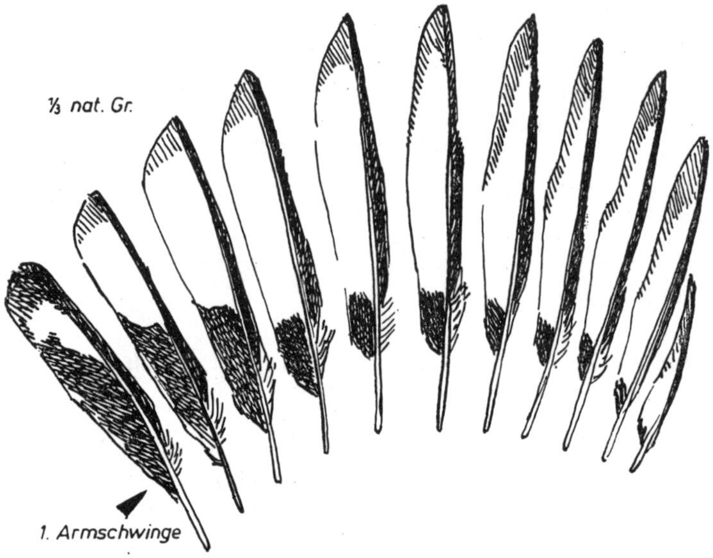

Abb. 308. Schwingenfedern der Elster

Abb. 309. Handschwingen der Blauelster

Alpenkrähe (*Pyrrhocorax pyrrhocorax* [L.])

Schw und St mit metallgrünem Schimmer, übriges Gefieder mit purpurnem Glanz.
Hschw Verengung 9.—5. Af, 10. If, wenig
Zahl der Hschw 10 + 1 R
L. Hschw 8. oder 7. 230—252
L. St 6. 160—182

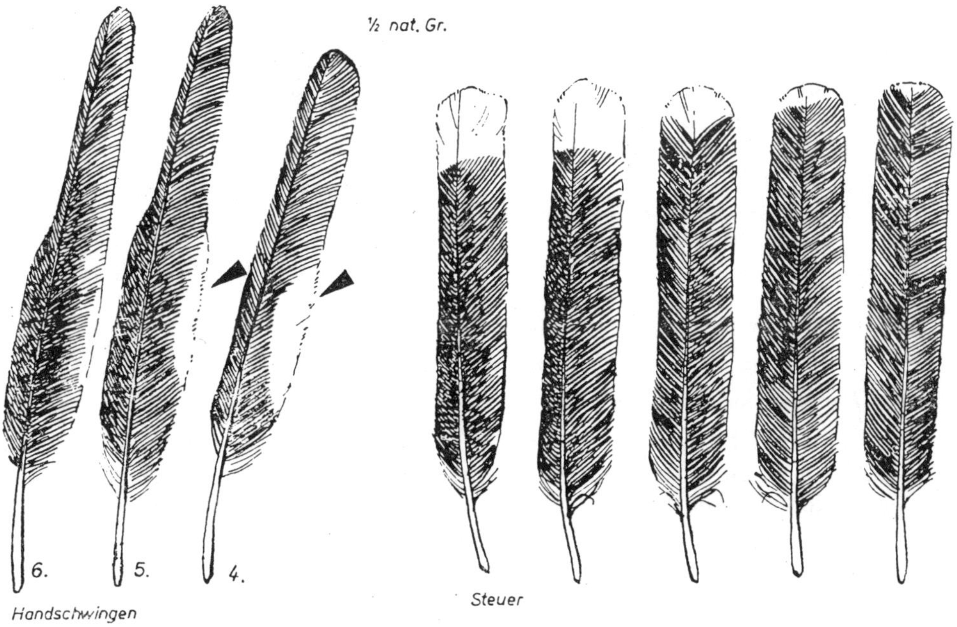

Abb. 310. Handschwingen (6. 5. und 4.) und Steuerfedern des Dickschnäbeligen Tannenhähers

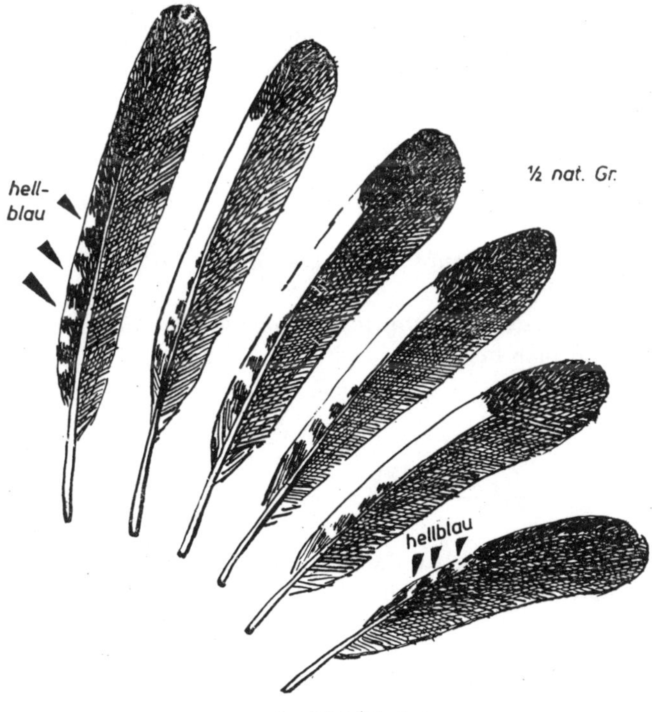

Abb. 311. Armschwingen des Eichelhähers

Alpendohle (*Pyrrhocorax graculus* [L.])

Schw und St schwarz mit schwachem metallischem Glanz. Die Federmaße sind kleiner als bei der Alpenkrähe.
Hschw Verengung 9.—6. Af
Zahl der Hschw 10 + 1 R
L. Hschw 7. 210—216
L. St 1., 2.—6. an Länge wenig abnehmend 155—170

Meisen

Zahl der Hschw 10 ohne R (10. sehr kurz)
Zahl der St: 12

Kohlmeise (*Parus major* L.) (Abb. 312)

Schw grau, an der If breiter weißer Saum. Die Hschw haben an der Af im Mittelteil einen weißen Strich, darunter bläulich. Die Aschw haben an der Af einen grünlichen Saum, der auf den hinteren Federn breiter wird. — Gelbe und grünliche Kleinfedern.
St: grauschwarz, an der Af graublau. Außenfedern mit Weiß, die nächste hat an der Spitze nur einen weißen Fleck.
Hschw Verengung 8.—5. Af oder 8.—4. Af
L. Hschw 5. oder 6. 62—71,5, ⌀ Hschw 66,92
L. St 4. 3. 5. 2., selten 1. 55—74,8, ⌀ St 68,31

Blaumeise (*Parus caeruleus* L.)

Schw grau, an der Af blau. Die If hat einen weißen Saum. Gelbe und blaue Kleinfedern.
St: grau mit leuchtendem Blau. Die Außenfeder hat ein weißes Feld.
Hschw Verengung 8.—5. Af oder 8.—4. Af
L. Hschw 5. oder 6. 54,8—62,6, ⌀ Hschw 58,58
L. St 4. 5. oder 3., selten 6. 2. oder 1. 50—62, ⌀ St 56,49

Lasurmeise (*Parus cyanus* Pallas) (Abb. 313)

Hschw graubraun, Af spitzenwärts weiß, darunter blau. Die Aschw auf der Af blau, ausgedehnte weiße Spitzen, sonst graubraun.
St: viel Weiß an den Außenfedern, nach der Steuermitte abnehmend. Das Blau auf den Af zunehmend. Die Mittelfedern sind blau mit weißer Spitze.
Hschw Verengung 8.—4. Af
L. Hschw 6. oder 5. 57 und 62
L. St 4. 62 und 65

Tannenmeise (*Parus ater* L.)

Schw schwarzgrau, an der If weißlicher Saum. An der Af bleigrauer Anflug (Haubenmeise hat bräunlichen Anflug). — Bräunliches Bauchgefieder.
St: grau mit bleigrauem Anflug.
Hschw Verengung 8.—5. Af
L. Hschw 6. oder 5. 51,3—56, ⌀ Hschw 54,78
L. St 5. 4. oder 6. 46—56, ⌀ St 50,37

Haubenmeise (*Parus cristatus* L.)

Schw graubraun, heller als bei der Tannenmeise. Die If aufgehellt. Bräunliches Kleingefieder.
St: grau mit braunem Anflug auf der Af. St 1. und 2. mit braunen Kielen.
Hschw Verengung 8.—5. Af
L. Hschw 6. oder 5. 54,6—58,6, ⌀ Hschw 55,82
L. St 5. 4. oder 3. 52—57, ⌀ St 54,34

Sumpfmeise (*Parus palustris* L.)

Schw graubraun, die If aufgehellt. Die äußersten Hschw haben an der Af einen schmalen weißlichen Saum, die Aschw einen bräunlichen.
St: graubraun, die äußerste Feder mit hellerer Af. St 6. 1—3 mm kürzer als längste St, oder ist so lang wie St 5.
Hschw Verengung 8.—5. Af
L. Hschw 6. oder 5., auch 6. und 5. gleichlang 54—59, ⌀ Hschw 57,97
L. St 4. 5. oder 3. 53—61,4, ⌀ St 57,45

Weidenmeise (*Parus montanus* Conrad)

Ähnlich wie bei der vorigen, aber die Aschw haben weißliche Säume.
St: 6. 3—6 mm kürzer als St 5. und 4—10 mm kürzer als längste St.
Hschw Verengung 8.—5. Af
L. Hschw 6. oder 5. 54—59
L. St 3. 54—61

Beutelmeise (*Remiz pendulinus* [L.])

Schw graubraun, If aufgehellt. Auf der Af deutlicher weißer (gelblicher) Streifen. Auf den Aschw ist dieser breiter und nach der Federwurzel zu bräunlich. Hintere Aschw braun. Bräunliches Kleingefieder.

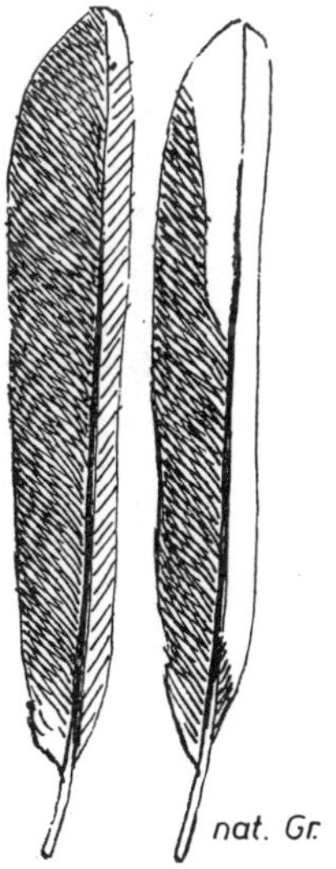

Abb. 312. Steuer der Kohlmeise

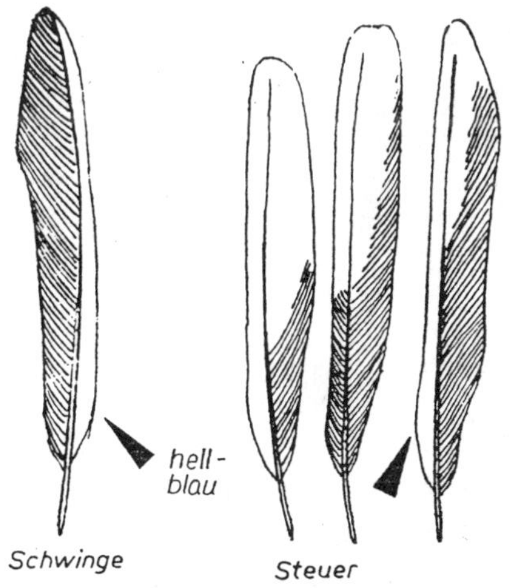

Abb. 313. Handschwinge und Steuer der Lasurmeise

St: graubraun mit weißem Saum an der Af. Die If hat einen weißlichen Saum.
Hschw Verengung 8.—5. Af
Zahl der Hschw 9 + 1 R
L. Hschw 6. 50 + 52
L. St 6. oder 5. 47 + 53

Schwanzmeise (*Aegithalos caudatus* [L.]) (Abb. 314)

Schw grau, die If aufgehellt. An der Af schmaler weißer Saum, auf den Aschw breiter. Graurötliches Kleingefieder.
St: die Außenfedern mit Weiß, die Innenfedern sind schwarz mit grauem Saum an der Af. Stark gestuft.
Hschw Verengung 8.—5. Af
Zahl der Hschw 10 ohne R (10. sehr kurz)
L. Hschw 6. oder 5. 55—59, ⌀ Hschw 56,78
L. St 2. oder 1. 86,5—105, ⌀ St 91,57

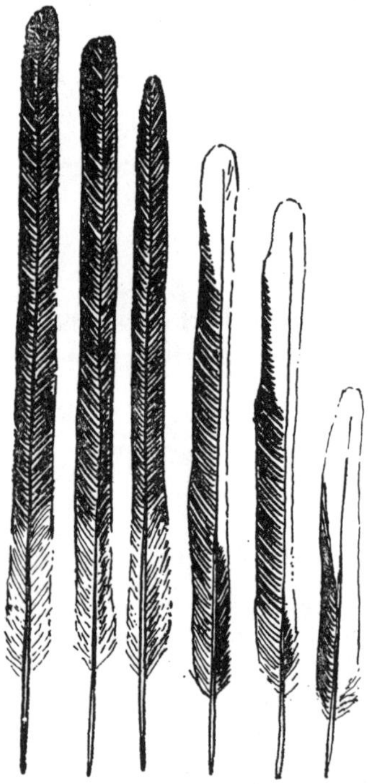

Abb. 314. Steuer der Schwanzmeise

Baumläufer, Kleiber, Mauerläufer

Zahl der St: 12

Waldbaumläufer (*Certhia familiaris* L.) (Abb. 317, 318, 319)

Schw graubraun. Über die Schw läuft eine rahmgelbe Binde.
St: graubraun, spechtartig zugespitzt (häufig stark abgenutzt). Kiele im oberen Teil gelblich.

Hschw Verengung 8.—5. Af
Zahl der Hschw 9 + 1 R
L. Hschw 6. oder 5. 53,8—57,2, ⌀ Hschw 55,71
L. St 1. 62—70

Gartenbaumläufer (*Certhia brachydactyla* Brehm) (Abb. 317, 318, 319)

Schwingen und St wie vorige Art. Eine Unterscheidung ist nur an den Rückenfedern sicher. Die Unterscheidung beider Arten am Daumenfittich ist unsicher. Unterscheidung an den Schw siehe Abb. 319 (ist nicht in allen Fällen möglich).
Hschw Verengung 8.—5. Af
Zahl der Hschw 9 + 1 R
L. Hschw 6. oder 5. 53—59
L. St 1. 62—70

Kleiber (*Sitta europaea* L.) (Abb. 315)

Schw grau. Hschw an der Basis weiß, an der If weißer Saum, an der Af in der Mitte eine weiße Stelle. Aschw an der Af schiefergrau. Bräunliche Brustfedern.
St: grauschwarz, spitzenwärts weiße Felder, davor grau.
Hschw Verengung 8.—5. Af
Zahl der Hschw 9 + 1 R
L. Hschw 6. 70—78, ⌀ Hschw 74,57
L. St 4. 5. 6. oder 3. 46—52, ⌀ St 49,74

Felsenkleiber (*Sitta neumayer* Michahelles)

Er hat weniger Weiß im Gefieder als der Kleiber. Der weiße Saum an den Af der Hschw fehlt. Schw graubraun, die Af blaugrau, Basis und Saum an der If weiß.
St: grauschwarz mit aschgrauen Spitzen (an den Außenfedern ausgedehnter). Das Kleiberschema an den Af ist verwaschen, die weißen Flecke fehlen.
Hschw Verengung 5.—8. Af
Zahl der Hschw 9 + 1 langes R
L. Hschw 7. 78
L. St 2. 50

Mauerläufer (*Tichodroma muraria* [L.]) (Abb. 320)

Die 10. Hschw schwarzbraun, die übrigen grauschwarz mit weißlichen Spitzensäumen und Rosenrot an der Wurzelhälfte der Af. Auf den If der äußeren Hschw je zwei große Flecke, auf den If der ersten Hschw meist kein Fleck oder nur einer. Die Aschw ohne oder mit einem rostgelben Fleck (juv.).
St: schieferfarben mit grauen Spitzen. Die Außenfeder mit breitem Weiß, die 5. mit schmalem Weiß vor dem Grau der Spitze. Das Zeichnungsmuster des St ist dem Kleiber ähnlich.
Hschw Verengung 8.—6. Af (schwach)
Zahl der Hschw 9 + 1 R
L. Hschw 7. + 6. 80 + 83
L. St 3. oder 4. 57,60 + 62

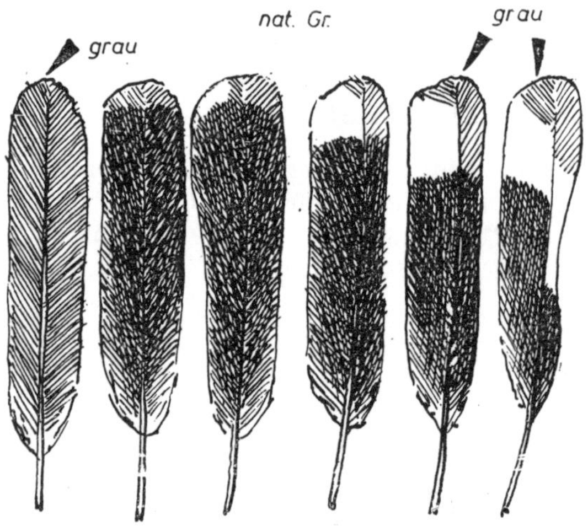

Abb. 315. Steuer des Kleibers

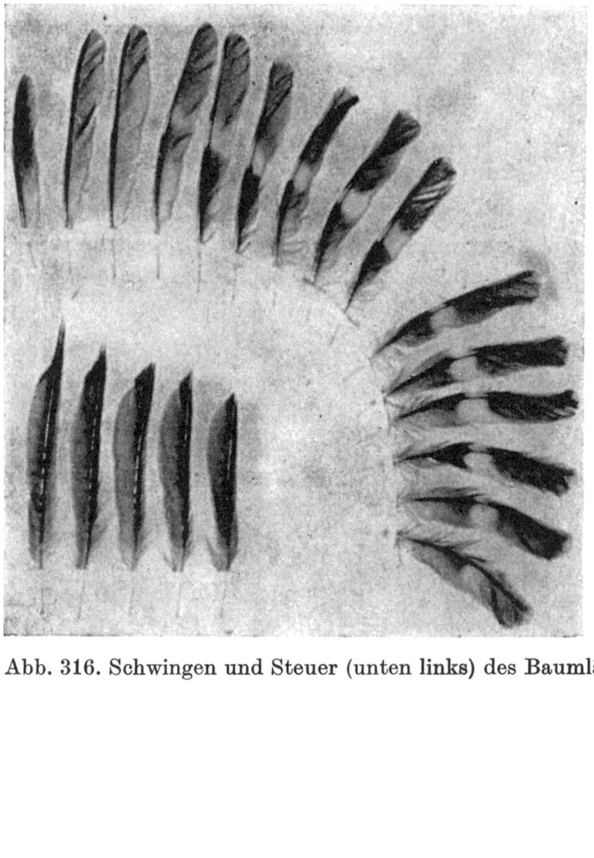

Abb. 316. Schwingen und Steuer (unten links) des Baumläufers

Abb. 317. Rückengefieder der Baumläufer

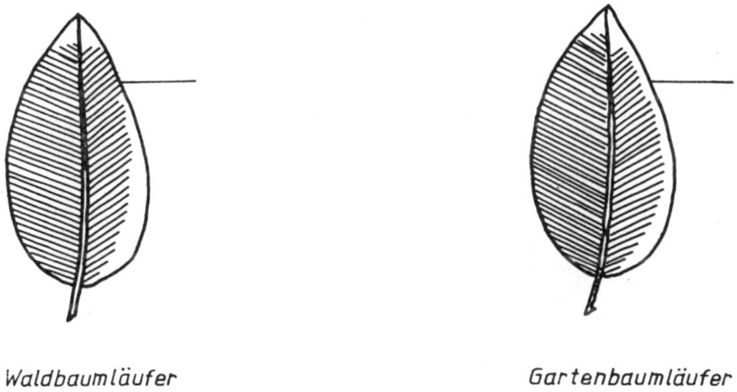

Abb. 318. Daumenfittich der beiden Baumläuferarten (kein sicheres Unterscheidungsmerkmal)

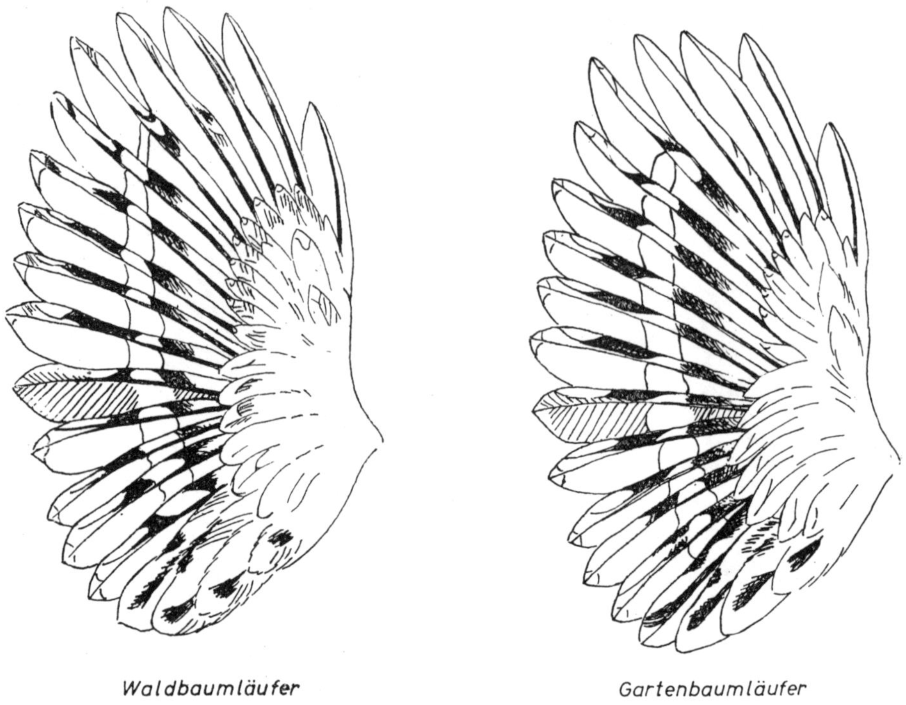

Abb. 319. Schwingen der Baumläufer
Beachte die dunkle Zeichnung im oberen Teil der 1. Armschwinge

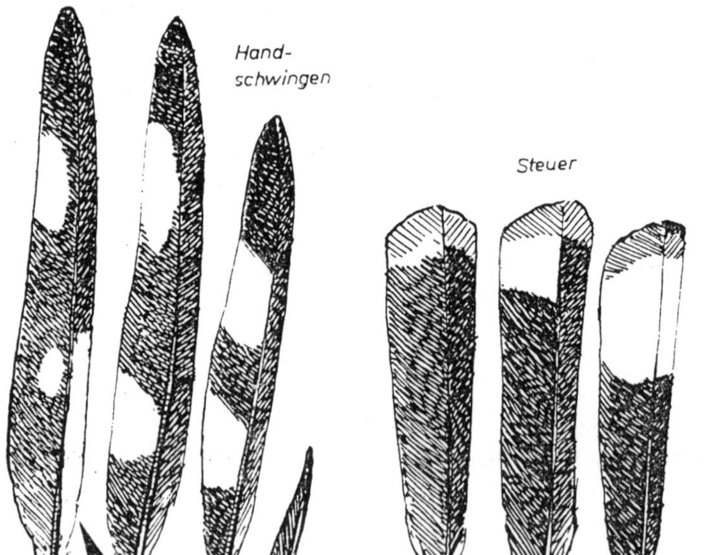

Abb. 320. Handschwingen und Steuer des Mauerläufers

Timaliidae

Bartmeise (*Panurus biarmicus* [L.]) (Abb. 321)

Hschw hellgraubraun mit weißem Außensaum, Kiele dunkel. Die If ist weiß. Die Aschw haben an der Af Zimtbraun und dahinter ein dunkles Feld, If weißlich. Die hinteren Aschw haben auf der Af ein schwarzes Feld.
St: zimtbraun, an der Spitze weißlich. Die Außenfedern sind kurz und schwarzweiß. Die Innenfedern haben einen grauen Anflug.
Hschw Verengung 8.—5. Af
Zahl der Hschw 9 + 1 R
Zahl der St 12
L. Hschw 6. 51,5 + 53,5
L. St 1. 84 + 88

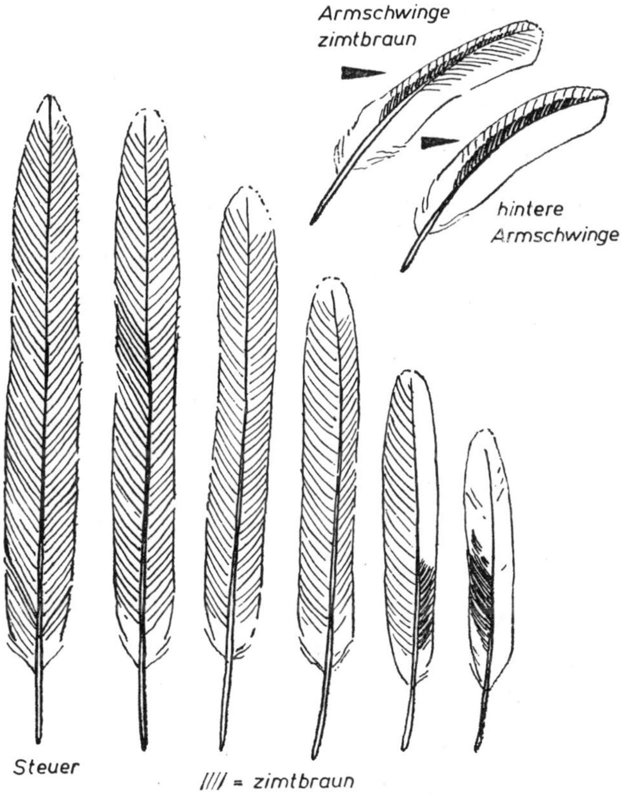

Abb. 321. Steuer und Armschwingen der Bartmeise

Wasseramsel

Wasseramsel (*Cinclus cinclus* L.)

Schw schwarzbraun, kurz, gerundet. Sonst ohne besondere Merkmale. Weißes Kleingefieder.
St: schwarz mit schieferfarbenem Anflug. Kiele schwarz, im unteren Teil hornfarbig.
Hschw Verengung 8. + 7. Af

Zahl der Hschw 9 + 1 R
Zahl der St 12
L. Hschw 6. 77
L. St 3. 4. 5., selten 6. 51—67

Zaunkönig

Zaunkönig (*Troglodytes troglodytes* [L.]) (Abb. 322)

Schw graubraun, an der Af schwarze Bänderung auf braunem Grund (bei manchen Exemplaren gelblich).
St: auf allen Federn schwarze Bänderung auf braunem Grund.
Hschw Verengung 8.—6. Af, selten 8.—5. Af
Zahl der Hschw 10 ohne R (10. sehr kurz)
Zahl der St: 12
L. Hschw 6., selten 7. oder 5. 38—48, ∅ Hschw 41,72
L. St 2. 3. 4. 30—37, ∅ St 34

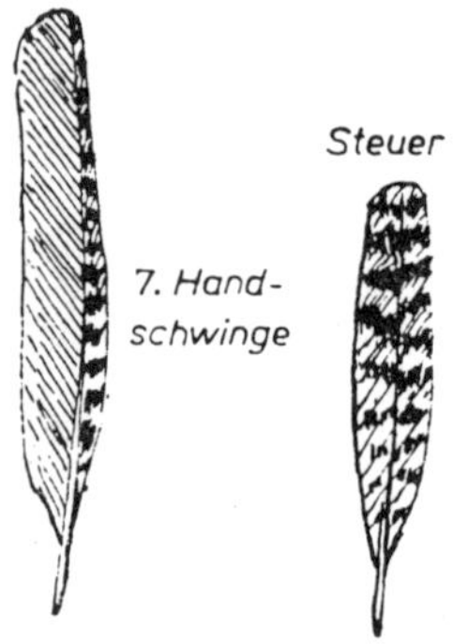

Abb. 322. 7. Handschwinge und Steuer des Zaunkönigs

Drosseln

Zahl der Hschw 9 + 1 R
Zahl der St: 12, außer Erddrossel 14

Erddrossel (*Zoothera dauma* [Latham]) (Abb. 324)

Schw schwarzbraun. Alle Aschw und 1.—5. Hschw im oberen Teil der Af je ein hellbrauner Fleck. Die If der Aschw und 1.—7. Hschw haben im unteren Teil einen weißen Fleck (ähnlich Misteldrossel).
St: 1.—3. hellbraun, übrige schwarz, teilweise hellbraun mit weißen Spitzenflecken.
Hschw Verengung 6.—8. Af, 9. If
Zahl der St 14
L. Hschw 7. 143
L. St 4. 125

Sibirische Drossel (*Turdus sibiricus* Pallas)

Schw ♂ schieferschwarz. ♀ helles Graubraun, die If außer Hschw 9. im unteren Teil mit weißen bis hellgelben, scharf abgesetzten Flecken. Af braun, St graubraun, St 5. mit kleinem weißem Spitzenfleck. St 6. mit großem keilförmigem weißem Fleck auf Af und If.

Hschw Verengung 7. + 8. Af
L. Hschw 8. 102
L. St 5. 90

Misteldrossel (*Turdus viscivorus* L.) (Abb. 323)

Schw graubraun. An der Af der Hschw gelblichbräunlicher Saum, am Grund der If weiße Flecke.
St: graubraun, die beiden Außenfedern haben eine weißliche Spitze mit Wölkung, Fleckung.
Hschw Verengung 8.—6. oder 8.—5. Af
L. Hschw 7., auch 8. + 7. gleichlang. 123,3—140,7, ⌀ Hschw 131,63
L. St 4. 5. oder 3., selten 2. oder 6. 112,4—125,1, ⌀ St 120,55

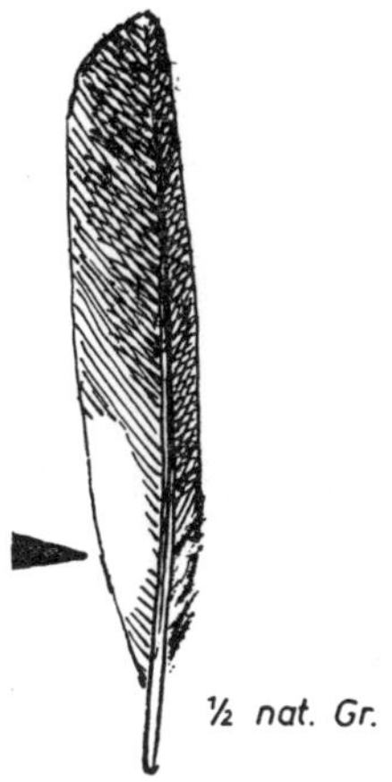

Abb. 323. 1. Handschwinge der Misteldrossel

Wacholderdrossel (*Turdus pilaris* L.)

Schw braunschwarz. Die Af der Hschw hat einen weißen oder bräunlichen Saum. Die If ist am Grunde weißlich. Die Af der Aschw haben braunen Anflug.
St: schwarzbraun, an der Basis grau. Die Außenfeder hat aufgehellte Spitze.
Hschw Verengung 8.—6. Af
L. Hschw 7. oder 8. 113,5—132,2, ⌀ Hschw 123,29
L. St 4. 3. 5. 2., selten 1. oder 6. 104—127,6, ⌀ St 113,77

Singdrossel (*Turdus philomelos* Brehm)

Schw graubraun, die If der Hschw im unteren Teil ockergelb, die Af der Hschw mit hellerem Saum. — Unterflügeldecken rostgelb. St graubraun. Federunterseite mit gelblichem Schimmer.
Hschw Verengung 8.—6. Af
L. Hschw 7. 8. oder 6. 93,2—109, ⌀ Hschw 98,96
L. St 4. 5. oder 3., selten 6. oder 2. 81,2—94,4, ⌀ St 88,93

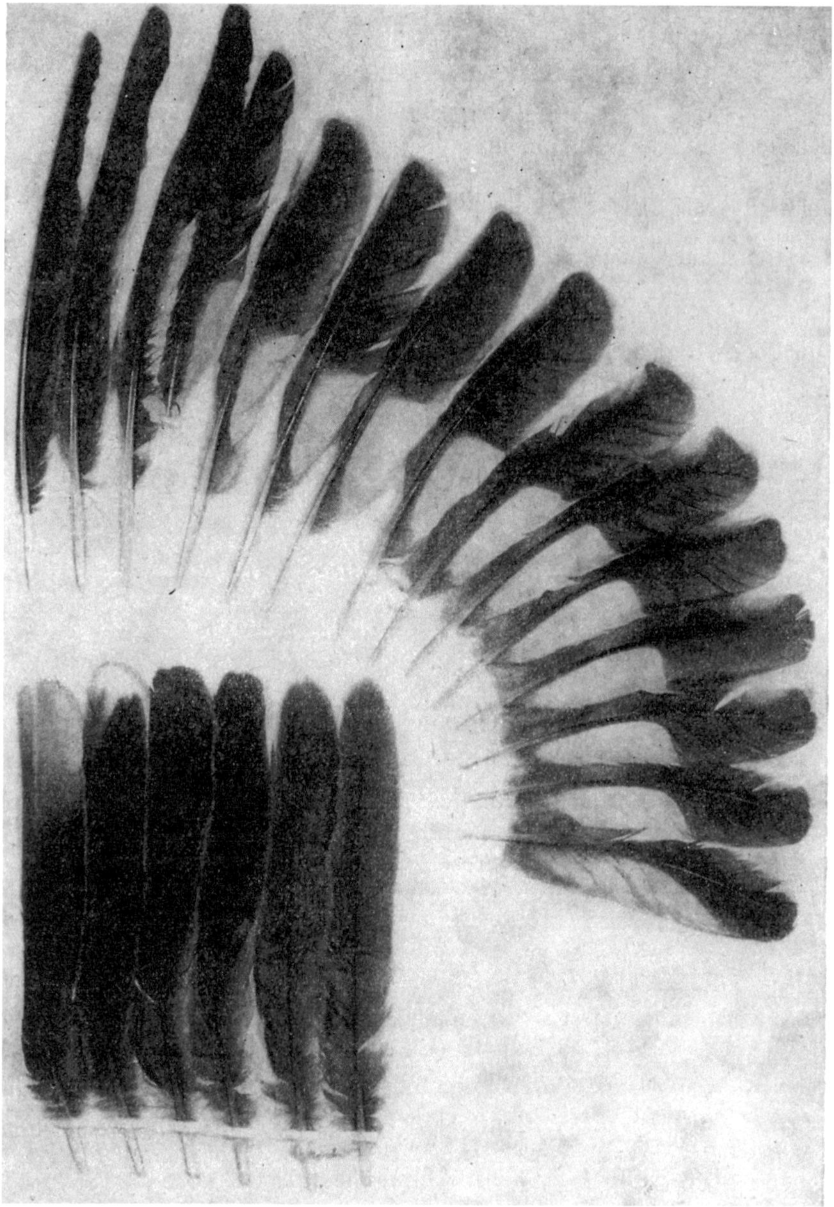

Abb. 324. Rupfung der Erddrossel

Rotdrossel (*Turdus iliacus* L.)

Schw graubraun, die Af mit weißlichem Saum, die If grau. Unterflügeldecken rostrot.

St: graubraun mit schmalem weißlichem Saum.

Die Tönung der Schw und des St neigt bei der Singdrossel mehr zu Gelbbraun, bei der

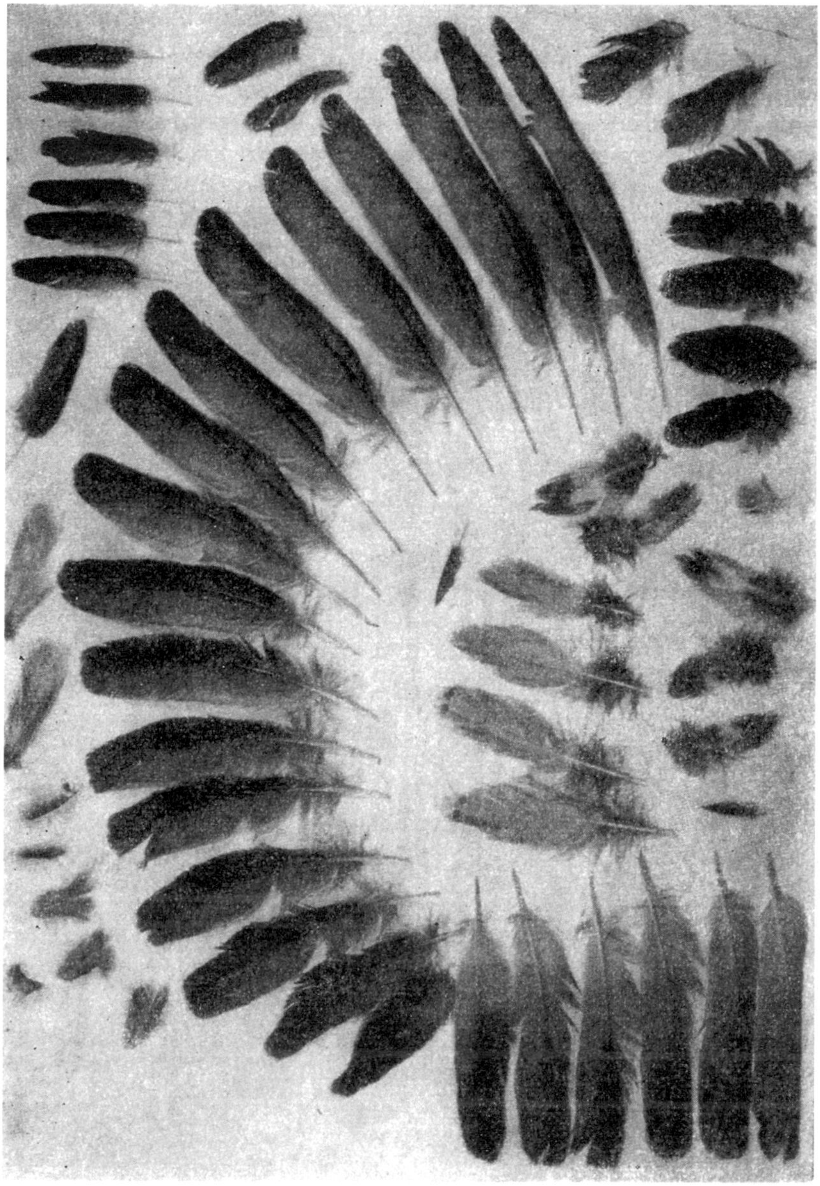

Abb. 325. Rupfung vom Steinrötel

Rotdrossel mehr zu Graubraun.
Hschw Verengung 8.—6. Af
L. Hschw 7. 8. oder 6. 94—104,8, ∅ Hschw 99,05
L. St 5. 4. 6. 3., selten 2. 80,2—95,2, ∅ St 87,29

Ringdrossel (*Turdus t. torquatus* L. und *Turdus torquatus alpestris* Brehm) (Abb. 326)

Die äußersten Hschw haben auf der Af einen hellen Saum (weißlich oder bräunlich). Die If ist stärker aufgehellt als bei der Amsel, am Federgrund weißlich. Die Aschw sind auf der Af grau oder bräunlich. Die Federn der Unterseite haben weißen Saum und weißen Mittelstrich. Die Alpenringdrossel zeigt an diesen Federn mehr Weiß als die Nordische Ringdrossel.
St: schwarz oder schwarzbraun.
Hschw Verengung 8.—6. Af
L. Hschw 7. 116,5—124
L. St 4. oder 5. 112—118

Amsel (*Turdus merula* L.)

♂ Schw und St schwarz, ♀ und juv. schwarzbraun.
Hschw Verengung 8.—5. Af
L. Hschw 6., selten 7. oder 5. 99—121, ⌀ Hschw 112,67
L. St 3. 4. 5. 2. oder 1., selten 6. 98,7—127, ⌀ St 116,16

Wanderdrossel (*Turdus migratorius* L.)

Schw dunkelbraun, If hellbraun. Letzte Aschw schwarzbraun mit hellgrauen Flecken in der Af.
St: schwarzbraun.
Hschw Verengung 5.—8. Af
L. Hschw 7. + 8. gleichlang 105
L. St 5. 99

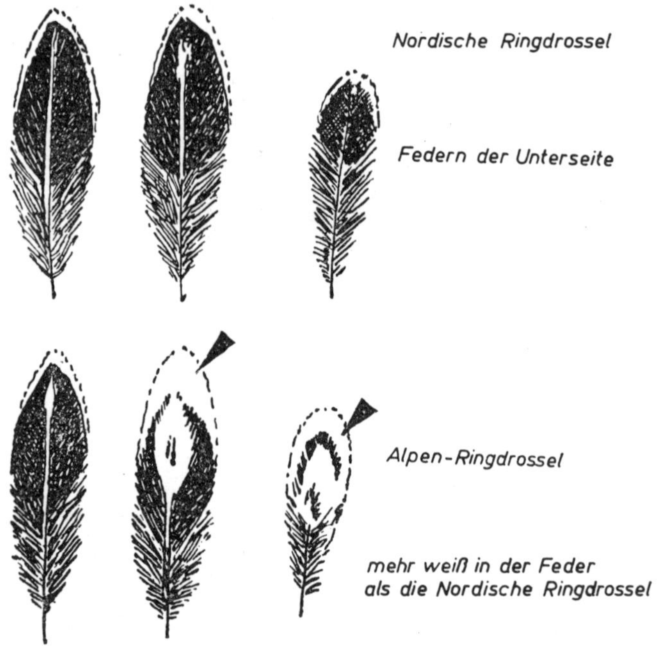

Abb. 326. Federn der Unterseite der Nordischen Ringdrossel und der Alpen-Ringdrossel

Steinrötel und Blaumerle
Zahl der Hschw 9 + 1 R
Zahl der St: 12

Steinrötel (*Monticola saxatilis* [L.]) (Abb. 325)

Schw schwarzbraun, an der Spitze schwarz, an der Af weißer Saum. Die Aschw mit weißlichen Spitzen (juv. mit breiten rahmfarbenen Spitzen und Säumen).
St: rostrot mit schmalen weißlichen Säumen. Mittlere Federn graubraun, am Grunde rostbraun. Die rostroten Federn mit graubraunem Längsfleck an der Spitze der Af. Das St in der Färbung wie Rotschwanz, aber größere Maße.
Hschw Verengung 8. + 7. Af
L. Hschw 8. 100 + 110
L. St 4. + 5. fast gleichlang, übrige nur wenig kürzer 65 + 75

Blaumerle (*Monticola solitarius* [L.])

♂ Hschw schieferschwarz, Af blau überhaucht, Kiele dunkel.
St: ♂ schieferschwarz, Af blau überhaucht. — ♀ und juv. mit hellem Spitzensaum und Blaugrau auf der Af.
Hschw Verengung 8.—6. Af
L. Hschw 7. 107 + 109,5
L. St 5. 85 + 88

Kleine Erdsänger
Zahl der Hschw 9 + 1 R
Zahl der St: 12

Steinschmätzer (*Oenanthe oenanthe* [L.]) (Abb. 327)

Schw graubraun (ohne Weiß). An der Af brauner Saum, der auf den Aschw breiter ist. Kiele hornfarben. Heller Spitzensaum.
St: Spitzenteil schwarz, Wurzel weiß. Mittelfeder bis auf die Basis schwarz. Weißer (bräunlicher) Spitzensaum.
Hschw Verengung 8. + 7. Af oder 8.—6. Af
L. Hschw 7. 75,5—83, ⌀ Hschw 79,53
L. St 5. 6. 4. 54—66, ⌀ St 59,76

Mittelmeersteinschmätzer (*Oenanthe hispanica* [L.])

Alle Schw schwarz.
St: größtenteils weiß. St 1. schwarz nur an der Basis weiß, St 3.—5. weiß nur an der Af in der Spitze wenig schwarz, St 2. weiß, If mit schwarzem Saum, St 6. im oberen Teil schwarz, sonst weiß.
Hschw Verengung 8.—6. Af
L. Hschw 7. 83
L. St 4. + 5. gleichlang, übrige nur wenig kürzer 73

Schwarzkehlchen (*Saxicola torquata* [L.])

Schw bräunlichschwarz. Die Hschw an der Af mit schmalen fahlbraunen, die Aschw mit breiteren lebhaft hellrotbraunen Säumen. Die Basis der Af der inneren Aschw weiß. Die Innensäume der Aschw rahmfarben.

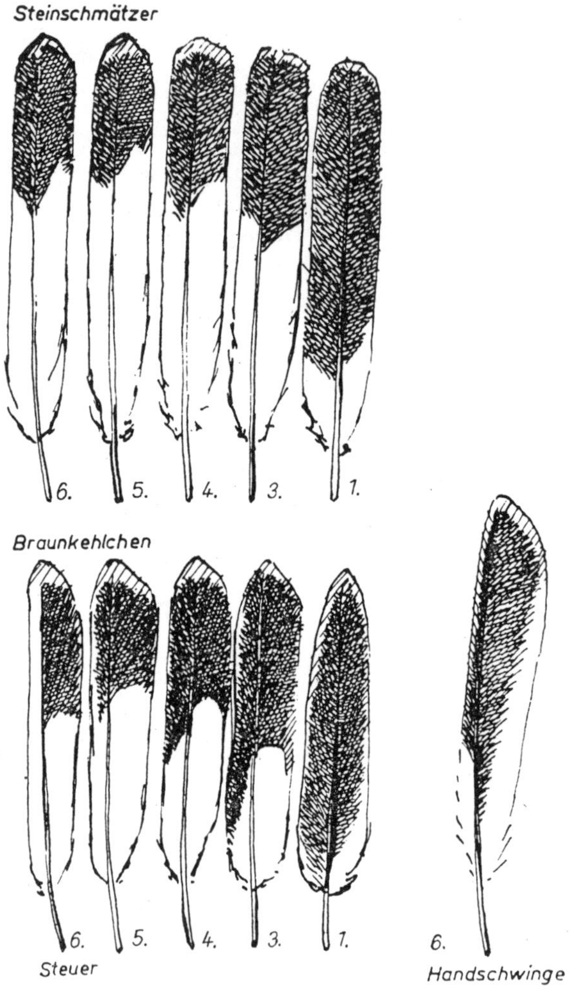

Abb. 327. Steuer des Steinschmätzers und Steuer und 4. Handschwinge des Braunkehlchens

St: schwarz mit schmalen braunen Außensäumen. Die Af der äußeren Feder mit breiterem weißlichbraunem Saum.
Hschw Verengung 8.—5. Af
L. Hschw 6. 57,6—58,5
L. St 3. + 2. fast gleichlang, auch 2.—6. fast gleichlang 51—54,2

Braunkehlchen (*Saxicola rubetra* [L.]) (Abb. 327)

Schw graubraun. Am Grunde der Af der ersten Hschw befindet sich ein rahmfarbenes Feld. Auf der If der Schw ein heller breiter Saum, an der Spitze und an der Af ein schmaler bräunlicher Saum, auf den Aschw breiter und braun.
St: Spitzenteil schwarz, Wurzelteil weiß. An der Spitze brauner (bräunlicher) Saum.
Hschw Verengung 8.—6. Af
L. Hschw 7. oder 6. 61—66, ∅ Hschw 64,26
L. St 4. 3. 5. oder 6. 47—54, ∅ St 50, 51

Gartenrotschwanz (*Phoenicurus phoenicurus* [L.])

Schw graubraun, an If gelblicher Saum. Federmaße kleiner als beim Hausrotschwanz.
St: rotbraun. Die Innenfeder größtenteils schwarzbraun, Basis ist rostfarben.
Hschw Verengung 8.—6. Af
L. Hschw 7. oder 6., auch 7. + 6. gleichlang 64—74, ∅ Hschw 69,36
L. St 5. 4. 3., selten 1. oder 2. 57—66, ∅ St 62,03

Hausrotschwanz (*Phoenicurus ochruros* [Gmelin])

Schw graubraun, an If weißlicher (grauer) Saum. An Af schmaler heller Saum.
St: rotbraun, die Innenfedern schwarzbraun (am Grund nicht rostfarben, sondern grau gefärbt). Die Außenfeder ist an der Spitze der Af schwärzlich. Im Spitzenteil oft schwarze Kielstriche.
Hschw Verengung 8.—5. Af
L. Hschw 6. selten 7. 69,4—77, ∅ Hschw 73,34
L. St 4. 5. 3. selten 2. 61—73, ∅ St 65,44

Nachtigall (*Luscinia megarhynchos* Brehm)

Schw graubraun, an der Af rostbraun, an der If mit hellem Saum. Dunkle Kiele.
St: dunkles Rotbraun, an der Spitze dunkles Braun.
Hschw Verengung 8. + 7. Af, 9. + 8. If
L. Hschw 7. 66,3—74,5
L. St 1. 2. 3. auch 1.—5. gleichlang 65—78

Sprosser (*Luscinia luscinia* [L.])

Der Nachtigall ähnlich, aber in der Färbung dunkler. Die Hschw Verengung in der Af und If weniger als Nachtigall.
St: nicht kastanienbraun, sondern dunkelbraun mit rötlichem Schimmer.
Hschw Verengung 8. Af, 9. If (manchmal wenig)
L. Hschw 8. 73 + 76
L. St 1. oder 1.—5. gleichlang 65—77

Blaukehlchen (*Luscinia svecica* [L.]) (Abb. 328)

Schw graubraun mit bläulichgrauem Schein, an If hellerer Saum.
St: Spitzenteil schwarz, Wurzelteil rotbraun. Die Mittelfedern sind schwarz mit grauem Spitzensaum.
Hschw Verengung 8.—6. Af, 9. If
L. Hschw 6. 61,2—62
L. St 2. 3. selten 1.; auch 2.—4. gleichlang 56,2, 60, 62,5

Rotkehlchen (*Erithacus rubecula* [L.])

Schw graubraun, an der Af gelbbrauner Anflug, an der If gelblicher Saum. Meist gibt das braunrötliche Brustgefieder schon den rechten Hinweis.
St: graues Braun, auf der Af mit goldbraunem Schein.
Hschw Verengung 8.—5. Af
Zahl der Hschw 10 ohne R (10. kurz)
L. Hschw 6. selten 7. oft 6. + 5. fast gleichlang 59,5—68, ∅ Hschw 64,14
L. St 4. 5. 3. selten 2. auch 6.—4. oder 4. + 3. gleichlang. 58—70, ∅ St 62,76

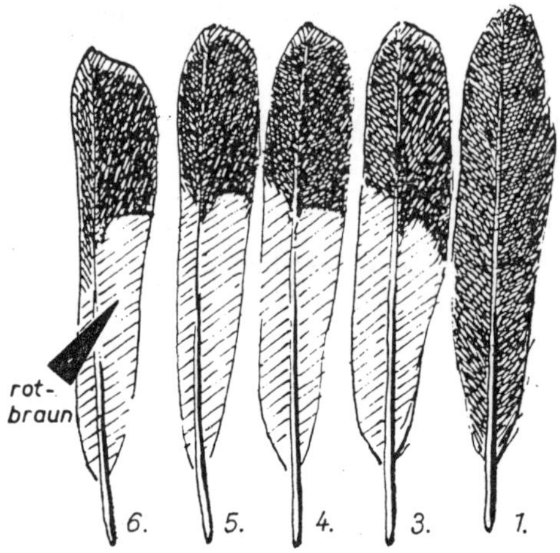

Abbb. 328. Steuer des Blaukehlchens

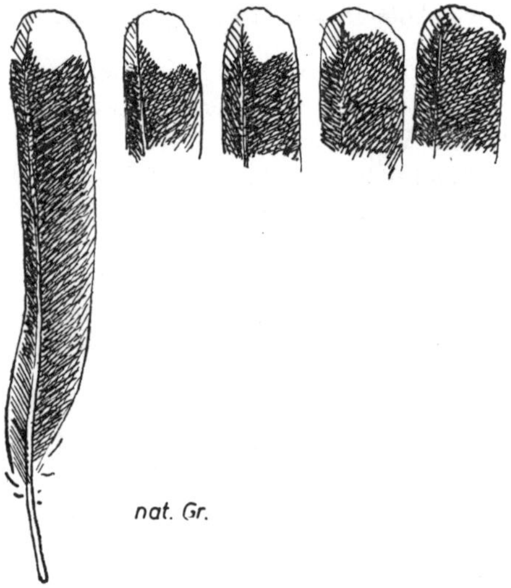

Abb. 329. Steuer der Alpenbraunelle

Schwirle und Rohrsänger

Die Steuerfedern sind bei den Schwirlen breit und stark gestuft (Keilschwanz), bei den Rohrsängern schmal und weniger gestuft. Manche Arten haben auf den Steuerfedern Bänderung (strukturell hervorgerufen).

Zahl der Hschw 9 + 1 R

Zahl der St: 12

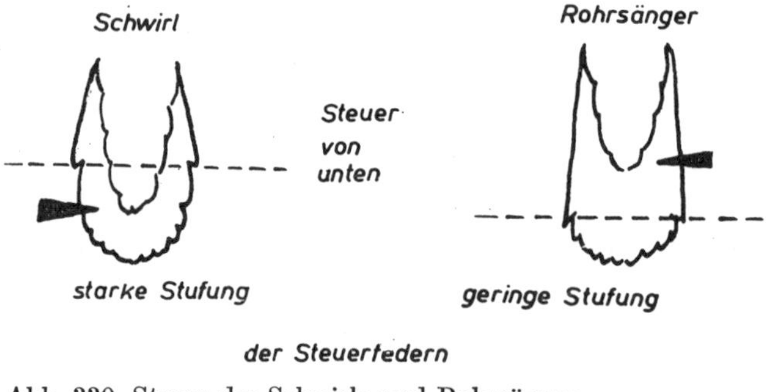

Abb. 330. Steuer der Schwirle und Rohrsänger

Seidensänger (*Cettia cetti* [Temminck]) (Abb. 331)

Schw graubraun, If nur wenig aufgehellt.

St: braun, gestuft. Einzelfeder sehr breit (8—10 mm), erinnert an St von Schwirlen, undeutliche Bänderung.

Hschw Verengung 5.—8. Af, 9. If (wenig)

L. Hschw 6. 59

L. St 1. und 2. gleichlang 65

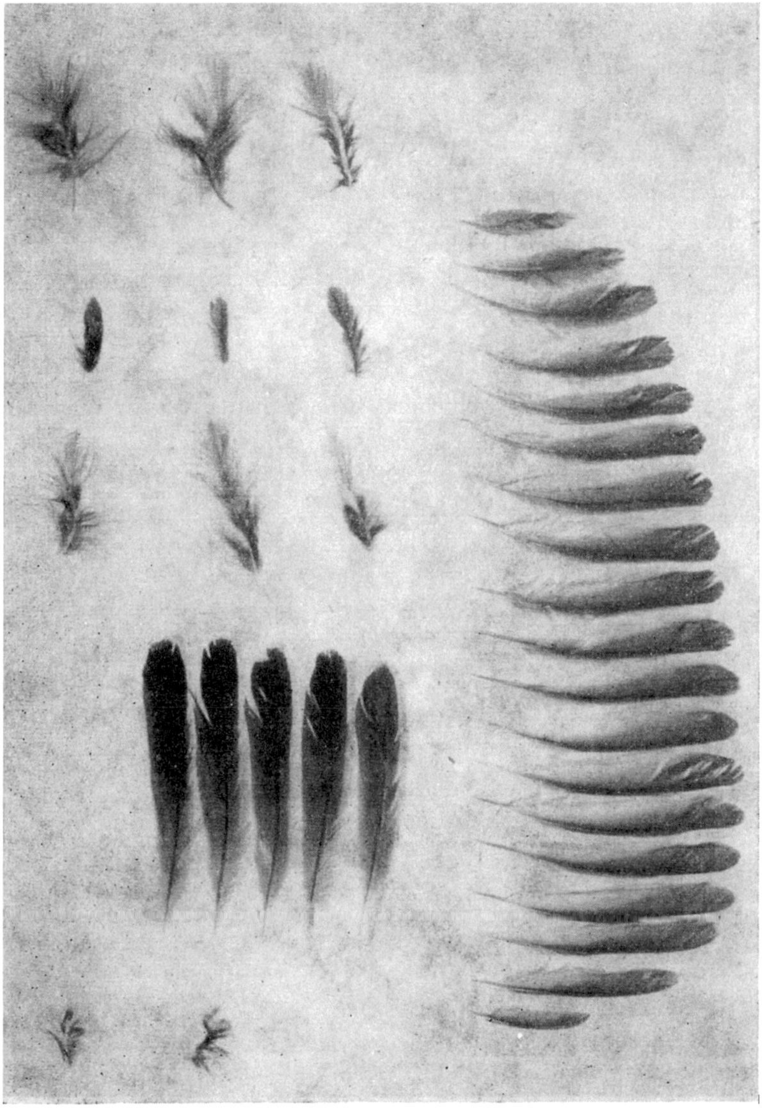

Abb. 331. Rupfung vom Seidensänger

Schlagschwirl (*Locustella fluviatilis* [Wolf])

Schw graubraun mit helleren röstlichen Säumen auf der Af, die Innensäume fahl bräunlichgrau. Feine helle Endsäume.

St: rotbraun, gerundet. Deutliche Bänderung.

Unterschwanzdecken hellbräunlich mit scharf abgesetzten cremefarbigen Spitzensäumen.

Hschw Verengung: keine

L. Hschw 8. 60 + 62

L. St 1. oder 2. 53—67

Rohrschwirl (*Locustella luscinioides* [Savi])

Schw braun mit olivfarbenem Schimmer, an der Af hellbrauner Saum, Innensäume der Schw bräunlich, rahmfarben.
St: graubraun mit braunem Anflug und helleren Spitzen. Der Saum an der Af ist hellbräunlich. Kiele hornfarben. Zarte Bänderung. Unterschwanzdecken hellbräunlich mit nicht scharf abgesetzten Spitzensäumen.
Hschw Verengung: keine
L. Hschw 8., auch 9. + 8. gleichlang 54—57
L. St 1. oder 2. 54—67

Feldschwirl (*Locustella naevia* [Boddaert])

Schw dunkelgraubraun, Af mit schmalem gelblichem Saum, auf den Aschw breiterer gelbbräunlicher Saum. Die If der 9. Hschw ist verengt.
St: schwarzbraun mit aufgehellten gelbbräunlichen Spitzen. Deutliche Bänderung. Kleinfedern getropft, gefleckt und mit schwarzem Mittelstrich.
Hschw Verengung 8. Af, 9. If
L. Hschw 8. 52—54,4, auch 8. + 7. gleichlang
L. St 1. oder 2. 57,4—65

Mariskensänger (*Lusciniola melanopogon* Temminck)

Schw graubraun. Auf der Af der Hschw bräunlicher Saum, der auf den Aschw breiter und rostfarben ist. Auf den If breiter weißlicher Saum. — Im Vergleich zum Schilfrohrsänger mehr Rostrot an den Federn, vor allem auf den hinteren Aschw.
St: graubraun an der Spitze dunkler. Außensaum und Spitze rostfarben.
Von den anderen Rohrsängern sicher an der Verengung zu unterscheiden.
Hschw Verengung 8. + 7. Af
L. Hschw 7. 48 + 49
L. St 1. 50

Drosselrohrsänger (*Acrocephalus arundinaceus* [L.])

Schw graubraun, If gelblich. Die Af mit schmalem gelblichem Saum. Leicht zu verwechseln mit den Federn der Singdrossel.
St: gelbbraun mit gelblichen Spitzen und Säumen.
Hschw Verengung 8. Af
L. Hschw 8. 78—86
L. St 1. 78—88

Teichrohrsänger (*Acrocephalus scirpaceus* [Hermann])

Schw graubraun. Die Af der Aschw haben braunen (bräunlichen) Saum.
St: graubraun mit weißlichen oder bräunlichen Spitzen, einfarbig. Bänderung fehlt.
Hschw Verengung 8. Af, 9. If
L. Hschw 8. 54,8—59
L. St 1. oder 2. 52—58

Sumpfrohrsänger (*Acrocephalus palustris* [Bechstein])

Schw graubraun. Die Af der Aschw haben braune Säume.
St: graubraun. Im Gegensatz zum Schilfrohrsänger hellere Spitzen. Schwache Bänderung.
Hschw Verengung 8. Af, 9. If
L. Hschw 8. 56—59
L. St 1. oder 2., selten 3. 53—61

Feldrohrsänger (*Acrocephalus agricola* [Jerdon])

Schw graubraun mit hellen Säumen in den If.
St: graubraun, zugespitzt, mit hellbraunen Spitzen. An der Größe und Verengung von anderen Rohrsängern gut zu unterscheiden.
Hschw Verengung 7. + 8. Af, 9. wenig in der If.
L. Hschw 5. 49
L. St 1. + 2. fast gleichlang 58

Schilfrohrsänger (*Acrocephalus schoenobaenus* [L.])

Schw graubraun. Die Aschw mit hellbräunlichem Saum, die hinteren Aschw schwarzbraun.
St: dunkles Graubraun mit braunen Spitzen und Säumen. Die Außenfedern sind in der Färbung heller. Die Farbe des St ist im Vergleich zum Sumpfrohrsänger dunkler; der Spitzenteil erscheint dadurch heller. Schwache Bänderung.
Hschw Verengung 8. Af, 9. If
L. Hschw 8. 54—58
L. St 1., selten 2. 52—57,4

Seggenrohrsänger (*Acrocephalus paludicola* [Vieillot])

Schw braungrau mit ganz schmalen hellgrauen Spitzen, mit hellbraunem Außensaum und fahlgelben Innensäumen. Die inneren Aschw schwarz mit breiten bräunlichgelben Säumen.
St: zugespitzt, bräunlicher als beim Teichrohrsänger. Die If der äußeren Feder und ein Streifen entlang den Kielen an den Mittelfedern ist dunkelbraun.
Hschw Verengung 8. Af
L. Hschw 8. 52 + 55
L. St 1. 49, 48 + 50

Spötter
Zahl der Hschw 9 + 1 R
Zahl der St: 12

Gelbspötter (*Hippolais icterina* [Vieillot])

Schw graubraun. Auf der Af schmale gelbliche Kante, auf der If breiter grauweißer Saum. Auf den Aschw gelbbräunlicher Außensaum.
St: graubraun mit weißlichen Säumen auf der If.
Hschw Verengung 8. + 7. Af
L. Hschw 7. 62—68
L. St 6. 5. 4., auch 2.—6. fast gleichlang 52—67

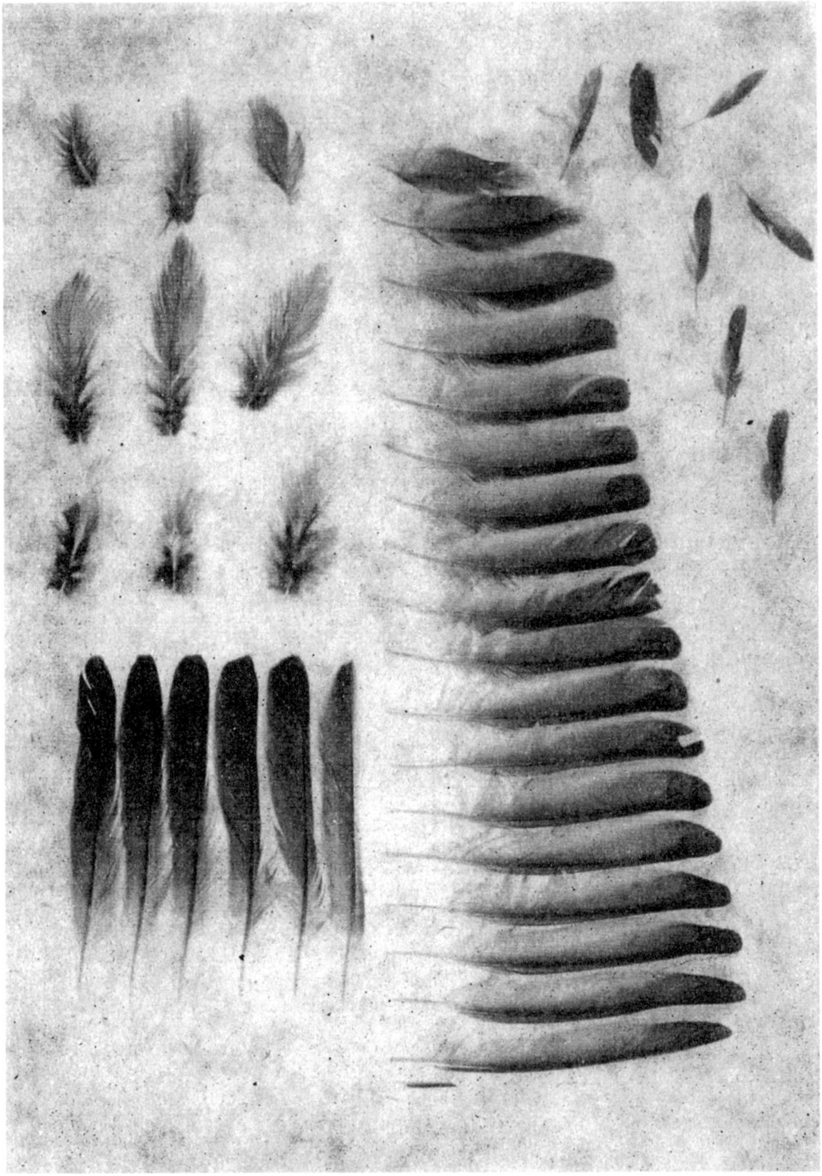

Abb. 332. Rupfung vom Olivenspötter

Olivenspötter (*Hippolais olivetorum* [Strickland]) (Abb. 332)

Schw graubraun mit schmalen hellen Säumen in den Af. Aschw 1.—6. mit schmalen weißen Spitzensäumen.
St: graubraun bis schwarzbraun. St 5. und St 6. mit schmalen weißen Säumen in Af und If.

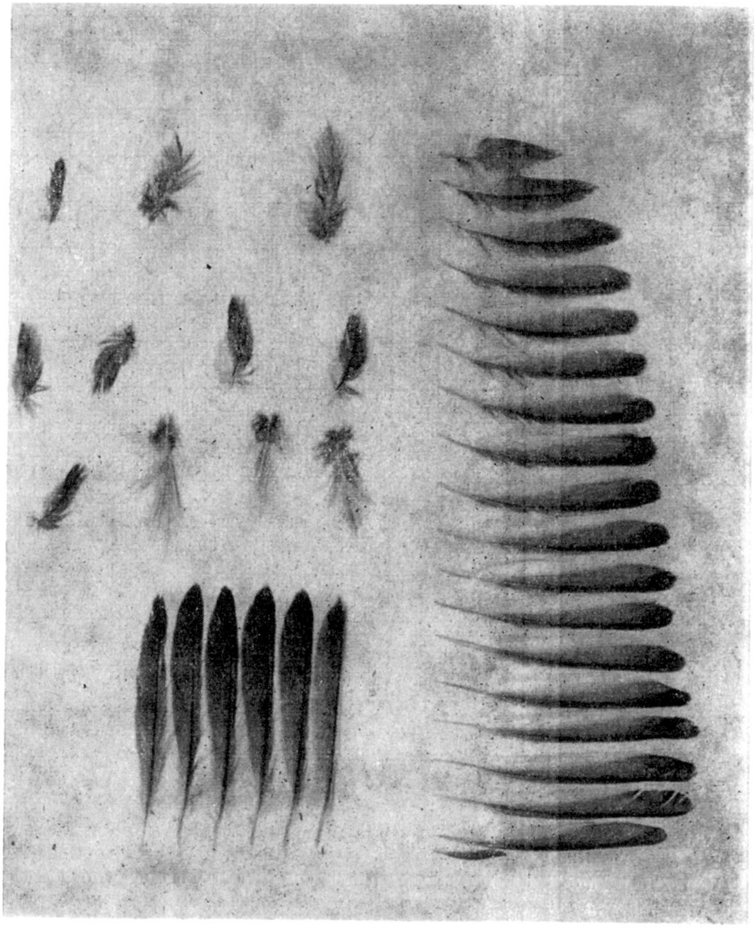

Abb. 333. Rupfung vom Blaßspötter

Hschw Verengung 7. + 8. Af, 9. If
L. Hschw 8. 77
L. St 5. 75

Blaßspötter (*Hippolais pallida* [Hemprich & Ehrenberg]) (Abb. 333)

Schw graubraun. Äußerste Hschw etwas zugespitzt, If nur am Rand etwas aufgehellt. St: graubraun und stark zugespitzt. St 6. mit hellem Saum in der Af und If.
Hschw Verengung 8.—6. Af
L. Hschw 6. 57
L. St 2.—5. fast gleichlang, 1. + 6. kürzer 58

Grasmücken

Zahl der Hschw 9 + 1 R
Zahl der St: 12

Sperbergrasmücke (*Sylvia nisoria* [Bechstein]) (Abb. 334)

Schw graubraun wie bei der Mönchsgrasmücke, aber größere Federmaße.
St: grau. An den Spitzen der Außenfedern, vor allem an der If, Weiß, das nach innen abnimmt.
Hschw Verengung 8. + 7. oder nur 8. Af
L. Hschw 8. 72—78
L. St 5. 73—82

Orpheusgrasmücke (*Sylvia hortensis* [Gmelin]) (Abb. 336)

Schw grau. 7. Aschw 2 mm länger als 6. Aschw. If nur wenig aufgehellt.
St: rauchbraun. St 3.—5. mit weißen Spitzenflecken. St 6. mit undeutlichem hellem Keilfleck.
Hschw Verengung 6.—8. Af
L. Hschw 7. 70,5
L. St 5. auch 1.—4. gleichlang 73

Gartengrasmücke (*Sylvia borin* [Boddaert])

Schw graubraun mit schmalem grauem Saum an der Af. An der If breiter weißer Saum.
St: graubraun mit schmalem weißlichem Saum an der Af. St kürzer als bei der Mönchsgrasmücke, die Federn weniger zugespitzt.
Hschw Verengung 8. Af, 7. selten, 9. If.
L. Hschw 8. 63—68, 5, ∅ Hschw 65,88
L. St 5. + 6., auch 2. 3. 4. oder alle gleichlang 53—64, ∅ St 59,77

Mönchsgrasmücke (*Syvia atricapilla* [L.])

Schw graubraun. Der Saum auf der If ist weißlich und schmaler als bei der Gartengrasmücke.
St: graubraun, die Federenden sind zugespitzt. St länger als bei der Gartengrasmücke.
Hschw Verengung 8.—6. Af, 6. manchmal schwach
L. Hschw 8. oder 7. 63,6—67
L. St 3.4. oder 5., selten 2. oder 1. 59—70,9, ∅ St 65,52

Dorngrasmücke (*Sylvia communis* Latham) (Abb. 334)

Schw graubraun, auf der Af rotbrauner Saum, auf der If Aufhellung. Die Aschw auf der Af mit breiterem rotbraunem Saum.
St: graubraun. Die Außenfedern größtenteils weißlich, die nächsten mit braunem Saum auf der Af und mit weißlicher (bräunlicher) Spitze. Die Innenfedern haben breite rostbraune Säume.
Hschw Verengung 8. + 7. Af oder 8.—6. Af, selten 5. Af oder nur 8.
L. Hschw 6. oder 7. 60—66, ∅ Hschw 62,22
L. St 3. 4. oder 2., auch 2.—5. fast gleichlang 61—72, ∅ St 67,99

Zaungrasmücke (*Sylvia curruca* [L.]) (Abb. 334)

Schw graubraun mit weißem breitem Saum auf der If. Auf der Af schmaler heller Saum. St: graubraun. Zeichnungsmuster ähnlich der Dorngrasmücke, aber ohne Rotbraun.
Hschw Verengung 8.—6. Af
L. Hschw 6. 54—60
L. St 3. 4. oder 2., auch 1.—5. gleichlang 54—63, ⌀ St 60,13

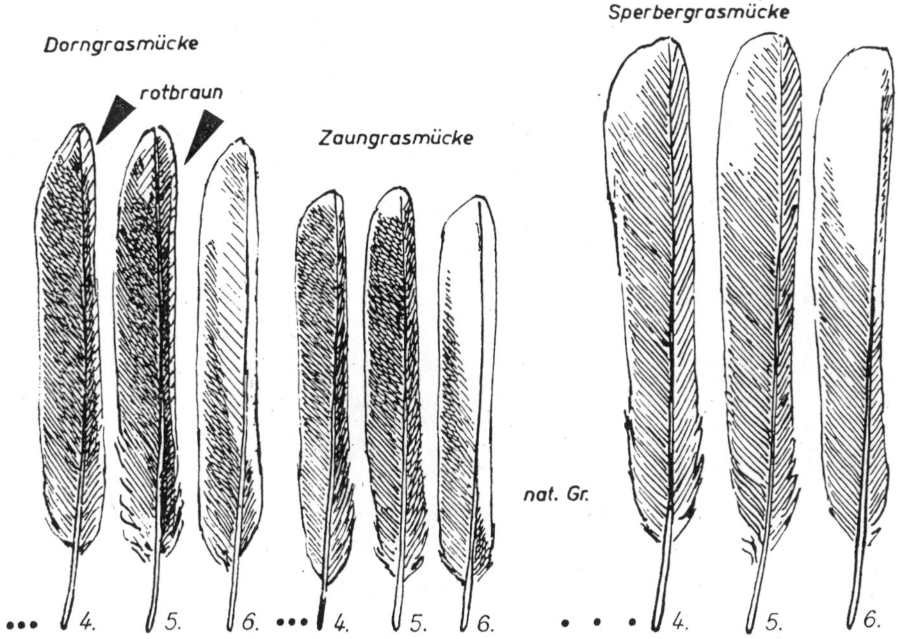

Abb. 334. Steuer der Dorn-, Zaun- und Sperbergrasmücke

Samtkopfgrasmücke (*Sylvia melanocephala* [Gmelin]) (Abb. 335)

Schw schwarzgrau mit hellgrauen Säumen an den Af und Spitzen. Die letzten Aschw haben besonders breite Säume an den Af. Alle Schw mit sehr schmalen weißen Säumen in den If.

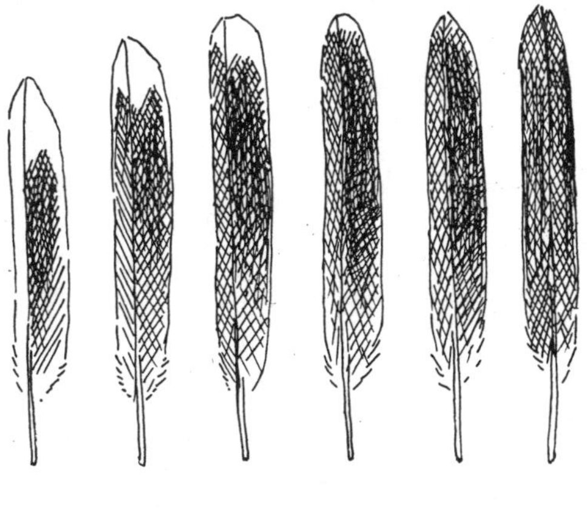

Abb. 335. Steuer der Samtkopfgrasmücke

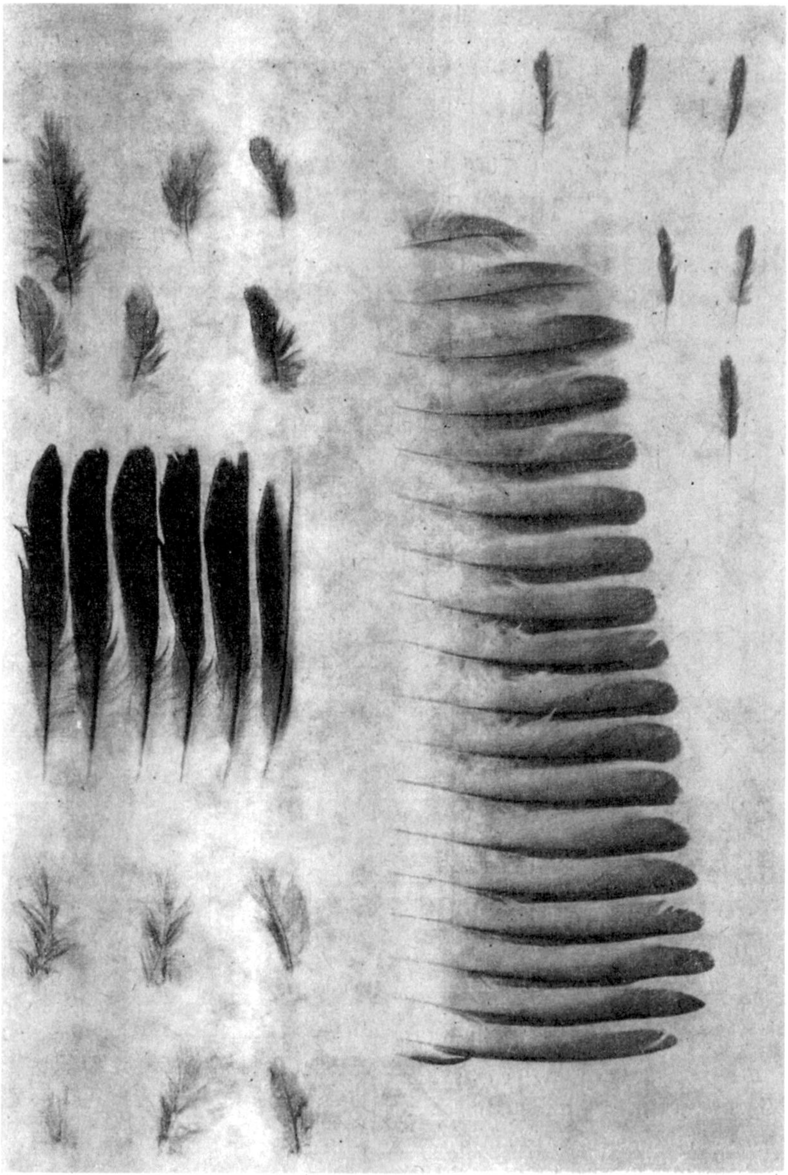

Abb. 336. Rupfung der Orpheusgrasmücke

St: schwarzgrau stark gestuft. St 5. und 6. mit breiten weißen Flecken an der Spitze. St 3. und 4. mit weißen Spitzensäumen.
Hschw Verengung 6.—8. Af
L. Hschw 8. oder 7. 58
L. St 2. 69

Provencegrasmücke (*Sylvia undata* [Boddaert])

Schw und St rauchbraun. Letzte Aschw mit grauen Säumen in der If.
St: stark gestuft und länger als die längsten Hschw. St 6. mit hellem Spitzenfleck.
Hschw Verengung 6.—8. Af
L. Hschw 7. 52
L. St 1. 67

Laubsänger

Zahl der Hschw 9 + 1 R
Zahl der St: 12

Weidenlaubsänger (*Phylloscopus collybita* [Vieillot]) (Abb. 337)

Schw graubraun. Der Saum an der Af ist im Vergleich zum folgenden nur schwach gelbgrün, manchmal fehlend.
St: graubraun, an der Af schwach gelbgrünlicher Rand. Eine sichere Bestimmung ist nur an der Verengung und längsten Hschw möglich.
Hschw Verengung 8.—5. Af
L. Hschw 6. oder 5. 48—59, ∅ Hschw 54,52
L. St 5. 4. 6. oder 3. 48—56,1, ∅ St 52,41

Fitislaubsänger (*Phylloscopus trochilus* [L.]) (Abb. 337)

Schw hellgraubraun. Der Saum an der Af ist gelbgrün, golden. Die If hat einen breiten weißlichen Saum.
St: hellgraubraun. Die Af hat gelbgrünen Saum, der auf den inneren Federn zunimmt. Die Außenfedern sind in der Färbung heller. Zu unterscheiden vom Weidenlaubsänger sicher an der Verengung.
Hschw Verengung 8.—6. Af
L. Hschw 7. oder 6. 52—61,6, ∅ Hschw 56,87
L. St 5. 4., selten 6. 48—59,2, ∅ St 54,58

Grüner Laubsänger (*Phylloscopus trochiloides* [Sundevall]) (Abb. 337)

Ähnlich dem Fitislaubsänger.
St: graubraun mit grünem Außensaum, der nach der Mitte des St zunimmt. Die If mit weißem Saum. Bei manchen Stücken Wellung auf den Federn wie bei den Rohrsängern.
Hschw Verengung 8.—5. Af, 5. nur schwach
L. Hschw 7. oder 6. 50 + 51,5
L. St 5., auch 1.—5. fast gleichlang 47—52,2

Waldlaubsänger (*Phylloscopus sibilatrix* [Bechstein])

Schw graubraun (dunkler als beim Fitis). Die Af hat grünen Saum, der auf den Aschw breiter ist. Die If mit breitem weißem Saum.
St: graubraun mit grünem Saum an der Af und mit weißem an der If.
Hschw Verengung 8. + 7. Af oder 8.—6. Af
L. Hschw 7. 60—67,7, ∅ Hschw 62,70
L. St 6. oder 5. 49,8—57, ∅ St 54,33

Berglaubsänger (*Phylloscopus bonelli* [Vieillot])

Schw dunkelbraun mit hellblaßbräunlichen Spitzen und Innensäumen. An der Af hellgelbgrünlicher Saum, der an den Aschw breiter und lebhafter in der Färbung ist.
St: graubraun mit trübgelben Außensäumen im unteren Teil der Federn ähnlich dem Weidenlaubsänger. Feiner weißer Spitzensaum.
Hschw Verengung 8.—6. Af
L. Hschw 7. oder 6. 54
L. St 2.—5. fast gleichlang 51,55 + 65

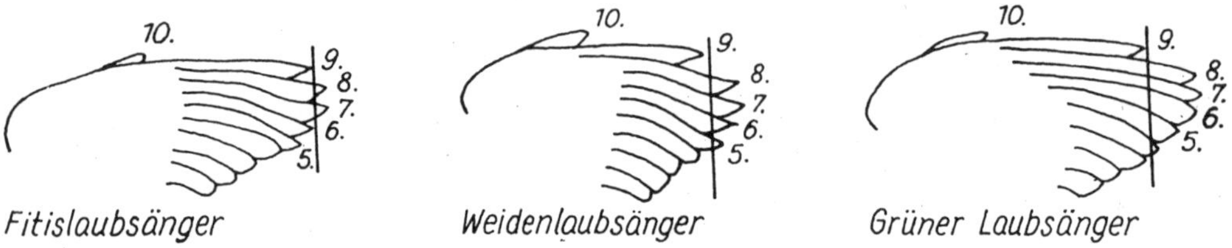

Abb. 337. Schwingenformeln von Fitislaubsänger, Weidenlaubsänger und Grünem Laubsänger. Beim Weidenlaubsänger ist die 9. Handschwinge kürzer als die 5.; beim Fitislaubsänger hat die 5. Handschwinge eine Ausbuchtung auf der Außenfeder und beim Grünen Laubsänger ist die 9. Handschwinge kürzer als die 4. Handschwinge

Goldhähnchen

Zahl der Hschw 9 + 1 R
Zahl der St: 12

Wintergoldhähnchen (*Regulus regulus* L.) (Abb. 338)

Hschw grau, an der Af schmaler gelblicher Saum. Die Aschw haben an der Af in der Federmitte im gelben Saum eine schwarze Unterbrechung, auch an den innersten Hschw. Gelbe Kopffedern. Die letzten Aschw haben in den If grauen Flaum.
St: grau, an der Af der äußeren Federn ein schmaler gelblicher Saum.
Hschw Verengung 8.—5. Af
L. Hschw 6. oder 5. 46,5—52, ∅ Hschw 47,78
L. St 5. 4. 6. 3., auch 5. + 4. und 4. + 3. gleichlang 39—4
Bei den Meßwerten können Sommergoldhähnchen dabei se

Abb. 338. Armschwinge des Goldhähnchens

Sommergoldhähnchen (*Regulus ignicapillus* [Temminck]) (Abb. 338)

Schw und St wie vorige Art. Eine Unterscheidung der beiden Arten ist nur an den letzten Aschw möglich. Beim Sommergoldhähnchen haben die If einen weißen Flaum, beim Wintergoldhähnchen ist er grau.
Hschw Verengung 8.—5. Af
L. Hschw wie Wintergoldhähnchen
L. St wie Wintergoldhähnchen.

Fliegenschnäpper

Zahl der Hschw 9 + 1 R
Zahl der St: 12

Grauschnäpper (*Muscicapa striata* [Pallas])

Schw grau, an der Af schmaler bräunlicher Saum, der auf den Aschw breiter wird und weißlich ist. Die If mit hellem Saum (bei juv. gelbbräunlich). Sonst ohne besondere Merkmale.
St: grau mit helleren bräunlichen Säumen. Die Federenden sind abgerundet.
Hschw Verengung 8.—6. Af
L. Hschw 8. oder 7. 66—78,2
L. St 5. 4. 6. oder 3., auch 4.—6. gleichlang 59—70, ⌀ St 66,90

Trauerschnäpper (*Ficedula hypoleuca* [Pallas]) (Abb. 339)

Schw grau bis schwarzbraun. Am Grund der Af der Hschw (ab 6.) ein rahmfarbenes Feld, das sich auch über die Aschw hinwegzieht und an Größe zunimmt. Die If hat auch Weiß. Das Zeichnungsmuster hat gewisse Ähnlichkeit mit dem des Buchfinken.
St: schwarz (schwarzbraun). Die beiden Außenfedern sind an der Af, teils auch an der If weiß.
Hschw Verengung 8.—6. Af, 6. oft schwach, selten gar nicht.
L. Hschw 7. 65—71,5, ⌀ Hschw 68,11
L. St 5. 4. 3. 52—62, ⌀ St 56,88

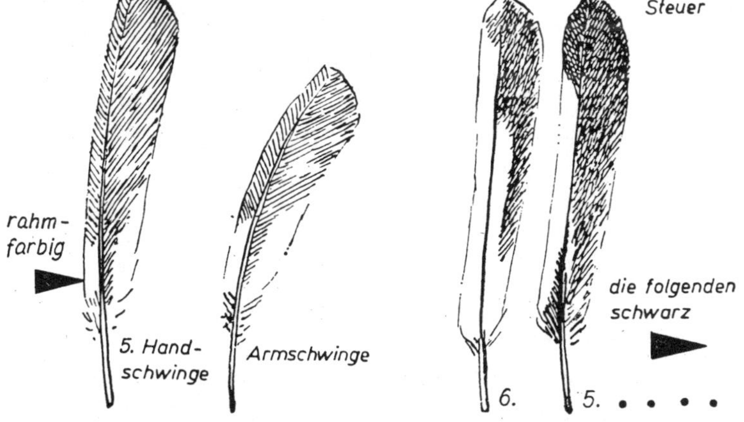

Abb. 339. Handschwinge, Armschwinge und Steuer des Trauerschnäppers

Halsbandschnäpper (*Ficedula albicollis* [Temminck]) (Abb. 340)

Schw schwarzweiß. Das Weiß ist scharf abgesetzt und nimmt mehr Fläche ein als beim Trauerschnäpper (es beginnt bereits an der 9. Hschw). Der Kiel ist im weißen Teil schwarz. An der Basis der Schw grau.
St: die Af der Außenfeder mit Weiß wie beim vorigen (der rahmfarbene Anflug fehlt), die übrigen Federn sind schwarz.
Hschw Verengung 8.—6. Af, auch 8. + 7. Af
L. Hschw 8. oder 7. 68 + 72
L. St 5. 4. oder 3. 54—57

Zwergschnäpper (*Ficedula parva* [Bechstein]) (Abb. 341)

Schw dunkelbraun mit fahlen Außen und weißlichen Innensäumen.
St: die Schwanzseiten sind weiß, die übrigen Federn dunkelbraun. Der Kiel ist im weißen Teil weiß. An der Basis sind die Federn grau.
Hschw Verengung 8.—6. Af
L. Hschw 6. 58 + 61
L. St 4. oder 3. 51—57,7

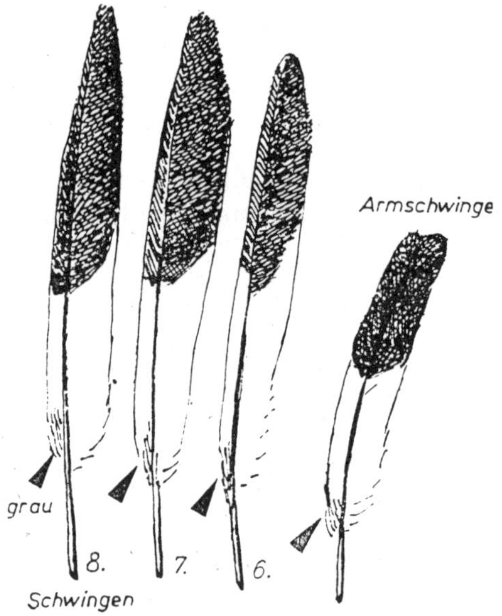

Abb. 340. Handschwingen und Armschwinge eines alten Halsbandschnäppers

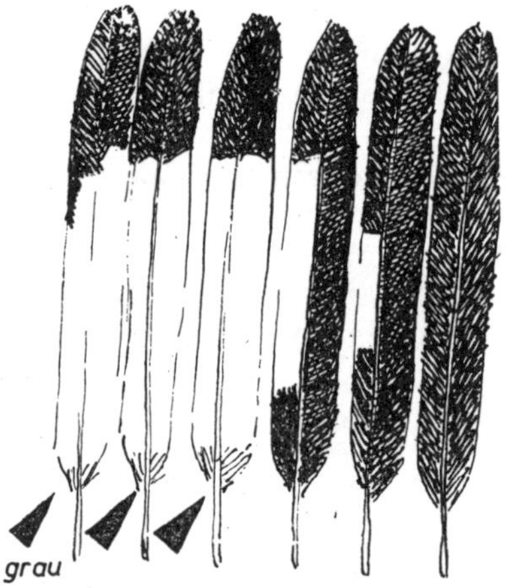

Abb. 341. Steuer des Zwergschnäppers

Braunellen
Zahl der Hschw 9 + 1 R
Zahl der St: 12

Heckenbraunelle (*Prunella modularis* [L.])

Schw schwarzbraun, an der Af schmaler bräunlicher Saum (auf den Aschw breiter und rotbraun). — Leicht zu verwechseln mit den Federn des Haussperlings und der Dorngrasmücke, aber andere Verengungen.

St: schwarzbraun.
Hschw Verengung 8.—5. Af
L. Hschw 6. selten 7. oder 5. 57,3—68, ∅ Hschw 61,41
L. St 4. 5. 3. selten 6. 57—70, ∅ St 62,85

Bergbraunelle (*Prunella montanella* [Pallas])

Schw und St graubraun. Hschw stark zugespitzt. Letzte Aschw mit breiten braunen Säumen in der Af.
St: länger als die längste Hschw und stark zugespitzt.
Hschw Verengung 8.—5. Af
L. Hschw 6. 65,2
L. St 5. 74

Alpenbraunelle (*Prunella collaris* [Scopoli]) (Abb. 329)

Schw mattschwarz. Die Hschw mit schmalen, die Aschw mit breiteren rostfarbenen Enden und kleinen weißen Spitzen. Die Af im oberen Teil mit schmalem fahlrostgelblichem, die inneren Aschw mit breiterem rotbraunem Saum.
St: dunkelbraun mit schmalem hellbraunem Saum. Die If an der Spitze mit großem rahmfarbenem (weißlichem) Fleck.
Hschw Verengung 8.—6. Af
L. Hschw 7. 77—83,5
L. St 5.—3. gleichlang 62—77

Pieper und Stelzen

Zahl der Hschw 9 + 1 R
Zahl der St: 12

Die Pieper haben wie die Lerchen an den Außenfedern des St einen weißen Keil. Die folgende Feder hat an der Spitze der If einen kleinen weißen Fleck. Die Bestimmung der Pieper anhand der Rupfungen ist wegen des Fehlens besonderer Merkmale oft schwierig.
Ein hervorstechendes Merkmal ist bei den Stelzen die Länge des St.

Spornpieper (*Anthus novaeseelandiae* [Gmelin]) (Abb. 343)

Schw graubraun mit schwarzer Spitze und weißem Spitzensaum. An der Af der 9. Hschw weißer Saum. Außensäume der übrigen Hschw gelbbraun, die der Aschw braun.
St: Die Außenfeder mit weißem Keil, an der Spitze bräunlicher Anflug mit verwässertem dunklem Strich. Die anderen Federn schwarzbraun mit gelbbraunen Säumen. St länger als längste Hschw.
Hschw Verengung 8.—6. Af
L. Hschw 7. 81
L. St 3. + 4. gleichlang 86

Brachpieper (*Anthus campestris* [L.]) (Abb. 342)

Schw graubraun. An der Af der Hschw ein schmaler hellbräunlicher Saum, auf den Aschw breiter.
St: schwarzbraun. Die Außenfeder mit rahmfarbenem Keil.

Hschw Verengung 8.—6. Af
L. Hschw 6. oder 7. 70—78,4
L. St 4. oder 6. 68—76

Baumpieper (*Anthus trivialis* [L.]) (Abb. 342)

Hschw braun mit Aufhellung an der If, die Af hat schmalen gelbgrünen Saum.
St: schwarzbraun. Die Außenfeder mit weißem Keil die nächste hat nur einen weißen Fleck an der Spitze der If. Auf der Af an der Spitze der Außenfeder ein rauchbrauner Anflug.
Hschw Verengung 8.—6. Af, auch 8. + 7. Af
L. Hschw 7., selten 8. 70—78,5, ⌀ Hschw 73,35
L. St 5. 4. 6., selten 3. 59,6—74,2, ⌀ St 66,96

Wiesenpieper (*Anthus pratensis* [L.]) (Abb. 342)

Schw gegenüber der vorigen Art mit leicht grünlichem Farbton. Von der vorigen Art sicher an der längsten Hschw, sie ist stets die 6., zu unterscheiden.
St: meist wie Baumpieper, in seltenen Fällen ist die Außenfeder in der Af weiß ohne dunklen Fleck in der Af.
Hschw Verengung 8.—6. Af
L. Hschw 6. 65,5—72,8, ⌀ Hschw 69,19
L. St 5. 4. oder 6., selten 3. 57—67, ⌀ St 63,63

Rotkehlpieper (*Anthus cervinus* [Pallas])

Schw schwarzbraun mit gelbgrünen Säumen. Verlängerte Aschw mit breiten hellen Säumen. Verengung wie Baumpieper.

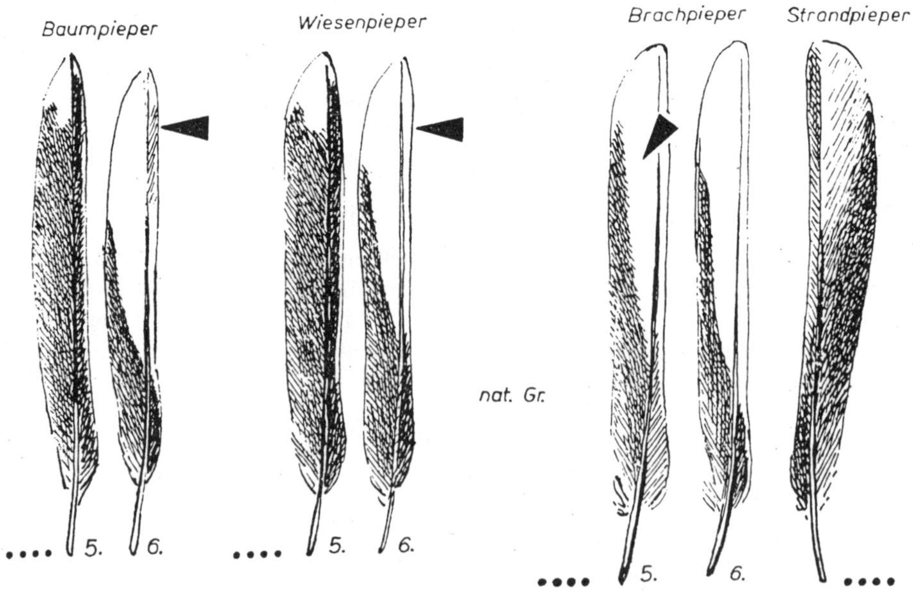

Abb. 342. Steuer von Baum-, Brach-, Wiesen- und Strandpieper
Wiesenpieper in der Af oben nicht immer ohne Fleck, meist wie Baumpieper

St: schwarzbraun. Die Außenfeder mit weißem Keil. An der Spitze der Af bräunlicher Anflug. Die folgende Feder mit weißem Fleck an der Spitze. Die inneren Federn mit hellen Säumen.
Hschw Verengung 8.—6. Af, auch 8. + 7. Af
L. Hschw 7. 70,5 + 72
L. St 4. 63 + 72

Wasserpieper (*Anthus spinoletta* [L.])

Schw schwarzbraun mit graugrünlichem Außensaum. Federmaße meist größer als Baum- und Wiesenpieper. 6. Hschw ist tief verengt.
St: schwarzbraun. Die Außenfeder mit weißem Keil. An der Spitze der Af bräunlicher Anflug wie der Baumpieper. Die inneren Federn mit graugrünlichen Säumen.
Hschw Verengung 8.—6. Af
L. Hschw 6. 73 + 83
L. St 5. 6. 4., auch 5. + 4. gleichlang 66—82,4

Strandpieper (*Anthus spinoletta petrosus* [Montagu]) (Abb. 342)

Schw und St düsterbraun. Größer als der Wiesenpieper.
St: auf der Af der Außenfeder verwischter hellgraubrauner Keilfleck.
Hschw Verengung 8.—6. Af
L. Hschw 6. 75 + 80
L. St 4.—6. fast gleichlang 65—75

Viehstelze (*Motacilla flava* [L.]) (Abb. 345)

Schw grauschwarz. Weißes Feld im unteren Teil der If wie bei der Bachstelze, aber an der Af gelber Saum.
St: wesentlich kürzer als bei den anderen Arten. Die Außenfeder großenteils weiß mit gelblichem Anflug. Am Wurzelteil weniger Gelb als die Bergstelze. Die Innenfedern grauschwarz, an der Wurzel graugrün.
Kleinfedern gelb (gelblich).
Hschw Verengung 8.—6. Af
L. Hschw 7. 65—70
L. St 5. oder 6. 72—82

Bergstelze (*Motacilla cinerea* Tunstall) (Abb. 344, 345)

Schw grauschwarz, im unteren Teil weiß, auch an der Af.
St: Außenfeder weiß, die nächsten mit schwarzem Streif an der Af. Am unteren Teil desselben gelb. Die Innenfedern grauschwarz, im Wurzelteil graugrün.
Kleinfedern gelb (gelbgrün).
Hschw Verengung 8.—6. Af
L. Hschw 7. 65—72
L. St 3.—5. fast gleichlang, 1. 2. und 6. nur wenig kürzer 95—107

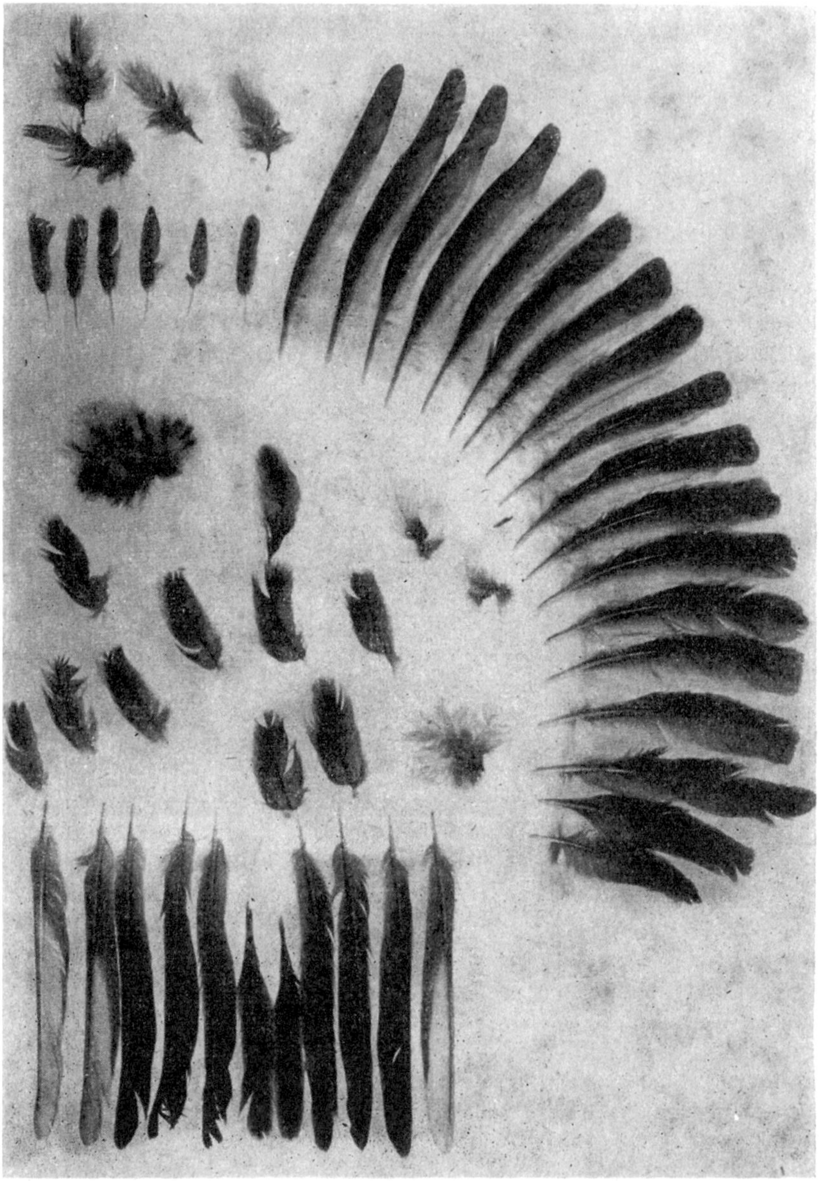

Abb. 343. Rupfung vom Spornpieper

Bachstelze (*Motacilla alba* L.) (Abb. 344, 345)

Schw grauschwarz. An der Af schmaler weißer Saum, an der If in der unteren Hälfte weißes Feld.
St: lang. Die Außenfedern größtenteils weiß mit schwarzem Streifen im unteren Teil. Die Innenfedern sind schwarz mit schmalem weißem Saum an der Af.
Hschw Verengung 8.—6. Af
L. Hschw 7., selten 8. 65—78,7, ⌀ Hschw 75,40
L. St 3. 4. 2. 5. 6. 72—101, ⌀ St 92,58

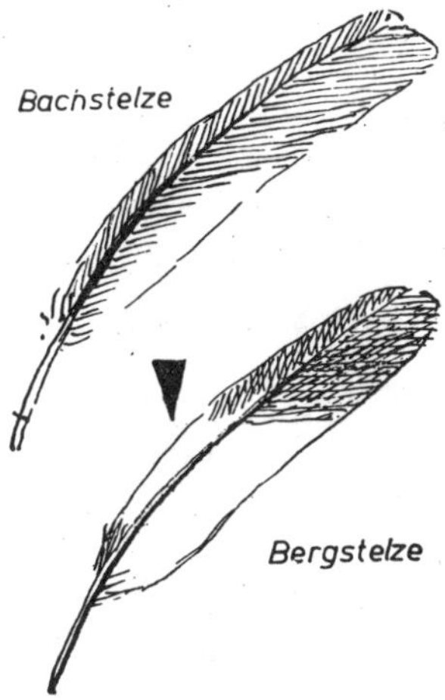

Abb. 344. Armschwingen der Bach- und Bergstelze

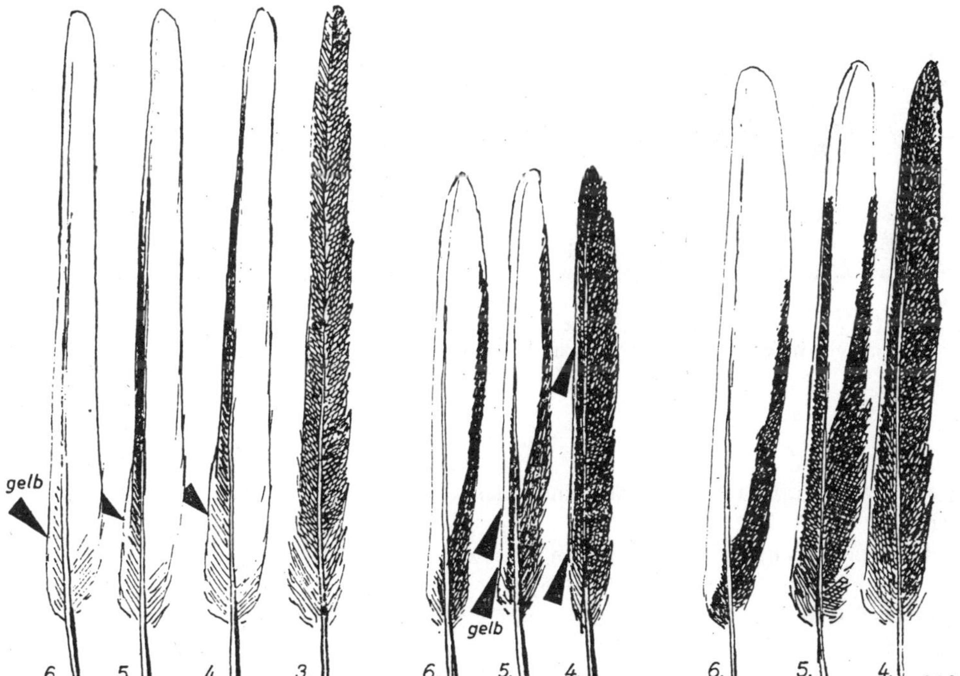

Abb. 345. Steuer von Bergstelze (links), Viehstelze (Mitte) und Bachstelze (rechts)

Seidenschwanz

Seidenschwanz (*Bombycilla garrulus* [L.]) (Abb. 346)

Schw schwarzgrau, die If aufgehellt. Ad. haben an den Hschw „Haken“ mit sattem Gelb. Die Aschw tragen an den Spitzen mehr oder weniger ausgebildete rote Plättchen (Alters-, nicht Geschlechtsmerkmale!). Juv. haben an den Spitzen der Hschw keine Haken, sondern einen weißlichen (gelben) Fleck.

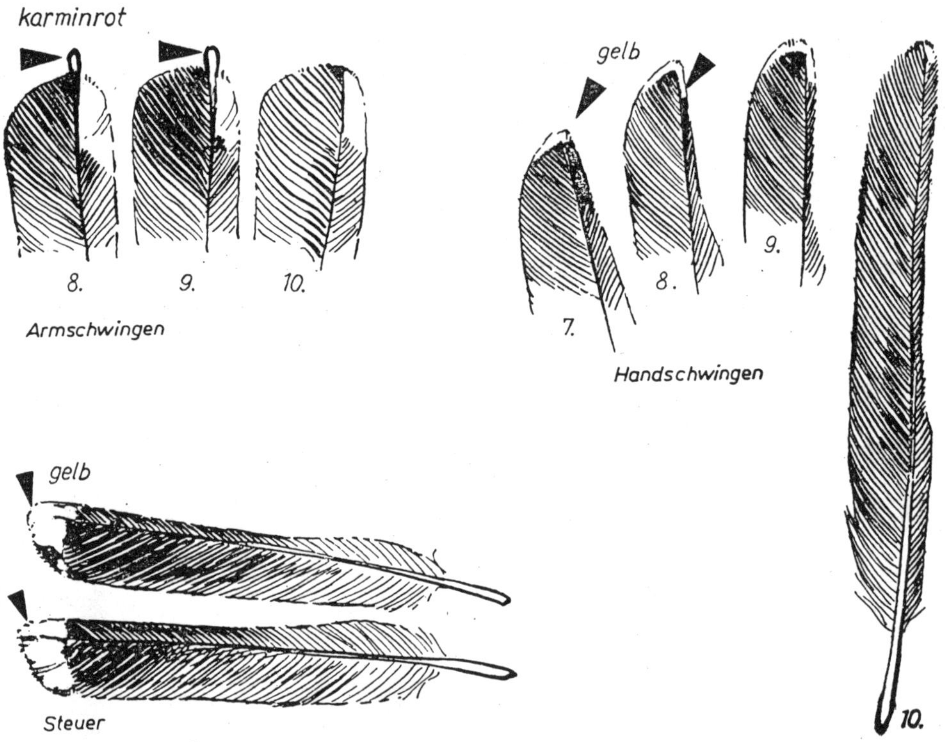

Abb. 346. Armschwingen, Handschwingen und Steuer des Seidenschwanzes

St: grauschwarz mit sattgelber Endbinde. In seltenen Fällen haben auch die St rote Plättchen.
Der Seidenschwanz hat ganz unverkennbare Federmerkmale.
Hschw Verengung 8. und 7. Af, selten 6.
Zahl der Hschw 9 + 1 R
Zahl der St 12
L. Hschw 8. 94—110, ⌀ Hschw 97,29
L. St 5. 4. 6. 3., auch 2.—6. fast gleichlang 64—73,9, ⌀ St 68,89

Würger

Zahl der St: 12

Bei der Bestimmung der Würger ist Vorsicht geboten, da die Zeichnung recht variiert.

Raubwürger (*Lanius excubitor* L.) (Abb. 347)

Schw schwarzweiß, Spitzenteil schwarz, Wurzelteil weiß. Die Aschw mit breitem weißem Endsaum.
St: schwarzweiß, Basis weiß.
Hschw Verengung 9.—6. Af
Zahl der Hschw 10 und manchmal 1 R
L. Hschw 7. oder 6. 88—102, ⌀ Hschw 95,31
L. St 1. oder 2. 110—127, ⌀ St 117,76

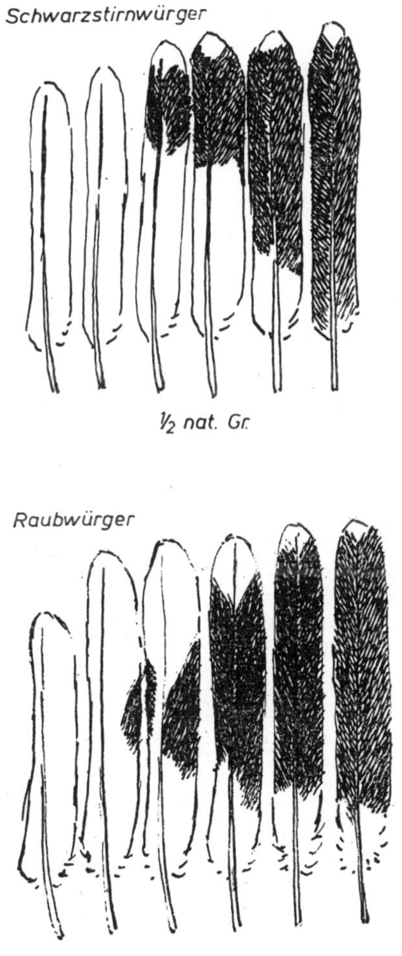

Abb. 347. Steuer des Raub- und Schwarzstirnwürgers

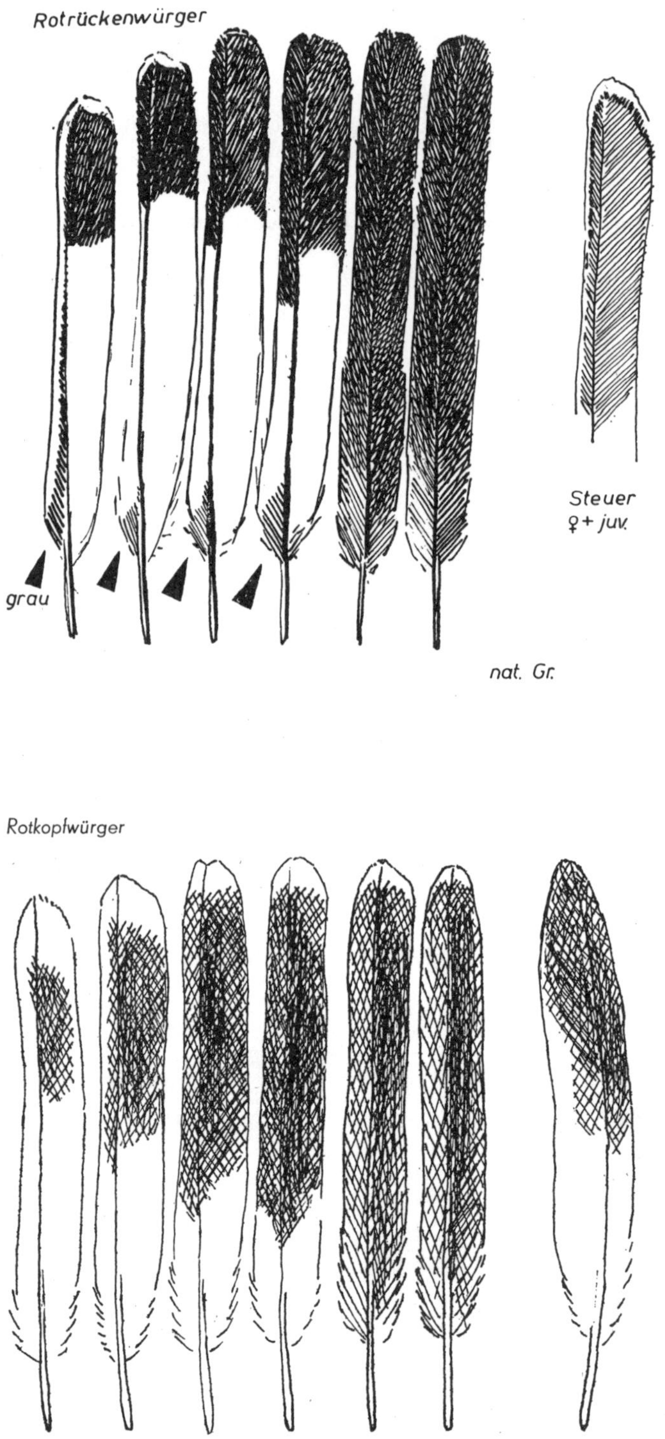

Abb. 348. Steuer des Rotrückenwürgers und des Rotkopfwürgers

Schwarzstirnwürger (*Lanius minor* Gmelin) (Abb. 347)

Hschw schwarzweiß ($^1/_2$—$^1/_3$ der Feder weiß), aber Aschw grauschwarz (Aufhellung an der Basis der If) mit weißen Spitzen.
St: schwarzweiß. Die mittleren Federn an der Basis schwarz.
Hschw Verengung 8. + 7. Af
Zahl der Hschw 9 + 1 R
L. Hschw 8. 95 + 102
L. St 1. oder 2. 94 + 9

Rotkopfwürger (*Lanius senator* L.) (Abb. 348)

Schw schwarzbraun, Hschw 1.—7. im unteren Teil weiß, bis zur Mitte reichend. Aschw mit weißen Spitzensäumen.
St: ad. schwarzweiß, Kiele sind weiß im weißen Teil in Spulennähe. Juv. graubraun.
St 6. ad. mit 6—12 mm breiten weißen Spitzensäumen.
Hschw Verengung 8.—6. Af
Zahl der Hschw 9 + 1 R
L. Hschw 8. oder 7. 78—82
L. St 4. 82—86

Rotrückenwürger (*Lanius collurio* L.) (Abb. 348)

Schw graubraun. Die inneren Hschw an der Basis grau(weißlich). Hschw 1.—7. im unteren Teil an der Basis grau oder weiß. Das Weiß geht höchstens bis zum unteren Drittel.
St: ♂ schwarzweiß, die Kiele sind immer schwarz im weißen Teil auch in Spulennähe.
St 6. und 5. mit sehr schmalen weißen Säumen an der Spitze. ♀ und juv. St braun.
Zahl der Hschw 9 u. 1 R
Hschw Verengung 8. und 7. Af, selten 8.—6., 7.—9. If
L. Hschw 8. oder 7. 75—82,9, ⌀ Hschw 80,18
L. St 4. 3. 2. 1. 73—88

Stare

Zahl der Hschw 9 + 1 R
Zahl der St: 12
Hschw Verengung 8. und 7. Af

Star (*Sturnus vulgaris* L.)

Schw schwarzbraun. Die Af der H- und Aschw haben einen schmalen gelblichweißen (♀ und juv.) braunen Saum. An den Spitzen der Hschw stumpfe Flecke. Juv. in der Färbung heller, graubraun. Kleingefieder ad. schwarz mit weißen Spitzen und Metallschimmer.
St: grauschwarz mit schieferfarbenem Anflug und weißen (bräunlichen) Säumen. Juv. graubraun mit bräunlichen Säumen.
L. Hschw 8. oder 9. 99,8—115,2, ⌀ Hschw 108,3
L. St 5. 6. oder 4. 62—78, ⌀ St 71,38

Rosenstar (*Sturnus roseus* [L.])

Schw und St schwarz, mit stahlgrünem Schimmer. Die If der Schw braun (braunrötlich).
Juv.: Schw und St dunkelbraun mit rostgelblichen Säumen.
L. Hschw 9. 100 und 105
L. St 5. oder 6. 71 und 77

Einfarbstar (*Sturnus unicolor* Temminck)

♂ Schw mattschwarz, die If mehr bräunlich. Vor den Spitzen aschbraune Flecke, Endsaum samtartig schwarz. ♀ und juv. mehr grau (dunkler als bei *Sturnus vulgaris*). Wenig metallischer Schimmer.
L. Hschw 8. oder 9. 110
L. St 5. oder 6. 67

Finken

Die farbenfrohe Tracht mancher Finkenvögel (Stieglitz, Buchfink, Bergfink, Kernbeißer u. a.) kommt auch an der einzelnen Feder zum Ausdruck. Die Federn sind gekennzeichnet durch recht charakteristische Zeichnungsmuster auf den Schwingen und dem Steuer. Gelbfärbung beim Stieglitz, Grünfink und Erlenzeisig. Wiederum fehlt die bunte Zier an diesen Federn bei anderen Vertretern (Gimpel, Kreuzschnabel, Birkenzeisig, Berghänfling, Haus- und Feldsperling). Die Schwanzaußenfeder des Buch- und Bergfinken hat einen weißen Keil. Das Steuer ist eingeschnitten; die Außenfedern sind die längsten.

Zahl der Hschw 9 + 1 R
Zahl der St: 12

Kernbeißer (*Coccothraustes coccothraustes* [L.]) (Abb. 349)

Beim ♂ hat das Weiß auf den Schw größere Ausdehnung. Stahlglanz an den Spitzen der Hschw und auf den Af der Aschw. ♀ und juv. haben an diesen Stellen Grau (glanzlos). Eigenartiger Federschnitt der 5.—3. Hschw.
St: graubraun mit weißen Spitzen.
Hschw Verengung 8.—6. Af
L. Hschw 7. oder 8. 83,5—93, ⌀ Hschw 87,43
L. St 6. oder 5., 4. selten 57—67, ⌀ St 61, 54

Grünfink (*Carduelis chloris* [L.]) (Abb. 350, 351)

♂ hat an der Af der H- und Aschw sattes Gelb, beim ♀ schmaler und grünlich. Das ♂ hat an der If der Hschw und Aschw Weiß, ♀ Grauweiß.
St: grauschwarz mit Gelb (Grüngelb), vor allem auf den Af.
Hschw Verengung 8.—6. Af, selten 5.
L. Hschw 7. oder 8. 69,7—80,5, ⌀ Hschw 75,84 ♂♂, 73,72 ♀♀
L. St 6. oder 5., selten 4. 54—69, ⌀ 62,17 ♂♂, 60,48 ♀♀

Stieglitz (*Carduelis carduelis* [L.]) (Abb. 351, 352)

Von der 8. Hschw bis zur letzten Aschw auf der Af sattes Gelb und weiße Spitzenflecke. Das Gelb geht beim Grünfinken bis zur Federspitze, beim Stieglitz ist das obere Drittel der Af schwarz.

St: die ersten zwei Außenfedern haben größere, die übrigen kleinere weiße Flecke im Schwarz.
Hschw Verengung 8.—6. Af
L. Hschw. 7. oder 8. 64—74,1, ∅ Hschw 68,94
L. St 6. oder 5., auch 5. und 6. gleichlang 47—60,5, ∅ St 55,79

Erlenzeisig (*Carcuelis spinus* [L.]) (Abb. 353)

Auf den Schw und St Gelbschwarz-Färbung, beim ♂ leuchtender.
Hschw Verengung 8. und 7., selten 6. Af
L. Hschw 7. oder 8. 57,8—64,5, ∅ Hschw 61,87 ♂♂, 60,37 ♀♀
L. St 6. 42—52, ∅ St 48,95 ♂♂, 48,25 ♀♀

Bluthänfling (*Carduelis cannabina* [L.]) (Abb. 354)

Af und If der Hschw und die If der Aschw haben breite weiße Säume, die für diesen Hänfling kennzeichnend sind.
St: grauschwarz mit breiten weißen Säumen, die an der If nach innen zu abnehmen.
Hschw Verengung 8.—6. Af (6. nur schwach oder gar nicht)
L. Hschw 8. oder 7. 62,7—73,5, ∅ Hschw 68,79
L. St 5. oder 6., auch 6. und 5. gleichlang 54—65,6, ∅ St 59,79

Berghänfling (*Carduelis flavirostris* [L.])

Zeichnungstyp wie beim Bluthänfling. Die weißen Säume jedoch schmaler. Die If der Schw sind grau, die Af braun, wie beim Bluthänfling. Die Färbung ist düsterer als beim vorherigen.
St: schwarzbraun, tief eingeschnitten mit weißen Säumen. Graurote Bürzelfedern ♂!
Hschw Verengung 8.—6. Af
L. Hschw 7. oder 8. 63,5—70, ∅ Hschw 66,63
L. St 5. oder 6., selten 4. 59—70, ∅ St 66,18

Birkenzeisig (*Carduelis flammea* [L.])

Schw u. St graubraun, kleiner als beim Bluthänfling. An der Af der Hschw schmaler heller Saum. If der Schw aufgehellt.
St: graubraun, Federn zugespitzt[1]).
Hschw Verengung 8.—6. Af
L. Hschw 8. oder 7., 61—69, ∅ Hschw 64,19
L. St 5. 6. oder 4., auch 6. 5. und 4. gleichlang 54—65, ∅ St 61,21

Zitronenzeisig (*Serinus citrinella* [Pallas])

Hschw grauschwarz, nach der Spitze zu dunkler. An der Af leuchtendgrüner Saum, auf den Aschw breiter. Hellgrauer Spitzensaum.
St: grauschwarz mit grünen Säumen, nach innen zu kräftiger. ♀ und juv. hellgrauer Spitzensaum und grauweiße Säume.
Hschw Verengung 8.—6. Af
L. Hschw 7. oder 6. 62 u. 65
L. St 6. 55 und 58

---

1) Die stärkere Zuspitzung der Steuerfedern kennzeichnet die „Schlüpfer", die Turner im Gezweig (Kreuzschnäbel, Zeisige, Girlitz).

Rotstirngirlitz (*Serinus pusillus* [Pallas]) (Abb. 356)

Schw und St schwarzbraun, Hschw 8.—4. mit schmalen gelben Säumen in der Af, die bis zur 2. Aschw an Breite zunehmen. Aschw 7.—9. mit hellbraunen breiten Säumen in der Af.
St: gegabelt, St 1.—5. mit gelben Säumen in der Af, zugespitzt.
Hschw Verengung 6.—8. Af
L. Hschw 6. 68
L. St 6. 62

Girlitz (*Serinus serinus* [L.])

Schw und St graubraun. Die Af der H- und Aschw haben gelblichen Saum. Unscheinbares Federkleid. Gelbe und grünliche Kleinfedern.
St: graubraun, Af mit gelblichem Saum, zugespitzt.
Hschw Verengung 8.—6. Af
L. Hschw 7. oder 6. 59—65
L. St 6. 46—55

Kanarienvogel (*Serinus canaria canaria* [L.])

Färbung variiert: gelb, weiß, grünlich, auch mit schwarzer Fleckung. Als Käfigvogel meist schon am abgestoßenen Gefieder kenntlich.
St: Die einzelnen Federn sind sehr schmal und lang.
Hschw Verengung 8.—5. Af
L. Hschw 7. oder 6. 63—68
L. St 5. oder 6., auch 6. und 5. gleichlang 60—70

Gimpel (*Pyrrhula pyrrhula* [L.])

Schw und St grauschwarz. Af der inneren Aschw und St mit blaumetallischem Glanz.
Hschw Verengung 8.—5. Af
L. Hschw 7. oder 6. 74—85, ⌀ Hschw 82,75 ♂♂, 79,07 ♀♀
L. St 5. oder 4. (61) 70—81, ⌀ 76,82 ♂♂, 73,95 ♀♀

Karmingimpel (*Carpodacus erythrinus* [Pallas])

♂ Schw und St graubraun mit schmutzigen rosafarbenen Außensäumen, ♀ und juv. mit braungrünlichen. Rosa Kleinfedern (Wurzelteil grau).
St: ♂ dunkelgraubraun mit weißlichem Saum an den Außenfedern.
Hschw Verengung 8.—6. Af
L. Hschw 7. oder 8. 73 und 80
L. St 6. oder 5., auch 5. und 6. gleichlang, 60 und 66

Hakengimpel (*Pinicola enucleator* [L.])

♂ Schw dunkelgrau mit weißlichen Säumen mit rosa Anflug an der Af, auf den Aschw reinweiß und breiter. ♀ mit schmaleren gelblichweißen Säumen.
St: ♂ schiefergrau mit hellen aschgrauen schmalen Säumen, beim ♀ gelblichgrau.
Hschw Verengung 8.—6. Af
L. Hschw 8. oder 7. 92 und 97
L. St 5. 95 und 100

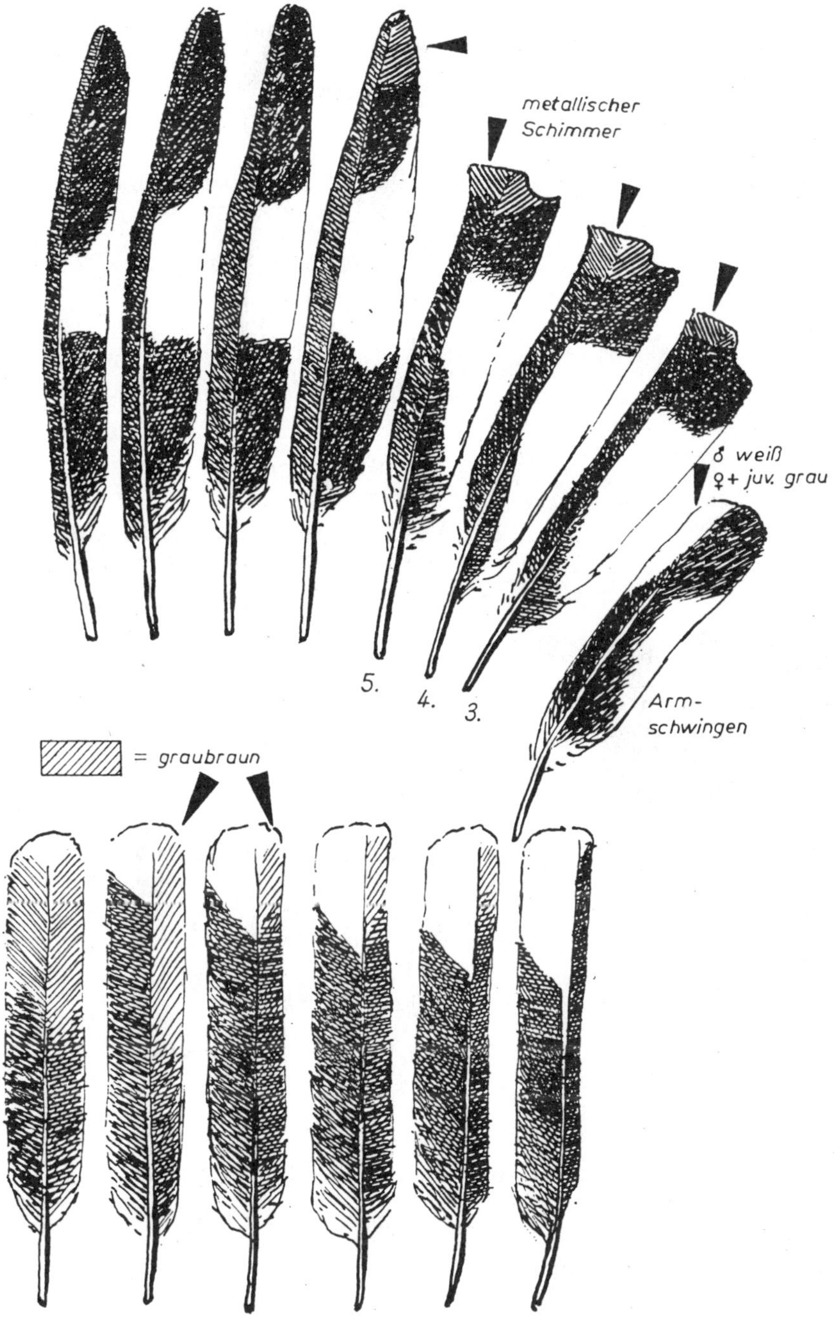

Abb. 349. Steuer und Schwingen des Kernbeißers

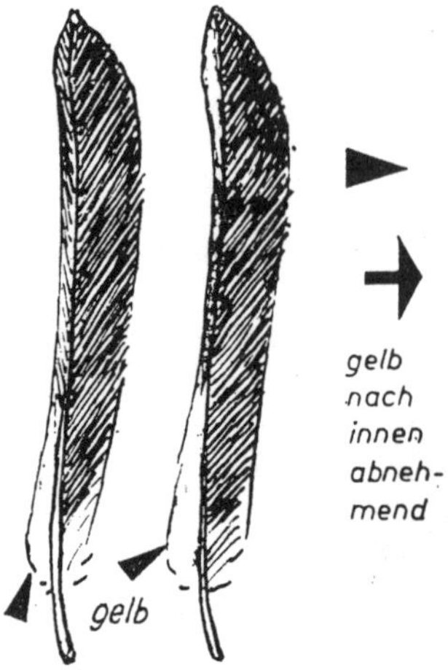

Abb. 350. Steuer des Grünfinken

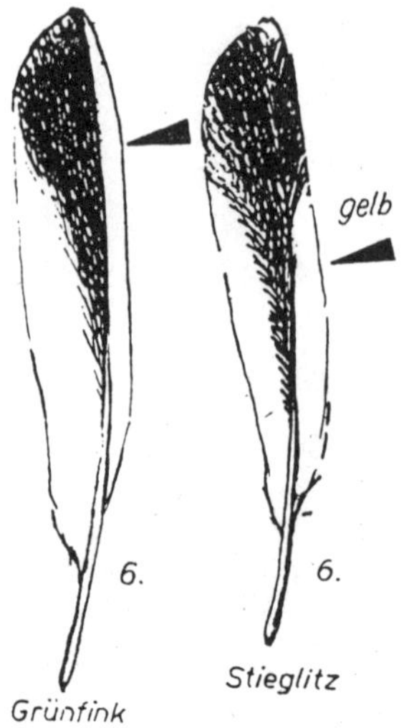

Abb. 351. Gelbverteilung an der 6. Handschwinge von Grünfink und Stieglitz

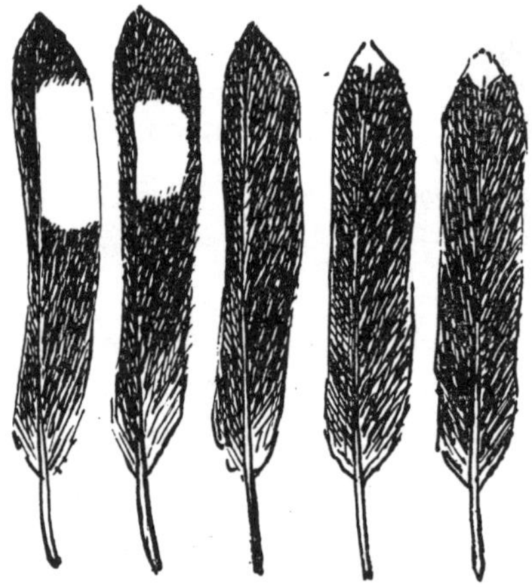
Abb. 352. Steuer vom Stieglitz

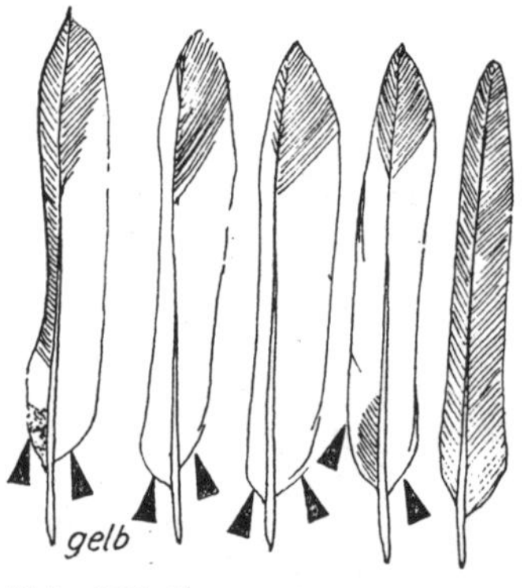

Abb. 353. Steuer des Erlenzeisigs

Fichtenkreuzschnabel (*Loxia curvirostra* L.)

Schw und St graubraun. An der Af der H- und Aschw gelbgrüner Saum. Kleinfedern ♂ rötlich, ♀ gelbgrün.

St: eingeschnitten, Federn zugespitzt.

Hschw Verengung 8.—6. (6. nur schwach) Af

L. Hschw 8. oder 7. 77—89, ⌀ Hschw 4 grüne 82,62, 5 gelbe 82,40, 5 rote 81,80

L. St 5. oder 6. 57—72, ⌀ St 5 gelbe 64,94, 5 rote 64,28

Kiefernkreuzschnabel (*Loxia pytyopsittacus* Borkhausen)

Schw und St graubraun wie vorhergehende Art. Ist an diesen Federn von *L. curvirostra* nicht zu unterscheiden. Exemplare mit L. Hschw Maße bis 84 gehören sicher zum

Fichtenkreuzschnabel, Maße von 85 und mehr lassen eine sichere Bestimmung nicht zu!
Hschw Verengung 8.—6. Af
L. Hschw 8. oder 7. 85,5 und 89
L. St 5. oder 6. 67 und 72

Bindenkreuzschnabel (*Loxia leucoptera* [L.])

Schw dunkles Graubraun. Die hinteren Hschw mit kleinen weißen, die Aschw mit größeren weißen Spitzen, die sich in der Brutzeit abreiben. Sonst zeichnen sich die Binden auf den Schw nicht ab, aber die Oberflügeldecken haben weiße Endsäume.
St: graubraun wie Fichtenkreuzschnabel
Hschw Verengung 8.—6. Af
L. Hschw 8. oder 7. 76
L. St 5. oder 6. 65

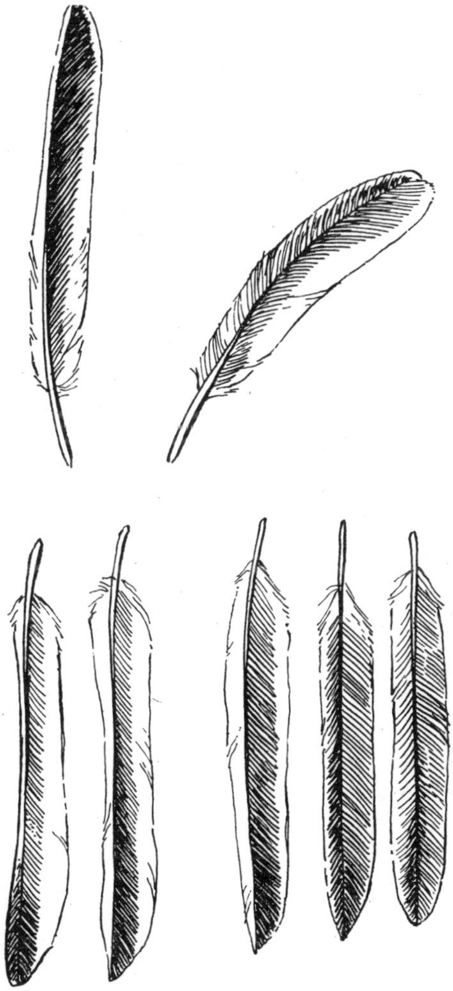

Abb. 354. Oben links Handschwinge, oben rechts Armschwinge und unten Steuer des Bluthänflings

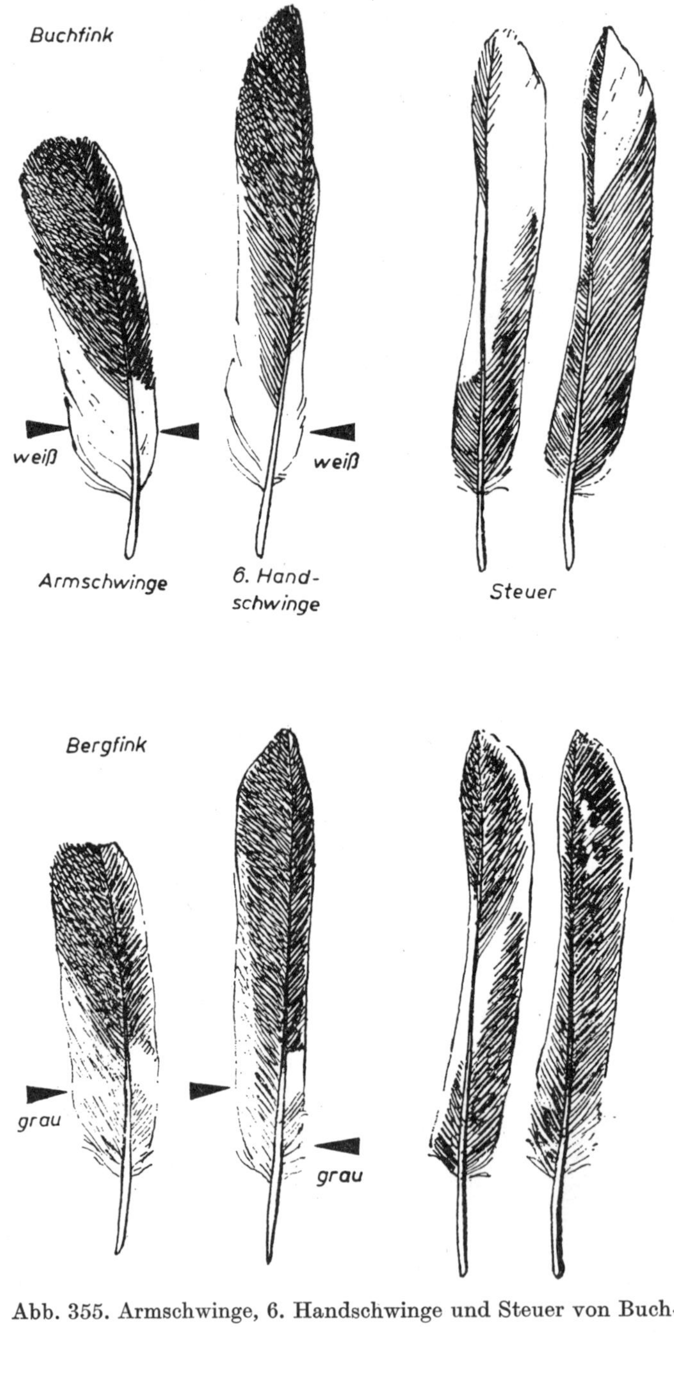

Abb. 355. Armschwinge, 6. Handschwinge und Steuer von Buch- und Bergfink

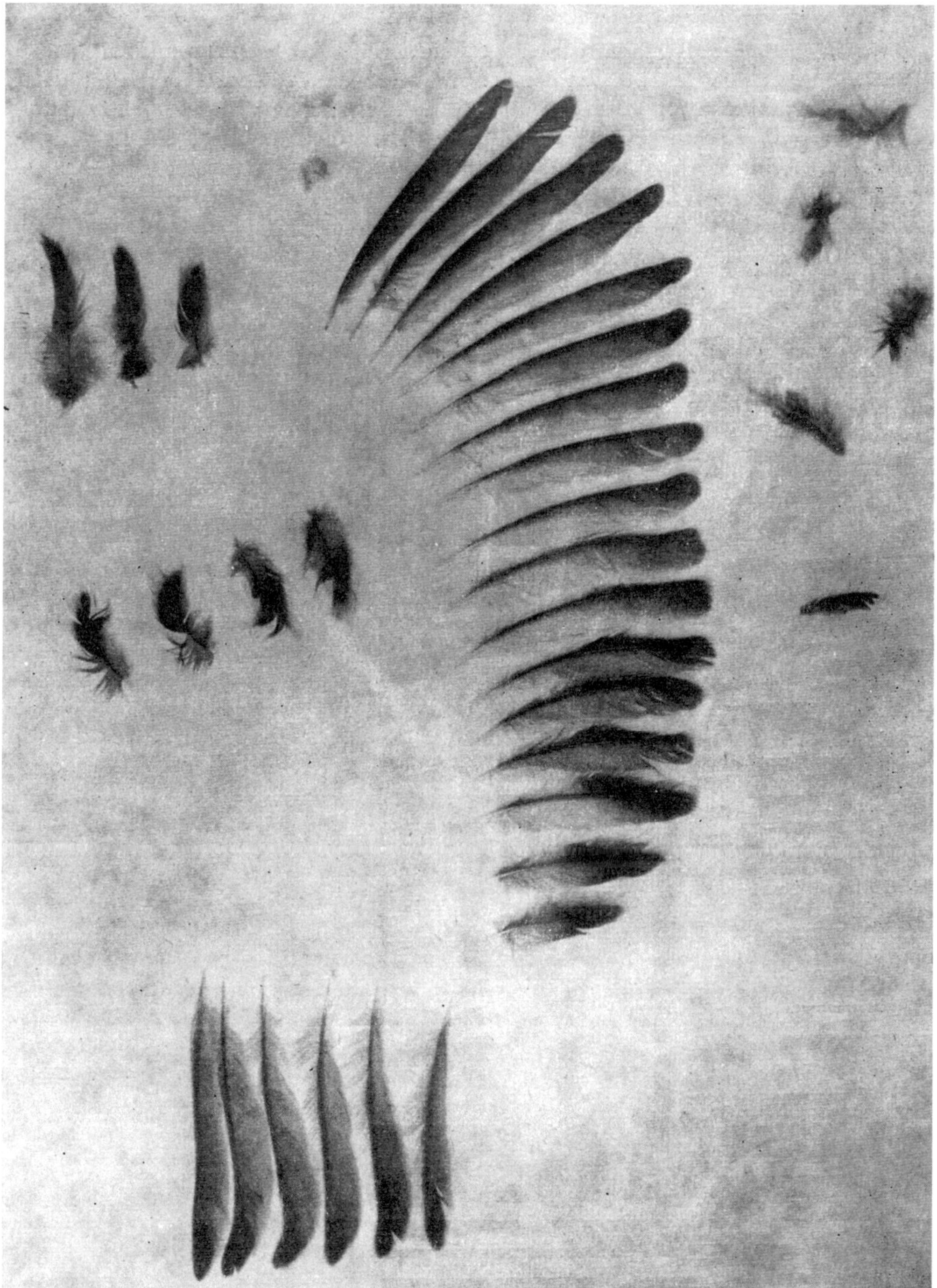

Abb. 356. Rupfung vom Rotstirngirlitz

Buchfink (*Fringilla coelebs* L.) (Abb. 355)

Schw grauschwarz. An den Af schmaler gelblicher Saum. Das Weiß auf den Schw ist scharf abgesetzt im Gegensatz zum Bergfinken. Am unteren Teil der Af der 1.—6. Hschw ist ein weißer Fleck, der auf den If ein breiter weißer Streifen wird.
St: grauschwarz, innere Federn grau. Auf den Außenfedern weißer Keilfleck.
Hschw Verengung 8.—5. Af (5. nicht immer)
L. Hschw 6. oder 7. 66—84, ⌀ Hschw 77,20 ♂♂, 71,99 ♀♀
L. St 5. 6. 4. oder 3. 60,2—81, ⌀ St 73,44 ♂♂, 67,56 ♀♀

Bergfink (*Fringilla montifringilla* L.) (Abb. 355)

Der Fleck unter der Af der Hschw ist grau, nicht weiß. Das Weiß auf der If der Hschw nicht scharf abgesetzt. Gelbbraune Kleinfedern, Buchfink rotbraune.
St: grauschwarz mit schmalen weißlichen Säumen. Der Keilfleck ist mehr oder weniger verwaschen.
Hschw Verengung 8.—6. Af, 5. selten
L. Hschw 7., selten 8. oder 6. 71—84,5, ⌀ Hschw 77,05
L. St 6. oder 5. 61—75, ⌀ St 67,79

Ammern

Fast alle Ammern weisen auf den zwei äußeren Steuerfedern weiße Keilflecke auf mit Ausnahme der Grau- und Kappenammer.

Zahl der Hschw 9 + 1 R
Zahl der St: 12

Grauammer (*Emberiza calandra* L.)

Schw und St graubraun. Der Saum an der Af ist gelbgrün (weißlich), an der Af der Aschw bräunlich.
St: ohne Keilfleck, helle Säume an den Rändern und an der Spitze.
Hschw Verengung 8.—6. Af
L. Hschw 7. 6. 8. 74,4—92,8, ⌀ Hschw 84,18
L. St 5. 6. oder 4. 71—87, ⌀ St 79,21

Goldammer (*Emberiza citrinella* L.)

Schw und St graubraun. Auf der Af der Hschw gelber Saum, auf der Af der Aschw geht der Saum über Gelbbraun zu Braun. Auf der If der Schw Weiß (Grauweiß).
St: Keilfleck. Die Außenfedern haben auf der Af gelben Saum, die Innenfedern einen breiten gelbbraunen. Gelbes Brustgefieder, teils mit braunen Schaftstrichen.
Hschw Verengung 8.—6., manchmal auch 5. Af
L. Hschw 6. 7. oder 8. 69,8—84, ⌀ Hschw 77,04
L. St 5. oder 4., selten 3. 69,8—88,3, ⌀ St 79,78

Kappenammer (*Emberiza melanocephala* Scopoli)

Schw graubraun, If im unteren Teil grau.
St: graubraun, fast gerade. St 6. in der oberen Hälfte aufgehellt, kein Keilfleck, erinnert an Grauammer.

Hschw Verengung 6.—8. Af
L. Hschw 6. 83 und 77,4
L. St 2.—5. gleichlang 82 und 76,6

Zaunammer (*Emberiza cirlus* L.)

Schw und St grauschwarz. Gelber Saum an der Af der Hschw, brauner an den Aschw. Gelbes und braunes Brustgefieder.
St: grauschwarz mit weißem Keilfleck.
Hschw Verengung 8.—5. Af
L. Hschw 7. oder 6. 68 und 70
L. St 3., auch 3. und 5. fast gleichlang 74, 75, 79

Gartenammer (*Emberiza hortulana* L.)

Schw und St graubraun. Hellbrauner (nicht gelber!) Saum an der Af der Schw. Die If ist hellbräunlich.
St: weißer Keilfleck. Hellere Säume.
Aschw ohne weiße Säume in den If.
Hschw Verengung 8.—6. Af (6. wenig)
L. Hschw 8. oder 7. 64—78
L. St 4. 5. oder 3. 63—81

Rostammer (*Emberiza caesia* Cretzschmar)

Schw graubraun Hschw 7.—9. mit hellgrauen Säumen in den Af.
Aschw mit hellbraunen Säumen in den Af.
St: graubraun. St 5. + 6. mit weißen Keilflecken im oberen Drittel, nur in den If.
Aschw 7.—9. mit nur sehr schmalen grauen Säumen an den Spitzen. (Gartenammer hat breitere Säume an den Spitzen.)
Hschw Verengung 6.—8. Af
L. Hschw 7. 71
L. St 3. 69

Zippammer (*Emberiza cia* L.)

Schw und St graubraun. Der Saum an der Af der Schw ist bräunlich, an den Aschw braun.
St: Weißer Keilfleck (auch Af an der Außenfeder weiß!). St sehr lang (ist länger als längste Handschwinge).
Brustgefieder hellbraun.
Hschw Verengung 8.—5. Af
L. Hschw 6. oder 5. 69—76
L. St 2.—5. fast gleichlang, 1. + 6. wenig kürzer 80 + 84

Rohrammer (*Emberiza schoeniclus* [L.])

Die Schw haben an den Af einen schmalen weißlichen (bräunlichen) Saum, auf den Aschw breiter und rotbraun. Die If aller Schw haben einen breiten weißen Saum.
St: schwarzbraun. Die inneren Federn sind graubraun mit rostbraunen Säumen. Weißer Keilfleck.

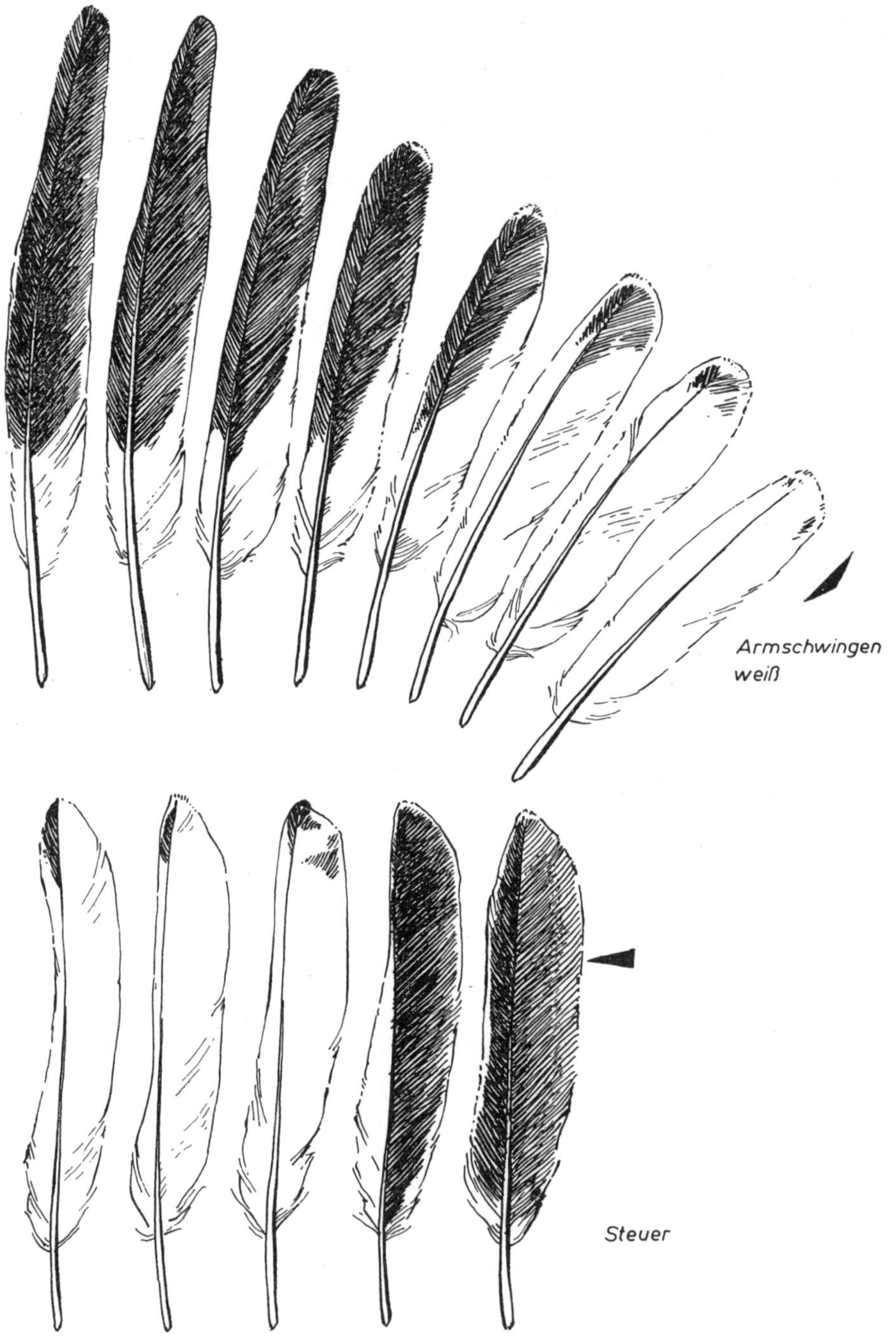

Abb. 357. Armschwingen und Steuer der Schneeammer

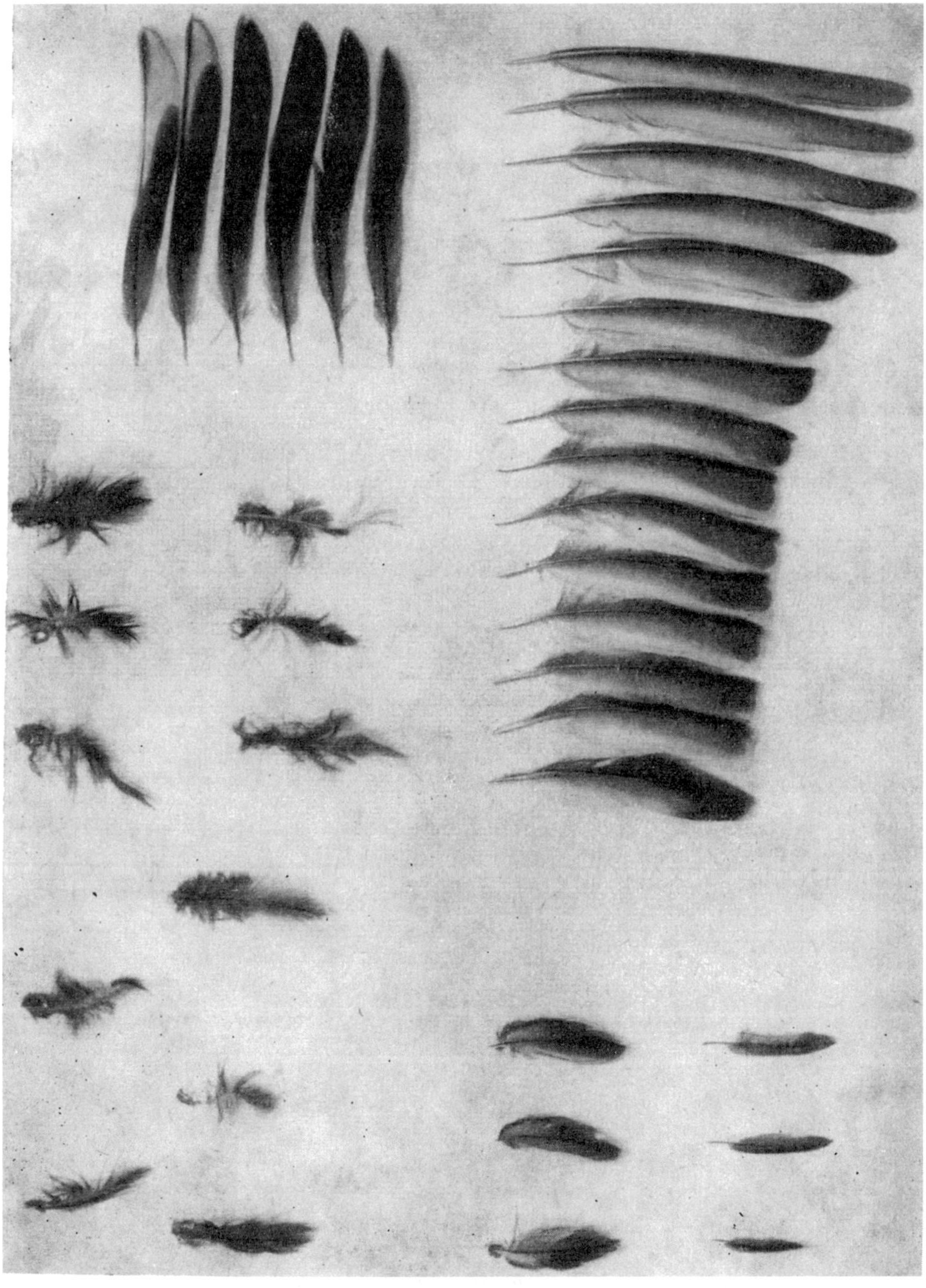

Abb. 358. Rupfung der Spornammer

Hschw Verengung 8.—5. Af
L. Hschw 6. oder 5. 61,6—75,5, ⌀ Hschw 69,19
L. St 4. 5. oder 3. selten 6. 64—80, ⌀ St 71,25

Spornammer (*Calcarius lapponicus* [L.]) (Abb. 358)

Schw dunkelbraun mit weißen (rahmfarben überhaucht) Säumen, If aufgehellt. Aschw mit breiten braunen Säumen und weißem Spitzensaum.
St: An der 6. St rahmfarbener Keilfleck, an der 5. St oft fehlend oder nur kleiner an der Spitze.
Hschw Verengung 8.—6. Af
L. Hschw 7. 81
L. St 5. 6. oder 4. 68—70

Schneeammer (*Plectrophenax nivalis* [L.]) (Abb. 357)

Schw und St teils weiß, teils schwarz. Das Weiß ist recht auffallend.
St: ohne Keilfleck. Die Außenfedern weiß mit schwarzen Flecken im Spitzenteil.
Die Innenfedern schwarz.
Hschw Verengung 8. + 7. Af
L. Hschw 8. oder 7. 88—93
L. St 5. 4. 6. 66—80

Sperlinge

Zahl der Hschw 9 + 1 R
Zahl der St: 12

Haussperling (*Passer domesticus* [L.]) (Abb. 359)

Schw und St schwarzbraun. Am unteren Teil der Af der 7.—4. Hschw ist ein brauner Fleck (anklingend dem weißen beim Buchfink). An der Af der Aschw befindet sich ein brauner Saum, der nach hinten breiter wird. If der Hschw aufgehellt (nicht abgesetzt).

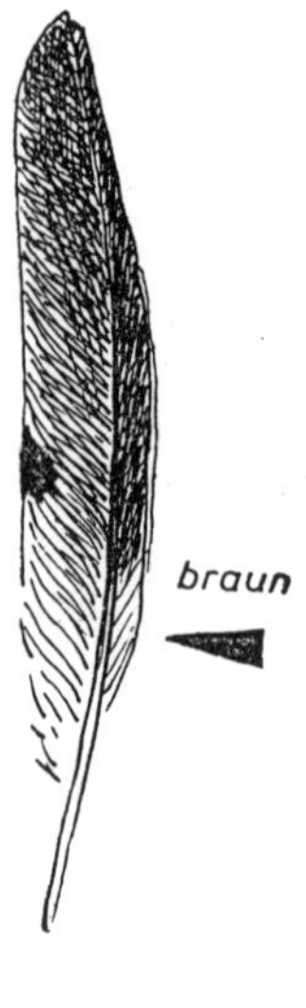

Abb. 359. Handschwinge des Haussperlings

St: schwarzbraun mit helleren Säumen, sonst ohne besondere Merkmale. Leicht zu verwechseln mit den Federn der Heckenbraunelle, aber diese ohne den genannten bräunlichen Fleck an der Basis der Af der Hschw.
Hschw Verengung 8.—6. Af oder 8.—5. Af (selten)
L. Hschw 7. oder 6., selten 8. 60,2—72,4, ∅ Hschw 66,96
L. St 5. 4. 6., selten 3. 2. 1. 56,2—69,5, ∅ St 63,72

Weidensperling (*Passer hispaniolensis* [Temminck])

Schw und St schwarzbraun. Hschw 3.—8. haben im unteren Teil der Af einen braunen Fleck und weiße Säume in den Af.
Aschw mit weißen Spitzensäumen. Die hellgrauen If der Hschw sind nicht scharf abgesetzt.
Hschw Verengung 8.—6. Af, auch 8. + 7. Af
L. Hschw 6. 64,5, 67,5 und 71
L. St 5., auch 5. + 6. gleichlang 59, 62, 66

Feldsperling (*Passer montanus* [L.])

In der Färbung meist heller als der Haussperling. Die If der H- und Aschw gelbbräunlich, beim Haussperling grau. Die Aufhellung auf der If meist abgesetzt. Federmaße meist kleiner als beim Haussperling. Juv. Feld- und Haussperlinge sind schwierig zu bestimmen.
Hschw Verengung 8.—5. Af (selten 4.)
L. Hschw 7. oder 6. 56,4—64,7, ∅ Hschw 60,55
L. St 5. 4. 3., selten 2. 1. 6. 53—65,2, ∅ St 60,33

Steinsperling (*Petronia petronia* [L.]) (Abb. 360)

Schw graubraun mit graugrünlichem Außensaum. Schw ganz sperlingsmäßig, auch der Basalfleck (aufgehellt) auf der Af der Hschw ist vorhanden.
St: graubraun mit großen weißen Spitzenflecken.

Abb. 360. Steuer des Steinsperlings

Hschw Verengung 8. + 7. Af
L. Hschw 7. 85 + 85,5
L. St 4. 63

Schneefink (*Montifringilla nivalis* nivalis [L.]) (Abb. 361)

Viel Weiß im Federkleid. Die Hschw schwarz mit weißem Saum auf der Af, nach innen breiter werdend. Die ersten Hschw mit ausgedehntem weißem Fleck an der If. Die Aschw ganz weiß, nur die letzte braun.
St: die äußerste Feder weiß, die nächsten mit schwarzer Spitze, die beiden mittleren schwarz mit weißlichen Säumen.
Hschw Verengung 8. + 7. Af
L. Hschw 8. oder 7. 100 + 102,5
L. St 5. 76 + 77

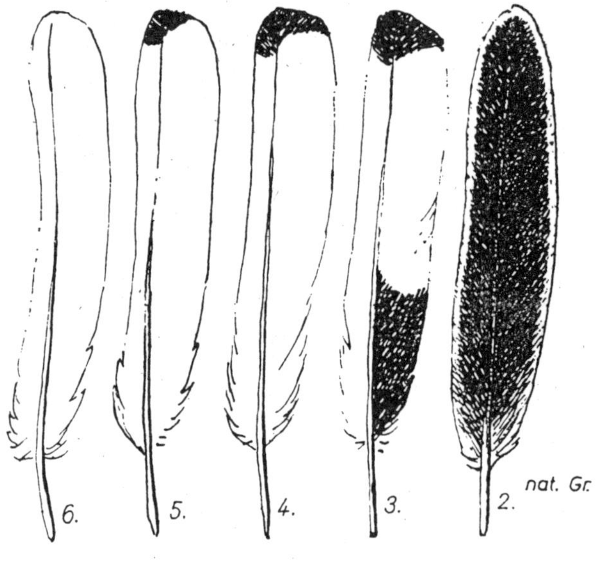

Abb. 361. Steuer des Schneefinken

Rupfungsforschung — neue Wege und Aufgaben

Vor uns liegen die Rupfungen. Einige Federn, die uns davon Kunde geben, daß harte Fänge zugriffen und ein Leben erlosch. Ein häufiger und so flüchtiger Augenblick im Naturgeschehen! Der Vogel hat Schwingen, die ihn befähigen, die Weite der Kontinente und Ozeane zu überwinden, und zuzeiten werden diese ruhelosen Wanderer ins Ungewisse verschlagen. Stürme treiben sie tief ins Binnenland ab. Wir stehen fragend und ahnen die Ferne, aus der der Vogel kam. Dazu sollen einige Funde genannt sein: eine Zwergmöwe in einer Kiesgrube bei Naumburg (29. 9. 1959), eine Dreizehenmöwe im Alperstedter Ried (12. 3. 1957), ein Rauhfußkauz am Strand von Göhren/Rügen (25. 4. 1959), ein Blaukehlchen auf einer Erzgebirgswiese (1. 4. 1959) und an den Uhuplätzen mehrfach Sumpfohreulen, die auf dem Durchzug waren.

Rupfungen sind nicht belanglose Federanhäufungen, deren Bestimmung es ist, ein Spiel des Windes zu sein und wie die Blätter im Walde verweht zu werden. Die Rupfungen können zu ihrem Teil dazu beitragen, manche problematische Frage in der Biologie des Vogels zu lösen. Ab und zu gibt es Überraschungen, die allerdings in der Anzahl der alltäglich gefundenen Rupfungen untergehen. Ein gutes Beispiel gibt uns ein Wanderfalk: Inmitten von Berlin hatte der Falk von 1930 bis 1933 auf dem Turm der Kaiser-Wilhelm-Gedächtniskirche sein Winterquartier. Von den Simsen herab wehte der Wind die Federn. Es wurden dabei folgende Rupfungen gefunden: neben anderen Vögeln 3 Waldschnepfen, 6 Wasserrallen, 1 Wachtelkönig, 5 Teichrallen, 2 Bleßrallen, 1 Zwergdommel, 4 Wellensittiche und 5 Mönchssittiche (im Zoologischen Garten Berlin freifliegend gehalten). Neben den Sittichen erscheinen auf der Zusammenstellung die in der Dämmerung fliegenden Durchzügler. Die Wellensittiche waren aus Käfigen entflohen. Bei den Baumfalken des Grunewaldes fand Fiuczinski die Rupfungen von 10 Wellensittichen. Im Frühjahr 1956 wurde am Muldeufer eine Rupfung gefunden, die viel Kopfzerbrechen verursachte. Es waren die Federn einer Bahamaente (*Anas bahamensis*), die vermutlich einer Ziergeflügelzüchterei entwichen war. Nahe bei Pirna fanden sich beim Waldkauz die Reste eines Reisfinken.

Die Rupfungsaufsammlung bringt wichtige Bestätigungen und Ergänzungen von Durchzug und Aufenthalt nordischer Gäste. Der Rupfungssammler hat hier dem Feldornithologen etwas voraus; er hat einen prüfbaren Beleg in der Hand, der alle Zweifel und Irrtümer ausschließen kann. Aber der Feldornithologe kommt mit seiner Meldung meist früher, da die Rupfungen an den Winterrupfplätzen erst aufgehoben werden, wenn der Schnee weggetaut ist, also nach dem Datum des Auftreffens. Das macht jedoch dem Wert des Fundes nur wenig Abbruch. Wie wichtig die Hilfe für den Nachweis nordischer Wintergäste sein kann, legte ich in meiner Arbeit „Rupfungen und Federmerkmale seltener Wintergäste“ [64] dar. Inzwischen hat sich seit 1954 bei den dortgenannten Arten (Tannenhäher, Ringdrossel, Ohrenlerche, Seidenschwanz, Schneeammer, Berghänfling, Bergfink) eine Anzahl von Ergänzungen hinzugesellt. Es werden erwünschte Nachweise für Invasionen erbracht. Hier füge ich noch zwei beachtenswerte Anregungen an.

O. Kleinschmidt wies in einer Besprechung auf folgendes hin: „Eine der fesselndsten Fragen, die der Naturforscher nicht durch willkürliche Spekulationen, sondern durch gewissenhaftes Studium zu lösen hat, ist die Untersuchung, welche Bestandteile der normalen und abnormen Variation, der Altersstufen und der Krankheitsfälle durch die Tätigkeit des Raubwildes ausgemerzt werden. Soweit etwas davon erkennbar ist, wird dabei die Prüfung von Beuteresten und Gewöllen zu einer Aufgabe von hoher wissenschaftlicher Bedeutung.“ Der Vorschlag von O. Schnurre hat zu der vorangegangenen Frage gewisse Berührungspunkte: „Es ist meines Wissens nach noch nie der Versuch gemacht worden, auf einem begrenzten Gebiet die Abgänge durch die ansässigen Raubvögel festzustellen. Im Vordergrunde hätte also nicht der Raubvogel, sondern das Beutetier zu stehen. Die Schwierigkeiten eines solchen Versuches sind nicht zu unterschätzen; man wird nie alles finden, was geschlagen wurde. Aber bei einem einigermaßen günstigen Gelände würden die errechneten Zahlen doch groß genug werden, um erkennen zu lassen, was Norm und was Zufall ist. Es würden sich bei dieser Arbeitsweise recht interessante Fragestellungen ergeben.“

Die Auswirkung der abnormen Färbungsänderungen im Daseinskampf sind von besonderem Interesse. Die Durchsicht der Rupfungen auf Abänderung der Gefiederfärbung (Albinismus, Melanismus, partielle Weißfärbung, Farbstoffmangel im Gesamtgefieder oder in einzelnen Federpartien) kann wertvolle Unterlagen erbringen. Einen

Ausschnitt darüber gab ich in dem Aufsatz „Farbabweichungen bei Wildvögeln“ [65]. Albinos sind weniger „lebensstark“. Mitunter gehen krasse Verfärbungen mit einer Verkrüppelung von Organen Hand in Hand. Die fehlfarbenen Stücke unterliegen im Existenzkampf eher als die normalfarbigen. So haben eingehende Beobachtungen ergeben, daß der Wanderfalk vorzugsweise weiße (helle) Haustauben schlägt.

Die obenstehenden Darlegungen zeigen, wie die Rupfungsaufsammlungen in vielfacher Hinsicht ausgewertet werden können. Zu den Fragen über variierende und abnorme Färbung, von Zugwegen und Zugerscheinungen und Invasionen treten noch andere wie Mauser, Geschlechts- und Altersunterschiede hinzu.

Gewöll- und Rupfungssuche und Naturschutz

Um die Suche nach Gewöllen und Rupfungen mit den Forderungen des Naturschutzes in Einklang zu bringen, muß man an den Plätzen der Greifvögel und Eulen behutsam und schonend vorgehen. Ich betrachte es als unverantwortlich, wenn bei dem Nachspüren und der Kontrolle als Endergebnis herauskäme, daß dadurch wieder ein Greifvogel- oder Eulenplatz seiner Ungestörtheit entrissen und geopfert wurde. Wir können in der Natur unseres dichtbesiedelten Landes nicht mehr aus dem Vollen schöpfen, und es kann keine Rede mehr davon sein, daß die Natur diese stetigen Störungen und Eingriffe „verkraftet". Diese Zeiten sind vorüber. Die Bestände unserer Greifvögel und Eulen sind erschreckend zurückgegangen, insbesondere bei den selteneren Vertretern. Das Fortbestehen so mancher Vorkommen hängt an einem dünnen Faden, und wird dieser durchrissen, so ist es wieder mit einer Art vorbei, wie ja Einzelvorkommen ganz besonders gefährdet sind. Bei allen guten Maßnahmen des Naturschutzes ist zu bedenken, daß eine Art nur im Gefüge einer Population, sei sie auch nur klein, gehalten werden kann. Diese hat die Kraft, die entstehenden Verluste auszugleichen und die Lücken wieder zu füllen.

Die Bruten der Vögel sind von vielen Gefahren bedroht, zu denen in neuerer Zeit neue, verursacht durch den Menschen, hinzukommen. Dazu gehört neben dem Fotografieren und Beringen das Aufsammeln von Gewöllen, Rupfungen und Fraßresten. Die Kontrollen dürfen nicht zu häufig sein; ein tägliches Aufsammeln, wie dies manche Forscher für eingehende Nahrungsuntersuchungen erstreben, wird von den Vögeln nicht ertragen, sie weichen diesen Störungen aus. Auch wöchentlicher Besuch wird oft übel genommen. Es ist ein monatliches Ablesen anzuraten. Die Menschen, die in dieser Hinsicht keine Hemmungen haben, mögen bedenken, daß es in ihrem eigenen Interesse ist, die Störungen auf ein Mindestmaß zu verringern. Ein Vergrämen des Vogels muß unbedingt vermieden werden, um den Fortgang der Beobachtung und der Kontrolle zu gewährleisten. Es wird auch jedem einleuchten, daß durch unvorsichtiges und forciertes Vorgehen das biologische Bild des Brutlebens verzerrt wird. Das Verhalten der Altvögel wird verändert. Die einzelnen Paare reagieren unterschiedlich auf die Störungen; die einen sind mehr, die anderen weniger empfindlich. Es ist ein Irrtum zu glauben, daß die Lebensfunktionen und -äußerungen dieser Tiere mehr oder minder mechanisch ablaufen. Die Beunruhigungen führen Hemmungen herbei, die den Ablauf „intimer" Funktionen (Brut, Beutebearbeitung, Beuteübergabe, Atzung) bremsen oder verzerren, zumindest werden die Plätze, an denen gewöhnlich gerupft wurde, verlassen, und der Sammler hat das Nachsehen. Zu häufiger Besuch kann Furcht und Angst so steigern, daß das Gelege und schlimmstenfalls auch die Brut aufgegeben werden.

Es geschieht in Wald und Flur so manches, was zu den Naturschutzgesetzen in krassem Widerspruch steht. Bei diesen Übertretungen handelt es sich einesteils um Unwissende und Flegel, bei denen sich Dummheit, Unüberlegtheit und Roheit austoben, andererseits aber um „Ornithologen“, bei denen man eine tiefere Einsicht voraussetzen dürfte. In gewisser Hinsicht sind letztere oft gefährlicher als die ersteren; sie wissen mehr und stöbern mehr im Gelände herum. So erfreulich es ist, daß allerorts die Arbeitsgemeinschaften für Ornithologie in der Mitgliederzahl zugenommen haben, so hat sich da eine Art „Sport“ entwickelt. Es wird beringt, es wird fotografiert ohne irgendwelche Hemmungen, möglichst so, daß man mit Rekordzahlen und mit Sensationen aufwarten kann. Solcher Elan stürzt sich vorzugsweise auf die selteneren Arten, und darin liegt eine große Gefahr. Dieser Elan ist „die Kraft, die das Gute will und stets das Böse schafft“. Man kann von einer Tragik sprechen, wenn diejenigen, die durch ihre Verbundenheit mit dem Vogel dazu berufen sind, alle Hände schützend über ihn zu halten, solchen Schaden anrichten, wenn auch oft ungewollt. Die Zeiten ändern sich, und wir stehen heute vor der sonderbaren Überlegung: Wie schützen wir seltene Vögel und ihre Bruten vor ihren menschlichen „Freunden“?

Ein Uhuhorst gehört nicht auf das Exkursionsprogramm einer Ornithologengruppe. Der Besuch würde unter Umständen Brutverlust bedeuten, direkt oder indirekt. Oft sind die Zusammenhänge überdeckt, und die eigentlichen Ursachen sind schwer erkennbar. Dazu ein Beispiel: Das Gelege und die Jungen sind vom Weibchen gut bewacht und behütet. Es ist immer da, Marder, Fuchs oder Katze kommen nicht heran. Durch das Auftauchen der Menschen verläßt das Weibchen den Horst, der nun unbewacht bleibt. Bei zu langer Abwesenheit erkalten die Eier oder werden von den Krähen, für die ein günstiger Augenblick gekommen, zerhackt. — Indirekt war der Mensch der Anlaß zum Gelegeverlust. Dasselbe gilt natürlich auch für andere Horste von Greifvögeln und Eulen.

Manche biologische Untersuchungen sind notwendig — aber nicht um jeden Preis! Über dem wissenschaftlichen Suchen und Forschen muß die Sorge um den Schutz, um die Erhaltung des Lebens stehen, wenigstens in unseren Bereichen und in unserer heutigen Situation, wo viele Arten vom Aussterben bedroht sind. Wir verurteilen heute einmütig vom Standpunkt des Naturschutzes aus bedenkenlose Forschungsmethoden wie das Abschießen von Vögeln für Balgsammlungen oder für die Feststellung der Mageninhalte oder des Mauserverlaufs oder das Sammeln von Vogeleiern. Bei aller Liebe zur Ornithologie und allem löblichen Eifer müssen bei der Suche, bei der Beobachtung, beim Fotografieren, beim Beringen das Wie, Wo und Wann sorgsam bedacht werden.

In den ornithologischen Arbeitsgemeinschaften müssen wahres Verständnis und schonende Zurückhaltung gepflegt werden. Dazu gehört auch, über gewisse Vorkommen vom Aussterben bedrohter Arten schweigen zu können. Es gilt hier das Sprichwort: Reden ist Silber, schweigen ist Gold!

Anhang

Gewichte von Säugern und Vögeln[1])

Säuger

Maulwurf	65—130 g	Berglemming	42—45 g
	durchschnittlich 80 g	Wiesel	♂ 75—130 g
Igel	460—1000 g		♀ 45—75 g
Waldspitzmaus	6—15 g	Hermelin	♂ 150—350 g
Zwergspitzmaus	3—5 g		♀ etwa 125 g
Wasserspitzmaus	10—19 g	Gartenschläfer	60—140 g
Braunes Langohr	8 g	Siebenschläfer	80—155 g
Abendsegler	15—30 g	Haselmaus	15—28 g
Mausohr	31 g	Eichhörnchen	250—400 g
Hausmaus	10—23 g	Ziesel	240—340 g
	durchschnittlich 14 g	Hamster	400—650 g
Waldmaus	15—24 g		Mittlere Stücke 200—300 g
	durchschnittlich 18 g	Schermaus	80—180 g
Gelbhalsmaus	22—45 g	Wasserratte	durchschnittlich 125 g
Waldwühlmaus	16—33 g	Wanderratte	330—500 g
Zwergmaus	5—8 g	Hausratte	bis 220 g
Feldmaus	12—28 g	Bisamratte	1—1,5 kg und mehr
	durchschnittlich 15 g	Hase	4—6 kg
Erdmaus	25—55 g	Kaninchen	1,7—2 kg
Nordische Wühlmaus	30—60 g		

Vögel

Girlitz	13—14 g	Haussperling	30 g
Bluthänfling	18—20 g	Goldammer	32 g
Erlenzeisig	13—15 g	Kreuzschnabel	40—45 g
Feldsperling	24 g	Grauammer	50—60 g
Buchfink } Bergfink }	25 g	Kernbeißer	55 g
		Goldhähnchen	5—6 g
Grünfink	28 g	Schwanzmeise	8—9 g
Gimpel	30 g	Baumläufer	8—9 g

[1]) Die Gewichtsangaben wurden den Büchern von K. ZIMMERMANN „Taschenbuch unserer wildlebenden Säugetiere" und O. UTTENDÖRFER „Die Ernährung der deutschen Tagraubvögel und Eulen" entnommen.

Blaumeise	11 g	Waldkauz	425—615 g
Tannenmeise	11 g	Steinkauz	135—200 g
Kohlmeise	18 g	Ringeltaube	500 g
Kleiber	24 g	Hohltaube	250—300 g
Buntspecht	etwa 80 g	Felsentaube	300 g
Grünspecht	180—200 g	Turteltaube	160 g
Schwarzspecht	300—320 g	Eichelhäher	175 g
Weidenlaubsänger	8—9 g	Elster	200—250 g
Fitis	11 g	Saatkrähe	370 g
Zaunkönig	8—9 g	Nebelkrähe	500 g
Zaungrasmücke	12—13 g	Rebhuhn	♂ 400—450 g
Dorngrasmücke	17 g		♀ 350—375 g
Gartengrasmücke	20 g	Fasan	♂ 1250 g
Gartenrotschwanz	15—16 g		♀ 1000 g
Hausrotschwanz	16—19 g	Birkhuhn	♂ 1250 g
Rotkehlchen	16—18 g		♀ 750—1000 g
Bachstelze	20 g	Auerhuhn	♂ 4,5—5 kg
Baumpieper	20 g		♀ 2,5—3 kg
Feldlerche	40 g	Flußseeschwalbe	130—140 g
Heidelerche	32 g	Lachmöwe	250—270 g
Mauersegler	40 g	Sturmmöwe	450 g
Rauchschwalbe	18 g	Heringsmöwe	560—1180 g
Kuckuck	100 g	Silbermöwe	860—1200 g
Rotrückenwürger	30 g	Kiebitz	200 g
Star	80 g	Waldschnepfe	275 g
Amsel	100 g	Bleßralle	500—1000 g
Wacholderdrossel	100 g	Krickente	♂ 330 g
Misteldrossel	100—120 g		♀ 300 g
Singdrossel	70 g	Knäkente	♂ 380 g
Rotdrossel	70 g		♀ 330 g
Sperber	♂ 135—160 g	Stockente	♂ 1250 g
	♀ 240—300 g		♀ 1000 g
Turmfalk	165—215 g	Graugans	3—4 kg
Mäusebussard	530—1100 g	Haubentaucher	♂ 1250 g
Rohrweihe	♀ 765 g		♀ 1000 g
Waldohreule	175—280 g	Graureiher	1,5—2 kg
Schleiereule	220—300 g	Graukranich	5 kg

Länge der Läufe[1])

Greifvögel	mm		mm
Turmfalk	38—41	Merlin	36—38
Rötelfalk	26—34	Wanderfalk	47—55
Rotfußfalk	29—30	Würgfalk	50—55

[1]) Die Maße wurden teils an eigenem Material gemessen, teils aus P. Brohmer „Die Tierwelt Mitteleuropas, B. Wirbeltiere“ und aus E. Hartert „Die Vögel der paläarktischen Fauna“ entnommen. Es wurden nur die wichtigsten Formen der Vögel herausgestellt.

	mm
Feldeggsfalk	49—52
Eleonorenfalk	45—48
Baumfalk	36—38
Gerfalk, Grönl.	66—71
Sperber	45—55
Habicht	76—83
Mäusebussard	55—75
Rauhfußbussard	70—82
Rotmilan	60—75
Schwarzmilan	58—65
Wespenbussard	50—60
Steinadler	90—110
Schelladler	96—105
Schreiadler	80—95
Seeadler	90—105
Fischadler	50—60
Schlangenadler	90—95
Eulen	
Schleiereule	55—60
Sperlingskauz	15—18
Rauhfußkauz	27—30
Steinkauz	35—37
Waldohreule	40—42
Sumpfohreule	40—45
Waldkauz	48—52
Zwergohreule	27—30
Uhu	70—80
Rabenartige	
Kolkrabe	70—75
Nebelkrähe } Rabenkrähe }	58—64
Saatkrähe	48—54
Dohle	43—45
Elster	40—45
Eichelhäher	39—42
Tannenhäher	40—42
Entenvögel	
Höckerschwan	100—117
Singschwan	98—120
Graugans	66—80
Saatgans	65—87
Brandgans	53—56
Stockente	43—47

	mm
Krickente	29—30
Knäkente	29—31
Mittelente	38—41
Pfeifente	37—39
Spießente	39—42
Löffelente	34—37
Kolbenente	40—44
Tafelente	36—40
Moorente	ca. 32
Reiherente	32—37
Bergente	38—40
Schellente	35—39
Eisente (Lauf schwach)	33—37
Samtente	45—52
Trauerente	51—54
Eiderente	46—53
Gänsesäger (Lauf stark)	50—54
Mittelsäger	45—47
Zwergsäger	32—33
Taucher	
Prachttaucher	80—83
Haubentaucher	60—66
Rothalstaucher	53—55
Ohrentaucher	43—47
Schwarzhalstaucher	38—44
Zwergtaucher	35—37
Tauben	
Ringeltaube	34—36
Hohltaube	25—30
Felsentaube	27—32
Turteltaube	25—28
Türkentaube	21—25
Möwen	
Mantelmöwe	73—84
Silbermöwe	58—70
Heringsmöwe	58—66
Sturmmöwe	49—55
Lachmöwe	43—47
Dreizehenmöwe	33—35
Zwergmöwe	25—27
Große Raubmöwe	64—70

	mm		mm
Schmarotzerraubmöwe	42—46	Fasan	♂ 65—71
Flußseeschwalbe	19—21	Wachtel	25—28
Brandseeschwalbe	26—30	Bleßralle	53—65
Raubseeschwalbe	43—45	Teichralle	51—54
		Rohrdommel	96—102
Hühner		Graukranich	250—260
Haselhuhn	40—47	Großtrappe	♂ 148—156
Rebhuhn	40—47	Großtrappe	♀ 117—120
Moorschneehuhn	40—43	Schwarzspecht	etwa 37
Birkhahn	50—55	Grünspecht	30—32
Birkhuhn	40—42	Grauspecht	etwa 27
Auerhahn	70—76	Buntspecht	22—24
Auerhuhn	51—54	Kuckuck	etwa 23

Bestimmungsschlüssel für Schuppen mitteleuropäischer Eidechsenarten

1	Bauch- und Rückenschuppen liegen in abgegrenzten Reihen	2
1 ×	Bauch- und Rückenschuppen in nicht abgegrenzten Reihen, liegen dachziegelartig übereinander	6
2	Schuppen in Rückenmitte sind mindestens in 20 Schuppenreihen deutlich längs gekielt	3
2 ×	Schuppen in Rückenmitte sind nur in wenigen Schuppenreihen (5—8) im oberen bis zum unteren Drittel dachförmig gekielt	4
3	Rückenschuppen fast quadratisch, alle Schuppen sind mit Ausnahme der an den Bauchschuppen grenzenden Reihen längs gekielt	Smaragdeidechse
3 ×	Rückenschuppen meist fast rechteckig, nur etwa 22—25 Schuppenreihen in Rückenmitte sind längs gekielt . . .	Zauneidechse
4	Rückenschuppen sind ± rund und nach oben gewölbt. Nur 5—6 Schuppenreihen in Rückenmitte sind dachförmig gekielt	5
4 ×	Rückenschuppen sind ± rechteckig. Nur 6—8 Schuppenreihen sind in Rückenmitte dachförmig gekielt . . .	Waldeidechse
5	Rückenmitte hinter dem Kopf einfarbig, meist grün . .	Taurische Eidechse
5 ×	Rückenmitte hinter dem Kopf nicht einfarbig, meist bunt	Mauereidechse
6	Rückenschuppen in Rückenmitte im unteren Teil mit dunklen Rändern	Johannisechse
6 ×	Rückenschuppen in Rückenmitte im unteren Teil ohne dunkle Ränder	Blindschleiche

Bestimmungsschlüssel für mitteleuropäische Schlangenarten

(ohne Kopfschuppen)

Mit Hilfe dieses Schlüssels können Schuppenkleider mitteleuropäischer Schlangenarten bestimmt werden, wenn keine Kopfschuppen zur Verfügung stehen.

Es muß berücksichtigt werden, daß
die **Wiesenotter** meistens 19 Schuppenreihen hat, selten aber 20 oder 21 Schuppenlängsreihen auftreten,
die **Aspisviper** meistens 21 oder 23 Schuppenlängsreihen hat, selten aber auch 19 oder 25 Schuppenlängsreihen vorkommen,
die **Kreuzotter** meistens 21 Schuppenlängsreihen hat, selten aber auch 19 oder 23 Schuppenlängsreihen vorhanden sind.
Im Bestimmungsschlüssel fanden die selten auftretenden Schuppenreihen keine Anwendung.

1	obere Rückenschuppen im Vorderkörper längsgekielt .	2
1 ×	obere Rückenschuppen im Vorderkörper glatt	7
2	Rückenschuppen mit 19 Längsreihen	3
2 ×	Rückenschuppen mit 20 und mehr Längsreihen	5
3	mit geteiltem Analschild, Schwanz relativ lang ($^1/_5$—$^1/_6$ der Gesamtlänge)	4
3 ×	mit ungeteiltem Analschild, Schwanz relativ kurz ($^1/_7$ bis $^1/_{10}$ der Gesamtlänge)	Wiesenotter
4	Schuppen der äußersten Längsreihen 1,19 und 2 und 18 glatt nicht gekielt	Ringelnatter
4 ×	Schuppen der äußersten Längsreihen 1,19 glatt, der äußersten Längsreihen 2,18 sind teils glatt, teils gekielt	Würfelnatter
5	alle Schuppen der äußersten Längsreihe sind gekielt . .	Aspisviper
5 ×	nicht alle Schuppen der Längsreihen sind gekielt, nur die Schuppen der äußersten Längsreihe sind glatt . . .	6
6	Mit dichtem dunklem Zickzackband wie Abb. 141 . . .	Kreuzotter
6 ×	Mit weitem dunklem Zickzackband wie Abb. 141 . . .	Sandotter
7	Rückenschuppen mit 19 Längsreihen	8
7 ×	Rückenschuppen mit 21 oder 23 Längsreihen	Äskulapnatter
8	Rückenschuppen in der äußersten Längsreihe doppelt so breit wie in der 9.	Pfeilnatter
8 ×	Rückenschuppen in der äußersten Längsreihe nur wenig breiter als in der 9.	Schlingnatter

Bestimmungsschlüssel für alle im Buch aufgeführten Vogelarten

Eine Bestimmung ist bis zur Ordnung, Familie, Gattung oder Art möglich.

1	Steuer und Schwingen mit Singvogelmerkmalen	siehe Bestimmungsschlüssel für Singvögel
1 ×	Steuer und Schwingen ohne Singvogelmerkmale	2
2	Hschw mit Glanzstreifen auf der Unterseite	47
2 ×	Hschw ohne Glanzstreifen auf der Unterseite	3
3	Hschw mit Verengung in der Af	4
3 ×	Hschw ohne Verengung in der Af	52
4	10. Hschw mit „Kamm" siehe Abb. 276 alle Federn mit seidenweichem Flaum auf der Oberseite .	Eulen
4 ×	10. Hschw ohne „Kamm"	5

5	Spulen der Hschw sehr lang, mindestens $^{1}/_{3}$ der Federlänge einnehmend. L. Hschw 9. 175—203, L. St 57—80 . .	Pracht- u. Sterntaucher
5 ×	Spulen der Hschw kürzer, weniger als $^{1}/_{3}$ der Federlänge einnehmend	6
6	St sehr starr	7
6 ×	St nicht starr	8
7	St 1. 2. und 3. stark zugespitzt (Stützschwanz) St 6. sehr kurz L. Hschw 6. oder 5. 78—213, L. St 1. 56—188 . .	Spechte
7 ×	St 1., 2. und 3. nicht stark zugespitzt, mehr abgerundet, L. Hschw 8. 180—248, L. St 135—205	Kormorane
8	keine sichtbaren St, 11 ausgebildete Hschw. Schw braun oder schwarzbraun und weiß. L. Hschw 8. 63,5 bis 139 . .	Lappentaucher
8 ×	mit Steuerfedern	9
9	St und Schw mit hellblauen oder dunkelblauen Tönungen	10
9 ×	St und Schw mit andersfarbigen Tönungen	14
10	St stark keilförmig, L. St 1. 194—278	11
10 ×	St nicht stark keilförmig	12
11	Aschw mit dunkelblauen Af	Elster
11 ×	Aschw mit hellblauen Af. L. St 1. 211	Blauelster
12	St 36—45, dunkelblau	Eisvogel
12 ×	St mehr als 60	13
13	Schw und St mit blauen Tönungen auf Af und If. L. Hschw 8. 145—170, L. St 130—140	Blauracke
13 ×	Schw und St nur an der Basis mit blauen Flecken in der Af. L. St 139—171.	Eichelhäher
14	Hschw nur mit Verengung in der Af	15
14 ×	Hschw mit Verengung in der Af und If	22
15	Schw und St einfarbig schwarz oder schwarzbraun mit unterschiedlichem Glanz	16
15 ×	Schw und St nicht einfarbig schwarz	17
16	nur 8. und 9. Hschw verengt. L. Hschw 9. 225. L. St 105 bis 120	Braunsichler
16 ×	mit mehr als 2 Verengungen in den Af der Hschw. L. Hschw 7. oder 6. 191—380, L. St 191—380	**Rabenvögel:** *Corvus*, *Pyrrhocorax*
17	Schw und St schwarz oder in anderen dunklen Tönungen. St mit weißen Binden oder Spitzenflecken	18
17 ×	Schw und St andersfarbig	20
18	St 105—115, schwarz mit weißen Binden	Wiedehopf
18 ×	St 105—158, mit weißen Spitzenflecken	19
19	Hschw rauchbraun, 6. und 7. oder 6.—8. Hschw im Mittelteil der If mit weißem Fleck. L. St 125,5—139,7 . . .	Tannenhäher
19 ×	Hschw 6. und 7. oder 6.—8. ohne weißen Fleck im Mittelteil der If. St 2.—6. mit weißen Endbinden. L. Hschw 8. oder 9. 128—150, L. St 105—162	Lachtaube, Turteltaube, Türkentaube

20	St grau oder braun, dunkel gebändert	21
20 ×	St rotbraun, nicht gebändert. L. St 144	Unglückshäher
21	St 63—79 mit 5 dunklen Binden	Wendehals
21 ×	St 130—160 mit 7—8 dunklen Binden	Ziegenmelker
22	St 35—46 graubraun mit hellbräunlichen Binden. Schw mit gleichen Tönungen und Binden in der If. L. Hschw 8. 78—88,5	Wachtel
22 ×	St länger als 50	23
23	St 91—105 rostrot oder graubraun, oder St 155—165 mit weißen Tropfenflecken. Hschw ohne Glanzstreifen und mit starker Krümmung von der Ober- zur Unterseite . .	Steinhuhn, Chukarsteinhuhn, Perlhuhn
23 ×	St mit anderen Tönungen	24
24	10. Hschw nur mit schwacher Verengung in der If. Schw ohne Querbinden	25
24 ×	10. Hschw mit deutlicher Verengung in der If. Schw meist mit Querbinden	26
25	St schieferfarben oder aschgrau mit Aufhellungsband unter der dunklen Endbinde. L. Hschw 8. 155—226, L. St 116—195	Hohltaube, Ringeltaube
25 ×	St aschgrau oder auch andersfarbig ohne Aufhellungsband unter der dunklen Endbinde. L. Hschw 8. 165—220. LSt 123—200	Felsentaube, Haustaube
26	nur 1 oder 2 Verengungen in der Af und 1 oder 2 Verengungen in der If der Hschw. L. Hschw 8. oder 9. 165 bis 285, L. St 129—316	Falken, Gleitaar
26 ×	mehr als 2 Verengungen in der Af und mehr als 2 Verengungen in der If der Hschw	27
27	St kurz, nur etwa $^1/_2$ oder weniger als $^1/_2$ so lang wie die L. Hschw	28
27 ×	St lang, länger als $^1/_2$ so lang wie L. Hschw.	33
28	St und Schw gleich gefärbt, weiß, grau oder schwarzgrau .	29
28 ×	St und Schw verschieden gefärbt	30
29	St und Schw weiß. L. Hschw 7. 180—350, L. St 78—178 .	Seiden-, Silber-, Rallen- oder Kuhreiher
29 ×	St und Schw schiefergrau oder aschgrau. L. Hschw 7. 218—354. L. St 111—190	Grau-, Purpur- oder Nachtreiher
30	Schw weiß mit grauschwarzen Kielen und Spitzen, St weiß mit weißen Kielen, L. Hschw 8. 278, L. St 125—138 .	Löffler
30 ×	Schw schwarz oder schwarzbraun	31
31	Schw tiefschwarz, St blaßrosa, If fast weiß, L. Hschw 9. 325, L. St 165	Flamingo
31 ×	Schw schwarzbraun oder schwarz mit blaugrauem Anflug	32
32	St aschgrau oder schiefergrau mit dunklen Schäften. L. Hschw 7. 326—435, L. St 165—240	Kraniche

32 ×	St schwarzbraun, weiß oder hellgrau mit braunen Schäften. L. Hschw 449—510, L. St 200—245	Pelikane
33	St mit dunklen Querbinden	40
33 ×	St ohne dunkle Querbinden	34
34	St keilförmig	35
34 ×	St nicht keilförmig	36
35	Schw braun mit weißen Schäften. L. Hschw 8. 502—580 .	Seeadler
35 ×	Schw schwarzbraun mit dunklen Schäften. L. Hschw 7. 421	Schmutzgeier
36	L. Hschw über 560	Kutten-, Gänse-, Bartgeier
36 ×	L. Hschw unter 500	37
37	Schw schwarz, St weiß. L. Hschw 8. 460—491 L. St 240 bis 260	Weißstorch
37 ×	Schw schwarzbraun oder braun, St braun oder schwarzbraun	38
38	St mit weißen Schäften im unteren Drittel. L. Hschw 6. 395—452. L. St 6. 248—282	Schrei- und Schelladler
38 ×	St ohne weiße Schäfte im unteren Drittel	39
39	L. Hschw 325—340	Rohrweihe
39 ×	L. Hschw 420—430. L. St 230—250	Schwarzstorch
40	mit 18 oder 20 St	41
40 ×	mit 12 St	42
41	L. St 115—117 mit dunklen Binden auf weißem Grund .	Zwergtrappe
41 ×	L. St 245 oder 275, auf rotbraunem Grund und 1—2 schwarze Binden	Großtrappe
42	St (395—456) gabelförmig, St 6. am längsten	Milane
42 ×	St nicht gabelförmig, St 6. meist länger als übrige St . .	43
43	L. Hschw über 530, St mit dunkler Endbinde	Steinadler
43 ×	L. Hschw unter 530	44
44	L. Hschw 380—530, L. St 220—315 . . . . St **Kaiser- und Habichtsadler** mit dunkler Endbinde. St **Steppenadler** mit weißen Schäften im unteren Teil und 8 verwaschenen Binden. St **Fischadler** mit 5—6 deutlichen Binden. St **Schlangenadler** meist 3, selten 4 breite dunkle Binden .	Fisch-, Kaiser-, Habichts-, Steppen- und Schlangenadler
44 ×	L. Hschw unter 380	45
45	L. Hschw 320—380, St 220—295. St: *Pernis* mit 4 breiten dunklen Binden, im oberen Teil mit weitem Abstand. *Buteo*: Alle Arten mit unterschiedlicher Bindenzahl, manchmal nur in der Af, oder nur mit dunkler Endbinde	**Bussarde:** *Pernis, Buteo*
45 ×	L. Hschw unter 320	46
46	L. Hschw 278—315 **Zwergadler:** St 210 mit dunkler Endbinde und verwaschenen angedeuteten Binden.	

	Weihen: L. St 215—258. St: ♀♀ auf hellrostbraunem Grund 3 oder 4 schwarze Binden. ♂♂ auf meist grauem Grund 3—7 dunkle Binden, bei ad. nur in der If . . .	Zwergadler, Steppen-, Wiesen- und Kornweihe
46 ×	L. Hschw 160—277 L. St 160—299, St schieferfarben oder graubraun mit 5 oder 6 dunklen Binden	Sperber und Habicht
47	nur 10. Hschw mit Glanzstreifen auf der Unterseite . .	Raubmöwen **Möwen:** Mantel-, Herings-, Silber-, Eis- und Sturmmöwe
47 ×	mehr als 1 Hschw mit Glanzstreifen auf der Unterseite	48
48	nur 1—3 Verengungen in den Hschw der Af (9. Hschw, 8. und 9. Hschw oder 7.—9. Hschw)	49
48 ×	mehr als 3 Verengungen in den Hschw der Af (3.—9. Hschw. 4—9. Hschw oder 5.—9. Hschw)	**Hühner:** *Lagopus*, *Tetrao*, *Perdix*, *Tetrastes*, *Phasianus* und *Meleagris*
49	alle Schw und St weiß oder hellgrau. L. Hschw 350—470 .	Schwäne
49 ×	alle Schw und St andersfarbig	50
50	L. Hschw 218—392	51
50 ×	L. Hschw unter 218, St meist zugespitzt	Enten und Säger
51	alle Schw mit weißen Schäften die bis zur Spitze reichen. L. Hschw 260—350	**Gänse:** *Anser*
51 ×	alle Schw mit ± dunklen Schäften. *Branta:* L. Hschw 242—392 *Tadorna:* L. Hschw 218—255 *Casarca:* L. Hschw 237—251	**Gänse:** *Branta*, *Tadorna* und *Casarca*
52	Steueranzahl 10 (Ausnahme, wie sie z. B. bei Rallen und Wachteln vorkommen, sind nicht enthalten)	53
52 ×	Steueranzahl 12 und mehr	55
53	St schwarz stark gabelförmig, L. St 80—98	Segler
53 ×	St nicht stark gabelförmig	54
54	St 48—116, schwarz oder braun mit schwarzer Marmorierung	Dommeln
54 ×	St 172—195, schieferfarbig mit weißen Binden oder auch dreifarbig mit braunen Tönungen	Kuckuck
55	Schw wie mit silbrigem Staub überpudert. St gabelförmig, St 6. am längsten, L. Hschw 10. 134—315	Seeschwalben
55 ×	Schw sind nicht silbrig überpudert	56
56	10. Hschw mit heller Kante in der Af. Hschw 8.—10. stark nach innen gebogen. Af auffallend schmal (1 mm), If sehr breit. St ohne Querbinden. L. Hschw 87—167 . . .	Rallen

56 × 10. Hschw ohne helle Kante in der Af. Hschw 8.—10. nicht stark nach innen gebogen 57
57 Hschw mit sehr langen Spulen, etwa $^1/_3$ der Federlänge einnehmend. L. Hschw 80—230 58
57 × Hschw mit kürzeren Spulen weniger als $^1/_3$ der Federlänge einnehmend 59
58 L. Hschw bis 170, Schw und St schwarzbraun . . . . . Alken und Lummen
58 × L. Hschw über 170, Schw u. St schwarz . . . . Eistaucher und Gelbschnabel-Eistaucher
59 1. St mit langen dünnen Spießen. L. Hschw 168—195 . . Flughühner
59 × 1. St ohne lange Spieße 60
60 L. Hschw 395—410
Aschw sehr kurz, nur etwa $^1/_3$ so lang wie L. Hschw . . . Baßtölpel
60 × L. Hschw bis 390 61
61 St mit grünen, blauen oder gelben Tönungen. L. St 110 bis 115, L. Hschw 76—127 62
61 × St mit anderen Tönungen 63
62 St 1. nur etwa 20 mm länger als St 6. L. St 109—115, moosgrün . . . . Bienenfresser
62 × St 1. bedeutend länger als St 6. L. St 113, meist grün, blau oder gelb . . . . Wellensittich
63 L. St 40—95 64
63 × L. St über 95 73
64 St mit dunklen Querbinden oder weißen Spitzenflecken 65
64 × St ohne dunkle Querbinden und ohne weiße Spitzenflecke 70
65 St 2.—6. mit weißen Spitzenflecken ohne Bänderung. L. Hschw 112—114 . . . . Mornellregenpfeifer
65 × St mit dunklen Querbinden oder weißen Spitzenflecken 66
66 St 2.—6. mit weißen Spitzenflecken und teilweiser Bänderung.
Flußuferläufer: L. Hschw 9. 87—92, L. St 52—67
Sand- und Flußregenpfeifer: L. Hschw 9. oder 10. 89 bis 105,5, L. St 58—72
Steinwälzer: L. Hschw 9. 119—127, L. St 64—72
Bekassine und Doppelschnepfe: L. Hschw 9. 94—112, L. St 55—71 . . . . Flußuferläufer, Sand- und Flußregenpfeifer, Steinwälzer, Bekassine und Doppelschnepfe
66 × St 2.—6. ohne weiße Spitzenflecke mit dunklen Querbinden 67
67 nur Af gebändert, St 1. manchmal wenig auf der If. L. Hschw 9. 141—153, L. St 86—90 . . . . Waldschnepfe
67 × Af und If gebändert 68

68	nur St 1.—3. gebändert, L. Hschw 9. 115—196, L. St 59 bis 79	Kampfläufer
68 ×	meist alle St gebändert	69
69	St weiß mit 1 schwarzen Endbinde. L. Hschw 9. 153 bis 165, L. St 6. 80—89	Uferschnepfe
69 ×	St weiß mit mehreren dunklen Binden. *Tringa:* L. Hschw 9. 95—148, L. St 49—89 **Pfuhlschnepfe:** L. Hschw 9. 147—161, L. St 76—83 *Pluvialis:* L. Hschw 9. oder 10. 134—157, L. St 75—85	**Wasserläufer:** *Tringa*, Pfuhlschnepfe, **Regenpfeifer:** *Pluvialis*
70	alle St schwarz oder schwarzbraun. *Puffinus:* L. Hschw 9. 178, L. St 80—83 *Hydrobates:* L. Hschw 8. 78, L. St 54—56 *Oceanodroma:* L. Hschw 8. 129—136, L. St 90—92	**Sturmvögel:** *Puffinus*, *Hydrobates* und *Oceanodroma*
70 ×	alle St andersfarbig	71
71	L. Hschw 164—194. Alle St weiß oder weißgrau	Säbelschnäbler oder Stelzenläufer
71 ×	L. Hschw 75—140 St bis 80 mit verschiedenen Tönungen	72
72	alle Hschw mit dunklen Kielen, L. St 56—62	Zwergschnepfe
72 ×	10. Hschw mit weißem Kiel oder auch alle übrigen Hschw mit weißen Kielen, auch 8.—10. Hschw mit weißem Aufhellungskiel im oberen Drittel. **Seeregenpfeifer:** L. Hschw 9. 75—87, L. St 49—55 *Calidris:* L. Hschw 9. 76—132, L. St 43—75 *Crocethia:* L. Hschw 9. 96—100, L. St 51—57,5 *Limicola:* L. Hschw 9. 75—82, L. St 40—44 *Phalaropus:* L. Hschw 9. 82,5—122, L. St 1. 51,5—68 . .	Seeregenpfeifer **Strandläufer:** *Calidris*, *Crocethia*, *Limicola* **Wassertreter:** *Phalaropus*
73	L. St 97—137	74
73 ×	L. St 142—230	79
74	Schw mit mehreren dunklen Binden. L. Hschw 185—246, St gebändert	Brachvögel
74 ×	Schw ohne mehrere dunkle Binden	75
75	St tief gegabelt, weiß mit schwarzer Endbinde. Schw braunschwarz. L. Hschw 9. 146—154, L. St 119—125. .	Brachschwalbe
75 ×	St nicht tief gegabelt	76
76	alle Hschw schwarzbraun, 8.—10. Hschw mit aufgehelltem Spitzenteil. L. Hschw 8. 173—200, L. St 97—130 .	Kiebitz
76 ×	alle Hschw schwarz und weiß gefärbt	77

77	Hschw mit weißem Feld im oberen Teil, oder die ersten 4 Hschw mit weißen Spitzen. St weiß mit schwarzer Endbinde. L. Hschw 9. oder 10. 180—193, L. St 106—126 .	Triel oder Austernfischer
77 ×	Hschw ohne weißes Feld im oberen Teil	78
78	St weiß und grau L. Hschw 235—258, L. St 125—142	Eissturmvogel
78 ×	St weiß oder weiß mit dunkler Endbinde. Schw je nach Alter unterschiedlich gefärbt. L. Hschw 9. 169—262, L. St 94—147	**Möwen:** Zwerg-, Lach-, Dreizehen- oder Schwarzkopfmöwe
79	1. St stets die längste, Hschw 9. und 10. mit weißen, übrige mit dunklen Kielen. Schw und St graubraun bis schwarz, an der Basis weiß. L. Hschw 9. oder 10. 218 bis 290, L. St 145—355	Raubmöwen
79 ×	1. St kürzer als die anderen St, alle Hschw mit gleichfarbigen Kielen. Ad. weiß, juv. weiß mit dunkeln Flecken oder dunkler Endbinde, Schw je nach Alter unterschiedlich gefärbt, L. Hschw 9. 270—391, L. St 150—230 . . .	**Möwen:** Mantel-, Herings-, Silber-, Eis- und Sturmmöwe

Bestimmungsschlüssel für Singvögel

Aus der Ordnung der Singvögel (*Passeriformes*) wurden fast alle Arten, außer Krähenvögel, aufgenommen. Die Krähenvögel können im Bestimmungsschlüssel für alle Vogelarten meist bis zur Art bestimmt werden.

Folgende Federmerkmale sind für Singvogelarten charakteristisch:

1. Es sind nur 9 ausgebildete Handschwingen vorhanden (haben sonst nur Spechte und Bienenfresser).
2. Die 10. Handschwinge findet sich bei den meisten Arten als distale, rudimentäre Schwinge oder als sehr kurze noch funktionsfähige Schwinge (Meisenarten, Raubwürger, Pirol)
3. Die meisten Arten haben an den äußersten Handschwingen Verengungen in den Außenfahnen (außer Schwalben und einige Schwirle).
4. Verengungen in den Innenfahnen der Handschwingen 9. und 8. oder nur 9. besitzen nur wenige Arten wie Nachtigall, Sprosser und Rohrsänger.
5. Alle Arten haben 12 Steuerfedern (Ausnahme: Erddrossel 14)
6. Die 6. Steuerfeder ist bei den meisten Arten etwas nach außen gebogen.

Singvogelbestimmungsschlüssel

I	Steuer alle oder einige mit rötlichen Tönungen.
II	Steuer mit gelblichen Tönungen.

III Steuer dunkelfarbig, Außenfahne und Innenfahne mit weißen Säumen.

IV Steuer dunkelfarbig mit weißen Flecken im oberen Drittel, die nicht bis zur Spitze reichen.

V Steuer 5. und 6. größtenteils weiß.

VI Steuer mit weißen oder hellfarbigen Keilflecken.

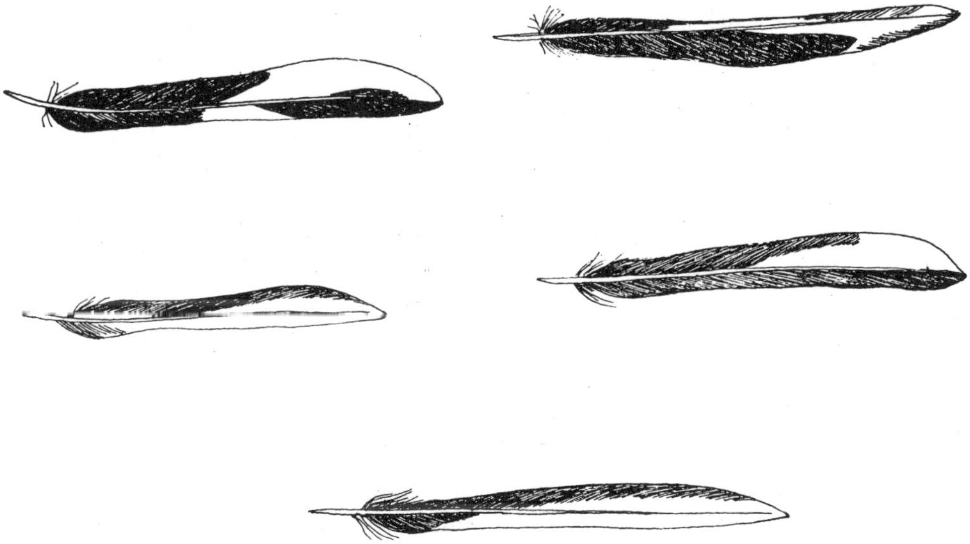

VII 6. Steuer mit undeutlichen Keilflecken.

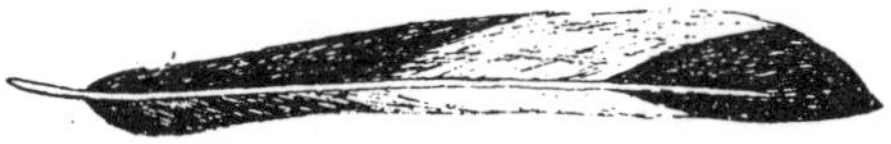

VIII Steuer dunkelfarbig, 6. Steuer in der Außenfahne mit weißem oder hellem Saum, teilweise auch mit heller Spitze.

IX Steuer dunkelfarbig mit weißen Flecken oder weißen Säumen an der Spitze.

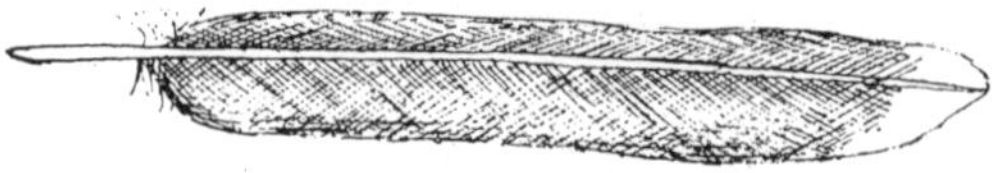

X Steuer meist weiß mit schwarzen Endbinden.

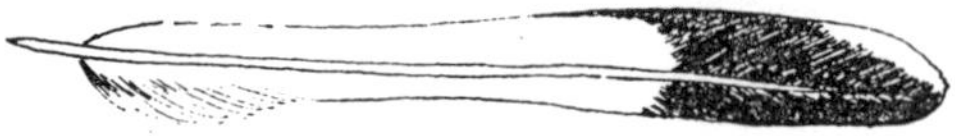

XI Steuer unter 48 mm Länge+)[1].

XII Steuer fast gerade, ohne auffallende Zeichnungen 46—70,9 Länge.+)[1]

XIII Steuer fast gerade, ohne auffallende Zeichnungen (65) (61) 71—95 mm Länge.+)[2]

XIV Steuer fast gerade, ohne auffallende Zeichnungen 95—133 mm Länge.+)[1]

XV Steuer keilförmig, ohne auffallende Zeichnungen (von St 1. zu St 6. an Länge abnehmend.)

XVI Steuer gabelförmig, ohne auffallende Zeichnungen (von St 1. zu St 6. an Länge zunehmend).

+)[1] Die Federmaße enthalten minimale und maximale Werte.
+)[2] Werte in Klammern: Minimale Werte von drei Arten im Bestimmungsschlüssel.

I *Steuer alle oder einige mit rötlichen Tönungen*

1	St alle mit rötlichen bzw. rotbraunen Tönungen	2
1 ×	nicht alle St mit rötlichen Tönungen	4
2	St rostrot, sehr breit. 6. St nur im unteren Drittel rostrot, sonst braun. Schw schwarzbraun. L. St 65—75, L. Hschw 100—110	Steinrötel
2 ×	St rotbraun oder dunkelbraun mit rötlichem Anflug . .	3
3	St alle rotbraun, 7. und 8. Hschw verengt Af, 8. und 9. verengt If. L. Hschw 7. 66,3—74,5, L. St 65—78. Af der Schw rotbraun	Nachtigall
3 ×	St dunkelbraun mit rötlichem Anflug. 8. Hschw verengt Af. L. Hschw 8. 73—76, L. St 65—77. Af der Schw braun .	Sprosser
4	St stark keilförmig. St 6. ohne rötliche Tönungen, St 1.—4. zimtfarbig. Schw mit breiten weißen Säumen Af und If. Aschw mit rotbraunen Säumen Af. L. Hschw 6. 52—54, L. St 84—88	Bartmeise
4 ×	St nicht keilförmig	5
5	Nur 1. St mit breiten rotbraunen Säumen Af und If, 6. und 5. St mit weißem Saum Af. Aschw an der Spitze eingekerbt. L. Hschw 8. oder 7. 81—100, L. St 66—85,9 . . .	Ohrenlerche
5 ×	alle St bis auf St 1. mit rötlichen Tönungen	6
6	St 2.—6. rotbraun mit dunkler Endbinde. Schw graubraun. L. Hschw 6. 61,2—62, L. St 56,2—62,5	Blaukehlchen
6 ×	St 2.—6. rotbraun ohne dunkle Endbinde	7

7	Hschw verengt 8.—5. Alle St an der Basis mit schwärzlichem Flaum. Schw graubraun, Aschw mit weißlichen oder bräunlichen Säumen Af. L. Hschw 6. selten 7. 69,4 bis 77, L. St 61—73	Hausrotschwanz
7 ×	Hschw Verengung 8.—6. Alle St an der Basis mit aufgehelltem Flaum. Schw graubraun, Aschw mit hellbraunen Säumen Af. L. Hschw 7. oder 6. 64—74, L. St 57—66 . .	Gartenrotschwanz

II *Steuer mit gelblichen Tönungen*

1	St 2.—6. mit gelben Flecken oder Spitzen	2
1 ×	St 2.—6. mit dunkelfarbigen Spitzen oder Feldern im gelben Feld, auch graue Felder mit gelben Säumen im unteren Teil Af und If	3
2	alle St haben gelbe Spitzenflecke, L. St 64—73,9	Seidenschwanz
2 ×	nur St 2.—6. haben breite gelbe Flecken in der Spitze ♀ und juv. auch mit gelben Spitzenflecken in St 1., L. St 90,3—97	Pirol
3	L. St 54—69, L. Hschw 7. oder 8. 70—80,5. Schw je nach Geschlecht und Alter mit weißen oder grauen If im unteren Teil, Hschw mit gelben Säumen Af	Grünfink
3 ×	L. St 42—52, L. Hschw 7. oder 8. 58—64,5. Schw je nach Geschlecht und Alter mit gelblichen Af und If im unteren Teil	Erlenzeisig

III *Steuer dunkelfarbig, Af und If mit weißen Säumen*

1	St gabelförmig	2
1 ×	St nicht gabelförmig, L. St 47—53, L. Hschw 6. 50—52, Schw und St graubraun	Beutelmeise
2	St 4.—6. besonders in der If mit breiten weißen Säumen. Af und If der Hschw und die If der Aschw haben breite weiße Säume. L. St 54—65,6	Bluthänfling
2 ×	St 4.—6. besonders in der If mit schmalen weißen Säumen. L. St 59—70	Berghänfling

IV *Steuer dunkelfarbig mit weißen Flecken im oberen Drittel, die nicht bis zur Spitze reichen*

1	St gabelförmig	2
1 ×	St nicht gabelförmig, fast gerade	3
2	St stark gabelförmig, L. St 68—138, 2.—6. St mit weißen Flecken in der If. Schw schwarz ohne besondere Zeichnungen	Rauchschwalbe
2 ×	St wenig gabelförmig, L. St 59—60, 2.—5. St mit weißen Flecken in der If. Schw dunkelbraun	Felsenschwalbe
3	L. St 46—52, St schwarz und braun mit grauen Spitzen. 4.—6. St haben vor der grauen Spitze weiße Flecken in der If. Schw grau 6.—9. Hschw an der Basis weiß . . .	Kleiber

3 ×	L. St 57—62, St schieferfarben mit grauen Spitzen. 5.—6. St haben vor der grauen Spitze weiße Flecken. Hschw mit weißen Flecken in der If und rosenroten Säumen in der Af	Mauerläufer
V	*Steuer 5. und 6. größtenteils weiß*	
1	L. St viel länger als L. Hschw. 4.—6. St meist weiß, sehr schmal. L. St 95—107. 1.—5. Hschw und Aschw im unteren Teil weiß, im oberen Teil grauschwarz. 6. Aschw viel länger als die übrigen Aschw	Bergstelze
1 ×	L. St nicht länger als L. Hschw	2
2	LSt 62—65, 4.—6. St in den oberen Teilen größtenteils weiß. Schw haben blaue Af, an der Spitze mit weißen Flecken oder Streifen. L. Hschw 6. oder 5. 57—62 . . .	Lasurmeise
2 ×	L. St 66—127	3
3	alle Schw schwarz. L. St 73, St 2.—5. fast ganz weiß, St 6. weiß, an der Spitze schwarz	Mittelmeersteinschmätzer
3 ×	Schw mit schwarzen und weißen Zeichnungen	4
4	St keilförmig, L. St 94—127	5
4 ×	St nicht keilförmig, L. St 66—80	6
5	Hschw 6.—9. verengt. Alle Schw sind im oberen Teil schwarz, im unteren Teil weiß. L. St 110—127, 5. St im mittleren Teil in der If ein schwarzer Fleck	Raubwürger
5 ×	nur Hschw 7. u. 8. verengt. Nur die Hschw sind im oberen Teil schwarz, im unteren Teil weiß. Manche Stücke haben in den Aschw in der If weiße Flecken an der Basis. 5. St hat im oberen Drittel einen schwarzen Fleck. L. St 94—98	Schwarzstirnwürger
6	innere Hschw und die meisten Aschw weiß, an der Spitze schwarz, 4.—6. St überwiegend weiß, L. St 66—80	Schneeammer
6 ×	innere Hschw schwarz, die meisten Aschw weiß, teilweise mit schwarzen Flecken im unteren Teil. 6. St weiß, 2.—5. St weiß mit schwarzer Spitze. L. St 76 + 77 . . .	Schneefink
VI	*Steuer mit weißen oder hellfarbigen Keilflecken*	
1	L. Hschw länger als L. St	6
1 ×	L. Hschw kürzer als L. St	2
2	St 4.—6. mit sehr langen Keilflecken, St sehr schmal, 1.—6. Hschw und Aschw im oberen Teil grauschwarz, im unteren Teil weiß. L. St 95—107	Bergstelze
2 ×	nur St 5. und 6. mit langen Keilflecken	3
3	St 1.—4. grauschwarz	5
3 ×	St 1.—4. graubraun	4
4	6. St weißer Keilfleck reicht fast bis zur Basis, Aschw mit breiten hellbraunen Säumen in der Af, 6.—8. Hschw verengt in der Af. L. St 86	Spornpieper

4×	6. St weißer Keilfleck, reicht bis zum unteren Drittel. Aschw mit sehr schmalen bräunlichen Säumen. L. St 80—84, L. Hschw 6. oder 5. 69—76	Zippammer
5	Aschw mit gelblichen Säumen in den Af. L. Hschw 7. 65—70, L. St 72—82	Viehstelze
5×	Aschw mit weißen Säumen in den Af. L. Hschw 7. selten 8. 65—78,7, L. St 72—101	Bachstelze
6	6. St mit hellem Keilfleck, der bis zur Basis reicht . . .	7
6×	6. St mit hellem Keilfleck, der nicht bis zur Basis reicht	10
7	Aschw mit breiten weißen oder auch hellbraunen Säumen an der Spitze. St 2.—4. mit hellen Spitzensäumen. L. St 78—80, L. Hschw. 7. 94—110	Kalanderlerche
7×	Aschw mit nur sehr schmalen hellen Säumen an der Spitze	8
8	alle Aschw an der Spitze mit hellen schmalen Säumen. 7.—9. Aschw schwarz und hellbraun umsäumt. St 1. und 2. mit dunkler Bänderung	Feldlerche juv.
8×	nur die Aschw an der Spitze mit hellen schmalen Säumen	9
9	alle Schw haben hellbraune scharf abgesetzte Säume in den If, die von der Spitze bis zur Basis reichen. Schwingen und Steuer graubraun, L. St 75, L. Hschw 6. 83,5 . .	Stummellerche
9×	alle Schw haben keine besondere Zeichnung in den If . . Aschw haben in der Af bräunliche Säume. L. St 56—83 L. Hschw 7., selten 8. 80—101,2	Feldlerche ad.
10	fast alle Schw mit weißen oder hellen scharf abgesetzten Flecken in der Af. L. St 60,2—81, L. Hschw 6. oder 7. 66 bis 84	Buchfink
10×	fast alle Schw ohne weiße oder helle scharf abgesetzte Flecken in der Af	11
11	7. Aschw bedeutend länger als die übrigen Aschw . . .	18
11×	7. Aschw meist kürzer als die übrigen Aschw	12
12	6. St mit Keilfleck in der If übrige St ohne Keilfleck. 1.—8. Hschw und Aschw mit hellen scharf abgesetzten länglichen Flecken in der If. Schw und St braun. L. St 90, L. Hschw 8. 102	Sibirische Drossel
12×	5. und 6. St mit Keilflecken	13
13	weißer Keilfleck nur im oberen Drittel von St 5. und 6. Schw und St graubraun, L. St 69, L. Hschw 7. 71 . . .	Rostammer
13×	weißer Keilfleck von St 6. mindestens bis zur Mitte reichend	14
14	Aschw mit weißen Säumen in der If	15
14×	Aschw ohne weiße Säume in der If	17
15	weiße Säume der Aschw in der If sehr schmal, Schw und St grauschwarz, 6.—8. Aschw mit braunen Säumen. L. St 74—79, L. Hschw 7. oder 6. 68—70	Zaunammer
15×	weiße Säume der Aschw. in der If breit	16

16 Hschw mit gelben Säumen. L. Hschw 6., 7. oder 8. 69,8 bis 84, L. St 69,8—88,3 . . . . Goldammer
16 × Hschw mit rotbraunen Säumen. Schw und St schwarzbraun. L. Hschw 6., 7. oder 5. 61,6—75,5, L. St 64—80 . . Rohrammer
17 Aschw mit hellem Spitzensaum und braunen Säumen in den Af. Schw und St dunkelbraun. 6. St mit rahmfarbigem Keilfleck, der an der 5. St oft fehlt oder nur ein kleiner Fleck an der Spitze. L. St 68—70, L. Hschw 7. 80—81 . . . . Spornammer
17 × Aschw ohne hellen Spitzensaum, aber mit braunem Saum in der Af. Schw und St graubraun. L. St 63—81, L. Hschw 8. oder 7. 64—78 . . . . Gartenammer
18 6. St mit hellgraubraunem Keilfleck. Schw und St düsterbraun. L. St 65—75, L. Hschw 6. 75—80 . . . . . Strandpieper
18 × 6. St mit weißem oder rahmfarbenem Keilfleck 19
19 6. St mit rahmfarbenem Keilfleck. Schw graubraun, St schwarzbraun, Aschw mit hellen Säumen. L. St 68—76, L. Hschw 6. oder 7. 70—78,4 . . . . Brachpieper
19 × 6. St mit weißem Keilfleck 20
20 Verengung in der Af der 6. Hschw von der Spitze gemessen bis 12 mm oder fehlend 21
20 × Verengung in der Af der 6. Hschw von der Spitze gemessen 15 mm und mehr 22
21 L. Hschw 7. oder 7. und 8. gleich 70,5—72, L. St 63—72, Hschw verengt 6.—8., auch 7. und 8. . . . . Rotkehlpieper
21 × L. Hschw 7. selten 8. 70—78,5, L. St 59,6—74,2, Hschw verengt 6.—8., auch 7. und 8. . . . . Baumpieper
22 L. Hschw 6. 65,5—72,8, L. St 57—67, Hschw verengt 6.—8. . . . . Wiesenpieper
22 × L. Hschw 6. 73—83, L. St 66—82,4, Hschw verengt 6.—8. Wasserpieper

VII *6. Steuer mit undeutlichem Keilfleck*

1 Schw grauschwarz, im unteren Teil mit weißen Feldern und Flecken auf Af und If. 6. St mit grauschwarzem verwaschenem undeutlichem Keilfleck. L. Hschw 7., selten 8. oder 6. 71—84,5, L. St 61—75 . . . . Bergfink
1 × Schw dunkelfarbig ohne weiße Flecken und ohne Felder auf Af und If 2
2 Aschw mit rotbraunen Säumen. 6. St mit bräunlichem verwaschenem Keilfleck Schw und St graubraun, L. Hschw 6. oder 7. 60—66, L. St 61—72, Hschw 7. und 8. oder 6.—8. verengt in der Af . . . . Dorngrasmücke
2 × Aschw mit andersfarbigen Säumen 3
3 L. St 54—63. 6. St mit hellgrauem verwaschenem Keilfleck Schw und St graubraun, Hschw 6.—8. verengt, L. Hschw 6. 54—60, L. St 54—63 . . . . Zaungrasmücke

3 × L. St 74—82. St grau, St 5. und 6. mit undeutlichen Keilflecken oder nur hellen Spitzensäumen, L. Hschw 8. 72—78, Hschw verengt 7. und 8. oder nur 8. in der Af . . Sperbergrasmücke

VIII *Steuer dunkelfarbig, 6. Steuer in der Außenfahne mit weißem oder hellem Saum, teilweise auch mit heller Spitze*

1 St stark gestuft, L. St länger als L. Hschw 2
1 × St wenig oder nicht gestuft, L. St nicht länger als L. Hschw 3
2 L. St 86,5—105. Letzte Aschw mit hellen Säumen. 4.—6. St mit weißen Säumen und weißen Spitzen, L. Hschw 6. oder 5. 55—59 . . . . Schwanzmeise
2 × L. St 62—65. Letzte Aschw ohne helle Säume. Letzte St mit weißem Saum in der Af und weißer Spitze in der If. St 3.—5. mit weißen Spitzenflecken, von innen nach außen zunehmend. Schw und St rauchschwarz, L. Hschw 6. 58. Hschw 6.—8. verengt . . . . Samtkopfgrasmücke
3 Schw im unteren Teil mit weißen Flecken in der If . . 4
3 × Schw im unteren Teil ohne weiße Flecken in der If . . 5
4 innere Hschw und Aschw an der Basis der Af mit rahmfarbigem Fleck, 5. und 6. St. mit breiten weißen Säumen in Af und If, L. Hschw 7. 65—71,5. 6.—8. Hschw verengt in der Af, L. St 52—62 . . . . Trauerschnäpper
4 × innere Hschw und Aschw an der Basis der Af mit langem weißem Saum. Nur 6. St mit weißem Saum in der Af, L. Hschw 8. oder 7. 68—72, 7. und 8. oder 6.—8. Hschw. verengt in der Af, L. St 54—57 . . . . Halsbandschnäpper
5 Af der Hschw 4.—8. im unteren Teil sehr schmal, kaum 1 mm breit. L. Hschw 5. oder 6. 62—71,5, L. St 55—74,8 St grauschwarz, an der Af graublau, 6. St mit weißer Af und weißer Spitze . . . . Kohlmeise
5 × Af der Hschw 4.—8. im unteren Teil breiter, etwa 2 mm 6
6 Aschw mit Einkerbungen in der Spitze 7
6 × Aschw ohne Einkerbungen in der Spitze 9
7 Schw mit ockergelben Säumen in der If. St 5. und 6. mit rahmfarbigen Säumen in der Af, L. Hschw 6. 83—94, L. St 61—79 . . . . Haubenlerche
7 × Schw ohne ockergelbe Säume in der If 8
8 Schw mit breiten hellen Säumen von der Spitze bis zur Basis. St 1. und 2. (52 mm) mit dunklen unregelmäßigen Bändern oder Flecken. L. Hschw 71 . . . . Heidelerche juv.
8 × Schw ohne breite helle Säume. Nur 9. Hschw mit schmalem hellem Saum in der Af. St schwarzbraun, 5. und 6. St mit hellbraunen Säumen, 6. St mit hellbrauner Spitze 7. Aschw bedeutend länger als die übrigen. L. Hschw 7. 76,4—83, L. St 66—70 . . . . Kurzzehenlerche
9 St 6. mit hellem Saum in der Af und hellem Spitzensaum 10

9 ×	St 6. mit hellem Saum in der Af und weißem Spitzenfleck. St grauschwarz, St 3.—5. mit weißen Spitzensäumen. L. Hschw 7. 70,5, L. St 73. Hschw 6.—8. verengt . . .	Orpheusgrasmücke
10	St 1.—6. mit hellbraunen Spitzensäumen, meist mit schwacher Bänderung. Schwingen graubraun, St braun. L. Hschw 8. oder 7. 75—82,9, L. St 73—88. 8. und 7., selten 8.—6. Hschw verengt in der Af	Rotrückenwürger ♀ und juv.
10 ×	nur 4.—6. St mit weißen Spitzensäumen ohne schwache Bänderung. Schw graubraun, St graubraun bis schwarzbraun. L. Hschw 8. 77, L. St 75, 7. und 8. Hschw. verengt in der Af, 9. in der If	Olivenspötter

IX *Steuer dunkelfarbig mit weißen Flecken oder weißen Säumen an der Spitze*

1	St 5. und 6. nur mit weißen Säumen. St grau, L. Hschw 8. 72—78, L. St 74—82 Hschw verengt 7. und 8. in der Af oder nur 8	Sperbergrasmücke
1 ×	St 5.—6. mit weißen Flecken	2
2	4.—6. St schwarz	3
2 ×	4.—6. St graubraun	5
3	6. St: weißer Fleck reicht nicht bis zur Spitze 5. und 6. St mit länglichen weißen Flecken in der oberen Hälfte der If, die übrigen St mit ± weißen Spitzen. 1.—8. Hschw und Aschw mit breiten gelben Säumen in der Af. L. Hschw 7. oder 8. 64—74,1, L. St 6. oder 5. 47—60,5 .	Stieglitz
3 ×	6. St: weißer Fleck reicht bis zur Spitze	4
4	St stark keilförmig, L. St länger als L. Hschw, 6. St mit verwaschener weißer Spitze. Schw rauchschwarz ohne Zeichnungen. L. St 1. 67, L. Hschw 7. 52	Provencegrasmücke
4 ×	St nicht keilförmig, fast gerade. Mindestens 3.—6. St mit länglichen weißen Flecken an den Spitzen der If. Schw mit großen weißen Flecken in der If. L. St 6. oder 5. 57—67, L. Hschw 7. oder 8. 83,5—93	Kernbeißer
5	L. St 52—77	6
5 ×	L. St 90—125	8
6	St 2.—5. mit weißen Flecken an der Spitze auf Af und If. 6. St mit weißem Fleck an der Spitze, Schw graubraun, Aschw an der Spitze eingekerbt. L. St 52 bis 59,5, L. Hschw 6. oder 7. 75—86	Heidelerche
6 ×	weiße Flecken an der Spitze nur in der If	7
7	Hschw 1.—8. mit bräunlichem Fleck im unteren Teil der Af. St 1.—6. haben weiße abgerundete Flecken an der Spitze der If. L. St 63, L. Hschw 7. 85—85,5	Steinsperling
7 ×	Hschw 1.—8. ohne bräunlichen Fleck in der Af. St grauschwarz, an der Spitze mit weißen abgerundeten Flekken in den If. Aschw mit breiten bräunlichen Säumen in den Af. L. St 62—77, L. Hschw 7. 77—83,5	Alpenbraunelle

8	1.—8. Hschw und Aschw mit hellen scharf abgesetzten länglichen Flecken in den If. 6. St mit weißem Fleck in der If, Schw und St braun, L. St 90, L. Hschw 8. 102	Sibirische Drossel
8 ×	L. St 112—125 mm	9
9	St 1.—3. braun mit schwacher Bänderung, St Anzahl 14. St 4.—7. mit weißen Flecken an der Spitze. Innere Hschw und Aschw mit großen weißen Flecken im unteren Teil der If. Die meisten Schw haben braune Flecken in den Af. L. Hschw 7. 143, L. St 4. 125 . . .	Erddrossel
9 ×	St 1. und 2. graubraun mit weißen Flecken an der Spitze ohne Bänderung. St Anzahl 12. Innere Hschw und Aschw mit großen weißen Flecken im unteren Teil der If. Keine braunen Flecke in den Af. L. Hschw 7., auch 7. und 8. gleichlang 123,3—140,7, L. St 112,4—125,1 . .	Misteldrossel

X *Steuer meist weiß mit schwarzen Endbinden, teilweise auch mit weißen Spitzen*

1	St 3.—6. oder 2.—6. weiß mit schwarzer Endbinde . .	2
1 ×	Nur St 4.—6. weiß mit schwarzer Endbinde ohne weiße Spitzen. Schw einfarbig dunkelbraun. L. St 51—57,7, L. Hschw 6. 58—61	Zwergschnäpper
2	St keilförmig, meist mit weißen Spitzen	3
2 ×	St nicht keilförmig, meist ohne weiße Spitzen	4
3	St 6. mit 6—12 mm breitem weißem Spitzensaum, St 3.—5. mit schmalen weißen Säumen. Alle Aschw haben weiße Spitzensäume. St Kiele sind weiß im weißen Teil in Spulennähe. L. St 83, Hschw Verengung 6.—8. in der Af	Rotkopfwürger
3 ×	St 6. mit sehr schmalem nur 2—3 mm breitem weißem Spitzensaum. Alle Aschw ohne weiße Spitzensäume. St Kiele sind immer schwarz im weißen Teil, auch in Spulennähe. L. St 73—88, Hschw Verengung 7. und 8., selten 6.—8.	Rotrückenwürger ♂
4	Hschw im unteren Teil mit weißen Flecken in Af und If bis zur Basis. L. St 47—54, L. Hschw 7. oder 6. 61—66 .	Braunkehlchen
4 ×	Hschw im unteren Teil ohne weiße Flecken in Af und If. Schw graubraun. L. St 54—66, L. Hschw 7. 75,5—83 . .	Steinschmätzer

XI *Steuerfedern unter 48 mm*

1	St gebändert, Af der Schw braun, dunkel gebändert. L. St 30—37, L. Hschw 6., selten 7. und 5. 38—48 . . .	Zaunkönig
1 ×	St nicht gebändert	2
2	If der Aschw im unteren Drittel weiß, Basis weiß, Maße wie Wintergoldhähnchen	Sommergoldhähnchen
2 ×	wie Sommergoldhähnchen, aber Basis grau. L. St 39 bis 47,6, L. Hschw 6. oder 5. 46,5—52	Wintergoldhähnchen

Die Unterscheidung der Goldhähnchen ist meist nur mit Hilfe von Stopfpräparaten oder Flügeln durch Vergleichen möglich.

XII *Steuer einfarbig ohne auffallende Zeichnungen, fast gerade, 46—70,9 mm*

1	St 3.—6. schwarzbraun, St 1. und 2. braun. Alle Schw braun in der If mit gelblichen, scharf abgesetzten Säumen von der Spitze bis zur Basis. Schw an der Spitze mit hellbraunen Säumen. L. St 65, L. Hschw 6. 82	Haubenlerche juv.
1×	Alle St gleich gefärbt	2
2	Hschw 1.—8. mit hellbraunem Fleck an der Basis der Af	3
2×	Hschw 1.—8. ohne hellbraunen Fleck an der Basis der Af	5
3	Schw in der If mit hellbraunen oder weißen scharf abgesetzten Säumen. Hschw mit braunen schmalen Säumen in der Af. Hschw 5.—8., selten auch 4., verengt. L. St 53 65,2, L. Hschw 7. oder 6. 56,4—64,7	Feldsperling
3×	Schw in der If nur mit Aufhellungen, nicht mit scharf abgesetzten Säumen	4
4	Hschw mit weißen schmalen Säumen in der Af. Schw und St graubraun bis schwarzbraun. Hschw 6.—8. oder 7. und 8. verengt Af, L. St 59—66, L. Hschw 6. 64,5—71 .	Weidensperling
4×	Hschw mit hellbraunen schmalen Säumen in der Af, Schw und St graubraun bis schwarzbraun. Hschw 6. bis 8., 5—8., selten 7. und 8. verengt in der Af, L. St 56,2 bis 69,5, L. Hschw 7. oder 6., selten 8. 60,2—72,4	Haussperling
5	Alle St in Af mit blauen Tönungen. Schw mit blauen Af und weißen Feldern in den If, Hschw 5.—8. oder 4.—8. verengt in der Af. L. St 50—62, L. Hschw 5 oder 6. 54,8 bis 62,6	Blaumeise
5×	Alle St andersfarbig	6
6	Alle St schwarz oder schwarzgrau	7
6×	Alle St mit anderen Tönungen	9
7	Alle St schwarz, verhältnismäßig breit, 10—12 mm mit schieferfarbenem Anflug. Schw schwarzbraun. Hschw 7. und 8. verengt. L. St 51—67, L. Hschw 6. 77	Wasseramsel
7×	Alle St schwarz oder schwarzbraun, verhältnismäßig schmal 4—7 mm	8
8	Alle St tiefschwarz, Aschw mit hellrotbraunen Säumen in den Af. L. St 51,6—54,2, L. Hschw 6. 57,6—58,5 . .	Schwarzkehlchen
8×	Alle St schwarzbraun, Aschw mit bleigrauem Anflug. Schw mit weißen scharf abgesetzten Säumen in der If von der Spitze bis zur Basis. Hschw 5.—8. verengt in der Af, L. St 46—56, L. Hschw 6. oder 5. 51,3—56 . .	Tannenmeise
9	St 1.—4. mit breiten grünen Säumen in der Af, fast alle Schw haben grüne Säume. Schw und St graubraun. L. St 6. oder 5. 49,8—57, L. Hschw 7. 60—67,7	Waldlaubsänger
9×	St 1.—4. ohne breite grüne Säume	10

10	Schw mit rotbraunen Säumen in der Af. Schw und St schwarzbraun. Hschw 5.—8. verengt, L. St 57—70, L. Hschw 6., selten 7. oder 5. 57,3—68	Heckenbraunelle
10 ×	Schw mit andersfarbigen Säumen in der Af	11
11	Hschw 5.—8. verengt in der Af	12
11 ×	Hschw 6.—8., 7. und 8. oder nur 8. verengt in der Af .	16
12	St graubraun mit hellgrauen Säumen in der Af	13
12 ×	St graubraun mit andersfarbigen Säumen in der Af . .	14
13	Aschw mit breiten hellgrauen bis weißen Säumen in den Af. St 6. ist 3—6 mm kürzer als St 5., L. St 54—61, L. Hschw 6. oder 5. 54—59	Weidenmeise
13 ×	Aschw mit sehr schmalen hellgrauen Säumen in den Af. St 6. ist so lang wie St 5. oder nur 2 mm kürzer als St 5. L. St 53—61,4, L. Hschw 6. oder 5. und 6. gleich 56—59 .	Sumpfmeise
14	Aschw mit gelbgrünen Säumen in den Af. Schw und St graubraun. 9. Hschw etwa 8—9 mm, kürzer als L. Hschw. L. St 48—56,1, L. Hschw 6. oder 5. 48—59	Weidenlaubsänger
14 ×	Aschw mit andersfarbigen Säumen in den Af	15
15	St 58—70 zugespitzt. 9. Hschw etwa 15 mm kürzer als L. Hschw. Schw und St graubraun. L. Hschw 6. oder 7., auch 5. und 6. fast gleichlang 59,5—68	Rotkehlchen
15 ×	St 52—57 wenig zugespitzt. St 1. und 2. mit bräunlichen Säumen und Kielen. Schw graubraun, L. Hschw 6. oder 5. 54,6—58,6	Haubenmeise
16	Hschw 6.—8. verengt in der Af	17
16 ×	Hschw 7. und 8. oder nur 8. verengt in der Af	20
17	St 59—70,9	18
17 ×	St 48—59	19
18	St zugespitzt. 9. Hschw etwa 8 mm kürzer als L. Hschw. Schw und St graubraun, L. St 59—70,9, L. Hschw 8. oder 7. 63,6—67. Hschw auch nur 7. und 8. verengt	Mönchsgrasmücke
18 ×	St an der Spitze abgerundet. 9. Hschw etwa 5 mm kürzer als L. Hschw. Schw und St grau. L. St 59—70, L. Hschw 8. oder 7. 66—78,2	Grauschnäpper
19	Aschw mit gelbgrünen Säumen in der Af. 9. Hschw etwa 5 mm kürzer als L. Hschw, L. St 48—59,2, L. Hschw 7. oder 6. 52—61,6	Fitislaubsänger
19 ×	Aschw ohne gelbgrüne Säume in der Af. St stark zugespitzt. Schw und St graubraun. L. St 58, L. Hschw 6. 57	Blaßspötter
20	Hschw 7. und 8. verengt in der Af. Aschw mit breiten gelbbräunlichen Außensäumen. Schw und St graubraun mit weißen Säumen in der If. L. St 52—67, L. Hschw 7. 62—68	Gelbspötter
20 ×	8. Hschw, 7. selten schwach verengt in der Af, 9. verengt in der If. Aschw mit dunkelgrauen Außensäumen. Schw und St graubraun mit weißen Säumen in den If. L. St 53—64, L. Hschw 8. 63—68,5	Gartengrasmücke

XIII *Steuer einfarbig, fast gerade, ohne auffallende Zeichnung (61) (65)*[1] *71—95 mm*

1	Nur 8. Hschw verengt in der Af	2
1×	5.—8., 6.—8. oder 7. und 8. Hschw verengt in der Af .	3
2	Schw mit breiten weißen bis gelblichen Säumen in den If. Schw graubraun, St gelbbraun. L. Hschw 8. 78—86, L. St 1. 78—88	Drosselrohrsänger
2×	Schw ohne breite weiße bis gelbliche Säume in den If. Schw und St graubraun. Schw mit braunen Af. L. Hschw 8. 73—76, L. St 65—77	Sprosser
3	5.—8. Hschw verengt in der Af. Mittlere St mit blaumetallischem Glanz. Schw und St schwarz, Aufhellungen an der Basis. Selten 6. St im oberen Teil mit weißem Fleck. L. Hschw 7. oder 6. 74—85, L. St 70—81	Gimpel
3×	6.—8. oder 7. und 8. Hschw verengt in der Af	4
4	Nur 7. und 8. Hschw verengt in der Af	5
4×	6.—8. Hschw verengt in der Af	6
5	Aschw mit breiten braunen Säumen in den Af. Schw schwarzbraun, St grauschwarz, L. St 62—78, L. Hschw 8. oder 9. 99,8—115,2	Star
5×	Aschw mit sehr schmalen grauen Säumen in den Af. Schw schwarz mit Aufhellungen in den If, juv. Schw und St dunkelbraun mit grauen bis rostgelblichen Säumen, L. St 71—77, L. Hschw 9. 100—105	Rosenstar
6	6. St mit Aufhellungen in der Spitze der If	7
6×	6. St ohne Aufhellungen in der Spitze der If	8
7	Hschw mit weißen Säumen in den If von der Spitze bis zur Basis reichend. Aschw mit weißen Säumen in den Af. Schw und St graubraun. L. St 76,6—82, L. Hschw 6. 77,4 + 83	Kappenammer
7×	Hschw ohne weiße Säume in den If. Aschw mit braunen Säumen in den Af. Schw und St graubraun. L. St 71—87, L. Hschw 7. selten 6. oder 8. 74,4—92,8	Grauammer
8	St schieferschwarz, oben abgerundet. Schw schieferschwarz, Af blau überhaucht. L. St 85—88, L. Hschw 7. 107—109,5	Blaumerle
8×	St gelbbraun oder graubraun, oben zugespitzt	9
9	Schw mit gelblichen Flecken in den If von der Mitte bis zur Basis reichend. Alle Schw und St auf der Rückseite mit gelblichem Schimmer. L. St 81,2—94,4, L. Hschw 7. selten 8. oder 6. 93,2—109	Singdrossel
9×	Schw mit grauen Flecken in den If. Schw und St graubraun, auf der Rückseite mit grauem Schimmer. L. St 80,2—95,2, L. Hschw 7. selten 8. oder 6. 94—105 . . .	Rotdrossel

[1]) Werte in Klammern sind minimale Werte bei drei Arten im Bestimmungsschlüssel.

XIV *Steuer einfarbig, fast gerade, ohne auffallende Zeichnungen, 95—133 mm*

1 Hschw 5.—8. verengt in der Af 2
1 × Hschw 6.—8. verengt in der Af 3
2 Hschw 4.—8. mit hellen Säumen in der Af. St kürzer als L. Hschw. Aschw mit breiten grauen Säumen, L. St 99, L. Hschw 7. und 8. gleich 105, rostrotes Brustgefieder . Wanderdrossel
2 × Hschw 4.—8. ohne helle Säume in den Af. St etwas länger als L. Hschw. Aschw ohne graue Säume. St und Schw schwarz ♂ und schwarzbraun ♀ + juv., L. St 98,7—127, L. Hschw 6., selten 7. oder 5. 99—121 . . . . Amsel
3 Aschw mit breiten weißen Spitzensäumen. Hschw dunkelgrau mit schmalen weißlichen Säumen in den Af. St schiefergrau mit hellen Säumen. L. St 94—100, L. Hschw 8. oder 7. 92—97 . . . . Hakengimpel
3 × Aschw ohne breite weiße Spitzensäume 4
4 Aschw mit weißen Säumen in den Af, nicht an der Spitze. Schw und St schwarzbraun. 6. St ohne weißen Spitzensaum. L. St 112—123, L. Hschw 7. 116,5—124 . . . . Ringdrossel
4 × Aschw ohne weiße Säume in den Af. Schw braunschwarz, St schwarzbraun. Schw mit weißen Flecken an der Basis der If. St 6. mit weißem Spitzensaum. L. St 104—127, 6, L. Hschw 7., selten 8. 113,5—132,2 . . . . Wacholderdrossel

XV *Steuer einfarbig, ohne auffallende Zeichnungen, keilförmig (von St 1. zu St 6. an Länge abnehmend)*

1 1.—6. Hschw und alle Aschw in der Mitte mit weißen Binden in Af und If. St mit hellen Kielen, St 1. und 2. stark zugespitzt. Schw und St graubraun. Hschw 5.—8. verengt. L. Hschw 6. oder 5. 53,8—57,2. L. St 1. 62—70 . Wald- und Gartenbaumläufer[1])
1 × 1.—6. Hschw und alle Aschw ohne weiße Binden in Af und If 2
2 St 6. mindestens 10 mm kürzer als St 1. 3
2 × St 6. weniger als 10 mm kürzer als St 1. 5
3 If der 9. Hschw mit stufenartiger Verengung in der Spitze, Hschw 8. verengt, Aschw mit hellbraunen Säumen. L. Hschw 8. oder 7. und 8. gleich 52—54,4, L. St 53—65 . . . . Feldschwirl
3 × If der 9. Hschw ohne stufenartige Verengung in der Spitze. Hschw nicht verengt 4

---

[1]) Auf die Bestimmung von Wald- und Gartenbaumläufer an Federmerkmalen hat Kleinschmidt hingewiesen (siehe Abb.). Am sichersten ist wohl die Bestimmung mit Hilfe des Rückengefieders. Die Bestimmung der Arten an Hand der Schwingen ist nicht bei allen Rupfungen möglich, selbst dann nicht, wenn diese vollständig sind.

4	Unterschwanzdecken hellbräunlich mit nicht scharf abgesetzten cremefarbenen Spitzensäumen. Schw braun, St graubraun. L. Hschw 8., auch 8. und 9. gleich, 54 bis 57, L. St 1. 54—67	Rohrschwirl
4 ×	Unterschwanzdecken hellbräunlich mit scharf abgesetzten cremefarbenen Spitzensäumen. Schw und St graubraun. L. Hschw 8. 60 und 62 L. St 1. 53—67	Schlagschwirl
5	Hschw nur 8. verengt in der Af, Hschw 9. verengt in der If	8
5 ×	Hschw 7. und 8. oder 5.—8. verengt in der Af	6
6	Hschw 7 und 8 verengt in der Af	7
6 ×	Hschw 5.—8. verengt in der Af. Schw und St graubraun. St sehr breit. 10. Hschw 25 mm lang. L. Hschw 6. 59, L. St 65	Seidensänger
7	St im oberen Drittel dunkelgraubraun. Aschw mit breiten hellbraunen Säumen in den Af. L. Hschw 7. 48 und 49, L. St 50	Mariskensänger
7 ×	St im oberen Drittel mit hellbraunen Spitzen. Schw und St braun. Aschw mit sehr schmalen hellen Säumen. L. Hschw 5. 49, L. St 58	Feldrohrsänger
8	Mittlere St am Kiel und im oberen Teil dunkler gefärbt	9
8 ×	Mittlere St am Kiel und im oberen Teil gleich gefärbt .	10
9	Die graubraunen mittleren St haben an den Kielen einen dunkelbraunen Streifen. L. Hschw 8. 52—55, L. St 48—49	Seggenrohrsänger
9 ×	Die graubraunen mittleren St sind im oberen Teil dunkelbraun. Letzte Aschw im oberen Teil dunkelbraun. L. Hschw 8. 54—58, L. St 52—57,4	Schilfrohrsänger
10	9. Hschw Verengung in der If mindestens 10 mm von der Spitze. L. Hschw 8. 54—59, L. St 52—58	Teichrohrsänger
10 ×	9. Hschw Verengung in der If unter 10 mm von der Spitze. L. Hschw 8. 56—59, L. St 53—61	Sumpfrohrsänger

XVI. *Steuer einfarbig, ohne auffallende Zeichnungen, gabelförmig (von St 1. zu St 6. an Länge zunehmend)*

1	Hschw ohne Verengungen in der Af	2
1 ×	Hschw mit Verengungen in der Af	4
2	St wenig gegabelt. Schw und St dunkelbraun, L. Hschw 8. oder 9. 85—95, L. St 6. 48—61	Uferschwalbe
2 ×	St stärker gegabelt	3
3	L. St 6. 55—73, St schwarzbraun, Schw rauchbraun, L. Hschw 8. oder 9. 90,9—101	Mehlschwalbe
3 ×	L. St 6. 124. St schwarzbraun, Schw schwarzbraun. L. Hschw 8. 109	Rötelschwalbe
4	St sehr schmal 4—6 mm, Hschw 6.—8. oder 5.—8. verengt in der Af	5
4 ×	St breiter, etwa 8—10 mm	10

5	Hschw 9. mit 10 mm tiefer Verengung in der If. Schw und St graubraun (wildfarbig), sonst meist weiß oder gelb. St mit gelben Außensäumen. L. Hschw 7. oder 6. 63—68, L. St 60—70. 5.—8. Hschw verengt in der Af . .	Kanarienvogel
5 ×	Hschw 9. ohne Verengung in der If	6
6	Mittlere St mit breiten gelben, grünen, rosafarbigen oder grauweißen Säumen	7
6 ×	Mittlere St mit sehr schmalen weißen oder gelblichen Säumen	9
7	St 1.—5. mit breiten hellgelben Säumen in den Af. Hschw 1.—5. und Aschw mit hellgelben Säumen in den Af. Letzte Aschw mit breiten braunen Spitzensäumen. L. Hschw 6. 68, L. St 6. 62, Hschw verengt 6.—8. . . .	Rotstirngirlitz
7 ×	St 1.—5. mit breiten andersfarbigen Säumen in den Af .	8
8	St mit grünen oder hellgrauen Säumen in den Af. Schw und St grauschwarz. Die letzten Aschw mit breiten grünen Außensäumen. L. St 55—58, L. Hschw 7. oder 6. 62—65	Zitronenzeisig
8 ×	St 2.—6. mit rosafarbigen oder gelbgrünen Säumen in der Af. St und Schw graubraun. L. Hschw 7. oder 8. 73—80, L. St 60—66	Karmingimpel
9	L. St 46—55. Alle St sind stark zugespitzt. St und Schw graubraun. St mit gelblichen Säumen. L. Hschw 6. oder 7. 59—65	Girlitz
9 ×	L. St 54—65. St 1.—6. mit weißen Säumen in den If. St und Schw graubraun, L. Hschw 7. oder 8. 61—69	Birkenzeisig
10	Oberflügeldecken mit weißen Endsäumen. Schw und St einfarbig graubraun. Hschw Verengung 8.—6. Af L. Hschw 8. oder 7. 76, L. St 5. oder 6. 65	Bindenkreuzschnabel
10 ×	Oberflügeldecken ohne weiße Endsäume. Schw und St einfarbig graubraun. Hschw Verengung 8.—6. Af, L. St 5. oder 6. 59—72	11
11	L. Hschw 8. oder 7. 76—84	Fichtenkreuzschnabel
11 ×	L. Hschw 8. oder 7. 85—89	Kiefernkreuzschnabel Fichtenkreuzschnabel

Fichtenkreuzschnäbel haben auch L. Hschw bis 89. Die Unterscheidung der Fichtenkreuzschnäbel von Kiefernkreuzschnäbeln ist nicht möglich.

Literaturverzeichnis

[1] Alexander, B. W. (1959): Die Vögel der Meere. Berlin.

[2] Altner, H. (1961): Zahnmißbildungen von Mäusen aus Eulengewöllen. Orn. Mitt. **13**.

[3] Arnold, E., & Burton, J. A. (1978): Pareys Reptilien- und Amphibienführer Europas. Parey, Hamburg/Berlin.

[4] Balat, F. (1955): Beitrag zur Kenntnis der Ernährung und der Brut unseres Rotfuß- und Turmfalken. Fol. Zool. et Entomol. Brno **IV**

[5] Bauch, G. (1953): Die einheimischen Süßwasserfische. Neumann, Radebeul.

[6] Bauer, K. (1952): Der Blutspecht (*Dryobates syriacus*) Brutvogel in Österreich. Journ. f. Orn. **93**.

[7] Baumann, F. (1949): Die freilebenden Säugetiere der Schweiz. Bern.

[8] Becker, K. (1957): Eine neue Methode zur Gewinnung von Knochen aus den Gewöllen. Z. Säugetierkd. **22**.

[9] Becker, K. (1954): Die Geschlechtsunterschiede am Becken von Mäusen (*Murinae*) und Wühlmäusen (*Microtinae*). Zool. Jahrb. **82**.

[10] Berndt, R., & Meise, W. (1961): Naturgeschichte der Vögel. Stuttgart.

[11] Bieger, W., & Wahlström, A. (1938): Die wildlebenden Säugetiere Mitteleuropas. Heidelberg.

[12] Brink, F. H. van den (1957): Die Säugetiere Europas. Berlin.

[13] Brohmer, P. (1929): Die Tierwelt Mitteleuropas. Vögel. Bd. **7**. Leipzig.

[14] Brohmer, P. (1929): Die Tierwelt Mitteleuropas. Fische, Lurche, Reptilien. Ibidem.

[15] Deckert, K. (1973): Urania-Tierreich. Fische, Lurche, Kriechtiere. Urania, Leipzig/Jena/Berlin.

[16] Dementiew, G. (1960): Der Gerfalk. Neue Brehm-Bücherei. Bd. **264**. Wittenberg.

[17] Dementiew, G. (1945): On the Biology of the Norwegian Gyrfalcon. Ibis **87**.

[18] Eisentraut, M. (1937): Die deutschen Fledermäuse. Leipzig.

[19] Finckenstein, H. von (1937): Die Artbestimmung der häufigsten deutschen *Fringillidae* nach dem Schädelskelett. Anz. Orn. Ges. Bayern **2**.

[20] Franz, J. (1950): Zyklische Massenvermehrungen bei Vögeln und Kleinsäugern. Vogelwarte **15**.

[21] Frank, St. (1978): Der große Bildatlas der Fische. Artia. Prag.

[22] Frieling, H. (1936): Die Feder. Leipzig.

[23] Frieling, H. (1936): Das Federkleid. Leipzig.

[24] Frommhold, E. (1959): Wir bestimmen Lurche und Kriechtiere Mitteleuropas. Neumann, Radebeul.

[25] Gaffrey, G. (1953): Die Schädel der mitteleuropäischen Säugetiere. Leipzig.

[26] Gaffrey, G. (1943): Zur Unterscheidung von *Microtus ratticeps* (Keys. & Blas.) und *Microtus nivalis* (Martins). Zool. Anz. **143**.

[27] Gaffrey, G. (1961): Merkmale der wildlebenden Säugetiere Mitteleuropas. Leipzig.

[28] Gerber, R. (1951): Nagetiere Deutschlands. Neue Brehm-Bücherei, Bd. **27**. Wittenberg.

[29] Glutz von Blotzheim, U. G., & Bauer, K. M. (1971—1980): Handbuch der Vögel Mitteleuropas. Bd. **1—9**. Akad. Verlagsgesellsch., Frankfurt/M./Wiesbaden.

[30] Gottlieb, G. O. (1950): Zur Kenntnis der Birkenmaus, *Sicista betulina* Pall. Zool. Jahrb. **79.**

[31] Groebbels, F. (1932): Der Vogel. Berlin.

[32] Grössler, K. (1981): Feder—Studien. Beitr. Vogelkd. Bd. **27.**

[33] Grün, G. (1961): Wir bestimmen Rupfungen von Entenvögeln. Falke **8.**

[34] Grummt, W. (1960): Zur Biologie und Ökologie der Kleinäugigen Wühlmaus (*Pytymys subterraneus* de Selys-Longchamps). Zool. Anz. **165.**

[35] Grummt, W. (1961): Zur Morphologie der Kleinäugigen Wühlmaus, *Pitymys subterraneus* de Selys-Longchamps. Ibidem **166.**

[36] Hagen, Y. (1952): Rovfuglene og Viltpleien. Oslo.

[37] Hagen, Y. (1952): The Gyr-Falcon (*Falco rusticolus*) in Dovre/Norway. Oslo.

[38] Hagen, Y. (1960): Snougla pa Hardangervidda sommeren 1959. Medd. fra Statens Viltunderskelser. Orkanger.

[39] Hansen, W., & Oelke, H. (1973—1983): Bestimmungsbuch für Rupfungen und Mauserfedern. Beitr. z. Naturk. Niedersachsens **26.—36.** Jahrg., Hannover.

[40] Hartert, E. (1912—1921): Die Vögel der paläarktischen Fauna. Bd. **I—IV.** Berlin.

[41] Heinzel, H. (1972): Pareys Vogelbuch. Parey, Hamburg/Berlin.

[42] Herold, W. (1956): Studien an Inselpopulationen der Waldmaus (*Apodemus sylvaticus*). Wiss. Z. d. Humboldt-Univ. Berlin 5.

[43] Herold, W. (1956): Zur systematischen Stellung von *Apodemus agrarius* Pallas. Mitt. Zool. Mus. Berlin **32.**

[44] Hussom, A. M. (1962): Het Determineren van Schedelresten van Zoogdieren in Broakballen van Uilen. Zool Bijdr. Leiden.

[45] Jensen, Th. (1929): Norsk Orn. Tidskr. **10.**

[46] Juszczyk, W. (1974): Plazy i gady krajowe. Panstwowe Wydawnictwo Naukowe, Warszawa.

[47] Kagelmann, H. (1951): Studien über Farbfelder, Zeichnung und Färbung der Wild- und Hausenten. Zool. Jahrb. **62.**

[48] Kahmann, H. (1953): Die Bestimmung der Brandmaus (*Apodemus agrarius*) aus Eulengewöllen. Orn. Mitt. **5.**

[49] Kahmann, H. (1951): Seltene Säugetiere in Eulengewöllen. Ibidem **3.**

[50] Kahmann, H. (1953): Das Ergebnis der Zergliederung von Eulengewöllen und seine wissenschaftliche Auswertung. Ibidem **5.**

[51] Kahmann, H. (1951): Das Vorkommen der Birkenmaus (*Sicista betulina*) im Bayr.-Böhmischen Wald. Zool. Jahrb. **80.**

[52] Kahmann, H. (1951): Das Zwergwiesel in Bayern. Ibidem **80.**

[53] Kirchner, H. (1951/52 und 1965): Der Vogel im Fluge. Lieferung 1—6. 1951/52 Frankfurt/M. und 1965 Wittenberg.

[54] Kleinschmidt, O. (1934): Raubvögel der Heimat. Leipzig.

[55] Kleinschmidt, O. (1937): Singvögel der Heimat. Leipzig.

[56] Kleinschmidt, O. (1930): *Certhia Macronyx. Certhia Brachyonyx.* Berajah, Gebauer Schwetschke. Halle a. S.

[57] Knorre, D. von (1961): Zur Kleinsäugerfauna des Spreewaldes und seines südlichen Vorgeländes. Z. Säugetierkd. **26.**

[58] Kuhn, O. (1956): Die Färbungsmuster der Vögel, ihre morphologischen Grundlagen und entwicklungsgeschichtlichen Probleme. Biol. Zbl. **75.**

[59] Ladiges, W., & Vogt, D. (1965): Die Süßwasserfische Europas. Parey Hamburg/Berlin.

[60] Lohmann, M., & Suchantke, A. (1961): Feldornithologische Kennzeichen junger Rotfußfalken. Journ. f. Orn. **102.**

[61] Makatsch, W. (1977): Wir bestimmen die Vögel Europas. Neumann. Leipzig/Radebeul.

[62] Mebs, Th. (1959): Beitrag zur Biologie des Feldeggsfalken (*Falco biarmicus feldeggi*). Vogelw. **80.**

[63] MÄRZ, R. (1953): Von Rupfungen und Gewöllen. Neue Brehm-Bücherei, Bd. **101**, Wittenberg.
[64] MÄRZ, R. (1956): Rupfungen und Federmerkmale seltener Wintergäste. Beitr. Vogelkd. **5**.
[64] MÄRZ, R. (1957): Farbabweichungen bei Wildvögeln. Falke **4**.
[66] MÄRZ, R. (1969): Gewöll- und Rupfungskunde. Akademie-Verlag, Berlin.
[67] MERTENS, R., & WERMUTH, H. (1960): Die Amphibien und Reptilien Europas. Kramer, Frankfurt/M.
[68] MIKKOLA, H. (1981): Der Bartkauz. Neue Brehm-Bücherei Bd. **538**. Ziemsen. Wittenberg.
[69] MICULICZ-RADECKI (1951): Wild- und Haustauben. Zool. Jahrb. **62**.
[70] MOHR, E. (1950): Die freilebenden Nagetiere Deutschlands und der Nachbarländer. Jena.
[71] MÜLLER, H. (1983): Fische Europas. Neumann. Leipzig/Radebeul.
[72] MURR, F. (1951): Federsammlung. Orn. Mitt. **3**.
[73] MUUS, B. J., & DAHLSTRÖM, P. (1967): Süßwasserfische. BLV München/Basel/Wien.
[74] NATUSCHKE, G. (1960): Heimische Fledermäuse. Neue Brehm-Bücherei, Bd. **269**, Wittenberg.
[75] NAUMANN, J. F. (1905): Die Naturgeschichte der Vögel Mitteleuropas. Gera-Untermhaus.
[76] NIETHAMMER, G. (1938—42): Handbuch der deutschen Vogelkunde. Bd. **1—3**, Leipzig.
[77] OLBERG, G. (1950): Fledermäuse. Urania **13**.
[78] PETERSON, R., MOUNTFORT, G., & HOLLOM, P. (1954): Die Vögel Europas. Berlin.
[79] PIECHOCKI, R. (1957): Die Gewöllforschung und ihr derzeitiger Stand in Deutschland. Falke **4**.
[80] RICHTER, H. (1964): Das Graue Langohr, *Plecotus austriacus*, in der Magdeburger Börde und in Sachsen. Säugetierkdl. Mitt. **1/2**.
[81] RINGLEBEN, H. (1957): Die Wildgänse Europas. Neue Brehm-Bücherei, Bd. **200**, Wittenberg.
[82] ROKITANSKY, G. (1953): Zur Färbungsweise der **1**. Handschwinge beim Kleinen Sumpfhuhn und beim Zwergsumpfhuhn. Vogelwelt **74**.
[83] SANDEN, W. VON (1952): Alles um eine Maus. Stuttgart.
[84] SCHÄFER, H. (1932): Die Artbestimmung der deutschen Anuren nach dem Skelett. Z. Anat. u. Entwicklungsgesch. **97**.
[85] SCHÄFF, E. (1911): Die wildlebenden Säugetiere Deutschlands. Neudamm.
[86] SCHMIDT, A. (1967): Über das Graue Langohr (*Plecotus austriacus* Fischer, 1829) in Brandenburg. Z. Säugetierkd. **32**.
[87] SCHNURRE, O. (1933—35): Ein Beitrag zur Frage der Reviergrenzen und Siedlungsdichte beim Habicht, *Accipiter gentilis*. Mitt. Ver. sächs. Ornith. **4**.
[88] SCHNURRE, O. (1956): Ernährungsbiologische Studien an Raubvögeln und Eulen der Darß-Halbinsel (Mecklenburg). Beitr. Vogelkd. **4**.
[89] SCHNURRE, O. (1965): Ernährungsbiologische Studien an Greifvögeln der Insel Rügen. Ibidem **19**.
[90] SCHNURRE, O. (1958): Ein weiterer Beitrag zur Ernährungsbiologie der Raubvögel und Eulen des Darß. Ibidem **5**.
[91] SCHNURRE, O. (1961): Zur Ernährung des Fischadlers, *Pandion haliaetus*. Ibidem **7**.
[92] SCHNURRE, O. (1941): Ein Beitrag zur Biologie des Sperlingskauzes. Beitr. z. Fortpflanzungsbiol. d. Vögel **18**.
[93] SCHÖNN, S. (1978): Der Sperlingskauz. Neue Brehm-Bücherei, Bd. **538**. Ziemsen, Wittenberg.
[94] SCHREIBER, E. (1912): Herpetologia europaea. Fischer, Jena.
[95] SICK, H. (1932/33): Kennzeichen ostdeutscher Vögel. **I—IV**. Ostdeutsch. Naturwart **4/5**.
[96] SICK, H. (1937): Feinstruktur der Vogelfeder. Journ. f. Orn. **85**.
[97] STARCK, D. (1959): Neuere Ergebnisse der vergleichenden Anatomie und ihre Bedeutung für die Taxonomie. Ibidem **100**.
[98] STEGMANN, B. (1962): Die verkümmerte distale Handschwinge des Vogelflügels. Ibidem **103**, Heft 1, Berlin.

[99] Stresemann, E. (1927–1934): *Aves*. In Kükenthal: Handbuch der Zoologie, Bd. 7, Berlin.

[100] Stresemann, (1980): Exkursionsfauna von Deutschland. Wirbeltiere. Berlin.

[101] Stresemann, E. u. V. (1966): Die Mauser der Vögel. Journ. f. Orn. **107**, Sonderheft. Berlin.

[102] Svensson, L. (1975): Identification Guide to European Passerines. Bonniers Boktryckeri AB, Stockholm.

[103] Terofal, F. (1978): Unsere Süßwasser- und Meeresfische nach Farbfotos bestimmen. BLV. München/Bern/Wien.

[104] Uspenski, S. M., & Priklonski, S. G. (1961): Zur Biologie der Schnee-Eule in Nordostsibirien. Falke **8**.

[105] Uttendörfer, O. (1939): Die Ernährung der deutschen Tagraubvögel und Eulen. Neudamm.

[106) Uttendörfer, O. (1952): Neue Ergebnisse über die Ernährung der Greifvögel und Eulen. Stuttgart.

[107] Walter, E. (1913): Unsere Süßwasserfische. Verlag von Quelle und Meyer, Leipzig.

[108] Warncke, K., & Wittenberg, J. (1961): Beobachtungen an Eleonorenfalken auf den Nördlichen Sporaden. Vogelwarte **82**.

[109] Weise, W. (1961): Die feldornithologischen Merkmale junger Rotfußfalken. Falke **8**.

[110] Wittmann, B. (1954): Europas Giftschlangen. Hippolyt, Wien/St. Pölten/München.

[111] Zeebe, V. (1936): Zur Biologie des schlesischen Schlangenadlers. Ver. schles. Ornith., Breslau.

[112] Zimmermann, K. (1959): Taschenbuch unserer wildlebenden Säugetiere. Berlin/Leipzig/Jena.

[113] Zimmermann, K. (1950): Jährliche Schwankungen in der Ernährung eines Waldohreulenpaares zur Brutzeit. Vogelwarte **71**.

[114] Zimmermann, K. (1953): Gewölle im biologischen Unterricht. Biologie i. d. Schule **2**.

[115] Zimmermann, K. (1952): Gewölle und Kleinsäugerforschung. Journ. f. Orn. **93**.

Abbildungsverzeichnis

Amboss, Beyer	151
Bauer	293
Bicheler	296
Glutz v. Blotzheim, Bauer	217
v. d. Brink (1957)	41, 47, 49
v. Finckenstein	98, 99, 100, 101, 102, 103, 104, 105, 106, 107, 108, 109, 110, 111, 112, 113, 114, 115, 116, 117, 118
Frieling	157
Frommhold, Schreiber	135, 137, 140, 143
Gaffrey	35, 42, 43, 44, 45, 46, 48
Gast	134, 142
Hagen	27, 28
Hahnke	178, 179, 180, 181, 183, 184, 185, 186, 191, 195, 199, 200, 287, 303, 304, 324, 325, 331, 332, 333, 336, 343, 356, 358
Hansen, Oelke	162
Hartert	208
Kahmann	63
Kempf	147, 148, 149, 150, 164, 167, 182, 190, 268, 269, 270, 309, 335
Kleinschmidt	187, 189, 201, 203, 317, 319
Knobloch	6, 17, 26
Kotte	18
März	23, 24, 29, 30, 31, 32, 33, 34, 36, 37, 38, 39, 50, 51, 54, 55, 56, 57, 59, 60, 61, 62, 64, 66b, 67, 68, 70, 71, 72, 73, 74, 75, 76, 77, 78, 79, 80, 81, 82, 83, 84, 85, 86, 87, 88, 89, 90, 91, 93, 94, 95, 96, 145, 152, 153, 154, 155, 156, 160, 161, 163, 169, 171, 172, 173, 174, 175, 176, 177, 188, 192, 193, 194, 202, 204, 205, 206, 207, 209, 210, 211, 212, 213, 214, 218, 220, 221, 224, 225, 226, 227, 228, 229, 230, 231, 232, 233, 234, 235, 236, 237, 238, 239, 240, 241, 242, 243, 244, 245, 246, 247, 248, 249, 250, 251, 252, 253, 255, 256, 257, 258, 259, 260, 261, 262, 263, 264, 265, 266, 267, 272, 273, 274, 276, 278, 279, 280, 281, 282, 284, 285, 286, 288, 289, 292, 294, 295, 297, 298, 299, 300, 301, 302, 305, 306, 307, 308, 310, 311, 312, 313, 314, 315, 320, 321, 322, 323, 327, 328, 329, 334, 338, 339, 340, 341, 342, 344, 345, 346, 347, 348, 349, 350, 351, 352, 353, 354, 355, 357, 359, 360, 361,
Mertens & Wermuth	138, 139
Mohr (1950)	52, 53, 65, 66a, 69
Niethammer	159, 165, 166, 170, 326
Pederzani	136, 144
Peterson (1965)	158, 337
Rokitansky	223

Schäfer	119, 120, 121, 122, 123, 124, 125, 126, 127, 128, 129, 130, 131, 132
Schäff (1911)	58
Schulz	1, 2, 4, 5, 8, 9, 11, 14, 20, 21, 22, 25, 97, 168, 196, 197, 198, 215, 216, 219, 271, 275, 277, 283, 290, 316
Schulz, Andre	133, 362
Sick	222, 254, 330
Svensson	318
Stresemann (1957)	40, 92
Uttendörfer (1939)	3, 7, 10, 12, 13, 15, 16, 19, 291
Volk und Wissen Verlag	146
Wittmann	141

Register der deutschen Tiernamen

Aal 85, 87, 101, 132
Abendfalk siehe Rotfußfalk
Abendsegler 27, 28, 30, 349
Adler 59, 142
Adlerbussard 188, 190
Äsche 130
Äskulapnatter 79, 82, 84, 94, 95, 98, 353
Aland 85, 106, 111, 116, 123, 131, 133
Alken 152, 254—256, 358
Alpen-Birkenzeisig 68
Alpenbraunelle 308, 321, 368
Alpendohle 292
Alpenfledermaus 33, 34
Alpenkrähe 290
Alpenmurmeltier 40
Alpenringdrossel 304
Alpensalamander 79
Alpenschneehuhn 204
Alpensegler 273
Alpenspitzmaus 33, 34
Alpenstrandläufer 234—236, 238
Ammern 71—73, 144, 338—342
Amsel 15, 134, 144, 304, 350, 373
Aspisviper 79, 82, 84, 94, 96, 353
Auerhuhn 206, 207, 209, 350, 352
Austernfischer 218, 220, 360

Bachforelle 85, 107, 121
Bachstelze 323, 325, 350, 365
Bahamaente 345
Barbe 132
Barren-Ringelnatter 82, 84, 95
Barsche 101
Bartfledermaus 29, 32
Bartgeier 179, 181, 356
Bartgrundel 87, 104, 118
Bartkauz 21, 266, 271
Bartmeise 299, 362
Baumfalk 5, 6, 62, 137, 141, 145, 146, 199, 345, 351
Baumläufer 62, 144, 294, 296, 349
Baummarder 3, 54, 56
Baumpieper 322, 323, 350, 366
Baumschläfer 43
Baßtölpel 157, 358
Bechsteinfledermaus 29, 32
Bekassine 223, 225, 358
Bergbraunelle 321
Bergente 165, 166, 351
Bergfink 23, 70, 71, 141, 330, 336, 338, 345, 349, 366
Berghänfling 330, 331, 345, 363
Berglaubsänger 318
Berglemming 51, 349
Bergmolch 79
Bergstelze 323, 325, 364
Beutelmeise 293, 363
Biber 41
Biberratte 36, 53, 54
Bienenfresser 273, 358, 360
Bindenkreuzschnabel 335, 375
Birkenmaus 23, 37, 41, 42, 134
Birkenzeisig 68, 69, 330, 331, 375
Birkhuhn 11, 206, 207, 209, 350, 352
Bisamratte 24, 52, 349
Bitterling 87, 103, 111, 115, 125, 130, 133
Blauelster 289, 290, 354
Blaukehlchen 307, 308, 344, 362
Blaumeise 292, 350, 370
Blaumerle 305, 372
Blauracke 1, 143, 274, 354
Blaßspötter 313, 371
Blei 85, 103, 111, 115, 125, 127, 133
Bleßgans 63, 170, 171, 174, 177
Bleßralle 10, 18, 218, 345, 350, 352
Blindmaulwurf 25
Blindmaus 52
Blindschleiche 79—83, 87, 89, 91, 352
Bluthänfling 68, 69, 331, 335, 349, 363
Blutspecht 276, 277

Brachpieper 321, 322, 366
Brachschwalbe 240, 359
Brachvogel 1, 359
Brandgans 170, 173, 351
Brandmaus 3, 37, 43—45, 134
Brandseeschwalbe 249, 253, 254, 352
Braunellen 320, 321
Braunes Langohr 29, 31, 349
Braunkehlchen 148, 306, 369
Braunsichler 160, 354
Brautente 166
Breitflügelfledermaus 26, 28, 30
Bruchwasserläufer 1, 229, 230
Buchfink 61, 70, 71, 138, 148, 330, 336, 349, 365
Buntspecht 145, 276—279, 350, 352
Bussarde 18, 136, 140, 142, 356

Chukarsteinhuhn 204, 207, 211, 355

Dachs 3, 54, 55, 57, 58
Dickschnabellumme 255, 256
Dickschnäbliger Tannenhäher 289, 291
Döbel 85, 106, 110, 117, 123, 128, 133
Dohle 288, 351
Dommeln 357
Doppelschnepfe 223, 225, 358
Dorngrasmücke 314, 315, 320, 350, 366
Dorsch 85, 108, 114, 122, 130
Dreizehenmöwe 242, 247—249, 344, 351, 360
Dreistachliger Stichling 87, 107, 113
Dreizehenspecht 278, 280
Drosseln 1, 12, 136, 138, 139, 149, 141, 144, 149, 300—308
Drosselrohrsänger 310, 372
Dünnschnäbliger Tannenhäher 289

Echte Mäuse siehe Langschwanzmäuse
Eichelhäher 4, 22, 136, 144, 289, 291, 350, 351, 354
Eichhörnchen 3, 4, 7, 18, 24, 39, 40, 136, 349
Eidechsen 8, 79—81, 83
Eidechsennatter 79
Eiderente 1, 168, 351
Einfarbstar 330
Eisente 63, 164, 167, 351
Eismöwe 242, 244, 247, 357, 360
Eissturmvogel 156, 360
Eistaucher 153, 358
Eisvogel 1, 136, 143, 273, 354
Eleonorenfalk 6, 141, 351
Elritze 87, 103, 111, 115, 125, 130, 133
Elster 288, 290, 350, 351, 354

Entenvögel 140, 148, 152, 161—178, 357
Erddrossel 300, 302, 360, 369
Erdkröte 75, 76
Erdmaus 20, 21, 49, 349
Erlenzeisig 6, 68, 69, 330, 331, 334, 349, 363
Eulen 1—4, 11, 22, 23, 54, 61, 79, 85, 132, 134, 137, 141, 143, 262—271, 347, 348, 353
Europäisches Reh siehe Reh

Falken 61, 143, 262, 355
Falkenraubmöwe 241, 242
Falter 5
Fasan siehe Jagdfasan
Fasanen 357
Feldeggsfalk 4, 141, 199, 201, 203, 351
Feldhase 2—4, 7, 11, 18, 36—39, 136, 349
Feldlerche 62, 280, 281, 383, 350, 365
Feldmaus 7, 16, 23, 47—51, 134, 135, 349
Feldrohrsänger 311, 374
Feldschwirl 310, 373
Feldsperling 70, 138, 330, 343, 349, 370
Feldspitzmaus 33, 35, 134
Felsenkleiber 295
Felsenschwalbe 286, 287, 363
Felsentaube 259—261, 350, 351, 355
Ferkelratten 54
Feuersalamander 79
Fichtenkreuzschnabel 70, 71, 334, 335, 375
Finkenvögel 61, 66—71, 138, 149, 330—338
Fischadler 9, 85, 193, 196, 351, 356
Fische 1, 2, 7, 9, 19, 20, 85, 87, 136
Fischotter 57, 58
Fitislaubsänger 317, 318, 350, 371
Flamingo 161, 355
Fledermäuse 3, 11, 23, 26—32, 134
Fliegenschnäpper 1, 319, 320
Flughühner 358
Flunder 85, 108, 113, 122
Flußaal siehe Aal
Flußbarbe 86, 105, 112, 119, 126, 127, 133
Flußbarsch 85, 109, 113, 120, 128
Flußregenpfeifer 218, 222, 358
Flußseeschwalbe 249—252, 350, 352
Flußuferläufer 233, 234, 358
Forellen 101
Fransenfledermaus 29, 32
Frauenfisch 133
Frettchen 57
Frösche 2, 9, 12, 73, 80
Froschlurche 73—78
Fuchs 3, 54—56, 58, 137, 348

Gabelschwanz-Sturmschwalbe 156
Gänse 61, 63, 170, 357
Gänsegeier 179, 182, 356
Gänsesäger 10, 63, 169, 170, 351
Gartenammer 72, 73, 339, 366
Gartenbaumläufer 295, 297, 298, 373
Gartengrasmücke 314, 350, 371
Gartenrotschwanz 307, 350, 363
Gartenschläfer 42, 43, 349
Gartenspitzmaus 33, 36
Geburtshelferkröte 75, 134
Gelbbauchunke 75
Gelbgrüne Zornnatter 79
Gelbhalsmaus 3, 37, 44, 349
Gelbrandkäfer 8
Gelbschnabel-Eistaucher 153, 358
Gelbspötter 311, 371
Gemse 59, 60
Gerfalk 4, 141, 151, 184, 199, 201, 202, 351
Giebel 86, 105, 112, 119, 126, 131—133
Gimpel 138, 143, 330, 332, 349, 372
Gimpel, Großer 68, 69
Girlitz 68, 69, 331, 332, 349, 375
Gleitaar 194, 355
Goldammer 72, 73, 138, 338, 349, 366
Goldhähnchen 144, 318, 349
Goldhamster 47
Goldregenpfeifer 220, 222
Grasfrosch 76
Graskarpfen 104, 110, 117, 123, 133
Grasmücken 308—319
Grauammer 62, 71, 72, 144, 338, 349, 372
Graues Langohr 28, 31
Graugans 170, 171, 174, 350, 351
Graukranich 10, 212, 214, 350
Graureiher 158, 350, 355
Graurötelmaus 47
Grauschnäpper 319, 371
Grauspecht 276, 277, 352
Greifvögel 1—4, 7, 11, 22, 54, 61, 79, 85, 87, 132, 134, 136—142, 179—204, 262, 345, 347, 348
Große Raubmöwe 242, 351
Große Wasserspitzmaus 33, 34, 349
Großer Brachvogel 224, 226
Großhufeisennase 28, 29
Großtrappe 212, 213, 352, 356
Gründelenten 162
Gründling 85, 87, 105, 112, 119, 126, 129, 132, 133
Grüner Laubsänger 317, 318
Grünfink 66, 67, 138, 330, 334, 349, 363
Grünschenkel 232, 234
Grünspecht 62, 276, 277, 350, 352
Gryllteist 255, 256
Güster 85, 103, 111, 115, 125, 127, 133

Habicht 4, 5, 18, 136, 138, 140—142, 144, 151, 184, 188, 190, 191, 193, 351, 357
Habichtsadler 142, 185, 187, 356
Habichtskauz 12, 266, 269
Häher 12
Hänflinge 138
Hakengimpel 332, 373
Halsbandeidechsen 81
Halsbandschnäpper 320, 367
Hamster 3, 7, 18, 36, 40, 47, 349
Hase siehe Feldhase
Hasel 85, 107, 112, 118, 124, 129, 132, 133
Haselhuhn 205, 207, 352
Haselmaus 3, 42, 43, 349
Hasen 37—39
Haubenlerche 283, 367, 370
Haubenmeise 292, 293, 371
Haubentaucher 18, 154, 155, 350, 351
Haushuhn 7, 204, 208, 210
Hauskatze 7
Hausmaus 37, 42, 44—46, 349
Hausratte 37, 45, 46, 349
Hausrotschwanz 307, 350, 363
Hausschaf 59
Hausschwein 3
Haussperling 61, 69, 70, 320, 330, 342, 343, 349, 370
Hausspitzmaus 33, 35
Haustaube 5, 64, 260, 355
Hausziege 59
Hecht 9, 10, 85, 101, 108, 114, 121, 129
Heckenbraunelle 320, 343, 371
Heidelerche 282, 283, 350, 367, 368
Heldbock 19
Hering 85
Heringsmöwe 242—244, 246, 350, 351, 357, 360
Hermelin 3, 54, 56, 57, 349
Heuschrecken 5, 7, 8
Hirschkäfer 19
Höckerschwan 63, 173, 178, 351
Hörnchen 39—41
Hohltaube 62, 259—261, 350, 351, 355
Hornhecht 85, 101
Hühnervögel 61, 145, 148, 150, 161, 204—212, 357

Hüpfmäuse 41, 42
Hufeisennasen 26
Hummeln 9
Hunde 54, 56

Igel 2, 19, 26, 349
Iltis 57, 137
Insekten 1, 3, 142
Insektenfresser 25, 26

Jagdfalk siehe Gerfalk
Jagdfasan 7, 65, 136, 138, 208, 210, 350, 352
Johannisechse 82, 87, 88, 92, 352
Jungfernkranich 212

Käfer 5, 7, 9, 142
Kaiseradler 142, 183, 185, 356
Kalanderlerche 280, 282, 365
Kampfläufer 236, 239, 359
Kanadagans 172
Kanarienvogel 332, 375
Kaninchen siehe Wildkaninchen
Kappenammer 338, 372
Karausche 85, 86, 106, 110, 116, 123, 131, 133
Karmingimpel 332, 375
Karpfen 85, 101, 104, 110, 117, 124, 128, 133
Karpfenartige 88, 101, 132, 133
Karpfenfische 85—87
Katzen 54, 58, 137, 348
Kaulbarsch 85, 101, 114, 121, 127
Kernbeißer 66, 67, 136, 148, 330, 333, 349, 368
Kiebitz 218, 221, 350, 359
Kiebitzregenpfeifer 220, 222
Kiefernkreuzschnabel 71, 334, 375
Kleiber 295, 296, 350, 363
Kleinäugige Wühlmaus siehe Kurzohr-Wühlmaus
Kleiner Abendsegler 27, 28, 30
Kleinhufeisennase 27—29
Kleinralle 216, 217
Kleinspecht 278
Knäkente 162, Abb. 173, 350, 351
Knoblauchkröte 73, 74, 134
Knutt 234
Kohlmeise 62, 292, 293, 350, 367
Kolbenente 63, 163, 164, 351
Kolbenwasserkäfer 19
Kolkrabe 2, 288, 351
Kormoran 1, 10, 136, 142, 157
Kormorane 157, 354
Kornweihe 79, 142, 151, 193, 196—198, 357
Krabbentaucher 254, 255
Krähenscharbe 157
Krähenvögel siehe Rabenvögel
Kragenente 167
Kraniche 212, 355
Krauskopfpelikan 157
Kreuzkröte 76, 134
Kreuzotter 79—83, 85, 93, 94, 97, 100, 353
Kreuzschnäbel 136, 143, 330, 331, 349
Krickente 62, 162, Abb. 173, 350, 351
Kröten 73, 79, 134
Kuckuck 1, 136, 262, 273, 350, 352, 357
Küstenseeschwalbe 249, 250, 252
Kuhreiher 158, 355
Kurzohr-Wühlmaus 50, 51, 134
Kurzschnabelgans 170—172, 176
Kurzschwanzmäuse 3, 7, 8, 12, 13, 18, 23, 47—52, 134, 143
Kurzzehenlerche 281, 285, 367
Kuttengeier 179, 181, 356

Lachmöwe 62, 65, 141, 242, 245, 247, 248, 350, 351, 360
Lachs 85, 108, 114, 121, 129, 130
Lachseeschwalbe 251
Lachtaube 260, 261, 354
Langflügelfledermaus 28, 29, 31
Langschwanzmäuse 3, 7, 8, 11—14, 18, 23, 43—46, 134, 143
Lappentaucher 152, 154—156, 354
Lasurmeise 292, 293, 364
Lau 133
Laubfrosch 75, 134
Lemminge 4, 20, 21
Leopardnatter 79
Lerchen 141, 280—285, 321
Libellen 5, 7, 142
Limicolen 140
Löffelente 63, Abb. 173, 351
Löffler 160, 355
Lummen 152—156, 358

Mäuse siehe Langschwanz- und Kurzschwanzmäuse
Mäusebussard 7, 22, 23, 73, 79, 85, 134, 151, 187—189, 193, 350, 351
Maifisch 132
Maikäfer 3
Mairenke 133
Mandarinente 165
Mantelmöwe 242, 243, 351, 357, 360

Marder 3, 54, 58, 137, 348
Mariskensänger 310, 374
Marmelente 162
Marmorkarpfen 104, 110, 117, 124, 131, 133
Mauereidechse 79, 80, 82, 87, 89, 91, 352
Mauergecko 81
Mauerläufer 295, 298, 364
Mauersegler 145, 156, 272, 273, 350
Maulwurf 3, 7, 14, 25, 136, 349
Mausohr 27, 29, 31, 349
Mauswiesel 3, 54, 56, 57, 349
Meerforelle 129
Meerschweinchen 52, 53
Meerstrandläufer 234
Mehlschwalbe 287, 374
Meisen 138, 292—294, 360
Merlin 6, 140, 141, 199, 200, 202, 350
Milane 59, 73, 85, 134, 142, 356
Milben 150
Mink 57
Misteldrossel 22, 144, 300, 301, 350, 369
Mistkäfer 3
Mittelente 163, Abb. 173, 351
Mittelmeersteinschmätzer 305, 364
Mittelsäger 169, 170, 351
Mittelspecht 144, 278
Moderlieschen 87, 103, 111, 115, 125, 131, 133
Mönchsgrasmücke 314, 371
Mönchssittich 345
Möwen 1, 140, 145, 156, 242—249, 357, 360
Molche 79
Moorente 165, 166, 351
Moorfrosch 78
Moorschneehuhn 204, 205, 352
Mopsfledermaus 27, 28, 30
Mornellregenpfeifer 220, 223, 358
Motten 150
Murmeltier 11

Nachtigall 307, 360, 362
Nachtreiher 159, 355
Nagetiere 21, 24, 36—54
Nase 107, 112, 119, 126—128, 130, 133
Nashornkäfer 19
Nebelkrähe 5, 17, 62, 65, 288, 350, 351
Nerz 54, 57
Nordfledermaus 28, 29
Nordische Ringdrossel 304
Nordische Wühlmaus 20, 49, 50, 134, 349
Nordischer Birkenzeisig 68
Nutria siehe Biberratte

Odinswassertreter 237
Ohrenlerche 281, 283, 345, 362
Ohrentaucher 155, 351
Olivenspötter 312, 368
Orpheusgrasmücke 314, 316, 368

Paarhufer 59, 60
Papageitaucher 255, 256
Pelikane 157, 356
Perleidechse 79
Perlfisch 133
Perlhuhn 210, 212, 355
Perlwasserläufer 231, 232
Pfeifente 163, Abb. 173, 351
Pfeilnatter 82, 84, 94, 96, 353
Pfuhlschnepfe 225, 228, 359
Pieper 321—324
Pirol 12, 143, 287, 360, 363
Plötze 85, 106, 111, 116, 123, 127, 133
Prachttaucher 152—154, 351, 354
Provencegrasmücke 317, 368
Purpurreiher 158, 355

Quappe 108, 113, 122, 130

Rabenkrähe 17, 288, 351
Rabenvögel 1, 22, 136, 141, 279, 288—292, 348, 354, 360
Rallen 215—218, 357
Rallenreiher 158, 355
Rapfen 103, 111, 115, 125, 131, 133
Raubmöwen 241, 242, 357, 360
Raubseeschwalbe 249, 251, 352
Raubtiere 3, 54—58, 136, 345
Raubwürger 22, 327, 360, 364
Rauchschwalbe 62, 272, 286, 287, 350, 363
Rauhhautfledermaus 28, 30, 31
Rauhfußbussard 7, 23, 188, 189, 264, 266, 268, 351
Rauhfußhühner 357
Rauhfußkauz 13, 143, 251
Rebhuhn 7, 61, 65, 136, 205, 208, 209, 350, 352
Regenbogenforelle 107, 114, 121, 129
Regenbrachvogel 224
Regenpfeifer 218—223, 359
Regenwürmer 3
Reh 2, 3, 10, 59, 60
Reiher 1, 142, 158, 159
Reiherente 164—166, 351
Reisfink 345

Ringdrossel 304, 345, 373
Ringelgans 172
Ringelnatter 8, 9, 79—84, 93—95, 99, 353
Ringeltaube 12, 61, 65, 259—261, 350, 351, 355
Rötelfalk 7, 142, 151, 199, 203, 350
Rötelmaus 3, 20, 37, 47, 48, 52, 134, 349
Rötelschwalbe 286, 374
Rohrammer 72, 73, 138, 339, 366
Rohrdommel 159, 160, 352
Rohrsänger 308, 317, 360
Rohrschwirl 310, 374
Rohrweihe 8, 79, 85, 142, 151, 184, 196, 197, 350, 356
Rosapelikan 157
Rosenseeschwalbe 249, 252
Rosenstar 330, 372
Rostammer 339, 365
Rostgans 170
Rotbauchunke 75
Rotdrossel 302, 303, 350, 372
Rotfeder 85, 106, 110, 116, 123, 130, 133
Rotfuchs siehe Fuchs
Rotfußfalk 7, 79, 142, 151, 199, 200, 203, 350
Rothalsgans 173
Rothalstaucher 154, 155, 351
Rotkehlchen 1, 307, 350, 371
Rotkehlpieper 322, 366
Rotkopfwürger 328, 329, 369
Rotmilan 7, 22, 79, 85, 192—194, 351
Rotrückenwürger 328, 329, 350, 368
Rotschenkel 229, 231
Rotschwänze 1
Rotstirngirlitz 332, 337, 375
Rotzahnspitzmäuse 33
Ruderrente 168

Saatgans 170, 171, 175, 351
Saatkrähe 138, 288, 350, 351
Säbelschnäbler 237, 239, 359
Säger 357
Samtente 164, 167, 168, 351
Samtkopfgrasmücke 315, 367
Sanderling 235, 236
Sandotter 82, 84, 93, 94, 96, 353
Sandregenpfeifer 218, 219, 358
Sandviper siehe Sandotter
Schafe 59
Schelladler 183, 351, 356
Schellente 166, 167, 351
Scheltopusik 79
Schermaus 3, 7, 14, 15, 36, 49—51, 136, 349
Schildkröten 80
Schilfrohrsänger 310, 311, 374
Schläfer 42, 43, 52, 134
Schlagschwirl 309, 374
Schlammpeitzger 85, 109, 120
Schlammtaucher 78
Schlangen 79, 81, 83, 92, 93
Schlangenadler 9, 79, 195, 196, 351, 356
Schlei 85, 106, 110, 116, 123, 131, 133
Schleiereule 2, 12, 14—16, 22, 73, 81, 141, 262, 263, 271, 350, 351
Schlingnatter 79, 81—84, 94, 96, 98, 353
Schmarotzerraubmöwe 241, 352
Schmutzgeier 179, 180, 356
Schnee-Eule 20, 21, 263, 267
Schneeammer 71, 72, 340, 342, 345, 364
Schneefink 344, 364
Schneegans 172
Schneehase 11, 39
Schneehühner 4, 11, 21, 62, 64, 146, 357
Schneemaus 13, 20, 49, 50
Schneider 131, 133
Schnepfenvögel 223—239
Schottisches Moorschneehuhn 206
Schrätzer 87, 109, 113, 120, 130
Schreiadler 9, 73, 80, 145, 146, 183, 187, 351, 356
Schwäne 161, 357
Schwalben 61, 138, 145, 272, 286, 287, 360
Schwanzlurche 79
Schwanzmeise 294, 349, 367
Schwarzbarsch 129
Schwarzhalstaucher 155, 351
Schwarzkehlchen 305, 370
Schwarzkopfmöwe 242, 244, 247, 360
Schwarzmilan 7, 79, 85, 192, 194, 351
Schwarzschnabel-Sturmtaucher 156
Schwarzspecht 279, 350, 352
Schwarzstirnwürger 327, 329, 364
Schwarzstorch 160
Schweine 3, 59
Schwirle 308, 360
Seeadler 3, 10, 17, 85, 136, 142, 185, 195, 351, 356
Seefrosch 77
Seehase 85
Seeregenpfeifer 219, 359
Seeschwalben 1, 61, 140, 145, 249—254, 357
Seetaucher 152—154, 168
Seggenrohrsänger 311, 374
Segler 61, 272, 273, 357
Seidenreiher 158, 355

Seidensänger 308, 309, 374
Seidenschwanz 138, 326, 345, 363
Semling 133
Sibirische Drossel 300, 365, 369
Siebenschläfer 36, 42, 43, 349
Silberkarpfen 104, 110, 118, 124, 131, 133
Silbermöwe 242—246, 350, 351, 357, 360
Silberreiher 158, 355
Singdrossel 62, 144, 289, 301, 302, 310, 350, 372
Singschwan 63, 145, 146, 174, 178, 351
Singvögel siehe Sperlingsvögel
Smaragdeidechse 79, 80, 82, 86, 88, 90, 352
Sommergoldhähnchen 318, 319, 369
Sonnenbarsch 87, 109, 113, 120, 128
Spatelraubmöwe 241, 242
Spechte 61, 143, 148, 276—280, 354, 360
Sperber 4, 5, 65, 136—140, 144, 151, 188, 191, 350, 351, 357
Sperbereule 20, 263, 267
Sperbergrasmücke 314, 315, 357, 368
Sperlinge 14, 138
Sperlingskauz 14, 143, 264, 267, 351
Sperlingsvögel 150, 360
Spießente 163, Abb. 173, 351
Spießflughuhn 256, 257
Spitzmäuse 3, 11, 21, 23, 25, 33—36, 134
Spornammer 341, 342, 366
Spornpieper 321, 324, 364
Springfrosch 78, 134
Sprosser 307, 360, 362, 372
Star 8, 14, 62, 136, 138, 139, 141, 329, 330, 350, 372
Stare 329, 330
Steinadler 11, 80, 85, 183, 185, 186, 351, 356
Steinbutt 109, 113, 120
Steingreßling 133
Steinhuhn 204, 207, 211, 355
Steinkauz 12, 13, 22, 73, 81, 134, 143, 264, 266, 268, 350, 351
Steinmarder 24, 54, 56
Steinrötel 303, 305, 362
Steinschmätzer 305, 306, 369
Steinsperling 343, 368
Steinwälzer 220, 223, 358
Stelzen 321, 323—325
Stelzenläufer 237, 359
Steppenadler 142, 185, 186, 356
Steppenhuhn 256, 257
Steppenweihe 142, 151, 197, 198, 357
Sterntaucher 154, 354
Stieglitz 68, 69, 138, 330, 334, 368
Stint 87, 108, 122, 128
Stockente 10, 65, 136, 162, Abb. 173, 350, 351
Störche 1, 160
Strandläufer 359
Strandpieper 322, 323, 366
Strömer 133
Stummellerche 283, 284, 365
Sturmmöwe 242, 244, 246, 350, 351, 357, 360
Sturmschwalbe 156
Sturmvögel 156, 359
Sumpfläufer 235, 239
Sumpfmeise 293, 371
Sumpfohreule 15, 17, 266, 270, 271, 344, 351
Sumpfrohrsänger 311, 374
Sumpfschildkröte 79
Sumpfspitzmaus 33, 34

Tafelente 63, 164, 165, 168, 351
Tannenhäher 345, 351, 354
Tannenmeise 292, 293, 350, 370
Tauben 4, 7, 12, 61, 136, 141, 259—261
Tauchenten 162, 168
Taucher 10
Taurische Eidechse 79, 80, 82, 87, 89, 91, 352
Teichfledermaus 29, 32
Teichfrosch 77
Teichralle 216, 345, 352
Teichrohrsänger 310, 311, 374
Teichwasserläufer 229, 230
Temminckstrandläufer 235, 236
Thorswassertreter 237
Timalien 299
Tölpel 157
Tordalk 168, 254, 255
Trappen 212—215
Trauerente 63, 167, 168, 351
Trauerschnäpper 319, 320, 367
Trauerseeschwalbe 249, 250
Triel 237, 240, 360
Trottellumme 168, 254—256
Truthuhn 140, 211, 212
Tüpfelralle 215, 217
Türkentaube 260, 261, 351, 354
Turmfalk 4, 7, 22, 65, 79, 142, 199, 200, 202 bis 204, 273, 350
Turteltaube 261, 350, 351, 354

Uferschnepfe 224, 227, 359
Uferschwalbe 287, 374
Uhu 2, 3, 17—19, 22, 73, 80, 85, 143, 146, 263, 265, 344, 348, 351
Ukelei 85, 87, 103, 111, 115, 124, 129, 133

Unglückshäher 289, 355
Unken 75

Viehstelze 323, 325, 365
Vierzehenschildkröte 79
Vipernatter 79
Vögel 7—9, 14, 18, 20, 21, 134, 138, 347, 348

Wacholderdrossel 144, 301, 350, 373
Wachtel 204, 208, 209, 352, 355
Wachtelkönig siehe Wiesenralle
Waldbaumläufer 294, 297, 298, 373
Waldeidechse 79, 81—83, 86, 88, 90, 352
Waldkauz 1, 2, 12, 14, 21—23, 73, 81, 85, 134, 143, 264, 266, 269, 345, 350, 351
Waldlaubsänger 317, 370
Waldlemming 51
Waldmaus 3, 36, 37, 43—46, 349
Waldohreule 2, 12, 14, 16, 22, 23, 61, 64, 65, 73, 81, 85, 134, 136, 266, 270, 271, 350, 351
Waldschnepfe 18, 224, 226, 345, 350, 358
Waldwasserläufer 228, 230
Waldwühlmaus siehe Rötelmaus
Wanderdrossel 304, 373
Wanderfalk 4, 5, 21, 22, 64, 137, 140—142, 151, 184, 199, 201, 345, 346, 350
Wanderratte 37, 40, 45, 46, 349
Wasseramsel 299, 370
Wasserfledermaus 29, 32
Wasserläufer 359
Wasserpieper 323, 366
Wasserralle 215, 345
Wasserspitzmäuse 33
Wassertreter 359
Webervögel 342—344
Wechselkröte 76
Weidenlaubsänger 317, 318, 350, 371
Weidenmeise 293, 371
Weidensperling 343, 370
Weihen 8, 73, 142, 143, 357
Weißbartseeschwalbe 249, 251
Weißflügelseeschwalbe 249, 250, 251
Weißrückenspecht 277, 278
Weißstorch 1, 146, 160, 356
Weißwangengans 173
Wellensittich 258, 259, 345, 358
Wels 105, 112, 119
Wendehals 280, 355
Wespen 9
Wespenbussard 9, 73, 79, 142, 151, 188, 189, 193, 351
Wiedehopf 275, 276, 354
Wiesenotter 79, 82, 85, 97, 353
Wiesenpieper 322, 323, 366
Wiesenralle 216, 217, 345
Wiesenweihe 8, 79, 142, 151, 197—199, 357
Wildkaninchen 3, 4, 7, 12, 18, 37—39, 136, 349
Wildkatze 58
Wildschwein 3, 60
Wimperfledermaus 29, 32
Wintergoldhähnchen 318, 319, 369
Wolf 54
Wühlmäuse siehe Kurzschwanzmäuse
Würfelnatter 82, 84, 94, 95, 99, 353
Würger 1, 149, 327—329
Würgfalk 4, 141, 199, 200, 201, 203, 350

Zährte 85, 106, 111, 116, 125, 130, 133
Zander 85, 101, 108, 114, 122, 129
Zaunammer 339, 365
Zauneidechse 79, 81—83, 86, 89, 90, 352
Zaungrasmücke 315, 350, 366
Zaunkönig 1, 61, 300, 350, 369
Zeisige 138, 331
Ziege (Fisch) 85, 107, 112, 118, 126, 128, 133
Ziegen 59
Ziegenmelker 1, 272, 355
Ziesel 4, 39, 40, 142, 349
Zippammer 339, 365
Zitronenzeisig 331, 375
Zobel 127, 133
Zope 85, 105, 107, 112, 118, 124, 126, 132, 133
Zweifarbfledermaus 28, 30
Zwergadler 186, 356, 357
Zwergdommel 159, 345
Zwergfledermaus 28, 30, 31
Zwerggans 170, 171, 177
Zwerghamster 47
Zwergmaus 3, 23, 37, 44, 45, 349
Zwergmöwe 242, 245, 247, 248, 344, 351, 360
Zwergohreule 16, 262, 265, 351
Zwergralle 216, 217
Zwergsäger 169, 170, 351
Zwergschnäpper 320, 369
Zwergschnepfe 224, 226, 359
Zwergschwan 63, 175, 178
Zwergseeschwalbe 249, 252, 254
Zwergspitzmaus 33, 349
Zwergstrandläufer 235
Zwergtaucher 156, 351
Zwergtrappe 213, 215, 356
Zwergwels 109, 113, 120
Zwergwiesel 57

Register der wissenschaftlichen Namen

Ablepharus kitaibelii 82, 87, 88, 92, 352
Abramis ballerus 85, 105, 107, 112, 118, 124, 126, 132, 133
— *brama* 85, 103, 111, 115, 125, 127, 133
— *sapa* 127, 133
Acanthis spinus 6
Acari 150
Accipiter gentilis 4, 5, 18, 136, 138, 140—142, 144, 151, 184, 188, 190, 191, 193, 351, 357
— *nisus* 4, 5, 65, 136—140, 144, 151, 188, 191, 350, 351, 357
Acrocephalus 308, 317, 360
— *agricola* 311, 374
— *arundinaceus* 310, 372
— *paludicola* 311, 374
— *palustris* 311, 374
— *schoenobaenus* 310, 311, 374
— *scirpaceus* 310, 311, 374
Actitis hypoleucos 233, 234, 358
Aegithalos caudatus 294, 349, 367
Aegolius funereus 13, 143, 264, 266, 268, 351
Aegypius monachus 179, 181, 356
Aix galericulata 165
— *sponsa* 166
Alauda arvensis 62, 280, 281, 283, 350, 365
Alaudidae 141, 280—285, 321
Alburnoides bipunctatus 131, 133
Alburnus alburnus 85, 87, 103, 111, 115, 124, 129, 133
Alca torda 168, 254, 255
Alcedo atthis 1, 136, 143, 273, 354
Alcidae 152, 254—256, 358
Alectoris chukar 204, 207, 211, 355
— *graeca* 204, 207, 211, 355
Alosa alosa 132
Alytes obstetricans 75, 134
Anas acuta 163, Abb. 173, 351
— *angustirostris* 162
— *bahamensis* 345
— *clypeata* 63, 163, Abb. 173, 351
Anas crecca 62, 162, Abb. 173, 350, 351
— *penelope* 163, Abb. 173, 351
— *platyrhynchos* 10, 65, 136, 162, Abb. 17 350, 351
— *querquedula* 162, Abb. 173, 350, 351
— *strepera* 163, Abb. 173, 351
Anatidae 61, 63, 140, 148, 152, 161—178, 357
Anguilla anguilla 85, 87, 101, 132
Anguis fragilis 79—83, 87, 89, 91, 352
Anser 357
— *albifrons* 170, 171, 174, 177
— *anser* 170, 171, 174, 350, 351
— *caerulescens* 172
— *erythropus* 170, 171, 177
— *fabalis* 170, 171, 175, 351
— *fabalis brachyrhynchus* 170, 172, 176
Anthropoides virgo 212
Anthus 321—324
— *campestris* 321, 322, 366
— *cervinus* 322, 366
— *novaeseelandiae* 321, 324, 364
— *pratensis* 322, 323, 366
— *spinoletta* 323, 366
— *spinoletta petrosus* 322, 323, 366
— *trivialis* 322, 323, 350, 366
Anura siehe Salientia
Apodemus agrarius 3, 37, 43—45, 134
— *flavicollis* 3, 37, 44, 349
— *sylvaticus* 3, 36, 37, 43—46, 349
Apodidae 61, 272, 273, 357
Apus apus 145, 156, 272, 273, 350
— *melba* 273
Aquila 59, 142
— *chrysaetos* 11, 80, 85, 183, 185, 186, 351, 3
— *clanga* 183, 351, 356
— *heliaca* 142, 183, 185, 186, 356
— *nipalensis* 185, 186
— *pomarina* 9, 73, 80, 145, 146, 183, 187, 35 356
— *rapax* 142, 356

Ardea cinerea 158, 350, 355
— *purpurea* 158, 355
Ardeidae 1, 142, 158, 159, 357
Ardeola ibis 158, 355
— *ralloides* 158, 355
Arenaria interpres 220, 223, 358
Aristichthys nobilis 104, 110, 117, 124, 131, 133
Artiodactyla 59, 60
Arvicola terrestris 3, 7, 14, 15, 36, 49, 50, 51, 136, 349
Asio flammeus 15, 17, 266, 270, 271, 344, 351
— *otus* 2, 12, 14, 16, 22, 23, 61, 64, 65, 73, 81, 85, 134, 136, 266, 270, 271, 350, 351
Aspius aspius 103, 111, 115, 125, 131, 133
Athene noctua 12, 13, 22, 73, 81, 134, 143, 264, 266, 268, 350, 351
Aves 7—9, 14, 18, 20, 21, 134, 138, 347, 348
Aythya ferina 63, 164, 165, 168, 351
— *fuligula* 164, 166, 351
— *marila* 165, 166, 351
— *nyroca* 165, 166, 351

Barbastella barbastellus 27, 28, 30
Barbus 132
— *barbus* 86, 105, 112, 119, 126, 127, 133
— *meridionalis petenyi* 133
Belone belone 85, 101
Blicca bjoerkna 85, 103, 111, 115, 125, 127, 133
Bombina 75
— *bombina* 75
— *variegata* 75
Bombus 9
Bombycilla garrulus 138, 363
— *garrulus* 326, 345
Botaurus stellaris 159, 160, 352
Branta 170, 357
— *bernicla* 172
— *canadensis* 172
— *leucopsis* 173
— *ruficollis* 173
Bubo bubo 2, 3, 17—19, 22, 73, 80, 85, 143, 146, 263, 265, 344, 348, 351
Bucephala clangula 166, 167, 351
Bufo bufo 75, 76
— *calamita* 76, 134
— *viridis* 76
Bufonidae 73, 79, 134
Burhinus oedicnemus 237, 240, 360
Buteo 18, 136, 140, 142, 356
— *buteo* 7, 22, 23, 73, 79, 85, 134, 151, 187—189, 193, 350, 351
Buteo lagopus 7, 23, 188, 189, 351
— *rufinus* 188, 190

Calandrella cinerea 281, 285, 367
— *rufescens* 283, 284, 365
Calcarius lapponicus 340, 342, 366
Calidris 359
— *alpina* 234—236, 238
— *canutus* 234
ferruginea 235, 236
— *maritima* 234
— *minuta* 235
— *temminckii* 235, 236
Canis lupus 54
— *lupus f. familiaris* 54, 56
Capra 59
— *hircus* 59
Capreolus capreolus 2, 3, 10, 59, 60
Caprimulgus europaeus 1, 272, 355
Capromyidae 54
Carassius auratus gibelio 86, 105, 112, 119, 126, 131, 132, 133
— *carassius* 85, 86, 106, 110, 116, 123, 131, 133
Carduelis 138, 331
— *cannabina* 68, 69, 331, 335, 349, 363
— *carduelis* 68, 69, 138, 330, 334, 368
— *chloris* 66, 67, 138, 330, 334, 349, 363
— *flammea* 68, 69, 330, 331, 375
— *flammea cabaret* 68
— *flammea flammea* 68
— *flavirostris* 330, 331, 345, 363
— *spinus* 6, 68, 69, 330, 331, 334, 349, 363
Carnivora 3, 54—58, 136, 345
Carpodacus erythrinus 332, 375
Casarca 357
— *ferruginea* 170
Casmerodius alba 158
Castor fiber 41
Caudata 79
Cavia aperea porcellus 52, 53
Cavioidae 52
Cepphus grylle 255, 256
Cerambyx cerdo 19
Certhia 62, 144, 294, 296, 349
— *brachydactyla* 295, 297, 298, 373
— *familiaris* 294, 297, 298, 373
Cettia cetti 308, 309, 374
Chalcalburnus chalcoides mento 133
Charadriidae 218—223
Charadrius alexandrinus 219, 359
— *dubius* 218, 222, 358

Charadrius hiaticula 218, 219, 358
Chiroptera 3, 11, 23, 26—32, 134
Chlidonias hybrida 249, 251
— *leucopterus* 249—251
— *niger* 249, 250
Chondrostoma genei 133
— *nasus* 107, 112, 119, 126—128, 130, 133
Ciconia 1, 160
— *ciconia* 1, 146, 160, 356
— *nigra* 160, 356
Cinclus cinclus 299, 370
Circaetus gallicus 195, 196, 356
— *gallicus* 9, 79, 351
Circus 8, 73, 142, 143, 357
— *aeruginosus* 8, 79, 85, 142, 151, 184, 196, 197, 350, 356
— *cyaneus* 79, 142, 151, 193, 196—198, 357
— *macrourus* 142, 151, 197, 198, 357
— *pygargus* 8, 79, 142, 151, 197—199, 357
Citellus citellus 4, 39, 40, 142, 349
Clangula hyemalis 63, 164, 167, 351
Clethrionomys glareolus 3, 20, 37, 47, 48, 52, 134, 349
— *rufocanus* 47
Clupea harengus 85
Coccothraustes coccothraustes 66, 67, 136, 148, 330, 333, 349, 368
Coleoptera 5, 7, 9, 142
Coluber jugularis 82, 84, 94, 96, 353
— *viridiflavus* 79
Columba livia 259—261, 350, 351, 355
— *livia f. domestica* 5, 64, 260, 355
— *oenas* 62, 259—261, 350, 351, 355
— *palumbus* 12, 61, 65, 259—261, 350, 351, 355
Columbidae 4, 7, 12, 61, 136, 141, 259—261
Coracius garrulus 1, 143, 354
— *garrulus* 274
Coronella austriaca 79, 81—84, 94, 96, 98, 353
Corvidae 1, 12, 288—292, 348, 354, 360
Corvus 22, 136, 141, 279, 354
— *corax* 2, 288, 351
— *corvus cornix* 5, 17, 62, 65, 288, 350, 351
— *corvus corone* 17, 288, 351
— *frugilegus* 138, 288, 350, 351
— *monedula* 288, 351
Coturnix coturnix 204, 208, 209, 352, 355
Crex crex 216, 217, 345
Cricetidae 3, 7, 8, 12, 13, 18, 23, 47—52, 134, 143
Cricetulus migratorius 47
Cricetus 3, 7, 18, 47
— *cricetus* 36, 40, 47, 349
Crocethia 359
— *alba* 235, 236
Crocidura 33
— *leucodon* 33, 35, 134
— *russula* 33, 35
— *suaveolens* 33, 36
Ctenopharyngodon idella 104, 110, 117, 123, 133
Cuculus canorus 1, 136, 262, 273, 350, 352, 357
Cyanopica cyana 289, 290, 354
Cyclopterus lumpus 85
Cygnus 161, 357
— *bewickii* 63, 175, 178
— *cygnus* 63, 145, 146, 174, 178, 351
— *olor* 63, 173, 178, 351
Cyprinidae 85—87, 132, 133
Cypriniformes 88, 101
Cyprinus carpio 85, 101, 104, 110, 117, 124, 128, 133

Delichon urbica 287, 374
Dendrocopos leucotos 277, 278
— *major* 276—279, 350, 352
— *medius* 278
— *minor* 278
— *syriacus* 276, 277
Dryobates siehe Dendrocopos
Dryocopus martius 279, 350, 352
Dryomys nitedula 43
Dytiscus 8

Egretta garzetta 158, 355
Elanus caeruleus 194, 355
Elaphe longissima 79, 82, 84, 94, 95, 98, 353
— *situla* 79
Eliomys quercinus 42, 43, 349
Emberiza 71—73, 144
— *caesia* 339, 365
— *calandra* 71, 72, 144, 338, 349, 372
— *cia* 339, 365
— *cirlus* 339, 365
— *citrinella* 72, 73, 138, 338, 349, 366
— *hortulana* 72, 73, 339, 366
— *melanocephala* 338, 372
— *schoeniclus* 72, 73, 138, 339, 366
Emberizidae 338—342
Emys orbicularis 79
Eptesicus nilssoni 28, 29
— *serotinus* 26, 28, 30
Eremophila alpestris 281, 283, 345, 362

Erinaceus 2, 19, 349
— *europaeus* 26
Erithacus rubecula 1, 307, 350, 371
Esox lucius 9, 10, 85, 101, 108, 114, 121, 129
Eudromias morinellus 220, 223, 358

Falco 61, 143, 262, 355
— *biarmicus* 4, 141, 199, 201, 203, 351
— *cherrug* 4, 141, 199, 200, 201, 203, 350
— *columbarius* 6, 140, 141, 199, 200, 202, 350
— *eleonorae* 6, 141, 351
— *naumanni* 7, 142, 151, 199, 203, 350
peregrinus 4, 5, 21, 22, 64, 137, 140—142, 151, 184, 199, 201, 345, 346, 350
— *rusticolus* 4, 141, 151, 184, 199, 201, 202, 351
— *subbuteo* 5, 6, 62, 137, 141, 145, 146, 199, 345, 351
— *tinnunculus* 4, 7, 22, 65, 79, 142, 199, 200, 202—204, 273, 350
— *vespertinus* 7, 79, 142, 151, 199, 200, 203, 350
Falconiformes 1—4, 7, 11, 22, 54, 61, 79, 85, 87, 132, 134, 136—142, 179—204, 262, 345, 347, 348
Felidae 54, 58, 137, 348
Felis silvestris 58
— *silvestris f. catus* 7,58
Ficedula 1
— *albicollis* 320, 367
— *hypoleuca* 319, 320, 367
— *parva* 320, 369
Fratercula arctica 255, 256
Fringilla coelebs 61, 70, 71, 138, 148, 330, 336, 338, 349, 365
— *montifringilla* 23, 70, 71, 141, 330, 336, 338, 345, 349, 366
Fringillidae 61, 66—71, 138, 149, 330—338
Fulica atra 10, 18, 218, 345, 350, 352
Fulmarus glacialis 156, 360

Gadus morrhua 85, 108, 114, 122, 130
Galerida cristata 283, 367, 370
Galliformes 61, 145, 148, 150, 161, 204—212, 357
Gallinago gallinago 223, 225, 358
— *media* 223, 225, 358
Gallinula chloropus 216, 345, 352
Gallus gallus 7, 204, 208, 210
Garrulus glandarius 4, 22, 136, 144, 289, 291, 350, 351, 354
Gasterosteus aculeatus 87, 108, 113
Gavia adamsi 153, 358
Gavia arctica 152—154, 351, 354
— *immer* 153, 358
— *stellata* 152, 154, 354
Gaviidae 152—154, 168
Geotrupes 4
Glareola pratincola 240, 359
Glaucidium passerinum 14, 143, 264, 267, 351
Gliridae 42, 43, 52, 134
Glis glis 36, 42, 43, 349
Gobio gobio 85, 87, 105, 112, 119, 126, 129, 132, 133
— *uranoscopus* 133
Gruidae 212, 355
Grus grus 10, 212, 214, 350
Gymnocephalus cernua 85, 101, 114, 121, 127
— *schraetser* 87, 109, 113, 120, 130
Gypaetus barbatus 179, 181, 356
Gyps fulvus 179, 182, 356

Haematopus ostralegus 218, 220, 360
Haliaeetus albicilla 3, 10, 17, 85, 136, 142, 185, 195, 351, 356
Hexapoda 13
Hieraaetus fasciatus 142, 185, 187, 356
— *pennatus* 186, 356, 357
Himantopus himantopus 237, 359
Hippolais icterina 311, 371
— *olivetorum* 312, 368
— *pallida* 313, 371
Hirundinidae 61, 138, 145, 272, 286, 287, 360
Hirundo daurica 286, 374
— *rustica* 62, 272, 286, 287, 350, 363
Histrionicus histrionicus 167
Hydrobates 359
— *pelagicus* 156
Hydroprogne caspia 249, 251, 352
Hydrous 8
— *pices* 19
Hyla arborea 75, 134
Hypophthalmichthys molitrix 104, 110, 118, 124, 131, 132

Ictalurus nebulosus 109, 113, 120
Insecta 1, 3, 142
Insectivora 25, 26
Ixobrychus minutus 159, 345

Jynx torquilla 280, 355

Lacerta 81
— *agilis* 79, 81—83, 86, 89, 90, 352
— *lepida* 79

Lacerta muralis siehe Podarcis muralis
— *viridis* 79, 80, 82, 86, 88, 90, 352
— *vivipara* 79, 81—83, 86, 88, 90, 352
Lacertidae 8, 79—81, 83
Lagopus 4, 11, 21, 62, 64, 146, 357
— *lagopus* 204, 205, 352
— *lagopus scoticus* 206
mutus 204
Lanius 1, 149, 327—329
— *collurio* 328, 329, 350
— *excubitor* 22, 327, 360, 364
— *minor* 327, 329, 364
— *senator* 328, 329, 369
Laridae 1, 61, 140, 145, 156, 242—254, 357, 360
Larus argentatus 242—246, 350, 351, 357, 360
— *canus* 242, 244, 246, 350, 351, 357, 360
— *fuscus* 242—244, 246, 350, 351, 357, 360
— *hyperboreus* 242, 244, 247, 357, 360
— *marinus* 242, 243, 351, 357, 360
— *melanocephalus* 242, 244, 247, 360
— *minutus* 242, 245, 247, 248, 344, 351, 360
— *ridibundus* 62, 65, 141, 242, 245, 247, 248, 350, 351, 360
Lemmus lemmus 4, 20, 21, 51, 349
Lepidoptera 5
Lepomis gibbosus 87, 109, 113, 120, 128
Lepus 37—39
— *europaeus* 2—4, 7, 11, 18, 36—39, 136, 349
— *timidus* 11, 39
Leucaspius delineatus 87, 103, 111, 115, 125, 131, 133
Leuciscus cephalus 85, 106, 110, 117, 123, 128, 133
— *idus* 85, 106, 111, 116, 123, 131, 133
— *leuciscus* 85, 107, 112, 118, 124, 129, 132, 133
— *souffia agassizi* 133
Limicola 359
— *falcinellus* 235, 239
Limosa lapponica 225, 228, 359
— *limosa* 224, 227, 359
Locustella 308, 360
— *fluviatilis* 309, 374
— *luscinioides* 310, 374
— *naevia* 310, 373
Lota lota 108, 113, 122, 130
Loxia 136, 143, 330, 331, 349
— *curvirostra* 70, 71, 334, 335, 375
— *leucoptera* 325, 375
— *pytyopsittacus* 71, 334, 375
Lucanus cervus 19
Lullula arborea 282, 283, 350, 367, 368
Lumbricidae 3
Luscinia luscinia 307, 360, 362, 372
— *megarhynchos* 307, 360, 362
— *svecica* 307, 308, 344, 362
Lusciniola melanopogon 310, 374
Lutra lutra 57, 58
Lymnocryptes minimus 224, 226, 359
Lyrurus tetrix 11, 206, 207, 209, 350, 352

Malpolon monspessulanus 79
Marmota marmota 40
Martes foina 24, 54, 56
— *martes* 3, 54, 56
Melanitta fusca 164, 167, 168, 351
— *nigra* 63, 167, 168, 351
Melanocorypha calandra 280, 282, 365
Meleagris 357
— *gallopavo* 140, 211, 212
Meles meles 3, 54, 55, 57, 58
Melolontha 3
Melopsittacus undulatus 258, 259, 345, 358
Mergus albellus 169, 170, 351
— *merganser* 10, 63, 169, 170, 351
— *serrator* 169, 170, 351
Merops apiaster 273, 358, 360
Mesocricetus auratus 47
Micromys minutus 3, 23, 37, 44, 45, 349
Micropterus dolomieu 129
Microtus agrestis 20, 21, 49, 349
— *arvalis* 7, 16, 23, 47—51, 134, 135, 349
— *nivalis* 13, 20, 49, 50
— *oeconomus* 20, 49, 50, 134, 349
— *subterraneus siehe Pitymys subterraneus*
Milvus 59, 73, 85, 134, 142, 356
— *migrans* 7, 79, 85, 192, 194, 351
— *milvus* 7, 22, 79, 85, 192—194, 351
Misgurnus fossilis 85, 109, 120
Monticola saxatilis 303, 305, 362
— *solitarius* 305, 372
Montifringilla nivalis 344, 364
Motacilla 321, 323—325
— *alba* 323, 325, 350, 365
— *cinerea* 323, 325, 364
— *flava* 323, 325, 365
Muridae 3, 7, 8, 11—14, 18, 23, 43—46, 134, 143
Mus musculus 37, 42, 44—46, 349
Muscardinus avellanarius 3, 42, 43, 349
Muscicapa striata 319, 371
Muscicapidae 319, 320
Mustela erminea 3, 54, 56, 57, 349

Mustela lutreola 54, 57
— *lutreola vison* 57
— *minuta* 57
— *nivalis* 3, 54, 56, 57, 349
— *putorius* 57, 137
— *putorius f. furo* 57
Mustelidae 3, 54, 58, 137, 348
Myiopsitta monachus 345
Myocastor coypus 36, 53, 54
Myopus schisticolor 51
Myotis bechsteini 29, 32
— *dasycneme* 29, 32
— *daubentoni* 29, 32
— *emarginatus* 29, 32
— *myotis* 27, 29, 31, 349
— *mystacinus* 29, 32
— *nattereri* 29, 32

***N**atrix maura* 79
— *natrix* 8, 9, 79—84, 94, 95, 99, 353
— *natrix helvetica* 82, 84, 93, 95
— *tessellata* 82, 84, 94, 95, 99, 353
Neomacheilus barbatulus 87, 104, 118
Neomys 33
— *anomalus* 33, 34
— *fodiens* 33, 34, 349
Neophron percnopterus 179, 180, 356
Netta rufina 63, 163, 164, 351
Nucifraga caryocatactes 345, 351, 354
— *caryocatactes caryocatactes* 289, 291
— *caryocatactes macrorhynchus* 289
Numenius 1, 359
— *arquata* 224, 226
— *phaeopus* 224
Numida meleagris 210, 212, 355
Nyctalus leisleri 27, 28, 30
— *noctula* 27, 28, 30, 349
Nyctea scandiaca 20, 21, 263, 267
Nycticorax nycticorax 159, 355

***O**ceanodroma* 359
— *leucorrhoa* 156
Odonata 5, 7, 142
Oenanthe hispanica 305, 364
— *oenanthe* 305, 306, 369
Ondatra zibethica 24, 52, 349
Ophisaurus apodus 79
Oriolus oriolus 12, 143, 287, 360, 363
Oryctes nasicornis 19
Oryctolagus cuniculus 3, 4, 7, 12, 18, 37—39, 136, 349
Osmerus eperlanus 87, 108, 122, 128
Otididae 212—215
Otis tarda 212, 213, 352, 356
— *tetrax* 213, 215, 356
Otus scops 16, 262, 265, 351
Ovis 59
— *ammon domestica* 59
Oxyura leucocephala 168

***P**adda oryzivora* 345
Pandion haliaeetus 9, 85, 193, 196, 351, 356
Panurus biarmicus 299, 362
Paravespula 9
Paridae 138, 292—294, 360
Parus ater 292, 293, 350, 370
— *caeruleus* 292, 350, 370
— *cristatus* 292, 293, 371
— *cyanus* 292, 293, 364
— *major* 62, 292, 293, 350, 367
— *montanus* 293, 371
— *palustris* 293, 371
Passer 14, 138
— *domesticus* 61, 69, 70, 320, 330, 342, 343, 349, 370
— *hispaniolensis* 343, 370
— *montanus* 70, 138, 330, 343, 349, 370
Passeriformes 150, 360
Pelecanidae 157, 356
Pelecanus crispus 157
— *onocrotalus* 157
Pelecus cultratus 85, 107, 112, 118, 126, 128, 133
Pelobatus fuscus 73, 74, 134
Pelodytes punctatus 78
Perca fluviatilis 85, 109, 113, 120, 128
Percidae 101
Perdix 357
— *perdix* 7, 61, 65, 136, 205, 208, 209, 350, 352
Perisoreus infaustus 289, 355
Pernis apivorus 9, 73, 79, 142, 151, 188, 189, 193, 351
Petronia petronia 343, 368
Phalacrocoracidae 354
Phalacrocorax aristotelis 157
— *carbo* 1, 10, 136, 142, 157
Phalaropus 359
— *fulicarius* 237
— *lobatus* 237
Phasianus 357
— *colchicus* 7, 65, 136, 138, 208, 210, 350, 352
Philomachus pugnax 236, 239, 359
Phoenicopterus ruber 161, 355

Phoenicurus 1
— *ochruros* 307, 350, 363
— *phoenicurus* 307, 350, 363
Phoxinus phoxinus 87, 103, 111, 115, 125, 130, 133
Phylloscopus bonelli 318
— *collybita* 317, 318, 350, 371
— *sibilatrix* 317, 370
— *trochiloides* 317, 318
— *trochilus* 317, 318, 350, 371
Pica pica 288, 290, 350, 351, 354
Picidae 61, 143, 148, 276—280, 354, 360
Picoides tridactylus 278, 280
Picus canus 276, 277, 352
— *viridis* 62, 276, 277, 350, 352
Pinicola enucleator 332, 373
Pipistrellus nathusii 28, 30, 31
— *pipistrellus* 28, 30, 31
— *savii* 28, 31
Pisces 1, 2, 7, 9, 19, 20, 85, 87, 136
Pitymys subterraneus 50, 51, 134
Platalea leucorodia 160, 355
Platichthys flesus 85, 108, 113, 122
Plautus alle 254, 255
Plecotus auritus 29, 31, 349
— *austriacus* 29, 31
Plectrophenax nivalis 341, 342, 345, 364
— *nivalis* 71, 72
Plegadis falcinellus 160, 354
Ploceidae 342—344
Pluvialis 359
— *apricaria* 220, 222
— *squatarola* 220, 222
Podarcis muralis 79, 80, 82, 87, 89, 91, 352
— *taurica* 79, 80, 82, 87, 89, 91, 352
Podiceps 10, 152, 154—156, 354
— *auritus* 155, 351
— *cristatus* 18, 154, 155, 350, 351
— *grisegena* 154, 155, 351
— *nigricollis* 155, 351
— *ruficollis* 156, 351
Porzana parva 216, 217
— *porzana* 215, 217
— *pusilla* 216, 217
Procellariidae 156
Prunella 320, 321
— *collaris* 308, 321, 368
— *modularis* 320, 343, 371
— *montanella* 321
Pterocles alchata 256, 257
Pteroclididae 358
Ptyonoprogne rupestris 286, 287, 363
Puffinus 359
— *puffinus* 156
Pyrrhocorax 354
— *graculus* 292
— *pyrrhocorax* 290
Pyrrhula pyrrhula 138, 143, 330, 332, 349, 372
— *pyrrhula pyrrhula* 68, 69

Rallidae 215—218, 357
Rallus aquaticus 215, 345
Rana 2, 9, 12, 73, 80
— *arvalis* 78
— *dalmatina* 78, 134
— *esculenta* 77
— *ridibunda* 77
— *temporaria* 76
Rattus norvegicus 37, 40, 45, 46, 349
— *rattus* 37, 45, 46, 349
Recurvirostra avosetta 237, 239, 359
Regulus 144, 318, 349
— *ignicapillus* 318, 319, 369
— *regulus* 318, 319, 369
Remiz pendulinus 293, 363
Rhinolophus 26
— *ferrum-equinum* 28, 29
— *hipposideros* 27—29
Rhodeus sericeus amarus 87, 103, 111, 115, 125, 130, 133
Riparia riparia 287, 374
Rissa tridactyla 242, 247—249, 344, 351, 360
Rodentia 21, 24, 36—54
Rupicapra rupicapra 59, 60
Rutilus frisii meidingeri 133
— *pigus virgo* 133
— *rutilus* 85, 106, 111, 116, 123, 127, 133

Salamandra atra 79
— *salamandra* 79
Salientia 73—78
Salmo gairdneri 107, 114, 121, 129
— *salar* 85, 108, 114, 121, 129, 130
— *trutta* 101
— *trutta f. fario* 85, 107, 121
— *trutta f. trutta* 129
Saltatoria 5, 7, 8
Saxicola rubetra 148, 306, 369
— *torquata* 305, 370
Scardinius erythrophthalmus 85, 106, 110, 116, 123, 130, 133
Sciuridae 39—41

Sciurus vulgaris 3, 4, 7, 18, 24, 39, 40, 136, 349
Scolopacidae 140, 223–239
Scolopax rusticola 224, 226, 345, 350, 358
— *rusticola* 18
Scophthalmus maximus 109, 113, 120
Serinus canaria 332, 375
— *citrinella* 331, 375
— *pusillus* 332, 337, 375
— *serinus* 68, 69, 331, 332, 349, 375
Serpentes 79, 81, 83, 92, 93
Sicista 41, 42
— *betulina* 23, 37, 41, 42, 134
Silurus glanis 105, 112, 119
Sitta europaea 295, 296, 350, 363
— *neumayer* 295
Somateria mollissima 1, 168, 351
Sorex 33
— *alpinus* 33, 34
— *araneus* 33, 34, 349
— *minutus* 33, 349
Soricidae 3, 11, 21, 23, 25, 33–36, 134
Spalacidae 52
Spalax leucodon 52
Stercorariidae 241, 242, 357, 360
Stercorarius longicaudus 241, 242
— *parasiticus* 241, 352
— *pomarinus* 241, 242
— *skua* 242, 351
Sterna albifrons 249, 252, 254
— *dougalli* 249, 252
— *hirundo* 249–252, 350, 352
— *paradisaea* 249, 250, 252
— *sandvicensis* 249, 253, 254, 352
Stizostedion lucioperca 85, 101, 108, 114, 122, 129
Streptopelia decaocto 260, 261, 351, 354
— *roseogrisea* 260, 261, 354
— *turtur* 261, 350, 351, 354
Strigidae 1–4, 11, 22, 23, 54, 61, 79, 85, 132, 134, 137, 141, 143, 262–271, 347, 348, 353
Strix aluco 1, 2, 12, 14, 21–23, 73, 81, 85, 134, 143, 264, 266, 269, 345, 350, 351
— *nebulosa* 21, 266, 271
— *uralensis* 12, 266, 269
Sturnus 329, 330
— *roseus* 330, 372
— *unicolor* 330
vulgaris 8, 14, 62, 136, 138, 139, 141, 329, 330, 350, 372
Sula bassana 157, 358
Sulidae 157
Surnia ulula 20, 263, 267
Sus 3, 59
— *scrofa* 3, 60
— *scrofa domestica* 3
Sylvia atricipilla 314, 371
— *borin* 314, 350, 371
— *communis* 314, 315, 320, 350, 366
— *curruca* 315, 350, 366
— *hortensis* 314, 316, 368
— *melanocephala* 315, 367
— *nisoria* 314, 315, 367, 368
— *undata* 317, 368
Sylviidae 308–319
Syrrhaptes paradoxus 256, 257

Tadorna 357
— *tadorna* 63, 170, 173, 351
Talpa caesia 25
— *europaea* 3, 7, 14, 25, 136, 349
Tarentola mauretanica 81
Testudines 80
Testudo horsfieldii 79
Tetrao 357
— *urogallus* 206, 207, 209, 350, 352
Tetrastes 357
— *bonasia* 205, 207, 352
Thymallus thymallus 130
Tichodroma muraria 295, 298, 364
Timaliidae 299
Tinca tinca 85, 106, 110, 116, 123, 131, 133
Tineidae 150
Tringa 359
— *erythropus* 231, 232
— *glareola* 1, 229, 230
— *nebularia* 232, 234
— *ochropus* 228, 230
— *stagnatilis* 229, 230
— *totanus* 229, 231
Triturus 79
— *alpestris* 79
Troglodytes troglodytes 1, 61, 300, 350, 369
Turdidae 1, 12, 136, 138, 141, 144, 149, 300–308
Turdus iliacus 302, 303, 350, 372
— *merula* 15, 138, 144, 304, 350, 373
— *migratorius* 304, 373
— *philomelos* 62, 144, 289, 301, 302, 310, 350, 372
— *pilaris* 144, 301, 350, 373
— *sibiricus* 300, 365, 369
— *torquatus* 304, 345, 373

Turdus torquatus alpestris 304
— *torquatus torquatus* 304
— *viscivorus* 22, 144, 300, 301, 350, 369
Tyto alba 2, 12, 14—16, 22, 73, 81, 141, 262, 263, 271, 350, 351

Upupa epops 275, 276
Uria 152
— *aalge* 168, 254—256
— *lomvia* 255, 256

Vanellus vanellus 218, 221, 350, 359
Vespertilio discolor 28, 30
Vimba vimba 85, 106, 111, 116, 125, 130, 133
Vipera ammodytes 82, 84, 93, 94, 96, 353
— *aspis* 79, 82, 84, 94, 96, 353
— *berus* 79—83, 85, 93, 94, 97, 100, 353
— *ursinii* 79, 82, 85, 97, 353
Vulpes vulpes 3, 54—56, 58, 137, 348

Zoothera dauma 300, 302, 360, 369